国家卫生健康委员会"十三五"规划教材

科研人员核心能力提升导引丛书

供研究生及科研人员用

组织和细胞培养技术

Tissue and Cell Culture Techniques

第 **4** 版

主　审　章静波

主　编　刘玉琴

人民卫生出版社

·北　京·

版权所有，侵权必究！

图书在版编目（CIP）数据

组织和细胞培养技术 / 刘玉琴主编 . —4 版 . —北京：人民卫生出版社，2021.9（2022.12 重印）

ISBN 978-7-117-31685-9

Ⅰ. ①组… Ⅱ. ①刘… Ⅲ. ①组织培养–高等学校–教材②细胞培养–高等学校–教材 Ⅳ. ①Q813.1

中国版本图书馆 CIP 数据核字（2021）第 104832 号

人卫智网	www.ipmph.com	医学教育、学术、考试、健康，购书智慧智能综合服务平台
人卫官网	www.pmph.com	人卫官方资讯发布平台

组织和细胞培养技术
Zuzhi he Xibao Peiyang Jishu
第 4 版

主　　编：刘玉琴
出版发行：人民卫生出版社（中继线 010-59780011）
地　　址：北京市朝阳区潘家园南里 19 号
邮　　编：100021
E - mail：pmph @ pmph.com
购书热线：010-59787592　010-59787584　010-65264830
印　　刷：三河市潮河印业有限公司
经　　销：新华书店
开　　本：889 × 1194　1/16　印张：20
字　　数：564 千字
版　　次：2002 年 9 月第 1 版　　2021 年 9 月第 4 版
印　　次：2022 年 12 月第 2 次印刷
标准书号：ISBN 978-7-117-31685-9
定　　价：129.00 元
打击盗版举报电话：010-59787491　E-mail：WQ @ pmph.com
质量问题联系电话：010-59787234　E-mail：zhiliang @ pmph.com

编 者 （按姓氏笔画排序）

王　玮　四川大学华西医院

王　彬　中国人民解放军空军军医大学

王秀丽　大连医科大学

卞晓翠　北京协和医学院基础学院

包　骥　四川大学华西医院

冯海凉　北京协和医学院基础学院

刘　卉　福建医科大学

刘玉琴　北京协和医学院基础学院

孙　昊　北京协和医学院基础学院

李　玲　中国人民解放军空军军医大学

杨向民　中国人民解放军空军军医大学

杨振丽　北京协和医学院基础学院

沈　超　武汉大学生命科学学院

宋艳艳　山东大学公共卫生学院

佴文惠　中国科学院昆明动物研究所

段德义　首都医科大学

章静波　北京协和医学院基础学院

谭玉珍　复旦大学上海医学院

主 审 简 介

　　章静波，曾任北京协和医学院基础学院细胞生物学系主任、教授、博士生导师，中华医学会医学细胞生物学分会副主任委员。现任《基础医学与临床》《解剖学报》主编，《癌症进展》《医学研究杂志》编委。

　　从事科研教学50余年，培养博士生及硕士生40余名。在杂志发表论文共60余篇，其中在 *Nature* 发表论文《Selective cytotoxicity for SV3T3 cells》。主编、主译各类专著40余部，包括主编全国高等学校医学研究生规划教材《组织和细胞培养技术》（第1、2、3版）、《医学细胞生物学实验指导及习题集》（第1、2、3版）及《医学分子细胞生物学》等。主要译著有：《动物细胞培养——基本技术与特殊应用指南》（第4~7版）、《细胞治疗》《癌——一个发育生物学问题》。编著作品两部。曾获多项国家级、省部级奖励和光华工程科技奖。此外，担任执行主编编写的《解读生命丛书》（共10期）获第五届"全国优秀科普作品奖"科普图书类一等奖及"五个一工程"奖。

主 编 简 介

　　刘玉琴,研究员,博士生导师,中国农工民主党党员。任《中华病理学杂志》编委、国际细胞系质量认证委员会(ICLAC)委员。曾任中华医学会病理学分会委员,中国病理生理学会肿瘤专业委员会委员,中国抗癌协会肿瘤生物治疗专业委员会委员,中国抗癌协会肿瘤转移专业委员会常务委员等。长期从事肿瘤侵袭转移的机制研究,强调肿瘤研究应从不同层次系统研究,如进行分子、细胞、体内、体外模型研究系统的联合应用。近年来,以"癌细胞侵袭转移、复发机制及预防措施"为研究方向,先后参与了20余项科研工作,建立了肿瘤复发转移模型及肿瘤休眠模型,利用新型肿瘤疫苗治疗肿瘤的复发/转移,利用组织/基因芯片开展肿瘤转移相关基因的寻找与验证、肿瘤干细胞特性研究等。曾获得卫生部科学技术进步奖三等奖2次,已发表论文120余篇。主编及参加编写专著20余部,包括《癌的侵袭与转移基础与临床》《实验细胞资源目录》《细胞培养实验手册》《实验细胞资源的描述标准与管理规范》等,以及全国高等学校医学研究生教材《组织和细胞培养技术》(第3版),参加翻译《人肿瘤细胞培养》《干细胞生物学》《细胞治疗》等;同时也是研究生课程实验肿瘤学及组织培养的负责人。

　　致力于实验细胞资源的收集保藏和资源库的运行管理。作为国家实验细胞资源共享平台的负责人,全面负责平台建设及运行服务。平台开展实验细胞资源的保藏及标准化整理、整合与共享;并已制定、完善了各种管理规章及标准操作规程。实验室自建多种特殊细胞资源,包括6株中国人肾癌细胞、规律成簇间隔短回文重复相关蛋白核酸酶9(Cas9)稳定表达的170余株近20种肿瘤细胞、永生化的脐静脉血管内皮细胞,以及多种荧光蛋白/荧光素酶标记的细胞等。国家实验细胞资源共享平台已为全国科研、教学、疾病预防控制机构和生物制药企业提供资源实物服务10万余株次。

全国高等学校医学研究生"国家级"规划教材
第三轮修订说明

进入新世纪,为了推动研究生教育的改革与发展,加强研究型创新人才培养,人民卫生出版社启动了医学研究生规划教材的组织编写工作,在多次大规模调研、论证的基础上,先后于2002年和2008年分两批完成了第一轮50余种医学研究生规划教材的编写与出版工作。

2014年,全国高等学校第二轮医学研究生规划教材评审委员会及编写委员会在全面、系统分析第一轮研究生教材的基础上,对这套教材进行了系统规划,进一步确立了以"解决研究生科研和临床中实际遇到的问题"为立足点,以"回顾、现状、展望"为线索,以"培养和启发读者创新思维"为中心的教材编写原则,并成功推出了第二轮(共70种)研究生规划教材。

本套教材第三轮修订是在党的十九大精神引领下,对《国家中长期教育改革和发展规划纲要(2010—2020年)》《国务院办公厅关于深化医教协同进一步推进医学教育改革与发展的意见》,以及《教育部办公厅关于进一步规范和加强研究生培养管理的通知》等文件精神的进一步贯彻与落实,也是在总结前两轮教材经验与教训的基础上,再次大规模调研、论证后的继承与发展。修订过程仍坚持以"培养和启发读者创新思维"为中心的编写原则,通过"整合"和"新增"对教材体系做了进一步完善,对编写思路的贯彻与落实采取了进一步的强化措施。

全国高等学校第三轮医学研究生"国家级"规划教材包括五个系列。①科研公共学科:主要围绕研究生科研中所需要的基本理论知识,以及从最初的科研设计到最终的论文发表的各个环节可能遇到的问题展开;②常用统计软件与技术:介绍了SAS统计软件、SPSS统计软件、分子生物学实验技术、免疫学实验技术等常用的统计软件以及实验技术;③基础前沿与进展:主要包括了基础学科中进展相对活跃的学科;④临床基础与辅助学科:包括了专业学位研究生所需要进一步加强的相关学科内容;⑤临床学科:通过对疾病诊疗历史变迁的点评、当前诊疗中困惑、局限与不足的剖析,以及研究热点与发展趋势探讨,启发和培养临床诊疗中的创新思维。

该套教材中的科研公共学科、常用统计软件与技术学科适用于医学院校各专业的研究生及相应的科研工作者;基础前沿与进展学科主要适用于基础医学和临床医学的研究生及相应的科研工作者;临床基础与辅助学科和临床学科主要适用于专业学位研究生及相应学科的专科医师。

全国高等学校第三轮医学研究生"国家级"规划教材目录

11	SAS 统计软件应用（第 4 版）	主　编	贺　佳			
		副主编	尹　平	石武祥		
12	医学分子生物学实验技术（第 4 版）	主　审	药立波			
		主　编	韩　骅	高国全		
		副主编	李冬民	喻　红		
13	医学免疫学实验技术（第 3 版）	主　编	柳忠辉	吴雄文		
		副主编	王全兴	吴玉章	储以微	崔雪玲
14	组织病理技术（第 2 版）	主　编	步　宏			
		副主编	吴焕文			
15	组织和细胞培养技术（第 4 版）	主　审	章静波			
		主　编	刘玉琴			
16	组织化学与细胞化学技术（第 3 版）	主　编	李　和	周德山		
		副主编	周国民	肖　岚	刘佳梅	孔　力
17	医学分子生物学（第 3 版）	主　审	周春燕	冯作化		
		主　编	张晓伟	史岸冰		
		副主编	何凤田	刘　戟		
18	医学免疫学（第 2 版）	主　编	曹雪涛			
		副主编	于益芝	熊思东		
19	遗传和基因组医学	主　编	张　学			
		副主编	管敏鑫			
20	基础与临床药理学（第 3 版）	主　编	杨宝峰			
		副主编	李　俊	董　志	杨宝学	郭秀丽
21	医学微生物学（第 2 版）	主　编	徐志凯	郭晓奎		
		副主编	江丽芳	范雄林		
22	病理学（第 2 版）	主　编	来茂德	梁智勇		
		副主编	李一雷	田新霞	周　桥	
23	医学细胞生物学（第 4 版）	主　审	杨　恬			
		主　编	安　威	周天华		
		副主编	李　丰	杨　霞	王杨淦	
24	分子毒理学（第 2 版）	主　编	蒋义国	尹立红		
		副主编	骆文静	张正东	夏大静	姚　平
25	医学微生态学（第 2 版）	主　编	李兰娟			
26	临床流行病学（第 5 版）	主　编	黄悦勤			
		副主编	刘爱忠	孙业桓		
27	循证医学（第 2 版）	主　审	李幼平			
		主　编	孙　鑫	杨克虎		

28	断层影像解剖学	主　编	刘树伟　张绍祥
		副主编	赵　斌　徐　飞
29	临床应用解剖学（第2版）	主　编	王海杰
		副主编	臧卫东　陈　尧
30	临床心理学（第2版）	主　审	张亚林
		主　编	李占江
		副主编	王建平　仇剑崟　王　伟　章军建
31	心身医学	主　审	Kurt Fritzsche　吴文源
		主　编	赵旭东
		副主编	孙新宇　林贤浩　魏　镜
32	医患沟通（第2版）	主　审	周　晋
		主　编	尹　梅　王锦帆
33	实验诊断学（第2版）	主　审	王兰兰
		主　编	尚　红
		副主编	王传新　徐英春　王　琳　郭晓临
34	核医学（第3版）	主　审	张永学
		主　编	李　方　兰晓莉
		副主编	李亚明　石洪成　张　宏
35	放射诊断学（第2版）	主　审	郭启勇
		主　编	金征宇　王振常
		副主编	王晓明　刘士远　卢光明　宋　彬
			李宏军　梁长虹
36	疾病学基础	主　编	陈国强　宋尔卫
		副主编	董　晨　王　韵　易　静　赵世民
			周天华
37	临床营养学	主　编	于健春
		副主编	李增宁　吴国豪　王新颖　陈　伟
38	临床药物治疗学	主　编	孙国平
		副主编	吴德沛　蔡广研　赵荣生　高　建
			孙秀兰
39	医学3D打印原理与技术	主　编	戴尅戎　卢秉恒
		副主编	王成焘　徐　弢　郝永强　范先群
			沈国芳　王金武
40	互联网＋医疗健康	主　审	张来武
		主　编	范先群
		副主编	李校堃　郑加麟　胡建中　颜　华
41	呼吸病学（第3版）	主　编	王　辰　陈荣昌
		副主编	代华平　陈宝元　宋元林

42	消化内科学（第3版）	主　审	樊代明	李兆申		
		主　编	钱家鸣	张澍田		
		副主编	田德安	房静远	李延青	杨　丽
43	心血管内科学（第3版）	主　审	胡大一			
		主　编	韩雅玲	马长生		
		副主编	王建安	方　全	华　伟	张抒扬
44	血液内科学（第3版）	主　编	黄晓军	黄　河	胡　豫	
		副主编	邵宗鸿	吴德沛	周道斌	
45	肾内科学（第3版）	主　审	谌贻璞			
		主　编	余学清	赵明辉		
		副主编	陈江华	李雪梅	蔡广研	刘章锁
46	内分泌内科学（第3版）	主　编	宁　光	邢小平		
		副主编	王卫庆	童南伟	陈　刚	
47	风湿免疫内科学（第3版）	主　审	陈顺乐			
		主　编	曾小峰	邹和建		
		副主编	古洁若	黄慈波		
48	急诊医学（第3版）	主　审	黄子通			
		主　编	于学忠	吕传柱		
		副主编	陈玉国	刘　志	曹　钰	
49	神经内科学（第3版）	主　编	刘　鸣	崔丽英	谢　鹏	
		副主编	王拥军	张杰文	王玉平	陈晓春
			吴　波			
50	精神病学（第3版）	主　编	陆　林	马　辛		
		副主编	施慎逊	许　毅	李　涛	
51	感染病学（第3版）	主　编	李兰娟	李　刚		
		副主编	王贵强	宁　琴	李用国	
52	肿瘤学（第5版）	主　编	徐瑞华	陈国强		
		副主编	林东昕	吕有勇	龚建平	
53	老年医学（第3版）	主　审	张　建	范　利	华　琦	
		主　编	刘晓红	陈　彪		
		副主编	齐海梅	胡亦新	岳冀蓉	
54	临床变态反应学	主　编	尹　佳			
		副主编	洪建国	何韶衡	李　楠	
55	危重症医学（第3版）	主　审	王　辰	席修明		
		主　编	杜　斌	隆　云		
		副主编	陈德昌	于凯江	詹庆元	许　媛

56	普通外科学（第3版）	主　编	赵玉沛
		副主编	吴文铭　陈规划　刘颖斌　胡三元
57	骨科学（第3版）	主　审	陈安民
		主　编	田　伟
		副主编	翁习生　邵增务　郭　卫　贺西京
58	泌尿外科学（第3版）	主　审	郭应禄
		主　编	金　杰　魏　强
		副主编	王行环　刘继红　王　忠
59	胸心外科学（第2版）	主　编	胡盛寿
		副主编	王　俊　庄　建　刘伦旭　董念国
60	神经外科学（第4版）	主　编	赵继宗
		副主编	王　硕　张建宁　毛　颖
61	血管淋巴管外科学（第3版）	主　编	汪忠镐
		副主编	王深明　陈　忠　谷涌泉　辛世杰
62	整形外科学	主　编	李青峰
63	小儿外科学（第3版）	主　审	王　果
		主　编	冯杰雄　郑　珊
		副主编	张潍平　夏慧敏
64	器官移植学（第2版）	主　审	陈　实
		主　编	刘永锋　郑树森
		副主编	陈忠华　朱继业　郭文治
65	临床肿瘤学（第2版）	主　编	赫　捷
		副主编	毛友生　沈　铿　马　骏　于金明
			吴一龙
66	麻醉学（第2版）	主　编	刘　进　熊利泽
		副主编	黄宇光　邓小明　李文志
67	妇产科学（第3版）	主　审	曹泽毅
		主　编	乔　杰　马　丁
		副主编	朱　兰　王建六　杨慧霞　漆洪波
			曹云霞
68	生殖医学	主　编	黄荷凤　陈子江
		副主编	刘嘉茵　王雁玲　孙　斐　李　蓉
69	儿科学（第2版）	主　编	桂永浩　申昆玲
		副主编	杜立中　罗小平
70	耳鼻咽喉头颈外科学（第3版）	主　审	韩德民
		主　编	孔维佳　吴　皓
		副主编	韩东一　倪　鑫　龚树生　李华伟

71	眼科学（第3版）	主　审	崔　浩	黎晓新		
		主　编	王宁利	杨培增		
		副主编	徐国兴	孙兴怀	王雨生	蒋　沁
			刘　平	马建民		
72	灾难医学（第2版）	主　审	王一镗			
		主　编	刘中民			
		副主编	田军章	周荣斌	王立祥	
73	康复医学（第2版）	主　编	岳寿伟	黄晓琳		
		副主编	毕　胜	杜　青		
74	皮肤性病学（第2版）	主　编	张建中	晋红中		
		副主编	高兴华	陆前进	陶　娟	
75	创伤、烧伤与再生医学（第2版）	主　审	王正国	盛志勇		
		主　编	付小兵			
		副主编	黄跃生	蒋建新	程　飚	陈振兵
76	运动创伤学	主　编	敖英芳			
		副主编	姜春岩	蒋　青	雷光华	唐康来
77	全科医学	主　审	祝墡珠			
		主　编	王永晨	方力争		
		副主编	方宁远	王留义		
78	罕见病学	主　编	张抒扬	赵玉沛		
		副主编	黄尚志	崔丽英	陈丽萌	
79	临床医学示范案例分析	主　编	胡翊群	李海潮		
		副主编	沈国芳	罗小平	余保平	吴国豪

全国高等学校第三轮医学研究生"国家级"规划教材评审委员会名单

顾　问

韩启德　桑国卫　陈　竺　曾益新　赵玉沛

主任委员（以姓氏笔画为序）

王　辰　刘德培　曹雪涛

副主任委员（以姓氏笔画为序）

于金明　马　丁　王正国　卢秉恒　付小兵　宁　光　乔　杰
李兰娟　李兆申　杨宝峰　汪忠镐　张　运　张伯礼　张英泽
陆　林　陈国强　郑树森　郎景和　赵继宗　胡盛寿　段树民
郭应禄　黄荷凤　盛志勇　韩雅玲　韩德民　赫　捷　樊代明
戴尅戎　魏于全

常务委员（以姓氏笔画为序）

文历阳　田勇泉　冯友梅　冯晓源　吕兆丰　闫剑群　李　和
李　虹　李玉林　李立明　来茂德　步　宏　余学清　汪建平
张　学　张学军　陈子江　陈安民　尚　红　周学东　赵　群
胡志斌　柯　杨　桂永浩　梁万年　瞿　佳

委　员（以姓氏笔画为序）

于学忠　于健春　马　辛　马长生　王　彤　王　果　王一镗
王兰兰　王宁利　王永晨　王振常　王海杰　王锦帆　方力争
尹　佳　尹　梅　尹立红　孔维佳　叶冬青　申昆玲　田　伟
史岸冰　冯作化　冯杰雄　兰晓莉　邢小平　吕传柱　华　琦
向　荣　刘　民　刘　进　刘　鸣　刘中民　刘玉琴　刘永锋
刘树伟　刘晓红　安　威　安胜利　孙　鑫　孙国平　孙振球
杜　斌　李　方　李　刚　李占江　李幼平　李青峰　李卓娅
李宗芳　李晓松　李海潮　杨　恬　杨克虎　杨培增　吴　皓

吴文源	吴忠均	吴雄文	邹和建	宋尔卫	张大庆	张永学
张亚林	张抒扬	张建中	张绍祥	张晓伟	张澍田	陈 实
陈 彪	陈平雁	陈荣昌	陈顺乐	范 利	范先群	岳寿伟
金 杰	金征宇	周 晋	周天华	周春燕	周德山	郑 芳
郑 珊	赵旭东	赵明辉	胡 豫	胡大一	胡翊群	药立波
柳忠辉	祝墡珠	贺 佳	秦 川	敖英芳	晋红中	钱家鸣
徐志凯	徐勇勇	徐瑞华	高国全	郭启勇	郭晓奎	席修明
黄 河	黄子通	黄晓军	黄晓琳	黄悦勤	曹泽毅	龚非力
崔 浩	崔丽英	章静波	梁智勇	谌贻璞	隆 云	蒋义国
韩 骅	曾小峰	谢 鹏	谭 毅	熊利泽	黎晓新	颜 艳
魏 强						

前　言

时光荏苒，2018 年教育部、国家卫生健康委员会启动了全国高等学校医学专业研究生"国家级"规划教材的第三轮修订工作。受前辈厚爱，我的身份从编者转变为主编。所幸仍有前辈作定海神针，遂敢大胆前行，编者保留了原团队中仍在本专业一线工作的教师，又根据内容的调整，吸收了有实战经验的年轻教师，特别是多位长期从事国家实验细胞资源收集保藏共享服务工作的教师。

我们首先认真研读了上一版图书，考虑到教材内容应该是比较成熟的知识，是大多数学者所接受的观点，同时为了保证图书的延续性，本次修订在保留上一版教材的经典理论、内容及图片的基础上，与时俱进地进行了更新及完善，并对新理论、新技术进行了适当的补充。本次修订努力做到语言通俗易懂、留有空间，启迪学生思考未来的研究方向，为学生的创新提供探索、挖掘的工具与技能，力争为培养研究生的科研能力及思维发挥作用。

21 世纪是生命科学的世纪。生命科学的快速进展涵盖了细胞周期的深入分析、细胞凋亡的系统研究与应用，对神经传导与信号通路的更深层次的揭示，以及胚胎干细胞与诱导多能干细胞系的建立等。21 世纪以来，诺贝尔生理学或医学奖及诺贝尔化学奖获得者开展的研究工作如 RNA 干扰研究、基因同源重组、绿色荧光蛋白（GFP）标记细胞研究、细胞的囊泡运输调控机制、DNA 修复（错配、碱基切除、核苷酸切除）、细胞自噬的机制、肿瘤的免疫调节机制，都是利用了体外培养技术及培养的细胞系。因此，组织和细胞培养技术在生命科学发展中的重要作用愈来愈成为人们的共识。这些技术无疑也成为了生命科学各学科研究生培养的基本课程。然而，随着技术被广泛应用，使用错误细胞的事情也有发生，这严重影响了科学研究的可靠性，因此，本次修订新增了培养细胞质量控制的内容，旨在帮助读者从头把关，用对细胞。

与其他研究生教材有区别的是，组织和细胞培养主要是一门技术性课程。因此，本教材始终注重对基本技能的训练，且在"思想性、科学性、先进性和启发性"的基础上更加注重"适用性"。这在前 3 版中均有体现，本次修订除了补充十分必要的理论进展之外，仍保持这一原则。期望研究生在学习组织和细胞培养技术之后，能够真正成为一名熟练掌握这些技术的实践者。

如前所述，第 4 版的编者都是工作在一线的教师，他们洞悉本领域的前沿进展，了解学生的实际需求，同时也能顺应学科发展，时时作出适当的补充、修正和调整。每位编者都充分展现了自己的学识、分享了技术经验。在此，我对全体编者的敬业、奉献与辛劳表示感谢！经历了本次编写过程，也更让我们对前几版的编者怀有深深的敬意。

最后，希望该版教材能对大家有所帮助，为大家所喜爱！

刘玉琴

2021 年 5 月

目　录

第一章 绪论

1907年，Harrison最早证明动物组织培养为一种有用的实验性技术。此后，该技术吸引了愈来愈多的生物学家的兴趣，使其得到推广应用，从而使这门技术日趋发展与完善。如今，组织培养已成为生命科学、医学，尤其是再生医学与药学研究中最卓有成效的工具之一。本章介绍组织培养的诞生与发展的简史、常用的组织培养术语的定义以及常用的缩写词，以期学习者对组织培养有一个总体认识框架，了解它的过去、现状以及发展前景，它的优势与局限性，同时希冀从一开始便能准确无误地使用专业术语和缩写词，使得使用者无论在国内或是在国际交流中词能达意，不致相互误解，顺利地达到应有的交流效果。

第一节 组织培养的诞生与发展简史

19世纪初，研究神经系统发生的生物学家们对于神经细胞轴突最初在胚胎中形成的方式存在着不同的看法，这种争论一直持续了很久。1886年，瑞士解剖学家和胚胎学家Wilhelm His提出假说，认为原始的胚胎神经元或成神经细胞的细胞质向外突起而形成轴突，它不断地延伸，直至其前端与周围感觉器官或肌肉纤维接触时为止。1890年，西班牙组织学家Santiago Ramony Cajal应用胚胎神经组织切片的银渍染色技术研究神经元的发生，所得结果支持了His的学说。然而，反对His和Cajal的学者却坚持"细胞链"的理论（"cell-chain" theory），此理论认为，从神经细胞到某种受神经支配的周围组织之间有许多原为分散的细胞，这些连贯的链细胞融合起来便形成了轴突。

1907年，美国动物学家Ross Granville Harrison根据其研究结果，发表了多篇有关鱼类和两栖类胚胎外周神经组织的科学论文，并得出结论认为His和Cajal的假说可能是正确的。用他自己的话来说是"用普通组织学方法尚不能肯定地回答神经纤维的起源问题"。他认为要解决此问题，最好设计出一种能在生活状态下直接观察正在生长的神经末端的方法，以便得到关于胚胎发育期间神经纤维从神经中枢延伸到外周所发生变化的正确概念。

抱着这个目的，Harrison首先解剖出蛙胚原始脊髓的节段，将它们放入生理盐水，然而组织块未能存活下来，并最终崩溃解体。以后他又试用过半固体明胶培养基，但仍然以失败告终。1907年春，他设计出一种很有效的方法，即哈里森悬滴培养法，成功地观察到神经纤维的外长。下面是他在同一年发表的有关这个方法的原始描述："使用的方法是分离已知能产生神经纤维的胚胎组织小块，……并观察它们进一步的发育。从长约3mm的、神经褶闭合不久的蛙胚取出小块，此时尚未有肉眼可见的分化的神经成分。小心切下一片组织后，即用精细的小吸管将此组织小块移至一块事先滴有从成体蛙淋巴囊吸取的新鲜淋巴液的盖片上。淋巴液很快凝固，使组织小块固定在一定的位置上。然后将盖片倒置于一块中间凹陷的厚载片上，盖片的周缘用蜡封固（图1-1）。只要采取严格的无菌操作技术，在此条件下，组织能够存活一周，在某些情况下这个标本还可以存活近四周。这些标本用高倍显微镜能很容易地每天进行观察"。

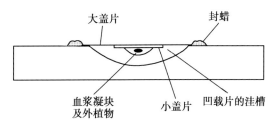

图1-1 Harrison悬滴培养法

毫无疑问，Harrison 必须解决的一个首要问题是防止培养物被细菌污染。这曾使他多次尝试归于失败，虽然他发现"准备仪器要花费许多时间，谨慎的繁琐操作令人疲惫，每天能完成的实验却寥寥无几"，但他持之以恒，最后终于建立起一套合理的无菌操作技术程序。

Harrison 的耐性与恒心得到了应有的报偿。他首次成功地在体外培养基（凝结的淋巴液）中培养了神经元，从而排除了所有其他活组织参与的可能性，并且能够按小时观察轴突从成神经细胞长出来，有力地证实了 His 和 Cajal 理论的正确性。

事实上，Harrison 并非是使细胞在体外存活的第一个人。早在 1885 年，Wilhelm Roux 已把一小片鸡胚组织培养于温盐水中，它们存活了好几天。此外，Arrold 于 1885 年，Jolly 于 1903 年曾把青蛙和蝾螈的白细胞输注于生理盐水或血清中，观察到活细胞的运动及分裂。但是，现在一般皆公认 Harrison 为组织培养之父，因为他的实验表明，细菌学家早已应用的凹玻片悬滴制备培养技术不仅可以维持组织体外生长数周，而且是一种能对生物学知识作出十分重要贡献的研究方法。

由于 Harrison 的聪明才智和持之以恒，他成功地建立了能解决当时培养物易污染与脱落等问题的技术。他还通过发表文章和做学术报告，间接地吸引了许多其他科学家注意到组织培养的潜在重要性，从而作出有意义的贡献。然而遗憾的是，他本人没有使这项技术得到进一步完善。实际上，最初对本方法作出重大改进的是一位美国临床医生 M.T.Burrows，他于 1910 年在 Harrison 实验室工作了数月，学习了这种技术。当时 Burrows 对培养温血动物的组织很感兴趣，他发现青蛙淋巴作为培养基有很多待改进之处，部分原因是它不能形成很坚实的凝块，此外，要得到足够的数量颇为困难。Burrows 决定在悬滴培养法中用鸡血浆作为鸡胚组织的支持和营养物质。实验证明，它比淋巴液要好得多，能使神经组织、心脏组织及皮肤生长良好。

于是，Burrows 继续与他的法国同事 Alexis Carrel 合作，致力于培养哺乳动物组织。不久，他们成功地培养了成年犬、猫、小鼠、豚鼠，以至恶性组织的外植物。此外，他们证明体外培养细胞的

寿命可以因传代而延长，即可把活细胞转移至新鲜的培养基中。1912 年，Burrows 和 Carrel 证明，若把胚胎提取液（鸡胚匀浆离心得到的半透明液体）与血浆混合使用，培养物可存活与生长得更好一些。甚至，心肌细胞的收缩可达 2~3 个月。

Carrel 原是外科医生，他把严格的外科无菌操作引进到组织培养技术中来，对改进组织培养技术方面也作出了很大贡献。他所发展的方法给其他生物学家留下的印象是：组织培养是一项十分费力而昂贵的工作。然而，他指出，用反复传代的方法使细胞系存活 34 年之久是可行的。他的这一成就在很大程度上归功于他所发明的卡氏培养瓶（Carrel flask，图 1-2）。使用这种瓶能容易地避免组织的偶然性污染，同时也简化了许多维持长期培养所需的操作。至今，卡氏培养瓶还不时被实验室采用。此外，马克西莫（Maximow）于 1925 年对 Harrison 的悬滴培养法作了改进，创造了"马克西莫双盖玻片培养法"（图 1-3），可以更好地防止污染，也更适用于神经组织的培养。

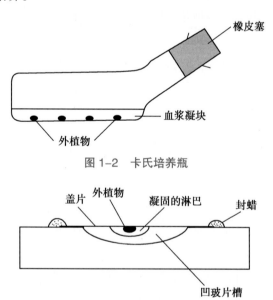

图 1-2　卡氏培养瓶

图 1-3　马克西莫双盖玻片培养法

两位美国科学家 W.H.Lewis 和 M.R.Lewis 从另一个角度研究了培养技术。他们最先试用已知成分的合成培养基取代不能正确确定其成分的天然培养基（血浆及胚胎提取液）。由于他们以及其他许多科学家在此后 30 年的努力，最终发展出许多合成培养基。现在这些培养基都已定型，可现成购得（参阅第二章及附录）。由于有了人工

合成的培养基,可以大量减少天然培养基的比重,甚至在一定程度上细胞可以在已知成分的合成培养基中生长,也就是在无血清培养基(serum-free medium,SFM)中生长。

培养方法的另一个主要进展是器官培养方法的建立,它使人们有可能用一种十分不同的方法进行组织培养,其目的在于维持小块组织,以至整个胚胎器官的体外生长,借此保持它们正常的组织学结构,并防止外植物新长出的细胞生长紊乱。英国剑桥 Strangeways 室的 Honor Fell 使此方法更臻完善。她在 1929 年发表的论文中是这样描述这个方法的:事先准备好置有小鸡血浆与胚胎提取液混合形凝块的表玻皿,把鸡胚器官原基置于凝块上,再将表玻皿置于培养皿内,同时在培养皿内备有湿润的棉花。外植物从下面的血浆凝块中吸取营养,同时从与之接触的空气中吸取氧气。这样的细胞从外植物中迁移出去的倾向极小(图1-4)。Fell 及其同事使用这种技术培养骨和关节组织,极大地丰富了我们有关这些组织发育的知识。英国格拉斯哥大学 Ian Freshney 研究员编写的 *Culture of Animal Cells: A Manual of Basic Technique and Specialized Applications* 在推动细胞培养的近代发展起着不可磨灭的作用,该书迄今已推出第七版,成为最权威、最经典的著作。

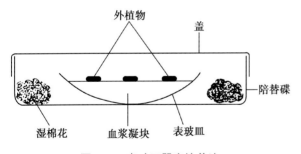

图 1-4 表玻皿器官培养法

进入 20 世纪 50 年代,细胞培养技术得到快速发展。1952 年 Dulbecco 发明了胰蛋白酶消化细胞传代技术,同年 Gey 等建立了第一个人宫颈癌 HeLa 细胞系。1963 年,Todaro 和 Green 证明培养细胞可发生自发性转化。1964 年,Kleinsmith 和 Piece 证明胚胎干细胞(embryonic stem cell,ESC)具有多能性。1975 年,Köhler 和 Milstein 利用细胞融合方法制备了单克隆抗体。1998 年,

J.A.Thomason 等首次成功培养了人胚胎干细胞系。J.Geahart 从人胚胎生殖嵴原始生殖细胞培养了胚胎生殖干细胞(EG cell)。2006 年,Takahashi 和 Yamanaka 将 *Oct3/4*、*SOX2*[Y 染色体性别决定区(sex-determing region of Y chromosome,SRY)-盒转录因子 2(SRY-box transcription factor 2)]、*C-myc* 和 *KLF4* 四个基因导入小鼠成体细胞,建立了具有胚胎干细胞相似特征的诱导多能干细胞(induced pluripotent stem cell,iPS 细胞),从而为组织工程与再生医学奠定了基础,更加彰显出细胞培养技术的无限生命力。如今,细胞培养已成为全世界有关生命科学与医学实验广为应用的技术之一。

1927 年发表的组织培养相关的参考文献目录只有 400 篇,而 1947 年一年的医学索引中有关组织培养的论文便已超过 3 万篇。至目前,几乎无法统计每年有关组织培养的文献究竟有多少(图 1-5)。此外,还有专门的杂志出版,如 *In Vitro*、*Cell and Development Biology*、*Tissue Culture Research Communications* 等。至于 *Cell*、*Science*、*Nature*、*Nature Cell Biology*、*EMBO J*、*J Cell Biol*、*Cancer Res* 等世界著名杂志涉及组织培养的论文也比比皆是。我国的《分子细胞生物学报》《细胞生物学杂志》《解剖学报》、*Cell Research*,以及相关的《中华医学杂志》《基础医学与临床》等也不乏细胞培养的文章。现在组织培养已被应用于生物医学的各个领域,例如,建立了细胞培养技术后,人们才能于 1956 年确认人染色体正确数目是 46 条。以后又发现唐氏综合征(Down syndrome)是由于出现额外染色体所致(21-三体)。在病毒学领域里,细胞培养的应用使得病毒培养更加简化。由于在细胞培养的研究中应用了电子显微镜以及核素技术,人们对于细胞运动机制、细胞超微结构以及代谢活动有了更深入的了解。事实上,单克隆抗体的问世也是细胞培养技术与免疫学技术相结合的硕果。20 世纪末,人们提出与实施"人类基因组计划(Human Genome Project,HGP)"以及近年来再次兴起的干细胞(stem cell)、iPS 细胞及其在生物工程与再生医学(regenerative medicine)中的应用以及基因组学革命(gnomic revolution)更是离不开组织和细胞培养技术。

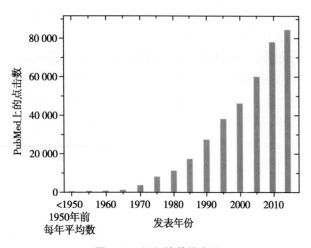

图 1-5　组织培养的发展

自 1950 年以来"细胞培养或动物细胞培养或动物组织培养"在 PubMed 的点击数。1950 年前的数字源自 Murry 和 Kopech［1953］的报道

细胞培养技术最早传入我国是在 20 世纪 30 年代。李继侗、沈同、罗宗洛、王伏雄、罗士韦、崔澂等是植物组织培养的先驱者，我国已故的著名解剖学家张鋆、细胞学家鲍鉴清和杨敷海等则最早将动物组织培养技术引进国内。早在 1933 年，张鋆开始从事软骨鱼血细胞培养，1934 年发表《培养组织之创伤治疗》，主张将组织培养用于医疗实践；1940 年，他又将组织培养技术用于脂肪细胞发生的研究。鲍鉴清于 1951 年最早在我国建立较完善的组织培养室，1955 年出版我国第一部《组织培养技术》专著。杨敷海于 1934 年发明杨氏培养基，对黑热病病原体培养与检测作出巨大贡献；此外，他还试用鹿血清替代牛血清进行细胞培养的研究。至 20 世纪 50 年代，组织培养已在我国逐步开展起来，不少著名科学家为我国及世界的组织培养研究及应用作出巨大贡献，唐仲平、王潜渊、汤飞凡、张晓楼、黄祯祥、郭辉玉和向近敏等在微生物，尤其在病毒的细胞培养；黎尚豪在单细胞绿藻大量培养；高尚荫、刘年翠在昆虫组织培养；魏曦利用鸡胚作为饲养物培养牛胸膜肺炎支原体或用人组织细胞碎片涂于琼脂表面培养回归热螺旋体或斑疹伤寒立克次体螺旋体；陈瑞铭在器官培养；吴旻、曾毅、何申、潘琼婧、鄂征、姚开泰等在肿瘤细胞培养；姚鑫、吴祖泽等在干细胞培养；鲍璿、邵文钊、郭畹华在神经组织培养等各个方面均作出令人瞩目的成绩。顾方舟运用组织病毒培养生产脊髓灰质炎疫苗为我国脊髓灰质炎的防治作出巨大贡献。薛庆善对我国 19 世纪前的组织培养研究及技术方法做了全面的总结。

第二节　组织培养的优点、局限性及发展方向

自 19 世纪初创立组织培养技术以来，如今已历经百余年。事实证明，组织培养技术已相当成熟并已成为医学与生命科学不可或缺的研究工具与生产实践的手段。然而，尽管如此，正如事物具有两面性一样，组织培养有它的优点，也有它的局限性。

另外，要特别指出的是，实（试）验材料的来源须符合伦理学规定，各种取自人体的材料须获得供者的知情同意。

一、组织培养的优点

作为一种实验技术以及生物工程手段，组织培养有许多优点（表 1-1）。最主要的有两点：第一，培养系统的环境要求，其中包括酸碱值（pH）、温度、渗透压、O_2 和 CO_2 的气压，可以受到非常精确的调节；第二，该系统的生理条件也可以保持相对恒定。尤其随着对血清中某些主要成分的确定以及对细胞增殖调控因子的深入认识，人们可以用确定的成分来取代血清，此时培养系统的生理条件则可以更加恒定了。

表 1-1　组织培养的优点

范畴	优点
物理-化学环境	控制培养系统的 pH、温度、渗透压、可溶性气体含量
生理条件	控制激素、生长因子和营养物质的浓度，尤其可采用无血清培养基
微环境	调控基质、细胞-细胞间相互作用以及气体弥散
细胞系均一性	可运用选择性培养基和克隆化方法达到
性质确定	易用细胞学、DNA 图形和免疫染色完成
保存	液氮中储存
真实性和可靠性	可鉴别并记录细胞的来源、历史和纯度
复制和变异性	易进行定量和微量统计分析，可多次复制

续表

范畴	优点
试剂使用	减少容积、直接作用于细胞、成本低
C×T控制	可限定剂量、浓度（C）和时间（T）
自动化和机械化	可进行微量滴定和自动化操纵
规模	培养容积可从几微升到10~20 000L，复制数能极大的增加
节省时间	检测时间减少，尤其有大量订购细胞时
减少动物的使用	用于药物、化妆品等细胞毒性试验和筛选

引自 Ian Freshney, Culture of Animal Cells: A Manual of Basic Technique and Specialized Applications, Seventh Edition, 2016

此外，与组织样本不可避免地具有异质性（heterogeneity）比较起来，培养的细胞可以通过传代（sub-culture）或克隆化（cloning）而呈现均一性（homogeneity），这样更符合遗传学分析的要求以及不太需要进行变异性的统计学分析。其他的优点还包括可进行规模化的机械操纵，节省人力物力以及替代动物进行实验，避免不必要的法律、伦理和道德规范等问题。

二、组织培养的局限性

尽管组织培养有上述那么多的优点，但也具有难以克服的缺点或局限性（表1-2）。

表1-2　组织培养的局限性

范畴	举例
专业技巧	无菌操作、微生物污染检测、化学污染及交叉污染检测、细胞特性鉴定
环境控制	需无菌间、pH控制、生物有害物质的污染与处理
量与成本	需规模生产的基本设备、培养基、血清、一次性塑料制品
遗传不稳定性	异质性、变异性
表型不稳定性	发生细胞去分化以及适应性、选择性的过度生长
细胞类型的鉴定	标志不总有表达，失去组织学特性而呈现非典型性细胞学性质，因与机体不同的几何学和环境而有改变
药代动力学	难以模拟消化、吸收、分布、代谢和排泄

引自 Ian Freshney, Culture of Animal Cells: A Manual of Basic Technique and Specialized Applications, Seventh Edition, 2016

首先，细胞培养操作不慎极易污染，包括微生物污染以及细胞间的交叉污染（cross contamination）。因此，要求操作者掌握必需的技巧知识与无菌概念，以便懂得培养系统的严格要求以及发生问题时能知道其问题关键所在。不应当简单地认为组织培养只是做一两次实验而已。

其次，细胞的长期体外生长，尤其是那些连续细胞系（continous cell line），极易产生变异，因此前一代与下一代的细胞均可能互有差异，这主要是由细胞群体中非整倍体染色体组成不稳定性所引起的。

其他的局限性还包括难以取得动物那样大量的组织样本，即使目前已可利用如细胞工厂（Nunc cell factory）或生物反应器（bioreactor）来生产也难以一次生产出100g以上的细胞。何况所用费用远比用动物高得多。诚然，最根本的局限性在于体外培养的细胞不存在如体内组织中细胞有相互间的作用以及神经内分泌的调控，因此细胞培养的性质不可能完全代表该细胞来源的组织的特性，更不可能与机体的生理特性相比拟。

三、组织培养的可能发展方向

尽管迄今组织培养技术已相当成熟，日臻完善，但仍有很大的发展空间与开发利用价值，一方面应着手于组织培养系统本身的发展，另一方面应更加密切地与生产实践相结合。首先，在培养系统中应将发展无血清培养基置于优先地位，因为这种培养基不含血清而含有支持细胞增殖和生物反应的多种成分。这样可以更好地调控细胞生长和分化的过程与了解它们的内在规律，尤其可以选择性地促进某种特殊类型细胞的生长。其次，建立更多更全的人类干细胞系，尤其是诱导多能干细胞（induced pluripotent stem cell, iPS细胞）。一方面可以为深入研究遗传与发育以及它们之间的相关性提供良好模型，另一方面更可为细胞治疗（cell therapy）与再生医学（regeneration medicine）提供平台。第三，将细胞培养技术与其他学科技术和知识结合起来创造出更有成效的技术方法甚至产物，例如将细胞培养与免疫学技术结合可以制造单克隆抗体（monoclonal antibody），将细胞培养技术与基因转移技术结合可以产生iPS细胞，将细胞培养技术与核转移技术结合可以产生新的物种（如多利羊）。第四，将细胞培养更多地用于人类环境有害因子的检测，其中包括对致癌物的检测、日常用品包括化妆品的毒性检测等。第五，探索更大规模的、更廉价的培养技术，以期用细胞培养取代动物杀戮，制造人类蛋白食品。最后，对于我国还应建立更强大和全方位的细胞库（包括 iPS 细胞库），以保障及时与充足的细胞供应。

第三节　组织培养常用术语

随着细胞培养日益广泛地被各学科、众多的科学工作者所采用，不可避免地会在正确理解和使用各种术语上出现混乱。因此，在系统学习细胞培养之前有必要将有关术语含义介绍如下：

1. anchorage-dependent cells or cultures（停泊或贴壁依赖性细胞或培养物）　被繁衍出来的细胞或培养物只有贴附于不起化学作用的物体（如玻璃或塑料等无活性物体）的表面时才能生长、生存或维持功能。该术语并不表明它们属于正常或属恶性转化。与 surface-dependent cells or cultures（表面依赖性细胞或培养物）以及 substrate-dependent cells or cultures（基质依赖性细胞或培养物）同义。

2. apoptosis（细胞凋亡）　是指细胞内死亡程序的启动而导致细胞自杀（cell suicide）的过程，因此也常称为程序性细胞死亡（programmed cell death）。细胞凋亡与机体正常发育、形态形成、消除多余的细胞等生理过程密切相关，所以被认为是一种积极的生理性死亡。细胞凋亡的主要形态特征为细胞皱缩、染色质聚集与周边化（margination），以及凋亡小体（apoptotic body）的形成。凋亡小体是染色质碎片、细胞器、细胞质其他成分由细胞膜包裹而成的圆形或椭圆形的结构。迄今所知细胞凋亡受到某些基因的控制，如 *ced*、*ice*、*bcl-2*、*c-myc*、*p53*、*Fas/FasL* 等。体外培养的正常细胞（如胸腺细胞等）以及癌细胞（如 HeLa 细胞等）均可诱导而发生细胞凋亡。

3. American Type Culture Collection（ATCC）　通常译作美国模式培养物收集中心，也称为美国菌种保藏中心。事实上，除收集细菌、病毒外，还包藏有大量的细胞系（株），有些可免费赠送作科学研究用，有些需购买得到。

4. autophagy（自噬）　细胞内成分降解和再循环利用的生理与病理改变过程。在细胞培养中常可见到某些基本改变。

5. bioreactor（生物反应器）　大规模生产细胞的培养容器，培养的细胞可锚定在基质上或悬浮生长。

6. cell concentration（细胞浓度）　每毫升培养基中的细胞数。

7. cell culture（细胞培养）　细胞包括单个细胞，在体外条件下的生长，称为细胞培养。在细胞培养中，细胞不再形成组织，但在实验室口语中，人们常将它扩展至组织培养与器官培养。

8. cell density（细胞密度）　每平方厘米基质上的细胞数。

9. cell fusion（细胞融合）　在体外培养条件下，经化学试剂（常用聚乙二醇）、病毒（多用灭活仙台病毒）或物理方法（如电脉冲）诱发，使同种或不同种的两个或两个以上体细胞融合产生杂交细胞（hybrid）。

10. cell generation time（细胞一代时间）单个细胞两次连续分裂的时间间隔。可借助显微电影照相术（cinephotomicrography）来精确确定。该术语与 population doubling time（群体倍增时间）并不同义。

11. cell line（细胞系）　原代培养物经首次传代成功后即成细胞系。它由原先已存在于原代培养中的细胞的许多谱系（lineages）组成。如果不能继续传代或传代数有限，称为有限细胞系（finite cell line）；如可连续传代，则称为连续细胞系（continuous cell line），即"已建成的细胞系（established cell line）"。

12. cell strain（细胞株）　由选择或克隆化而派生的亚系，具有某些特性与标志，这些特性或标志在随后的培养中必须保持下去。

13. cell cycle（细胞周期）　指细胞从前一次分裂结束开始至本次分裂结束所经历的时相过程。常分为 4 个时期，即 DNA 合成期（S 期）、有丝分裂期（M 期）、有丝分裂完成至 DNA 合成开始的间隙期（G_1 期）以及 DNA 复制结束至有丝分裂开始的间隙期（G_2 期）。若某种原因（如乏氧、血清饥饿等）导致细胞不再沿细胞周期运行，而进入休眠状态,则称为 G_0 期。

14. clone(克隆) 单个细胞通过有丝分裂形成的细胞群体,它们的遗传特性相同。

15. confluence(汇合) 指在瓶中培养的细胞彼此汇合形成单层,切勿与细胞融合相混淆。

16. contact inhibition(接触抑制) 当一个贴壁生长的体外正常细胞生长至与另一个细胞表面相互接触时,便停止了分裂增殖,相互虽然紧密接触,但不形成交叉重叠生长,也不再进入 S 期。

17. Dulbecco's modified Eagle's medium(缩写为 DMEM) 为诺贝尔奖获得者 Dulbecco R. 改良的 Eagle 培养基,多用于哺乳动物与人细胞系(株)的培养。其他常用的培养基还有 Eagle、MEM、RPMI 1640、McCoy's-5A、TC199 等(参见附录)。

18. explant(外植块) 用于开始体外培养而切下的一小块组织或器官。

19. growth medium(生长培养基) 用来繁殖特殊细胞系的培养基。通常是基础培养基添加其他成分如血清或生长因子。

20. HeLa cell(海拉细胞) 这是 1951 年从一位名叫 Henrietta Lacks 黑人妇女的子宫颈癌组织所建立的最早的体外人癌细胞,它被广泛地应用于癌生物学各个领域的研究。

21. immortalization(永生性) 即寿命无限性。可通过转染端粒酶、癌基因或 SV40 基因组大 T 区诱导或者通过感染 SV40(整个病毒)或 EB 病毒诱导而成,虽然永生性是恶性转化的一个要素,但细胞不一定已恶性转化,如常用的 3T3 细胞。具有永生性,但无致瘤性。

22. *in vitro* malignant transformation(体外恶性转化) 细胞在体外培养过程中获得了致瘤性,当把这种细胞接种于适当的动物,可以产生肿瘤。

23. *in vitro* transformation(体外转化) 细胞在体外培养过程中发生与原代细胞形态、抗原、增殖或其他特性的可遗传的变化,但不具有致瘤性。

24. iPS 细胞(诱导多能干细胞) 成体细胞经由基因操纵和 / 或基因表达的表观调控所获得的多能干细胞。

25. lipofectin(脂质体) 一种常用的细胞转染试剂,用该试剂包裹 DNA 可形成脂质体 - DNA 复合物,再通过与细胞膜融合可使 DNA 转染入哺乳动物细胞。

26. malignant transformation(恶性转化) 不受时间或空间的控制向正常组织侵袭能力的形成,也可以导致转移性生长。

27. minimal medium(最低限度培养基) 大多数细胞能生长在其中的最简单的培养基。需要额外营养成分(如氨基酸类、嘌呤类、糖类或嘧啶类)的突变种不能在此种培养基中生长。

28. mutant(突变体) 由改变了的或新的基因引起的表型变异体。

29. organ culture(器官培养) 是指组织、器官原基,以至整个器官或其一部分在体外的维持生长,它们可以分化与保持原来的结构或功能。

30. passage(传代或传代培养) 不论是否稀释,将细胞以一个培养瓶转移或移植到另一个培养瓶即称为传代或传代培养。该词与 subculture 同义。

31. plating efficiency(集落形成率,贴壁效率) 细胞接种到培养器皿内所形成的集落(colony)的百分率。接种细胞的总数、培养瓶的种类以及环境条件(培养基、温度、密闭系统或开放系统等)均需说明。如果能肯定每个集落均起源于单个细胞,则可使用另一专业术语——克隆形成率(cloning efficiency)。

32. population density(群体密度) 培养器皿内,每单位面积或体积中的细胞数,多用细胞数 $/cm^2$ 表示。

33. population doubling time(群体倍增时间) 在对数生长期(logarithmic phase of growth)进行计算的细胞增加一倍,例如细胞由 1.0×10^6 个增加到 2.0×10^6 个所需的时间。平均群体倍增时间可以通过计算培养结束或收集培养物时的细胞数与接种时细胞数的比值推算获得。

34. primary culture(原代培养) 从直接取自生物体细胞、组织或器官开始的培养。首次成功地传代培养之前的培养可以认为是原代培养。传代培养之后便成为一个细胞系。在实际应用中,人们常将 10 代以内的培养物作为原代培养,因为在 10 代以内细胞的生物学性质无太多的改变。

35. quiescent（休止,静止） 指细胞处于不分裂状态,常处于 G_1 甚至 G_0 期。

36. reculture（再培养） 单层细胞不经任何丢失而转移到新鲜培养基中的过程。

37. saturation density（饱和密度） 在特定条件下,培养皿内能达到的最高细胞数,当细胞达到饱和密度后细胞群体停止繁殖。在贴壁培养中以每平方厘米的细胞数表示,在悬浮培养以每立方厘米的细胞数表示。

38. seeding efficiency（贴壁率） 在一定时间内,接种细胞贴附于培养皿表面的百分率,但应当说明在测定贴壁率时的培养条件。该术语与 attachment efficiency 是同义词。其含义不能与集落形成率（plating efficiency）相混淆。

39. stem cell（干细胞） 具有继续增殖与分化潜能的细胞,其中胚胎干细胞可形成机体所有各类型的组织和细胞,甚至发育成一个完整的胚胎,所以又称为全能性（totipotency）干细胞。随着细胞分化,这种分化潜能逐渐受到局限,只能分化有限细胞类型的细胞则称为多潜能（pluripotency）细胞以及多能性（multipotency）细胞,最终成为单能干细胞（monopotency）或定向干细胞（directional stem cell）。

40. sub-culture（传代培养） 在体外培养条件下,将细胞从一个培养器皿移植至另一培养器皿,参见 passage。

41. substrain（亚株） 一个亚株是由某细胞株中分离出的单个细胞或群体细胞所衍生而成的。这种单个细胞或群体细胞具有的特征和标记与亲本细胞株所有细胞不尽相同。

42. suspension culture（悬浮培养） 细胞或细胞聚集体悬浮于液体培养基中增殖的一种培养方式。淋巴细胞、血液肿瘤细胞、腹水癌细胞等都呈悬浮生长方式。

43. temperature-sensitive mutant（温度敏感突变体） 只在一定温度下有功能,而在其他温度下则无活性的突变体。

44. thymidine kinase deficient（tk-,胸腺嘧啶脱氧核苷激酶缺陷） tk- 突变体不能将 DNA 前体胸腺嘧啶磷酸化。tk- 细胞系对胸腺嘧啶类似物溴脱氧尿苷（BUdR）有抗性,故常用于哺乳动物体细胞遗传学研究。

45. tissue culture（组织培养） 组织在体外条件下保存或生长。借此组织结构或功能得以在体外保持,亦可能在体外维持其分化。

46. transdifferentiation（转分化） 一个谱系的细胞获得分化为不同谱系细胞的能力及过程。

47. transfection（转染） 用生物学、化学或是物理学方法将另一个细胞的某个基因（群）转移到培养细胞核内的一种实验手段。

48. transformation（转化） 细胞表型的永久性改变,推测是通过基因不可逆改变发生的。可以是自发的,或是由于化学物质或病毒诱导而发生。转化的细胞一般生长速度加快、永生化、低血清需求和贴壁效率升高,这些细胞常有致瘤性。

第四节 组织培养常用缩写词

为了书写的简便,避免重复,以及全书用词、特别是试剂名称的统一,我们列举了细胞培养中常用的缩写词列表,以供参考（表 1-3）。

表 1-3 细胞培养中常用的缩略语

缩略语	英文全称	中文释义
2D	two-dimensional	二维的
3D	three-dimensional	三维的
8-AG	8-azaguanine	8- 杂氮鸟嘌呤
ABC	avidin-biotin-peroxidase complex	卵白素 - 生物素 - 过氧化物酶复合物
AEM	analytical electron microscope	分析电镜
Amp	ampicillin resistant	氨苄西林抗性
AO	acridine orange	吖啶橙
BFO	burst forming unit	暴发集落形成单位

续表

缩略语	英文全称	中文释义
bp	base pair（in DNA）	DNA 的碱基对
Brdu	5-bromodeoxyuridine	5-溴脱氧尿苷
BSA	bovine serum albumin	牛血清白蛋白
CDK	cyclin-dependent-kinase	周期素依赖性激酶
cDNA	complementary DNA	互补脱氧核糖核苷酸
CDR	complementary determining region	互补性决定区
CE	cloning efficiency	克隆形成率
CEE	chick embryo extract	鸡胚提取液
CFA	complete Freund's adjuvant	完全福氏佐剂
CFU	clony forming unit	集落形成单位
CKI	cyclin-dependent kinase inhibitor	周期蛋白依赖性蛋白激酶的抑制因子
CMF	calcium-and magnesium-free saline	无钙、镁离子盐水
DAB	3, 3'-diaminobenzidine-tetrahydrochloride, DAB	3, 3'-二氨基联苯胺四盐酸盐
DMEM	Dulbecco's modified Eagle's medium	DMEM 培养基
DMSO	dimethyl sulfoxide	二甲基亚砜
DNA	deoxyribonucleic acid	脱氧核糖核酸
DTT	dithiothreitol	二硫苏糖醇
DW	deionized water	去离子水
EB	ethidium bromide	溴化乙啶
EBV	Epstein-Barr virus	EB 病毒
EDTA	ethylene diamine tetraacetic acid	乙二胺四乙酸
EGF	epidermal growth factor	表皮生长因子
ELISA	enzyme-linked immunosorbent assay	酶联免疫吸附测定
EPO	erythropoietin	促红细胞生成素
ES	embryonic stem（cells）	胚胎干（细胞）
FAA	formalin-acetic acid fixative	甲醛-乙酸固定液
FBS	fetal bovine serum	胎牛血清
FCS	fetal calf serum	胎牛血清
FVA	anemia inducing Friend leukemia virus	致小鼠贫血的 Friend 病毒
HAT	hypoxanthine aminopterin and thymidine	次黄嘌呤-氨基蝶呤-胸腺嘧啶脱氧核苷
HE	hematoxylin and eosin	苏木素-伊红
HBSS	Hank's balanced salt solution	汉克平衡盐溶液
HEPES	N-2-hydroxyethyl piperazine-N'-ethanesulfonic acid	N-2-羟乙基哌嗪-N'-乙磺酸
HGPRT	hypoxanthine-guanine phosphoribosyltransferase	次黄嘌呤鸟嘌呤磷酸核糖转移酶
HRP	horseradish peroxidase	辣根过氧化物酶
HS	horse serum	马血清

续表

缩略语	英文全称	中文释义
IFA	incompleted Freund's adjuvant	福氏不完全佐剂
IL	interleukin	白介素
IMDM	Iscove's modified Dulbecco's medium	IMDM 培养基
Kan^r	kanamycin resistance	卡那霉素抗性
Kbp	kilobase pair（in DNA）	千碱基对（DNA）
LB	Luria–Betani medium	LB 培养基
LYVE–1	lymphatic vessel endothelial hyaluronan receptor 1	淋巴管内皮细胞透明质酸受体 1
MAP 2	microtuble–associated protein 2	微管相关蛋白 2
MEL	mouse erythroleukemia cell	小鼠红白血病细胞
MEM	minimum essential medium	极限必需培养基
MPF	maturation promoting factor	成熟促进因子
mRNA	messenger RNA	信使核糖核苷酸
MTT	3–（4,5–dimethylthiazol–2–yl）–2,5–diphenyl–2H–tetrazolium bromide	3–（4,5–二甲基–2–噻唑基）–2,5–二苯基四氮唑溴化物
N.A.	numeric aperture	镜口率；数值孔径
NC	nitrofibrocellulous	硝酸纤维素（膜）
NCI	National Cancer Institute（USA）	（美国）国家癌症研究所
NF	neurofilament	神经丝
NSE	neuronal specific enolase	神经元特异性烯醇化酶
OD	optical density	光密度
PAGE	polyacrylamide gel electrophoresis	聚丙烯酰胺凝胶电泳
PB	physiological buffer	生理缓冲液
PBS	phosphate–buffered saline	磷酸盐缓冲液
PCR	polymerase chain reaction	聚合酶链反应
PD	population doubling	群体倍增
PE	plating efficiency	集落形成率，贴壁效率
PEG	polyethylene glycol	聚乙二醇
PI	propidium iodide	碘化丙啶
PLL	poly–lysine	多聚赖氨酸
PVP–I	polyvinyl–pyrrolidone–iodine complex	聚烯吡咯–酮–碘结合物
RNAase	ribonuclease	核糖核酸酶
r/min	round per minute	每分钟转速
RNA	ribonucleic acid	核糖核酸
RNAi	RNA interference	RNA 干扰
RPMI 1640	Roosevelt Park Memorial Institute medium	RPMI 1640 培养基
RT–PCR	reverse transcription PCR	反转录 PCR
SCF	stem cell factor	干细胞因子

续表

缩略语	英文全称	中文释义
SCGF	stem cell growth factor	干细胞生长因子
SD	saturation density	饱和密度
SDS	sodium dodecyl sulfate	十二烷基磺酸钠
SEM	scanning electron microscope	扫描电子显微镜
TAE	Tris-acetate，EDTA buffer	TAE 缓冲液
TBS	Tris buffer saline	Tris 盐缓冲液
TC	tissue culture	组织培养
T_D	population doubling time	群体倍增时间
TdR	thymidine	胸腺嘧啶脱氧核糖
TE	Tris-HCl，EDTA	TE 缓冲液
TEM	transmission electron microscope	透射电子显微镜
TEMED	N，N，N'，N'-tetra-methylethylene methy diamine	四甲基乙二胺
Tet^r	tetracycline resistance	四环素抗性
TK	thymidine kinase	胸腺嘧啶脱氧核苷激酶
Tris	Tris（hydroxymethyl）aminomethane	三羟甲基氨基甲烷（缓血酸胺）
UPW	ultrapure water	超纯水
UV	ultraviolet	紫外线
VEGF	vascular endothelial growth factor	血管内皮生长因子
YAC	yeast artificial chromosome	酵母人工染色体

（章静波）

参 考 文 献

1. Sharp JA. An Introduction to Animal Tissue Culture. London：Edward Arnold，1977.

2. Su X，Young EW，Underkofler HA，et al. Microfluidic cell culture and its application in high-throughput drug screening：cardiotoxicity assay for hERG channels. J Biomol Screen，2011，16（1）：101-111.

3. Lei Y，Schaffer DV. A fully defined and scalable 3D culture system for human pluripotent stem cell expansion and differentiation. Proc Natl Acad Sci U. S. A，2013，110（52）：E5039-E5048.

4. 弗雷纳 R，弗雷谢尼 RI. 人肿瘤细胞培养. 章静波，陈实平，刘玉琴，译. 北京：化学工业出版社，2006.

5. 鄂征. 组织培养和分子细胞生物学技术. 第 2 版. 北京：北京出版社，1997.

6. 薛庆善. 体外培养的原理与技术. 北京：科学出版社，2001.

7. 博尼费斯农 JS. 精编细胞生物学实验指南. 章静波，方瑾，王海杰，等，译. 北京：科学出版社，2007.

8. Celis JE. Cell Biology-A Laboratory Handbook. Vol 1-4（导读本）. 北京：科学出版社，2008.

9. 弗雷谢尼 RI，斯泰赛 GN，奥尔贝奇 JM. 人干细胞培养. 章静波，陈实平，等，译. 北京：科学出版社，2009.

10. 刘玉琴. 细胞培养实验手册. 北京：人民军医出版社，2009.

11. 谭玉珍. 实用细胞培养技术. 北京：高等教育出版社，2010.

12. Freshney RI. 动物细胞培养——基本技术和特殊应用指南. 第 7 版. 章静波，徐存拴，等，译. 北京：科学出版社，2019.

第二章 细胞培养基本条件

高等生物由多细胞构成,整体条件下研究单个细胞或某一群细胞在体内的功能十分困难。最好的方法是把活细胞从体内取出进行体外培养、观察和研究。但离体细胞必须在一定的生理条件下才能存活、表现特定功能,特别是高等动物细胞要求的生存条件极其严格,稍有不适就会死亡。所以,要选用最佳生存条件,以维持细胞在体外的生长、繁殖、结构和功能。维持细胞体外生存的必要条件包括:①无菌无毒的培养环境。无菌无毒的操作环境是保证体外细胞生存的首要条件。与体内相比,体外培养细胞丢失了对微生物和有毒物质的防御能力,所以一旦被污染或自身代谢物质积累,细胞就会中毒死亡。因此,在体外培养过程中,必须保持细胞的生存环境无菌无毒,并及时清除细胞代谢产物。②合适的细胞培养基。培养基为细胞提供了营养物质和细胞生长的促进物质,另外,它还为体外培养的细胞生长和繁殖提供生存环境,是体外细胞生长增殖的最重要的条件之一。③高质量的血清。现在,大多合成培养基都需添加血清。血清含有细胞生长所需的多种生长因子和其他营养成分,是细胞培养液中最重要的成分之一。④恒定的温度和酸度。若要维持培养细胞旺盛生长,温度宜维持在37℃左右,pH宜保持在7.2~7.4。⑤适宜的气相环境。气体是哺乳动物细胞培养生存必需条件之一,所需气体主要为 O_2 和 CO_2。其中,氧气参与三羧酸循环,产生能量供给细胞生长增殖,同时合成细胞生长所需用的各种成分。因此,体外培养时一般把细胞置于95%空气加5%二氧化碳的混合气体环境中。

第一节 细胞培养实验室的建立

与其他一般实验技术的主要区别在于,细胞培养是一种无菌操作技术,要求工作环境和条件必须保证无菌和不受其他有害因素的影响。因此,必须建立一个为细胞体外培养提供无菌环境的细胞培养实验室。

一、实验室设计原则与要求

细胞培养实验室的工作环境必须清洁、空气清新、干燥,无烟尘,无微生物污染,不受其他有害因素影响,便于隔离、操作、灭菌和观察。细胞培养实验室的总体设计原则是:①细胞培养实验室与其他辅助实验室必须分开;②各个实验室的布局要统一、协调、方便操作;③室内各项设备安排要紧凑,以节省空间,减少活动,但要避免交叉干扰。为此,设计时一定要注意实验室的通风和布局合理性。

(一)通风良好

细胞培养实验室需要不断换气以保证室内空气清新,进入培养室的空气最好通过风机进行气体循环和过滤,使室内形成正压状态。若用的是有危险性的材料,应按一级防范标准设计培养室,保持培养室内负压状态(表2-1)。最好在准备区或通道设一个装有风淋的缓冲区。

表2-1 我国药品生产洁净室(区)空气洁净度标准

洁净度级别	尘粒最大允许数 /m^3		微生物最大允许数	
	≥0.5μm	≥5.0μm	浮游菌 /m^3	沉降菌 / 皿
100	3 500	0	5	1
10 000	350 000	2 000	100	3
100 000	3 500 000	20 000	500	10
300 000	10 500 000	60 000	NA	15

NA:不作规定

(二)布局合理

合理的实验室布局是提高培养质量和工作效率的保证。

二、实验室的布局

一般来说,细胞培养实验室应能进行六方面的工作:无菌操作、孵育、制备、清洗、消毒灭菌处理、储藏。因此,培养实验室应包括无菌操作区、观察和实验区、清洗和准备区、储藏区。在空间条件许可的情况下,应有单独的房间作为细胞培养实验室,进行细胞培养和其他无菌操作,常规操作在一室,洗刷消毒在另一室(图 2-1)。如果条件有限而只能在一个室内时,则可采用划分功能区的方法或将一个房间分隔出一个小的空间用于细胞培养,应把进行无菌操作的洁净区设在人员活动较少的内侧,从而避免因人为因素所造成的污染或其他影响;洗刷灭菌区在房间内所处位置应与无菌操作区相对;准备和储存区位于两者之间,前者应靠近洗刷灭菌区,后两个功能区应靠近无菌操作区(图 2-2)。

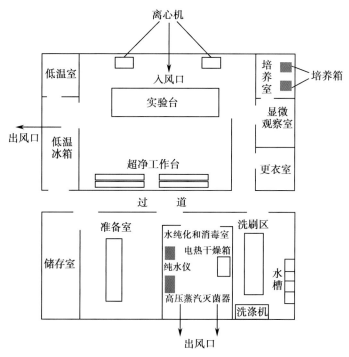

图 2-1　多房间培养室布局

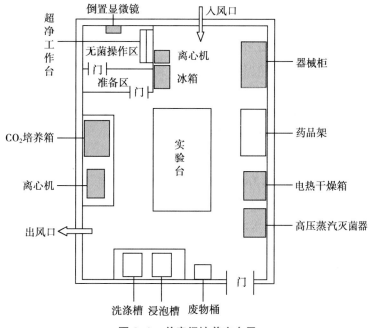

图 2-2　单房间培养室布局

（一）无菌操作室

无菌操作室是进行细胞培养及其他无菌操作的区域,应具无菌、清洁、干燥、不通风等条件。理想的无菌室应包括更衣室、缓冲间和无菌操作间三部分,但条件不许可时仅有操作间亦可,不过最好有一个缓冲间,这样有助于保持操作间的无菌环境。无菌室可用木料或铝合金材料分隔,上半部安装玻璃以利于采光,但不宜处于日光直接照射的位置。天花板不宜太高,一般不超过 2.5m,以保证紫外线消毒的效果。可在室内上方安装一排气装置,以排出紫外线消毒后产生的臭氧,以防臭氧对工作人员的健康的损害。有条件的实验室可安装冷暖空调机以便于冬、夏季工作,但空调机不宜正对超净台,以防空气对流引起污染。一般无菌室内不设水槽,以排除污染源。废弃的液体等可先收集于容器,再转移至无菌室外处理。

更衣室处在最外,用于更换衣服、鞋子、穿戴帽子和口罩等。缓冲间位于更衣室与操作间之间,是为了保证操作间的无菌环境,同时,冰箱、冷藏器、消过毒的无菌物品及一些必需的小型仪器可放置于此。对于无菌条件要求很高的实验室,缓冲区最好安装风淋设备。无菌操作间一般是细胞培养实验室内的一个专设小房间,专用于无菌操作及细胞培养。无菌操作间必须密闭,安装有紫外线灯和空气过滤的恒温恒湿装置。无菌室的地面、墙壁必须平整耐水,无死角,以便于清洗和消毒。工作台要远离墙壁,台面应处于水平状态,要光滑压塑,最好为白色或浅灰色,以利于解剖组织及酚红显示 pH 的观察。工作台上的架设,如移液架和仪器等都只用于无菌工作(如手持吸管和器械时)。无菌操作间应具备相应的空气净化设施,环境应达万级洁净度,见表 2-1。

（二）孵育区

相比无操作菌区,该区对无菌的要求没那么严格,但仍需清洁无尘,故也应该设在干扰较少而非来往穿行的区域。孵育可在 CO_2 恒温培养箱或可控制温度的温室中进行,但后者费用较高,一般实验室多采用 CO_2 培养箱进行工作。

（三）观察和实验区

体外培养的细胞通常需要定时在显微镜下观察,以了解其生长情况或者进行实验研究。该区需有放置显微镜的实验台,目前观察细胞所用的一般是带有光源系统的倒置相差显微镜,故对观察区光线强度无特殊要求。另外,为方便工作,此区一般设于靠近细胞培养的区域。

（四）清洗消毒和准备区

该区主要用于培养器皿的清洗、准备、泡酸、高压蒸汽消毒以及培养液及相关培养用液体的制备等等。其中,清洗区应与其他实验室或功能区域分开,以免潮湿和酸液蒸汽的影响。

（五）储存区

存放各种冰箱、干燥箱、液氮罐、无菌培养液、培养瓶等的区域,此环境也需清洁无尘。

三、细胞培养实验室的基本设备

细胞培养室的基本设备包括:一个无菌间、一个超净工作台和一个培养箱。

（一）无菌间

无菌间(sterile room)是细胞培养工作必不可少的无菌操作空间,应设于实验室的相对僻静、专做组织培养工作的地方,该地方应没有过道及没有灰尘、气流等因素的干扰。为达到无菌空间的基本要求,无菌间要满足下列条件:①密闭性好;②通风透气性好;③适合于消毒;④进出时不影响其无菌性。

在无菌间操作时应注意以下几个方面:

1. 应保持清洁,严禁堆放杂物,以防污染。已污染的灭菌器材和培养基应立即停止使用,并按要求进行严格处理。

2. 应定期用 5% 的甲酚溶液、70% 的乙醇或 0.1% 的苯扎溴铵溶液等适宜的消毒液灭菌清洁,以保证无菌间的洁净度符合要求。

3. 要带入无菌间使用的仪器、器械、平皿等物品,均应包扎严密,并应经过适宜的方法灭菌。

4. 无菌操作的工作区域应保持清洁、宽敞,可暂时放置如试管架、移液器等必要物品,其他实验用品用完后应及时移出,以利气体流通。实验用品用 70% 乙醇擦拭后才能带入无菌操作台内。

5. 实验操作应在操作台中央无菌区域内进行。

6. 工作人员进入无菌间前,必须用肥皂或消毒液洗手消毒,然后穿戴上实验服和手套后方可进入无菌间进行操作。对于来自人源性或病毒感染的细胞株应特别小心,并选择适当等级的无菌操作台(至少两级)。操作过程中,要小心二甲基亚砜(DMSO)等有毒性试剂的伤害。

7. 使用无菌间前必须打开无菌间的紫外线灯辐照 30 分钟以上,然后打开超净台风机吹风 30 分钟以上。操作完毕后应及时清理无菌间,再用紫外线灯灭菌 20 分钟。

8. 要定期检查 CO_2 培养箱内 CO_2 浓度、温度、湿度,检查无菌操作台内气流压力等;定期更换紫外线灯管及预滤网、HEPA 过滤器滤膜。

(二)超净工作台

超净工作台(clean bench)安装方便,操作简单,占据空间小,使用效果好,在没有无菌室时,也可利用超净工作台进行细胞培养工作。操作简单,安装方便,占用空间小且净化效果很好。

1. **工作原理**　超净工作台利用空气层流装置排除工作台面上微生物在内的各种微小颗粒。具体如下:内置鼓风机驱动室内空气经过粗过滤器进行初滤,然后由离心风机压入静压箱,再经高效过滤器(high efficiency particulate air filter,HEPA)进行精滤,经两次过滤后的洁净气流以一定的均匀断面风速缓缓通过台面上部空间,从而使操作区形成无菌无尘的高洁净度环境。同时,在接近外部的一方形成一道高速流动的气帘防止外部带菌尘空气进入。

2. **超净工作台的分类**　根据气流方向不同将超净工作台分为侧流式(或称垂直式)、外流式(或称水平层流式)两类(图 2-3)。侧流式工作台为封闭式,净化后的气流由左或右侧通过工作台面流向对侧,也有从上向下或从下向上流向对侧,从而形成气流屏障保持工作区无菌,但可能会因为在净化气流与外界气体交界处形成负压而使得少量未净化气体进入。外流式工作台为开放式,净化后的空气面向操作者流动,使外方气流不会混入操作区,但在进行有害物质实验操作时则对操作者不利,故现在很少使用。

3. **超净工作台的选择**　如果实验室具有出入受限、被完全隔离且清洁的房间,无菌操作就无需使用洁净台。但对大多数条件受限制的实验室来说,洁净台显然是提供无菌条件的最简便的方式。通常,一个洁净台足够供 2~3 人使用。水平洁净台价格相对便宜,且能为体外培养物提供最好的无菌庇护,但这仅适于制备培养基和其他无菌试剂及培养较低等的动物细胞。若涉及繁殖病毒的培养物、放射性核素、致癌的或有毒的药剂等具有潜在生物危害的材料,则应在Ⅱ级或Ⅲ级生物危害洁净橱中处理。现在,大多数实验室将洁净台设为二级微生物安全性通风橱。

超净工作台的选择原则是工作台面至少足够一个人用,环境要安静,工作区内以及工作台面下方易于清洗;座椅舒适;操作者前面的玻璃屏应能上下移动或完全移开,以便于工作台的清洗维护。

4. **超净工作台的维护和保养**　为延长超净工作台的使用寿命和提高使用效果,对其进行维护和保养是必要的。具体的维护、保养措施如下:

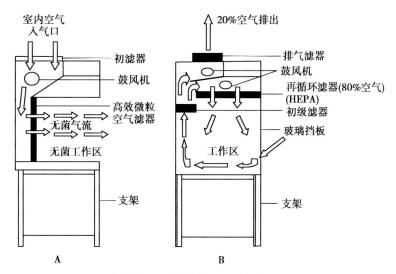

图 2-3　外流式及垂直式超净工作台结构和原理示意图

A.外流式　B.垂直式

（1）超净工作台一般安装在隔离好的无菌间或者无日光直射、清洁无尘的房间内，以避免灰尘过多使滤器阻塞，净化效果降低导致的使用寿命缩短。

（2）新安装的或长时间未使用的超净工作台使用前必须对工作台和周围环境用真空吸尘器或不产生纤维的工具进行彻底清除，再采用药物灭菌法或紫外线灭菌进行灭菌处理。工作台面则用1‰甲酚皂溶液或75%乙醇擦拭。

（3）超净工作台内不应放置与细胞培养无关的其他物品，以保持洁净气流流向不受干扰。使用前先打开紫外线灯灭菌30~60分钟以杀灭工作区内积存的微生物，关灭菌灯后再打开风机使之运转2分钟再进行操作。

（4）使用完毕后应及时清理台面上的物品，并用75%乙醇擦洗台面以保持洁净。

（5）在非无菌操作区内使用的净化台，要注意过滤器的过滤效果。尤其要注意净化区内气流的变化，一旦感到气流变弱，如酒精灯火焰不动，加大电机电压仍未见情况改变则说明滤器已被阻塞，应及时更换。一般情况下，高效过滤器2~3年更换一次，粗过滤器中的过滤布3~6个月进行一次清洗更换。更换高过滤器应请专业人员操作，以保持密封良好。

（6）停止使用前最好用防尘布或塑料布将超净工作台套好，以免灰尘沉积，并定期测试超净工作台各项功能是否达到要求，如进行无菌试验、定期检查台面空气的洁净度等。

（三）培养箱

体外培养的细胞与体内细胞一样，需要在合适的温度和pH下生存。培养工作既可在培养箱（culture incubator）中进行，也可在控温温室中进行，若一或两台培养箱就能满足需要，那么用培养箱是相对经济且节省空间的最好途径。常用的培养箱包括电热恒温培养箱、湿式CO₂培养箱和厌氧培养箱。

1. 电热恒温培养箱　培养箱要具有较高的温度灵敏度。一般选购隔水式或晶体管式控温培养箱，该培养箱灵敏度高，温度控制较恒定。根据工作原理可将电热恒温培养箱分为隔水式和气套式两种。电热恒温培养箱价格较便宜，但只适于细菌培养和封闭式细胞培养，并常用于有关细胞

培养器材和试剂的预温和恒定。

2. CO₂培养箱　CO₂培养箱是细胞培养水平提高和培养器皿多样化后提出的高要求产物，它除有恒温培养箱的性能外，还能够恒定供应细胞培养时所需要的CO₂（一般浓度5%），维持培养液酸碱度稳定，适于开放或半开放培养。此外，还具有杀菌、安全等其他完善的辅助功能，故在动物细胞培养、病毒增殖、细菌培养中被广泛采用。CO₂培养箱种类繁多，根据工作原理，可分为气套式CO₂培养箱、水套式CO₂培养箱、红外CO₂培养箱、高温灭菌培养箱、光照低温培养箱、恒温恒湿培养箱等。CO₂培养箱价格较贵，但使用方便，CO₂分压和温度容易控制。CO₂浓度通过CO₂检测装置控制，空气通过自然对流在培养箱内循环，以保持CO₂水平和温度均一。当使用不透气瓶盖培养瓶时，可将瓶盖稍微旋松，使之与外界保持通气状态，因此培养箱内空气必须保持清洁。为避免污染，要定期用紫外线灯照射或者75%乙醇擦拭对培养箱进行消毒。另外，要维持箱内温度、湿度恒定，可用无菌蒸馏水定期注入外箱内，或将无菌潮湿的纱布置于托盘内，然后放入CO₂培养箱，使箱内始终保持稳定的相对湿度，防止培养液蒸发而影响细胞的生长。

培养箱大小的选择由使用人数和培养物类型决定。当多人同时进行细胞培养时，可以选用一个中型培养箱（可同时放置1 000个细胞培养板，或存放完成10次实验所需要的培养物）。若人员较少，则一台小型培养箱就可满足需要。CO₂培养箱，特别是有加湿器的CO₂培养箱必须经常清洗。所以，内部应易于拆卸，不留难以清洁的缝隙和死角。培养物从培养箱取到洁净台或其他无菌台使用时，应用酒精擦拭培养瓶、培养皿或装它们的箱子，然后再进行下一步操作。

3. 厌氧培养箱　亦称厌氧工作站或厌氧手套箱，是迄今为止国际上公认的培养厌氧菌的最佳仪器之一。厌氧培养箱是一种在无氧环境条件下进行细菌培养及操作的专用装置。它能提供严格的厌氧环境、恒定的温度培养条件，具有一个系统化、科学化的工作区域。一般由恒温培养室、厌氧操作室、取样室、气路及电路控制系统、箱架、瓶架、熔蜡消毒器等组成。那么厌氧培养箱如何进行操作和使用？具体如下：

（1）接通电源开关，指示灯亮，干燥箱电源接通。

（2）将保护旋钮调至略低于工作温度，按开关，干燥箱即开始工作升温。

（3）达到所需温度时，按调控旋钮，调温指示灯灭。

（4）同一台恒温箱不能同时烘样品和仪器，若混合使用，应延长样品烘干时间。

（5）箱内不应存放对金属有腐蚀性的物质，如须在恒温箱内烘干滤纸、脱脂棉等易燃物品，恒温箱内温度不宜过高或时间过长，否则会有燃烧起火的危险。

（6）要烘干的物品不要直接放在隔板上，应置于称量瓶或玻璃皿内。

（7）观察箱内情况，隔玻璃门观察即可，勿打开玻璃门。

（四）倒置显微镜

倒置显微镜（inverted microscope）是细胞培养实验室日常工作所必需的常规设备之一，便于定期观察和掌握细胞生长及有无污染等情况，从而便于及时调整培养条件，对细胞进行传代。可根据需要购置简易的、可对活细胞进行拍摄的带有照相系统的高质量相差显微镜、立体显微镜、荧光显微镜、录像系统或缩时电影拍摄装置等，以便随时观察、记录、摄影细胞生长情况。

第二节　培养仪器和材料

除以上介绍的仪器设备外，有些仪器材料也是细胞培养中经常用到的，如细胞观察与计数设备（如细胞计数板）、细胞保存设备（如生物液氮储存器）、消毒灭菌相关设备（如压力蒸汽消毒器、电热恒温干燥箱）、移液设备（如微量移液器）、细胞培养其他相关设备（如纯水蒸馏器、离心机）以及培养器皿等。

一、常用仪器设备

细胞培养所用的无菌室、超净工作台、电热干燥箱、无菌过滤器、洗刷装置、高压蒸汽灭菌器等为细胞培养的无菌条件提供保证；水纯化装置、培养器皿、CO_2 培养箱等为细胞体外生存提供合适场所、适宜的温度、湿度、酸碱度和气体环境，并为其合理的营养配制提供保障；倒置显微镜、酶标仪、振荡器、离心机、移液器、细胞计数板等用于观察和检测细胞生长情况及生理功能；冰箱和液氮罐用于贮存各种培养用液和组织细胞。

（一）电热鼓风干燥箱

电热鼓风干燥箱（electric blast drying oven）主要用于烘干和干热消毒玻璃器皿及在细胞培养中使用的某些器械。现在常使用的鼓风式干燥箱，升温较慢，温度均匀，效果较好。一般电热鼓风干燥箱的温度达到160℃以上，干燥2小时以上才能达到灭菌目的。使用电热干燥箱时应注意：鼓风与升温应同时开始，待温度达到100℃时即可停止鼓风。严格禁止先升温后鼓风的错误操作，因为温度较高时鼓风使新鲜空气进入，局部高温可能会导致意外起火，或使消毒的玻璃器皿破裂。干燥箱的散热板不能放置物品，放置样品时不能堵塞风道及排气孔，箱内物品不宜过挤，以免影响热空气对流。放入物品后应将箱顶部的气孔打开，以便潮湿空气外流。干燥时应逐步缓慢升温，严禁干燥易燃易爆及酸性物品，且严禁干燥箱附近放置有机溶剂、高压气瓶等易燃易爆物品及酸性和腐蚀性物品。干热消毒后，要待温度自然降至100℃以下时再打开箱门，以免玻璃器皿遇到冷空气而炸裂；金属器械、塑料制品、橡胶等不能在电热干燥箱内消毒。离开实验室时一定要切断电源，以防干燥箱调节器失灵。

（二）无菌过滤器

目前，细胞培养工作中采用的培养用液，如人工合成培养液、血清、胰蛋白酶消化液，常含有维生素、蛋白、多肽、生长因子等物质，这些物质在高温或射线照射下易发生变性或失去功能。故上述液体常采用滤过消毒以除去有害细菌等微生物。无菌过滤器（sterilizing filter）包括各种型号和规格的一次性定型产品和反复使用的 Zeiss 不锈钢滤器、玻璃滤器、微孔滤膜滤器，各种滤器有其使用原理和特点。常用的除菌滤器有 G6 除菌滤器、石棉板滤器和 0.22μm 微孔滤膜滤器。其中，0.22μm 微孔滤膜（在滤器中常用）质薄且均匀，滤过效果好，故被广泛采用。

（三）高压蒸汽灭菌器

高压蒸汽灭菌（简称高压灭菌）可杀灭芽孢

等所有微生物,是灭菌效果最好、应用最广的灭菌方法。具体方法如下:将待灭菌的物品放入高压锅内(物件不宜过多),加热时蒸汽不外溢,高压锅内温度随蒸汽压的增加而升高。在103.4kPa蒸汽压下,温度达到121.3℃,维持15~20分钟可达灭菌目的。灭菌器的种类很多,使用者可根据自己的需要选择产地、型号、容积和自动化程度不同的压力蒸汽消毒器。其中的高压蒸汽灭菌器(high pressure steam sterilizer)根据沸点与压力成正比的原理设计而成,灭菌效果比流通蒸汽灭菌器好。可对培养用三蒸水、布料、金属器械、玻璃器皿、部分塑料制品、胶塞等橡胶制品以及 Hank液、PBS 等加热后不会发生沉淀的无机溶液进行消毒灭菌。

目前,高效、安全、方便的高压灭菌装置,如脉动真空灭菌器已经上市,这类灭菌器能帮助使用者在灭菌的同时监测容器内的压力和温度,确保灭菌的质量和安全,并可通过记忆支持系统改变灭菌、排气、加热等参数,即使在灭菌过程中停电,预设参数也不会丢失。

【使用注意事项】

1. 禁止用于消毒任何含有破坏性材料和含碱金属成分的物质。否则将导致爆炸或腐蚀内胆和内部管道,以及破坏垫圈。

2. 灭菌过程中或灭菌器内仍有压力时须紧闭盖子。待灭菌器中压力自行降至零时才可慢慢打开气门进行放气,排气完毕后方能开盖取出灭菌物品,气未排完切不可开盖。

3. 保持灭菌器的水位处在水位线的标记处,水量过多或过少均不妥。

4. 要将灭菌器内的空气排干净,否则会影响灭菌效果。

5. 待灭菌的液体应盛入耐高温高压的玻璃瓶中,不要灌注太满(一般为总容量的1/2~3/4)。瓶塞要有通气口。

6. 含有盐分的液体漏出或溢出时,要及时擦干净,沿着盖子的密封圈要彻底擦干,否则会腐蚀容器和管道。

7. 灭菌结束后,要旋开放水旋钮排净灭菌器中的水。

8. 保持灭菌器无水垢。水垢清除方法:向10L清水中加入750g氢氧化钠和250g煤油,混匀后注入消毒器中,浸泡10~12小时后洗刷。

9. 应定期用温度计、消毒指示剂检测所需的温度和时间,掌握可靠的消毒质量。

10. 应定期校正压力表,若发现问题,及时由专业人员检修。

11. 容器盖上的橡胶密封垫圈老化或破损后,应及时调换。

(四)酸缸

酸缸(acid tank)是用来装硫酸或重铬酸钾与硫酸的混合液、硝酸、盐酸等液体的容器,用来浸泡实验器皿以去除玻璃器皿壁上的污物。缸内的铬酸洗液由于具强腐蚀性,因此加取物件时需戴熔胶手套、穿长袖工作衣。铬酸洗液配制如下:称取一定量的重铬酸钾,于干燥研钵中研细,然后将此细粉放入大烧杯中,加入蒸馏水后置于石棉网上加热至沸腾,并搅拌使其溶解。待冷后,将重铬酸钾液倒入酸缸中,缓慢加入浓硫酸并不断搅拌,充分混合溶解,勿使温度过高,容器内容物颜色渐变深,并注意冷却,直至加完混匀。操作时务必注意安全,穿戴好耐酸手套和围裙,防止洗液溅到皮肤和衣物上。万一不慎溅到皮肤上应立即用大量清水冲洗。

【注意事项】

1)防止腐蚀皮肤和衣服。

2)防止吸水。

3)洗液呈绿色时,表示失效,需重新制备。

4)废液用硫酸亚铁处理后再排放。

(五)洗刷装置

有些组织培养器皿需反复使用,所以洗刷必不可少。在一次性用品日益增多的今天,使用一次性用品存在不经济、浪费资源和污染环境等缺点;另外,反复使用的玻璃器皿有利于细胞生长。玻璃器皿可人工洗刷或用超声波等洗涤装置(washing apparatus)洗涤。现在,市面上出售的全自动清洗机因创造性地将超声波清洗机、纯水机、洗瓶机融合为一体,在微电脑控制下,自动完成清洗剂加注、浸泡、漂洗、超声波、去离子水喷淋、烘干整个清洗过程,清洗速度快、洁净度高、一致性好,避免器皿的污物残留对检测结果造成影响,因而被国内外大多数实验室所采用(图2-4)。

图 2-4　全自动玻璃瓶清洗机

（六）纯水及超纯水装置

水是细胞赖以生存的主要环境,营养物质和代谢产物都必须溶解在水中,才能为细胞吸收和排泄。对于体外培养的细胞来说,水是所有细胞培养用液和试剂中最简单、但也是最重要的组分。细胞培养对水的质量要求较高,培养用水中如果含有一些杂质,即使含量极微,有时也会影响细胞的存活和生长,甚至导致细胞死亡。

水中的杂质对水质有不同影响:①离子,平衡渗透压;②微生物,污染,改变微环境如 pH,影响增殖,死后释放内毒素等;③内毒素,改变细胞外形、活化细胞、促进或抑制细胞分裂、影响细胞附着等;④有机物,水中有机物所含碳的总量可间接反映出水中细菌和内毒素的含量,应控制在合理范围内,以免影响细胞培养。

水质评价常用的指标:①电阻率（electrical resistivity）,衡量实验室用水导电性能的指标,单位为 MΩ·cm,随着水内无机离子的减少电阻数值逐渐变大;②异体菌落数（heterotrophic bacteria count, HBC）,衡量实验室用水微生物的指标,单位为 cfu/ml;③有机物（total organic carbon, TOC）,水中碳的浓度,反映水中可氧化的有机化合物的含量,单位为 μg/L 或 ppb;④内毒素（endotoxin）,革兰氏阴性菌的脂多糖细胞壁碎片,又称为“热原”,单位 EU/ml。

参考国际标准化组织的实验室纯水规范 ISO3696,美国临床实验室标准化协会（Clinical and Laboratory Standards Institute）及美国试验和材料学会（American Society for Testing and Materials）D1193 的试剂纯水规范,我国 GBT 6682 和 GBT 30301 的试验用水指导,《实验细胞资源的描述标准与管理规范》用水指导,结合多年的实验操作经验。细胞培养的水质要求:①一定要无菌,HBC<0.01cfu/ml;②无蛋白及核酸酶和内毒素;③无内毒素或无热源,<0.03EU/ml;④TOC<5ppb,一些重金属（镉）毒害大,即便是很低剂量（<0.1ppb）也有影响;⑤电阻率≥18MΩ·cm。

细胞培养以及与各种培养液和试剂的配制用水均需要经过严格的纯化处理;即使是玻璃器皿,在用自来水冲洗过后也应至少用超纯水漂洗三次以上。目前,市场上供应的纯水装置种类较多,比如自来水进水同时制备二级纯水和超纯水的一体化纯水装置,可以由自来水进水通过预处理柱、反渗透柱及电去离子（EDI）模块等纯化后达到二级纯化水,储存于水箱中以满足日常的清洗;水箱中的水再经过超纯化柱去离子,紫外灯照射杀菌和降低有机物,最后经终端除内毒素滤器达到无菌无热源的超纯水。反渗透一体化纯水设备见图 2-5。

纯水的储存对保持水的质量也是至关重要的,由于周围环境和空气中的二氧化碳更容易使水污染改变其 pH,所以储存水的容器要尽量密封,避免和外界过多接触,抑制微生物生长。目前,Genie 纯水设备会对纯水水箱配备紫外消毒模块和去除二氧化碳的过滤器,能够最大限度的保证水箱内的纯水水质。

对于超纯水而言尤其需要格外注意终端水质的 TOC、电阻率、细菌和内毒素的含量,必须做到即取即用。因此取水的远程监控和水质实时监测就显得尤为重要。目前已有厂家可以提供主机和手柄通过无线连接,将水机和取水手柄分别放在洁净间的内外,通过无线控制取水手柄达到超纯水的取用和实时检测水的电阻率和 TOC 数值,非常适合无菌环境下的操作,最大限度减少污染。

【注意事项】

1）超纯水应当注意使用时间,最好即取即用。防止超纯水吸收外界的杂质导致水质下降。

2）在合适的环境使用超纯水。环境中的挥发性有机物、细菌等都会影响细胞培养。

3）培养细胞的容器应当洁净无污染。

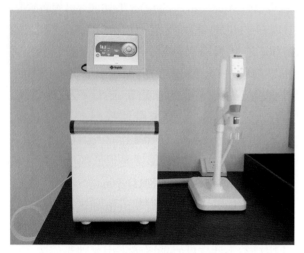

图 2-5 反渗透一体化纯水设备

（七）天平

常用的天平（scale）有扭力天平、分析天平及各种电子天平。选择什么级别的天平要取决于所称取物质的量和称量精度。天平的感量一般包括 0.1、0.01、0.001mg。要求精确称量并且取样量大于 100mg 时，应选用感量为 0.1mg 的天平；若取样量在 10~100mg 之间时，选用感量为 0.01mg 的天平；若取样量小于 10mg，选用感量为 0.001mg 的天平。

（八）磁力搅拌器

目前，市场上出售的磁力搅拌器（magnetic mixer）种类多样，但其主要作用都是快速搅拌以加快样品的溶解。选择磁力搅拌器要依具体的细胞培养工作而定。当用悬浮培养物和胰蛋白酶催化组织解离时，一般用恒温搅拌器；若溶解试剂，最理想的是用带产热板的磁力搅拌器，这样可以加速溶解。使用时要注意的是，最好把溶液放在室温下的搅拌器上搅拌，因为在 37℃ 下搅拌时间过长会引起微生物滋长，因此应在稍高温度下对溶液作短时搅拌。

（九）pH 计

对于大多数溶液来说，用酚红就能指示 pH 大小，但对于不能加酚红的溶液（如制备荧光分析的培养物和制备母液时），就需要用到 pH 计（pH meter）。pH 计包括台式和笔式两种，分辨率在 0.01 以上，精确度浮动范围为 ±0.02。

（十）离心机

进行细胞培养时，在一些常规操作（如对细胞进行漂洗、分离和收集）过程中均需要用到离心机（centrifugal machine）。常用离心机转速在 80~100g/min。故普通的可调速小型台式离心机就能满足实验需要，离心机速度过大可能会引起细胞损伤或使血小板凝集。如果需要离心大量悬浮培养物，则需要一台大容量低温离心机。若要开展其他复杂的研究，如细胞脱核、DNA 和 RNA 抽提等，则需购置高速、可调温的高档离心机。

（十一）恒温水浴锅

为保证培养用液的质量，防止微生物滋长，要求将与细胞直接接触的液体贮存在 -4℃ 或 -20℃ 冰箱内，使用时需在恒温水浴锅（thermostat water bath）中将溶液预热。另外，有些时候处理材料也应在水浴锅中进行。

（十二）冰箱

各种培养用液、酶、血清、抗体和某些试剂等都需要贮存在 0℃ 或 0℃ 以下的环境中。不同生物制品保存要求不同，有的在保鲜温度（4℃）冷藏即可，有的则须低温（-20℃）甚至超低温（-70℃ 以下）保存。

实验室最好有一台普通冷藏冰箱和一台低温冰箱或超低温冰箱。前者主要用于储存培养液、生理盐水、Hank 液、消化液等培养用液和短期保存的组织标本。后者用于保存需较长时间存放的制剂，如酶、血清和组织标本等。

注意：细胞培养室要有专用的冰箱，冰箱应保持清洁，防止污染，不放易挥发、易燃或有毒有害的物品、试剂。

（十三）液氮容器

主要用于组织、细胞等活生物材料的长期保存。液氮罐有多种类型和规格。容量大小从 5~500L 不等，可存放 250~15 000 个 1ml 的安瓿瓶。液氮容器的选购要综合考虑容积大小、储藏物取放是否方便及液氮挥发量大小等三种因素。目前，国内大多数实验室已广泛使用新型的细胞冷冻储存器。市场上提供的各种新型细胞冷冻储存器具有性能优异、使用方便等特点。另外，多种规格的先进液氮运输、供应罐系列不仅移动方便，还可通过连接管给储存罐补充液氮，提高工作效率，保证样品安全。

【注意事项】

1）液氮容器为双层结构，要轻拿轻放。

2）液氮罐初次使用时，加液氮时要缓慢，以免因温度骤降而损坏容器。

3）搬动液氮时要小心。

4）用专用液氮注入装置向液氮罐中灌注入液氮。

5）由于液氮温度低至 -196℃，因此使用时勿溅到皮肤上，以免引起冻伤。

6）由于液氮不断挥发，因此不要密封液氮容器口，同时，经常注意存留的液氮量，根据液氮挥发程度定期加注液氮，避免挥发过多而致细胞受损。

7）加注液氮和取放材料时，应戴防护镜、厚手套，穿保护鞋，以防液氮飞溅伤人。

（十四）血细胞计数板及电子细胞计数仪

细胞计数是细胞培养中必不可少的工作。虽然市场常有全自动细胞计数仪，但血细胞计数板（blood cell counting plate）仍是最经济、最简便的选择，此外，它还适用于通过染色（如台盼蓝染色）测定细胞活性。电子细胞计数仪通过配套芯片等对应耗材，对细胞进行快速准确的计数和初步分析。

（十五）微量移液器

也称为微量加样器，用以保证实验样品或试剂含量精确，重复性良好。目前，市面上出售各种能高温消毒的、不同通道的各种移液器，从而确保加样的准确、快速、方便并能达到无菌要求。按是否手动可分为手动移液器和电动移液器；按量程是否可调分为固定移液器和可调移液器；按排出的通道为单道、8 道、12 道、96 道等。移液器常用的规格有 0.5~10μl、5~100μl、20~300μl、50~1 000μl 和 100~5 000μl 等，满足了常规的需要。移液器的选择依据以下几点：①性能上，准确性和重复性；②耐用性上，移液器的使用寿命，仅需要很少的维护或维护成本低；③舒适度上，手感舒适，吸排液操作力轻，避免重复性肌劳损，退吸头力小；④售后服务上，选择厂商具有售后服务的品牌。

（十六）培养器皿

体外培养需要各种器皿，如培养瓶、培养皿、溶液瓶等，下一节将做详细介绍。

二、培养器皿与其他材料

体外培养细胞所用的器材品种较多，如培养器皿、三角烧瓶、烧杯、量筒、漏斗等。培养器皿包括一次性中性硬质玻璃制品、透明光滑的特制塑料制品（如聚苯乙烯材料）和可反复使用的器皿。一次性培养器皿使用方便，壁薄、利于观察细胞，减少了清洗带来的额外工作量，但价格较昂贵。最佳的选择是采用可反复使用的玻璃培养器皿为主，辅以使用一次性培养器皿。

（一）玻璃器皿

细胞培养用玻璃器皿（glass vessel）往往由无毒、透明度好的中性硬度玻璃制成。玻璃表面具有亲水性，不用特殊处理，一般细胞就可贴附生长；玻璃的透明度好，便于观察；易于清洗消毒，可反复使用。缺点是易碎。

1. 液体储存瓶　俗称玻璃瓶，主要用于配制、储存各种配制好的细胞培养用液和血清，常用的储液瓶包括带翻帽胶塞的盐水瓶和带塑料旋盖的盛液瓶两种，体积一般为 100、250、500ml。

2. 培养瓶　主要用于培养细胞。用于细胞传代培养的培养瓶瓶壁要求高透明度，厚薄均匀平整，以利于细胞贴壁生长和实验人员观察；瓶口大小一致，口径一般不小于 1cm，便于吸管伸入瓶内任何部位。现用的培养瓶瓶盖通常为螺旋盖，既适合封闭式培养，又适合开放或半开放培养。国产培养瓶的规格以容量（ml）表示，如 15、25、75、100、200、275ml 等；进口培养瓶则多以底面积（cm²）表示。

3. 培养皿　用于培养、分离、处理组织，细胞克隆培养，单细胞分离及细胞繁殖等工作。常用的规格有 3.5、5、6、9、10cm 等（表 2-2）。

4. 吸管　主要分为刻度吸管和无刻度吸管。刻度吸管（也叫长吸管）主要用于吸取和转移液体，常用规格有 1、2、5、10ml 等几种。其改良后管上部有球型刻度称改良吸管。无刻度吸管（也称短吸管或滴管）分为直头和弯头两种，除用于吸取、转移液体外，弯头尖吸管还常用于吹打、混匀及传代细胞。

5. 移液管　又称定量吸管、吸量管，是一种量出式仪器，是一根中间有一膨大部分的细长玻璃管，用来准确移取一定体积的溶液。其一端为尖嘴状，另一端管颈处刻有一条标线，是所移取准确体积的标志。常用的移液管量程有 1、2、5、10、25、50ml 等。通常又把带有刻度的直形玻璃管称为吸量管(图2-6)。常用的吸量管量程有1、2、5、10ml等。两者所移取的体积通常可精确至0.01ml。根据所移溶液的体积和要求选择合适规格的移液管使用,在滴定分析中准确移取溶液一般使用移液管,反应需控制试液加入量时一般使用吸量管。

表 2-2 常用的培养器皿及可获得的细胞数

培养器皿	加液量 / ml	表面积 / cm²	预期细胞产量
培养瓶			
25ml 玻璃瓶	4	19	5×10^6
100ml 玻璃瓶	10	37.5	6×10^7
250ml 玻璃瓶	15	78	7×10^7
25cm² 塑料瓶	5	25	5×10^6
75cm² 塑料瓶	15~30	75	2×10^7
培养皿(直径)			
3.5cm	2	8	2×10^6
5cm	4	17.5	4×10^6
6cm	5	21	5×10^6
9cm	10	49	1×10^7
10cm	10	55	1×10^7
培养板*			
144 孔	0.1	0.3	1×10^5
96 孔	0.1	0.3	1×10^5
24 孔	1	2	5×10^5
12 孔	2	4.5	1×10^6
6 孔	2.5	9.6	2.5×10^6
4 孔	1	2	5×10^5

本表为 HeLa 细胞数值;*培养板加液量、表面积及预期细胞产量均为每孔数据

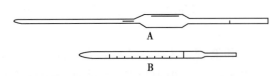

图 2-6 移液管(A)和吸量管(B)示意图

【注意事项】

1)移液管和吸量管不应在烘箱中烘干。

2)移液管和吸量管不能移取过热或过冷的溶液。

3)同一实验中尽量使用同一支移液管。

4)移液管使用完毕后,先后用自来水和蒸馏水冲洗干净,然后置于移液管架上。

5)在使用吸量管时,为减少测量误差,每次都应从最上面刻度(0刻度)处为起始点,往下放出所需体积的溶液,而不是需要多少体积就吸取多少体积。

6)移液管有老式和新式两种,老式管身上标有"吹"字样,需要用洗耳球吹出管口残余液体。新式管则无,故禁止用洗耳球吹出管口残余,否则会导致量取液体过多。

6. 离心管 离心管是细胞培养中使用最广泛的器皿,主要用于细胞的离心、漂洗及分离。根据用途不同其形态也各异,细胞培养中常用的离心管有大腹式尖底离心管和普通尖底离心管两种。前者常见有50、30、15ml等规格,后者多见10ml 和 5ml 两种。

(二)塑料器皿

塑料器皿(plastic vessel)的优点是透明平坦、无毒、利于细胞生长。该类制品主要为进口物品,一般在消毒灭菌后密封包装,均为一次性的。其中,聚苯乙烯材料由于透光好、强度大和易塑性而成为一次性培养皿(板)等细胞培养耗材的首选材料。细胞培养中常使用的塑料器皿包括各种培养瓶、培养板及培养皿等。

1. 培养瓶 塑料培养瓶均带螺旋帽,螺旋帽包括两种,一种是顶面透气,只适于开放式培养;另一种不透气,既适用于密封培养,又适用于开放式培养。常用规格从 10~600ml 不等。

2. 多孔培养板 由底板和盖板两部分组成,底板上有圆孔数个,用于单细胞克隆、生长曲线的测定、药物测试和细胞毒性检测等各种检测实验。其优点是节约样本和试剂,可同时测试大量样本,易于无菌操作。根据底板圆孔数目,将培养板分为各种规格,常用的包括144孔、96孔、24孔、12孔、6孔和4孔。

3. 培养皿 塑料培养皿的形状、用途和规格与玻璃培养皿相同。但并不是所有的塑料培养皿都适于细胞培养,购买时要特别注意。

4. 离心管 塑料离心管的优点是透明或者是半透明,硬度小。缺点是易变形,抗有机溶剂

腐蚀性差,使用寿命短。塑料离心管都有管盖,其一是以防样品(尤其是有放射性或强腐蚀性的样品)外泄;其二是防止样品挥发和防止离心管变形。塑料离心管的材质一般是聚乙烯(PE)、聚碳酸酯(PC)、聚丙烯(PP)等,其中聚丙烯制成的离心管性能最好。目前市面上出售的离心管有各种类型,按大小分为大型离心管和微量离心管等。其中,大型离心管常见规格有50、15、10ml,微量离心管也叫Eppendorf(Ep)管,常见规格有0.2、0.5、1.5、2ml。

(三)其他材料

细胞培养中需要的材料还有放置吸管进行消毒的吸管筒(玻璃制或不锈钢制),做标记用的记号笔(多为进口防水笔、黑色最佳),用于盛放小件物品材料以便消毒的铝制饭盒或贮槽,套在吸管顶部的橡胶吸头,封闭各种瓶、管的胶塞或盖子,用于冻存细胞的细胞冻存管或安瓿瓶,各种规格的毛刷、吸球、三角瓶、量筒、烧杯、试管、漏斗、注射器和消毒筒;超净工作台上无菌操作时用的酒精灯,供实验人员操作前清洁消毒手使用的盛有酒精或其他消毒液的微型喷壶等。其中有些材料如量筒、烧杯等还可以是塑料特制的,由于具有方便和不容易损坏等优点,正逐步取代玻璃产品。此外,在解剖、取材、剪切组织时需要各种器械。常见的有用于解剖动物、分离及切剪组织、制备原代培养材料的手术刀或解剖刀及手术剪或解剖剪(弯剪或直剪);用于将组织材料剪成小块的眼科虹膜小剪(弯剪或直剪);用于持取无菌物品、夹持组织的血管钳及组织镊、眼科镊(弯、直)等;用以放置原代培养组织小块的口腔科探针或代用品。

三、培养用品的清洗和消毒

由于细胞培养的无菌无害要求,各种培养器皿的清洁和消毒要求比普通器皿高,需用特殊的清洁剂进行清洗,除去杂物和微生物,使器皿内不留下任何影响细胞生长的有害成分。所以,清洗和消毒是细胞培养中极为重要的环节,是细胞培养实验的最基本步骤,也是一项繁重而艰苦的工作。另外,由于不同的物品所采用的清洗和灭菌方法各异(表2-3),因此灭菌方法的选择十分重要。

(一)培养用品的清洗

1. 清洗 在组织细胞培养过程中,任何残留物或异物都会影响细胞的生长。因此,必须对新使用的或使用过的培养器皿进行严格清洗。组织培养器皿清洗的要求比普通实验用器皿更为严格,每次实验后都必须对器皿进行及时、彻底的清洗。另外,由于不同器皿的组成材料、结构、使用方法不同,其清洗方法和程序也有区别,必须进行分别、分类处理。

(1)玻璃器皿的清洗:玻璃器皿用于培养细胞、细胞冻存、培养用液的存放等。玻璃器皿的种类多、使用量大,准备量往往是使用量的3倍之多,因此玻璃器皿清洗的工作量很大。新的玻璃器皿的清洗比较简单,即先用自来水洗刷后,用5%稀盐酸浸泡中和玻璃表面的碱性物质和其他有害物质。重复使用的玻璃器皿的清洗一般包括浸泡、刷洗、浸酸和冲洗四个步骤。清洗后的玻璃器皿不仅要求干净透明无油迹,而且不能残留任何有毒物质。

1)浸泡:新的玻璃器皿表面呈碱性,表面常

表2-3 常用消毒方法

消毒灭菌物品	物理消毒法					化学消毒法		抗生素法
	紫外线	电离辐射	高温湿热	干热	过滤	气体喷雾	消毒剂	抗生素法
室内空气和工作台	+					+	+	
玻璃器皿		+	+	+				
橡胶制品		+	+			+	+	
塑料用品		+				+	+	
金属器械		+	+	+			+	
布类	+	+						
培养用液			+		+			+

附有灰尘和一些如铅、砷等对细胞有害的物质。空气湿度高时,玻璃器皿表面又易长霉,因此使用前必须彻底清洗。首先用自来水初步刷洗,5% 稀盐酸溶液中浸泡过夜以中和玻璃表面碱性物质和除去霉斑。简单刷洗后流水冲洗,并用蒸馏水浸泡,干燥后备用。新玻片处理后若短时间内不用,需将其投入到 95% 的酒精中保存,以防玻片长霉。使用后的玻璃器皿常附有大量蛋白,干后极难脱落,使用后须立即浸入水中。注意,浸泡时应将器皿完全浸入水中,使水进入器皿内而无气泡空隙遗留。

2)刷洗:浸泡后的玻璃器皿一般用毛刷沾洗涤剂或洗衣粉刷洗(最好选用软毛刷和优质洗涤剂,以避免损坏器皿表面光洁度和影响细胞生长),以除去牢固附在器皿表面的杂质。刷洗时需注意:刷洗要彻底,不留死角,要特别注意瓶角等部位的洗刷;用力要适中,防止损害器皿表面的光泽度。洗净后再用自来水冲洗数遍,倒置晾干,准备浸酸。

3)浸酸:浸酸作为清洗过程的关键一环,是指将刷洗后的玻璃器皿浸泡到清洁液中,利用清洁液的强氧化作用除去器皿表面可能残留的微量杂质。清洁液(也称酸液)由重铬酸钾、浓硫酸和蒸馏水按一定比例配制而成,其优点是去污能力很强,且对玻璃器皿无腐蚀性。清洁液可根据需要,配制成不同的强度,常用有强清洁液、次强清洗液和弱清洁液三种。其配方列见表 2-4。

表 2-4 清洁液的配方

组成成分	弱清洁液（25%）	次强清洁液（50%）	强清洁液（75%）
重铬酸钾 /g	100	100	100
浓硫酸 /ml	250	500	750
蒸馏水 /ml	750	500	250

培养器皿清洗时所需的清洁液强度一般为次强液。新配制的清洁液呈棕红色,经多次使用、水分增多或遇有机溶剂时为绿色,表示清洁液已失效,应废弃并重新配制。

还有一种酸液叫矽酸钠洗液,由于使用相对安全,故可替代清洗液,但价格较贵。其 100 倍贮存液配制方法如下:称取 80g 矽酸钾和 9g 偏磷酸钠,加热溶于 1 000ml 蒸馏水中。使用时再用蒸馏水稀释 100 倍即可。

4)冲洗:器皿浸泡后须用水充分冲洗,使之尽量不留污物或清洁液残迹,否则会影响细胞培养的结果。冲洗最好选用洗涤装置,既省力又能保证冲洗的质量。如果手工洗涤,每件器皿须“灌满水 – 倒净”反复 10~15 次以去除残留酸液,直至清洁液全部冲洗干净,不留任何痕迹为止。然后用蒸馏水清洗 3~5 次,倒置,晾干后包装备用。

【注意事项】

1)浸酸时器皿要充分接触清洁液,不能留有气泡,器皿不能露出液面。

2)浸泡时间至少不能低于 6 小时。

3)配制清洁液时要注意安全,穿戴耐酸手套和围裙,并保护好面部及身体裸露部分。

4)配制时先将重铬酸钾溶于水,后慢慢加浓硫酸,同时不停地用玻璃棒搅拌便于散热。

5)配制溶液应在塑料或陶瓷制品里进行。

(2)橡胶制品的清洗:细胞培养中所用的橡胶制品主要是胶塞、胶管、橡皮乳头,新购置的橡胶制品因带有大量滑石粉和其他杂质,故应先用自来水冲洗干净后,再做常规清洗处理。常规洗涤方法:浸泡→ 2%NaOH 或洗衣粉煮沸(10~20 分钟,以除去残留的蛋白质)→自来水冲洗(5~6 次)→ 1% 稀盐酸浸泡(30 分钟)→自来水冲洗(5~6 次)→自来水煮沸(2~3 次)→蒸馏水煮沸(20 分钟)→晾干或 50℃烘箱烤干,包装后高压灭菌(见(二)消毒灭菌)以备使用。这样处理可完全除净胶塞上的硫磺等有毒物质。使用后的胶塞、盖子应及时浸泡在清水中。然后用洗涤剂刷洗,其清洗方法基本同玻璃器皿。胶塞使用面因常沾有洗涤剂,流水冲不净,故胶塞使用面须逐个刷洗。使用时胶塞不能与培养液接触,以免未洗净的胶塞污染培养液和细胞。

【注意事项】

旧胶塞不必用酸碱处理,可直接用洗涤剂煮沸和清洗数次,然后过蒸馏水清洗,晾干,包装、高压灭菌。

(3)塑料制品的清洗:目前,国内细胞培养室所用的塑料制品大多从国外购置,供应商提供给用户时已消毒灭菌并密封包装,打开包装即可使用,用后即丢弃。由于各种原因,部分实验室尚未能做到将这类物品仅使用一次,而是经过清洗和消毒灭菌后继续使用 2~3 次,这就要求每次使用前都需重新清洗和灭菌消毒。其清洗程序通常是:用后立即以流水冲洗干净或浸入水中,防止干涸。超声波清洗机内加入少量洗涤剂清洗 30 分钟,流水彻底冲洗干净,清洁液浸泡过夜,流水彻底将残留清洁液冲洗干净,蒸馏水漂洗 2~3 次,三蒸水漂洗 2 次,晾干备用。亦可采用下述步骤:器皿经冲洗干净后,晾干,2%NaOH 或洗涤剂浸泡过夜,自来水冲洗数遍,5% 盐酸浸泡 30 分钟或次强酸洗液浸泡 2~6 小时,流水彻底冲洗(至少 15 次),单蒸水浸洗 3 遍,双蒸水浸泡 24 小时,70% 乙醇浸泡至少 1 小时,保存备用。但不宜反复使用次数太多。

【注意事项】

1)由于塑料器皿质软,为防止出现划痕,最好用纱布或棉签刷洗。

2)使用后立即浸入水中,防止附着物干结;若残留有附着物,可用脱脂棉拭掉,再按上述步骤进行处理。

(4)玻璃滤器的清洗:玻璃滤器以烧结玻璃为滤板,固定在一玻璃漏斗上。主要用于各种培养用液的过滤除菌,不宜单独过滤血清等黏稠液体,因容易堵塞滤板小孔。此种滤器只能连接真空泵在负压条件下抽滤,不能施加正压。玻璃滤器的清洗工作十分复杂,整个清洗过程约需一周,目前已很少使用。玻璃滤器根据滤板的孔径分为 G1~G6 几种规格,目前一般采用的是 G6 型除菌滤器(孔径≤1.5pm)。这里以 G6 型除菌滤器为例介绍玻璃滤器的清洗过程,清洗方法如下:初次使用的 G6 除菌滤器应先置于专门配制的玻璃洗液中浸泡 24 小时,后用流水缓慢冲洗直至 pH 约为 5.5,接着用 4 倍体积的蒸馏水缓慢冲洗,再用双蒸水冲洗,最后烘干、包装消毒备用。玻璃滤器洗液配制方法:将 10g NaNO₃ 溶于盛有 470ml 蒸馏水的玻璃缸中,再加入 28.6ml 浓 H₂SO₄ 混匀即可。用过的除菌滤器要用洗衣粉擦洗,自来水漂洗,滴滤过夜→自来水抽滤 3~5 遍至无白沫,滴滤过夜→清洁液抽滤,滴滤过夜→自来水漂洗抽滤 5 遍,滴滤过夜→蒸馏水抽滤 3 遍,滴滤过夜→三蒸水抽滤 2 遍,滴滤过夜→三蒸水漂洗,烤

干备用。

(5)不锈钢正压除菌滤器的清洗:不管是新的还是用过的不锈钢除菌滤器,首先要用稀洗涤剂清洗,然后自来水流动冲洗 15 分钟,再用离子水冲洗,接着用去离子水和三蒸水分别浸泡 24 小时,最后干燥备用。

(6)镊子、剪刀的清洗:先用纱布拭去表面的污物,接着自来水冲洗,再用酒精棉球擦拭即可。

(7)注射器的清洗:使用后的注射器应先立即用甲酚皂溶液冲洗数次,再分别用单蒸水和95% 乙醇洗 3 遍,然后包装或放在铝饭盒内进行高压灭菌。对于需要用高压湿热灭菌的物品,消毒之前需用牛皮纸、硫酸纸、棉布、铝饭盒或消毒筒等进行包装,包装的方式应根据各种器材的特性、形状和大小进行选择。

2. 包装　组织培养的器皿清洗晾干后,要进行包装以便消毒及储存,以及防止落入灰尘和消毒后再次被污染。包装材料一般用皱纹纸、硫酸纸、牛皮纸或棉布等。对培养瓶、滤器、培养液贮瓶、吸管和胶塞等口颈部分进行局部包装密封,然后用牛皮纸、玻璃纸或布包扎备用。对小的培养皿、移液器吸头等可进行全封闭包装。注射器、金属器械则可直接装入铝制饭盒或不锈钢等容器内。重复使用的培养板用优质塑料纸严密封口。以下为常用瓶皿、吸管、无菌衣帽等的包装方法,其他物品可参照处理。

(1)瓶类:硫酸纸罩住瓶口,外罩 2 层牛皮纸用绳扎紧。

(2)小瓶皿、胶塞、刀剪等器械:可先单独用单层牛皮纸包装,再将同时使用的物品用双层牛皮纸包装到一块,用绳扎紧;也可将这些器械直接装入消毒盒内,消毒时打开排气孔,消毒后再关上备用。

(3)吸管、滴管口用脱脂棉塞上(不要太紧或太松)装入消毒筒内或单独包装,滤器、滤瓶、橡皮管等都要用牛皮纸包好口,外罩一层牛皮纸,再用包布包好。

(4)无菌衣、帽、口罩:均以牛皮纸或包布包好,用绳扎好。

(二)消毒灭菌

组织细胞培养过程中,包括细菌、真菌和病毒在内的各种微生物污染是导致细胞培养失败的主

要原因。若操作间或周围空间不洁净,或者培养器皿和培养用液消毒不合格或不彻底,都会为微生物在培养基中的生长提供机会。另外,培养中所使用的各种培养基,是细胞体外培养必不可少的,同时也是微生物最合适的营养物。若有微生物污染,微生物可比细胞生长的速度更快,产生的毒素以及对培养基成分和 pH 的影响对体外培养的细胞来说都是致命性的。所以,在细胞培养过程中,必须确保细胞生长的无污染条件。防止培养物污染通常同时采取消毒灭菌(将已存在的微生物去除)和无菌操作技术(防止已消毒的用品被污染)两项措施来完成。

目前,常采取的消毒灭菌方法包括物理法(紫外线、电离辐射、湿热、干热、滤过、离心沉淀等)和化学法(甲醛等各种化学消毒剂)。另外,抗生素法也是一种重要的消毒灭菌手段。对不同的物品来说,应该选择不同的消毒方法。

1. 物理方法 细胞培养中常用下列物理方法进行消毒:

(1)紫外线消毒:紫外线直接照射消毒是目前各实验室常用的方法之一,主要用于空气、操作台表面和不能用干热、湿热等方法消毒的培养器皿(如塑料培养皿、塑料培养板、移液器)的灭菌。方法简单且效果好。其原理是紫外线作用于细胞 DNA,使 DNA 链上相邻的嘧啶碱形成嘧啶二聚体(如胸腺嘧啶二聚体),抑制 DNA 复制。另外,紫外线照射产生的臭氧也有一定的杀菌作用,但臭氧对人体可能会造成伤害。

现在一般使用的是无臭氧型紫外线灯,其消毒效果与紫外线灯距离成反比,与照射时间成正比。因此,应根据消毒目的适当设置消毒距离和照射时间:空气消毒时,紫外线灯管应距地面 2.5m 以内,要使各处达到 $0.06\mu w/cm^2$ 的能量照射,否则影响消毒效果;室内有尘土时会导致杀菌能力降低,因此消毒环境务必清洁无尘,同时空气湿度应小于 50%,这样才能达到理想的杀菌效果。紫外线灯照射工作台面的距离不应超过 80cm;培养器皿消毒在 30cm 以内。消毒时间与效能虽有一定关系,但紫外线照射时间再长也不会达到完全灭菌,故一般只用于空气和台面的消毒。仅用紫外线照射带菌器皿达不到彻底灭菌,应与其他消毒方法相结合使用,如先用 75%

乙醇浸泡,再紫外线消毒灭菌等。目前,已有电子灭菌灯可以代替紫外线灯进行实验室的空气消毒。

需要注意的是:①射线未照射到的地方起不到消毒作用,消毒时物品不应相互遮挡;②不同的细菌对紫外线的敏感性不同,因此应根据实际设置合适的照射时间和能量;③紫外线不仅对培养的细胞和试剂有不良影响,而且对皮肤、眼睛也有伤害,因此不要在紫外线灯照射情况下进行实验操作;④紫外线消毒时产生的臭氧对人体有害,故紫外线消毒停止后 30 分钟方可入室工作。目前,有的实验室采用电子灭菌灯代替紫外线灯进行空气消毒。

(2)电离辐射灭菌:电离辐射灭菌利用放射性核素 ^{60}Co 产生的 γ 射线或电子加速器发出的高能电子束杀死微生物达到灭菌效果,也是一种常温灭菌的方法,尤其适用于忌热物品,因此也称之为"冷灭菌"。其优点是灭菌彻底,无污染和残毒;灭菌时不升温,适合不耐热物品的灭菌;辐射的穿透力强,产品可以在密封包装后进行灭菌,不会发生二次染菌问题;方法简便,无须考虑限制因素;适合连续批量作业,成本低廉。细胞培养所用的培养瓶 / 皿、注射器和离心管等一次性物品、密封包装后需长期储存的器材都可用辐射灭菌。但因电离辐射有很强的诱变作用,故不适用于活生物材料的消毒。

(3)高温湿热灭菌:高温高压蒸汽灭菌和煮沸消毒是常用的高温湿热消毒方法。其中,高压蒸汽灭菌法使用最广泛、效果最好,因为它对生物具有良好的穿透力,可使蛋白变性而致微生物死亡。主要用于布类、橡胶制品(如胶塞)、金属器械、玻璃器皿及某些培养用液(如加热后不产生沉淀的 Hank 液、PBS 等)的消毒。高温湿热灭菌常用的灭菌器是高压灭菌锅,包括手动灭菌锅和电热自动灭菌锅两种。

手动高压灭菌锅操作程序如下:首先查看高压锅内的水是否充足,放入物品后盖好盖。接着加热高压锅,加热升压前先打开放气阀,放气 5~10 分钟,排净锅内的冷空气。待锅内水沸腾 5 分钟后,关闭放气阀继续升温升压。玻璃器皿等需 15 磅(121℃)灭菌 30 分钟;胶塞、塑料制品等需 10 磅(115℃)灭菌 10 分钟;布类、金属器械等需 18 磅（121℃）灭菌 20 分钟。停止加热，等压力自然降到 0 时再打开放气阀排气，然后打开顶盖取出灭菌的物品，烘干备用。

电热自动灭菌锅使用如下：首先，向放气筒内加水到 LOW 水平线处，将与高压锅相连的导气管插入放气筒里，然后将放气筒归于原位。接着打开高压锅盖，加蒸馏水至高压锅底的位于 V 型凹槽 1/3~2/3 处的水位线，并将电源打开。设定高压灭菌的温度及时间，一般采用 121℃ 20~30 分钟。然后将待高压灭菌的物品置于高压锅内，顺时针旋 exhaust 旋钮到 close 位置。关闭并旋转高压锅盖，直到显示屏左上角的红亮点出现为止。按 start 钮开始高压，当温度升至 80℃ 时显示器开始显示；到设定温度时，显示屏左下角的一个长形指示灯闪亮，直到高压结束后熄灭，这时蜂鸣器报警一声。当压力降至 0 磅时，蜂鸣器再报警一声。温度降至 80℃ 时，蜂鸣器报警 10 次。等显示屏温度指示消失后打开锅盖。最后，关闭电源，打开高压锅盖，将已灭菌物品取出并烘干。

【注意事项】

1）湿热消毒时，为保证其内气体流通，物品不宜装太满，以免高压锅中气体阻塞而出现危险。

2）由于潮湿的包装物品表面易受微生物的污染，故经压力蒸汽消毒的物品（不包括液体）应立刻置于 60~70℃ 烤箱中烘干，贮存备用。

（4）高温干热灭菌：干热灭菌是在干燥条件下，采用高温加热对物品进行灭菌，主要适用于耐干热或者湿热不易穿透的物品的灭菌消毒，如大烧杯、培养瓶等玻璃器皿，瓷器和金属器皿等，其优点是可保持物品的干燥，使物品易于保存。缺点是干热传导慢，会有冷空气存留烤箱内，故需用较高温度和较长时间才能达到消毒目的。干热灭菌方式包括热空气灭菌和直接灼烧，其原理同湿热灭菌。由于干热穿透力差，与湿热灭菌法相比需要的温度更高、持续时间更长。

通常，热空气灭菌是将电热干燥箱加热到 160℃ 持续 2 小时、170℃ 持续 1 小时或 180℃ 持续 30 分钟杀死细菌、芽孢菌等微生物，以达到灭菌目的。如果用热空气消毒箱只需 180℃ 15 分钟即可杀死各类病菌。干热灭菌一般以嗜热脂肪芽孢杆菌为生物指示剂。注意：消毒完毕后先关掉开关，待物品自然冷却后再打开盖，切记不要立即打开，以免温度骤降引起烘箱内玻璃器皿爆裂或发生意外事故。

直接烧灼是将物体置于酒精灯火焰上，直接用火焰灼烧杀死附在物体上的微生物。该方法操作简便、灭菌快速彻底。主要用于耐热的金属器皿（如接种环、接种铲、接种匙、接种针）或试管口、三角瓶口等玻璃器皿口缘的灭菌。

（5）滤过除菌消毒：有很多组织细胞的培养用液不能通过高压消毒方法进行灭菌处理，如血清、人工合成培养液、酶及含有蛋白质的生物活性液体等，可采用过滤方法以去除细菌等微生物。常用的滤器有正压式（加压式）和负压式（抽吸或抽滤）式两种类型。

正压式滤过消毒：正压式除菌滤器为金属结构，中间垫一种特制的混合纤维素酯微孔滤膜，过滤速度快，效果好，目前被多数实验室采用。滤膜的选择是效果好坏的关键，常用的孔径有 0.6、0.45、0.22μm 等规格。滤过除菌时，常使用孔径为 0.22μm 规格的滤膜就可有效除菌。滤器上下层各有一槽，放置硅胶垫圈，将滤膜压紧固定。

【注意事项】

1）滤膜较薄且光滑，易移动，安装时膜位置一定要放正，滤器的上层和下层的相应部位各设有一凹槽以放置一硅胶垫圈便于固定滤膜。过分干燥的滤膜很脆，安装前可先用三蒸水润湿滤膜以避免高压或高温干燥时破裂。

2）由于滤膜承受压力有限，滤器不宜安装过紧，以免造成滤膜破裂。

3）为保证过滤效果，使用时每次垫两张滤膜，上面一张孔径为 0.45μm，下面一张孔径为 0.22μm。

4）使用无齿玻片镊子夹取滤膜，以防止镊齿弄破滤膜。每次过滤完毕后打开滤器检查滤膜是否移动或有无破裂。

5）目前市场上已供应各种一次性针头滤器，若过滤液体量较大，可选择大型滤器连接在加压蠕动泵上；若过滤液体量较少，可选择针头式滤器并安装在注射器上使用；若过滤微量液体，可选择微型滤器。

负压式滤过消毒：负压式滤过消毒常使用玻璃滤器。这种滤器为玻璃结构，以烧结玻璃为滤板固定在一玻璃漏斗上，适合除血清等黏稠液体以外的其他各种培养液的滤过除菌。根据滤板孔径大小,可将玻璃滤器分为 G1~G6 六种规格,其中只有 G5 和 G6 两种规格可用以滤过除菌,一般尝试用的是 G6 型(孔径为 $0.22\mu m$)滤器。玻璃滤器的使用方法如下:玻璃滤器漏斗连接抽滤瓶,胶管连接抽滤瓶和抽气瓶,抽气瓶再与真空抽气泵相连,或抽滤瓶用胶管与玻璃水泵相连。负压式滤过消毒的缺点是速度较慢,效率较低,清洗过程繁琐。

【注意事项】

1)漏斗与抽滤瓶连接部位要旋紧,并用消毒布包紧连接部位,以保证瓶口不漏气。

2)当抽滤瓶内有负压形成时,先用止血钳夹紧抽气瓶下口与抽气瓶连接的胶管,再缓慢停止抽气,防止有菌空气倒回,污染滤液。自然滤过一段时间,待流速减慢可再行抽气。

3)由于使用的滤板为石棉,滤过的液体内有时可能混有少许杂质,因此在过滤前应先以少量生理盐水湿润滤板。

4)当漏斗中剩余液体为 50~100ml 时,夹紧下口胶管停止抽气,空气随液体自然滤过消毒进入瓶内,瓶内压力升高,真空解除。使用时注意压力不能过大,不应超过 $0.2kg/cm^2$。

5)拆除真空泵和抽气瓶连接装置,拆除漏斗与抽滤瓶连接部包布。

6)漏斗与抽滤瓶连接部位在火焰前方均匀烧灼后,两者分开,抽滤瓶斜放在超净台上,瓶口顺风向。

2. 化学方法 利用化学药物杀死微生物的方法叫做化学消毒法,用于化学消毒的化学药物称为化学消毒剂。其原理是通过使微生物体内的蛋白质变性,或竞争酶系统,或降低其表面张力,增加菌体胞膜通透性而导致细胞破裂或溶解,最终实现杀灭微生物的目的。化学消毒剂种类很多,其杀菌能力也不一样。细胞培养中的消毒剂按照其作用的水平可分为灭菌剂、高效消毒剂、中效消毒剂和低效消毒剂等四类。灭菌剂可杀灭一切微生物使其达到灭菌要求,包括甲醛、戊二醛、环氧乙烷、过氧乙酸、过氧化氢、二氧化氯、氯气、硫酸铜、生石灰、乙醇等。高效消毒剂包括含氯消毒剂、臭氧、甲基乙内酰脲类化合物、双链季铵盐等,能杀死各种细菌繁殖体(包括分枝杆菌)、芽孢、病毒、真菌及其孢子等,达到高水平消毒要求。中效消毒剂包括含碘消毒剂、醇类消毒剂、酚类消毒剂(如甲酚皂溶液)等,能杀灭除芽孢和孢子以外的各种微生物,达到消毒要求。低效消毒剂包括苯扎溴铵等季铵盐类消毒剂、氯己定等二胍类消毒剂、汞、银、铜等金属离子类消毒剂和中草药消毒剂,只能杀死一般细菌繁殖体、部分真菌和亲脂病毒,不能杀灭结核分枝杆菌、亲水性病毒和细菌芽孢。处理直接接触损伤皮肤黏膜或经皮肤进入组织器官的物品,应用高效消毒剂;处理不直接进入组织器官或仅接触未破损的皮肤黏膜的物品,可以用中效消毒剂。目前,最常用的消毒剂是 70% 乙醇和 1‰苯扎溴铵,前者主要用于操作者的皮肤、操作台面及无菌室内壁面处理。后者主要用于器械的浸泡消毒。

(1)甲醛(methyl aldehyde):甲醛是一种广谱杀菌剂,杀菌效果好,价格便宜。缺点是穿透能力差、腐蚀性强、对人有强烈的刺激性和潜在的致癌作用。但目前仍是国内大多实验室常用的灭菌剂,主要用于无菌室内空气、地面及物品表面的消毒。其消毒方法包括:

1)甲醛气体熏蒸法:首先将白色多聚甲醛固体研成粉末状,然后加热至 150℃ 以上即可产生大量甲醛气体。多聚甲醛用量 12~20g/m²,作用时间 12~24 小时。由于甲醛蒸汽穿透能力差,该方法的消毒效能受温度和湿度的影响很大,低于 20℃ 时甲醛易聚合致使消毒作用减弱;相对湿度小于 60% 时,消毒作用也降低。在室温 18℃ ~20℃、相对湿度 70%~90% 时甲醛气体消毒效果最佳。注意:甲醛气体消毒时须密封培养室,以保证杀菌效果并防止外逸气体对人体造成损伤。

2)2% 甲醛水溶液消毒法:13ml 2% 甲醛水溶液 /100m²,用于地面消毒。

3)甲醛加热法:将 40% 甲醛溶液倒入蒸发皿中,加热蒸发。甲醛用量为 25ml/m²,作用时间 12~24 小时。

4)甲醛氧化熏蒸法:先将 40% 甲醛溶液加热至沸腾,然后将适量的高锰酸钾(或漂白粉)迅速放入已加热的甲醛中,即可发生氧化产生甲醛蒸汽。甲醛和高锰酸钾用量分别为 40~125ml/m² 和 30g/m²;若用漂白粉,甲醛和漂白粉用量分别为

40ml/m² 和 20g/m²,作用时间 12~24 小时。经实验证明,甲醛氧化熏蒸的消毒效果优于甲醛气体熏蒸法。

另外,4%~8% 甲醛水溶液及 8% 甲醛乙醇溶液也可用于器械或物品的液体浸泡灭菌。

（2）戊二醛（glutaraldehyde）:戊二醛是一种广谱高效灭菌消毒剂,通过与微生物体内酶的氨基反应,阻碍其新陈代谢而达到杀菌目的。戊二醛具有低毒性、对金属腐蚀性小、使用安全等优点,被誉为化学杀毒剂发展史上的第三个里程碑。一般用 2% 碱性戊二醛进行灭菌,其灭菌效果最好,有效为 2 周,其后浓度和杀菌作用显著降低,温度超过 45℃时也会影响杀菌效果。在室温下用该溶液浸泡金属器械、橡皮管（塞）、塑料管等 20 分钟即可消毒,浸泡 4~10 小时可达灭菌效果。浸泡消毒后的物品取出后须反复用无菌水冲洗后才能使用。

2% 碱性戊二醛的配制:将戊二醛原液稀释成 2%（V/V）水溶液,然后向该溶液中加入 0.3%（W/V）碳酸氢钠,将溶液 pH 调至 7.5~8.5。

（3）过氧乙酸（peracetic acid）:过氧乙酸为冰醋酸与过氧化氢的合成品,主要依靠其强大的氧化能力达到杀灭微生物的目的,具有极强的杀菌效果。杀菌快速高效,具有广谱性和低毒性,在较低浓度就能有效抑制细菌、芽孢、病毒、真菌的繁殖,但对物品有腐蚀性,对皮肤有强刺激性。此外,过氧乙酸在空气中有较强的挥发性,故对空气进行杀菌、消毒具有良好的效果,而且价格便宜,在预防严重急性呼吸综合征时的杀菌、消毒剂主要就是过氧乙酸。由于过氧乙酸易挥发,需要现用现配。通常配成浓度为 16%~20% 的母液,使用时再稀释成需要的浓度,稀释液应在 2 天内用完。具体使用方式包括浸泡、擦拭、喷雾和熏蒸,适用于预防消毒、室内空气及周围环境的消毒。过氧乙酸浓度和作用时间因消毒对象不同也不一样。例如,低浓度（0.04%~0.2%）溶液一般用于塑料、橡胶制品、棉布类短时间的浸泡消毒。作为强效消毒剂的 0.5% 过氧乙酸 10 分钟就可杀死芽孢菌。室内喷雾一般用 2% 过氧乙酸溶液,使用量为 8ml/m²,密闭 30 分钟。

过氧乙酸是一种性质不稳、强刺激性的液体,因此在制备、储存和使用时要遵守一定的规范。

【使用规范】

1）配制:配制时要戴眼镜和橡胶手套,操作要轻拿轻放,以防溅到眼睛或皮肤上;应将过氧乙酸缓缓倒入水中,顺序切勿颠倒;最好在塑料容器或抗腐蚀的金属容器中进行配制。

2）包装:严格按照国家相关规定,选用聚乙烯塑料瓶包装,并要留有安全气孔,严禁用玻璃瓶密闭装运。

3）贮存:应贮存于低温遮光、通风、散热良好的地方。

（4）环氧乙烷（ethylene oxide, EO）:环氧乙烷是一种最简单的环醚,属于杂环类化合物,在低温下为无色透明液体,在常温下为无色带有醚刺激性气味的气体,气体蒸气压高,30℃时可达 141kPa。是继甲醛之后的第 2 代化学消毒剂,也是目前四大低温灭菌技术（低温等离子体、低温甲醛蒸汽、环氧乙烷、戊二醛）最重要的一员。环氧乙烷气体是一种高效的广谱低温灭菌剂,可与蛋白质上的活性基团发生烷基化作用,干扰微生物的新陈代谢,从而达到杀菌目的。EO 在常温下就能杀灭包括芽孢在内的各种微生物,故物品可以在包裹、整体封装之后灭菌,以保持使用前的无菌状态;对塑料、金属和橡胶制品无腐蚀性;具有强穿透性,可穿透微孔达到器械物品内部从而提高灭菌效果等优点。主要用于不能用消毒剂浸泡、不耐高温高压、不能受潮物品的消毒。

环氧乙烷是易燃易爆的有毒气体,在室温条件下就很容易挥发,浓度过高时可引起爆炸。环氧乙烷应保存在阴凉通风、散热、防晒处;由于对人有一定的毒性,操作时一定要小心谨慎;消毒结束后必须先打开门窗及通风设备,散尽室内含 EO 气体,然后再开灯照明。目前环氧乙烷与惰性气体按一定比例混合成一种气体,使用安全,克服了易燃易爆的缺点。

（5）乙醇（alchol）:乙醇是最常用的一种消毒剂,其原理是使蛋白质脱水凝固失活,干扰细菌的新陈代谢,达到杀菌效果。主要用于操作者的皮肤、操作台表面、一些金属器械及无菌室内壁面的消毒处理。乙醇浓度是决定其杀菌力的主要因素,浓度为 70%~80% 时杀菌效果最好,浓度太低效果不明显,浓度太高（≥95%）会使菌体表层的蛋白质瞬间凝固,形成一层不利于乙醇进一步渗透的保护膜,不能将细菌彻底杀死。有机物也会影响乙醇的杀菌力,故不适用来消毒受有机物污染的物品。另外,乙醇不能杀灭芽孢,不能用来对侵入性器械物品进行浸泡消毒。由于乙醇易挥发,消毒能力会随浓度降低而降低,因此应及时监测其浓度,盛放乙醇的容器要盖严。

（6）过氧化氢:水溶液俗称双氧水,外观为无色透明液体,是一种强氧化剂,通过复杂的化学反应解离具有高活性的羟基作用于细胞膜,从而达到杀菌效果,特别对厌氧芽孢杆菌杀灭效果好。其水溶液适用于环境消毒。

（7）碘伏和碘酊（iodophor and iodine tincture）:碘伏和碘酊是常用的碘类消毒剂。

碘伏是碘与表面活性剂的不定型络合物,作为一种快速广谱杀菌剂,广泛使用于临床。它既保持了碘即时杀菌的特点,又能在溶液中缓慢释放,进行长时间杀菌。碘伏与碘相比,碘伏刺激性小、性能稳定、无腐蚀性、只要颜色不褪就有杀菌效果。此外,碘伏性状由于表面活性剂不同而有所不同,常用的是聚烯吡咯烷酮（PVP-I）,适用于施术者手、患者皮肤和器具的消毒。用于地面、台面及物品表面消毒的碘伏常用浓度为1%。

碘酊又叫碘酒,主要用于皮肤和外科手术消毒,常用的为2%稀碘酊,在10分钟内就能杀死细菌和芽孢。而3%~7%碘溶于70%~83%的乙醇中所配制的碘酊,是皮肤及小伤口的有效消毒剂。为加速碘在乙醇中的溶解,可加入适量碘化钾。配方如下:碘20g、碘化钾（KI）10g、95%乙醇500ml,最后加蒸馏水至1 000ml。配制时应先将KI溶于10ml蒸馏水中,再加入碘,搅拌后加入95%乙醇,待碘充分溶解后,添加蒸馏水至1 000ml即可。用于外科消毒的还有一种10%浓碘酊,配方如下:碘100g、碘化钾20g、蒸馏水20ml,最后加90%乙醇至1 000ml。配制方法同2%稀碘酊。注意:配制好的碘酊应用棕色玻璃瓶密闭存放。

（8）高锰酸钾:是一种强氧化剂,浓度为0.1%时就有杀菌能力。0.5%~1%的高锰酸钾水溶液5分钟内可杀死大多数细菌;5%的高锰酸钾水溶液于1小时内就可杀死细菌芽孢。高锰酸钾在酸性溶液中杀菌作用增高,1%高锰酸钾和1%盐酸溶液联合使用能在30分钟内破坏细菌芽孢,但高锰酸钾对真菌杀伤效果较差。该消毒剂主要用于对玻璃器皿的消毒。

（9）酚类消毒剂:是一种广谱中效的有机酸消毒剂,可杀灭细菌、真菌和病毒。酚类消毒剂种类较多,包括卤化酚（氯甲酚）、甲酚皂溶液、二甲苯酚和双酚类、复合酚等。其中常用的是甲酚皂溶液,一般使用浓度为0.3%~1%,主要用于无菌室壁面和地面的消毒,以及空气喷洒消毒。污染程度较严重的环境可适当加大浓度,并增加喷洒次数。通常用1%~2%溶液进行无菌室内喷雾消毒,3%~5%溶液用于器械物品和器皿的消毒,5%~10%溶液用于环境消毒。

（10）氯己定（hibitane）:即氯乙定,通过抑制脱氢酶活性、破坏细胞膜、凝集胞质内成分达到灭菌效果。对革兰氏阴性菌（G⁻）作用较强,对芽孢和病毒不具杀灭能力。适用于皮肤及创伤面冲洗。0.05%的氯己定溶液可用于手的浸泡消毒及伤口的洗涤;0.5%氯己定乙醇溶液（70%乙醇配制）可用于外科擦手消毒。注意:因有机物和0.01%以上的肥皂能显著降低其杀菌作用,故使用时勿与皂类和有机物接触。

（11）苯扎溴铵（bromogeramine）:又名溴化苄烷铵,为淡黄色胶状液体,是常用的消毒剂,主要用于皮肤、金属器械、器皿、无菌室空气的消毒灭菌。苯扎溴铵对革兰氏阳性菌（G⁺）作用力强且迅速,对G⁻的杀菌力稍弱,不能杀灭病毒和细菌芽孢,故侵入性器械不能用苯扎溴铵浸泡消毒。由于毒性低,且无刺激性,可用0.1%~0.25%苯扎溴铵水溶液进行手以及使用后超净台面的擦拭消毒。对金属器械消毒时,要在1L原液中加入5g NaNO₂,以防器械生锈。

（三）消毒方法的选择

如上面所述,组织细胞培养中的消毒灭菌方法虽然有很多种,但选用何种方法,应根据具体情况而定。

1. 实验室环境的消毒 室内空气的消毒,最理想是过滤系统与恒温设备结合使用,但价格较昂贵。也可用紫外线消毒法,但安置紫外线灯时要符合要求,且在工作期间不宜在开启的紫外线灯下操作。另外,还可用电子灭菌灯消毒。实验室地面多用苯扎溴铵溶液处理。桌椅等常用酒精擦拭方法消毒,亦可用紫外线照射。

2. 培养器械的消毒　大多数培养用的器材采用干热或湿热消毒。干热消毒方法最为简便，像玻璃器皿等高温不会被损坏的器具可用该方法消毒。湿热消毒时产生的蒸汽穿透速度快，热传导好，比干热消毒更有效，对于一些能被干热高温损坏的器械、液体、橡胶制品、布料等可采用湿热高压蒸汽灭菌；耐高温能力弱的塑料制品可用消毒剂浸泡或紫外线照射。

3. 培养用液的消毒　盐溶液及一些不会因高温破坏其成分的溶液常采用高压蒸汽消毒。血浆、血清等生物性的天然培养基及合成液体培养基必须采用滤过除菌，不能以高压蒸汽消毒。

第三节　培 养 用 液

细胞培养用液是细胞赖以生存生长及在细胞培养各种操作中所需的基本溶液。培养用液主要包括培养基（天然培养基和合成培养基），除培养基外，还经常用到一些平衡盐溶液、消化液、pH 调整液等。培养用液的质量好坏直接影响细胞的生长，因此培养用液成分的选择及配比必须精心、严格、无杂物混入，所用容器要彻底清洗和消毒。

一、培养基

细胞的体外生存环境是人工模拟的，为维持细胞生存、生长和正常功能，除必须提供合适的温度、湿度、气体及无菌环境外，还要有细胞生存所需要的适宜营养环境。培养基是维持体外细胞生存和生长的液相基质，是供给细胞营养、促使细胞增殖的基本物质，也是细胞赖以生存的环境。因此，培养基应能满足细胞对基本营养成分、生长因子、激素、渗透压、pH、无毒、无污染等多方面的要求。本文总结了细胞培养基的组成、配制的常用配方及一些常用的细胞培养基。

培养基种类繁多，根据不同标准可将培养基分成不同类型。按其状态可分为固体、半固体和液体培养基三类；根据成分来源分为天然培养基和合成培养基。

（一）天然培养基

天然培养基（natural medium）是最初进行细胞培养采用的培养基，主要来自动物体液或从动物组织中分离提取。天然培养基／液的种类很多，包括凝固剂（如血浆）、生物性体液（如血清）、组织浸出液（如胚胎浸出液）、水解乳蛋白等。含有丰富的营养物质、各种细胞生长因子及激素类物质，而且渗透压和 pH 也类似体内生理环境，细胞培养效果好。但成分复杂，不明确，受其来源及法规等问题的限制，制备过程繁琐，批次间差异大，易受支原体等污染，故现在已很少使用，并逐渐被合成培养基所取代。但血清目前仍是广泛使用的一种天然培养基，而且市场上有成品出售。而血浆使用较少，常在使用时临时制备。另外，在培养某些特殊细胞时，各种组织提取液、促细胞贴壁的胶原类物质也是不可或缺的。

1. 血浆（plasma）　血浆是一种作为凝固剂的天然培养基，含有血浆蛋白（包括白蛋白、球蛋白和纤维蛋白原）及其他营养成分。凝固后形成的血浆凝块可为体外细胞的生长提供支架，以利于细胞三维生长。现在常用的禽类血浆中鸡血浆是最早被使用的天然培养基，但由于容易发生液化，很少单独使用。其制备方法如下：制备 0.2% 生理盐水肝素液（115℃高压灭菌 20 分钟或滤过除菌）→选择动物（选择体硕健壮、12 月龄左右的公鸡）→采血（取干燥的无菌注射器先吸少许肝素液，以湿润针管内壁，将针头从鸡的翼静脉刺入进行采血）→分离血浆（3 000r/min，10 分钟）→分装贮存（将上清血浆分装入小瓶中，–20℃冰箱保存备用）。

2. 血清（serum）　血清是天然培养基中最重要和细胞培养中最常使用的培养基。血清中含有很多维持细胞生长、增殖不可缺少的成分，如血清中的生长因子可促进细胞繁殖；附着因子能促细胞贴壁，脂类、激素和矿物质等有营养作用。即便是成分非常齐全的合成培养基，也只有在添加血清后，细胞才能更好地生长繁殖，因此，血清仍是细胞培养必不可少的培养基。但血清成分个体差异大，常影响实验结果，且其来源受限制。此外，血清是污染细胞的一个途径，它还是分离细胞代谢产物过程中的一个障碍。

（1）血清的种类：血清质量好坏是实验成败的关键。血清种类很多，可来自人和多种动物，如马、牛、羊、鸡、兔等。培养人细胞时用人血清对细胞生长十分有利，但价格昂贵，使用时还要检测是否有其他有害成分如肝炎病毒（HBV）、艾滋病病毒（HIV）的混入，故很少使用。因此，目前使用的主要还是来自马、牛、羊等动物的血清。其中牛血清使用最广，除含有丰富的细胞生长所需的营养成分之外，还具有因其胎盘阻止母体免疫球蛋白进入胎牛而不会出现抗体的抑制物、来源充足容易获取、制备技术成熟等优点。牛血清适合于绝大多数哺乳动物细胞，特别在要求条件高的细胞系培养和克隆化培养中，使用牛血清效果尤其好。

牛血清分为小牛血清（calf serum）、新生小牛血清（new born calf serum）和胎牛血清（fetal bovine serum）三类。小牛血清来自半岁的小牛；新生小牛血清取自出生 24 小时之内尚未哺乳的新生牛；胎牛血清通过无菌手术剖腹后取胎牛，穿刺心脏采血制得。胎牛血清中所含的对培养细胞有害的成分（抗体等）最少，故质量最高，但来源困难，价格较贵。

（2）血清成分：血清是血液凝固析出的浅黄色透明液体，与血浆的唯一区别是血清中不含纤维蛋白原等参与凝血反应的物质。血清中含有各

种血浆蛋白（白蛋白、球蛋白、铁蛋白、酶等）和核酸、氨基酸、脂类、碳水化合物、多种金属离子（K^+、Na^+、Mg^{2+}、Cu^{2+}、Ca^{2+} 等）、促黏附物质（如纤维粘连蛋白、冷析球蛋白等）、各种生长因子和激素（表 2-5）。优质血清透明，呈淡黄色，不溶血或少溶血。细胞培养用血清必须保证无细菌、无支原体、无病毒污染。经 56℃灭活 30 分钟后，血清颜色变深。灭活后血清可能丢失某些成分，但性质相对稳定，便于使用和保存。一般来说，胎牛血清总蛋白量在 35~45g/L，球蛋白量≤20g/L。若球蛋白含量增高，表示胎牛受到了感染。故球蛋白含量越低的血清，其质量越好。

（3）血清的主要作用：①提供维持细胞生存所必需的基本物质。如血清中的各种氨基酸、维生素、矿物质元素、脂类等。②提供细胞生长增殖所需的激素和生长因子。如血清中含的胰岛素、甲状腺素、类固醇激素、表皮生长因子（EGF）、血小板生长因子（PDGF）、类胰岛素生长因子 1 和 2（IGF-1 和 IGF-2）、成纤维细胞生长因子（FGF）等。③提供结合蛋白。结合蛋白能识别并结合维生素、脂类和激素等小分子物质，起到稳定和调节

表 2-5　胎牛血清的主要成分

成分	浓度范围	成分	浓度范围
蛋白质及多肽	40~80g/L	尿素	170~300mg/L
白蛋白	20~50g/L	无机离子	0.14~0.16mol/L
纤连蛋白	1~10mg/L	Na^+	135~155mmol/L
胎球蛋白（仅存于胎牛血清）	10~20g/L	K^+	5~15mmol/L
球蛋白	1~20g/L	Ca^{2+}	4~7mmol/L
转铁蛋白	2~4g/L	Fe^{2+}	10~50pmol/L
蛋白酶抑制剂：a_2-巨球蛋白等	0.5~2.5g/L	Zn^{2+}	0.1~1.0μmol/L
生长因子		PO_4^{3-}	2~5mmol/L
EGF，PDGF，IGF-1，IGF-2，FGF，IL-1，IL-6	1~100μg/L	Cl^-	100μmol/L
氨基酸	0.01~1.0μg/L	激素	0.1~200nmol/L
脂类物质	2~10g/L	胰岛素	1~100μg/L
碳水化合物		甲状腺激素	100nmol/L
葡萄糖、丙酮酸、乳酸等	1.0~2.0g/L	氢化可的松	10~200nmol/L
多胺		维生素	10~100μg/L
腐胺、精胺	0.1~1.0μmol/L	维生素 A	10~100μg/L
		叶酸	5~20μg/L

EGF：表皮生长因子；PDGF：血小板生长因子；IGF：类胰岛素生长因子；FGF：成纤维细胞生长因子；IL：白细胞介素

上述物质的作用。如白蛋白可携带矿物质、维生素和激素等；有些情况下，结合蛋白还可与有毒金属或毒素结合来消除对细胞的毒害，如转铁蛋白结合铁离子而使其毒性降低。④提供细胞贴壁所需的贴壁因子和铺展因子，如纤连蛋白和胎球蛋白等。⑤提供酸碱缓冲物质，调节培养基 pH。⑥提供蛋白酶抑制剂。α1- 抗胰蛋白酶使细胞传代剩余的胰蛋白酶失活，保护细胞免受蛋白酶伤害。⑦影响培养体系黏度、渗透压和气体传递速度等物理性质。

（4）血清的制备：若用量不大，实验室可自制血清。一般用注射器直接从实验动物心脏或颈动脉采血。采血前先用乙醚麻醉动物，后对心脏或颈动脉所在部位的体表进行消毒，对于前者，将注射器针头从心脏搏动最强部位处刺入，当注射器中血液达一定量时，再转而缓慢注入无菌管中；对于后者，对颈总动脉进行动脉插管，使血液经塑料放血管流入灭过菌的三角烧瓶中。然后，将三角烧瓶的血液于室温（或 37℃温箱）静置 1 小时，再于 4℃冰箱内静置 3~4 小时或过夜。待血液凝固血块收缩后，用毛细滴管吸取血清于 3 000~3 500r/min 离心 15~30 分钟，取上清液加入防腐剂（0.01% 硫柳汞或 0.02% 叠氮钠），分装后置 4℃冰箱中保存备用。制备过程要做到完全无菌，否则最后须用 0.22mm 微孔滤膜进行过滤除菌。

（5）血清的质量要求：作为合成培养基的一种重要的补充，动物血清对细胞的生长繁殖发挥着重要甚至是难以替代的作用，血清质量好坏成了细胞培养成败的关键。在动物血清中牛血清使用最为广泛，因此保证牛血清质量也是提高生物制品质量的重要环节。世界卫生组织（WHO）公布的《用动物细胞体外培养生产生物制品规程》中要求：①牛血清必须来自有文件证明无牛海绵状脑病发生的牛群或国家，甚至来自未用过反刍动物蛋白饲料的牛群，并要具备相应的监测系统；②证明所用牛血清中不含对所生产疫苗病毒的抑制物；③血清要通过过滤除菌以确保无菌；④要求无细菌、真菌、支原体、病毒甚至无细菌噬菌体污染；⑤有很好的促进细胞增殖作用。

在 2000 年版《中国生物制品主要原辅料质控标准》中对牛血清的质量提出比较严格的标准

要求。包括蛋白质含量，细菌、真菌、支原体、牛病毒、大肠埃希菌噬菌体、细菌内毒素、支持细胞增殖等检查（表 2-6）。

表 2-6　我国对牛血清的质量要求

检测项目	要求
牛龄	新生牛（出生 14 小时内未进食）
细菌检查	无菌
病毒检查	不得有牛腹泻病毒
支原体检查	培养法、DNA 染色不得有支原体污染
大肠埃希菌噬菌体	噬斑法和增殖法不得有噬菌体污染
细菌内毒素	≤10EU/ml
血清白蛋白	3.5%~5.0%（W/V）
血红蛋白	≤0.02%（W/V）
Sp2/0-Ag14 细胞增殖检查	倍增时间应不超过 20 小时
生长曲线	1×10^4/ml~1×10^6/ml
倍增时间	≤16 小时
克隆形成率检查	有限稀释法

美国一些主要的牛血清供应商从世界各国收集胎牛血清，对其来源、收集、制备、除菌过滤、产品质量等都有明确规定，同时要求有说明血清质量的证明资料：包括收集过程的全部资料、检验结果和交付情况。最终产品的血清质量鉴定方式包括以下几种：①化学测定，包括渗透压、pH 及蛋白含量等的测定（表 2-7）。蛋白含量包括血清总蛋白量、白蛋白、球蛋白和血红蛋白含量等。因为血清中总蛋白含量会随着牛年龄的增加而相应增加，故总的血清蛋白含量可确定产品规格和年龄。②微生物学检查，包括细菌、真菌、支原体和病毒的检测（表 2-7）。支原体可以用培养法来检测，对于无法用培养法检出的支原体（如猪鼻支原体）可用 Hoechst 荧光素 DNA 染色法检测。病毒污染可通过伊红染色观察细胞形态变化或细胞病变进行检测，也可用荧光抗体技术进行检查。③内毒素检测，用鲎试剂检查。④细菌噬菌体检查，用噬菌斑和增殖法测定大肠埃希菌 K-12 的噬菌体。⑤激素含量测定，对每批胎牛血清中某些激素（如雌二醇、胰岛素、黄体酮、睾丸素及甲状腺素等）的含量进行测定。⑥促细胞生长效果

测定,包括细胞克隆形成率测定、贴壁效率试验和二倍体纤维细胞促生长试验等3种方法。

表 2-7 牛血清的质量要求(美国)

检测项目	胎牛血清(胎牛)	新生小牛血清(10~14天)	成牛血清(<10个月)
细菌	–	–	–
病毒	–	–	–
支原体	–	–	–
噬菌体	–	–	–
内毒素 /(ng/ml)	≤1.0	≤10.0	≤10(15)
血红蛋白 /(g%)	3.0~4.5	3.5~6.0	5.0~8.5
pH	6.7~8.0	7.0~8.0	7.0~8.0
渗透压/(mOsm/kg H$_2$O)	240~340	240~340	240~340

– 表示检测不到

1)细胞克隆形成率测定:细胞克隆形成率是一个很有说服力的参数。一般选择鼠骨髓瘤细胞 Sp20/Ag-14 或 P3X63-Ag8.653 为细胞悬浮培养对象,将不同批次的血清在 2%~20% 范围内稀释并制成不同浓度的培养基(选择 4% 和 10% 稀释),细胞也应在 10~100 个 /ml 范围内稀释成不同密度(选择 5 个 /ml 和 25 个 /ml),接种于 96 孔板中,于温度(37.0±0.5)℃、5%CO$_2$ 条件下培养 10~20 天后观察并计数阳性孔,与培养孔总数百分比即为克隆形成率。这样就可了解某种批次血清在低浓度时是否有同等效果,还可知道在高浓度时对细胞克隆生长是否产生毒性。

2)贴壁效率试验:一般用人的传代细胞 A549(人肺癌细胞)做每批血清的贴壁效率试验,该细胞可以反映出低浓度血清的贴壁变化。每批血清用两种浓度和两种不同的接种数,即 10% 血清 /100 细胞 / 孔和 4% 血清 /200 细胞 / 孔接种于 6 孔培养板中生长。于 5% CO$_2$ 条件下室温培养 10~14 天后,计算着色的细胞克隆数,通过每孔克隆数与每孔存活的细胞数的百分比算出贴壁效率。从这两种不同血清浓度来确立实验血清支持细胞贴壁生长的水平,分析两种情况下平均贴壁效率。

3)二倍体纤维细胞促生长试验:一般选择人二倍体细胞株 WI28 MRC5,培养于 2 个容积为 25cm^2 的培养瓶中,每瓶接种 1.5×10^5 个细胞连传 3 代,每代 7 天,每代接种两瓶细胞且血清浓度和接种细胞数相同,待检血清浓度为 5%。以同样条件用已知参考血清进行平行培养。计数每代收获细胞,根据公式(试验血清每瓶细胞平均数 / 参考血清每瓶细胞平均数)×100% 计算每批待检血清与参考血清的相对生长率。

(6)血清的选择:血清虽对细胞生长极为重要,但其成分复杂,其中有些物质可能对细胞有害,加上供血动物的个体差异,其成分难以保持一致。市面上血清品种很多,各血清产品出售时都有质量鉴定报告,可根据自己的需要选择不同厂家、不同批次的产品。因为批次很多,使用者可以对供应商提供的不同批次的血清进行测试,根据需要选择最合适的血清。另外,还要从价格方面考虑血清的选择。当细胞产量不重要时,计算血清的价格应以培养基体积为基数;若以生产大量细胞为目的时,血清价格的计算就以每毫升的细胞量为基数;若为生产某种物质,就以目的产物为基数。如果必须用胎牛血清时,可考虑与小牛血清合用,以减少价格较高的胎牛血清的用量。如果能完全不用血清或降低血清的使用浓度,最好使用无血清培养基。

(7)血清的使用及保存:血清对体外培养的细胞生长繁殖必不可少,要保持血清的这种作用,合适的血清使用和保存方法十分必要。①使用前处理:购置的血清制品必须做热灭活处理,在 56℃条件下灭活 30 分钟以消除补体活性,置于 4℃冰箱备用。未灭活的血清不稳定,应保存于 -20℃冰箱中。②血清保存:血清应保存在 -70℃~-20℃下,切忌反复冻融。当于 4℃存放时,切勿超过 1 个月。若一次无法用完一瓶,建议无菌分装血清至适当的灭菌容器内(如无菌离心管),再放回冷冻。注意:因血清结冻时体积会增加,必须预留一定的膨胀空间,以防容器冻裂。③血清的解冻:将血清从冷冻箱取出后,先在 2~8℃冰箱中置 24 小时,然后再置于室温下使之全融。注意:融解过程中必须规则地摇晃均匀(小心不要有气泡),使温度及成分均匀以减少沉淀产生。勿直接由 -20℃至 37℃解冻,以防因温度变化剧烈而造成蛋白凝结。④使用浓度:血清一般不单独使用,而是作为一种添加成分与培养基混合使用,使用浓度一般为 5%~20%,常用浓度为 10%。

3. 组织浸液(tissue extract)　由一定量的蒸馏水作为浸出剂,将组织中可溶性成分溶于水形成的溶液称为浸出液。其成分是组织除去蛋白质后的耐热水溶性部分。最早使用的组织浸液是 Coon 和 Cahn,两人通过对 10 天的鸡胚匀浆离心后收集到鸡胚浸液。鸡胚浸液中包括高分子量成分和低分子量成分。低分子量组分主要含多肽类生长因子,有利于细胞增殖;高分子量成分主要含蛋白水解物和核蛋白等复合成分,可促进色素细胞和软骨细胞的分化。除了鸡胚浸液外,目前常用的还有牛胚浸液。

随着合成培养基的发展,组织浸出液将逐渐被生长因子及复合成分替代,现在仅在神经细胞和肌细胞培养中还有使用。在诱导骨骼肌细胞分化时,氯高铁血红素可代替胚胎浸出液。

【鸡胚浸液的制备】

1)取孵育 9~11 天胎龄的鸡卵,分别用碘酊和酒精对气室外部的蛋壳消毒。

2)打开气室外部蛋壳,去除气囊、膜囊和尿囊膜,取出鸡胚。

3)除去胚眼和血块,用平衡盐溶液(BSS)洗 3 次,然后剪碎研磨后加入 Hank 液搅拌均匀。

4)室温下或 37℃下孵育 30 分钟或更长时间,并采用冻融方法帮助析出浸出液。

5)2 000~3 000r/min 离心 20 分钟,取上清;分装后 –70℃ ~–20℃保存,或过滤除菌后再低温保存。

注意事项:鸡胚要剥净,整个过程要保持无菌。

4. 水解乳蛋白(hydrolytic albumin)　水解乳蛋白是牛心肌或乳蛋白的蛋白酶和肽酶水解产物,富含多种氨基酸或小肽。水解乳蛋白是在国内外早期使用的、也是目前常用的一种天然培养基,用于多种细胞培养。水解乳白蛋白为一种均匀的淡黄色或灰黄色粉末,易潮解结块,但不影响使用。其水溶液呈弱酸性,不溶于醇或醚。最经常使用的是 Hank 液配制成的 0.5% 酸性溶液,通常与合成培养基按 1:1 比例混合使用。市售的不同批次的产品在氨基酸含量和营养价值上存有一定差异,使用前应先做预试。

0.5% 水解乳蛋白的配制:称取 0.5g 水解乳蛋白粉末,用少许灭菌的 Hank 液溶解成糊状,再用 Hank 液定容至 100ml,室温静置 1~2 小时使其充分溶解,过滤除菌,115℃高压 20 分钟,4℃保存备用。

5. 胶原(collagen)　胶原富含氨基酸,也是一种支持细胞体外生长的良好天然培养基。其主要作用是改善某些特殊类型细胞(如上皮细胞)的表面特性,促进细胞贴壁生长。胶原可来自大鼠尾腱、豚鼠真皮、牛真皮和牛眼的晶状体等,目前在大多数实验室中使用最广泛的是鼠尾胶原。鼠尾胶原制备较简单,通常制成 0.1%~1.0% 醋酸溶液。另外,由于鼠尾胶原作为半透明液体,黏度较大,不能用高温高压或滤过方法除菌,故制备应在完全无菌条件下完成。

【鼠尾胶原的配制】

1)制备 0.1% 醋酸溶液,10 磅灭菌 10 分钟。

2)取大鼠尾巴,洗净,置于 75% 乙醇中浸泡 1 小时。

3)将鼠尾切成小段,剥去毛皮,抽出尾腱。

4)取剪碎尾腱 1.0~1.5g,按 1g 尾腱 /50ml 的比例,浸于 100~150ml 0.1% 醋酸溶液中,放置 4℃冰箱内,并间断摇动。

5)48 小时后移入灭菌离心管以 4 000r/min 离心 30 分钟(最好在 4℃下离心)。

6)收集上清并分装,–20℃保存。

7)残渣中可再加 40ml 醋酸溶液作用 24 小时后再离心、收集保存。

【鼠尾胶原的使用方法】

1)将胶原涂于培养瓶的细胞生长面,要均匀涂抹但不要太厚。

2)向瓶中通入氨气或者用沾有氨水的消毒棉封住瓶口后置灭菌饭盒内。

3)室温下使氨气与胶原作用 30 分钟,胶原凝固。

4)用 BSS 溶液或基础营养液洗涤胶原面,再经细胞培养液浸泡过夜,37℃干燥后即可使用。

(二)合成培养基

随着细胞系的不断增加,来源有限、成分复杂且质量不稳定的天然培养基显然已不能满足要求,因此人们研制出了性质更稳定、化学成分更明确的培养基,即合成培养基(synthetic medium)。

合成培养基是根据细胞生存所需物质的种类和数量,通过研究组织体液成分,人工模拟合成的内含碳水化合物、氨基酸、脂类、无机盐、维生素、微量元素和细胞生长因子等。随着更多细胞系的出现,各种合成培养基已成为大多数细胞培养的最佳选择。从合成培养基发展史看,合成培养基主要包括最初由 Eagle 研制的系列基本培养基、后来的无血清培养基和无蛋白培养基。与天然培养基相比,合成培养基可针对不同类型的细胞,根据特殊情况对培养基进行修整等优点。但也有配制繁琐、成本较高、培养物生长缓慢等缺点。

1. 基本培养基 也叫基础合成培养基。是物质组成最简单的一种培养基。研制合成培养基的初衷是希望完全代替天然培养基,但是许多合成培养基都只能维持体外细胞在短时间内存活,当加入一定量的天然培养基(如血清、蛋白水解物和组织浸液)后细胞才能持续稳定地生长繁殖。人们还发现,最初针对某种特定细胞配制的培养基对其他很多细胞也适合,就称此类培养基为基本培养基,若再添加一定比例的天然培养基就形成完全培养基,若添加的天然培养基是血清,该培养基就被称为含血清培养基。基本培养基特别是最低限量 Eagle 基本培养基(Eagle minimal essential medium, MEM)至今仍是使用最广泛的合成培养基。

(1)基本培养基的种类:基本培养基品种繁多,包括从最简单的 Eagle 培养基到成分复杂的 M199 培养基等十多种。其中,常用的培养基如下:

1)MEM(Eagle minimal essential medium):即最低限量 Eagle 基本培养基,由 Harry Eagle 于1959 年研制成功,早期用于培养正常哺乳动物成纤维细胞和特定 HeLa 细胞亚系。该培养基成分简单,仅含谷氨酰胺、12 种必需氨基酸和 8 种维生素,适合多种细胞单层生长,是最基本的、也是应用最广的一种培养基。同时,因易于添加或减少某些成分,故适用于某些特殊研究的细胞培养工作。

2)DMEM(Dulbecco modified Eagle medium):Dulbecco 在 MEM 基础上经过改良形成的。DMEM增加了各成分的用量,营养成分浓度高,利于高密度细胞的大量增殖。根据葡萄糖用量可将 DMEM分为高糖型(4 500mg/L)和低糖型(1 000mg/L)两种。其中,高糖型特别适于附着性差但希望能贴于原生长位点的肿瘤细胞的生长,如骨髓瘤细胞和 DNA 转染的转化细胞培养。

3)IMDM(Iscove modified Eagle medium):IMDM 是由 Iscove 改良的 Eagle 培养基,较 DMEM又增加了几种非必需氨基酸及一些维生素。IMDM 为高葡萄糖型,可用于杂交瘤细胞筛选培养,也可作为无血清培养的基础培养基。

4)Ham F12:由 Ham 于 1969 年设计。Ham F12 是在 MEM 培养基配方基础上,加入了一些微量元素(如非必需氨基酸、维生素)、无机盐(如 $NaHCO_3$)和代谢添加剂(如核苷酸)配制而成,简称 F12。从市场上购买的 F12 培养液使用前以 0.146g/L 的比例加入 L-谷氨酰胺。Ham F12 的营养成分浓度低,适用于单细胞的低密度克隆化培养,如中国仓鼠卵巢细胞(CHO 细胞)。另外,Barnes 和 Sato 根据 Ham F12 营养成分多和 DMEM 营养浓度高的特点,将 DMEM 和 Ham F12按 1∶1 比例配成 DMEM/F12 培养基,形成神经生物学最通用的基本培养基,也是无血清培养基的基液。

5)RPMI 1640:同 MEM 一样,是目前广泛使用的培养液之一。是 Moore 等在 1967 年为培养小鼠白血病细胞而设计,后来经过一系列改良形成 R/MINI 1640。该培养基组分比较简单,包括21 种氨基酸、11 种维生素和其他一些成分,适于多种正常细胞和肿瘤细胞的生长,也用于悬浮细胞的培养。

6)M199:是 1950 年由 Morgan 等针对鸡胚组织细胞的培养研究制成的。M199 培养液成分复杂,所含营养成分达 69 种之多,几乎包括了所有氨基酸、维生素及核酸衍生物、生长激素、脂类和 Eagle 平衡盐溶液等。M199 仅能维持体外细胞的短期生存,加上其成分复杂,故现在已很少使用。

7)L15:由 Leiboviz 研制而成。该培养基所用的 BSS 含有高浓度氨基酸以提高缓冲能力,培养基中使用半乳糖作碳源,以阻止培养基中乳酸形成。这一培养基的优点是,在保持较高 CO_2 浓度有困难时,例如在长时间的显微操作及生理学研究中,可由丙酮酸代谢产生的少量 CO_2 作为补充。该培养基已成功用于外周神经元的培养,但尚未在 CNS 神经元的发育研究中检测。另外,还适用于快速增殖瘤细胞的培养。L15基础培养液配方为:向1 000ml L15培养基中加入2g NaHCO₃、10ml 100×青链霉素和5ml HEPES均匀混合。

8)McCoy 5A:是McCoy等在1959年研制成的,是一种专门为培养肉瘤细胞设计的培养液。除适用于原代细胞、组织活检细胞和淋巴细胞的培养外,还适用于较难培养的细胞。

9)Fischer:主要用于白血病微粒细胞的培养。

随着科技的进步和细胞培养技术的发展,除上述培养基外,还有许多其他培养基,这里不再一一赘述。人工合成培养基品种多,配方相对固定,并有配制好的干粉型商品。现今市售的RPMI 1640和DMEM等培养液比以前已有较大改进,增减了一些成分,以满足细胞培养中新技术的需要。如杂交瘤技术中常用的DMEM培养基,使用时需补加丙酮酸钠和2-巯基乙醇(2-mercaptoethanol,2-Me),以促进丝裂原反应和DNA合成,增强细胞转化。2-Me常配制成0.1mol/L的贮存液,使用时每升培养液添加0.5ml。

此外,用于造血细胞培养的Opti-MEM I Reduced Serum Medi培养基,大鼠肝上皮细胞长期培养的William Medium E培养基增加细胞转化和DNA合成的植物血凝素(PHA)及用于仓鼠细胞和人二倍体细胞培养的Ham F-10培养基等也是目前常用的基础培养基,它们主要用在特定细胞类型的体外培养中或用于控制细胞特定的生理生化活动。

(2)基本培养基的成分:基本培养基种类多样,而且不同培养基所含成分和相应含量不一(表2-8)。但总的来说,维持体外细胞生存所需的最基本组分应包含氨基酸、维生素、碳水化合物(一般是葡萄糖)、无机盐离子和其他成分。对于某些细胞的培养来说,还要在基础培养基中加入一些特定的附加成分。

表2-8　常用基本培养基的基本组分

组分/(mg/L)	MEM	DMEM	L15	Fischer	RPMI 1640	DMEM/F12	Ham F12	McCoy 5A	M199
无机盐类									
无水 CaCl₂	200	200	–	68.7	–	116.6	33.2	100	200
KCl	400	400	400	400	400	311.8	223.6	400	400
MgSO₄	98	97.7	97.5	–	48.8	48.8	–	98	98
NaCl	800	6 400	8 000	8 000	6 000	6 999	7 599	5 100	6 800
NaHCO₃	200	3 700	–	–	2 000	–	1 176	2 200	2 200
NaH₂PO₄	140	125	–	60	–	54.5	–	580	140
KNO₃	–	–	60	–	–	–	–	–	–
Na₂SeO₃	–	–	–	–	–	–	–	–	–
Ca(NO₃)₂	–	–	–	–	100	–	–	–	–
Na₂HPO₄	–	–	190	59.8	800	71	142	–	–
MgCl₂	–	–	46.9	28.6	–	–	57.2	–	–
KH₂PO₄	–	–	–	–	–	–	–	–	–
微量元素类									
Fe(NO₃)₃	–	0.1	–	–	–	0.05	–	–	0.7
CuSO₄	–	–	–	–	0.001 3	0.002 5	–	–	–
FcSO₄	–	–	–	–	0.417	0.083	–	–	–
ZnSO₄	–	–	–	–	0.432	–	–	–	–

续表

组分 /（mg/L）	MEM	DMEM	L15	Fischer	RPMI 1640	DMEM/ F12	Ham F12	McCoy 5A	M199
氨基酸类									
L- 精氨酸 HCl	126	84	–	18.6	200	147.5	211	42.1	70
L- 胱氨酸 2HCl	31	63	–	26.2	65	31.3	–	–	26
L- 半胱氨酸 HCl H₂O	–	–	–	–	–	17.6	35	31.5	0.1
L- 组氨酸 HCl	42	42	–	66	15	31.5	21	21	22
L- 异亮氨酸	52	105	125	75	50	54.5	4	39.4	40
L- 亮氨酸	52	105	125	30	50	59	13	39.4	60
L- 赖氨酸 HCl	73	146	93	50	40	91.3	36.5	36.5	70
L- 蛋氨酸	15	30	75	100	15	17.2	4.5	15	15
L- 苯丙氨酸	32	66	125	60	15	35.5	5	16.5	25
L- 苏氨酸	48	95	300	30	20	53.5	12	17.9	30
L- 色氨酸	10	16	20	10	5	9	2	3.1	10
L- 酪氨酸 2Na₂H₂O	52	104	373	74.6	29	38.4	7.8	26.2	49.7
L- 缬氨酸	46	94	100	70	20	52.8	11.7	17.6	25
L- 丙氨酸	–	–	225	10	–	4.5	8.9	13.9	25
L- 天冬酰胺	–	–	–	–	50	7.5	15	45	–
L- 天冬氨酸	–	–	–	–	20	6.7	13	20	30
L- 谷氨酸	–	–	–	204	20	7.4	14.7	22.1	75
L- 谷氨酰胺	–	584	300	–	300	365	146	219.2	100
甘氨酸	–	30	200	–	10	18.8	7.5	7.5	50
L- 脯氨酸	–	–	–	–	20	17.3	34.5	17.3	40
L- 丝氨酸	–	42	200	15	30	26.3	10.5	26.3	25
L- 羟脯氨酸	–	–	–	–	20	–	–	19.7	10
维生素类									
偏多酸钙	1	4	1	0.5	0.25	2.2	0.5	0.2	0.01
氯化胆碱	1	4	1	1.5	3	9	14	5	0.5
叶酸	1	4	1	10	1	2.7	1.3	10	0.01
i- 肌醇	2	7.2	2	1.5	35	12.6	18	36	0.05
烟酰胺	1	4	1	0.5	1	2	0.04	0.5	0.025
HCl 吡哆醛	1	–		0.5	–	2	–	0.5	0.025
HCl 吡哆醇	–	4		–	1	0.031	0.06	0.5	0.025
维生素 B₂	0.1	0.4	–	0.5	0.2	0.219	0.04	0.2	0.01
HCl 硫胺素	1	4	–	1	1	2.2	0.3	0.2	0.01
生物素	–	–		0.01	0.2	0.003 5	0.007	0.2	0.01

续表

组分 /（mg/L）	MEM	DMEM	L15	Fischer	RPMI 1640	DMEM/F12	Ham F12	McCoy 5A	M199
维生素 B_{12}	–	–	–	–	0.005	0.68	1.4	2	–
Para- 氨苯甲酸	–	–	–	–	1	–	–	1	0.05
烟酸	–	–	–	–	–	–	–	0.5	0.025
维生素 C	–	–	–	–	–	–	–	0.5	0.05
维生素 E	–	–	–	–	–	–	–	–	0.01
维生素 D_2	–	–	–	–	–	–	–	–	0.1
维生素 K_3	–	–	–	–	–	–	–	–	0.01
维生素 A	–	–	–	–	–	–	–	–	0.14
抗氧化剂类									
还原型谷胱甘肽	–	–	–	–	1	–	–	0.5	0.05
碱基和核苷类									
次黄嘌呤	–	–	–	–	–	2	4.8	–	0.4
胸苷	–	–	–	–	–	0.365	0.7	–	
胸腺嘧啶	–	–	–	–	–	–	–	–	0.3
硫代腺嘌呤	–	–	–	–	–	–	–	–	10
三磷酸腺苷	–	–	–	–	–	–	–	–	0.2
2- 脱氧核糖	–	–	–	–	–	–	–	–	0.5
单磷酸腺苷	–	–	–	–	–	–	–	–	0.2
鸟嘌呤	–	–	–	–	–	–	–	–	0.0
核糖	–	–	–	–	–	–	–	–	0.0
尿嘧啶	–	–	–	–	–	–	–	–	0.0
黄嘌呤	–	–	–	–	–	–	–	–	0.34
能量代谢类									
乙酸钠	–	–	–	–	–	–	–	6 003	50
葡萄糖	1 000	4 500	–	1 000	2 000	3 151	1 802	–	1 000
丙酮酸钠	–	–	550	–	–	55	110	–	–
脂类及前体									
胆固醇	–	–	–	–	–	–	–	–	0.2
硫辛酸	–	–	–	–	–	0.105	–	–	–
亚油酸	–	0.084	–	–	–	0.042	0.2	–	–
腐胺	–	–	–	–	–	–	0.08	–	–
苯唑蛋白胨	–	–	–	–	–	–	0.16	10	–
酚红	–	15	10	5	5	8.1	1.2	–	20
吐温 -80	–	–	–	–	–	–	–	–	20

– 表示不含该组分；参考血清培养基生产公司产品目录

1）氨基酸：氨基酸是组成蛋白质的基本单位，不同种类的细胞生长所需的氨基酸虽然不同，但培养的细胞都需要必需氨基酸和非必需氨基酸。其中，包括组氨酸、异亮氨酸、亮氨酸、赖氨酸、蛋氨酸、苯丙氨酸、苏氨酸、色氨酸、缬氨酸、半胱氨酸、酪氨酸在内的几种必需氨基酸，细胞自身不能合成，必须依靠细胞培养液提供。同时，对于不能合成某些非必需氨基酸的特殊细胞来说，也有必要人工补充。氨基酸浓度常常会影响细胞的最大生长量，甚至会影响细胞存活和生长。对于绝大多数细胞来说，需要添加谷氨酰胺，因为它可作为能源和碳源为细胞所利用。谷氨酰胺缺少时，会出现细胞死亡，故各种培养液中都含有较多谷氨酰胺。由于谷氨酰胺在溶液中很不稳定，应置于 $-20^{\circ}C$ 冰箱中保存，在使用前加入培养基内。

2）维生素：维生素是维持细胞生长的一种生物活性物质，在细胞中多以辅基或辅酶的形式调节细胞代谢。若细胞中维生素缺乏，会导致酶失去活性，最终使代谢活动无法进行。一般培养基中仅含有 B 族维生素、叶酸、胆碱、肌醇等水溶性维生素，而其他维生素则由血清提供。注意，维生素过量则会导致细胞死亡率升高。与某些氨基酸一样，维生素的用量靠的是经验，通常参考某细胞系的最初使用量。

3）碳水化合物：碳水化合物是细胞生长的主要能源，有的还是合成蛋白质和核酸的成分。碳水化合物主要有葡萄糖、核糖、脱氧核糖、丙酮酸钠和醋酸钠等，葡萄糖在细胞培养中最常用。

4）无机盐：无机盐主要包括 Na^+、K^+、Ca^{2+}、Mg^{2+}、Cl^-、SO_4^{2-}、PO_4^{3-} 和 HCO_3^-，主要维持培养基渗透压平衡及参与细胞的生理生化活动。Na^+、K^+ 和 Cl^- 调节膜电位，K^+ 还是某些酶必需的激活因子，在调节细胞内环境的酸碱平衡中起重要作用。二价阳离子，尤其是 Ca^{2+} 作为第二信使参与多种细胞生理活动，作为细胞黏附分子的成分之一，在细胞黏附中起重要作用，另外，还参与肌肉细胞收缩等许多重要的细胞生理活动。悬浮培养时，应降低 Ca^{2+} 浓度以减少细胞的聚集和附着；Mg^{2+} 是构成细胞间质的重要成分，与细胞稳定结合有关。SO_4^{2-}、PO_4^{3-} 和 HCO_3^- 参与细胞大分子的形成以及细胞内电荷量的调节。除钠、钾等成分之外，有些培养液中还含 Fe^{2+}、Zn^{2+}、Cu^{2+} 等一些微量元素。

5）其他成分：成分复杂的培养液中还含有其他成分，如丙酮酸、肽、嘌呤和嘧啶、核苷、脂类等，可帮助细胞克隆化及维持某些特殊细胞系生长。有的培养液中还直接加入 ATP 和辅酶 A。

（3）培养基的选择：在细胞培养时，选择适宜培养基是细胞培养成败的关键。虽然现在对培养基的选择还没有统一的标准，但以下建议可供参考：①培养某种类型的细胞时，适宜培养基的选择主要参考该细胞系建立之初所发表的文章或类似细胞系的培养（表 2-9）；②从细胞库（如 ATCC）获得常用细胞系所用培养基的相关信息，从相关网站获得具体数据；③凭借经验试用所在实验室中常用的培养基；④通过对几种培养基的选择比对（常用克隆形成率和生长曲线）来挑选适宜的培养基。

表 2-9　细胞或细胞系常用的培养基

细胞或细胞系	基本培养基	血清
3T3 细胞	MEM, DMEM	小牛血清
鸡肝成纤维细胞	MEM	小牛血清
中国仓鼠卵巢细胞	MEM, Ham F12	小牛血清
软骨细胞	Ham F12	胎牛血清
连续细胞系	MEM, DMEM	胎牛血清
内皮细胞	DMEM, M199, MEM	胎牛血清
成纤维细胞	Eagle MEM	小牛血清
神经胶质细胞	MEM, DMEM/F12	胎牛血清
神经胶质瘤	MEM, DMEM/F12	胎牛血清
HeLa 细胞	Eagle MEM	小牛血清
造血细胞	RPMI 1640, Fischer, αMEM	小牛血清
人二倍体成纤维细胞	Eagle MEM	小牛血清
人白血病细胞	RPMI 1640	胎牛血清
人肿瘤细胞	L15, RPMI 1640, DMEM/F12	胎牛血清
角质形成细胞	αMEM	胎牛血清
L 细胞（L929, LS）	Eagle MEM	小牛血清
成淋巴母细胞系（人）	RPMI 1640	胎牛血清

细胞或细胞系	基本培养基	血清
乳腺上皮细胞	RPMI 1640, DMEM/F12	胎牛血清
MDCK 犬肾上皮细胞	MEM, DMEM/F12	胎牛血清
黑色素瘤	MEM, DMEM/F12	胎牛血清
黑色素细胞	M199	胎牛血清
小鼠胚胎成纤维细胞	Eagle MEM	小牛血清
小鼠白血病细胞	Fisher, RPMI 1640	胎牛血清
小鼠红白血病细胞	DMEM/F12, RPMI 1640	胎牛血清, 马血清
小鼠骨髓瘤	DMEM, RPMI 1640	胎牛血清, 马血清
小鼠成神经细胞瘤	DMEM, DMEM/F12	胎牛血清
神经元	DMEM	胎牛血清
大鼠肾成纤维细胞	MEM, DMEM	小牛血清
大鼠最小变异肝癌细胞	Swim S77, DMEM/F12	胎牛血清
骨骼肌细胞	DMEM, Ham F12	胎牛血清, 马血清

参考《动物细胞培养——基本技术指南》（第5版）

（4）培养基的配制：目前，供应商提供的培养基制品一般为干粉状，干粉状培养基颗粒很细，极易溶于水，相应的液体培养基配制方法十分简易，按照说明书将规定重量的干粉溶于一定量的水中即可；或者按比例配制，然后滤过除菌后即可使用。但有的培养基需借助加热或通气帮助溶解，有的培养基成分不全，要求配制时另外加入，一般不含的成分是谷氨酰胺和 $NaHCO_3$。最好用玻璃三蒸水溶解干粉剂，配好的培养液应立即过滤消毒，4℃保存备用。下面介绍几种常见培养基的配制方法：

1）RPMI1640 培养基：称 10.4g 干粉溶于 1 000ml 三蒸水中，溶解后通入 CO_2 直到溶液呈柠檬色时加入 0.3g/L 谷氨酰胺将 pH 调至 6.8 左右，再用 1M（1M=1mol/L）NaOH 或 1M HCl 溶液调节 pH 为 7.2~7.4；最后用 0.22μm 微孔滤膜过滤除菌，分装

后低温保存。

2）MEM 培养基：称 9.4g 干粉倒入 1L 三蒸水中，待溶解后 121℃高压灭菌 15~20 分钟，临用前按一定比例加谷氨酰胺，通入 CO_2 调 pH 为 7.2~7.4，过滤除菌低温保存。

3）IMDM 培养基：将一袋干粉倒入 1L 三蒸水中完全溶解，然后加入 3.024g/L $NaHCO_3$，搅拌混匀，不需要调 pH；0.22μm 滤膜正压过滤除菌后于 2~8℃保存备用。

2. 低血清细胞培养基　营养丰富的培养基是维持细胞活性及生长的基础，营养缺乏易引起细胞凋亡，新生牛血中所含大部分营养成分可以通过化学成分明确的营养成分组合所取代。低血清培养基营养成分优于基础培养基，仅需添加 1%~5% 新生牛血清即可，同时对细胞生长、增殖、形态、活性和功能没有影响甚至有所改善。在国外低血清培养基早已被使用（如 Gibco 等），但它是在基础培养基中选择性加入重组胰岛素（recombinant insulin）、人源转铁蛋白（human transferrin）和牛血清白蛋白等配制而成，有些低血清培养基还包含一些生长因子，这些蛋白对生物制品的安全性可能会造成危害。

3. 无血清细胞培养基　最初，体外培养的动物细胞只有依赖于小牛血清才能在体外较好地生长和繁殖。但小牛血清成分复杂且不明确，这使得含血清的培养基存在潜在的细胞毒性，也使细胞培养的标准化和终产品纯化难度加大，而且存在外源病毒和致病因子污染，以及异种血清残留引起的过敏反应等各种严重问题。因此，在要求更严格的细胞原代培养、细胞克隆化培养、进行如生长因子和单抗等生物技术性生产、细胞分泌物等研究和制备、希望除去培养物中不易控制或易受污染的天然组分等情况下，细胞无血清培养基的开发和应用势在必行。所谓的无血清培养基，是指不含有动物血清或其他生物提取液，但仍可以维持细胞在体外较长时间生长、繁殖的一种合成培养基。无血清培养基由于其成分相对清楚，制备过程简单，在现代生物技术学领域得到广泛应用。同时，无血清培养技术也是阐明细胞生长、增殖、分化及基因表达调控的基础研究问题的有力工具。

（1）无血清培养液的优点：除上述所提到的

能减少或避免使用血清带来的不利因素外,还有以下优点:

1）避免了批次间的差异,提高细胞培养和实验结果的重复性。

2）避免血清的血清源性污染和对细胞毒性作用。

3）避免血清组分对实验研究的影响。

4）成分明确,培养条件易于控制,有利于研究细胞的生理调节机制;可根据不同细胞株设计出适合其高密度生长或高水平目的产物表达的培养基。

5）使产品易于纯化,提高回收率。

（2）无血清培养基的缺点:普适性差,一种无血清培养基仅适合某一类细胞的培养,造成培养液种类繁多,也给细胞培养工作增加了工作量;不利于不同来源细胞系的保存;无血清培养基中细胞生长缓慢,有限细胞系的传代次数减少;黏度小、细胞易受搅拌等机械因素的影响;成本较高,价格昂贵。

（3）无血清培养液的成分:由于机体内各种细胞所需生长条件各不相同,要设计出一种万能无血清培养基十分困难,而且也没有这种必要。因此,当前无血清培养基的设计主要是在研究生长因子等工作的基础上,向人工合成培养基内补加一定的激素、生长因子等已知物质以支持细胞的生长和增殖。补加成分主要有激素、生长因子、细胞附着蛋白、金属离子转移蛋白、细胞结合蛋白、脂蛋白、脂肪酸、酶抑制剂和微量元素等。无血清培养基由以下成分组成:

1）基础培养基:无血清培养基的基础培养基一般为与所需培养细胞相应的人工合成的培养基,按细胞生长需要由一定比例的氨基酸、维生素、无机盐、葡萄糖等组成。在对不同的细胞进行培养时可根据需要对基础培养基和某些组分作相应调整。目前最常用的是 DMEM 和 Ham F12 培养基 1:1 混合而成的 DMEM/F12,然后再补加 15mmol/L HEPES 和 1.2g/L NaHCO$_3$ 作为基液。

注意:由于缺乏天然成分中的大分子物质对细胞的保护作用,在这样的培养液中细胞对外界刺激耐受性较差。因此,对配制溶液的蒸馏水要求较高,须用高纯度的蒸馏水。一般都要使用三蒸水,而最后一次蒸馏应在制备后立即使用。

2）辅加成分:多数无血清培养液必须补 3~8 种因子,任何单一因子都不能取代血清。已知有 100 多种此类因子,其中有些是必需补充因子,如胰岛素、亚硒酸钠和转铁蛋白,其他多数为辅助作用的因子。

Ⅰ. 激素和生长因子:很多细胞用无血清培养时需要加入胰岛素、生长激素、胰高血糖素等激素。其中,胰岛素是一种重要的细胞存活因子,能与细胞上的胰岛素受体结合形成复合物,促进 RNA、蛋白质和脂肪酸的合成,抑制细胞凋亡。细胞无血清培养中,胰岛素的浓度范围为 0.1~10μg/ml。此外,甲状腺素和甾体类激素中的黄体酮、氢化可的松、雌二醇等也是细胞在无血清培养时常用的补充因子。注意:不同细胞株对激素种类和数量的要求有所不同。

生长因子是维持细胞体外培养生存,增殖和分化所必需的补充因子,它们是有效的促有丝分裂原,能缩短细胞群的倍增时间。无血清培养基中添加的生长因子主要是多肽类生长因子,到目前已鉴定的多肽类生长因子多达 30 种,其中半数以上都可以通过基因重组技术获得。无血清培养基中常用的生长因子包括表皮生长因子（EGF）、成纤维细胞生长因子（FGF）和神经生长因子（NGF）等。

Ⅱ. 结合蛋白:结合蛋白包括转铁蛋白和白蛋白两种。大多哺乳类细胞上都有特定的转铁蛋白受体,受体与转铁蛋白 /Fe^{3+} 复合物结合是细胞获取微量元素铁的主要来源。注意:不同细胞对转铁蛋白的需要量不一样。

白蛋白也是无血清培养基中常用的添加因子,通过与维生素、脂类、激素、金属离子和生长因子结合从而稳定、调控这些物质在培养基的作用。另外,白蛋白作为脂肪酸和某些微量元素的载体,还具有脱毒和保护细胞抵抗剪切损伤的功能。

Ⅲ. 贴壁因子:绝大多数细胞在体外生长时需要固着在适宜的基底上,该过程十分复杂,包括贴壁因子吸附于器皿或载体表面、细胞与贴壁因子间的结合等。无血清培养基中常用的贴壁因子包括纤维粘连蛋白、胶原、昆布氨酸和多聚赖氨酸等。如纤维粘连蛋白的配制浓度为 25~50μg/ml,用时先涂在培养瓶 / 皿底物上;层粘连蛋白为 1~5μg/ml,可直接加在培养液中。

Ⅳ. 其他因子:有些细胞的无血清培养还需

补充某些低分子量的微量元素、维生素、脂类等。无血清培养基中除一般加入铁、铜和一些无机盐外，甚至还要加入稀有金属 Se^{4+}，对于脂类及胆碱、亚油酸等脂类前体物有重要作用。维生素 B 主要以辅酶形式参与细胞代谢，维生素 C 和维生素 E 具有抗氧化作用。丁二胺和亚油酸等提供细胞膜合成所需的脂质和细胞生长所需的水溶性脂质。这些辅加成分应根据细胞生长条件和实验要求有选择性地按一定比例进行添加。

（4）无血清培养基的选择：由于无血清培养基成分复杂、价格昂贵，故一般情况下尽可能不使用无血清培养基，只有在不能使用血清时才考虑此类培养基。无血清培养基种类繁多，一般根据培养目的来选择。若是为了促进一种特定类型的细胞生长，那就要选择合适的培养基，如 LHC-9 用于支气管上皮细胞的培养；MCDB130 用于血管内皮细胞的培养；Ham F 10 用于小鼠细胞和人类二倍体的培养。若是为了减少培养物中血清蛋白的量或避免被污染而用无血清培养基对连续细胞系进行培养，那么培养基的选择范围会广一些。

（5）无血清培养基的制备：无血清培养基的制备方案大致同常规培养基，一般先配好储存液，高压灭菌或过滤消毒，低 pH 下低温保存，避免反复冻融。其中低 pH 是为了防止储存液中 Cu^{2+}、Fe^{2+}、Fe^{3+} 等金属离子发生沉淀。对于不同条件下不同类型细胞的培养来说，各成分的浓度和使用方法各不一样。如纤维粘连蛋白的配制浓度为 25~50mg/L，用时先涂在培养瓶 / 皿支持物上；成纤维细胞生长因子配制浓度为 2mg/L，使用浓度为 5μg/L，可直接加入培养液中。配制时须用玻璃蒸馏器制备出的三蒸水；配制含钙、铁的溶液时要防沉淀产生。

4. 无蛋白培养基（protein free medium，PFM）无蛋白培养基不添加任何动物蛋白，但含有一些动物或植物来源成分，如含小分子的肽类或合成多肽片段等其他衍生物。此类培养基组分相对稳定，但须添加类固醇激素和脂类前体，且对培养的细胞是高度特异性的。无血清培养基尽管有其固有的优点，但自身也存有一定的缺陷，仍含有较多的动物蛋白或低分子肽。基因工程技术生产的重组蛋白最终要用于人体，如果在生长过程中使用了含有动物蛋白的培养基，纯化过程就比较复杂。故在无血清培养基研制出后，人们又把目光转到无蛋白培养基的研制中，在无血清培养基中不再添加蛋白，仅加入一些化学成分明确的物质（如氨基酸、维生素等），同样也能满足细胞生长和增殖需要。

无蛋白培养基可以广泛应用于实验室或工业规模的细胞培养，由于培养液中的蛋白都是由培养细胞分泌产生，所以显著地简化了下游的纯化和处理程序；同时可以降低培养基的成本，便于存放和使用。但无蛋白培养基的设计十分困难，应用范围受到一定限制。

二、其他培养用液

在细胞培养过程中，除上述四类主要的细胞培养基外，还经常用到一些平衡盐溶液、消化液、pH 调整液、抗生素液等其他细胞培养用液。

（一）培养用水

体外培养的细胞对水质及其纯度要求很高。如果水质低劣，最终会影响到细胞生长和实验结果的准确性。用金属蒸馏器得到的蒸馏水中可能含某些金属离子，因此一般不用在细胞培养中。培养用水应来自通过石英玻璃蒸馏器蒸馏产生的三蒸水或超纯水净化器制备的超纯水。注意：培养用水最好用龙头瓶保存，存放时间不应超过 2 周。目前广泛使用渗透膜技术为核心的纯水、超纯水仪器用于细胞培养及细胞培养基制备。

（二）细胞清洗液

细胞清洗液即平衡盐溶液（balanced salt solution，BSS），主要由无机盐和葡萄糖组成，起着维持渗透压平衡、缓冲、调节酸碱度和提供简单的营养等作用，用于漂洗细胞及配制其他培养用液等。常用 BSS 的组分及含量见表 2-10。最简单的 BSS 是复方氯化钠溶液（Ringer 生理盐水）。D-Hank 与 Hank 的一个主要区别是前者不含有 Ca^{2+}、Mg^{2+}，故 D-Hank 常用作胰蛋白酶（胰酶）溶液配制的基础液。BSS 中常含少量酚红以指示溶液酸碱性变化。

BSS 的配方也常有修改，如 Dulbecco's PBS 溶液有的含 Ca^{2+}、Mg^{2+}，有的则不含；不含钙、镁离子的 Dulbecco's PBS 称 PBSA，含钙、镁离子的 Dulbecco's PBS 称 PBSB。

表 2-10 常用的细胞清洗液配方 单位：g/L

成分/清洗液	复方氯化钠溶液	PBS	Tyrode	Earle	Hank	D-Hank	Dulbecco's PBS
NaCl	9	8	8	6.8	8	8	8
KCl	0.42	0.20	0.2	0.4	0.4	0.4	0.2
无水 CaCl$_2$	0.25	–	0.2	0.2	0.14	–	0.1
MgCl$_2$·6H$_2$O	–	–	0.1	–	0.1	–	0.1
MgSO$_4$·7H$_2$O	–	–	–	0.2	0.1	–	–
Na$_2$HPO$_4$·H$_2$O	–	1.56	–	–	0.06	0.06	–
NaH$_2$PO$_4$·2H$_2$O	–	–	0.05	0.14	–	–	1.42
KH$_2$PO$_4$	–	0.2	–	–	0.06	0.06	0.2
NaHCO$_3$	–	–	1	2.2	0.35	0.35	–
葡萄糖	–	–	1	1	1	1	–
酚红（0.1%）	–	–	–	1ml	1ml	1ml	–

1. **Hank 液制备** 按下列方法配制 Hank 液：

（1）先配制甲、乙两溶液。甲液：将 0.06g Na$_2$HPO$_4$·H$_2$O、0.06g KH$_2$PO$_4$、0.1g MgSO$_4$·7H$_2$O、0.1g MgCl$_2$·6H$_2$O、0.4g KCl、1g 葡萄糖和 8g NaCl 溶于 750ml 三蒸水中，使各溶质充分溶解；乙液：称取 0.14g 无水 CaCl$_2$ 倒入 100ml 三蒸水中充分溶解。然后将乙液慢慢倒入甲液中，混合均匀。

（2）将 0.35g NaHCO$_3$ 溶于 37℃ 100ml 三蒸水中。

（3）加 1ml 0.1% 酚红于（2）中的 NaHCO$_3$ 溶液中。

（4）将（3）中的 NaHCO$_3$ 酚红溶液移入（1）中的甲乙混合溶液中，用三蒸水补充至 1 000ml，滤过除菌，小瓶分装，4℃冷藏，或者分装后 10 磅 115℃高压灭菌 20 分钟（以防破坏葡萄糖），4℃冰箱保存。临用前用 7.5% NaHCO$_3$ 调至所需 pH。

2. **D-Hank 液制备** D-Hank 液与 Hank 的一个主要区别是 D-Hank 不含 Ca^{2+}、Mg^{2+}，常用于配制胰蛋白酶消化液。其配方如下（1 000ml）：将 0.4g KCl、0.06g KH$_2$PO$_4$、8g NaCl、0.35g NaHCO$_3$、0.06g Na$_2$HPO$_4$·H$_2$O、1g 葡萄糖和 1ml

酚红试剂依次加入 800ml 去离子水或三蒸水中，溶解后用三蒸水定容至 1 000ml，最后 10 磅高压灭菌 10 分钟（防止时间过长破坏葡萄糖）。

3. **磷酸盐缓冲液（PBS）制备** PBS 是实验室中使用最普遍的一种缓冲液，其配方各异，其共同之处是先配制甲、乙两种母液，然后根据需要按一定的比例混合。

（1）母液的配制：甲液（0.2mol/L Na$_2$HPO$_4$ 溶液）：称取 Na$_2$HPO$_4$·H$_2$O 32g、NaCl 8g，加去离子水或双蒸水 1 000ml；乙液（0.2mol/L NaH$_2$PO$_4$）：NaH$_2$PO$_4$·2H$_2$O 31.2g、NaCl 8g，加去离子水或双蒸水 1 000ml。

（2）保存与使用：甲、乙二液保存于 4℃，用时按表 2-11 所示比例，配制成所需 pH 浓度，高压灭菌后室温保存。注意：所配制的 PBS 通常不含 Ca^{2+} 和 Mg^{2+}，若需要 Ca^{2+} 和 Mg^{2+} 须另外单独配制，并在用时加入。

4. **注意事项** 配制细胞清洗液应注意以下事项：

（1）配制溶液应使用新鲜的三蒸水或去离子水，按规定的先后顺序配制，称量要准确，要看清药品的规格、纯度、结晶水的数量等，切勿搞错。

表 2-11 配制不同 pH 的 0.2mol/L PBS 需要的两种母液量

所需母液量 /ml	pH											
	5.8	6.0	6.2	6.4	6.6	6.8	7.0	7.2	7.4	7.6	7.8	8.0
甲液	8	12.5	18.5	26.5	37.5	49	64	72	81	87	91.5	94.7
乙液	92	87.5	81.5	73.5	62.5	51	36	28	19	13	8.5	5.3

（2）一般选用的物质纯度为分析纯（AR）。

（3）如果配方中含有 Ca^{2+}、Mg^{2+}，应当首先溶解这些成分。如磷酸钙在碱性溶液中几乎难于溶解，因此在制备磷酸盐缓冲液时，需将 $CaCl_2$ 和磷酸氢二钠单独溶解后再混合，临时用 $NaHCO_3$ 调 pH 至弱碱性，以避免沉淀析出。

（4）配好的平衡盐溶液可以过滤除菌或高温灭菌。但因有些物质性质不稳定，高温高压下易破坏。如葡萄糖只能在 10 磅下维持 15~20 分钟，若时间过长葡萄糖就会破坏。

（5）一般先配制成 10 倍或 100 倍的一系列母液，用前临时混合稀释。

（三）消化液

进行原代培养和传代培养时，常遇到组织的分离和细胞的分散问题，这需要借助消化液的帮助。常用的消化液包括胰蛋白酶（trypsin）溶液和乙二胺四乙酸（EDTA）溶液，胶原酶（collagenase）溶液有时也会用到。它们可单独使用，也可根据自己的实验需要按一定比例与胰蛋白酶混用。由于 EDTA 容易配制，可作为常用的消化液。

1. **胰蛋白酶溶液**　胰蛋白酶是一种黄白色粉末，易受潮，应密封放在阴暗干燥处。其主要作用是水解细胞间的蛋白质，使贴壁生长的细胞脱落下来并分散成单个细胞。胰蛋白酶溶液的消化能力和 pH、温度、胰蛋白酶浓度以及溶液中是否含 Ca^{2+}、Mg^{2+} 和血清等因素有关。通常培养用胰蛋白酶溶液浓度配制成 0.1%~0.25%、pH 7.2~7.4。在每次进行传代消化前，要用 D-Hank 液反复冲洗培养器皿，消除培养基中血清对胰蛋白酶的抑制作用，从而提高消化液的作用。0.25% 胰蛋白酶（活性 1∶250）溶液的配制如下：称取 0.25g 活力为 1∶250 的胰蛋白酶，加入 100ml D-Hank 液溶解，然后过滤除菌、分装、密封、贴上标签，于 -20℃保存。由于胰蛋白酶作用及溶解的最佳 pH 是 8~9，配制应用 7.5%$NaHCO_3$ 将胰蛋白酶溶液调至 pH 8 左右，使用时用 pH 7.2 的 D-Hank 液稀释。胰蛋白酶也可与 EDTA 配合使用，多数细胞传代消化用 0.05% 胰蛋白酶 +0.02%EDTA。

2. **0.02% 乙二胺四乙酸二钠溶液**　EDTA 是一种化学螯合剂，毒性小。在细胞培养中，由于能破坏细胞间连接而常用于贴壁细胞的解离。对于某些贴壁较牢的细胞，EDTA 还可以与胰蛋白酶联合使用使细胞脱壁。实验室中一般使用 0.02%EDTA 钠盐溶液，其配制过程如下：称 0.2g EDTA 溶解于 500ml D-Hank 液中，用 7.4%$NaHCO_3$ 调 pH 至 7.4 左右。配好后小瓶分装，经 8~10 磅高压灭菌 15 分钟，4℃保存。注意：EDTA 不能被血清中和，使用后培养瓶要彻底清洗，否则再培养时细胞容易脱壁。

3. **胶原酶（collagenase）溶液**　胶原酶一般用于上皮类细胞的原代培养，其消化对象是胶原组织。常用 0.1%Ⅰ型胶原酶溶液，在 pH 6.5 时消化效果最佳。其配制和灭菌同胰蛋白酶溶液，由于胶原酶不受 Ca^{2+}、Mg^{2+} 和血清抑制，故可用 Hank 液来配制。过滤除菌后，分装，-20℃保存。

（四）pH 调整液

常用的有 HEPES 液和 $NaHCO_3$ 溶液。大多情况下，为了稳定营养成分并延长其贮存时间，配制营养液时不预先加入 $NaHCO_3$，而在使用前再加入。故 $NaHCO_3$ 溶液单独配制，并须消毒除菌。此外，为维持培养液的 pH 恒定，还需要加入 HEPES。

1. **$NaHCO_3$ 溶液**　$NaHCO_3$ 是培养基中必须添加的成分，一般情况下按说明书的要求准确添加，以保证培养基在 5%CO_2 的环境下 pH 达标。如果是封闭式培养，即不与 5%CO_2 的环境发生交换达到平衡，所使用的培养基就不能按照说明书所要求加入 $NaHCO_3$。此时常用 5.6% 或 7.4% 的 $NaHCO_3$ 溶液调节培养基，使之达到所要求的 pH 环境。配制时，用三蒸馏水溶解，过滤除菌，分装小瓶，盖紧瓶塞，4℃冰箱或室温保存。调节溶液 pH 时，$NaHCO_3$ 液要逐滴加入，并不断搅动培养液，以防加入过量导致 pH 过度增加；若溶液内含有酚红指示剂，可按颜色变化判定。当 pH 超过后，可用高压灭菌的 10% 醋酸溶液或通入 CO_2 气体方法进行调节。注意：消毒后要迅速封上瓶口，以免 CO_2 逸出。

2. **HEPES（羟乙基哌嗪乙硫磺酸）溶液**　弱酸，对细胞无毒性，其作用主要是稳定培养基的 pH 环境。在开放式培养条件下，对细胞进行观察时培养基会脱离 5%CO_2 的环境，CO_2 气体逸出引起 pH 快速升高；若加入 HEPES 可使培养基的 pH 稳定在 7.0 左右。HEPES 可按照所需的浓度直接加入到配制的培养液内，然后再过滤除菌，通常配制成的浓度为 500mmol/L，具体配方如下：首先用 200ml 双蒸水溶解 47.6g 的 HEPES，然后用 1mol/L NaOH 调节 pH 至 7.5~8.0，最后过滤除菌，分装，室温或 4℃保存备用。

（五）抗生素液

培养液内加入适量的抗生素，以预防由于操作不慎而产生的微生物污染。常用的抗生素有青霉素、链霉素、卡那霉素和庆大霉素等。常用 100 倍或 200 倍的贮备液，分装成小瓶，冷冻保存。其中，最常用的是青－链霉素，也称双抗溶液。青霉素主要是对革兰氏阳性菌有效，后者主要对革兰氏阴性菌有效。加入青－链霉素可预防绝大多数细菌污染。两者在培养液中的最终使用浓度为：青霉素 100 000U/L，链霉素 0.1g/L。一般配制成 100 倍浓缩液，可用 PBS 或培养基配制。

（六）谷氨酰胺补充液

谷氨酰胺因在细胞代谢中起重要作用，故合成培养基中都需添加。由于谷氨酰胺在溶液中极不稳定，4℃下放置 7 天就可分解约 50%，故应在使用前单独配制并添加。谷氨酰胺使用终浓度为 0.002mol/L。一般配制为 100 倍浓缩液，配制时应加温至 30℃，完全溶解后过滤除菌，分装，-20℃保存。

（七）二肽谷氨酰胺（L－丙氨酰－L－谷氨酰胺）补充液

如上所述，L－谷氨酰胺虽然必需，但性质极不稳定，易降解，因此需要频繁地补加 L－谷氨酰胺，其结果会导致培养基中氨的毒性增加。而二肽谷氨酰胺在细胞培养中稳定且不降解，也可高压灭菌，释放毒性氨最少。而且在细胞内又能被氨肽酶水解，水解产生的 L－谷氨酰胺和 L－丙氨酸又能有效地被细胞利用。因此，二肽谷氨酰胺成为谷氨酰胺优化的替代物，它无需适应，既可用于贴壁细胞，也可用于悬浮细胞的培养。

三、细胞培养所用液体的灭菌与保存

细胞培养所用的各种人工合成培养基、清洗液、消化液等在细胞体外生长中起着至关重要的作用，若细胞培养用液被微生物或其他有害物质污染就会直接导致培养失败。因此，培养中用到的所有溶液必须进行除菌灭菌处理。本节将简要讲述培养用液具体的灭菌和保存方法。

（一）细胞培养所用液体的灭菌和保存

1. 灭菌　不同细胞培养用液体的成分不同，灭菌方法也不尽相同，详见表 2-12。

表 2-12　各种液体消毒方式及保存

液体名称	消毒方式	保存温度
琼脂	蒸汽灭菌	室温
水	蒸汽灭菌	室温
Bacto-蛋白胨	蒸汽灭菌	室温
乳白蛋白水解物	蒸汽灭菌	室温
甘油	蒸汽灭菌	室温
HEPES	蒸汽灭菌	室温
EDTA	蒸汽灭菌	室温
葡萄糖（20%）	蒸汽灭菌	室温
酚红	蒸汽灭菌	室温
盐溶液（不含葡萄糖）	蒸汽灭菌	室温
羧甲基纤维素	水蒸汽，30min	室温
葡萄糖（1%~2%）	堆积式过滤器过滤（若高压蒸汽灭菌会碳化）	室温
牛血清白蛋白	堆积式过滤器过滤	4℃
血清	堆积式过滤器过滤	-20℃
血清丙酮酸（100mmol/L）	过滤	-20℃
NaHCO₃	过滤	室温
NaOH（1mol/L）	过滤	室温
HCl（1mol/L）	过滤	室温
氨基酸类	0.22μm 微孔滤膜过滤	4℃
谷氨酰胺	过滤	-20℃
抗生素类	过滤	-20℃
维生素	过滤	-20℃
胰蛋白酶	过滤	-20℃
胶原酶	过滤	-20℃
转铁蛋白	过滤	-20℃
丙酮酸	过滤	-20℃

（1）蒸汽湿热灭菌法：即高压蒸汽灭菌，是最有效的一种灭菌方法。从市场上购买的培养液及其他不含糖培养基可用高压灭菌法消毒，一般在高压前用琥珀酸调 pH 至 4.5，以保证 B 族维生素在高压灭菌时不被破坏，121℃高压蒸汽灭菌15 分钟，灭菌后再调回原 pH。若含有糖类等对热不稳定成分，易用间歇灭菌法消毒，然后用无菌操作技术定量加入培养基。而对于不宜用高压灭菌的培养基（如明胶培养基、牛乳培养基等）可采用常压蒸汽灭菌。Hank 液及 PBS 等一些加热后不发生沉淀的无机溶液也常用此方法进行灭菌。

（2）滤过除菌法：主要用于不耐热的培养用液的除菌消毒，如血清、抗生素、酶溶液和含糖培养基等。过滤除菌工具一般包括配有各种微孔滤膜型号的大型金属滤器和小型塑料滤器。在实验室中，如果培养用液的过滤量大，则常用较大型号的金属滤器（直径 90mm、100mm、142mm 等），并配以过滤泵使用。若过滤量较小，则采用注射器推动的小型塑料滤器（直径包括 20mm、25mm等），滤膜孔径从 0.1~0.6μm 不等，一般用 0.22μm滤膜就可达到很好的效果。而对于较黏稠难滤过的液体，需选用较大孔径的滤膜。操作时要压力适当，在无菌条件下进行并防止渗透。

（3）抗生素法：确切地说应该叫抗生素杀菌法，主要用于培养用液的消毒或污染的预防，是培养过程中预防微生物污染的重要措施。抗生素种类很多，不同抗生素的杀灭对象不同（表 2-13），抗生素的选择应根据情况而定。

表 2-13　常用抗生素及使用

抗生素	作用对象	参考浓度	效应
两性霉素 B	真菌	3ng/ml	++
红霉素	G^+、支原体	50μg/ml	++
庆大霉素	G^-	50μg/ml	+++
卡那霉素	G^-	100μg/ml	++
制霉菌素	真菌	50U/ml	++
链霉素	G^-	100μg/ml	+++
利福平	G^-	50μg/ml	++
四环素	G^+、G^-、支原体	10μg/ml	++
多黏菌素	G^-	50μg/ml	++

G^+：革兰氏阳性菌；G^-：革兰氏阴性菌；+：效应程度

2. 保存　细胞培养液配好后应存放在冷暗处，最好放在 4℃冰箱中，密闭保存，但要注意如下几点：

（1）过滤后的完全培养液（添加了血清、谷氨酰胺、抗生素等培养液）须尽快使用，一般在2~3 周内用完。

（2）灭菌后未加 L- 谷氨酰胺等补充液的培养基溶液一般可在 4℃保存 6~9 个月，也可冷冻保存，用时解冻。

（3）高压除菌后的培养基应置于 4℃条件下保存。

（4）添加了谷氨酰胺的培养液放置 2 周后，须补加和原来同等量的谷氨酰胺，尽管如此，建议最好将配制好的培养液尽快使用。

（5）添加某些生长因子、激素等添加物会改变培养液的储存条件，比如温度、时间等。

到现在为止，研究者已研发出种类多样的细胞培养基，包括 M199、MEM、DMEM、RPMI1640 等各种基础培养基，低血清培养基、无血清培养基和无蛋白培养基。在使用过程中，要根据各种细胞培养基的特性、特点正确选择配制、灭菌和保存方法，尽可能保持细胞培养基的营养，发挥其应有的功效。这里，以几种典型的培养基为代表介绍培养用液体的灭菌保存方法：

1）血清：人工采集的血清常用 0.1μm 无菌滤器过滤，由于其黏性大、粒子含量高，故要先经过一系列粗过滤，再进行无菌过滤。分装血清时应考虑在解冻后 2~3 周内用完。如保存于 -20℃，血清应在 6~12 个月内使用。新购血清使用前须先灭活处理，再经抽滤方可加入培养基中。

2）RPMI1640 培养基：RPMI1640 配好后用除菌滤器在超净工作台内进行过滤，然后将已过滤的培养液分装入小瓶内，于 4℃冰箱内保存待用。

（二）其他培养用液的灭菌与保存

细胞清洗液和消化液的灭菌可采用高压灭菌或过滤除菌的方法。因为大多数细胞清洗液含葡萄糖，所以最好在高压蒸汽消毒后再加葡萄糖，以免被碳化破坏。也可以加糖后再用过滤方法除菌。

1. Hank 清洗液　制备后分装于小瓶内，于 121℃ 14 磅条件下高压灭菌 10 分钟，室温保存,用超纯水稀释备用。注意:由于 Hank 液含有 Mg^{2+} 和 Ca^{2+},高压灭菌时 pH 应调至 6.5,以防产生 $Mg_3(PO_4)_2$ 和 $Ca_3(PO_4)_2$ 沉淀;若葡萄糖和 $NaHCO_3$ 在灭菌前加入,应采用过滤除菌方法。

2. PBS 清洗液 将配制好的 PBS 倒入大的吊针瓶内,盖上胶帽,并插上针头放入高压锅内 8 磅高压消毒 20 分钟。注意:高压消毒后要用灭菌蒸馏水补充蒸发掉的水分。

3. 胰蛋白酶溶液 配好的胰蛋白酶溶液在超净台内用注射滤器(0.22μm 微孔滤膜)抽滤除菌,后分装成小瓶于 -20℃保存以备用。

4. EDTA 溶液 EDTA 溶液配好后通过过滤消毒或高温消毒方法除菌,室温贮存备用。

不同培养用液因所含成分不同,灭菌方法也不一样。总体来说,热不稳定的培养液宜选用过滤除菌方法;稳定性高的培养液,则可用高压蒸汽灭菌方法。

（孙 昊 刘玉琴）

参 考 文 献

1. Freshney RI. 动物细胞培养——基本技术指南. 第 4 版. 章静波,徐存拴,译. 北京:科学出版社,2004:23-146.
2. 章静波. 组织和细胞培养技术. 北京:人民卫生出版社,2004:9-37.
3. 鄂征. 组织培养和分子细胞学技术. 北京:北京出版社,2001:40-76.
4. 杨志明. 组织工程. 北京:化学工业出版社,2002:7-18.
5. 忻亚娟. 动物细胞培养技术的进展. 浙江预防医学,2001,14(2):48-56.
6. 周丹英,曾卫东. 动物细胞培养实验室的构建. 浙江畜牧兽医,2002,27(4):13-14.

第三章　细胞培养基本技术

第一节　细胞传代计数

在细胞培养及实验过程中，很多情况下需要知道细胞的数量，如细胞传代时，有的细胞对传代密度要求很严，太稀或太密都会影响细胞的规律生长，甚至会直接引起细胞的衰老。细胞计数的方法有很多，常见的直接的方法有血细胞计数板、电子计数仪、流式细胞计数等。还有一些间接判断细胞数量的方法，如结晶紫染色、MTT 分析等；这些方法往往和定量增殖分析、细胞存活或细胞毒性检测密切相关，将在相应章节讲述。

一、血细胞计数板

将细胞悬液置于已知深度、特定面积（即体积确定）的小室中，置于显微镜下观察其细胞数量，可进一步计算得到细胞悬液的浓度。

【材料】

（1）无菌

1）胰蛋白酶消化液；

2）细胞培养液；

3）移液器枪头。

（2）非无菌

1）移液器，20μl 或 100μl，刻度可调；

2）血细胞计数板和盖玻片；

3）倒置显微镜。

【操作程序】

1）对于贴壁细胞，按照常规传代方法，先吸出原有培养液，再加入胰蛋白酶进行消化，制成单细胞悬液；对于悬浮培养细胞，充分混匀，使细胞团分散开，制成单细胞悬液。如果细胞量较多或者容易聚集，可以按一定比例稀释后计数。

2）将盖玻片放在血细胞计数板的小室上。充分混匀细胞样品，用移液器吸取 20μl 细胞悬液，然后立即将细胞悬液轻轻注入盖玻片边缘与计数板交界处。通过盖玻片和计数板之间的毛细管虹吸作用，细胞悬液进入小室，并充满盖玻片和计数板的间隙。若计数板上有 2 个小室，可将混匀的细胞悬液也注入另一小室进行计数。

3）在显微镜 10 倍物镜下用计数器计数 2 个小室中共 10 个大方格中的细胞，即每个小室的中央方格和四角的方格（图 3-1A）。将压左边中线和上边中线的细胞计数在内，不计数压右边中线和下边中线的细胞（图 3-1B）。如果是单室血细胞计数板，清洗细胞板后再重复计数 1 次。

4）分别用双蒸水和 70% 乙醇清洗计数板和盖玻片，然后用擦镜纸擦干。

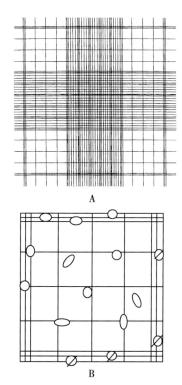

图 3-1　细胞计数板示意图

A. 血细胞计数板小室，计数中央大方格和四角大方格内的细胞；B. 压左边中线和上边中线的细胞计数在内，不计数压右边中线和下边中线的细胞

【结果分析】

1）细胞密度（个/ml）= 平均细胞数 $\times 10^4 \times$ 稀释倍数。每个方格的容积为 10^{-4}ml。

2）细胞总数（个）= 细胞密度 × 细胞悬液量。

【注意事项】

1）如果被计数的细胞不再使用，在消化后可以不加培养液中和。

2）在显微镜下观察细胞消化程度，以估算收集细胞时间。消化时间过短时，部分细胞仍牢固贴壁，故收集的细胞较少，从而影响细胞计数。消化时间过长时，细胞受损伤，活性减弱。

3）确保为单细胞悬液且充分混匀，以免计数结果出现误差。

4）向盖玻片和计数板之间注入细胞悬液时，以盖玻片下的间隙刚被充满为准。不满或过满均会影响计数结果。

5）每个大方格中的细胞密度以 20~50 个为宜。如果细胞密度太大，稀释后再次计数，以便提高细胞计数的精确度和速度。

二、电子计数仪

目前市面上已有各种不同的电子计数器的出现，包括手持式、台式，主要分为 3 种类型：①基于阻抗的计数器，通过捕捉单个细胞在通过狭窄小孔时产生的电流来计数；②计数显微镜视野下特色或未染色的细胞影像来进行分析；③台式流式细胞仪，通过分析单细胞流不仅可以计数细胞，还可以获得其他众多参数，在后文会进行详述。下面主要对基于阻抗的计数器来进行介绍。

计数器主要有 3 个组成部分：①一个带有小孔的管道，与计量泵相连；②一个放大器，脉冲高度分析器和两个与电极相连的定标器，其中一个电极在小孔管中，另一个在样本烧杯中；③一个模拟数字读取仪，显示细胞计数和体积等其他参数。

当计数开始后，一定体积的细胞通过小孔时会改变小孔电流的阻抗，且改变的数值与细胞的体积成比例。阻抗的变化会产生脉冲，脉冲信号进一步被放大并计数就可以得到细胞的数量。由于死细胞的膜是破裂不完整的，因此，死细胞内细胞质同膜外的缓冲液有相同的电导率，可以被电极所忽略，所测得的是细胞核的体积；而活细胞拥有完整的细胞膜，测到的是全细胞的体积。所以该方法同时可以区分死细胞与活细胞。

【材料】

待检测活力的细胞、0.25% 胰蛋白酶、细胞计数分析仪。

【操作程序】

1）制备细胞悬液：常规方法制备待测细胞的悬液，尽可能得到单细胞悬液，太多的聚集体对细胞计数的结果会有影响。此时应注意估算一下细胞浓度。

2）检查程序设置：包括阈值设定（最小细胞直径，可设定为 $7\mu m$）、计数的体积、稀释倍数的设置等。

3）启动计数程序。

4）根据结果调整界限设定：落在设定的正常的最低阈值以下的是细胞碎片和死细胞；出现在正常体积范围上方的颗粒视为聚集物，通过设定最高阈值进行去除。最后得到细胞计数的结果和活力情况（图 3-2）。

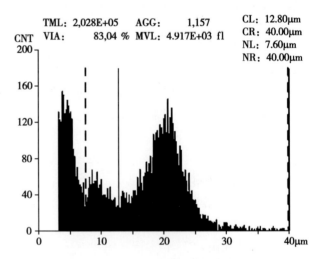

图 3-2 真核细胞上机检测得到的典型图形

图中虚线代表细胞碎片与死细胞之间的界限，实线为死细胞与活细胞之间的界限。虚线左侧区为细胞碎片，虚线与实线之间为死细胞，实线右侧区为活细胞

（冯海凉）

第二节 细胞形态观察

一、显微镜观察

显微镜（microscope）技术是细胞培养中最常

用、也是最重要的工具,是现代科学研究工作不可缺少的仪器之一。显微镜的出现,直接导致了细胞生物学、微生物学等学科的建立,同时也推动了细胞培养的发展和应用。从其问世到现在的三百多年里,随着科技的不断发展,显微镜的种类越来越多,结构和性能越来越完善。显微镜除用来观察细胞形态和内部结构,还可结合其他技术进行细胞化学成分的定性、定量、定位分析和细胞生理、病理、免疫学、遗传学方面的研究。根据显微镜原理和结构不同,可将其分为光学显微镜、电子显微镜和光电结合型显微镜等三类。三类显微镜由于分辨率的不同,观察到的层次也不一样,由于受到分辨率的限制,光学显微镜不能分辨直径小于$0.2\mu m$的结构,如生物膜、细胞骨架和一些细胞器等;而电子显微镜下则可以做到这一点;而光电结合型显微镜则使人们能在分子水平上观察细胞结构。

迄今为止,光学显微镜是使用最为广泛的显微镜。根据使用用途不同,光学显微镜可分为普通光学显微镜、暗视野显微镜、相差显微镜、荧光显微镜、倒置显微镜、激光共聚焦扫描显微镜等10多种。由于光学显微镜种类繁多,首先要认识其构造及各部件的功能,同时要掌握正确的调试、使用和保养方法,才能在实际应用中充分发挥显微镜的功能,提高常规检验工作效率。本节将介绍相差显微镜、荧光显微镜和激光共聚焦扫描显微镜的原理、用途和操作等方面的内容,同时介绍两种常用的电子显微镜的用途、构造及工作原理。

(一)相差显微镜

相差显微镜(phase contrast microscope)由 P. Zernike 于 1932 年发明,并因此获 1953 年诺贝尔物理学奖。这种显微镜最大的特点是可以观察未经染色的标本和活细胞。培养的活细胞用一般光学显微镜观察时,由于细胞透明,反差小,很难清晰看到细胞结构,而装有相差装置的显微镜,能加大目的物与背景的反差度,从而清楚细胞的形态和结构。

1. 相差显微镜的用途 相差显微镜主要用于观察未经染色的活细胞的形态结构和活动,如细胞的生长、运动、发育、分裂、分化、衰老和死亡以及此过程中细胞形态及其内部细微结构的连续变化。

2. 相差显微镜的结构 与普通光学显微镜相比,相差显微镜有四个特有部件:

(1)环状光阑:位于光源与聚光器之间,能将透过聚光器的光线形成空心光锥,聚焦到标本上。与聚光器共同构成转盘聚光器。

(2)相位板:于相差物镜中的一种涂有氟化镁的板状结构,可将直射光或衍射光的相位推迟$1/4\lambda$,分为 A+ 相板和 B+ 相板两种。A+ 相板能将直射光推迟 $1/4\lambda$,两组光波合轴后光波相加,振幅加大,标本结构比周围介质更亮,形成亮反差(或负反差);B+ 相板将衍射光推迟 $1/4\lambda$,两组光线合轴后光波相减,振幅变小,形成暗反差(或正反差),标本结构比周围介质更暗。

(3)合轴调中望远镜:使环状光阑的亮环与相差物镜相板的暗环在光路中合轴和调焦。

(4)绿色滤光片:位于环状光阑下面的光路中,作用是吸收光线中的红光和蓝光,只允许绿光通过,提高物镜分辨力。另外,该滤光片还兼有吸热作用(图 3-3)。

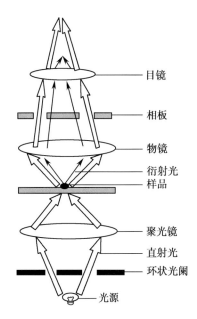

右侧标注(自上而下):目镜、相板、物镜、衍射光、样品、聚光镜、直射光、环状光阑、光源

图 3-3　相差显微镜成像原理

3. 相差显微镜的原理 相差显微镜利用光的衍射和干涉性质,在普通光学显微镜中另外增加了装在聚光镜上面的一个环状光阑和添加在物镜后焦面的一个相板,使无法看到的相位差变成明暗显示的振幅差,用来观察无色透明的活细胞。把透过标本的可见光的光程差变成振幅差,从而提高了各种结构间的对比度,使各种结构变得清

晰可见。光线透过标本后发生折射,偏离了原来的光路,同时被延迟了 $1/4\lambda$(波长),如果再增加或减少 $1/4\lambda$,则光程差变为 $1/2\lambda$,两束光合轴后干涉加强,振幅增大或减少,从而提高反差(图 3-3)。

4. 样品制备 由于相差显微镜是对活细胞进行直接观察,可避免一般染色制样时对细胞的致死和结构破坏作用,因此可用于研究某一细胞的动态变化如细胞分裂等动态过程。样品制备可用压滴法和悬滴法,前者是将细胞培养液滴于载玻片上,加盖玻片后即可进行显微镜观察;后者是在盖玻片中央加一小滴细胞培养液后,反转置于特制的载玻片上进行观察。为防止液滴蒸发变干,一般还要在盖玻片周围加凡士林封固。

5. 主要操作步骤 相差显微镜的使用比普通光学显微镜要复杂,操作过程大约如下:

(1)根据待观察标本的性质及要求,挑选合适的相差物镜换下相应的普通物镜。

(2)打开相差显微镜电源开关,将标本置于载物台。

(3)用转盘聚光器换下普通明视场聚光器,然后调节转盘聚光器上的环状光阑至最大光圈,让普通可变光阑进入光路。旋转物镜转换器,使低倍(4×)相差物镜进入光路,按普通显微镜常规操作方法对光和调焦。

(4)从目镜筒取下一目镜,换入合轴调中望远镜,调整相板圆环与环状光阑圆环使两者合轴、完全重叠,然后再换回目镜。样品观察时如果需要更换物镜倍数,须重新进行环状光阑与相板圆环的合轴调中。

(5)绿色滤光片装到滤色镜架上,即可进行镜检,操作同普通光学显微镜。

【注意事项】

1)视场光阑与聚光器的孔径光阑要开到最大,且光源要强。

2)载玻片、盖玻片厚度须均匀,不能过薄或过厚,否则会影响相差显微镜成像效果。

3)切片不能太厚,一般以 5~10μm 为宜,否则会影响成像质量。

4)样本应在有水环境中,如培养液或用水封片,以提高成像质量。

(二)荧光显微镜

荧光显微镜(fluorescence microscope)是荧光细胞化学的基本工具,主要由光源、滤板系统和光学系统等部件构成。它用一定波长光激发样品使样品发出荧光,通过物镜和目镜系统来观察样品的荧光成像。荧光显微镜检出能力高,对细胞刺激性小,能进行多重染色。荧光显微镜种类较多,故购买时应根据实验室条件和实际需要选择。

1. 荧光显微的用途 荧光显微技术包括一般荧光染色和免疫荧光染色两种,荧光染色方法可以显示细胞内的各种成分,尤其对细胞内的 DNA、RNA 及酸性黏多糖特异性更强。免疫荧光是荧光染色结合免疫学技术,具有免疫学的特异性和荧光方法的灵敏性,作为一种研究手段,广泛用于生命科学和医学领域内各基础理论研究和临床诊断。在生命科学研究中主要用于细胞结构或组分的定性、定位、半定量研究,以及作为生物大分子筛选与鉴定的标记物;在医学领域主要用于组织细胞学、微生物学、寄生虫学、病理学研究以及免疫性疾病诊断。

2. 荧光的发生 某些物质经波长较短的光照射后,物质中的处于低能态的电子被激活,吸收能量后变为高能状态。再回到低能状态时,其能量除一部分转换为热或用于光化学反应外,大部分以波长较长的光的形式辐射。这种物质吸收短波光后发射出的长波光叫做荧光。细胞内有些物质经短波光照射后,自身可发出较弱的荧光,如绿色荧光蛋白的绿色荧光。还有些物质自身不能发荧光,但结合荧光染料后能发出一定颜色的荧光。常用的荧光染料列于表 3-1。

表 3-1 常用荧光染料及它们的激发光波长和发射光波长

荧光染料	激发光波长 /nm	发射光波长 /nm
Hoechst 33342	355	365
Indo-1	356	405/458
Hoechst 33258	365	465
Fura-2	340/380	476
Fura red	420/480	637
GFP	488	507
Cy2	489	506
Alexa 488	490	520
YOYO-1	491	509
Calcein	494	517

续表

荧光染料	激发光波长 /nm	发射光波长 /nm
FITC	494	518
FluorX	494	519
Oregon Green 488	494	520
Rhodamine 110	496	520
RlboGreen	500	525
Rhodamine Green	502	527
Oregon Green 500	503	522
Fluo−4	506	525
Magnesium Green	506	531
Calcium Green	506	533
Rhodamine123	507	529
Calcium Green−1	507	530
Calcium Green−2	507	535
TRITC	547	572
Calcium Orange	549	576
Cy3	550	570
Magnesium Orange	550	575
Rhodamine Phalloidin	550	575
Alexa 546	555	570
Pyronin Y	555	580
hodamine B	555	580
RPhycoerythrin, R & B	565	575
Rhodamine Red	570	590
Calcium Crimson	583	602
Alexa 594	590	615
YOYO−3	612	631
R−Phycocyanin	618	642
C−Phycocyanin	620	648
Cy5	649	670
Thiadicarbocyanine	651	671

3. **荧光显微镜的成像原理**　荧光显微镜利用汞灯或氙灯作为光源,提供足够强度和各种波长的光,当经过滤色系统(由激发滤片和阻断滤片组成)时,可透过滤色片的紫外光、蓝紫光等短波光激发样品内的荧光物质发射出可见的荧光。再通过物镜和目镜成像后进行观察和拍摄

(图3−4)。根据荧光激发的方式,荧光显微镜的光路可分为落射式和透射式两种。两者相比,落射式荧光显微镜更具有优越性,使用更为广泛。

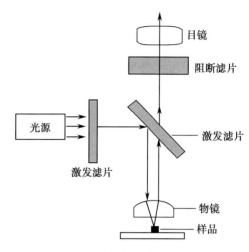

图 3−4　落射式荧光显微镜成像原理

4. **样品制备**　荧光显微镜既适于观察内质网、高尔基体及线粒体等亚细胞结构,又可以通过测定发射荧光量对细胞内某组分定性、定量等分析。样品制备过程如下:

(1)取材:刀片要薄而利,组织厚度约 2~3mm 为宜。取材时间越短越好。

(2)固定:取下组织后应立即用 10% 甲醛溶液固定。

(3)漂洗:反复冲洗 2~10 小时。

(4)脱水:用浓度梯度乙醇脱水。首先用 70% 乙醇脱水数分钟,然后依次用 80%、90%、95%、100%Ⅰ、100%Ⅱ的乙醇分别脱水。

(5)透明:组织块脱水后用二甲苯浸泡 30 分钟,以便使石蜡进入组织块。

(6)浸蜡:经透明后在熔化的石蜡内浸渍 2~3 次,每次浸蜡时间 1~1.5 小时。

(7)包埋:将熔化的石蜡倒入包埋框,再用加热的镊子将组织块放入。包埋后待石蜡稍凝可移入冷水或冰箱中加速凝固。

(8)切片:修块→切片→展片→烤片即完成。

【注意事项】

1)固定液量:为组织块体积的 40 倍为宜。

2)固定时间:固定时间与固定液种类和组织块大小、温度等有关,大多固定可在室温下进行,在低温(4℃)时间应延长。

3)包埋面必须平整。

5. 主要操作步骤

（1）关闭房间内的电灯，启动显微镜汞灯。一般预热 10 分钟后汞灯才能达到最亮。

（2）根据样品标记的荧光染料选择并插入合适的滤光系统。

（3）按照所使用的荧光显微镜说明书进行光源调中，使其位于整个照明光斑的中央。

（4）将用荧光染料染色的样品玻片置于载物台上。关闭阻光挡板，用 10× 物镜找到待观察的细胞部位，调焦直至物像清晰。

（5）关闭普通光源，拉开阻光挡板，显微镜转到荧光光路，对样品进行观察和拍摄。

（6）开启自拍装置，对荧光成像进行拍摄。

（7）使用结束，关闭所有电源并做好使用记录。

【注意事项】

1）汞灯开启后不能立即关闭，一般需 30 分钟后才可关闭。

2）高压汞灯关闭后不能立即重新打开，需经 5 分钟后才能再启动，否则会减少汞灯使用寿命。

3）荧光显微镜观察应在暗室中进行，室内温度不能太高。

4）观察过程中要带护目镜，以防紫外线损害眼睛。

5）油镜观察时，须用无荧光油。

6）因荧光显微镜光源寿命有限，每次使用时间以 1 小时为宜，超过 90 分钟，高压汞灯发光强度就会下降，荧光减弱。

7）标本内的荧光染料衰减快，因此要迅速观察；暂不观察时，应用阻光挡板挡住激发光。

（三）激光共聚焦扫描显微镜

激光共聚焦扫描显微镜（laser scanning confocal microscope，LSCM）是 20 世纪 80 年代随着光学、视频、计算机等技术的发展而出现的具有划时代意义的一种高科技产品，是当今世界最先进的细胞生物学分析仪器之一。它以激光作为光源，在传统光学显微镜基础上采用共轭聚焦原理和装置，并利用计算机对观察样品进行数字化图像处理的一套观察、分析和输出系统，对样品进行断层扫描和成像，从而获得细胞或组织内部细胞结构的荧光图像。可做细胞结构观察，对活细胞和组织切片连续扫描，获得精细的细胞骨架、染色体、细胞器和膜系统的三维图像。与传统光学显微镜相比，其分辨率提高，并能获得真正清晰的三维图像；可用多重荧光标记进行观察，不会对细胞造成物理化学特性的损伤。故自问世以来，激光共聚焦扫描显微镜在生物学、医学等各研究领域中得到了广泛应用。

1. 用途　随着荧光探针、激光器等的迅速发展，目前激光共聚焦扫描显微镜已广泛应用于细胞生物学、生理学、解剖学和神经生物学等生物学和医学领域，在对生物样品进行定性、定量、定时和定位分析上显示出巨大优势。

（1）观察细胞及亚细胞形态结构，对组织或细胞内生物大分子进行原位鉴定。

1）通过成像显示细胞内核酸分布及含量，常用于细胞核定位和形态学观察、染色体定位观察。

2）利用免疫荧光技术在组织、细胞、染色体或亚细胞水平原位检测蛋白质、激素、磷脂、多糖等抗原分子。

3）通过观察细胞膜和细胞核的形态、凋亡小体，利用原位末端标记方法，了解荧光标记的细胞形态，检测凋亡进程。

4）可同时用不同的荧光染料标记相应的细胞器对其进行观察，如中性红标记溶酶体，二乙基氧杂羰花青碘（DiOC6）标记内质网。

（2）对细胞或组织的生理生化活动进行动态检测。

1）通过专门的荧光探针对胞内 Ca^{2+}、Mg^{2+}、Na^+ 及 pH 等各种生理指标做荧光标记，通过测定它们的浓度变化来研究细胞代谢变化。

2）通过监控活细胞表面的荧光淬灭作用来检测分子扩散率和恢复速率的动态变化，广泛应用于细胞骨架构成、膜结构及其流动性、细胞间通信等方面研究。

2. 原理　LSCM 是在荧光显微镜成像基础上加上了激光扫描装置，用紫外光或可见光激发荧光探针，通过针孔的选择和光电倍增管（PMT）的收集，利用计算机进行数字化图像处理，从而获得细胞或组织内部细胞结构的荧光图像。

（1）传统荧光显微镜的缺点：虽然荧光显微镜观察荧光标记样品的分辨率有了很大提高，但当所观察的荧光样品稍厚时，普通荧光显微镜接收到的来自焦平面以外的荧光大大降低图像反差效果和观察的分辨率。

（2）激光共聚焦扫描显微镜的组成：激光共聚焦扫描显微镜主要包括显微镜光学系统、激光光源、扫描装置、检测系统和计算机系统五部分。各部分之间的操作切换都可在计算机操作平台中进行。其主要构件有：

1）照明针孔（illuminating pinhole）：使激光经过照明针孔后形成点光源，与探测器针孔（detector pinhole）和焦平面形成共聚焦装置。

2）光束分离器（beam splitter）：将样品激发荧光与其他非信号光线分开。

3）物镜（objective）。

4）焦平面（focal plane）：激光点光源照射物体在焦平面处聚焦，激发荧光标记的样本发射荧光，形成焦点光斑，分别在照明针孔及探测器针孔两处聚焦。由于物镜和会聚透镜的焦点在同一光轴上，因而称为共聚焦显微镜。

5）探测器针孔（detector pinhole）：起空间滤波器的作用，保证PMT接受到的荧光信号全部来自于样品光斑焦点位置。

6）PMT：也叫探测器，接受通过针孔的光信号并转换为电信号，然后传到计算机上，从而在屏幕上出现清晰的整幅焦平面图像。

（3）成像原理：激光共聚焦扫描显微镜成像原理如图3-5所示。光源发出的激光经照明针孔滤除激光束周围的杂散光并形成点光源，经过激光扩束准直镜形成平行光束，光束被光束分离器镜偏转90°，经过物镜会聚在被检样品上，样品中的荧光物质被激发后向各个方向发出荧光，一部分荧光经过物镜、光束分离器、聚焦透镜汇集在聚焦透镜的焦点处，通过检测器针孔后由PMT接收，并将光信号转换为电信号传到计算机上，计算机将采集到的数据通过一系列的处理和转换从而产生一幅完整图像。也可以通过不断调焦、改变焦平面，对样品进行不同层次的扫描，得到连续的光学切片，通过计算机分析和模拟就可实现样品的三维结构重建。

3. 样品制备　用LSCM观察的样品须尽量保持其天然状态，不能有变形和失真，故观察前需要对生物材料进行固定处理。制片必须薄而透明，才能在LSCM下成像，除将材料切成薄片或通过轻压使之分散外，还需对其透明和染色，以便更好地观察精细结构。

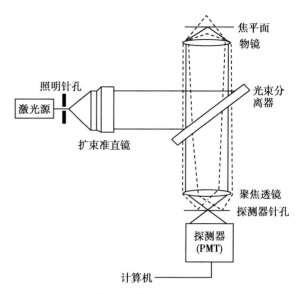

图3-5　激光共聚焦扫描显微镜工作原理

（1）固定：常用固定剂为4%中性甲醛+0.1%Triton或丙酮、甲醇等有机溶剂。前者利于结构的完好保持，但抗体渗透差；后者有利抗体渗透，但可能有一部分抗原被抽提。

（2）切片：制得的切片要薄且透明。

（3）透明：大致包括：先用乙醇脱水，然后用二甲苯透明，最后用二甲苯和少量中性树胶湿封。

（4）封片：主要针对需要长期保存的样品切片，以防样本变形和荧光褪色。常用的封片剂是用90%甘油/PBS（pH8.5~9.0）。此外，对于较厚的样本可用大盖玻片进行封片，然后用甘油封盖玻片边缘。

4. 主要操作步骤

（1）开启总稳压电源开关。

（2）荧光显微镜部分：接通透射光源，调节电流直至适合样品的观察。接着启动汞稳压电源。

（3）激光器部分：检测各激光器的功率调节旋钮，使之处于最小功率状态；开启待用激光器的相应冷却系统，接通激光器电源。

（4）打开扫描器电源开关。

（5）打开计算机，进入操作系统。

（6）关机：使用结束后，按下列顺序关闭各电源：汞电源→激光器电源→计算机→扫描器电源→总稳压电源。

【注意事项】

1）为减少激光光源的消耗，应尽量减少开关机次数，若暂停使用，可调低激光功率以减少激光光源的消耗。

2）如一次使用的探针不止一种时,应选用相互间无交叉光谱、荧光强度匹配的探针。

3）对于组织切片来说,要注意切片的厚度。

4）对于易淬灭的样品,不要多次检测同一样品,否则激光照射可能引起荧光淬灭而产生实验误差。

5）激光共聚焦设备要放在无尘无电磁辐射的房内,并且要求严格控制室内温度和湿度,因为灰尘的存在、温度和湿度的变化会影响光学系统和成像质量。

（四）电子显微镜

电子显微镜技术目前在医学生物学等多个学科中被广泛应用,在现代医学研究和临床疾病诊断中起重要作用。电子显微镜技术包括电子显微镜和样品制备技术等。其基本原理与光学显微镜不同之处在于,前者利用电子束作光源,用电磁场做透镜,因而分辨率最高可达 0.2nm,放大倍数达数百万倍。近年来,随着电镜计算机一体化,新研发的电镜操作更为简便,图像的获取更快捷。样品制备技术包括超薄切片等普通样品制备技术,也包括电镜酶细胞化学技术等特殊样品制备技术。电子显微镜的种类可根据其利用电子信号的不同及成像的不同分为透射电子显微电镜、扫描电子显微电镜等。它们的主要用途及成像原理分别如下:

1. 透射电子显微电镜 透射电镜是发展最早、应用最广的一种电镜,常说的电镜指的就是透射电镜。

（1）用途:透射电镜主要用于观察组织细胞的内部结构。

（2）组成:透射电镜由镜体系统、真空系统和电子线路系统等三大系统组成。复杂的真空系统和电路系统十分复杂,这里不再详细描述,它们主要用来维持镜筒的高真空状态和稳定的工作条件。镜体系统则是电镜的主体,其结构也十分复杂,包括照明系统、成像系统和观察记录系统。

其中,照明系统包括电子枪和聚光镜两部分,前者发射电子作为电镜的照明光源,后者将来自电子枪的电子束会聚于样品上,同时也能对照明强度进行调节。成像系统包括样品室、物镜、中间镜和投影镜四部分,是电镜具有高放大倍率和高分辨率特点的关键部位,物镜、中间镜和投影镜

三者放大倍数的乘积构成了成像系统的总放大倍数。观察记录系统包括观察室和底片室两部分。其中,观察室内置有一荧光屏,它用来接收经成像系统放大投射过来的带有样品信息的电子。底片室内可放置胶片,经荧光屏形成的图像可通过胶片感光,使图像保留。

（3）成像原理:经成像系统放大投射来的带有样品信息的电子能激发荧光屏发出可见光。当透过的电子较多时,荧光屏发亮,反之则暗。故荧光屏的亮暗程度与样品微细结构相呼应,最终形成具有一定反差的影像。可通过底片室中胶片的感光将图像拍摄下来,也可通过探头输入计算机,然后经打印机将图片打印出来。

2. 扫描电子显微镜 扫描电子显微镜（scanning electron microscope, SEM）简称扫描电镜,它利用在样品表面作为光阑扫描的一束精细聚焦的电子束,轰击样品表面产生各种信号（如二次电子）,利用电磁透镜系统成像,对固体材料进行分析。由于其优越的性能,目前被广泛应用。第一台扫描电镜是 von Ardenne 在透射电镜上加装扫描装置改制而成的。由于 SEM 具有分辨率高（纳米级）、景深大而且可以从几十倍到几千倍连续放大,自问世以来就成为细胞表面形貌分析的利器。

（1）用途:它可以进行三维形貌观摩和分析,也可以用来观察样品表面形貌,使图像具有立体感。

（2）组成:扫描电镜主要由以下几部分构成:

1）电子光学系统:包括电子枪、电磁透镜、扫描线圈和光阑组件。

2）机械系统:包括支撑部分、样品室。

3）真空系统。

4）样品所产生信号的收集、处理和显示系统。

（3）成像原理:用聚焦电子束在试样表面逐点扫描成像。扫描电镜光源部分与透射电镜相同,是由电子枪发射的电子射线,经二级聚光镜和物镜的聚焦形成一束极细的微细电子束。电子束受扫描线圈控制,在试样表面进行栅网式扫描。聚焦电子束将样品表面的原子外层的电子击出,产生二次电子,二次电子的发射量随试样表面形貌而变化。二次电子信号检测器收集并转换成电

信号,然后经视频放大后转换到显像管,由于显像管的荧光屏上的画面与样品被电子束照射面呈严格同步扫描,逐点逐行一一对应,这样就能看出样品表面形貌。二次电子发射越多的地方,图像上相应的点就越亮,反之则暗,从而反映样品表面的立体形貌(图 3-6)。

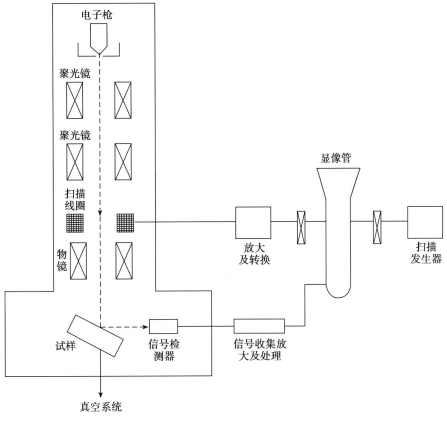

图 3-6 扫描电子显微镜工作原理

二、流式细胞仪技术

流式细胞仪(flow cytometry, FCM)是一种对细胞等生物粒子的理化及生物学特性(细胞大小、DNA/RNA 含量、细胞表面抗原表达等)进行定性和定量分析的仪器。流式细胞仪最初是为临床全血细胞计数分析专门设计的,由于其操作方便、结果可靠而迅速普及。随着荧光显微镜技术的发展,同时利用荧光化学技术、激光技术、光电测量技术、单抗技术和计算机技术,极大提高了检测速度与统计精确性,它不仅能快速准确地完成大量细胞的分析任务,而且其应用还扩展到对细胞结构特征进行定量分析、对细胞进行分选等方面。因此,流式细胞仪受到生物学和医学实验室的普遍欢迎,广泛应用于基础研究和临床检验的各个方面,在生物学、免疫学、肿瘤学、血液学、遗传学、病理学、药理学和临床检验等各个学科领域发挥重要作用。

(一)用途

用于细胞计数、不同细胞类型的分选,通过收集和分析检测区产生的光、电信号来测定细胞的物理和生化特性。可用于分析细胞群体在周期各阶段的百分比、DNA 含量和细胞染色体倍性;检测细胞凋亡;测定细胞膜电位,细胞内游离 Ca^{2+} 水平、pH、自由脂肪酸的快速变化,胞内特定蛋白含量及表面抗原表达等。在基础研究和临床研究各个方面有广泛用途。

1. **基础研究** 用于淋巴细胞、血管内皮细胞、树突状细胞和造血干细胞等各种细胞功能的研究;细胞周期、细胞凋亡及凋亡相关蛋白分析;耐药基因和肿瘤相关基因表达研究;RNA、DNA、总蛋白及肿瘤基因、抑肿瘤基因表达产物的测定;染色体核型分析;细胞周期中 DNA 和 RNA 动态变化检测。

2. **临床研究** 在临床上主要用于细胞倍性分析、肿瘤表面特征分析;淋巴细胞及其亚群测定；白血病和淋巴瘤免疫分型；血小板和网织红细胞分析；造血干细胞的计数和移植；HLA-27分析；阵发性睡眠性血红蛋白尿症（paroxysmal nocturnal hemoglobinuria，PNH）相关检测和细胞因子测定。另外，在人类同种异体器官移植中也有使用，并且是艾滋病（AIDS）检测方法之一。

（二）结构基础

流式细胞仪涉及一系列高新技术和设备，一般包括流控系统、复杂的激光光源及光束形成系统、光学系统、灵敏的信号检测系统、高性能计算机及细胞分选系统。光源发射的激光经过光束形成系统形成仅有数个细胞直径大小的光束。流控系统对细胞流中不同直径大小的单个细胞进行聚焦，通过分选系统将细胞流中不同类型的细胞分开。光学系统可分别将弱的散射光和荧光送到不同的电子检测系统，并对其进行定量测定，挑拣出目的细胞。计算机对测量结果进行记录、处理、贮存和显示。

（三）工作原理

将待测细胞荧光染色后制备成单细胞悬液，在一定压力作用下进入充满鞘液的流动室；同时不含细胞的鞘液从高压鞘液喷嘴中射出，由于鞘液射出方向与样品流方向成一定角度，这时鞘液就包裹着样品流中的细胞排成单列，依次经过激光聚焦区。结合有荧光染料的细胞通过激光检测区时受激光照射，发出一定波长的荧光，同时产生散射光。通过选择通透一定波长的滤色片将荧光和散射光分开，并分别被荧光检测器和散射检测器接收放大后转换为电信号。经计算机数字化分析处理后获得待检细胞相关数据信息，被保存和显示（图 3-7）。

（四）样品制备

流式细胞仪的检测对象是单个细胞或单个细胞核的悬液。样品制备取决于样本及其保存方式，其制备方法主要包括单层培养细胞和实体组织等分散成单个细胞、新鲜组织和石蜡包埋组织分散成单个细胞核等。

下面以单层培养细胞分散成单个细胞进行细胞周期分析为例来介绍流式细胞术样品制备方法。

1. 取对数生长期的单层培养细胞为研究对象，弃去培养瓶内培养液后加入少量胰蛋白酶（0.25%）清洗培养瓶。

2. 加 1~2ml 0.25% 胰蛋白酶溶液在倒置显微镜下观察，细胞稍微变圆时，即弃去胰蛋白酶溶液以停止胰蛋白酶的作用。

3. 加 3~4ml 不含 Ca^{2+} 和 Mg^{2+} 的 PBS，用吸管打散细胞制成细胞悬液，并转入离心管内。

4. 1 000r/min 离心 5 分钟，收集 0.5ml 细胞悬液（约 1×10^6~2×10^6 个细胞），振荡分散细胞。

5. 用注射器将细胞快速注入 4℃ 70% 冷乙醇中进行固定，4℃ 过夜。

6. 1 000r/min 离心 5 分钟，收集固定好的细胞，然后 PBS 漂洗两次并用 0.5ml PBS 悬浮细胞。

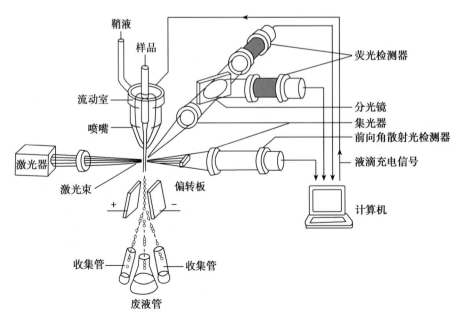

图 3-7 流式细胞仪工作原理

7. 加入 2.5μl 10μg/μl RNA 酶（RNase）A 于 37℃静置约 1 小时，然后过细胞筛。

8. 加含有 1% Triton 的 PI 染液（0.1mg/ml 碘化丙锭）50μl，4℃染 0.5 小时即可上机检测。

（五）主要操作步骤

流式细胞仪按质量控制程序进行常规操作，该程序利用一系列未标记的或荧光标记的标准微粒来检验仪器工作状态，所以，流式细胞操作程序的每一步骤都反映了仪器质量、制备的样品质量和操作水平。其中，美国 Becton-Dickinson（BD）公司最新推出的 FACSCalibur 能根据细胞物理性质，将它们分于不同的收集管中。该仪器设计有封闭的液态系统，用于检测存有潜在危险的样品。其主要操作如下：

1. 开机程序　按下列程序开机：

（1）检查稳压器电源，打开电源，稳定 5 分钟。

（2）打开 FACSCalibur 主机，再启动 FACStation 计算机。

（3）打开压力阀，拉开液流抽屉，向鞘液桶内装满鞘液（约 3L），合上压力阀。然后拧紧桶盖，安装上金属挡板，并确认管路通畅，无扭曲。

（4）打开储液箱，倒掉废液，然后加入 400ml 漂白剂。确认管路通畅，无扭曲。

（5）将气压阀置于加压位置，排出管路中气泡。

（6）执行 Prime，以排出气泡。

（7）等仪器预热 5~10 分钟后即可开始检测。

2. 运行 FACSComp 软件，检查仪器状况和预设获取条件。FACSComp 是对仪器进行自动设置的应用软件，使用时与 CaliBRITE 标准微粒（CaliBRITE beads，是用相应荧光素浸过的聚丙烯细珠）连接，通过标准微粒监测仪器的工作状态，在适当的时间提示操作者插入相应的管子，并自动进行代偿和灵敏度调节，另外，还可显示、保存结果，打印出的结果可作为质量控制效果的记录。由于流式细胞仪装有灵敏的光电元件，为保证实验结果的一致性，每天最好用 CaliBRITE beads 运行 FACSComp 软件。

3. 用 CELLQuest 进行仪器的设定和调整

（1）Acquisition 数据获取：

1）打开获取模板（ACQ 文件，若无现成的模板则需制作新模板）。

2）在屏幕上方 Acquire 指令栏中选取 Connect to Cytometer 进行电脑和仪器的联机，出现 Acquisition Control 和 Browser 两个对话框，将 Browser 最小化。

3）将获取条件窗口（Acquisition Control）最大化，调出试验获取条件（Instrument Setting），开启 Detectors/Voltage、Threshold、Compensation、Status 四个对话框，并将它们移至屏幕右方，以便获取数据时随时调整获取条件。

（2）进行实验数据获取前的设定和调整：

1）在 Acquire 指令栏中选择 Acquisition & Storage 设定获取细胞数、参数、信号道数。然后，打开 Browser 对话框选择 Directory、File、Panel，以设定文件存储位置、文件名称、样品代号及决定实验组合。

2）在 Detectors/Voltage 对话框中，为每个参数选择适当的倍增模式（amplifier mode）。

3）放上待检测的样品，将流式细胞仪设定于 RUN；从 Acquisition Control 对话框中选取 Acquire，开始获取细胞。

4）在 Detectors/Voltage 对话框中，调整探测器中的信号倍增度，根据所用的荧光阴性对照样品调整细胞群，使之分布于正确的区域内；在 Threshold 对话框中选择适当的参数设定 Threshold，并调整 Threshold 的高低，以减少噪音信号（细胞碎片）；在 Compensation 对话框中，根据所用的补偿用标准荧光样品调整双色（或多色）荧光染色所需的荧光补偿；在 Status 对话框中可见 Laser Power：正常值 –Run/Ready 为 14.7mW，Standby 为 5mW；Laser current：正常值为 6Amps。

5）调整好的仪器设定可在 Instrument Settings 对话框中储存，下次进行相同实验时可调出使用，只需微调即可。

4. 样品分析　顺序上样，通过预设的获取模式文件进行样品分析。

（1）从 Cytometer 指令栏（即 Acquisition Control 对话框）中选取 Instrument Settings，选择 Open 以调出以前存储的相同实验的仪器设定，按 Set 确定。

（2）在 Acquire 指令栏中选择 Acquisition & Storage 决定储存的细胞数、参数、信号道数。同时,在该指令栏中选择 Parameter Description,以决定文件存储位置、文件名、样品代号以及各种参数的标记。

（3）在 Cytometer 指令栏中,选择 Counters 用来观察 events 计数。

（4）上样后,在 Acquire Control 对话框中选取 Acquire 以启动样品分析测定。

注意:当所有样品分析完毕,即换上三蒸水,让流式细胞仪置于"Standby"状态,以保护激光管。

5. 关机程序　按下列程序关机:

（1）用 4ml 10% 漂白剂（有效氯浓度 1%~2%）作样品,将样品支撑架置于旁位,以外管吸去约 2ml,再将样品架置于中位,再 HIGH RUN 5~10 分钟,使内管吸入 1~2ml。

（2）将样品改成蒸馏水做同上处理。

（3）将盛有 1ml 蒸馏水的试管置于样品支撑架上。

（4）选择 Standby 模式,10 分钟后再依次关掉计算机、打印机、主机和稳压电源,以延长激光管寿命,并确保软件正常运行。

（5）将流式细胞仪的压力阀置于减压状态。

（冯海凉）

第三节　细胞的冻存、复苏和运输

冻存是指以一定冷冻速度将细胞悬液的温度降至 $-70℃$ 以下并长期保存。复苏是指按一定复温速度将细胞悬液恢复到常温。在 $-70℃$ 以下的条件下,细胞内的生化反应极其缓慢,甚至停止。当恢复到常温状态时,细胞的形态结构保持正常,生化反应即可恢复。

一、细胞的冻存

【实验材料】

1）仪器设备:液氮保存罐、$-85℃ ~-70℃$ 超低温冰箱或电子计算机程控降温仪。

2）冻存管:容量为 1ml 或 2ml。

3）消化液:0.05% 胰蛋白酶和 0.02%EDTA 混合消化液。

4）冻存液:用 70% 基础培养液、20%FBS 和 10% 甘油或 DMSO 配成,在 4℃ 条件下预冷。

5）待冻存细胞:处于对数生长期的单层贴壁细胞或悬浮细胞。

【操作程序】

1）选择对数生长期的细胞,在冻存细胞前约 24 小时更换 1 次培养液。

2）吸去培养液,加入消化液消化细胞,然后收集细胞悬液离心（1 000r/min,5 分钟）。悬浮生长细胞可直接离心。

3）弃去上清液,用冻存液混悬细胞,调整细胞密度至 $10^6~10^7$ 个 /ml。

4）将细胞悬液分装入冻存管内,每管 1~1.5ml,拧紧管盖。在冻存管上标明细胞名称、代数、培养液名称和冻存日期等。

5）在 4℃ 下将冻存管放置 30 分钟。

6）将冻存管放入泡沫塑料小盒内,然后立即移入 $-80℃$ 超低温冰箱内,放置 24 小时。也可将冻存管放入电子计算机程控降温仪内降温。

7）将冻存管放入液氮保存罐内,可长期保存。

【结果分析】

1）细胞存活率可达 90% 以上。在 $-80℃$ 超低温冰箱中细胞可保存数月,在 $-175℃ ~-135℃$ 液氮中保存数年。

2）冻存效果取决于冻存液、冷冻速度和冷冻温度。细胞不同,冻存效果也不同。

【注意事项】

1）待冻存的细胞应具有较高的活力,即处于对数生长期的细胞。

2）选择合适的冷冻速度和冷冻温度,以免在冻存过程中损伤细胞。

3）在常温下,DMSO 对细胞有毒性作用。因此,应将冻存液在 4℃ 条件下放置 40~60 分钟后使用。配制冻存液时要戴手套。

4）将冻存管放入液氮保存罐时,小心液氮溅出。操作时应穿戴防冻手套、防冻鞋、面罩和工作衣。

二、细胞的复苏

【实验材料】

1）恒温水浴振荡器。

2）完全培养液。

【操作程序】

1）从液氮保存罐中取出冻存管,立即放入40℃水浴中,快速摇晃,直至冻存液完全融化。

2）将细胞悬液移入离心管,缓慢加入4ml完全培养液,离心(1 000r/min,5分钟)。

3）弃上清,用培养液混悬沉淀细胞,调整细胞密度,将细胞接种于培养皿或培养瓶,放入培养箱中培养。

4）记录复苏日期。

【结果分析】

1）细胞存活率:用台盼蓝染色法检测复苏细胞的活性。将20μl细胞悬液、30μl HBSS和50μl 0.4%台盼蓝混合后,放置1~2分钟。呈蓝色的细胞为死细胞,活细胞不着色。用细胞计数板计数细胞,根据下列公式得出细胞存活率:

细胞存活率(%)= 未着色细胞 ÷ 总计数细胞 ×100%

2）复苏效果取决于复温速度。

【注意事项】

1）必须在1~2分钟内使冻存液完全融化。如果复温速度太慢,则会造成细胞损伤。

2）在复苏过程中,待冻存液部分融化时,即可将冻存管从40℃水浴中拿出,通过快速颠倒摇晃,使剩余部分快速融化。这样可以避免因最先解冻的细胞在40℃水浴中时间过长,DMSO对细胞造成较大的损伤。

3）复苏过程中应戴手套和护目镜。冻存管可能漏入液氮,解冻时冻存管中的气温急剧上升,可导致爆炸。

三、细胞的运输

在购买和交换培养细胞时,需根据保存方式和运输时间采用适当的运输方法。

(一)充液法运输

1. 细胞传代后1~2天,选择生长状态良好的细胞。根据运输时间,确定细胞密度,一般以细胞覆盖培养瓶底壁的1/3~1/2为宜。

2. 吸去培养液,加入新鲜培养液至培养瓶颈部,保留少量空气,拧紧瓶盖。然后,用胶带将瓶口密封,并作详细记录。

3. 将培养瓶封装入小聚乙烯袋内,再将聚乙烯袋置于塑料泡沫盒中。随身携带或通过快递运送细胞。

4. 到达目的地后,弃去多余的培养液,在37℃条件下静置培养1天。然后,进行传代培养。

(二)冰瓶运输

在较短时间内运输细胞时,可将细胞悬液装入离心管,然后放入装有碎冰的冰瓶内,以保持细胞活力。到达目的地后,混悬和种植细胞。

(三)液氮罐运输

细胞冻存后,将装有细胞的冻存管放入便携式液氮罐中,进行运输。在液氮罐搬运过程中,要防止液氮外漏。

(刘玉琴)

参 考 文 献

1. 章静波. 组织和细胞培养技术. 北京:人民卫生出版社,2014:48-57.
2. 瑞菲尔·奴纳兹. 流式细胞仪原理与科研应用简明手册. 刘秉慈,许增禄,译. 北京:化学工业出版社,2005:5-15.
3. 鄂征. 组织培养和分子细胞学技术. 北京:北京出版社,1995:139-156.
4. 司徒镇强,吴军正. 细胞培养. 西安:世界图书出版公司,2001:181-191.
5. Spector DL, Goldman RD, Leinwand LA. Cells:a laboratory manual. New York:Cold Spring Harbor Laboratory Press,1998.

第四章 机体各种组织的体外原代培养

第一节 上皮组织

上皮组织（epithelial tissue）由大量排列密集而规则的细胞和少量细胞外基质构成，细胞之间借黏着物和特殊连接结构相连。许多器官的上皮细胞具有特定的功能。根据上皮组织的功能和结构不同，可分为被覆上皮、腺上皮和感觉上皮。被覆上皮分布于机体的身体表面和有腔器官的内表面，具有保护、吸收、分泌和排泄等功能。腺上皮是由腺细胞组成的以分泌功能为主的上皮，而能感受特定物理或化学刺激的为感觉上皮。被覆上皮根据细胞的层次可分为单层上皮与复层上皮。

上皮细胞体外培养一直受到广泛重视。体外培养有助于探讨各种类型上皮组织对各种理化刺激的反应机制，从形态学及分子水平揭示某些病因作用以及干预、治疗措施的防治效果等。如某些上皮细胞可作为研究细胞发育、分化和细胞动力学的模型，探讨各种功能上皮细胞的分子调控机制及其影响因素；外源物质的基因毒性作用可能是呼吸道、消化道黏膜形成肿瘤的病因之一；利用体外培养重建同基因角膜上皮组织，可为角膜化学损伤后重建角膜提供理想的角膜上皮移植片。

在人和动物体内，上皮细胞生长在胶原基质膜上，并从基质膜获取生长分化所需的化学物质。体外培养时，可用胶原蛋白作为培养器皿的包被黏附剂。为使上皮细胞在体外培养成功，需要从上皮分离、培养液与基质选择、消化条件和适量生长因子等方面优化培养条件，促进上皮细胞生长，抑制成纤维细胞生长。处理上皮组织过程中最好保证活细胞数达到90%以上。

以下按细胞类别介绍几种常用的上皮细胞培养技术。

一、内皮细胞的培养

内皮是衬于心血管和淋巴管内腔面的一种单层扁平上皮。内皮细胞（endothelial cell）扁薄，呈不规则多边形。细胞的边缘呈锯齿状，相互嵌合。培养方法主要是用胶原酶消化分离血管内皮细胞，在铺有明胶基质的培养器皿内培养。

（一）血管内皮细胞的培养

1. 灌注消化法 适用于人和多种动物较大血管内皮细胞（vascular endothelial cell）的分离和培养，能够获得较高纯度的内皮细胞，故是分离血管内皮细胞的常用方法。

【实验材料】

1）材料来源：犬、猪或兔的颈总动脉或股动脉，也可用人脐静脉。

2）手术器械：手术刀、解剖剪、解剖镊、止血钳、眼科剪和眼科镊。

3）其他用具：静脉留置针、注射器和培养皿。培养器皿在使用前用1%明胶涂培养皿底壁，置超净工作台上晾干。

4）清洗液：不含 Ca^{2+} 和 Mg^{2+} 的 HBSS。

5）消化液：25万 U/L 胶原酶，用不含 Ca^{2+} 和 Mg^{2+} 的 PBS 或 HBSS 配制。也可用 0.25% 胶原酶 5 份和 0.1% 胰蛋白酶 1 份的混合消化液。

6）培养液：M199 或 DMEM，添加 20% FBS、2mmol/L 谷氨酰胺、1mmol/L 丙酮酸钠、3.5g/L 葡萄糖、10万 IU/L 青霉素和 100mg/L 链霉素。pH 为 7.2。

【操作步骤】

1）用 25mg/kg 戊巴比妥钠麻醉动物，经股动脉放血将动物处死。剃去颈部或腹股沟区的皮毛，用 75% 乙醇消毒。取颈总动脉或股动脉，长 10~15cm。将动脉段浸入 4~8℃ 预冷的清洗液中。

2）在肉眼或体视显微镜下，用眼科剪和眼科镊剥除血管外膜的结缔组织和脂肪组织。用清洗液冲洗血管腔,洗去血液。

3)将血管段放入培养皿中,用清洗液冲洗 3 次。从动脉的一端插入静脉留置针,用丝线结扎固定,然后将另一端结扎。通过静脉留置针用注射器向血管内注入消化液,至血管充盈为止。在 37℃条件下,消化 10~15 分钟。

4)在血管段的结扎端剪开管壁,用离心管收集消化液,然后用盛有 10ml 培养液的注射器,冲洗管腔,一并收集冲洗液。将消化液和冲洗液混合,离心(1 000r/min,10 分钟)。

5)吸去上清液,用培养液混悬沉淀细胞,可用培养液洗涤 2 次。将细胞悬液接种在铺有明胶的培养皿或瓶中,放入 5% CO_2 培养箱内,在 37℃条件下培养。

6)每隔 2~3 天更换 1 次培养液。换液时,吸去原培养液的 1/2~2/3,补足新鲜培养液。待细胞生长接近形成单层时(如 90%),可用常规胰蛋白酶消化法传代培养。

【结果分析】

在原代培养中,30 分钟后内皮细胞开始贴壁,细胞呈圆形或多边形。12 小时后,可见细胞增殖,呈小簇状(图 4-1A)。24 小时后,细胞生长形成细胞群。2 周后,细胞群汇合形成单层,细胞呈卵石状排列(图 4-1B)。

血管内皮细胞的鉴定:可用下列一种或多种方法鉴别血管内皮细胞。

1)乙酰化低密度脂蛋白吞噬实验:用荧光标记的乙酰化低密度脂蛋白处理细胞 4 小时。内皮细胞吞噬低密度脂蛋白,胞质内出现荧光颗粒。

2)第Ⅷ因子相关抗原免疫荧光标记:用第Ⅷ因子相关抗原免疫荧光抗体法染色,荧光颗粒主要分布于内皮细胞的核周区。

3)Ulex Europaeus Ⅰ凝集素标记:Ulex Europaeus Ⅰ凝集素与 α-L-岩藻糖复合物特异结合,内皮细胞的膜性结构被染色。

4)硝酸银染色:当内皮细胞汇合形成单层时,可用硝酸银染色。硝酸银颗粒沉积于内皮细胞间隙中。

5)CD31[血小板内皮细胞黏附分子 1(PECAM-1)]抗体免疫荧光染色:用抗 CD31 荧光抗体法染色,内皮细胞呈阳性反应。

6)血管内皮生长因子受体(VEGFR)免疫荧光标记:用抗 VEGFR-1 或 VEGFR-2 免疫荧光抗体染色,血管内皮细胞为阳性。

7)电镜观察:在透射电镜下,胞质中含有特征性的 Webel-Palade 小体。Webel-Palade 小体呈杆状,有包膜。

【注意事项】

1)向血管腔内注入消化液时,应防止消化液溢出,以免血管外膜被消化,引起成纤维细胞的污染。

2)如果分离静脉内皮细胞,由于瓣膜的存在,应注意将静脉留置针从静脉远端插入。

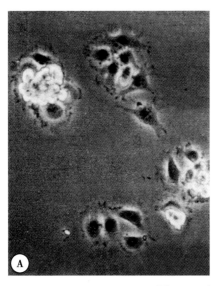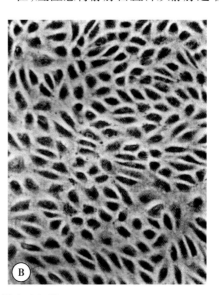

图 4-1　血管内皮细胞
A. 培养 12 小时,细胞增殖形成小簇状;B. 培养 2 周,细胞生长单层,呈卵石状排列。
复旦大学上海医学院王海杰教授实验室供图

2. 消化刮取法　常用于大动脉内皮细胞的分离和培养。

【实验材料】

1）材料来源：一般采用犬、兔或大鼠的胸主动脉和腹主动脉。

2）手术器械：手术刀、解剖剪、解剖镊、止血钳、眼科剪和眼科镊。

3）培养器皿：使用前用 1% 明胶涂布底壁，置超净工作台上晾干。

4）清洗液：不含 Ca^{2+} 和 Mg^{2+} 的 HBSS。

5）消化液：0.125% 胰蛋白酶和 0.01% EDTA（1∶1，V/V）混合消化液。

6）培养液：M199 或 DMEM，添加 20% FBS、2mmol/L 谷氨酰胺、1mmol/L 丙酮酸钠、3.5g/L 葡萄糖、10 万 IU/L 青霉素和 100mg/L 链霉素。

【操作步骤】

1）麻醉动物，剃去胸腹壁区及腹股沟区皮毛，用 75% 乙醇消毒。切开腹股沟区的皮肤，以股动脉插管放血处死动物。切开胸腹壁，取出胸主动脉或腹主动脉，放入 4~8℃ 预冷的清洗液中。

2）在肉眼或体视显微镜下，剥除外膜的脂肪和结缔组织。用清洗液冲洗血管腔，除去血液。

3）在盛有清洗液的培养皿中，纵向剪开血管壁，然后冲洗 3~5 次。

4）在另一培养皿中加入少量消化液，使血管内膜面朝下，铺在消化液上。在 37℃ 条件下，消化 10~15 分钟。然后，加入 5ml 含 20% FBS 的培养液，终止消化。

5）将血管壁移入另一培养皿，用手术刀轻轻将内皮刮下。然后，用少量培养液收集内皮细胞，离心（1 000r/min，10 分钟）。

6）吸去上清液，用培养液混悬沉淀细胞，将细胞浓度调整至 $1.5×10^5$ 个 /ml。将细胞悬液接种在涂有明胶的培养皿或培养板中，置 5% CO_2 培养箱内，在 37℃ 条件下培养 24 小时。也可直接用培养液将刮下的内皮细胞收集到培养皿中，进行培养。

7）吸去旧培养液，用 HBSS 轻轻浸洗 2 次，洗去未贴壁细胞，再加入新培养液，继续培养。以后每隔 2~3 天更换 1 次培养液。

8）当细胞生长形成单层时，可传代培养。

【结果分析】

1）培养 30 分钟后，内皮细胞贴壁。2 周后，细胞生长形成单层，呈卵石状排列。

2）内皮细胞的鉴定方法与前述相同。

【注意事项】

1）放入培养皿中的消化液不宜过多，避免内皮以外的其他各层组织被消化下来。

2）刮内皮时，不要过深和刮至血管断面处，以免导致成纤维细胞污染。

3. 组织块消化法　适用于人和动物的脑、肾上腺以及肿瘤的微血管内皮细胞的分离和培养。

【实验材料】

1）材料来源：脑外伤、脑肿瘤和顽固性癫痫手术切除的人脑组织或大鼠脑组织。

2）手术器械：眼科剪和眼科镊。

3）其他用品：玻璃匀浆器、孔径为 153μm 和 75μm 的细胞滤器、培养皿及涂有 1% 明胶的培养皿或培养板。

4）清洗液：①不含 Ca^{2+} 和 Mg^{2+} 的 HBSS，添加 200 万 IU/L 青霉素、200mg/L 链霉素和 20 万 U/L 庆大霉素；②15% 右旋糖酐。

5）消化液：0.05% 胰蛋白酶和 0.1% Ⅱ型胶原酶。

6）培养液：M199 或 DMEM，添加 15% FBS、4mmol/L 谷氨酰胺、3.5g/L 葡萄糖、0.3g/L 肝素、0.1g/L 牛胰岛素、0.15g/L 内皮细胞生长附加物、10 万 IU/L 青霉素、100mg/L 链霉素和 10 万 U/L 庆大霉素。pH 7.2。

【操作步骤】

1）将脑组织浸入 4~8℃ 预冷的清洗液①中，并反复冲洗 3 次 ~5 次。

2）剥除软脑膜后，将脑组织剪成约 $1mm^3$ 小块，用清洗液①清洗。

3）将组织块放入 0.05% 胰蛋白酶中，在 37℃ 水浴箱中振荡消化 10~20 分钟。然后，加入含 20% FBS 的培养液终止消化。

4）用玻璃匀浆器将组织块研碎，经孔径为 153μm 细胞滤器过滤。收集滤液，离心（500r/min，10 分钟）。

5）吸去上清液，用 15% 右旋糖酐混悬，离心（1 000r/min，20 分钟）。

6）吸去上层和中间层，将下层的沉淀用

78μm 细胞滤器过滤。收集滤出的微血管段,离心(2 000r/min,5 分钟)。

7)加入 0.1% 胶原酶,在 37℃水浴箱中振荡消化 30 分钟,然后离心(2 000r/min,5 分钟)。

8)用少量培养液(覆盖培养皿底壁即可)混悬微血管片段,静置培养 24 小时。

9)补充培养液,继续培养 5~7 天。以后每隔 2~3 天更换 1 次培养液。待细胞生长形成单层时,传代培养。

【结果分析】

1)微血管片段由数个或数十个细胞构成。培养 24 小时后大部分微血管片段已贴壁,内皮细胞呈小簇状(图 4-2A)。培养 5~7 天后,细胞生长成群。2~3 周后,细胞长满培养皿底壁(图 4-2B)。

2)微血管内皮细胞的鉴定:同上述血管内皮细胞的鉴定方法。

【注意事项】

1)低温运输脑组织(如用冰壶),并尽早分离和培养微血管内皮细胞。也可将脑组织放入 4℃冰箱内暂存,但最好不超过 6 小时。

2)因微血管片段有浮力,种植时培养液量要少,以利于微血管段贴壁生长。

4. 血管内皮细胞的传代培养 内皮细胞生长形成单层时,出现接触抑制现象。因此,内皮细胞生长接近单层时应及时传代。各种动物的血管内皮细胞都可反复传代培养,有的可达 100 代

以上。

【实验材料】

1)培养用具:吸管、离心管、培养皿和涂有明胶的培养皿。

2)清洗液:不含 Ca^{2+} 和 Mg^{2+} 的 PBS 或 HBSS。

3)消化液:0.125% 胰蛋白酶和 0.01% EDTA 混合消化液。

4)培养液:DMEM,添加 10% FBS、2mmol/L 谷氨酰胺、1mmol/L 丙酮酸钠、3.5g/L 葡萄糖、0.3g/L 肝素、10 万 IU/L 青霉素和 100mg/L 链霉素。

【操作步骤】

1)当内皮细胞生长形成单层时,吸去培养液,用清洗液清洗 2 次。

2)加入消化液,室温下消化 1~2 分钟。在相差显微镜下观察到细胞间隙增大、细胞变圆时,吸去消化液。

3)加入培养液,用吸管轻轻吹打,使细胞脱离皿壁。收集细胞悬液,离心(1 000r/min,10 分钟)。

4)弃去上清液,用培养液混悬沉淀细胞,按 1:3 的比例传代培养。

5)培养 30 分钟后,换新培养液,继续培养。

【结果分析】

传代培养 10 分钟后,血管内皮细胞开始贴壁。5~7 天后,细胞生长形成单层。可继续传代。

【注意事项】

1)在消化细胞时,消化液的量以刚刚覆盖细

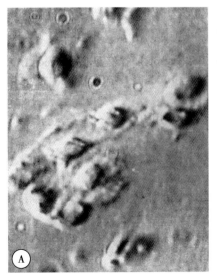
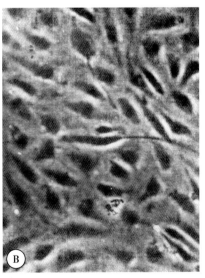

图 4-2 微血管内皮细胞

A. 培养 24 小时后内皮细胞呈小簇状;B. 培养 3 周后内皮细胞形成单层。复旦大学上海医学院王海杰教授实验室供图

胞为宜,并注意控制消化时间。一旦发生细胞层提前脱壁,应立即加入新培养液终止消化,再行离心处理。

2)培养30分钟后内皮细胞已贴壁,应及时换培养液,以利于除去死细胞。

(二)淋巴管内皮细胞的培养

1. 灌注消化法 适用于粗大淋巴管内皮细胞(lymphatic endothelial cell)的分离与培养。

【实验材料】

1)材料来源:犬胸导管或牛肠系膜淋巴管。

2)手术器械:手术刀、解剖剪、解剖镊、止血钳、眼科剪和眼科镊。

3)其他用具:静脉留置针、注射器、培养皿及涂有1%明胶的培养皿或培养板。

4)清洗液:不含Ca^{2+}和Mg^{2+}的HBSS。

5)消化液:25万U/L胶原酶。

6)培养液:M199或DMEM,添加20% FBS、2mmol/L谷氨酰胺、1mmol/L丙酮酸钠、3.5g/L葡萄糖、2mmol/L HEPES、10万IU/L青霉素和100mg/L链霉素。pH 7.2。

【操作步骤】

1)麻醉动物,除去胸腹壁和腹股沟区的皮毛,用75%乙醇消毒。切开腹股沟区的皮肤,以股动脉插管放血处死动物。

2)切开胸前壁、腹前壁上部和横膈,分离胸导管。在胸导管上端结扎,切取10~15cm。将胸导管放入预冷的清洗液中。

3)在体视显微镜下,用眼科剪和眼科镊剥除外膜的结缔组织和脂肪组织,然后用清洗液反复冲洗管腔。

4)将胸导管移入含清洗液的大培养皿中,清洗管腔3次。在胸导管的远端插入静脉留置针,并结扎固定。用清洗液冲洗管腔后,将游离端结扎。

5)用注射器通过静脉留置针向管腔内注入消化液,至淋巴管充盈为止。在37℃条件下,消化10分钟。

6)取出胸导管,在游离端剪一小口,用离心管收集消化液。然后,用培养液冲洗管腔,一并收集冲洗液。将消化液和冲洗液离心(1 000r/min,10分钟)。

7)吸去上清液,用适量培养液轻轻混悬细胞沉淀。将细胞悬液接种于培养皿或培养板中,培养24小时。

8)补充培养液,继续培养。每隔2~3天更换1次培养液。换液时,吸去1/2~2/3旧培养液,再补足新鲜培养液。

9)待细胞生长形成单层时,传代培养。

【结果分析】

1)原代培养4~6小时后,大部分细胞已贴壁生长。24小时后,内皮细胞形成由数个细胞组成的细胞群。2~3周后,细胞群融合,形成单层。淋巴管内皮细胞单层呈卵石状特征性排列(图4-3A)。

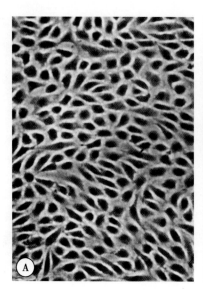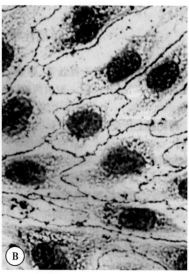

图4-3 淋巴管内皮细胞

A. 淋巴管内皮细胞单层呈卵石状征性排列;B. 硝酸银染色时,硝酸银颗粒沉积在内皮细胞间隙。复旦大学上海医学院王海杰教授实验室供图

2）淋巴管内皮细胞的鉴定：淋巴管内皮细胞吞噬乙酰化低密度脂蛋白、第Ⅷ因子相关抗原免疫反应阳性、结合 Ulex Europaeus Ⅰ 凝集素和细胞间硝酸银染色阳性（图 4-3B）。在透射电镜下，可见 Webel-Palade 小体。此外，鉴别淋巴管内皮细胞的特异性标志有 VEGFR-3 和 LYVE-1。免疫荧光标记时，VEGFR-3 和 LYVE-1 在淋巴管内皮细胞表达呈阳性。

【注意事项】

1）由于淋巴管的管壁较薄，灌注消化时间不宜过长，以免消化过度，引起成纤维细胞的污染。

2）淋巴管内皮细胞的活性较低，原代培养时细胞生长缓慢。

2. 植块培养法　常用于较细淋巴管内皮胞的分离和培养。

【实验材料】

1）材料来源：大鼠胸导管或肠系膜淋巴管。

2）手术器械：手术刀、解剖剪、解剖镊、止血钳、眼科剪和眼科镊。

3）培养皿：用 1% 明胶涂布底壁，置超净工作台上晾干。

4）清洗液：不含 Ca^{2+} 和 Mg^{2+} 的 HBSS。

5）培养液：M199 或 DMEM，添加 10% FBS、2mmol/L 谷氨酰胺、1mmol/L 丙酮酸钠、3.5g/L 葡萄糖、2mmol/LHEPES、10 万 IU/L 青霉素和 100mg/L 链霉素。

【操作步骤】

1）麻醉动物，通过颈动脉放血处死动物，然后用 75% 乙醇消毒。切开胸腹壁，暴露胸导管。用 1ml 注射器抽取 4℃ 预冷的清洗液，经胸导管远端冲洗管腔。结扎近端，取出胸导管，放入预冷的清洗液中。

2）在体视显微镜下，仔细剥除外膜的结缔组织和脂肪组织。用清洗液清洗 3 次。

3）用眼科剪纵向剪开管壁，再用清洗液冲洗管腔面。然后，将管壁剪成约 1mm³ 小块。

4）将组织块放入培养皿中，使内皮面朝下，培养 4 小时。

5）缓缓加入培养液，避免冲击植块，静置培养 3 天后，轻轻取出组织块，更换培养液。以后每隔 2~3 天更换 1 次培养液。

6）待细胞生长形成单层时，传代培养。

【结果分析】

1）培养 4~6 天后，内皮细胞开始自组织块迁出，细胞呈长梭形或多边形。2~3 周后，细胞生长形成单层。

2）淋巴管内皮细胞的鉴定方法同前述。

【注意事项】

1）胸导管组织块能否贴壁是内皮细胞培养的关键。因此，加入培养液时操作要轻，以免使组织块浮起。

2）如发现成纤维细胞迁出，传代时需刮除。

二、单层柱状上皮细胞的培养

单层柱状上皮主要分布于胃肠道、胆囊、胆管、输卵管和子宫等腔面。单层柱状上皮细胞（simple columnar epithelial cell）一般由两种以上的细胞组成，细胞呈多边形。体外培养对环境条件要求较高，操作较复杂。

（一）胃黏膜上皮细胞的培养

【实验材料】

1）材料来源：胎鼠胃黏膜，也可用接受胃溃疡或胃癌手术切除患者的正常胃黏膜组织。

2）手术器械：解剖剪、解剖镊、眼科剪和眼科镊。

3）培养瓶或培养皿：用 1% Ⅳ型胶原蛋白或 1% 明胶涂布底壁，4℃过夜，使用前在 37℃培养箱内放置 2 小时，然后用培养液浸洗 1 次。

4）清洗液：不含 Ca^{2+} 和 Mg^{2+} 的 HBSS，添加 20 万 IU/L 青霉素、200mg/L 链霉素和 20 万 U/L 庆大霉素。

5）消化液：25 万 U/LⅠ型胶原酶或 12.5 万 U/LⅠ型胶原酶和 0.5% 透明质酸酶混合消化液，用 DMEM 配制。

6）培养液：DMEM 和 F12（1：1，V/V）的混合液，添加 5% FBS、2mmol/L 谷氨酰胺、5mg/L 胰岛素、1% 转铁蛋白、10 万 IU/L 青霉素、100mg/L 链霉素和 10 万 U/L 庆大霉素。pH 7.2。

【操作步骤】

1）取妊娠 19~21 天胚胎大鼠，切开腹壁，取胃底部黏膜组织，放入 4℃ 预冷的清洗液中，冲洗 3 次。

2）在体视显微镜下，用眼科镊仔细剥除黏膜固有层。将黏膜上皮组织剪成 1~2mm³ 小块。

3）将组织块放入消化液中，在37℃条件下消化1~3小时。然后，加入含血清的培养液，终止消化。

4）用200目不锈钢筛网滤出组织块，收集滤液，离心（1 500r/min，5分钟）。吸去上清液，沉淀细胞用HBSS洗涤2次。

5）吸去上清液，加入培养液，混悬沉淀细胞。将细胞悬液加入培养皿或培养瓶中，培养24小时。

6）吸去培养液，用HBSS轻轻浸洗，去除未贴壁细胞。然后，加入新培养液，继续培养。以后每隔2~3天更换1次培养液。

【结果分析】

1）培养24小时后，细胞贴壁生长，多呈小片状细胞群。胃黏膜上皮细胞呈梭形或多角形，胞质透明。72小时后，胞质内出现较多的颗粒。培养约1周后，细胞生长达高峰。细胞生长可维持2~3周。

2）胃黏膜上皮细胞的鉴定：①角蛋白免疫组化染色，胃黏膜上皮细胞呈阳性反应；②黏蛋白组化染色，过碘酸希夫（periodic acid Schiff, PAS）染色显示，培养的胃黏膜上皮细胞多为分泌黏液的细胞。

【注意事项】

1）消化酶的选择和控制消化时间。

2）胃黏膜上皮细胞一般采用原代培养。

（二）肠黏膜上皮细胞的培养

【实验材料】

1）材料来源：多取自胎鼠的小肠黏膜或死亡胎儿的小肠黏膜。

2）手术器械：手术刀、解剖剪、解剖镊、眼科剪和眼科镊。

3）培养瓶或培养皿：用胶原蛋白涂布底壁，放超净工作台上干燥。

4）清洗液：不含Ca^{2+}和Mg^{2+}的HBSS，添加20万IU/L青霉素、200mg/L链霉素和20万U/L庆大霉素。

5）消化液：30万U/L XI型胶原酶和0.1g/L I型中性蛋白酶混合消化液，用DMEM配制。

6）细胞分散液：DMEM，添加5% FBS和2%山梨醇。

7）培养液：DMEM，添加5% FBS、2mmol/L谷氨酰胺、2mg/L胰岛素、20μg/L EGF、10万IU/L青霉素和100mg/L链霉素。

【操作步骤】

1）妊娠17~19天胎鼠，放入75%乙醇中消毒1分钟。取出小肠，放入4℃预冷的清洗液中，并冲洗3~5次。

2）剪除肠系膜，纵行剪开肠壁，用清洗液冲洗3次，洗去黏液。

3）将肠壁剪成1mm³大小的组织块，放入20ml消化液中，在37℃水浴箱中振荡消化30分钟。

4）用吸管反复吹打组织块5分钟，离心（1 000r/min，5分钟）。吸去消化液后，加入HBSS，反复吹打，直至在相差显微镜下出现单个黏膜上皮细胞或肠隐窝细胞团为止。

5）将消化下来的细胞或细胞团注入离心管中，再加入细胞分散液，吹打均匀，静置1分钟。然后，收集含细胞或细胞团的上清液。重复3~4次。

6）将收集的上清液离心（1 500r/min，5分钟）。吸去上清液，沉淀细胞用细胞分散液洗涤离心3~4次。

7）用培养液混悬沉淀细胞，将细胞悬液加入涂有胶原蛋白的培养皿或培养瓶中，置5%CO_2培养箱内37℃培养。

8）培养48小时后换新培养液，以后每隔3天更换1次培养液。

【结果分析】

1）肠黏膜上皮细胞在培养24小时后贴壁生长，以单个细胞分布或呈小簇状。细胞为梭形或多角形。2周后，细胞长满培养皿或培养瓶底壁。

2）肠黏膜上皮细胞的鉴定：①癌胚抗原免疫抗体法染色，肠黏膜上皮细胞产生癌胚抗原，染色时上皮细胞呈阳性反应；②碱性磷酸酶活性检测，培养的肠黏膜上皮细胞可分泌黏液，故碱性磷酸酶组织化学染色或PAS染色均为阳性。

【注意事项】

1）在消化过程中应反复吹打组织块，以有利于细胞的分离。

2）培养液中血清浓度不宜过高，以免引起成纤维细胞和平滑肌细胞的快速生长,造成污染。

三、假复层纤毛柱状上皮细胞的培养

假复层纤毛柱状上皮主要分布于呼吸道黏膜。假复层纤毛柱状上皮细胞(pseudostratified ciliated columnar epithelial cell)包括纤毛细胞、刷细胞、杯状细胞、小颗粒细胞和基细胞。假复层纤毛柱状上皮细胞除构成物理屏障外,还具有对化学性毒物或药物的转化代谢作用。体外培养气管上皮细胞的分化与培养液血清含量有关,血清含量高时,细胞不易发生分化,低血清或无血清培养有助于上皮细胞分化。

(一)灌注消化法

适用于大鼠或兔的气管和支气管黏膜上皮细胞的分离。

【实验材料】

1)材料来源:大鼠或兔的气管和支气管。

2)手术器械:手术刀、解剖剪、解剖镊、止血钳、眼科剪和眼科镊。

3)其他用具:注射器、200目不锈钢筛网、涂有1%明胶的培养皿或培养板。

4)清洗液:不含 Ca^{2+} 和 Mg^{2+} 的 HBSS。

5)消化液:1%中性蛋白酶或0.125%胰蛋白酶和0.01% EDTA混合消化液。

6)培养液:DMEM 或 DMEM/F12(1∶1)混合培养液,添加10% FBS、2mmol/L谷氨酰胺、15mmol/L HEPES、20mmol/L丙酮酸钠、100mg/L牛胰岛素、10mg/L人转铁蛋白、10μg/L EGF、10万IU/L青霉素和100mg/L链霉素。

【操作步骤】

1)麻醉动物,无菌取出气管或支气管,放入4℃预冷的清洗液中,并反复冲洗,以除去血液和黏液。

2)将气管或支气管的一端结扎,另一端插套管并固定。用注射器经套管注入1%中性蛋白酶,至气管充盈为止。将气管浸泡于清洗液中,在37℃条件下消化20分钟。

3)用注射器抽取培养液,将注射器插入套管,反复冲洗,以分离气管上皮细胞。然后,将气管或支气管游离端的结扎线剪断,回收管腔内的细胞悬液。

4)用200目不锈钢筛网过滤,将滤液离心

(1 000r/min,10分钟)。吸去上清液,用培养液洗涤离心1次。

5)用培养液悬浮沉淀细胞,调整细胞密度至 5×10^5 个 /ml,接种于培养皿或培养板,放入5% CO_2 培养箱内37℃培养。

【结果分析】

1)培养2天后,细胞已贴壁生长。约1周形成细胞单层,排列紧密。上皮细胞呈多边形。

2)气管黏膜上皮细胞的鉴定:依据上皮细胞特征性表达角蛋白和上皮细胞膜抗原进行鉴定。

【注意事项】

消化时结扎要牢固,防止消化液漏出,以免外膜被消化。

(二)植块培养法

适用于人气管或支气管的活检组织分离黏膜上皮细胞。

【实验材料】

1)材料来源:人气管或支气管的活检组织。采用4℃ HBSS 低温运送,不超过12小时,最好在6小时内。

2)手术器械:解剖镊、眼科剪和眼科镊。

3)培养皿:使用前用1%明胶涂底壁,置超净工作台上晾干。

4)清洗液:不含 Ca^{2+} 和 Mg^{2+} 的 HBSS。

5)培养液:DMEM/F12(1∶1)混合培养液,添加10% FBS、2mmol/L谷氨酰胺、15mmol/L HEPES、20mmol/L丙酮酸钠、100mg/L牛胰岛素、10mg/L人转铁蛋白、10万IU/L青霉素和100mg/L链霉素。

【操作步骤】

1)将活检组织放入4℃预冷的清洗液中,并反复冲洗。

2)在体视显微镜下用镊子尽量将气管黏膜与黏膜下组织分离。反复清洗黏膜后,将黏膜剪成1mm³大小的组织块。

3)将组织块放入培养皿中,加入少量培养液,放入培养箱内静置培养,待组织块贴壁。

4)培养2~4天后补充培养液,继续培养。之后,每隔3天更换1次培养液。

【结果分析】

培养约4天后,上皮细胞从组织块周边长出。1~2周后,细胞长满培养皿底壁。

【注意事项】

尽快使组织块贴壁是培养成功的关键,故初次加入培养液不宜过多,以不使植块浮起为宜。

（三）传代培养法

【实验材料】

1）清洗液:不含 Ca^{2+} 和 Mg^{2+} 的 PBS 或 HBSS。

2）消化液:0.25% 胰蛋白酶和 0.02% EDTA 混合消化液。

3）培养液:DMEM,添加 10% FBS、2mmol/L 谷氨酰胺、15mmol/L HEPES、20mmol/L 丙酮酸钠、100mg/L 牛胰岛素、10mg/L 人转球蛋白、10 万 IU/L 青霉素和 100mg/L 链霉素。

【操作步骤】

1）吸去培养液,用清洗液浸洗 2 次。

2）加入消化液,室温下消化 1~2 分钟。

3）吸去消化液,加入适量培养液,用吸管轻轻吹打,使细胞脱离皿壁,制成细胞悬液。将细胞悬液离心（1 000r/min,10 分钟）。

4）用培养液混悬沉淀细胞,调整细胞密度,传代培养。

（四）分化培养法

呼吸上皮细胞的分化培养是采用人工形成的液气培养界面来促进呼吸上皮细胞的分化。

【实验材料】

1）呼吸道上皮传代细胞:细胞密度为 3×10^5 个 /ml。

2）支持物:胶原蛋白包被的微孔滤膜。

3）种植培养液:DMEM,添加 10% FBS、2mmol/L 谷氨酰胺、15mmol/L HEPES、20mmol/L 丙酮酸钠、100mg/L 牛胰岛素、10mg/L 人转铁蛋白、10 万 IU/L 青霉素和 100mg/L 链霉素。

4）分化培养液:DMEM/F12（1：1）混合培养液,添加 2% FBS、2mmol/L 谷氨酰胺、15mmol/L HEPES、20mmol/L 丙酮酸钠、100mg/L 牛胰岛素、10mg/L 人转铁蛋白、10 万 IU/L 青霉素和 100mg/L 链霉素。

【操作步骤】

1）将传代细胞种植在胶原蛋白凝胶支持物上,然后加入种植培养液,置 CO_2 培养箱内 37℃ 培养。

2）当细胞在支持物上长满时,用分化培养液替换种植培养液。培养液的量一般控制在 $400\mu l/cm^2$,

使上皮细胞的游离面能够暴露在液体外,继续培养。

【结果分析】

1）在胶原蛋白凝胶支持物上,细胞可呈多层生长,并逐渐发生分化。3~6 周后,细胞长出纤毛。培养一定时间后,细胞形态发生变化,呈梭形或球形,纤毛结构退化或者消失。

2）气管黏膜上皮细胞的鉴定:①角蛋白及上皮细胞膜抗原免疫组化染色,气管黏膜上皮细胞呈阳性反应;②电镜观察,上皮细胞特征性结构如纤毛和桥粒。

【注意事项】

分化培养液的血清含量要低,培养液加量要适中,既要使上皮细胞的游离面能够暴露在液体外,还要保证细胞能获取足够的营养。

四、复层扁平上皮细胞的培养

复层扁平上皮可分为角化的复层扁平上皮和未角化的复层扁平上皮。随着组织工程技术的迅速发展,复层扁平上皮细胞（stratified squamous epithelial cell）的培养日益受到重视,尤其是如何模拟体内微环境进行体外培养,从而不断提高培养组织和基因工程组织的实用性。

（一）表皮细胞（epidermal cell）的培养

表皮属于一种角化的复层扁平上皮,由角质形成细胞和非角质形成细胞组成。角质形成细胞成层排列。皮肤的干细胞位于角质形成细胞的基底层以及皮脂腺和汗腺的基部,具有活跃的增殖能力。真皮组织对表皮基底层细胞的分裂增殖具有直接的影响。

1. 角质形成细胞（keratinocyte）的培养

【实验材料】

1）材料来源:新鲜皮肤组织,来自死亡胎儿或手术切除的正常皮肤。

2）手术器械:手术刀、解剖剪、解剖镊、眼科剪和眼科镊。

3）培养皿或培养板:使用前用 1% 明胶涂布底壁,置超净工作台上晾干。

4）清洗液:MEM 和无 Ca^{2+}、Mg^{2+} HBSS 混合液（1：1）,添加 20mmol/L HEPES、20 万 IU/L 青霉素、200mg/L 链霉素和 1.5g/L 庆大霉素。

5）消化液:100 万 U/L 中性蛋白酶,用无

Ca^{2+}、Mg^{2+}PBS 配制。

6）培养液：DMEM/F12（3：1，V/V）混合培养液，添加 10% FBS、4mmol/L 谷氨酰胺、1.8×10^{-4}mol/L 腺嘌呤、2×10^{-11}mol/L 三碘甲状腺原氨酸、10^{-10}mol/L 霍乱毒素、0.4mg/L 氢化可的松、10mg/L 胰岛素、10mg/L 转铁蛋白、10μg/L EGF、10 万 IU/L 青霉素和 100mg/L 链霉素。

【操作步骤】

1）无菌切取皮肤标本，置 4℃预冷清洗液中，并冲洗 3~5 次。

2）将标本的上皮面朝下放入干燥的培养皿中，加数滴清洗液使之湿润，用弯镊尽量除净皮下脂肪和疏松结缔组织，只留下表皮和下方的致密结缔组织，皮片厚约 1.5mm。

3）将皮片放入 4℃预冷清洗液中，反复冲洗 3~5 次。

4）将皮片切成（2~3）mm×1mm 小块，放入消化液中，在 4℃条件下消化 20 小时。

5）用无菌针头将表皮与真皮分离（表皮层为浅棕色，真皮层为白色）。如果分离困难，将皮片放入消化液中，37℃消化 30 分钟，然后剥离。

6）将 80 目不锈钢筛网放入培养皿中，再将表皮片放在不锈钢筛网上，基底面朝下。加入少量培养液，用钝器挤压表皮片，使细胞通过网孔。

7）用吸管轻轻吹打滤过的表皮细胞，将细胞悬液离心（2 500r/min，5 分钟）。

8）吸去上清液，用培养液悬浮沉淀细胞，调整细胞密度为 1.5×10^5 个 /ml，加入培养皿。也可与滋养层细胞共同培养。滋养层细胞为源于小鼠胚胎瘤的成纤维细胞系 3T3 细胞，经丝裂霉素 C 或照射处理后作为滋养层，可促进表皮细胞的贴附与生长，并抑制成纤维细胞的生长。

9）当细胞层覆盖 70%~80% 培养皿底壁时，传代培养。

【结果分析】

1）表皮细胞培养 3~5 天后，可于相差显微镜下观察到增殖形成集落，并向四周扩散，培养 10 天后表皮细胞集落开始汇合，逐渐形成整片细胞层。

2）表皮细胞的鉴定：表皮细胞对角蛋白单克隆抗体呈阳性反应，对波形蛋白单克隆抗体反应阴性。

2. 真皮复合培养法

【实验材料】

1）材料来源：新鲜皮肤，来自死亡胎儿或手术切除的正常皮肤。

2）手术器械：手术刀、解剖剪、解剖镊、眼科剪和眼科镊。

3）清洗液：MEM/HBSS 混合液（1：1），添加 20mmol/L HEPES、20 万 IU/L 青霉素、200mg/L 链霉素和 1.5g/L 庆大霉素；HBSS。

4）培养液：MEM，添加 10% FBS、2mmol/L 谷氨酰胺、1mmol/L 丙酮酸钠、10 万 IU/L 青霉素和 100mg/L 链霉素。

【操作步骤】

1）取厚 1.5mm 皮片，放入 4℃ MEM/HBSS 混合液中。

2）将皮片切成 6cm×2cm 的皮条，用 MEM/HBSS 混合液浸洗 3 次，每次 10 分钟。

3）在培养皿中加入 HBSS，然后放入皮条，真皮面朝下。在 37℃条件下，孵育 8~10 天，每隔 3 天更换 1 次 HBSS。

4）用眼科镊将真皮与表皮分离，再将真皮切成 0.5cm×0.5cm 小块。

5）将真皮块放入培养皿，表皮面朝上。在 -80℃和 37℃下反复冻融真皮块 10 次，然后在 -80℃下冷冻保存。

6）将冻存的真皮块取出，在 37℃水浴箱中融化，然后放入培养皿内，使真皮乳头面朝上。加入 5ml 培养液，在 37℃条件下孵育过夜。

7）将传代后的角质形成细胞悬液加到真皮块上，培养 12 小时。

8）角质形成细胞贴附于真皮块后，将真皮块移至不锈钢网上，转移到新的培养皿内。

9）加入培养液，培养液的量以不超过不锈钢网高度为准，让表面的角质形成细胞暴露在液体外。培养过程中每隔 2 天更换 1 次培养液。

【结果分析】

角质形成细胞在真皮上生长，表现出良好的分化能力，3~4 周后能形成明显的棘细胞、颗粒细胞层和角质细胞层等表皮结构。

【注意事项】

1）鉴于胶原纤维网架为主的真皮组织作为角质形成细胞生长的支持物，应尽可能除去真皮中的细胞,冻融要彻底。

2)用不锈钢网进行液气界面培养时,应严格控制加入培养液的量。在加液过程中要防止气泡形成,以免破坏液气界面。

3. 真皮替代物复合培养法

【实验材料】

1)成纤维细胞培养液:MEM 或 DMEM,添加 10% FBS、3.5g/L 葡萄糖、584mg/L 谷氨酰胺、15mmol/L HEPES、10 万 IU/L 青霉素和 100mg/L 链霉素。

2)角质形成细胞培养液:DMEM/F12(3∶1,V/V)混合培养液,添加 10% FBS、4mmol/L 谷氨酰胺、1.8×10^{-4}mol/L 腺嘌呤、2×10^{-11}mol/L 三碘甲状腺原氨酸、10^{-10}mol/L 霍乱毒素、0.4mg/L 氢化可的松、10mg/L 胰岛素、10mg/L 转铁蛋白、10μg/L 表皮生长因子、10 万 IU/L 青霉素和 100mg/L 链霉素。

3)其他用品:鼠尾胶原蛋白 I 型、24 孔培养板。

【操作步骤】

1)制备鼠尾 I 型胶原蛋白溶液。

2)在冰浴上将 I 型胶原蛋白溶液、10×DMEM 和 0.34mol/L NaOH 按 8∶1∶1(V/V)快速混合,再将混合液加入 24 孔培养板中,每孔 1ml。在 37℃条件下,将培养板放置 10 分钟。

3)待混合液凝固后,小心取出胶原蛋白凝胶膜,备用。

4)成纤维细胞的培养:见本章第二节。

5)将胶原蛋白凝胶膜放入培养板内,用 DMEM 清洗 1 次。

6)将成纤维细胞悬液加到胶原蛋白凝胶膜上,在 37℃培养箱内培养 48 小时。

7)将胶原蛋白凝胶膜反转 180°,放入新的培养板内,再将角质形成细胞悬液加到胶原蛋白凝胶膜上面,然后加入角质形成细胞培养液,继续培养。

8)隔天换 1 次角质形成细胞培养液,1 周后用液气界面培养法培养。

【结果分析】

1)在复合培养中,成纤维细胞开始呈梭形,以后伸出突起并相互融合成网状。成纤维细胞的突起可伸入胶原蛋白凝胶中,产生的基质对角质形成细胞的分化有促进作用。

2)在胶原蛋白凝胶膜上培养的角质形成细胞开始呈扁平状,培养 1 周后细胞形成单层。2 周后,细胞层数增多。3 周后,角质形成细胞已明显分化,出现基底层、棘细胞层、颗粒细胞层和角质细胞层。4 周后,形成典型的表皮结构。

【注意事项】

1)鼠尾胶原蛋白 I 型在室温下 pH 中性时可迅速成胶,在操作过程中要尽量保持低温。

2)制备胶原蛋白凝胶膜时,应注意胶原蛋白的浓度和 pH,以利于真皮成纤维细胞与角质形成细胞相互作用。

3)在进行液气界面培养时,可将胶原蛋白凝胶膜固定于不锈钢网上。

(二)黏膜复层上皮细胞的培养

口腔、食管、阴道黏膜上皮属于未角化的复层扁平上皮,基底层细胞具有增殖的能力,增殖后的细胞逐渐分化。

1. 植块培养法 以食管黏膜组织上皮细胞的培养为例。

【实验材料】

1)材料来源:病理活检时获得的正常食管黏膜组织。采用含 10% FBS 的培养液 4℃运送。

2)手术器械:眼科剪和眼科镊。

3)培养皿或培养板:使用前用 1% 明胶涂布底壁,置超净工作台上晾干。

4)清洗液:不含 Ca^{2+} 和 Mg^{2+} 的 HBSS,添加 20 万 IU/L 青霉素、200mg/L 链霉素和 1.5g/L 庆大霉素。

5)培养液:M199 或 MEM,添加 10% FBS、2mmol/L 谷氨酰胺、1mmol/L 丙酮酸钠、10 万 IU/L 青霉素和 100mg/L 链霉素。

【操作步骤】

1)将食管黏膜组织放入清洗液中,在体视显微镜下仔细将黏膜与黏膜下组织分离。将黏膜剪成约 1mm² 组织块。

2)按 1 块 /cm² 的密度将组织块放入培养皿中,上皮面朝下。根据实验需要,也可在培养皿内放入盖玻片,将组织块放在盖玻片上培养。

3)当组织块贴壁后,加入适量培养液,在培养箱内静置培养。

4)组织块贴壁 1~3 天后,补充培养液。以后每隔 2~3 天更换 1 次培养液。

【结果分析】

1）培养 3 天后,细胞从组织块边缘迁出。1 周后,细胞向外迁移扩展,并逐渐分化,细胞的形态逐渐趋向正常食管黏膜上皮细胞的形态学特征。靠近组织块的细胞体积小,类似基底细胞。远侧的细胞扁平,为分化的上皮细胞。2 周后,细胞开始出现凋亡形态。3 周后,近侧的细胞减少,甚至消失,剩余的大部分细胞呈分化状态。

2）食管黏膜上皮细胞的鉴定:①角蛋白免疫组化染色,食管黏膜上皮细胞呈阳性反应;②电镜观察,细胞表面有大量的微绒毛,胞质内含有丰富的角蛋白丝,细胞间有桥粒等连接结构。

【注意事项】

1）初次加入培养液时,培养液的量为能湿润组织块而不使组织块浮起为宜。

2）食管黏膜上皮细胞的体外培养时间不宜过长,培养后 1~2 周是细胞生长和分化的最佳时期,3 周后细胞进入凋亡期。

2. 组织块消化培养法 以口腔黏膜组织上皮细胞的培养为例。

【实验材料】

1）材料来源:颌面部修复术获得的正常口腔颊黏膜组织。采用含 50 万 IU/L 青霉素、500mg/L 链霉素的 HBSS 或 PBS 保存,4℃运送,不超过 3 小时。

2）手术器械:眼科剪和眼科镊。

3）培养皿或培养板:使用前用 1% 明胶涂布底壁,置超净工作台上晾干。

4）清洗液:不含 Ca^{2+} 和 Mg^{2+} 的 HBSS 或 PBS,添加 20 万 IU/L 青霉素、200mg/L 链霉素和 1.5g/L 庆大霉素。

5）消化液:0.25% 胰蛋白酶;1mg/ml II 型胶原酶(可加入 2.4U/ml Dispase II,增强胶原酶的消化作用)。均用不含 Ca^{2+} 和 Mg^{2+} 的 HBSS 配制。

6）培养液:DMEM/F12(3:1,V/V)混合培养液,添加 10% FBS、584mgl/L 谷氨酰胺、24.3mg/L 腺嘌呤、2×10^{-11} mol/L 三碘甲状腺原氨酸、10μg/L 霍乱毒素、0.8mg/L 氢化可的松、5mg/L 胰岛素、5mg/L 转铁蛋白、20μg/L 表皮生长因子、10 万 IU/L 青霉素和 100mg/L 链霉素、3mg/L 两性霉素 B。还可以用角化细胞无血清培养液(keratinocyte-serum free medium,K–SFM)。

【操作步骤】

1）将口腔黏膜组织放入 4℃预冷的清洗液中,冲洗 3~5 次。

2）在体视显微镜下,修剪除去黏膜下组织。将黏膜剪成约 0.5cm × 0.5cm 组织块。

3）将组织块放入 1mg/ml II 型胶原酶中置 4℃过夜或 37℃培养 1 小时。

4）用眼科镊轻轻提拉,剥下黏膜层,置于清洗液中,冲洗 3 次。

5）将黏膜层上皮置于 0.25% 胰蛋白酶中 37℃振荡消化 5~10 分钟,用含血清 DMEM 终止消化,用吸管吹打成单细胞悬液,用 100 目尼龙滤网过滤,将滤液离心(1 000r/min,5 分钟)。

6）吸去上清液,用适量培养液混悬沉淀。活细胞计数,以 4×10^4 个 /ml 的细胞密度接种于培养皿或瓶中,置 5% CO_2 培养箱中 37℃静置培养。

7）48 小时后,将培养液移入新培养器皿中,使未贴壁细胞继续贴壁。原培养皿中补足新培养液。以后隔天更换 1 次培养液。

8）细胞生长至 90% 时可用胰蛋白酶 –EDTA 混合液消化传代。

【结果分析】

接种后 1~4 天细胞贴壁,随后逐渐伸出伪足。完全伸展的细胞呈多边形,胞核清晰。5 天后细胞加速增殖,核分裂象多见。2 周左右细胞融合成片,如铺路石状镶嵌。培养过程中可表现出一定的分化现象,在低密度培养时更为明显。体外可连续传 9~10 代。

【注意事项】

1）细胞接种密度不宜过高,否则不利于细胞分化。

2）培养后 1~2 周是细胞生长和分化的最佳时期,3~4 周后细胞渐渐进入凋亡期。

(宋艳艳)

第二节 结缔组织

结缔组织(connective tissue)由细胞和细胞外基质构成,其分布广泛,形态多样,包括固有结缔组织、血液、淋巴液、软骨和骨。其中固有结缔组织包括疏松结缔组织,致密结缔组织,脂肪组织和网状组织。疏松结缔组织的细胞主要有成纤维细胞、巨噬细胞、浆细胞、肥大细胞和脂肪细胞等。对于某种细胞的培养,可从不同部位取材和采用不同分离纯化的方法。

一、成纤维细胞的培养

成纤维细胞(fibroblast)的贴壁生长和增殖能力较强,容易培养。生物性状稳定,不易发生转化,可建立细胞系或大量培养后冻存。

(一)消化分离法

【实验材料】

1)材料来源:常用成体动物的皮肤或终止妊娠的动物胚胎。

2)手术器械:手术刀、解剖剪、解剖镊和止血钳。

3)清洗液:生理盐水。

4)消化液:含 0.25% 胰蛋白酶或含 0.25% 胰蛋白酶和 0.02% EDTA(1∶1,V/V)的混合消化液。胰蛋白酶消化液可分装冻存,在使用前从 −20℃冰箱取出,尽量避免在 4℃长期保存。

5)培养液:常用 MEM 或 DMEM,添加 10% FBS、3.5g/L 葡萄糖、584mg/L 谷氨酰胺、15mmol/L HEPES、10 万 IU/L 青霉素和 100mg/L 链霉素。

【操作程序】

1)剃去皮毛,用 75% 乙醇消毒皮肤。

2)剥取皮肤,用生理盐水洗去血液。将皮片放入含 10 万 IU/L 青霉素和 100mg/L 链霉素双抗的 HBSS 液中,消毒 10 分钟,然后用生理盐水浸洗 3 次。

3)将皮片剪成 0.5cm×0.5cm 大小的组织块,放入盛有消化液的三角瓶内,再将烧瓶置于恒温振荡水浴箱中,在 37℃条件下振荡消化 2 小时。

4)取出组织块,放入盛有 HBSS 的培养皿中,用解剖镊细心剥除表皮。然后,用 HBSS 清洗真皮皮片 2 次。

5)将真皮皮片剪成约 1mm×1mm×1mm 小块,移入盛有消化液的三角瓶内,在 37℃水浴箱中振荡消化 1 小时。

6)用 100 目不锈钢筛网过滤掉残余组织块,将细胞悬液离心(800r/min,10 分钟)。吸出消化液,用 HBSS 混悬沉淀细胞,再离心 1 次。

7)用培养液混悬细胞,调整细胞密度至(1~5)×10^5 个 /ml,放培养箱中培养。每隔 2 天更换 1 次培养液。

8)待成纤维细胞生长形成单层时,加入混合消化液,消化 10 分钟。用吸管吹打细胞,将细胞悬液离心(800r/min,10 分钟)。然后,用培养液混悬细胞,调整细胞密度,传代培养。

【结果分析】

1)用 Giemsa 染色法鉴定成纤维细胞,细胞呈梭形或不规则形。

2)成纤维细胞增殖比其他细胞迅速。当成纤维细胞大体上形成单层时,在某些部位可形成两层或多层。

【注意事项】

1)剥皮肤时应尽量剔除皮下组织。

2)消化贴壁细胞的时间不宜过长,以免损伤细胞。可在倒置相差显微镜下观察细胞消化情况,如果大部分细胞触角没有缩短或胞体变圆,应适当延长消化时间。

(二)植块培养法

【实验材料】

1)材料来源:常用终止妊娠的动物胚胎或成体动物的皮肤。

2)手术器械:手术刀、解剖剪、解剖镊、止血钳、眼科剪和眼科镊。

3)培养皿:用 1% 明胶涂培养皿底壁,置超净工作台上晾干备用。

4)清洗液:生理盐水。

5)消化液:0.25% 胰蛋白酶或 0.25% 胰蛋白酶和 0.02% EDTA(1∶1,V/V)混合消化液。

6)培养液:常用 MEM 或 DMEM,添加 10% FBS、3.5g/L 葡萄糖、584mg/L 谷氨酰胺、15mmol/L HEPES、10 万 IU/L 青霉素和 100mg/L 链霉素。

【操作程序】

1)剥取皮肤,用生理盐水洗去血液。将皮片放入含 10 万 IU/L 青霉素和 100mg/L 链霉素双抗的 HBSS 中,消毒 10 分钟,然后用生理盐水浸洗 3 次。

2)将皮片剪成 0.5cm×0.5cm 大小的组织块,放入消化液,在 37℃水浴箱中振荡消化 2 小时。

3)用解剖镊细心剔除表皮,然后用 HBSS 清洗真皮皮片 2 次。

4）将真皮皮片散在铺于培养皿的底壁上,在培养箱内放置 30 分钟。

5）轻轻加入培养液,继续培养。

6）细胞覆盖培养皿底壁约 70% 面积时,取出真皮皮片。加入混合消化液,消化贴壁细胞 10 分钟,然后将细胞悬液离心(800r/min,10 分钟)。

7）用培养液重新混悬沉淀细胞,调整细胞密度,传代培养。

【结果分析】

1）细胞以真皮皮片为中心向四周生长。

2）成纤维细胞呈梭形或不规则形。

【注意事项】

真皮皮片附着培养皿底壁是成纤维细胞生长的关键,故注意预防真皮皮片漂浮在培养液中。

二、巨噬细胞的培养

巨噬细胞(macrophage)主要分布于肺、脾、淋巴结、肝、胸膜腔和腹膜腔等处。巨噬细胞是研究细胞吞噬、细胞免疫和分子免疫学的主要细胞。

(一)腹膜腔巨噬细胞(peritoneal macrophage)的培养

【实验材料】

1）材料来源:成年小鼠或大鼠。

2）手术器械:解剖剪和解剖镊。

3）4% 硫代乙酸钠:用蒸馏水配制,煮沸灭菌。

4）清洗液:HBSS 和不含 Ca^{2+} 和 Mg^{2+} 的 HBSS。

5）培养液:常用 RPMI1640,添加 10% FBS、10 万 IU/L 青霉素和 100mg/L 链霉素。也可用 MEM 或 DMEM,添加 10% FBS、3.5g/L 葡萄糖、584mg/L 谷氨酰胺、15mmol/L HEPES、10 万 IU/L 青霉素和 100mg/L 链霉素。

【操作程序】

1）取细胞 4 天前,动物腹膜腔内注射 5~10ml 4% 硫代乙酸钠。

2）乙醚麻醉后,颈椎脱臼或断头处死动物。血渍冲洗干净后将动物浸泡 75% 乙醇 1~2 分钟,沥干后仰卧放置,剪去腹壁皮毛,用 75% 乙醇消毒。

3）沿正中线剪开腹壁,用一次性 10ml 注射器将 5~10ml 冰浴的 HBSS 液注入腹膜腔,充分压揉腹膜壁 1~2 分钟,使液体在腹腔内流动,然后静

止 5 分钟。然后用注射器针头回吸或无菌吸管吸出腹膜腔的细胞悬液。

4）将全部的腹膜腔细胞悬液收集入离心管,离心(1 000r/min,10 分钟)2 次。

5）用培养液混悬沉淀细胞,将细胞悬液加入培养皿,培养 2 小时。

6）吸去培养液,用不含 Ca^{2+} 和 Mg^{2+} 的 HBSS 清洗 2 次,除去漂浮的细胞,得到附着于培养皿底壁的纯化的巨噬细胞。

7）采用胰蛋白酶消化的方法获取贴壁的巨噬细胞,离心(1 000r/min,10 分钟)。用培养液混悬沉淀细胞,将细胞密度调整至(1~3)×10^6 个 /ml,进一步培养。

【结果分析】

1）自腹膜腔洗出的细胞除巨噬细胞外,还有淋巴细胞等细胞,最终获得的细胞中 95% 以上是巨噬细胞。

2）培养的巨噬细胞直径约 50μm,一般不分裂,存活 2~3 周。直接从腹膜腔取得的巨噬细胞为静止性细胞,呈圆形,伪足不明显。经硫代乙酸钠处理可获得大量诱导后的炎性巨噬细胞,细胞多呈梭形,有较强的运动和吞噬能力(图 4-4)。

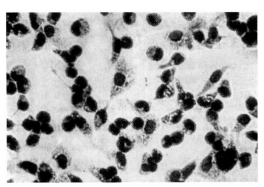

图 4-4　腹膜腔巨噬细胞
复旦大学上海医学院王海杰教授实验室供图

3）巨噬细胞的鉴定:常用下列一种或多种方法鉴定巨噬细胞:①Giemsa 染色,巨噬细胞的胞体较大,形态多样。胞核较小,呈卵圆形或肾形。胞质丰富,含有空泡和着色颗粒。②非特异性脂酶染色,巨噬细胞内含有许多褐色颗粒。③乙酰化低密度脂蛋白荧光染色,由于巨噬细胞吞噬荧光标记的低密度脂蛋白,胞质内有红色荧光颗粒。成纤维细胞染色呈阴性。④巨噬细胞分为经典活化 M1 型和选择性活化 M2 型两种类型,

可用 CD14、CD68、F4/80、CD11c、CD206 等免疫荧光 / 免疫组化染色或流式细胞术鉴定及分型大鼠或小鼠的巨噬细胞（图 4-5）。

图 4-5　大鼠巨噬细胞 CD68 阳性染色

【注意事项】

1）用吸管回吸腹膜腔细胞时，尽量减少吸管对腹壁或肠壁的摩擦，以免取到成纤维细胞和上皮细胞。

2）由于巨噬细胞的附着能力很强，可适当延长胰蛋白酶消化时间。

（二）肺泡巨噬细胞（alveolar macrophage）的培养

【实验材料】

1）材料来源：成年大鼠或兔。

2）手术器械：手术刀、解剖剪、解剖镊和止血钳。

3）冲洗液：不含 Ca^{2+} 和 Mg^{2+} 的 HBSS 或 PBS。

4）培养液：常用 RPMI1640，添加 10% FBS、10 万 IU/L 青霉素和 100mg/L 链霉素。也可用 MEM 或 DMEM，添加 10% FBS、3.5g/L 葡萄糖、584mg/L 谷氨酰胺、15mmol/L HEPES、10 万 IU/L 青霉素和 100mg/L 链霉素。

【操作程序】

1）腹膜腔内注射戊巴比妥钠 40mg/kg，麻醉动物。将动物仰置，剃去颈部皮毛，用 75% 乙醇消毒。

2）沿正中线切开颈部皮肤，暴露气管，结扎气管上端，然后在头侧剪断气管。沿正中线剪开胸壁，将气管、肺和心一起取出。

3）用注射器将预冷的冲洗液经气管注入，使肺扩张，然后洗出气管、支气管和肺泡内的细胞。也可在原位灌洗。在大鼠，用 40~50ml 冲洗液，分 5 次冲洗。在兔，用 30~40ml 冲洗液，冲洗 2~3 次。

4）将冲洗液吸入离心管，离心（1 000r/min，10 分钟）2 次。

5）用培养液混悬沉淀细胞，然后将细胞悬液加入培养皿，培养 2 小时。

6）吸去培养液，用不含 Ca^{2+} 和 Mg^{2+} 的 HBSS 洗 2 次，得到贴壁的巨噬细胞。

7）用胰蛋白酶消化的方法获取巨噬细胞，然后离心。用培养液混悬沉淀细胞，将细胞密度调整至（1~3）× 10^6 个 /ml，接种后培养。

【结果分析】

1）洗出的细胞中 90% 是巨噬细胞，经培养获得的细胞中 98% 以上是巨噬细胞。

2）取得的巨噬细胞为未激活细胞，呈圆形，伪足不明显。

3）巨噬细胞的鉴定：可选用 Giemsa 染色、非特异性脂酶染色、乙酰化低密度脂蛋白荧光染色和 CD68 免疫荧光 / 组化染色等方法鉴定。

【注意事项】

1）尽量减少血液进入气管，以免污染呼吸道。

2）注射压力不宜过大，否则损伤肺组织，引起出血或冲洗液渗漏。

三、脂肪细胞的培养

常用前脂肪细胞（preadipocyte）原代培养法来研究脂肪细胞（adipocyte）的发育。在无血清培养液中，前脂肪细胞分化为成熟脂肪细胞。

（一）大鼠前脂肪细胞的培养

【实验材料】

1）料来源：4 周龄雄性大鼠的附睾周围、腹膜后或腹股沟区皮下的脂肪组织。

2）手术器械：手术刀、解剖剪、解剖镊和止血钳。

3）清洗液：PBS，添加 10 万 IU/L 青霉素和 100mg/L 链霉素。

4）消化液：0.3% 胶原酶，用 DMEM 配制，添加 4% BSA。

5）培养液 a：DMEM 添加 10% FBS、33μmol/L 生物素、17μmol/L 泛酸盐、10 万 IU/L 青霉素和 100mg/L 链霉素。

6）培养液 b：DMEM 和 F12（1 : 1，V/V）混合培养液，添加 15mmol/L $NaHCO_3$ 和 15mmol/L

HEPES，pH 7.4。然后，加入 33μmol/L 生物素、17μm/L 泛酸盐、10 万 IU/L 青霉素和 100mg/L 链霉素。

7）培养液 c：培养液 b 添加 5mg/L 胰岛素、10mg/L 转铁蛋白和 10μg/L 碱性成纤维细胞生长因子（basic fibroblast growth factor, bFGF）。

【操作程序】

1）乙醚麻醉后颈椎脱臼或断头处死大鼠，血渍冲洗干净后将其仰置。剃除取材部位的皮毛，用 75% 乙醇消毒。

2）取脂肪组织，放入培养皿，然后用清洗液冲洗 3 次。

3）将脂肪组织剪成约 1mm×1mm×1mm 小块，放入盛有消化液的三角瓶内，在 37℃水浴箱中轻微振荡消化 1 小时。然后，用吸管反复吹打组织块。

4）用 100 目不锈钢筛网滤掉残余组织块，再用 250 目不锈钢筛网滤出成熟脂肪细胞。

5）收集滤液，离心（1 700r/min，10 分钟）。

6）用培养液 a 混悬细胞，细胞密度为 $5 \times 10^4 \sim 1 \times 10^5$ 个 /ml。培养 24 小时。

7）用 PBS 清洗 2 次，洗去 FBS。加入培养液 b，培养 2 小时。

8）换入培养液 c，继续培养。每隔 2~3 天更换 1 次培养液。

【结果分析】

1）在培养初期，前脂肪细胞的形态似成纤维细胞。细胞成片时，细胞逐渐变圆和增大，成为成熟脂肪细胞。培养 4 天左右开始出现脂滴，7~10 天脂滴最多。

2）脂肪细胞的鉴定：用苏丹Ⅲ或苏丹黑染色，脂肪细胞胞浆被染成红色或黑色。细胞核多位于一侧，不着色。

【注意事项】

1）取材时仔细剔除肉眼可见的血管和结缔组织。

2）用明胶或多聚赖氨酸处理培养皿底壁，以利于脂肪细胞贴壁生长。

（二）小鼠前脂肪细胞的培养

【实验材料】

1）材料来源：8~12 周龄雄性小鼠。

2）手术器械：解剖剪、解剖镊和止血钳。

3）清洗液：HBSS，添加 10 万 IU/L 青霉素和 100mg/L 链霉素。

4）消化液：0.3% 胶原酶，用 DMEM 配制，添加 4% BSA。

5）培养液 a：DMEM 和 WAJC 404（1∶1，V/V）混合培养液，添加 10 万 IU/L 青霉素和 100mg/L 链霉素。

6）培养液 b：培养液 a 添加 10% FBS。

7）培养液 c：培养液 a 添加 10mg/L 胰岛素、10mg/L 转铁蛋白和 10μg/L bFGF。

8）高密度脂蛋白溶液：含 18g/L 蛋白质和 10g/L 胆固醇。

【操作程序】

1）颈椎脱臼处死小鼠。剃除腹股沟区皮毛，用 75% 乙醇消毒浸泡 2 分钟。剪开皮肤，剥离皮下脂肪组织。

2）将脂肪组织放入培养皿，用清洗液冲洗 3 次。

3）将脂肪组织剪成约 1mm×1mm×1mm 小块，放入盛有消化液的三角瓶内，在 37℃水浴箱中轻柔振荡消化 1 小时。然后，用吸管反复吹打组织块。

4）用 100 目不锈钢筛网滤掉残余组织块，再用 250 目不锈钢筛网滤出成熟脂肪细胞。

5）收集滤液，离心（1 700r/min，10 分钟）。

6）用培养液 b 混悬细胞，将细胞密度调整至（$5 \times 10^4 \sim 1 \times 10^5$）个 /ml，培养 24 小时。

7）用培养液 a 清洗 2 次，除去 FBS。换入培养液 c，继续培养。每 2~3 天更换 1 次培养液。

8）当细胞生长成片时，培养液中加入高密度脂蛋白溶液和地塞米松 10~17mol/L，进一步培养。

【结果分析】

1）在培养初期，前脂肪细胞的形态与成纤维细胞相似。细胞成片时，细胞逐渐变圆和增大，出现脂滴。培养 10~15 天后，可见漂浮的成熟脂肪细胞。

2）脂肪细胞的鉴定：用苏丹Ⅲ或苏丹黑染色，脂肪细胞被染成红色或黑色。

3）高密度脂蛋白溶液和地塞米松有促进小鼠前脂肪细胞增殖和分化的作用。

四、肥大细胞的培养

肥大细胞（mast cell）常沿小血管和淋巴管分布,在皮肤真皮、呼吸道和消化道的黏膜结缔组织中较多。肥大细胞受刺激后,发生脱颗粒,参与过敏反应。肥大细胞具有异染性。

（一）皮肤肥大细胞的培养

【实验材料】

1）材料来源:重为 150~250g 大鼠的皮肤。

2）手术器械:手术刀、解剖剪、解剖镊和止血钳。

3）冲洗液:改良的 Tyrode 液,含 137mmol/L NaCl、2.7mmol/L KCl、0.36mmol/L NaH_2PO_4、5.55mmol/L 葡萄糖、10mmol/L HEPES、1mmol/L $CaCl_2$ 和 1mmol/L $MgCl_2$。

4）消化液:1g/L 胶原酶和 1g/L 透明质酸酶（1:1,V/V）混合消化液,用含 10mmol/L HEPES 和 20% FBS 的 HBSS 配制。

5）培养液:RPMI1640,添加 10% FBS、25mmol/L 谷氨酰胺、25mmol/L HEPES、10 万 IU/L 青霉素和 100mg/L 庆大霉素。pH 7.2。

【操作程序】

1）乙醚麻醉后颈椎脱臼或断头处死大鼠。血渍冲洗干净后浸入 75% 乙醇 1~2 分钟,剃去腹部皮毛,用 75% 乙醇消毒后切开皮肤,剥取约 3cm×4cm 皮片。

2）将皮片放入培养皿内,用冲洗液清洗 3 次。

3）用解剖刀将皮片垂直切成约 1mm×1mm 小块,放入三角瓶中,然后加入 20~25ml 消化液,在培养箱内静止消化 4 小时。

4）将三角瓶移入恒温水浴箱内,在 37℃ 条件下振荡消化 45 分钟。

5）用吸管充分吹打组织块,再用 50 目不锈钢滤网滤掉残余组织块。收集滤液,在 4℃ 条件下离心（800r/min,5 分钟）。

6）吸去上清液,用预冷的冲洗液混悬沉淀细胞,离心（800r/min,5 分钟）。

7）用培养液混悬沉淀细胞,调整细胞密度,使混合细胞中的肥大细胞达到 $2×10^5$ 个 /ml。培养 12 小时。

8）轻轻摇晃培养皿,收集含有肥大细胞的培养液。然后,将细胞悬液移入培养皿中培养。

【结果分析】

1）在大鼠皮肤的细胞悬液,有核细胞中 3%~5% 是肥大细胞。每克皮肤可取得（6.6~8.6）×10^5 个 /ml 肥大细胞,细胞存活率超过 95%。

2）初次培养 12 小时后,明显贴壁的细胞是成纤维细胞、内皮细胞和巨噬细胞等。肥大细胞附着能力较弱,轻轻摇晃培养皿即可得到。在此培养条件下,肥大细胞最长存活时间为 3~4 天。

3）肥大细胞的鉴定:肥大细胞呈圆形,直径约为 8μm。用 0.1% 甲苯胺蓝或 0.5% Alcian 蓝（0.3% 醋酸配制）染色,0.1% 番红复染,肥大细胞内含有大小相等和分布均匀的嗜碱性异染性颗粒。

【注意事项】

1）切取皮片时,应仔细剔除皮下组织。

2）培养 12 小时后获取肥大细胞时,操作应细心,以免取到较多的其他细胞。

（二）肺肥大细胞的培养

【实验材料】

1）材料来源:动物肺组织或人肺切除后获得的正常肺组织。

2）手术器械:手术刀、解剖剪、解剖镊和止血钳。

3）TE 液:Tyrode 液加入 2mmol/L EDTA。Tyrode 液含 137mmol/L NaCl、2.7mmol/L KCl、0.36mmol/L NaH_2PO_4 和 5.55mmol/L 葡萄糖。

4）TEA 液:TE 液加入 200mg/L 氨苄青霉素、200mg/L 庆大霉素和 40mg/L 甲硝唑。

5）TGMD 液:Tyrode 液加入 0.1% 明胶、1.23mmol/L $MgCl_2$ 和 15mg/L DNA 酶。

6）HA 液:HEPES 液补充 0.25g/L 不含脂肪酸的 BSA。HEPES 液含 20mmol/L HEPES、125mmol/L NaCl、5mmol/L KCl 和 0.5mmol/L 葡萄糖。

7）HACM 液:HA 液补充 1mmol/L $CaCl_2$ 和 1mmol/L $MgCl_2$。

8）消化液 a:用 TE 液配成,含有 3g/L 链霉蛋白酶和 0.75g/L 木瓜凝乳蛋白酶。

9）消化液 b:用 TGMD 液配成,含有 1.5g/L 胶原酶和 0.15g/L 弹性蛋白酶。

10）Percoll 溶液:配成密度为 1.090g/ml、1.080g/ml、1.070g/ml 和 1.062g/ml 的四种溶液。

11）培养液:RPMI1640,添加 10% FBS、50μg/L

SCF、2mmol/L 谷氨酰胺、0.1mmol/L 非必需氨基酸、10 万 IU/L 青霉素和 100mg/L 链霉素。pH 7.2。

【操作程序】

1）取肺组织 10~40g，放入 4℃的 TEA 液中，剥除支气管和血管。将肺组织切成 0.2~1g 小块，用 TEA 液冲洗 2 次。

2）将肺组织剪碎，加入消化液 a，在室温条件下消化 20 分钟。用 50 目不锈钢筛网滤掉已脱落下来的细胞。

3）用 TE 液清洗组织块，加入消化液 a，将组织块重复消化和过滤 1 次。

4）用 TGMD 液清洗组织块后，加入消化液 b，在 30℃条件下消化 20 分钟。

5）用 50 目的不锈钢筛网滤掉残余组织块，收集滤液，在 4℃条件下离心（1 000r/min，5 分钟）。吸去上清液，用 HA 液混悬沉淀细胞，在 4℃条件下保存。

6）按操作步骤 4、5 重新操作 1 次，得到细胞悬液。

7）将操作步骤 5、6 收集的细胞悬液混合，用 200 目的不锈钢筛网过滤，收集滤液，在 4℃条件下离心（1 000r/min，10 分钟）。然后，用 4℃的 HA 液混悬沉淀细胞，再离心 1 次。

8）用 HACM 液混悬细胞，调整细胞密度至（0.5~2）× 10^6 个 /ml。

9）在离心管中依次缓慢滴入密度为 1.090g/ml、1.080g/ml、1.070g/ml 和 1.062g/ml 的 Percoll 溶液。在 1.062g/ml 的 Percoll 溶液中预先混入约 10^7 个细胞。然后，在 20℃条件下离心（1 500r/min，40 分钟）。

10）在密度 1.070 与 1.080、1.080 与 1.090 两个 Percoll 溶液界面处收集细胞，用 HA 液混悬细胞，在 4℃条件下离心（1 000r/min，10 分钟）。然后，重复离心 1 次。

11）用培养液混悬沉淀细胞，调整细胞密度至（0.5~2）× 10^6 个 /ml，放培养箱中培养。24 小时后换液，以后每周更换 1 次培养液。

【结果分析】

1）消化后取到的有核细胞中，4%~14% 为肥大细胞。经 Percoll 溶液处理得到的细胞中，肥大细胞可达 99%。

2）肥大细胞的鉴定：用甲苯胺蓝染色法或 Alcian 蓝染色法鉴定肥大细胞。

【注意事项】

1）在肥大细胞的分离和纯化过程中，离心次数多。为了保持细胞活力，应尽量保证低温离心。

2）向离心管滴入 Percoll 溶液时要轻而慢，以免破坏密度梯度，影响肥大细胞的分离。

（三）肠肥大细胞的培养

【实验材料】

1）材料来源：动物肠或手术切除标本的正常肠组织。

2）手术器械：手术刀、解剖剪、解剖镊、止血钳、眼科剪和眼科镊。

3）~9）同肺肥大细胞培养的"实验材料"中的 3）~9）。

10）1g/L 乙酰半胱氨酸溶液：用 TE 液配制。

11）Percoll 溶液：密度为 1.037g/ml。

12）培养液：不含酚红的 RPMI1640，添加 10% BS、50μg/L SCF、25mmol/L HEPES、10 万 IU/L 青霉素和 100mg/L 链素。

【操作程序】

1）取肠组织 10~40g，用 4℃的 TEA 液清洗。用眼科剪分离黏膜下层与肌层。

2）将黏膜层和黏膜下层切成 1cm×1cm 小块，放入乙酰半胱氨酸溶液中，室温条件下浸泡 10 分钟，除去黏液。

3）将组织块放入含 5mmol/L EDTA 的 TEA 液中，然后在培养箱内放置 15 分钟，除去上皮细胞。

4）用 TE 液充分冲洗组织块，然后将组织块剪碎，放入消化液 a 中，室温条件下消化 30 分钟。用 50 目不锈钢筛网滤去已脱落下来的细胞。

5）用 TE 液清洗，然后用消化液 a 将组织块重复消化 1 次。

6）将组织块用 TGMD 液清洗后，放入消化液 b 中，在 30℃条件下消化 30 分钟。

7）用 50 目不锈钢筛网滤出组织块，收集滤液，在 4℃条件下离心（1 000r/min，10 分钟）。吸去上清液，用 HA 液混悬沉淀细胞，在 4℃条件下保存。

8）按操作步骤 6、7 重新操作 1 次，得到细胞悬液。

9）将操作步骤 7、8 收集的细胞悬液混合，用 200 目不锈钢筛网过滤。收集滤液,在 4℃条件下离心(1 000r/min,10 分钟)。

10)用 HACM 液混悬细胞,调整细胞密度至(0.5~2)×10^6 个 /ml。

11)在 50ml 离心管中加入 20ml 密度为 1.037g/ml 的 Percoll 溶液,将细胞悬液加于 Percoll 溶液上面,然后常温离心(1 500r/min,15 分钟)。

12)用 HA 液混悬沉淀细胞,在 4℃条件下离心(1 000r/min,10 分钟),然后重复离心 1 次。

13)用培养液混悬沉淀细胞,调整细胞密度至(0.5~2)×10^6 个 /ml,放培养箱中培养。24 小时后换液,以后每周更换 1 次培养液。

【结果分析】

1)每克肠黏膜层和黏膜下层可取得 2×10^7 个细胞,其中肥大细胞约 5×10^5 个。在培养过程中,淋巴细胞等逐渐死亡,肥大细胞的纯度则不断提高。肥大细胞可培养至 160 天以上。

2)肥大细胞的鉴定:用甲苯胺蓝染色法或 Alcian 蓝染色法鉴定肥大细胞。

【注意事项】

将细胞悬液加在 Percoll 溶液表面时,滴注要均匀,动作要慢,以免影响肥大细胞的分离。

五、血细胞的培养

通过离心,将一定比重的血细胞(blood cell)分布于相应密度梯度的分离液中,从而分离不同血细胞,称密度梯度离心法。红细胞(erythrocyte)和粒细胞(granulocyte)的比重约为 1.092,单核细胞(monocyte)和淋巴细胞(lymphocyte)为 1.075~1.090。常用 Ficoll-Hypaque、Ficoll-Isopaque 或 Percoll 分离血细胞。人血细胞的分离用比重为 1.075~1.079 的分离液。

(一)Ficoll-Hypaque 分离法

【实验材料】

1)材料来源:人或动物的肝素抗凝静脉血。

2)分离液:Ficoll-Hypaque。

3)清洗液:HBSS。

4)培养液:常用 RPMI1640,添加 10% FBS、10 万 IU/L 青霉素和 100mg/L 链霉素。

【操作程序】

1)将 Ficoll-Hypaque 加入离心管,体积不超过离心管的 1/4。

2)用 HBSS 将肝素抗凝静脉血稀释 1 倍,然后将稀释血液轻轻加于 Ficoll-Hypaque 的上面。血液在离心管内的高度与 Ficoll-Hypaque 的高度为 3:2。离心(2 000r/min,20 分钟)。

3)吸出需要细胞层的细胞悬液,加入 HBSS,离心(1 000r/min,5 分钟)2 次。

4)用培养液混悬沉淀细胞后,调整细胞密度,进行培养。

【结果分析】

第一次离心后,离心管内液柱呈现 5 层。第一层是血浆和血小板,第二层是单核细胞和淋巴细胞,第三层是 Ficoll-Hypaque,第四层是粒细胞,第五层是红细胞(图 4-6)。第二层和第四层呈白膜状。

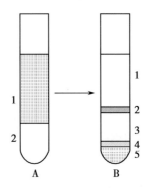

图 4-6　Ficoll-Hypaque 分离法示意图

A. 将血液 1 加于 Ficoll-Hypaque 2 上面;B. 离心后,液体分层:1 示血浆和血小板;2 示单核细胞和淋巴细胞;3 示 Ficoll-Hypaque;4 示粒细胞;5 示红细胞

【注意事项】

在离心前,血液和 Ficoll-Hypaque 之间必须形成明显的界面,故在 Ficoll-Hypaque 上面加血液时一定要慢而轻。

(二)Percoll 分离法

【实验材料】

1)材料来源:人或动物的肝素抗凝静脉血。

2)分离液 Percoll A 液:Percoll 原液和 1.5mol NaCl(9:1,V/V),比重为 1.124。

3)分离液 Percoll B 液:A 液和 0.9% NaCl(6:4,V/V),比重为 1.076。

4)分离液 Percoll C 液:A 液和 0.9% NaCl(1:1,V/V),比重为 1.064。

5)培养液:常用 RPMI1640,添加 10% FBS、10 万 IU/L 青霉素和 100mg/L 链霉素。

【操作程序】

1）将肝素抗凝静脉血在室温条件下放置 30 分钟。

2）将分离液的 B 液加入离心管,再将沉淀后的上部血液轻轻加于 B 液上面,血液在离心管内的高度与 B 液的高度约为 2∶1。离心（1 800r/min,30 分钟）。

3）将 C 液加入离心管,再将经离心取到的单核细胞、淋巴细胞和血小板层悬液轻轻加于 C 液上面。离心（2 000r/min,1 小时）。

4）分别取含有单核细胞和淋巴细胞的液层,用 0.9% NaCl 混悬,然后离心（1 500r/min,10 分钟）,得到单核细胞和淋巴细胞。

5）用 NH_4Cl 溶解含有粒细胞和红细胞液层中的红细胞,然后用 0.9% NaCl 混悬,离心（1 500r/min,10 分钟）,得到粒细胞。

6）用培养液混悬沉淀细胞后,调整细胞密度,放培养箱中培养。

【结果分析】

第一次离心后,离心管内液柱呈现 3 层:第 1 层是血浆,第 2 层是单核细胞、淋巴细胞、血小板和 Percoll 溶液,第 3 层是粒细胞和红细胞。第 2 次离心后,离心管内液柱呈现 3 层:第 1 层是 Percoll 溶液,第 2 层是单核细胞,第 3 层是淋巴细胞（图 4-7）。

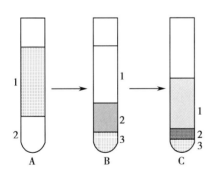

图 4-7　Percoll 分离法示意图

A. 将血液 1 加于 Percoll 溶液 2 上面；B. 第 1 次离心后,液体分 3 层:1 示血浆,2 示 Percoll 溶液、单核细胞、淋巴胞和血小板,3 示红细胞和粒细胞；C. 第 2 次离心后,液体分 3 层:1 示 Percoll 溶液,2 示单核细胞,3 示淋巴细胞

【注意事项】

第 2 次离心后,少量单核细胞分布于 Percoll 层的下部,少量淋巴细胞分布于单核细胞层的下部。因此,取 Percoll 层的下部和单核细胞层上部的悬液,既可取到较纯的单核细胞,又避免取到过多的淋巴细胞。

六、淋巴细胞的培养

（一）淋巴液中淋巴细胞的培养

【实验材料】

1）材料来源:成年犬或羊。

2）手术器械:手术刀、解剖剪、解剖镊、止血钳、22 号留置针和塑料导管。

3）培养液:常用 RPMI1640,添加 10% FBS、10 万 IU/L 青霉素和 100mg/L 链霉素。也可用 MEM 或 DMEM,添加 10%FBS、3.5g/L 葡萄糖、584mg/L 谷氨酰胺、15mmol/L HEPES、10 万 IU/L 青霉素和 100mg/L 链霉素。

【操作程序】

1）腹腔内注射戊巴比妥钠（25mg/kg）,麻醉动物。固定动物四肢,剃去颈部皮毛。气管插管后连接呼吸机,呼吸频率控制在 15~18 次 /min。

2）在气管稍左侧切开皮肤,经气管与左颈内静脉之间入路。以静脉角为标志,寻找胸导管。

3）将留置针插入胸导管,拔出针芯,接塑料管,引流淋巴液。

4）用盛有少量培养液的离心管收集淋巴液,然后离心（1 000r/min,10 分钟）2 次。

5）用培养液混悬沉淀细胞后,调整细胞密度,进行培养。

【结果分析】

1）自淋巴液可取得大量的淋巴细胞。经培养获得的细胞中淋巴细胞超过 99%（图 4-8）。

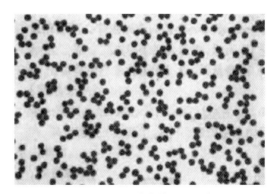

图 4-8　淋巴液中的淋巴细胞

复旦大学上海医学院王海杰教授实验室供图

2）淋巴细胞的鉴定:可用 Giemsa 染色法和非特异性脂酶染色法鉴定。犬淋巴细胞中的小淋巴细胞为 90%~95%,直径 6~8μm。羊的中等大

小淋巴细胞为 70%~80%,直径 9~12μm。细胞呈球形,核圆,胞质很少。

【注意事项】

1)为了防止淋巴液中的蛋白质凝结,在淋巴液中加入少量肝素。

2)在收集淋巴液过程中,将离心管放入冰中,以保存细胞活性。

(二)淋巴结中淋巴细胞的培养

【实验材料】

1)材料来源:成年犬或兔的淋巴结,也可用手术切除的淋巴结。

2)手术器械:手术刀、解剖剪、解剖镊、止血钳、眼科剪和眼科镊。

3)清洗液:HBSS 和不含 Ca^{2+} 和 Mg^{2+} 的 HBSS。

4)培养液:常用 RPMI1640,添加 10% FBS、10 万 IU/L 青霉素和 100mg/L 链霉素。也可用 MEM 或 DMEM,添加 10%FBS、3.5g/L 葡萄糖、584mg/L 谷氨酰胺、15mmol/L HEPES、10 万 IU/L 青霉素和 100mg/L 链霉素。

【操作程序】

1)犬经前肢静脉内注射戊巴比妥钠(25mg/kg),在兔腹膜腔内注射苯巴比妥钠(40mg/kg),进行麻醉动物。取腘淋巴结或肠系膜淋巴结,放入预冷的 HBSS 中。

2)在肉眼或体视显微镜下,剔除淋巴结周围的疏松结缔组织,并剪去淋巴结被膜。

3)将淋巴结移入盛有不含 Ca^{2+} 和 Mg^{2+} 的 HBSS 的培养皿内,先将淋巴结剪成薄片状,再剪成约 1mm×1mm×1mm 小块。在室温下,用恒温水浴振荡器轻轻摇晃 20 分钟。

4)用吸管反复吹打组织块,然后用 100 目不锈钢筛网滤出组织块。收集滤液,离心(1 000r/min,10 分钟)2 次。

5)用培养液混悬沉淀细胞,培养 30 分钟。

6)吸出含有未贴壁的淋巴细胞的培养液,离心(1 000r/min,10 分钟)。

7)用培养液混悬沉淀细胞,调整细胞密度,接种培养。

【结果分析】

1)取得的细胞中 95% 以上是淋巴细胞。

2)淋巴细胞的鉴定:可用 Giemsa 染色法和非特异性脂酶染色法鉴定。淋巴细胞大小较均

匀,主要是小淋巴细胞。细胞呈球形,核圆,胞质很少。

【注意事项】

1)由于兔的淋巴结较小,可用多个淋巴结取淋巴细胞。

2)一般不采用酶消化法,以免取得的细胞中含有较多的成纤维细胞。

(三)血液中淋巴细胞的培养

分离和培养方法见本节中血细胞的培养。

七、软骨细胞的培养

软骨细胞(chondrocyte)培养可用于软骨细胞移植和对软骨病变的研究。

(一)关节软骨细胞的短期培养

【实验材料】

1)材料来源:未成年兔或猪的膝关节软骨。

2)手术器械:手术刀、解剖剪和解剖镊。

3)清洗液:PBS。

4)消化液:0.2%Ⅱ型胶原酶,用 HBSS 配成。

5)培养液:常用 RPMI1640 或 F12,添加 20%~30% FBS、10 万 IU/L 青霉素和 100mg/L 链霉素。也可用 MEM 或 DMEM,添加 20%~30% FBS、3.5g/L 葡萄糖、584mg/L 谷氨酰胺、15mmol/L HEPES、10 万 IU/L 青霉素和 100mg/L 链霉素。

【操作程序】

1)用手术刀将关节软骨削下,放入 PBS 中,反复冲洗。

2)将软骨片剪成小于 1mm×1mm×1mm 小块,然后用 PBS 清洗 2 次。

3)将软骨组织块放入三角瓶中,加入消化液,在 37℃水浴箱中轻微振荡消化 5 小时以上,直至组织块基本消失和消化液变浑浊为止。

4)用 200 目不锈钢筛网滤掉残余组织块,收集滤液,离心(1 500r/min,10 分钟)。吸去上清液,用 PBS 混悬沉淀细胞,重复离心 1 次。

5)用培养液混悬沉淀细胞,细胞密度为(0.5~2)×10^6 个 /ml。将细胞放培养箱中培养,每 2 天更换 1 次培养液。

6)当细胞长满培养皿或培养瓶的底壁时,用 0.25% 胰蛋白酶溶液消化,传代培养。

【结果分析】

1)前 3 代细胞仍保持软骨细胞的生物学特

征,细胞呈圆形或椭圆形,产生较丰富的细胞外基质。若继续传代培养,细胞变为梭形,增殖能力下降。

2)软骨细胞的鉴定:根据软骨细胞产生细胞外基质酸性糖胺多糖、Ⅱ型胶原蛋白和Ⅹ型胶原蛋白来鉴定。细胞外基质含有酸性糖胺多糖时,甲苯胺蓝染色呈异染性。应用免疫组化法染色检测细胞外基质内是否含有Ⅱ型胶原蛋白和Ⅹ型胶原蛋白。

【注意事项】

1)最好利用前3代软骨细胞。

2)可将取到的软骨细胞冷冻保存,冻存可降低软骨细胞的抗原性。

(二)关节软骨细胞的长期培养

【实验材料】

1)材料来源:死亡胎儿的骺软骨。

2)手术器械:手术刀、解剖剪和解剖镊。

3)清洗液:HBSS。

4)消化液a:0.25%胰蛋白酶和0.2%胶原酶(1∶1,V/V)混合消化液,用HBSS配成。

5)消化液b:0.05%胶原酶,用培养液a配成。

6)培养液a:DME,添加10% FBS。

7)培养液b:DMEM,添加10% FBS、100万IU/L青霉素、1g/L链霉素、2.5mg/L两性霉素、2mmol/L谷氨酰胺、50mg/L维生素C和1%维生素添加剂。

8)10% poly-HEMA:将6g poly-HEMA加入50ml 95%乙醇中,在37℃水浴箱中缓慢振荡过夜。将溶液离心(2 500r/min,10分钟),然后将1ml离心过的溶液加入9ml 95%乙醇,配成10% poly-HEMA。

【操作程序】

1)用手术刀将骺软骨削下,放入HBSS中,反复清洗。

2)将软骨片放入消化液a中,在37℃条件下消化1小时。

3)取出软骨片,剪成小于1mm×1mm×1mm小块,然后加入消化液b,在37℃条件下静置过夜。

4)用50目不锈钢网过滤。滤液中加入培养液a,离心(1 000r/min,10分钟)。吸去上清液,用培养液a混悬沉淀细胞,重复离心1次。

5)在直径为60mm的培养皿中加入0.9ml

10% poly-HEMA,然后将培养皿置于通风的超净工作台上过夜,使poly-HEMA形成凝胶。

6)将poly-HEMA处理的培养皿用紫外线灯照射30分钟。

7)用培养液b混悬沉淀细胞,调整细胞密度至5×10^6个/ml,放入poly-HEMA处理的培养皿中培养,每隔3~4天更换1次培养液。

【结果分析】

1)每克骺软骨可获得约3×10^8个软骨细胞。培养时间可达6个月以上。

2)培养20天内,软骨细胞逐渐增多,细胞数可增加3倍。培养第3~4天后,10~20个细胞聚集成小簇状。培养第4~5周后,细胞聚集成小结节样结构,切片上呈现软骨组织结构。

3)软骨细胞的鉴定:培养第5~20天,软骨细胞产生大量细胞外基质。细胞外基质中含有Ⅱ型、Ⅸ型和Ⅺ型胶原蛋白,但无Ⅰ型胶原蛋白。用甲苯胺蓝染色法检测细胞外基质中的酸性糖胺多糖,用免疫组化法染色检测Ⅱ型、Ⅸ型和Ⅺ型胶原蛋白,以鉴定软骨细胞。

【注意事项】

1)poly-HEMA形成凝胶有利于软骨细胞附着和生长,但应注意无菌操作。

2)可将经培养获得的软骨细胞放液氮中保存备用。

八、骨细胞的培养

骨细胞(osteocyte)是一种终末分化细胞。成骨细胞(osteoblast)在骨形成和改建中起着重要作用。成骨细胞的培养可分为骨内成骨细胞的培养和膜内成骨细胞的培养。

(一)骨内成骨细胞的培养

【实验材料】

1)材料来源:新生大鼠和兔的骨组织或死亡胎儿或手术切除的骨组织。

2)手术器械:手术刀、解剖剪、解剖镊和咬骨钳。

3)清洗液:PBS。

4)消化液:0.1%Ⅱ型胶原酶和0.25%胰蛋白酶(1∶1,V/V)混合消化液,用PBS配成。

5)培养液:RPMI1640,添加15% FBS、10万IU/L青霉素和100mg/L链霉素。pH 7.2。

【操作程序】

（1）植块培养法

1）通过颈椎脱臼处死动物。将头放入75%乙醇中,消毒5分钟。

2）取颅盖骨,剥除骨膜,用PBS反复冲洗。

3）将骨片剪成约1mm×1mm小块,然后放入混合消化液中,在37℃条件下消化20分钟。

4）用PBS洗2次后,将骨组织块放入用明胶处理过的培养皿或培养瓶中,每隔3天更换培养液1次。

（2）分离培养法

1）取扁骨或长骨,用PBS反复清洗。

2）将骨剪成约1mm×1mm×1mm小块,然后放入混合消化液中,在37℃条件下消化20分钟。用50目不锈钢筛网滤掉残余组织块,收集滤液。

3）加入0.1%Ⅱ型胶原酶,在37℃条件下将组织块消化90分钟。用吸管反复吹打组织块,再用100目不锈钢网滤出骨组织块,收集滤液。

4）将操作步骤2、3收集的滤液离心（1000r/min,10分钟）,吸去上清液,用培养液混悬沉淀细胞,再离心1次。

5）用培养液混悬沉淀细胞,调整细胞密度至10^6个/ml,放培养箱中培养。

6）待细胞长满培养皿或培养瓶底壁时,用0.25%胰蛋白酶消化细胞,传代培养。

【结果分析】

1）在骨片植块,培养24小时后可见植块边缘长出梭形或多边形细胞。分离的成骨细胞在培养24小时后贴壁生长,呈梭形或多边形,约6天长满培养皿或培养瓶的底壁。传代培养的细胞在培养2小时后已贴壁,3天长满培养皿或培养瓶底壁。成骨细胞在长满培养皿或培养瓶底壁后可重叠生长。

2）成骨细胞的鉴定:碱性磷酸酶染色时,成骨细胞的胞质及其周围基质呈阳性,但成纤维细胞染色呈阴性。也可用盖玻片培养,利用免疫细胞化学染色标记细胞内的骨钙素,以鉴定成骨细胞。

【注意事项】

1）用出生不久的动物,更容易获得成骨细胞。植块培养一般采用扁骨。

2）培养的成骨细胞中可能混杂有成纤维细胞,可用灭菌胶片刮除。

（二）骨膜内成骨细胞的培养

【实验材料】

1）材料来源:新生大鼠和兔的骨或死亡胎儿或手术切除的骨。

2）手术器械:手术刀、解剖剪和解剖镊。

3）清洗液:PBS。

4）消化液:0.1% EDTA和0.25%胰蛋白酶（1:1,V/V）混合消化液以及0.1% I型胶原酶,用PBS配成。

5）培养液:RPMI1640,添加15% FBS、10万IU/L青霉素和100mg/L链霉素。pH 7.2。

【操作程序】

1）麻醉后断头处死动物,取扁骨或长骨,剥除骨膜,用PBS反复清洗骨膜。

2）将骨膜剪成1mm×1mm~2mm×2mm组织块,放入混合消化液中,在37℃条件下消化20~30分钟。

3）用50目不锈钢筛网滤掉残余组织块,收集滤液。

4）加入0.1% I型胶原酶,在37℃条件下将组织块消化90分钟。用吸管反复吹打组织块,再用100目不锈钢筛网滤出组织块,收集滤液。

5）将3）、4）收集的滤液离心（1 000r/min,10分钟）。吸去上清液,用培养液混悬沉淀细胞,再离心1次。

6）用培养液混悬沉淀细胞,调整细胞密度至（1~5）×10^6个/ml,放培养箱中培养。

7）细胞长满培养皿或培养瓶的底壁时,传代培养。

【结果分析】

骨膜内成骨细胞的培养结果和鉴定方法同骨内成骨细胞。

【注意事项】

分离的细胞中常有成纤维细胞污染,可利用差速贴壁法除去成纤维细胞。成纤维细胞在5~10分钟内贴壁,而成骨细胞贴壁较慢。培养约10分钟后,取上清液,放入另一个培养皿,再培养10分钟。然后,取上清液,即可获得较纯的成骨细胞。

（刘 卉）

第三节　肌　组　织

肌组织（muscle tissue）分为骨骼肌、心肌和平滑肌。骨骼肌和心肌属于横纹肌。体外培养的心肌细胞和平滑肌细胞具有自发性、节律性收缩的特征。

一、心肌细胞的培养

心肌细胞（cardiomyocyte）位于心肌膜内。以往认为正常成年心脏的心肌细胞不再分裂，但近期研究发现，成年的心肌细胞仍具有一定的分裂增殖能力。本文重点对幼年动物心肌细胞和成年动物心肌细胞的培养作一简要介绍。

（一）幼年心肌细胞的培养

刚出生的幼年动物心肌细胞取材方便，且易于培养，适合于进行多种心肌细胞的体外实验研究。

【实验材料】

1）材料来源：乳鼠心脏或其他刚出生动物的心脏，亦可采用动物或人的胚胎心脏。

2）手术器械：手术刀、眼科剪和眼科镊。

3）清洗液：不含 Ca^{2+} 和 Mg^{2+} HBSS。

4）消化液：0.1% 胶原蛋白酶或 0.1% 胶原蛋白酶和 0.1% 胰蛋白酶混合消化液。

5）培养液：DMEM，添加 10%FBS、10 万 IU/L 青霉素和 100mg/L 链霉素。pH 7.2。

【操作程序】

1）取出生 1~4 天的乳鼠，用 70% 乙醇消毒。每次可用 10~20 只乳鼠。

2）剪开胸壁，取出心脏，放入预冷的 HBSS 中。

3）用 HBSS 冲洗心脏后，剪去心房，取心室肌。然后，用 HBSS 冲洗肌块 3 次。

4）将心室肌剪成 $1mm^3$ 左右的小块，用 HBSS 清洗 2 次。将组织块放入青霉素小瓶或三角烧瓶中，加入新配制的胶原蛋白酶溶液或混合消化液，在 37℃ 水浴中振荡消化 5 分钟。用吸管轻轻吹打组织块，进一步分离细胞。然后静置，待组织块沉降后吸去上清液，加入新鲜消化液继续消化 5 分钟。待组织块沉降后吸取上清液，放入离心管中，加入 FBS（终浓度为 20%）终止消化。将沉降组织块再次消化，重复上述实验 4~5 次。

5）收集各次消化后的上清液，用 75μm 孔径的不锈钢筛网过滤，将滤液离心（1 000r/min，5 分钟）。

6）弃去上清液，用培养液悬浮沉淀细胞，将细胞种植于培养皿中，在 37℃ 条件下静置培养 30 分钟。

7）用吸管轻轻吸出含有未贴壁细胞的培养液，接种到另一培养皿中，37℃ 再静置培养 30 分钟。

8）同上吸出含有未贴壁细胞的培养液，调整细胞密度至 5×10^5 个 /ml，接种到新的培养皿中，然后放入培养箱中静置培养。

9）根据细胞生长情况，每隔 2~3 天更换 1 次培养液。

【结果分析】

1）心肌细胞培养面临的最大问题是成纤维细胞污染。分两次贴壁培养 30 分钟后，大部分成纤维细胞可被去除。在最后一次接种 24 小时后，可见心肌细胞大部分已贴壁生长。细胞呈短柱状或杆状，少数细胞呈梭形或不规则形（图 4-9）。单个细胞可出现收缩搏动。3~5 天后，细胞相互连接形成片状或细胞簇。成片的心肌细胞收缩趋向同步化，成簇的细胞呈放射状排列，呈现同步化搏动。

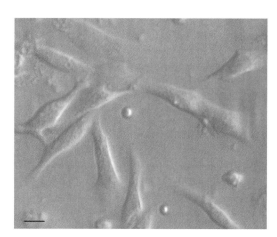

图 4-9　乳鼠心肌细胞，标尺示 10μm

2）心肌细胞的鉴定：常采用免疫细胞化学染色法检测心肌特异性蛋白的表达，如 cTnT 或 cTnI 等，以此鉴定心肌细胞与间质细胞。也可采用 PAS 染色法显示心肌细胞中的糖原颗粒，以此鉴别心肌细胞。另外，可用 HE 染色法观察心肌细胞的形态结构。

【注意事项】

1）贴壁细胞为成纤维细胞,故收集未贴壁的心肌细胞时,操作要轻,防止振荡,以免成纤维细胞浮起。

2）严格控制消化时间,以防组织消化过度,从而影响细胞活力。

（二）成年心肌细胞的分离培养

由于幼年心肌细胞与成年心肌细胞在结构和功能上存在较大差异,故成年心肌细胞是用于研究正常心肌细胞的电生理功能、疾病状态下的病理生理变化和药物作用机制等的理想细胞模型。然而,鉴于成年心肌细胞对于氧的需求较高,加之心肌组织的连接结构比较复杂,致使成年心肌细胞的分离相对比较困难。本文主要介绍利用离体心脏灌注消化法分离成年小动物的心肌细胞。

【实验材料】

1）材料来源:成年大鼠或其他成年小动物的心脏。

2）手术器材:手术刀、眼科剪和眼科镊。

3）仪器设备:Langendurff 灌流装置或自制灌流装置。

4）灌流液Ⅰ:氧饱和的无钙缓冲液,110mmol/L NaCl,2.6mmol/L KCl,1.2mmol/L MgSO$_4$,1.2mmol/L KH$_2$PO$_4$,25mmol/L NaHCO$_3$,11mmol/L 葡萄糖,10mmol/L HEPES,10mmol/L 2,3-丁二酮单肟,pH 7.4。

5）灌流液Ⅱ:氧饱和的灌流液 EGTA,在灌流液Ⅰ中加入 0.2mmol/L EGTA,pH 7.4。

6）消化液Ⅰ:0.1%Ⅰ型胶原蛋白酶溶液（含0.15% BSA）或0.1%Ⅰ型胶原蛋白酶和0.1%透明质酸酶的混合消化液。用灌流液Ⅰ配制。

7）消化液Ⅱ:0.05%Ⅰ型胶原蛋白酶、0.05%透明质酸酶、0.005%胰蛋白酶和0.04mmol/L CaCl$_2$ 的混合消化液。用100ml 消化液Ⅰ配制。

8）清洗液Ⅰ:氧饱和的低钙溶液,在灌流液Ⅰ中加入 0.1mmol/L CaCl$_2$。

9）清洗液Ⅱ:氧饱和的高钙溶液,在灌流液Ⅰ中加入 0.2mmol/L CaCl$_2$。

10）培养液:DMEM 或 M199,添加 10%FBS、5mmol/L 牛磺酸,5mmol/L 肌酸,5mmol/L 肉毒碱,10 万 IU/L 青霉素和 100mg/L 链霉素。pH 7.2。

【操作程序】

1）取成年 SD 大鼠,腹腔内注射 4% 水合氯醛（1ml/100g 体重）进行麻醉。

2）用70% 乙醇消毒后,经股静脉或开腹后经下腔静脉注射 0.5~1ml 肝素,进行全身抗凝5~10 分钟。

3）剪开胸壁,暴露主动脉,从主动脉远端插管至主动脉根部,用蚊式血管钳固定。将插管连接 Langendurff 灌流装置,取出心脏并固定于 Langendurff 灌注架上。先用灌流液Ⅰ灌注 2分钟,以冲洗心腔内血液。再切换为灌流液Ⅱ以4ml/min 的灌流速度,非循环灌注 5 分钟。

4）然后,在 37℃条件下,用消化液Ⅰ以 4ml/min的灌流速度循环灌注消化 15~20 分钟。

5）取下心脏,放入盛有 10ml 冷清洗液Ⅰ的90mm 培养皿中。用眼科剪剪去心包、心房和大血管,保留心室肌。

6）将心室肌剖开,分离并除去结缔组织,用压舌板轻轻挤压心室肌,用眼科镊将肌组织夹起并轻轻抖动。然后,收集脱落下来的单个细胞和细胞团,放入含有 10% FBS 培养液的离心管中,使细胞自然沉降 15~20 分钟。

7）将剩余的心肌组织剪成 1mm^3 小块,放入含有消化液Ⅱ的小瓶中,在 37℃条件下,振荡消化3~5 分钟。

8）用广口滴管轻轻吹打后,收集上清液,用 80 目不锈钢筛网过滤。收集滤液,放入含有10% FBS 培养液的离心管中,使细胞自然沉降 15分钟。

9）将步骤6）和8）的上清液吸去,用 10ml清洗液Ⅰ混悬细胞,然后静置,使细胞自然沉降 15分钟。

10）弃去上清液,用 10ml 清洗液Ⅱ混悬细胞,静置使细胞沉降 15 分钟。

11）弃去上清液,用含有 10% FBS 的培养液混悬细胞,调整细胞密度至 5×10^5 个/ml,将细胞接种于培养瓶或培养皿中,在 37℃、5% CO$_2$ 培养箱中静置培养。1 小时后更换培养液,以后每隔2~3 天更换 1 次培养液。

12）如需去除血细胞等,进行以下步骤:①将步骤 10 的上清液弃去,然后加入 5ml 含有10% FBS 的培养液,混悬细胞;②将细胞小心地铺在 5ml 6% BSA 上层,使细胞沉降 10~15 分钟;③弃去上清液,用含有 10% FBS 的培养液混悬细胞,将细胞计数后接种于培养瓶或培养皿,同上在 5% CO_2 培养箱中培养;④根据细胞生长情况,每隔 2~3 天更换 1 次培养液。

【结果分析】

1)心肌细胞的形态和功能特征:在相差显微镜下可见,分离后的成年鼠心肌细胞呈杆状或短柱状,细胞的长宽之比约为(3~6):1。细胞两端可见分支,可观察到明显的横纹(图 4-10)。部分杆状细胞出现收缩性搏动,节律为 10~20 次。培养 1 小时后,有些细胞出现聚集现象。

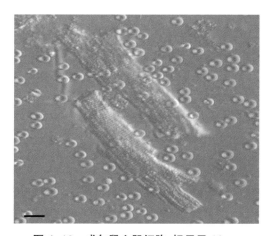

图 4-10 成年鼠心肌细胞,标尺示 10μm

2)心肌细胞的鉴定:心肌细胞的鉴定方法同乳鼠心肌细胞,即用 PAS 染色法和 α-辅肌动蛋白、cTnT、cTnI 等免疫细胞化学染色法鉴定心肌细胞。

3)心肌细胞活性检测:分离的活性心肌细胞一般呈杆状或短柱状,细胞表面光滑,横纹明显。活力低的细胞变得短而宽,近似于立方形或为圆形,颜色较暗,横纹不明显。根据细胞的形态结构特征,可评价心肌细胞的活性。此外,可采用台盼蓝染色法检测心肌细胞活性。

【注意事项】

1)由于成年大鼠心肌细胞体积大而脆弱,对各种刺激和酸碱度等都比较敏感,故在消化过程中需要特别细心,注意把握好每一个环节。

2)心肌细胞对酸碱度的变化比较敏感,在用 95% O_2、5% CO_2 混合气体对灌流液和消化液进行氧合时,应控制好氧合的时间,密切关注 pH 变化,避免 pH 过低。

3)心肌细胞对灌注消化过程中的缺血、缺氧损伤反应非常敏感。主动脉插管时最容易出现心肌缺血、缺氧损伤,故插管要迅速,尽可能缩短操作时间,从暴露主动脉到插管完成并开始灌注最好在 5 分钟内完成。此外,注意麻醉不宜过深,以免因呼吸抑制时间过长而引起心肌缺氧。建议在比较浅的麻醉状态下开胸灌注。

二、平滑肌细胞的培养

平滑肌包括血管平滑肌和内脏平滑肌。血管平滑肌在心血管研究中具有重要意义。因此,平滑肌细胞(smooth muscle cell)的培养常用血管平滑肌。

(一)分散细胞培养法

分散细胞培养法适用于单细胞的实验研究。

【实验材料】

1)材料来源:动物血管或人胚胎血管。

2)手术器械:手术刀、解剖剪、解剖镊、眼科剪和眼科镊。

3)清洗液:HBSS。

4)消化液:0.1% 胶原蛋白酶和 0.1% 胰蛋白酶。

5)培养液:MEM,添加 10%FBS、4mmol/L 谷氨酰胺、10 万 IU/L 青霉素和 100mg/L 链霉素。

【操作程序】

1)在无菌条件下取颈总动脉或股动脉,用预冷的 HBSS 洗涤 3 次。

2)将动脉剪成长 2~3cm 的血管段,眼科剪和眼科镊剥除血管外膜。

3)将去外膜的血管段放入培养皿中,纵向剪开管壁,然后使内膜面朝上,用小刀片或眼科镊轻轻刮除内膜。用 HBSS 清洗中膜后,将中膜剪成约 1mm³ 组织块。

4)将组织块放入 0.1% 胶原蛋白酶溶液中,在 37℃ 条件下消化 1~3 小时,至组织呈絮状为止。

5)加入 0.1% 胰蛋白酶溶液,在 37℃ 水浴中振荡消化 5~10 分钟。然后,用含 FBS 的培养液终止消化。用吸管轻轻吹打,得到分散的平滑肌细胞。

6)将细胞悬液离心(1 000r/min,5 分钟)。

7)吸去上清液,用培养液混悬细胞,调整细

胞密度至 5×10^5 个 /ml。将细胞接种在培养皿或培养板中,放培养箱中静置培养。每隔 2~3 天更换 1 次培养液。

【结果分析】

1）在原代培养中,平滑肌细胞呈长梭形,核呈杆状或椭圆形,可见 2 个或 2 个以上的核仁（图 4-11）。在机械刺激或药物诱导下单个细胞可出现收缩。细胞平行生长,长满时呈束状排列,这与成纤维细胞"同心圆"的生长方式形成对比。

图 4-11 平滑肌细胞,标尺示 10μm

2）平滑肌细胞的鉴定:常采用免疫荧光染色法鉴定平滑肌细胞。①肌动蛋白免疫荧光染色:利用特异性抗 α- 平滑肌肌动蛋白抗体进行免疫荧光标记,平滑肌细胞呈现强阳性反应;②肌球蛋白免疫荧光染色:用抗肌球蛋白抗体标记,荧光抗体主要与平滑肌细胞肌球蛋白分子的酶解肌球蛋白末端结合,以此鉴别收缩型平滑肌细胞;③原肌球蛋白免疫荧光染色:用抗平滑肌原肌球蛋白抗体标记时,其着色区与肌动蛋白一致,但着色区与非着色区沿细胞长轴间断分布;④100Å肌丝 55kDa 蛋白免疫荧光染色:用抗平滑肌细胞 100Å 肌丝 55kDa 蛋白抗体标记,可使核周及沿细胞长轴分布的整个肌丝网着色。

【注意事项】

在分离血管中膜时,应尽可能将内膜和外膜剥除干净,以提高分离平滑肌细胞的纯度。

（二）植块培养法

植块培养可得到数量较多的平滑肌细胞,故适用于生化、药理或细胞需要量较大的研究。

【实验材料】

1）材料来源:动物血管或人胚胎血管。

2）手术器械:手术刀、解剖剪、解剖镊、眼科剪和眼科镊。

3）清洗液:HBSS。

4）消化液:0.1% 胶原蛋白酶和 0.1% 胰蛋白酶。

5）培养液:MEM,添加 10%FBS、4mmol/L 谷氨酰胺、10 万 IU/L 青霉素和 100mg/L 链霉素。

【操作程序】

1）在无菌条件下取动脉,用预冷的 HBSS 冲洗 3 次。

2）将动脉剪成长 2~3cm 的小段,然后在解剖显微镜下将中膜与外膜分离。

3）将去外膜的血管放入培养皿中,纵向剪开管壁,然后用眼科镊或手术刀片轻轻刮除内膜。用 HBSS 冲洗后,将中膜剪成 1mm³ 左右的小块。

4）将组织块以 1 块 /cm² 的密度接种到培养瓶或培养皿中,在 37℃条件下培养 4 小时。

5）加入培养液,继续静置培养。每隔 3 天更换 1 次培养液。

【结果分析】

培养 4~7 天后,细胞从组织块边缘长出,2~3 周后出现致密的细胞层。

【注意事项】

1）在分离中膜时,要彻底剥离内膜和外膜,以减少成纤维细胞污染的机会。

2）应在组织块贴壁牢固后,再轻轻加入培养液,以防止组织块浮起,影响细胞迁出。

三、骨骼肌细胞的培养

骨骼肌细胞（skeletal muscle cell）呈多核长圆柱状,有横纹,不具备分裂能力。骨骼肌细胞的体外培养实际上是从肌组织中获取单核前体细胞,即骨骼肌的干细胞。生长中的肌组织或具有再生能力的肌组织中含有大量单核前体细胞,发育成熟的正常肌组织中也含有少量的单核前体细胞。单核前体细胞具有分裂增殖能力,可发育为成肌细胞,并进一步分化为骨骼肌细胞。

（一）鸟类骨骼肌细胞的培养

【实验材料】

1）材料来源:鸡和鹌鹑的胚胎肌肉。

2）手术器械:眼科剪和眼科镊。

3）培养皿:取 0.01% 明胶溶液 1 滴,滴于培养皿表面,扩散后晾干。

4)清洗液:不含 Ca^{2+} 和 Mg^{2+} 的 HBSS。

5)鸡胚提取液:CEE。

6)培养液:MEM 或 DMEM,添加 1%CEE、20%FCS 和 / 或 10%HS。

【操作程序】

1)取孵化 10 天的鸡蛋,用 70% 乙醇消毒蛋壳。从鸡蛋的钝端开口,去除气室部位蛋壳。用镊子轻轻夹住鸡胚颈部,将鸡胚取出,放入培养皿中。每次可用 2~3 个鸡胚。

2)剪开鸡胚胸部皮肤,分离胸肌,将胸肌放入另一培养皿中。

3)用眼科剪尽量剪碎肌组织,然后在每个鸡胚胸肌组织中加入培养液 1ml。

4)取 2ml 胸肌组织悬液,放入锥形离心管中,用漩涡混合器高速混合 30 秒,然后静置。

5)待组织块沉降后,吸取上清液。将组织块再次振荡,收集上清液。

6)将操作步骤 5 收集的上清液混合,用孔径为 45μm 滤网过滤,收集滤液。

7)计数后,调整细胞密度为(10^4~10^5)个 /ml,将细胞种植于培养皿中,然后放培养箱中静置培养。

【结果分析】

1)种植后数小时,大部分细胞已贴壁。细胞呈梭形,单个核,位于细胞中央,胞质折光性强。以此特征与非肌源性细胞相鉴别。培养 2 天内主要表现为细胞增殖,2 天后出现多核细胞,细胞进入快速融合期。融合后 1 天可见肌纤维的自发性收缩,1~2 天后出现骨骼肌细胞的特征性横纹,数天后细胞融合停止。

2)骨骼肌细胞的鉴定:相差显微镜下观察骨骼肌细胞的特征性横纹和利用铁苏木素染色显示骨骼肌细胞的横纹。

【注意事项】

1)由于培养骨骼肌细胞的可重复性较差,因此应尽量争取在同一批培养物中进行研究。

2)培养的骨骼肌细胞对外部因素的反应比较敏感,故在体外难以进行长期培养。

(二)啮齿类动物骨骼肌细胞的培养

【实验材料】

1)材料来源:胚胎或新生大鼠和小鼠的大腿肌以及成年大鼠和小鼠的伸长肌、指曲肌和胫骨前肌等。

2)手术器械:解剖剪、解剖镊、眼科剪和眼科镊。

3)24 孔培养板:取 0.01% 明胶溶液 1 滴,滴于培养板孔表面,扩散后晾干。

4)清洗液:不含 Ca^{2+} 和 Mg^{2+} 的 HBSS。

5)消化液:0.1%Ⅰ型胶原蛋白酶或 0.25% 胰蛋白酶。

6)接种培养液:DMEM,添加 10%HS 和 0.5%CEE。

7)增殖培养液:DMEM,添加 10%HS、20%FBS 和 1%CEE。

8)分化培养液:①分化培养液 a,DMEM,添加 10%HS、2%FCS 和 0.5%CEE。②分化培养液 b,DMEM,添加 2%FCS 和 0.5%CEE。

【操作程序】

1)将动物脱臼处死,剃去下肢皮毛,用 70% 乙醇消毒。取下肢肌,用 HBSS 反复冲洗。

2)将肌组织块放入 0.1%Ⅰ型胶原蛋白酶溶液中,在 37℃ 水浴箱内振荡消化 1.5~2 小时,然后用粗吸管将肌块移入培养液中。

3)按步骤 2)重复操作。在解剖显微镜下可见肌纤维从肌组织块表面脱落下来。

4)至肌块消失时换成细吸管,按步骤 2 重复操作,直到获得足够量的肌纤维为止。

5)选取无明显损伤的肌纤维,种植于 24 孔培养板中,每孔 1 条,放培养箱中静置培养 3 分钟。

6)缓慢加入 0.5ml 接种培养液,继续培养 3 天。然后,用增殖培养液替代接种培养液。

7)当细胞生长至较密集时,进行传代培养或分化培养。分化培养时,用低血清的分化培养液 a 替代增殖培养液。1 周后,换分化培养液 b,继续培养。

【结果分析】

1)培养 3 分钟后,肌纤维附着于培养板。培养 24 小时内,成肌细胞从肌纤维中迁移出来。培养 3 天后,从每条肌纤维迁移出来的成肌细胞可达 300 个。

2)骨骼肌细胞的鉴定:鉴定方法同上。

【注意事项】

应选取处于良好状态的肌纤维进行接种培

养,以便获得高纯度的成肌细胞。

(谭玉珍)

第四节 神经组织

神经系统(nervous system)主要由神经细胞(nerve cell)即神经元(neuron)和胶质细胞(glial cell)这两类细胞组成。神经元相互连接起来建立了神经网络(neural network),处理信息并迅速传递信息。胶质细胞充当神经系统的支持细胞。

据估计,人脑有约860亿个神经元和至少如此数量的神经胶质细胞。无论从形态、分子特性还是生理作用上看,这两类细胞都比其他任何器官和系统有更多的不同细胞类型。这也就是为什么神经系统表达了如此多的基因。据目前的估计,在人类基因组约20 000个基因中,约14 000个(70%)基因在发育中或成年的神经系统中表达,其余的30%表达在神经系统以外的组织。在这14 000个基因中,包括神经系统在内的所有细胞和组织中均表达的大约有8 000个,另外的6 000个基因只在神经系统中表达。

神经元和胶质细胞均有细胞器,如内质网、高尔基体、线粒体和各种囊泡结构等。然而,在神经元和胶质细胞,这些细胞器往往在细胞的不同区域更为突出。例如,线粒体往往集中在神经元的突触,而蛋白质合成的细胞器如内质网大多不在轴突和树突。神经元和胶质细胞细胞骨架的特化纤维或管状蛋白质也与其他细胞不同。虽然肌动蛋白、微管蛋白、肌球蛋白和其他几种蛋白的许多亚型也存在于其他细胞中,但神经元中这些蛋白的独特结构对于神经元突起和突触连接的稳定性和功能至关重要,诸如神经元的迁移;轴突和树突的生长;膜成分、细胞器和小泡的运输和适当定位;以及突触通讯基础的胞吐(exocytosis)和内吞(endocytosis)的活动进程。

一、神经元的培养

神经元一般由细胞体(cell body)即胞体(soma)、树突(dendrite)和轴突(axon)3部分组成。胞体为整个细胞提供营养,并对刺激作出反应。树突是神经元接受不同来源(如感觉上皮细胞或其他神经元)信息的突起。轴突是单个细胞突起,产生并传播电化学反应,再与其他结构(神经纤维、肌肉和腺体)相互交流。细胞去极化产生的神经冲动(nerve impulse)即动作电位(action potential)的传递则依赖于高度特化的结构即突触(synapse)来完成。

直到一个世纪前,人们还不能看到神经元的重要细节,尽管银染可以揭示出具有短树突的胞体。意大利医生和医学研究人员高尔基(Camillo Golgi)发明了一种有效的染色剂,能清晰地显示整个神经元的轮廓。这种染色方法即高尔基染色法,为钾强化的银染色,可以选择性地染色小部分神经元的所有胞体、树突和轴突。高尔基推测中枢神经系统是一个巨大的网络,被称为"网状理论(reticular theory)",即神经元的突起汇合并相互连续形成一个巨大的网络,构成神经系统的工作单元。被誉为神经解剖之父的西班牙解剖学家卡哈尔(Santiago Ramon Cajal)应用高尔基染色法,最早描述了不同神经元的形态学分类。与高尔基不同的是,卡哈尔的"神经元学说(neuron doctrine)"假设神经系统由许多单个神经元组成,单个神经元是神经系统的基本组成成分和信号转导元件,每个神经元之间紧密接触,但与其他神经元并不相互连续,而是借高度特化的结构即突触而实现相互联系。尽管卡哈尔的神经元学说最终取代了高尔基的网状理论,但高尔基的研究对人们理解神经系统的结构也做出了重要贡献,他们分享了1906年诺贝尔生理学或医学奖,且高尔基染色至今仍在神经科学研究中使用着。继高尔基染色方法之后,德国神经科学家尼斯(Franz Nissl)发明了Nissl染色,被广泛应用于富含Nissl体(即粗内质网颗粒)的神经元胞体染色。目前最常用的Nissl染料是焦油紫和中性红。以后相继发明了早期的荧光组织染色即生物源单胺类的荧光组织化学染色,以及我们今天广泛应用的现代免疫荧光染色。

(一)神经元的分类和标志物

染色方法的发现大大推进了人们对神经元结构认识的不断深入。大多数神经元依其突起特点可分为:多极神经元(multipolar neuron),双极神经元(bipolar neuron)和假单极神经元(pseudo-unipolar neuron)。也可根据其连接和功能分为:

感觉神经元（sensory neuron）、运动神经元（motor neuron）和中间神经元（interneuron）。

可通过标记特异性神经递质、细胞内的递质合成酶以及细胞表面的递质受体等多种技术来鉴定中枢神经系统的神经元。尤其以神经递质合成酶来进行体内或体外鉴定为常用。依照神经元内的特异性神经递质，可分乙酰胆碱能（cholinergic）神经元、去甲肾上腺素能（noradrenergic）神经元、γ-氨基丁酸（γ-aminobutyric acid，GABA）能神经元、多巴胺能（dopaminergic）神经元、5-羟色胺能（serotoninergic）神经元和谷氨酸能（glutamatergic）神经元；这些神经元的递质合成酶分别为乙酰胆碱转移酶（choline acetyltransferase，ChAT）、多巴胺 β-羟化酶（dopamine β-hydroxylase，DβH）、谷氨酸脱羧酶（glutamic acid decarboxylase，GAD）、酪氨酸羟化酶（tyrosine hydroxylase，TH）、色氨酸羟化酶（tryptophan hydroxylase 1，TPH-1）和 α-酮戊二酸转氨酶（α-ketoglutarate aminotransferase）。

成熟神经元的标记物还有神经元胞质中的细胞骨架中间丝蛋白如神经丝亚基（neurofilament medium subunit and light subunit，NF-M 和 NF-L）；胞核中的神经元核抗原（neuronal nuclei，NeuN）；突触前膜蛋白突触小泡蛋白（synaptophysin）、囊泡相关膜蛋白（vesicle-associated membrane protein，VAMP）和突触蛋白（synapsin）及突触后膜蛋白 PSD-95（postsynaptic density-95kDa）。

未成熟神经元的标志物主要有以下四种：双皮质素（doublecortin，DCX），神经细胞黏着分子（neural cell adhesion molecule，NCAM），微管相关蛋白 -2（microtubule-associated protein-2，MAP2）和 β-Ⅲ微管蛋白（β-Ⅲ tubulin，TuJ1）。

（二）神经元细胞系和原代神经元培养概述

体外培养神经元细胞是进一步了解神经系统功能的基础。由于成熟神经元不再分裂，这对其体外培养造成了极大的挑战。因此，从神经元肿瘤建立永生化细胞系具有极其明显的优点，在培养条件下细胞很容易生长，可以提供无限的细胞数量。缺点是永生化细胞与其来源的细胞之间有许多重要的生理学差异。通过改变培养条件（例如添加特定生长因子），这些细胞系可被诱导出更多的神经元表型。在神经组织细胞系（neural cell lines，表 4-1）中，被广泛应用于神经元研究的有 SH-SY5Y 和 PC12，都适合于用作 DNA 转染和蛋白质转导。

另外，由原代人胚胎肾（human embryonic kidney，HEK）细胞建立的 HEK293 细胞系最初（20 世纪 70 年代）被认为是从成纤维细胞、内皮细胞或肾上皮细胞转化而来。然而，在 2002 年发现，该细胞具有神经元特征，表达神经丝（NF-L、NF-M、NF-H）和丝联蛋白（α-internexin，NF-

表 4-1　常用神经组织细胞系

细胞来源	种属	细胞系名称	培养基	建系时间
嗜铬细胞瘤	大鼠	PC12	F12K/5%FBS+10%HS（马血清对 PC12 较重要）	1975
神经母细胞瘤	人	SH-SY5Y	DMEM/F12/10%FBS	1978
		IMR-32	EMEM/10%FBS	1967
	小鼠	N1E-115	DMEM/10%FBS	1972
		Neuro-2a	MEM/10%FBS	1969
	大鼠	B104	DMEM/F12/TPPS/胰岛素	1974
髓母细胞瘤	人	Daoy	DMEM/10% FBS	1985
胶质瘤	人	U87MG	MEM/10%FBS	1968
	Wistar 大鼠	C6	F12K/2.5%FBS/15% HS	1968
	Fisher 大鼠	F98	DMEM/10% FBS	1971
神经母细胞瘤 - 胶质瘤杂交	小鼠 / 大鼠	NG108	DMEM/10% FBS	1971

66）亚型，以及波形蛋白、角蛋白（keratin）8和角蛋白18等中间丝蛋白，而原代HEK细胞只表达波形蛋白、角蛋白8和角蛋白18等中间丝蛋白。

最近对细胞可塑性的研究还发现：慢病毒介导的19种基因在小鼠成纤维细胞的表达可以诱导出神经元表型和神经元标志物表达。经过系统评价这些基因的不同组合发现5种转录因子Ascl1、Brn2、Olig2、Zic1和Myt1l的诱导效果最为明显。其中3种即Brn2、Ascl1和Myt1l（BAM）就足以将小鼠成纤维细胞诱导为神经元，即诱导性神经元（induced neuronal，iN）细胞。BAM再结合碱性螺旋-环-螺旋（bHLH）转录因子NeuroD1可诱导人成纤维细胞分化为功能性的iN细胞，表达多种神经元标志物如β-Ⅲ微管蛋白、微管相关蛋白-2、NeuN、NF和突触蛋白，且能观察到动作电位等神经元功能性特征。

虽然神经元细胞系在神经元的研究中至今被广泛使用，但神经元的原代培养仍然不可替代，因为原代细胞更能再现神经元的体内特性。神经元原代培养区别于细胞系培养的特点有：①不同于永生化的细胞系可以提供性质均一的无限量细胞，原代神经元不能复制分裂，因此可用于实验的细胞数量有限得多；②动物脑组织由不同类型的细胞共同组成，因此在原代神经元培养中要将神经元与星形胶质细胞和少突胶质细胞分离开，并通过细胞谱系特异性标记物来确定最终的培养物纯度；③神经元培养需要在培养器皿包被一定的基质分子，如为了使PC12细胞在神经生长因子（nerve growth factor，NGF）的作用下分化，要将其种植在Ⅳ型胶原包被的培养皿上，原代神经元培养则需要在聚-D-赖氨酸（Poly-D-Lysine，PDL）包被的培养皿/载玻片上生长；④与细胞系相比，原代培养物一般不容易被外源DNA转染，可以使用专门的转染方案或病毒转导将DNA导入这些细胞。

本节主要介绍两种细胞系SH-SY5Y和PC12以及四种原代神经元即皮层神经元、海马神经元、脊髓运动神经元和脊髓背根神经元的培养。

（三）SH-SY5Y 细胞的培养

人SH-SY5Y细胞系是June Biedler在20世纪70年代从人骨转移的神经母细胞瘤活检组织建立的SK-N-SH细胞系通过亚克隆获得的。SH-SY5Y细胞表达多种电压和配体门控离子通道，如：河豚毒素敏感的钠离子通道、电压敏感的钾离子通道以及L型和N型电压敏感的钙离子通道。SH-SY5Y细胞也表达多种神经递质的受体，如：毒蕈碱型乙酰胆碱（muscarinic acetylcholine，mAch）受体、烟碱型乙酰胆碱（nicotinic acetylcholine，nAch）受体、μ阿片（mu-opioid）受体和神经肽Y（neuropeptide-Y）受体。

SH-SY5Y细胞为未分化细胞，可以持续生长，具有神经母细胞样形态，通常表达不成熟神经元的标记物，如增殖细胞核抗原（proliferating cell nuclear antigen，PCNA）和神经上皮干细胞蛋白（nestin）。分化后的SH-SY5Y细胞在形态上与原代神经元相似，突起较长，增殖率降低，退出细胞周期进入G_0期，成熟神经元特异性标记物的表达增加，如微管相关蛋白-2、NeuN、突触小泡蛋白、β-Ⅲ微管蛋白、神经元特异性烯醇化酶（neuron specific enolase，NSE）和突触相关蛋白（synaptic associated protein-97，SAP-97）等。

未分化和分化状态的SH-SY5Y细胞均表达大量的多巴胺能神经元标记物，如多巴胺合成的酪氨酸羟化酶（tyrosine hydroxylase，TH）以及多巴胺转运体（dopamine transporter，DAT）和多巴胺受体亚型2和3（D2R和D3R）。因此，SH-SY5Y细胞主要被认为是多巴胺能类神经元，常被用作帕金森病的细胞模型，研究神经毒性作用以及通过激活多巴胺受体发挥主要效应的药物的检测。

许多试剂可诱导SH-SY5Y细胞的分化，例如维甲酸（retinoic acid，RA）、佛波醇酯类如TPA（12-O-tetradecanoyl-phorbol-13-acetate）和双丁酰环磷腺苷（dibutyryl cAMP）。SH-SY5Y细胞在分化剂如RA、脑源性神经营养因子（brain derived neurotrophic factor，BDNF）和NGF作用下可以分化为不同的神经元表型。

RA或TPA诱导分化的SH-SY5Y细胞也可表达肾上腺素能神经元的特异性标志物，如多巴胺β羟化酶（dopamine-β-hydroxylase），去甲肾上腺素转运体（norepinephrine transporter，NET）和囊泡单胺转运体（vesicular monoamine transporter，VMAT）。RA和BNDF或TPA诱导分化的SH-SY5Y

细胞表达乙酰胆碱能神经元的标志物胆碱乙酰转移酶（choline acetyltransferase）、囊泡 ACh 转运体（vesicular ACh transporter）和乙酰胆碱酯酶（acetylcholinesterase），但单 RA 处理只能增加胆碱乙酰转移酶的表达。

1. 材料 生长培养基：DMEM/F12 培养基（1:1，v:v）、10% FBS、1% 的青霉素 / 链霉素（分别为 100IU/ml 和 100μg/ml）、0.22μm 孔径的无菌一次性过滤装置过滤；胰蛋白酶；Neurobasal 培养基；B27 补充剂；GlutaMAX；全反式维甲酸（all-trans-retinoic acid，ATRA）；二甲基亚砜（DMSO）；磷酸盐缓冲液（PBS）。

2. 传代培养

1）复苏冻存的 SH-SY5Y 细胞，并在 37℃下快速解冻。

2）轻轻地从管中取出细胞悬浮液，并添加到 T75 组织培养瓶，瓶中预先加入温热（37℃）的生长培养基。为了提高细胞存活率，在培养瓶或管之间移液 / 转移细胞时，注意不要吸入空气。

3）在 37℃、5%CO$_2$ 下培养细胞。每 4~7 天更换生长培养基。注意观察培养基的颜色，这代表了细胞对关键成分的代谢情况。当培养基变得酸性更强（溶液颜色变黄）时，就得更换培养基。监测细胞的汇合程度，当细胞汇合达到 80%~90% 时，进行传代培养。

4）在无菌条件下吸入培养基。如果存在大量的漂浮细胞，则可收集培养基并离心以收集脱壁细胞并用于重新种植。

5）用无菌的 PBS（预热至 37℃或室温）冲洗贴壁细胞一次。PBS 冲洗可以除去生长培养基中含有的大部分血清，从而使胰蛋白酶在没有血清的情况下充分发挥消化作用，因为血清能抑制酶活性。为防止细胞脱壁，将 PBS 添加到培养瓶中没有细胞贴壁的内表面，而不要在单层细胞培养物上直接添加 PBS。轻轻倾斜培养瓶，使 PBS 清洗单层细胞。抽吸 PBS。

6）向贴壁细胞中添加胰蛋白酶约 2 分钟或直到看见细胞从培养瓶脱壁。减少细胞暴露于胰蛋白酶的时间。胰蛋白酶作用约 1 分钟后，可以轻敲培养瓶以协助细胞脱壁。

7）加入等量的含有 10% FBS 的 DMEM/F12 培养基以中和胰蛋白酶。收集脱壁细胞悬液，在室温下以 1 500r/min 的速度离心 5 分钟，以浓缩细胞沉淀。

8）小心吸取上清液，不要扰动细胞沉淀。在含有 10% FBS 的 DMEM/F12 培养基中轻轻悬浮沉淀。

9）为了使细胞从沉淀中分离，用移液管轻轻上下吹吸，直到悬液均匀为止。为了提高细胞存活率，注意不要吸入空气。

10）用血球计数板计数细胞数，以大约 3×10^3~ 1×10^5 个细胞 /cm^2 的密度植入细胞。SH-SY5Y 细胞种植的密度以建立细胞间通讯使细胞增殖为宜。如果细胞种植的太稀疏，细胞生长速度降低而死亡速度会增高。

3. 细胞分化

1）细胞种植 24~48 小时后，用 Neurobasal 培养基（含 B27 补充剂和 GlutaMAX）和 10μm ATRA 更换含血清的培养基，以促进细胞分化和神经元表型。

2）细胞在含有 ATRA 的 Neurobasal 培养基中生长至少 3~5 天，每 48 小时更换培养基一次。

3）在显微镜下通过评估向外生长的突起形态，监测其分化情况。未分化的 SH-SY5Y 细胞往往呈簇状生长，细胞呈圆形互相堆积形成团块。分化后的 SH-SY5Y 细胞不聚集呈簇，胞体呈锥体样，突起向外生长，可能变为树突和 / 或轴突。

4. 细胞冻存

1）在未分化状态下培养 SH-SY5Y 细胞以冷冻 SH-SY5Y 细胞。

2）如上文所述，从 T75 培养瓶单层培养物达 80%~90% 的汇合时收集细胞并离心沉淀细胞。这种情况下的细胞数量可在约 1ml 的冷冻培养基（90% FBS+10% DMSO）中冷冻，当解冻和重新培养时可将其植入 T75 培养瓶中。这点很重要，因为当处于液氮中的细胞在解冻并重新种植后，不可避免地会有一些细胞死亡。存活细胞的密度应能使培养物保持至少 24 小时，然后再进行亚培养。

3）在适用于液氮气相保存的无菌 1.5ml 螺旋盖小瓶，将细胞沉淀轻轻悬浮于 1ml 的冷冻培养基。

4）细胞置于绝缘冷冻盒于 -80℃下储存

约 24 小时,再将冻存管转移到液氮中进行长期储存。

(四)PC12 细胞的培养

PC12 细胞系是目前神经科学研究中应用最广泛的细胞系,也是神经元功能和分化研究中应用最多的细胞模型。PC12 细胞来源于大鼠肾上腺嗜铬细胞瘤,可以合成多巴胺、去甲肾上腺素和乙酰胆碱等神经递质,还表达 mAch 和 nAch 受体。在 PC12 细胞中可以检测到多种离子通道,如:电压依赖性的钠离子通道、钙离子通道和钾离子通道,以及钙离子依赖性的钾离子通道。因此,PC12 细胞系被认为是神经元类细胞的细胞系,用以研究神经分泌活动即神经递质合成、储存和释放的调节。PC12 细胞表达 NGF 受体,对 NGF 有可逆性反应,即在 NGF 作用下,PC12 细胞停止分裂并最终分化为神经元表型,而撤掉 NGF 则又可逆转其表型,因此是研究神经突起生长和神经元分化的首选模型。PC12 细胞也被用于应激、缺氧、神经毒性和神经退行性疾病的研究以及体外药理学研究的领域。用外源基因转导或转染 PC12 细胞,可以获得稳定表达目的基因的神经元形态细胞,以期进行体内移植试验用于疾病治疗。

1. 材料 PC12 细胞;DMEM 培养基;F12 培养基;胎牛血清;马血清;NGF 溶液(100ng/ml);pLEGFP-C1 质粒;Lipofectamine 2000;HIV-1 Tat 的蛋白质转导域 N 端带 6 个组氨酸表位标签的融合肽;Ⅳ型胶原;PDL;聚 L- 赖氨酸(poly L-lysine,PLL);anti-His(C-term)标签抗体;PBS;60mm 培养皿;37℃含 7% CO_2 的加湿培养箱。

2. 初始培养

1)制备 PDL 包被的培养皿:将适当体积的 10μg/ml PDL 加入到备用的培养皿。在室温(15~25℃)下孵育 2 小时或在 2~8℃下孵育过夜(约 20 小时)。用无菌 PBS 清洗培养皿,弃去尽可能多的 PBS(注意:只有准备植入细胞时才弃去 PBS)。不能让包被好的培养板完全干燥,且只供包被的当天使用。新鲜包被的培养皿对 PC12 细胞的高效贴壁很重要。

2)在 PDL 包被的 60mm 培养皿种植 PC12 细胞,密度为 1×10^5 细胞,加入 DMEM/F12 培养基(含 10% FBS 和 5% HS)进行培养。

3. 细胞分化

1)用Ⅳ型胶原包被培养皿:将适当体积的Ⅳ型胶原 PBS 溶液(0.05mg/ml)加入到备用的培养皿,在 37℃下孵育 1 小时。吸出胶原蛋白溶液,用无菌 PBS 或培养基冲洗后,培养皿即可使用。

2)将 PC12 细胞植入Ⅳ型胶原包被的培养皿(Ⅳ型胶原新鲜包被的培养皿对 PC12 细胞的分化很重要)。在无血清培养基 SFM 中加入 NGF 至终浓度 20ng/ml 诱导 PC12 细胞向神经元分化。NGF 处理 24 小时后,可见神经元突起开始形成。在 NGF 作用下继续培养 5 天可获得分化的神经元。

4. 质粒转染 PC12 细胞在诱导分化之前,可用表达目的基因的质粒进行转染。如将表达增强型绿色荧光蛋白(enhanced green fluorescent protein,EGFP)的 pLEGFP-C1 质粒(2μg)用高效转染试剂如 Lipofectamine 2000(3μl)转染 PC12 细胞。在转染反应中需用高纯度的 DNA,这种情况下培养基中存在的抗生素或血清不会抑制转染效率。

培养 1 天后用 NGF(20ng/ml)诱导分化 2 天,可在未分化的 PC12 细胞和诱导分化的 PC12 细胞的胞内见到明显的 EGFP 表达,并有神经元突起生长。

(五)胚胎大鼠皮层神经元的培养

1. 材料 皮层神经元完全培养基(按照 NeuroXVivo™ 大鼠皮层神经元培养试剂盒的说明稀释配制);抗生素 - 抗真菌药(Antibiotic-antimycotic);Cultrex® 小鼠层粘连蛋白Ⅰ;Cultrex® PDL;无菌的去离子或蒸馏水;L- 谷氨酰胺溶液(200mmol/L);NeuroXVivo™ 大鼠皮层神经元培养试剂盒;含神经元基础培养基、N21-MAX 补充剂、脑源性神经营养因子(brain derived neurotrophic factor,BDNF)、胰岛素样生长因子(insulin-like growth factor-I,IGF-I)和复溶缓冲液 1;PBS;台盼蓝(0.4%)。

2. 细胞培养板的包被

1)用无菌去离子水(dH₂O)将 PDL 溶液(0.1mg/ml)稀释至终浓度为 50μg/ml。

2)用 50mg/ml PDL 溶液(96 孔板为 50μl/孔)覆盖培养板的孔。倾斜培养板以确保培养孔表面被均匀包被。

3）在 37℃、5% CO_2 加湿培养箱中孵育培养板 1 小时。

4）吸取 PDL 溶液。用无菌的 dH_2O 清洗培养孔三次。第三次清洗后，吸干孔内所有液体。

5）用 Parafilm 包裹以密封培养板，置于 2~8℃可储存 2 周。在收集大鼠皮层组织的前一天开始操作下列步骤。

6）用无菌 PBS 稀释小鼠层粘连蛋白 I 溶液（1mg/ml）至终浓度为 10μg/ml。

7）用 10μg/ml 小鼠层粘连蛋白（96 孔板为 50μl/孔）覆盖 PDL 包被的培养孔。倾斜培养板以确保培养孔表面被均匀包被。

8）在 2~8℃下孵育培养板过夜。

9）在添加细胞之前，从培养孔中吸取层粘连蛋白 I 溶液。用无菌的 dH_2O 冲洗培养孔两次，吸干孔内的液体。

3. 胚胎大鼠皮层组织的分离

1）按照 NeuroXVivo™ 大鼠皮层神经元培养试剂盒的说明稀释配制皮层神经元完全培养基。然后，在 37℃水浴加热适量的神经元基础培养基和皮层神经元完全培养基备用（配制好的皮层神经元完全培养基在 2~8℃可保存 1 个月）。将无菌 PBS 放在冰上。

2）用二氧化碳窒息孕 E17–E18 大鼠。用大手术剪刀和弧形解剖钳做剖宫术获取胚胎。将胚胎放入含有冷 PBS 的 100mm×20mm 培养皿中，再把培养皿放在冰上。

3）将胚胎从各自的胎盘囊中取出，用冷 PBS 冲洗。

4）将清洁的胚胎放入新的含有冷 PBS 的 100mm×20mm 培养皿中。用小手术剪刀在头部/颈部连接处切断每个胚胎。

5）将胚胎头放在新的含有冷 PBS 的 100mm×20mm 培养皿中。

6）用 7 号弯镊子和 5 号细镊子稳定分离出头部，用小手术剪刀从尾部到吻部切开颅骨。注意切口要浅，以免损伤脑组织。

7）将分离的两侧头颅骨剥开。

8）用 7 号弯镊子将整个脑从颅腔中取出，放入含有冷 PBS 的 60mm×15mm 培养皿中。把培养皿放在冰上。重复步骤 4）~8）分离另外的头部组织。

9）将大脑放入新的含有冷 PBS 的 60mm×15mm 培养皿中。在解剖显微镜下，用 Vannas–Tübingen 弹簧剪刀沿着中央纵裂切开大脑，分离两大脑半球。切掉并丢弃所有脑干组织。

10）用 5 号细镊子，剥去覆盖每侧半球的脑膜。打开大脑露出正中矢状面。

11）用微型解剖剪刀剥离海马（为 C 形、比周围组织较暗的区域）并丢弃分离了的海马组织。将剩下的皮层组织放入新的含有冷 PBS 的 60mm×15mm 培养皿中。把培养皿放在冰上。重复步骤 9）~11）分离另外的头部组织。

12）使用 Vannas–Tübingen 弹簧剪刀，将分离的皮层组织切成碎块（约 $2mm^2$）。

4. 皮层神经元的培养

从这一步开始，打开任何含有组织、细胞、培养基或试剂的离心管/培养板均应在细胞培养层流超净工作台中进行。

1）将皮层组织碎块移到 15ml 锥形管中，加入 5ml 神经元基础培养基。用火焰抛光的巴斯德移液管轻轻研磨组织，直到溶液均匀（约 10~15 次）。

2）室温下 200g 离心 5 分钟。弃溶液。

3）将细胞重悬在 10ml 的神经元基础培养基中。

4）室温下 200g 离心 4~6 分钟。弃溶液。

5）用 10ml 神经元基础培养基清洗细胞两次。室温下 200g 离心 5 分钟。弃培养基。

6）将细胞重新悬浮在预热的皮层神经元完全培养基中（约 10ml）。将 10μl 细胞悬浮液与 10μl 0.4% 台盼蓝混合。计算活细胞数。

7）用预热的皮层神经元完全培养基将细胞悬浮液稀释至所需的种植密度（以 $5.0×10^4$ cells/cm^2 在 6 孔、12 孔、24 孔、48 孔和 96 孔板接种的细胞总数分别为：$5×10^5$、$2×10^5$、$1×10^5$、$5×10^4$、$2×10^4$）。再将神经元植入 PDL/层粘连蛋白（laminin）I 包被的培养板。

8）在 37℃、5% CO_2 的加湿培养箱中培养皮层神经元至所需时间。每 3~4 天更换一次培养基。健康的神经元培养物可以维持 4 周。

神经元胞体呈圆形或长杆状，核大而圆，核仁明显。可见有细小突起从胞体长出。3~5 天后，细胞突起明显变长。脑神经元的形态见图 4-12。

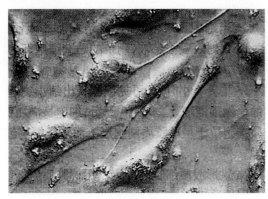

图4-12 原代脑神经元的形态

原代培养的神经元3天以后有明显的突起生长。
复旦大学上海医学院谭玉珍教授实验室供图

5. **皮层神经元培养物的培养基更换**

1）在37℃、5% CO$_2$的加湿培养箱中加热适量的皮层神经元完全培养基。

2）从培养板的每个培养孔中取出一半培养基（如从96孔板的每个孔100μl培养基中取出50μl）。轻轻地在每个孔中加入等量的新的、温热的皮层神经元完全培养基。不要将所有的培养基从培养板的孔中取出，因为这会对神经元造成应激。

3）每3~4天更换一次皮层神经元完全培养基。

（六）胚胎大鼠海马神经元的培养

1. **材料** 海马神经元培养基：在细胞培养层流超净工作台，无L-谷氨酰胺的高糖DMEM或Neurobasal®培养基中加入N21-MAX培养基补充剂（1×）、抗生素-抗真菌药（1×）和L-谷氨酰胺溶液（0.5mmol/L）；抗生素-抗真菌药；Cultrex®小鼠层粘连蛋白I；Cultrex® PDL；无菌的去离子或蒸馏水；无L-谷氨酰胺的高糖DMEM或Neurobasal®培养基；L-谷氨酰胺溶液（200mmol/L）；N21-MAX培养基补充剂；BDNF（可选）；IGF-I（可选）；PBS；台盼蓝（0.4%）。

在海马神经元培养基中，添加BDNF和IGF-I有助于更好地培养海马细胞。

2. **细胞培养板的包被**

1）用无菌dH$_2$O将Cultrex® PDL溶液（0.1mg/ml）稀释至终浓度为50μg/ml。

2）用50μg/ml PDL溶液（96孔板为50μl/孔）覆盖培养板的孔。倾斜培养板以确保培养孔表面被均匀包被。

3）在37℃、5% CO$_2$加湿培养箱中孵育培养板1小时。

4）吸取PDL溶液。用无菌的dH$_2$O清洗培养孔三次。第三次清洗后，吸干孔内所有液体。

5）用Parafilm包裹以密封培养板，置于2~8℃可储存2周。

在收集大鼠海马组织的前一天开始操作下列步骤。

6）用无菌PBS稀释小鼠Cultrex®层粘连蛋白I溶液（1mg/ml）至终浓度为10μg/ml。

7）用10μg/ml小鼠层粘连蛋白I（96孔板为50μl/孔）覆盖PDL包被的培养孔。倾斜培养板以确保培养孔表面被均匀包被。

8）在2~8℃下孵育培养板过夜。

9）从培养孔中吸取层粘连蛋白I溶液。用无菌的dH$_2$O冲洗培养孔两次，吸干孔内的液体。

3. **大鼠海马组织的分离**

1）在37℃水浴加热适量的DMEM或Neurobasal®培养基和配制好的海马神经元培养基。将无菌PBS放在冰上。

2）用二氧化碳窒息孕E17-E18大鼠。用大手术剪刀和弧形解剖钳做剖宫术获取胚胎。将胚胎放入含有冷PBS的100mm×20mm培养皿中，再把培养皿放在冰上。

3）将胚胎从各自的胎盘囊中取出，用冷PBS冲洗。

4）将清洁的胚胎放入新的含有冷PBS的100mm×20mm培养皿中。用小手术剪刀在头部/颈部连接处切断每个胚胎。

5）将胚胎头放在新的含有冷PBS的60mm×15mm培养皿中。

6）用7号弯镊子和5号细镊子稳定分离出头部，用小手术剪刀从尾部到吻部切开颅骨。注意切口要浅，以免损伤脑组织。

7）将分离的两侧头颅骨剥开。

8）用7号弯镊子将整个脑从颅腔中取出，放入含有冷PBS的60mm×15mm培养皿中。把培养皿放在冰上。重复步骤4）~8）分离另外的头部组织。

9）将大脑放入新的含有冷PBS的60mm×15mm培养皿中。在解剖显微镜下，用Vannas-Tübingen弹簧剪刀沿着中央纵裂切开大脑，分离两大脑半球。切掉并丢弃所有脑干组织。

10）用5号细镊子，剥去覆盖每侧半球的脑膜。打开大脑露出正中矢状面。

11）定位海马，为较暗的C形区域，用Vannas-Tübingen弹簧剪刀将其剪除。将海马组织放入新的含有冷PBS的60mm×15mm培养皿中。把培养皿放在冰上。重复步骤9）~11）分离另外的头部组织。

12）使用Vannas-Tübingen弹簧剪刀，将分离的海马组织切成小块（约2mm^2）。

4. 海马神经元培养

1）将海马组织碎块移到15ml锥形管中，加入5ml DMEM或Neurobasal®培养基。用火焰抛光的巴斯德移液管轻轻研磨组织，直到溶液均匀（约10~15次）。

2）室温下200g离心5分钟。弃溶液。

3）将细胞重悬在10ml的DMEM或Neurobasal®培养基中。

4）室温下200g离心4~6分钟。弃溶液。

5）用10ml DMEM或Neurobasal®培养基清洗细胞两次。室温下200g离心5分钟。弃培养基。

6）将细胞重新悬浮在预热的海马神经元培养基（约10ml）。将10μl细胞悬浮液与10μl 0.4%台盼蓝混合。计算活细胞数。

7）用预热的海马神经元培养基将细胞悬浮液稀释至所需的种植密度（以5.0×10^{4}cells/cm^{2}在6孔、12孔、24孔、48孔和96孔板接种的细胞总数分别为：5×10^5，2×10^5，1×10^5，5×10^4，2×10^4，再将神经元植入PDL/层粘连蛋白I包被的培养板。

8）在37℃、5%CO$_2$的加湿培养箱中培养皮层神经元至所需时间。每3~4天更换一次培养基。健康的神经元培养物可以维持4周。

5. 海马神经元培养物的培养基更换

1）在37℃、5% CO$_2$的加湿培养箱中加热适量的海马神经元培养基。

2）从培养板的每个培养孔中取出一半培养基（如从96孔板的每个孔100μl培养基中取出50μl）。轻轻地在每个孔中加入等量的新的、温热的海马神经元培养基。不要将所有的培养基从培养板的孔中取出，因为这会对神经元造成应激。

3）每3~4天更换一次海马神经元培养基。

（七）胚胎大鼠脊髓运动神经元的培养

1. 材料　运动神经元完全培养基：制备25ml运动神经元完全培养基，需在22.4ml的Neurobasal®培养基中加入运动神经元培养基补充剂2.5ml，BDNF、睫状神经营养因子（ciliary neurotrophic factor，CNTF）、胶质细胞源性神经营养因子（glial cell line-derived neurotrophic factor，GDNF）和层粘连蛋白α4各25μl；N-乙酰基-L-半胱氨酸溶液5mg/ml；牛血清白蛋白4%；Cultrex®小鼠层粘连蛋白I；Cultrex® PDL；无菌的去离子或蒸馏水；二甲基亚砜；无钙、镁离子PBS（DPBS，PBS w/o Ca^{2+}and Mg^{2+}）；FBS；Forskolin溶液（4.2mg/ml）；L-谷氨酰胺-青霉素-链霉素（100×）；胰岛素溶液0.5mg/ml；异丁基甲基黄嘌呤1mg/ml；Leibovitz's L-15培养基；0.1M NaOH；NeuroXVivo™运动神经元培养试剂盒包括10倍运动神经元培养基补充剂、层粘连蛋白α4、BDNF、CNTF和GDNF；Neurobasal®培养基；OptiPrep™密度梯度培养基；丙酮酸钠100mmol/L；台盼蓝（0.4%）；TrypZean™溶液（1×，Sigma-Aldrich）。

2. 细胞培养板的包被

1）用无菌dH$_2$O将Cultrex® PDL溶液（0.1mg/ml）稀释至终浓度为50μg/ml。

2）用50μg/ml PDL溶液200μl覆盖24孔培养板的培养孔。倾斜培养板以确保培养孔表面被均匀包被。

3）在37℃、5% CO$_2$加湿培养箱中孵育培养板1小时。

4）吸取PDL溶液。用无菌的dH$_2$O清洗培养孔三次。第三次清洗后，吸干孔内所有液体。

5）用Parafilm包裹以密封培养板，置于2~8℃可储存2周。

或者，脊髓运动神经元可以培养在预先包被的玻璃盖片上（如小鼠层粘连蛋白I和PDL包被），盖片直径12mm，厚度1.5号。再将盖玻片放入24孔细胞培养板的培养孔中。

3. 胚胎大鼠脊髓的分离

1）在37℃水浴加热适量的培养基。将无菌PBS放在冰上。

2）用二氧化碳窒息孕E14-E15大鼠。用精密剪刀和Graefe钳做剖宫术获取胚胎。将胚胎放入含有冷 PBS 的 100mm×20mm 培养皿中,再把培养皿放在冰上。

3)将胚胎从各自的胎盘囊中取出,用冷 DPBS 冲洗。

4)将清洁的胚胎放入新的含有冷 DPBS 的 100mm×20mm 培养皿中。用小手术剪刀在头部 / 颈部连接处切断每个胚胎,弃掉头部。

5)将胚胎躯体腹部朝下放在 Sylgard® 内衬的解剖皿(93mm×22mm)。鼠尾面向自己,用 0.1mm 解剖大头针穿过每个肢体将胚胎固定于解剖皿。

6)用 ToughCut® 精细剪刀剪掉尾巴。在解剖显微镜下,用 5 号精细直镊子小心地揭开皮肤和组织,向腹侧方向移动,直到脊髓的背侧面可见为止。

7)用 Vannas-Tübingen 弹簧剪刀,从尾侧到吻侧沿脊髓背侧正中线切开以暴露脊髓,将左右侧分开。

8)用 5 号 Dumont 镜面抛光钳去除脊髓周围的外部组织,露出背根神经节(dorsal root ganglia,DRG)。在脊髓、DRG 和脊膜之间用 5 号 Dumont 镜面抛光钳搓擦以去除这些组织。在另一侧重复此过程以游离脊髓。

9)抓住脊髓的一端将其向上抬离躯体,再取出脊髓。用 Vannas-Tübingen 弹簧剪刀沿背腹中线处切断分离出脊髓的背侧部分。

10)固定住剩下的脊髓腹侧部分,沿腹中线切开将其分开。

11)将分离的腹侧脊髓转移到含有冰冷 Leibovitz's L-15 培养基的 60mm×15mm 干净盘中,用 Vannas-Tübingen 弹簧剪刀将脊髓切成碎块。

4. 脊髓运动神经元的培养

1)将分离的脊髓组织和 L-15 培养基移到 15ml 锥形管。室温下以 193g 离心 3 分钟。保留组织碎块沉淀,弃掉培养基。

2)加入 3ml 无菌 DPBS 1:1 稀释的 TrypZean™ 溶液于组织碎块沉淀物。37℃水浴孵育 15 分钟,每隔 3 分钟摇动 1 次。

3)加入 3ml FBS 于 15ml 锥形管。室温下以 193g 离心 3 分钟。保留沉淀下来的组织碎块,弃掉溶液。

4)用 FBS 包被火焰抛光的巴斯德移液管。

5)加入 6ml 的 L-15 培养基移到 15ml 锥形管。用火焰抛光的巴斯德移液管轻轻破碎组织,直到溶液均匀。在破碎过程中,不要产生气泡。

6)用 L-15 培养基配制 9% 的 OptiPrep™ 溶液,向 6 个 15ml 锥形管各加入 3ml。

7)将脊髓匀浆溶液均匀加入到含有 OptiPrep™ 溶液的 6 个 15ml 锥形管。室温下以 430g 离心 15 分钟。在此离心步骤中,应关闭制动器。

8)从每管中小心地收集顶部 2ml 溶液,并将其汇合加入于 50ml 锥形管。在 50ml 锥形管中加入 L15 培养基。在室温下 193g 离心 5 分钟。从细胞沉淀物中弃掉溶液。

9)将细胞重新悬浮在 6ml 的 L15 培养基,再将细胞悬液移到含有 1ml 4% BSA 的 15ml 锥形管。缓慢地在 4% BSA 溶液的上部分层细胞悬液。室温下 260g 离心 10 分钟。从细胞沉淀物中弃掉溶液。

10)将细胞重新悬浮在 250~500ml 的运动神经元完全培养基。将 10μl 细胞悬浮液与 10μl 0.4% 台盼蓝混合。计算活细胞数。

11)用 100μl 运动神经元完全培养基覆盖已制备好的盖玻片。再将 10~20μl 细胞悬浮液添加到每个盖玻片中。分离的细胞以低密度(约 25~50 细胞/mm²)种植为宜。

12)将细胞培养板在 37℃、5% 二氧化碳加湿培养箱中孵育至少 2 小时,使细胞黏附在盖玻片上。

13)在细胞培养板的每个培养孔小心加入 900μl 运动神经元完全培养基。

14)在 37℃、5% 的二氧化碳加湿培养箱中培养脊髓运动神经元 14 天。每 3~4 天更换一次运动神经元完全培养基。

为了长期培养,可以在第 4 天和第 8 天向脊髓运动神经元培养物中添加 100nM 的阿糖胞苷以抑制残留的星形胶质细胞生长。

如果有兴趣通过 immunopanning 技术提高运动神经元培养的纯度,请参考文献(Graber DJ, Harris BT. Purification and culture of spinal motor neurons from rat embryos. Cold Spring Harb Protoc, 2013, 2013(4): 319-326.)了解更多信息。

5. 脊髓运动神经元培养物的培养基更换

为了抑制残留的星形胶质细胞生长,每 3~4 天换液时向脊髓运动神经元培养物中添加100nM的阿糖胞苷（cytosine arabinoside）。健康的脊髓运动神经元培养物可以维持4周。

1）在37℃、5%二氧化碳加湿培养箱中加热适量的运动神经元完全培养基。

2）从培养板的每个培养孔中取出一半培养基（如从24孔板的每个培养孔取出500µl），轻轻地在每孔中加500µl新的、温热的运动神经元完全培养基。不要将所有的培养基从培养孔中取出，因为这会对神经元造成应激。

3）每3~4天更换一次运动神经元完全培养基。

（八）鸡胚背根神经节神经元的培养

背根神经节（dorsal root ganglion，DRG）神经元是脊髓背根神经节内的躯体感觉神经元。鸡DRG培养是研究中枢和外周神经系统的神经突起生长、再生和变性以及伤害和髓鞘形成分子机制的不可缺少的模型系统。下面分步说明半纯DRG的分离和培养。

1. 材料 剥离培养基：在Ham F-12K培养基中加入L-谷氨酰胺-青霉素-链霉素（1×）和HEPES缓冲液（20mmol/L）；种植培养基：在Ham F-12K/DMEM（1:1）培养基中加入L-谷氨酰胺-青霉素-链霉素（1×）、丙酮酸钠（1mmol/L）、HEPES缓冲液（10mmol/L）和10% FBS；DRG神经元完全培养基：在Ham F-12K/DMEM（1:1）培养基中加入L-谷氨酰胺-青霉素-链霉素（1×）、丙酮酸钠（1mmol/L）、HEPES缓冲液（10mmol/L）、N-2 Plus培养基补充剂（1×）和重组β-NGF（1ng/ml）；70%乙醇；Cultrex® 小鼠层粘连蛋白I；无L-谷氨酰胺的高糖DMEM；FBS；L-谷氨酰胺-青霉素-链霉素（100×）；Ham F-12K（Kaighn's）培养基；HEPES缓冲液（1M）；N-2 Plus培养基补充剂（100×，R&D Systems）；PBS；重组β-神经生长因子（nerve growth factor，β-NGF）；丙酮酸钠100mmol/L；台盼蓝（0.4%）；胰蛋白酶溶液（10×）。

2. 细胞培养板的包被

1）用无菌PBS配制层粘连蛋白I溶液（15µg/ml）。

2）向培养板的孔内加50µl层粘连蛋白I溶液，2~8℃孵育培养板过夜。

3）用无菌PBS（100µl/孔）洗培养孔两次。在细胞培养板的每个孔中加入50µl DRG神经元完全培养基。37℃、5%CO₂加湿培养箱中孵育培养板30分钟。培养板已备好可以接种DRG神经元。

3. 胚胎鸡DRG的剥离 将解剖工具浸泡在70%乙醇20~30分钟进行消毒。将工具放在纸巾上，使用前空气干燥。

1）将无菌PBS和剥离培养基放在冰上。

2）用酒精垫擦拭受孕鸡蛋。

3）拿着鸡蛋，气囊面朝上，把蛋壳打裂。用解剖钳将鸡胚取出，放入60mm×15mm的培养皿中。用非常窄的剪刀将胚胎斩首并丢弃头部。

4）将胚胎背部置于培养皿，用7号弯钳将脊髓从所有内脏组织和器官中清理出来。用无菌PBS和剥离培养基先后冲洗胚腔。

5）在解剖显微镜下，用5号精细镊子沿着脊髓剥离出DRG，放置在含有新鲜、冰冷剥离培养基的60mm×15mm培养皿中。使用5号精细镊子和5/45号精细镊子从已分离的DRG中去除其外围组织。不要刺穿DRG的外膜。

6）将清洁的DRG转移到含有冰冷剥离培养基的15ml锥形管中。将DRG放在冰上，直到剥离完成。

7）重复步骤3）~6）完成4~7个鸡胚的分离工作，这可为96孔细胞培养板提供足够的DRG神经元。

8）分离完所有DRG后，于室温下将15ml锥形管离心（193g）3~5分钟，丢弃上清液。

4. 鸡胚DRG的培养

1）在37℃、5%二氧化碳加湿培养箱中加热适量的种植培养基和DRG神经元完全培养基。

2）将DRG重新悬浮在4.8ml无菌PBS中。添加无EDTA的2.5%胰蛋白酶200µl。轻轻摇动15ml锥形管以混匀管内的内容物。在37℃水浴孵育锥形管4~10分钟，在孵育过程中轻轻摇动锥形管几次。胰蛋白酶消化步骤的时间长短依照分离出的DRG数量而异。一旦DRG聚集在一起，孵育时间就结束了，此时可以从37℃水浴中取出15ml锥形管。

3）在15ml锥形管中加入7ml种植培养基。室温下以193g离心3~5分钟。丢弃上清液。

4）将 DRG 重新悬浮在 4~5ml 种植培养基中。用火焰抛光的巴斯德移液管将 DRG 组织破碎分解成单细胞悬液。

5）加入 8~9ml 种植培养基。将细胞悬液转移到 100mm 培养皿中。在 37℃、5%CO$_2$ 加湿培养箱中孵育培养皿 3~4 小时。在孵育过程中，非神经元细胞将黏附在培养皿底部，而 DRG 神经元将保持在悬浮状态。

6）收集并转移种植培养基（含非黏附的 DRG 神经元）至 15ml 锥形管。室温下以 193g 离心 5~7 分钟。丢弃上清液。

7）将神经元重新悬浮在 2~5ml 的 DRG 神经元完全培养基中。将 10μl 细胞悬浮液与 10μl 0.4% 台盼蓝混合。计算活细胞数。

8）用 DRG 神经元完全培养基重新悬浮细胞，使其浓度为（15~20）× 10^4 个细胞 /ml。在包被好的细胞培养板的每孔中加入 100μl 细胞悬浮液，每孔有 15 000~20 000 个细胞。

9）在 37℃、5% CO$_2$ 加湿培养箱培养 DRG 神经元，直到使用。

5. DRG 神经元培养物的培养基更换

1）在 37℃、5% 二氧化碳加湿培养箱中加热适量的 DRG 神经元完全培养基。

2）从培养板的每个培养孔中轻轻地取出一半培养基（如 50μl），再轻轻地在每孔中加 50μl 新的、温热的 DRG 神经元完全培养基。不要将所有的培养基从培养孔中取出，因为这会对神经元造成应激。

3）每 3~4 天更换一次 DRG 神经元完全培养基。

二、神经胶质细胞的培养

神经胶质细胞通常被简称为神经胶质（glia），对神经细胞提供的支持作用有助于限定突触接触并维持神经元的信号传导能力。与神经元一样，许多胶质细胞有从胞体延伸出来的复杂突起，但其与神经元轴突和树突的作用不同。成年脑中具有神经胶质特征的细胞似乎是唯一的干细胞，能产生新的胶质细胞和在少数情况下产生新的神经元。

神经胶质的功能包括维持神经元的离子环境；调节神经信号的传播速度；通过调控突触间隙处或周围的神经递质摄取和代谢来调节突触作用；为神经发育的某些方面提供支架；有助于（或在某些情况下阻碍）神经损伤的修复；在脑和免疫系统之间提供一个接口；在睡眠状态清除代谢废物的过程中，有助于间质液体通过大脑的对流流动。

（一）神经胶质细胞的种类

成年中枢神经系统（central nervous system）中有三类分化的神经胶质细胞：星形胶质细胞（astrocyte or astrocytic glial cell，总称为 astroglia）、少突胶质细胞（oligodendrocyte）和小胶质细胞（microglial cell）。

第一大类的神经胶质细胞是星形胶质细胞，它是中枢神经系统中非常丰富的细胞类型，具有精细的局部突起，呈星形（星状）（starlike or astral）外观，成人脑中的部分星形胶质细胞保留了干细胞的特征。星形胶质细胞的作用在中枢神经系统中非常活跃，不像以前认为的星形胶质细胞只是"填充"细胞。星形胶质细胞对发育中的轴突和某些神经母细胞的迁移起引导作用；在突触传递、突触强度和神经网络的信息处理中发挥功能；在血脑屏障形成以及脑血管张力的完整性和调节中起作用。星形胶质细胞的许多突起通常包绕着神经突触，合成和释放的递质（transmitter）即胶质递质（gliotransmitter）（如兴奋性神经递质谷氨酸）通过钙离子依赖性机制与神经元进行信息交流，调节突触传递（synaptic transmission）。星形胶质细胞对中枢神经系统的所有损伤做出反应，导致星形胶质细胞活化和星形胶质瘢痕（glial scar）形成。活化的星形胶质细胞上调中间丝胶质纤维酸性蛋白（glial fibrillary acidic protein，GFAP）和抑制性的细胞外基质（extracellular matrix，ECM）蛋白的表达。胶质瘢痕可将损伤部位与健康组织分隔开，主要由星形胶质细胞分泌的硫酸软骨素蛋白聚糖（chondroitin sulfate proteoglycan，CSPG）组成，后者是脑损伤或脊髓损伤后阻止或抑制轴突再生和神经元再生的主要因素之一。

星形胶质细胞起源于胚胎晚期和出生早期阶段的放射状星形胶质（radial glial，RG）细胞。RG 细胞是双极细胞，突起细长、胞体卵圆形，源自原始的神经祖细胞，其形成的支架结构帮助神经元的迁移。一部分 RG 细胞亚群转化为室管膜下区（subventricular zone，SVZ）星形胶质细胞即B型细胞。RG和B型细胞在发育期和成年具有星形细胞样神经干细胞（neural stem cells，NSC）作用，即为胶质干细胞（glial stem cell）。与星形胶质细胞一样，RG细胞和B型细胞均表达星形胶质细胞特异性谷氨酸转运体（astrocyte-specific glutamate transporter，GLAST）、醛脱氢酶1家族的成员L1（aldehyde dehydrogenase 1 family，member L1，ALDH1L1）、脑脂结合蛋白（brain lipid-binding protein，BLBP）和GFAP。因此，这些标记物也在未成熟星形胶质细胞表达，不能专用于标记成熟星形胶质细胞。成熟星形胶质细胞的表达产物GFAP、水通道蛋白4（aquaporin-4）和S100B生后发育中逐渐增高。与健康成年脑实质中不再分裂的星形胶质细胞不同，RG细胞和B型细胞表现出干细胞潜能，即都具有自我更新的能力。SVZ星形胶质细胞即B型细胞能产生更多的干细胞、神经元以及成熟的星形胶质细胞和少突胶质细胞。因此，它们具有所有干细胞的关键特性：增殖、自我更新和产生特定组织所有细胞的能力。

第二大类的神经胶质细胞是位于中枢神经系统的少突胶质细胞，以及周围神经系统（peripheral nervous system）的施万细胞（Schwann cell）。少突胶质细胞在部分（不是全部）轴突周围形成层状富含脂质的膜即髓鞘。髓鞘对电信号的传输速度有重要影响。施万细胞形成周围神经系统的髓鞘。成熟少突胶质细胞表达的特异性标志物有：髓鞘碱性蛋白（myelin basic protein，MBP）、髓鞘相关糖蛋白（myelin-associated glycoprotein，MAG）、半乳糖脑苷脂（galactocerebroside，GalC）、髓鞘少突胶质细胞糖蛋白（myelin oligodendrocyte glycoprotein，MOG）、蛋白脂质蛋白（proteolipid protein，PLP）和环核苷酸3'-磷酸二酯酶（cyclic nucleotide 3'-phosphodiesterase，CNP）等。在脑或脊髓损伤的情况下，少突胶质细胞和髓鞘碎片成分，如：Nogo-A（其Nogo-66区识别受体为Nogo receptor1，NgR1）、MAG（受体为NgR1和NgR2）、少突胶质细胞髓鞘糖蛋白（oligodendrocyte myelin glycoprotein，OMgp，受体为NgR1）、Ephrin B3（受体为EphA4）、Semaphorin 4D（Sema 4D，受体为PlexinB1）和Sema 3A等蛋白以及前述的星形胶质细胞形成的胶质瘢痕中的CSPG（受体为NgR2和NgR3）与它们在神经纤维轴突表达的相应受体结合，抑制或阻止了中枢神经轴突的再生。

与神经元和星形胶质细胞的前体细胞相似，少突胶质细胞的前体细胞即少突胶质细胞前体细胞（oligodendrocyte precursor cell，OPC）最初来源于神经管的神经上皮细胞。成年脑中的OPC位于灰质和整个白质，这类胶质干细胞占所有胶质细胞总数的5%。少突胶质细胞前体细胞的分化潜能更为有限，主要是产生成熟的少突胶质细胞和一些星形胶质细胞，但是在体外的某些条件下它们也能产生神经元。在成年神经系统，少突胶质细胞和施万细胞的部分亚群保留了神经干细胞的特性，在损伤或疾病的情况下，可以产生新的少突胶质细胞和施万细胞。

第三大类的神经胶质细胞是小胶质细胞，占脑中非神经元类细胞的10%~15%，主要来源于造血干细胞（但有些可能直接来源于神经干细胞）。小胶质细胞对于正常脑发育、突触修剪、神经元存活和突触形成（synaptogenesis）必不可少。小胶质细胞与其他组织的巨噬细胞有许多共同特性，主要作为清道夫细胞（scavenger cell），清除损伤部位或正常细胞更新处留下的细胞碎片。此外，小胶质细胞分泌的信号转导分子特别是各种细胞因子，调节局部炎症反应并影响其他细胞的存活或死亡。转化生长因子-β（transforming growth factor-β，TGF-β）和集落刺激因子-1受体（colony stimulating factor-1 receptor，CSF-1R）的信号传导等因素具有维持小胶质细胞的动态平衡和自我更新的作用。

脑损伤后，损伤部位的小胶质细胞数量显著增加。其中一些细胞是由脑内的小胶质细胞增殖而来，而另一些则来自巨噬细胞，这些巨噬细胞迁移到受伤区域并通过局部破坏的脑血管系统（血脑屏障）进入大脑。小胶质细胞的标志物有CD11b/Mac1、CD68（ED1）、CR3（OX-42）和Iba-1，在生理或病理生理刺激下小胶质细胞被激活为M1和M2两型。M1型小胶质细胞在干扰素γ（interferon γ）和/或肿瘤坏死因子α（tumor necrosis factor α）刺激下表达促炎细胞因子，而M2型小胶质细胞则产生白细胞介素10和白细胞介素4等抗炎细胞因子，抑制免疫反应促进组织修复。M1 型标志物有主要组织相容性复合物（MHC）Ⅱ（OX-6）、CD80、CCR2、CCR7 和 iNOS 以 及 促 炎 因 子 IL-1β、IL-6、TNF-α、COX-2、CCL2 和 CCL20；M2 型标志物有蛋白精氨酸酶 1（arginase 1，Arg1）、YM1、CD209、FIZZ1 和甘露糖受体（CD206）以及抗炎因子 IL-4、IL-10、IL-13、TGF-β 和 PPARγ 等。小胶质细胞的激活与常见的神经变性性疾病观察到的炎症改变有关，如阿尔茨海默病、帕金森病、亨廷顿病、多发性硬化症和肌萎缩侧索硬化症。

（二）星形胶质细胞的培养

分离和培养新生小鼠皮质混合细胞，包括星形胶质细胞、少突胶质细胞和小胶质细胞（培养物中的神经元则缺乏存活能力），然后再从小胶质细胞和少突胶质细胞中获得纯的星形胶质细胞和星形胶质细胞条件培养基，可用于研究星形胶质细胞的分子和功能特征等生物学功能。

1. 材料 星形胶质细胞培养基：高糖 DMEM+10% 热灭活胎牛血清 +1% 青霉素 / 链霉素；星形胶质细胞种植培养基：不含血清的星形胶质细胞培养基；Hank 平衡盐溶液 HBSS；磷酸盐缓冲液（PBS）；70% 乙醇；2.5% 胰蛋白酶（trypsin）；聚 -D- 赖氨酸；0.05% 胰蛋白酶 -EDTA。

2. 皮质混合细胞的分离 生后第 1~4 天的小鼠幼崽可以用来从皮质混合细胞中分离培养星形胶质细胞。为了达到适当的星形胶质细胞密度，每个 T75 组织培养瓶需要分离 4 只幼鼠的皮质组织。因此，以下实验步骤所使用的溶液体积量是按制备 4 只幼鼠皮质混合细胞来计算的。

1）开始解剖之前，预热 30ml 星形胶质细胞培养基至 37℃。用细胞培养级的水制备浓度为 50μg/ml 的 PDL 溶液，取 20ml 包被 T75 培养瓶，在 37℃、CO_2 培养箱孵育 1 小时。

2）在 2 个解剖盘中加入 2ml 的 HBSS 并置于冰上。

3）轻轻拿住并用 70% 的乙醇保持和喷洒小鼠的头和颈部。用剪刀将动物断头。沿着头皮做一个从后到前的中线切口，露出头颅。小心地从颈到鼻切开颅骨。另外作两个切口以进一步剖开脑：第一个切口位于嗅球的前面，另一个位于小脑的下面，以断开头盖骨与颅底部的连接。用尖头钳，将头盖骨瓣轻轻翻转到一侧，取出大脑，放

入第一个加有 HBSS 的解剖皿中。把盘子放回冰上，继续收集所有 4 个脑组织。

4）剩下的解剖过程在体视显微镜下进行。用精细解剖钳切除嗅球和小脑。

5）为了获取大脑皮质，用精细镊子夹住大脑后端，在两个大脑半球之间进行中线切口，将第二组镊子插入到创建的凹槽中，从大脑中剥离板状结构的皮质。用精细镊子小心地从大脑皮质半球拉开剥离脑膜，从而避免了脑膜细胞和成纤维细胞对最终星形细胞培养物的污染。把准备好的大脑皮层转移到第二个装满 HBSS 的解剖皿里，然后放回冰上。继续相应 4 个皮质的剥离。

6）最后，用锋利的刀片将每个大脑皮层半球切成碎块（大约 4~8 次）。

3. 皮质混合细胞的植入

1）在无菌条件下，将皮质碎块转移到一个 50ml 的 Falcon 管中，并添加 HBSS 至总体积 22.5ml。

2）加入 2.5ml 的 2.5% 胰蛋白酶，混合并在 37℃ 水浴孵育 30 分钟。每隔 10 分钟摇动一次，混合。

3）以 300g 离心 5 分钟，沉淀皮质组织碎块。

4）用倾析法小心地倒出上清液。为避免组织沉淀丢失，可用移液管将其机械性固定。加 10ml 星形胶质细胞种植培养基，用 10ml 塑料移液管强力抽吸，直至组织碎块分离为单细胞悬浮液（20~30 次）。使用星形胶质细胞种植培养基将体积定容到 20ml。通过血球计数板计数来复验皮质组织是否分离成单个细胞。4 只幼鼠皮质应产生分离的单细胞（10~15）× 10^6。

5）从 T75 培养瓶中吸出 PDL，再种植分离的单细胞悬浮液，在 37℃、CO_2 培养箱中培养。

4. 富集星形细胞培养物

1）混合皮质细胞种植 2 天后进行培养基换液，之后每 3 天换液 1 次。

2）种植 7~8 天后，当星形胶质细胞融合且在星形胶质细胞层上出现小胶质细胞，或小胶质细胞已脱离星形胶质细胞层时，在轨道摇床上以 180r/min 的速度摇动 T75 培养瓶 30 分钟以去除小胶质细胞。

3）加入 20ml 新鲜的星形胶质细胞培养基，继续以 240r/min 的速度摇动培养瓶 6 小时，

以去除少突胶质细胞前体细胞（oligodendrocyte precursor cell, OPC）。由于一些OPC不能完全脱离星形细胞层，继续用手剧烈摇动1分钟，可以防止OPC污染星形胶质细胞。收集上清液可用来培养OPC（见后）。

4）9~10天后，细胞长满瓶壁，细胞分层生长，星形胶质细胞贴于底壁，少突胶质细胞位于星形胶质细胞层上面。经振荡纯化后，少突胶质细胞脱落，得到贴壁的星形胶质细胞，其形态见图4-13。

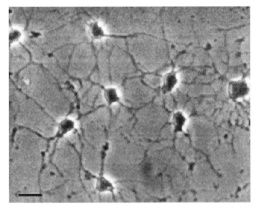

图4-13　星形胶质细胞
复旦大学上海医学院谭玉珍教授实验室供图

5）用PBS冲洗剩下的已长满汇合的星形胶质细胞层，再冲洗一次吸出PBS，添加5ml胰蛋白酶/EDTA，并在37℃、CO_2培养箱中孵育。每5分钟检查一次星形细胞的脱壁分离情况，用手掌敲击培养瓶（2~3次）可以加速星形胶质细胞的脱壁。

6）星形细胞从培养瓶脱壁后，加入5ml星形胶质细胞培养基，180g离心细胞5分钟，吸出上清液，加入40ml新鲜的星形胶质细胞种植培养基。首次传代后，一个T75组织培养瓶应产生约$1×10^6$个细胞。将细胞种植于两个T75培养瓶，在37℃、CO_2培养箱中培养。每2~3天更换一次培养基。

7）首次传代2~4天后，将星形胶质细胞以适当的细胞浓度进行种植，24~48小时后可以进行实验。第二次传代后，一个T75组织培养瓶应产生约$(1.5~2)×10^6$个细胞。

8）可用前述的标志物进行鉴定培养的星形胶质细胞。用这种方法培养的皮层星形胶质细胞的纯度大于98%（GFAP阳性细胞）。

（三）小胶质细胞的培养

利用以下两种方式培养小胶质细胞：从贴壁生长的星形细胞培养物上清液中收集小胶质细胞或培养贴壁生长的小胶质细胞。

1. 从贴壁生长的星形细胞培养物上清液中收集小胶质细胞

1）配制DMEM/F12培养基：将高糖DMEM和F-12培养基混合（1∶1, v/v），然后加入$NaHCO_3$（1.2g/L）和HEPES（15mmol/L）和10% FBS，0.2μm滤器过滤除菌。

2）用DMEM/F12培养基（前述的星形胶质细胞培养基亦可）悬浮皮质混合细胞$15×10^6$，植入PDL包被的T75培养瓶静止培养6~7天后，可见培养液中漂浮生长的小胶质细胞，收集培养基上清液直接种植于培养皿以进行培养纯化小胶质细胞。或将上清液以80g离心5分钟收获已纯化的小胶质细胞沉淀物。

2. 贴壁生长的小胶质细胞培养　在PDL包被的培养瓶用含有血清的星形胶质细胞培养基可以富集星形胶质细胞。前面提到CSF-1可以用来维持小胶质细胞的生长。因此，用CSF-1刺激则可以培养高度纯化的小胶质细胞。小鼠成纤维细胞L-M细胞可以产生含CSF-1的条件培养基，用来培养皮层混合细胞可以产生99%纯度的小胶质细胞。下述方法可以得到贴壁生长的小胶质细胞。

1）配制小胶质细胞培养基：临用前在mMEM培养基200ml中加入1M碳酸氢钠5.2ml，200mmol/L谷氨酰胺2.5ml和5%马血清（pH7.2）。

2）制备L-M细胞条件培养基：L-M细胞以悬浮状态在无血清的Medium 199培养基（含0.5% Bacto-蛋白胨）中生长。接种$6×10^5$个细胞/ml，培养1周或10天，不用换液；或者等到细胞生长到密度$2×10^6$个细胞/ml，培养基呈橙色并浑浊时换液。细胞沉淀后取上清液以200g离心15分钟，分别用1.2、0.8和0.45μm孔径滤器过滤，再用0.22μm孔径滤器过滤消毒。无菌的条件培养基分装标记后于-80℃储存。用放射性受体测定法测定分装的条件培养基中CSF-1的浓度。

3）制备培养皮层组织悬液（同前述的"星形胶质细胞培养"内容），在未用PDL包被的T75培养瓶植入$(3~5)×10^6$个细胞，加入12ml的mMEM和5% HS（不是星形胶质细胞培养基），在 37℃、5% 二氧化碳的加湿培养箱中培养 10~12 天。

4）显微镜下观察培养物，以确保它们汇合，但不要太密集。

5）取出培养基并给细胞重新换液，再培养 10~12 天，期间不换液。

6）取出培养基，用 HBSS 洗培养物。重复清洗，直到所有死的漂浮细胞都被清除。

7）加入 mMEM 培养基，其中含 5% HS 和 20% 的 L-M 细胞条件培养基（含 1 000IU/ml CSF-1 或重组 CSF-1）。

8）在 37℃、5% 二氧化碳的加湿培养箱中培养。

9）培养的小胶质细胞牢牢地贴壁于培养瓶。可用前述的标志物进行鉴定。

（四）少突胶质细胞的培养

1. 制备培养皮层组织悬液（同前述的"星形胶质细胞培养"内容），用 DMEM/F12 培养基悬浮皮质混合细胞培养 7~9 天，可见暗相、长有突起的细胞，附着于已长满的底部灰相细胞层。更换培养基，关闭并拧紧塑料培养盖，将培养瓶放在旋转摇床上。

2. 在 37℃ 以 200r/min 和旋转直径 3.8cm 的速度摇动培养瓶 6 小时。

3. 将培养瓶从旋转摇床中取出，更换培养基（丢弃的培养基通常含有处于分裂期的星形胶质细胞和巨噬细胞），并将其返回旋转摇床再摇动培养 18 小时。

4. 18 小时后，吸出细胞悬液，用装有 Nitex 30μm 网罩的烧杯过滤。将滤液收集到管中进行细胞计数。

5. 用血球计数板来确定细胞数（0.1ml 细胞悬液加 1.9ml 稀释液进行 1∶20 稀释）。在 35mm 培养皿植入 1.5ml 共 4×10^5 个细胞。

6. 补充培养基并摇动培养瓶 24 小时和 48 小时，分别收集额外的少突胶质细胞。再次收集的细胞数目较少，但纯度更高。

7. 用前述的标志物对培养的少突胶质细胞进行鉴定。

（段德义）

参 考 文 献

1. 谭玉珍，实用细胞培养技术. 北京：高等教育出版社，2010：142-157.

2. 吕丹瑜，董静霞，毕振武，等. 平滑肌细胞的体外培养. 解剖学杂志，2005，28（5）：602-603.

3. Banyasz T, Lozinskiy I, Payne CE, et al. Transformation of adult rat cardiac myocytesin primary culture. Exp Physiol, 2007, 93（3）：370-382.

4. Purves D, Augustine GJ, Fitzpatrick D, et al. Neuroscience. 6th ed. New York：Sinauer Associates, 2018：1-10.

5. Wang C, Slikker W Jr. Neural Cell Biology. Boca Raton, Florida：CRC Press, 2017：1-4；170-173.

6. Amini S, White MK. Neuronal Cell Culture Methods and Protocols. New York：Springer Humana, 2013：1-33.

7. Fedoroff S, Richardson A. Protocols for Neural Cell Culture. 3rd ed. Totowa：Humana Press, 2001：117-127；139-147.

8. Graber DJ, Harris BT. Purification and culture of spinal motor neurons from rat embryos. Cold Spring Harb Protoc, 2013, 2013（4）：319-326.

第五章　干细胞培养

干细胞（stem cell）被定义为能够自我更新且具有分化为多种类型细胞潜能的细胞。干细胞为胚胎发生过程中的生长和发育所必需。其在成年动物中也起着不可或缺的作用，为几乎所有成熟和分化细胞的补充提供了必需的细胞来源。干细胞的特性有助于揭示细胞复制、生长和代谢、蛋白质合成和运动等一般细胞进程，了解器官和生物体的发育和衰老。干细胞还可用于发现药物靶点、预测毒理学或包括组织再生在内的细胞治疗。

自我更新的功能通常定义了干细胞，若依其"潜能（potency）"程度即产生不同类型细胞的分化选项范围，可将干细胞大致分为：

1）全能细胞（totipotent cell）：产生包括胚外细胞类型（如胎盘）在内的所有细胞，例如合子（zygote）即受精卵（fertilized egg）。

2）多潜能干细胞（pluripotent cell）或三胚层多能干细胞：产生包括生殖细胞在内的机体所有细胞，即能形成三胚层来源细胞，但不能形成胚外组织细胞。例如：胚胎干细胞（embryonic stem cell，ESC）、诱导多能干细胞（induced pluripotent stem cell，iPS 细胞）、胚泡期胚胎的内细胞群（inner cell mass，ICM）细胞。

3）多能干细胞（multipotent cell）或单胚层多能干细胞：产生组织的所有细胞，往往是针对特定细胞系列的，例如造血干细胞（hematopoietic stem cell，HSC）（形成各类血细胞）、神经干细胞（neural stem cell，NSC）（形成神经元和神经胶质细胞）和间充质干细胞（mesenchymal stromal cell，MSC）。

4）单能干细胞（unipotent cell）：只产生单一细胞类型，例如精原干细胞（spermatogonial stem cell，SPC）以及各类祖细胞（progenitor cell）（如神经元祖细胞只能形成神经元而不能形成神经胶质细胞）。

干细胞最显著的特征是：自我更新与分化。

发现干细胞这一特征的两位干细胞研究先驱是多伦多大学安大略癌症研究所（Ontario Cancer Institute）的 Ernest McCulloch 和 James Edgar Till。1960 年，他们在从事骨髓移植实验研究中发现小鼠脾脏长出的结节中，有的细胞正处于分裂期，有的正分化为三种血细胞：红细胞、白细胞和血小板。1963 年，他们确定每个脾集落确实来源于同一个单细胞；若将脾结节破碎成细胞悬液再注射到小鼠体内，发现这些细胞能够长出集落，即这些集落形成细胞（colony-forming cell）确实具有自我更新的功能。二十世纪七十年代，他们证明了单个骨髓干细胞不仅能够分裂，还能继续分化为三种成熟的血细胞：红细胞、白细胞和血小板。2005 年，McCulloch 和 Till 共同荣获被称为诺贝尔奖风向标的拉斯克奖。

过去 20 多年中，最受关注的干细胞类型也许就是胚胎干细胞，而干细胞在各种组织和器官再生研究这一领域取得的最大进展之一就是诱导多能干细胞（induced pluripotent stem cell，iPS 细胞）。胚胎干细胞和 iPS 细胞都具有分化为外胚层、中胚层和内胚层细胞的能力。胚胎干细胞可从胚泡的内部细胞群中分离出来，而 iPS 细胞则是通过诱导终末分化的体细胞中特定转录因子的表达而产生的。

本章将陆续介绍胚胎干细胞、神经干细胞、造血干细胞、间充质干细胞、表皮干细胞以及 iPS 细胞的培养和鉴定。

第一节　胚胎干细胞培养及鉴定

胚胎干细胞具有多潜能性质（pluripotent in nature），来源于胚泡期胚胎的内细胞群。1967年，Robert Edwards 等在细胞饲养层（feeder layer）上培养兔胚泡（blastocysts）并首次分离出哺乳动物的胚胎干细胞,并证明了这些细胞能够分化为成年的细胞类型如造血、神经肌肉和结缔组织细胞。1981 年,Gail Martin、Martin Evans 和 Andrew Kaufman 分别成功地分离和培养出小鼠胚胎干细胞。1987 年和 1989 年,Mario Capecchi、Martin Evans 和 Oliver Smithies 分别利用小鼠胚胎干细胞和基因操作技术首次建立基因敲除小鼠(knockout mice),被用于基因打靶实验使特定基因位点失活,成为最为广泛应用的在哺乳动物体内确定基因功能的技术之一。1995 年,Thomson 成功分离出灵长类恒河猴(rhesus monkey)的胚胎干细胞。1998 年 Thomson 研究组分离出了人类胚胎干细胞,这是首次在发育中的人类胚胎胚泡期,从内细胞群成功地分离出人类胚胎干细胞。

胚胎干细胞的两个典型特征是多潜能性和无限复制能力。多潜能性意味着这些细胞可以产生三个初级胚层(primary germ layer)即内胚层、中胚层和外胚层的分化衍化物。那么,哪些分子可以标志一个真正的胚胎干细胞？ 20 世纪 90 年代以来,建立了一套定义明确的分子和生化标记,包括：

1）细胞膜结合的表面标志物：如乙二醇脂质类的 SSEA-1(stage-specific embryonic antigen 1)、SSEA-3 和 SSEA-4 以及硫酸角蛋白分子 TRA-1-60(tumor recognition antigens-1-60)和 TRA-1-81。

2）转录因子 Oct4、SOX2 和 Nanog：如果敲除 Oct4 或 Nanog 基因,胚胎不能发育成多潜能干细胞或上胚层细胞(epiblast cell),本应发育为内细胞群细胞却倾向于发育为胚外滋养层细胞谱系或壁内胚层样细胞。

以上两类标记物是确定特定多潜能细胞类型的最低要求,但最终证据是细胞能发育为三个初级胚层(primary germ layer)谱系的能力。

3）端粒酶活性(telomerase activity)：是衡量人胚胎干细胞(human ES, hES)具有持续有丝分裂能力的指标。

4）碱性磷酸酶活性(alkaline phosphatase activity)。

5）体外多潜能(in vitro pluripotency),通过使用内胚层、外胚层和中胚层标记物在自发分化的细胞进行分析标记物表达情况。常用的标记物

有内胚层转录因子 Foxa2(forkhead box A2)、外胚层 β-Ⅲ-tubulin 和中胚层 ASMA(arterial smooth muscle actin)。

6）体内多潜能(in vivo pluripotency)：将人胚胎干细胞异种移植到免疫缺陷小鼠,然后分析内、外和中胚层衍化的畸胎瘤。通常,细胞被移植于肾包膜下,但其他区域如睾丸和骨骼肌也可用来移植细胞。

这些标志物中,小鼠和人多潜能干细胞的表达谱尚有所差异。小鼠多潜能干细胞如 ES 细胞和 iPS 细胞主要表达：E-cadherin(CD324)、EpCAM(epithelial cell adhesion molecule, CD326)和 SSEA-1(CD15)。人 ES 细胞和 iPS 细胞主要表达：EpCAM(CD326)、E-cadherin(CD324)、CD90、SSEA-3、SSEA4、SSEA-5、CD9、TRA-1-60 和 TRA-1-81。有趣的是,对于小鼠来说,SSEA-1 是多潜能干细胞的标记物,而对人细胞,SSEA-1 则是多潜能干细胞分化的标记物。Dormeyer 等已经在人类胚胎干细胞系 HUES-7 鉴定出 200 多种细胞表面蛋白。

在饲养细胞和 / 或各种生长因子存在的情况下进行适当培养,借助胚胎干细胞的无限复制能力可进行强有力的研究并为细胞移植治疗提供潜在的细胞来源。在胚胎干细胞分化的抑制剂 [如碱性成纤维细胞生长因子或白血病抑制因子(leukemia inhibitory factor, LIF)]存在的情况下,体外培养细胞呈未分化的干细胞集落黏附生长。在培养基中不添加 bFGF 或 LIF 的情况下,经酶消化未分化的干细胞集落细胞则脱离黏附状态而生长为自由漂浮的细胞聚集体或球形细胞团即拟胚体(embryoid body, EB)。这种自发分化的 EB 中含有所有三个初级胚层(primary germ layer)的细胞衍生物。EB 形成后,为了定向分化使细胞重新恢复为黏附培养状态以用于商业和临床应用。尽管使用人类胚胎引起了争议,但在过去 20 年里,胚胎干细胞在细胞替代疗法中的应用一直是胚胎干细胞研究的主要目标,以期解决一些异常包括免疫系统和造血系统疾病、神经系统疾病如帕金森病、脊髓损伤和青少年糖尿病。现有的人类胚胎干细胞系也为细胞药物筛选平台的开发和实施提供了宝贵的无限细胞来源。

下面分别介绍基于成纤维细胞饲养层、应用

饲养细胞的条件培养基或人工合成的无动物源培养基来培养人胚胎干细胞的方法。最后,介绍人胚胎干细胞的诱导分化和鉴定。

(一)在辐照的小鼠胚胎成纤维细胞饲养层上培养 BG01V 人胚胎干细胞

人类胚胎干细胞可以在胚胎成纤维细胞饲养层上维持其生长。以下实验方案是在辐照的小鼠胚胎成纤维细胞(irradiated mouse embryonic fibroblasts,iMEF)饲养层上培养人胚胎干细胞系 BG01V。BG01V 是具有异常核型的人胚胎干细胞系。尽管核型异常,但 BG01V 在小鼠胚胎饲养细胞上生长时,其形成的集落(colony)形态均匀,并且易于维持培养。BG01V 细胞的多潜能性标记物和碱性磷酸酶活性均呈阳性。原代小鼠胚胎成纤维细胞(MEF)培养至第 3 代经 γ 射线照射使其有丝分裂灭活为 iMEF。结合使用适当的生长培养基和生长因子补充剂,iMEF 可被用来培养、扩增人或小鼠未分化胚胎干细胞。如请注意,其他胚胎干细胞系的培养可能需要修改此方案,实验研究人员必须确定每个胚胎干细胞系的最佳培养条件。处理人细胞等生物危害性物质时,应遵守实验室安全程序,并穿防护服。配制试剂时需要无菌操作技术。

1. 材料

1)细胞:BG01V 人类胚胎干细胞;iMEF 饲养细胞。

2)MEF 培养基:高糖 DMEM、10% 胎牛血清、2mmol/L L- 谷氨酰胺组成,需要时加入 1:100 稀释的青霉素 / 链霉素原液(100×)。使用 0.2μm 无菌过滤装置过滤消毒。

3)hES 培养基:DMEM/F12、15% 胎牛血清、5% Knockout™ 血清替代品、1:100 稀释的非必需氨基酸原液(100×)、1:100 稀释的青霉素 / 链霉素原液(100×)和 0.1μmol/L 的 β- 巯基乙醇。使用 0.2μm 无菌过滤装置过滤消毒。临用前,培养基应补充重组人 bFGF(4ng/ml)。

4)试剂:胎牛血清(FBS);Knockout™ 血清替代品(Invitrogen);非必需氨基酸(100×);L- 谷氨酰胺(200mmol/L);青霉素 / 链霉素(100×);β- 巯基乙醇(β-mercaptoethanol);DMEM/F12;高糖 DMEM;重组人 bFGF;Accutase®(Innovative Cell Technologies);无菌去离子水配制的明胶溶液

(0.1% w/v)。

2. iMEF 饲养细胞的解冻和植入　在干细胞接种的前一天种植饲养细胞。

1)用 0.1% 无菌明胶包被培养板表面 15 分钟。培养板的大小依照所需的细胞数量而定。例如,一瓶 6×10^6 iMEF 可种植在 2 个 100mm 培养皿、6 个 60mm 培养皿或 2 个 6 孔培养板。

2)将 MEF 培养基加热至 37℃。

3)在 37℃ 水浴中快速加热冻存管,以解冻所需数量的 iMEF 细胞。当细胞刚刚解冻,立即将冻存管内的细胞移到含有至少 5ml 预热的 MEF 培养基的 15ml 锥形管中。另用 1ml 培养基冲洗冻存管,以确保吸取所有细胞。

4)在离心机中以 200g 的速度离心 5 分钟。

5)取出上清液,轻轻弹动细胞沉淀。

6)从培养板中吸出 0.1% 的明胶。

7)将 iMEF 细胞重新悬浮在 MEF 培养基,并转移到明胶包被的培养板(约 1×10^6 个细胞 / 60mm 培养皿)。

8)在 37℃、5% 二氧化碳培养箱中培养过夜,然后接种胚胎干细胞。

3. BG01V 人胚胎干细胞的解冻和植入

1)将 hES 培养基加热至 37℃。

2)在 37℃ 水浴中快速加热解冻冻存管内的 hES 细胞。当细胞刚刚解冻,立即将细胞转移到含有至少 5ml 预热的 hES 培养基的 15ml 锥形管中。另用 1ml 培养基冲洗冻存管,以确保吸取所有细胞。

3)在离心机中以 200g 的速度离心 5 分钟。

4)取出上清液,轻轻弹动细胞沉淀。

5)将细胞重新悬浮在一定量的 hES 培养基(临用前新鲜补充 4ng/ml 重组人 bFGF),一般 60mm 培养板加 5ml。

6)从 iMEF 细胞培养板移去 MEF 培养基,加入 hES 细胞悬浮液。通常 60mm 培养板需要解冻 1×10^6 hES 细胞。

7)将细胞置于 37℃、5% 二氧化碳培养箱中培养。应每天用新鲜补充了重组人 bFGF 的 hES 培养基换液。在 hES 集落边缘互相接触之前进行细胞传代。

多潜能干细胞的形态特征是细胞核比较大,胞质很少,有很多凸起的核仁结构。细胞比较小,紧密聚在一起呈巢状集落（colony），很难区分集落内的单个细胞，但在克隆的边缘可以看到比较清楚的单个细胞（图5-1）。

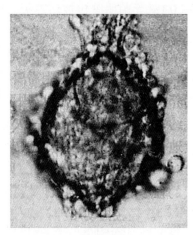

图5-1 人胚胎干细胞集落

hES细胞较小呈集落状生长，边缘可见较清楚的单个细胞

4. BG01V人胚胎干细胞的传代 在传代的前1天，向所需数量的培养板植入iMEF细胞。

1）将hES培养基加热至37℃。

2）从BG01V细胞中吸出hES培养基。向每个60mm皿添加1ml Accutase®溶液。在室温下孵育5~10分钟，或直到细胞开始从培养板上脱落。

3）用移液管在培养板上轻轻抽吸Accutase®溶液直到所有细胞脱壁。

4）轻轻上下抽吸细胞悬液，以分离大细胞团。

5）将细胞悬浮液转移到含有5ml hES培养基的15ml离心管中，并以200g的速度离心4分钟。

6）取出上清液，轻轻弹动细胞沉淀。

7）用预热的hES培养基重新悬浮细胞沉淀，并用血球计数板计数细胞。

8）将所需数量的细胞（0.5×10^6~1.0×10^6个/60mm皿）种植到单层iMEF，用hES培养基（补充了4ng/ml重组人bFGF）培养。

9）每天用新鲜补充了重组人bFGF的hES培养基换液培养细胞。

（二）用小鼠胚胎成纤维细胞条件培养基培养BG01V人胚胎干细胞

在没有饲养细胞层的情况下，可用小鼠胚胎成纤维细胞（mouse embryonic fibroblasts，MEF）

条件培养基培养人类胚胎干细胞。以下实验方案是用MEF条件培养基培养人胚胎干细胞系BG01V。如请注意，其他胚胎干细胞系的培养可能需要修改此方案，实验研究人员必须确定每个胚胎干细胞系的最佳培养条件。处理人细胞等生物危害性物质时，应遵守实验室安全程序，并穿防护服。配制试剂时需要无菌操作技术。

1. 材料

1）细胞：BG01V人类胚胎干细胞；iMEF饲养细胞。

2）试剂：MEF条件培养基；重组人bFGF；Accutase®（Innovative Cell Technologies）；Cultrex®低生长因子型基底膜提取物（Reduced Growth Factor Basement Membrane Extract，BME；R&D Systems®）；DMEM/F12。

2. Cultrex BME包被培养板的制备

1）将Cultrex BME在2~8℃的冰上解冻过夜。

2）分装融化的Cultrex BME至预冷管，在-20℃下储存。

3）在冰上或在2~8℃下，将Cultrex BME分装管解冻过夜。

4）用DMEM/F12以1:40稀释Cultrex BME。稀释液在4℃下可储存2周。

5）用稀释的Cultrex BME包被所需数量的培养皿（约2.5ml/60mm培养皿），并在室温下孵育1~2小时。

6）临植入细胞之前，除去Cultrex BME溶液。

3. BG01V细胞的准备与种植

1）将MEF条件培养基加热至37℃。

2）在37℃水浴中加热解冻冻存管内的BG01V细胞。当细胞刚刚解冻，立即将细胞转移到含有至少5ml预热的MEF条件培养基的15ml锥形管中。另用1ml培养基冲洗冻存管，以确保吸取所有细胞。

3）在离心机中以200g的速度离心4分钟。

4）取出上清液，轻轻弹动细胞沉淀。将细胞重新悬浮在一定量的MEF条件培养基（已补充了4ng/ml重组人bFGF）。

5）将BG01V hES细胞悬浮液添加到Cultrex BME包被的培养板中。

6）在37℃、5%二氧化碳培养箱中培养。每天更换培养基并观察细胞。当细胞长满应进行传代。

4. BG01V 人胚胎干细胞的传代

1）在传代前的 1~2 小时,用 Cultrex BME 如上所述包被所需数量的培养板。

2）将 MEF 条件培养基加热至 37℃。

3）从细胞中吸出 MEF 条件培养基。向每个 60mm 皿添加 1ml Accutase® 溶液。在室温下孵育 5~10 分钟,或直到细胞开始从培养板上脱落。

4）用移液管在培养板上轻轻抽吸 Accutase® 溶液直到所有细胞脱壁。

5）轻轻上下抽吸细胞悬液,以分离大细胞团。

6）将细胞悬浮液转移到含有 5ml MEF 条件培养基的 15ml 离心管中,并以 200g 的速度离心 4 分钟。

7）用 MEF 条件培养基重新悬浮细胞沉淀,并用血球计数板计数细胞。

8）将所需数量的细胞(约 1.0×10^6 个 /60mm 皿)种植到 Cultrex BME 包被的培养板,用 MEF 条件培养基(含 4ng/ml 重组人 bFGF)培养。

9）每天更换培养基,并观察细胞长满程度。

（三）用人工合成的基质培养和扩增人胚胎干细胞

如上所述,传统的人胚胎干细胞培养需要使用小鼠或人成纤维细胞饲养层或饲养细胞的条件培养基。人工合成的肽 – 丙烯酸酯（peptide-acrylate）-Synthemax 可长期维持人胚胎干细胞在成分明确、无动物源性成分培养基（defined, xeno-free medium）中的自我更新。Synthemax 是用含氨基肽修饰的丙烯酸酯聚合物,已被证明可以长期培养多个人胚胎干细胞系,但其对细胞黏附和迁移能力的作用不强,因此在传代中加入 Rho 相关的蛋白激酶（Rho-associated protein kinase, ROCK）抑制剂 Y-27632 孵育 1 天。

1. 材料

1）人胚胎干细胞系 KhES-1、KhES-3 和 H9（WA09）。

2）人工合成的肽 – 丙烯酸酯:Synthemax Ⅱ-SC substrate（Corning）。

3）培养基:成分明确级（defined grade）的 mTeSR1 培养基（STEMCELL Technologies）;无动物源性成分级（xeno-free grade）的 TeSR2（STEMCELL Technologies）、NutriStem hESC XF（Stemgent） 和 PSGro（StemRD）培养基。

首次实验推荐使用 mTeSR1 为成分明确、无动物源性成分培养基。无动物源性成分培养基 TeSR2、NutriStem hESC XF 和 PSGro 通常有批次间的差异,因此建议使用同批次的培养基。其他商品化的无动物源性成分级培养基还有:Essential 8（Invitrogen）或 TeSR-E8（STEMCELL Technologies）。这两种培养基的蛋白质含量低,对于人多潜能干细胞的酶消化分离似乎敏感些。

4）细胞分离试剂:Phosphate-buffered saline（PBS）;0.2% 和 0.02% 的 EDTA/PBS（Sigma）;TrypLE Select（Invitrogen）;Accutase® 溶液（Innovative Cell Technologies）。

5）ROCK 抑制剂:10mmol/L Y-27632（Wako, Tocris, 或 Sigma）。用细胞培养级的水配制成贮存液 10mmol/L（1 000×）,分装后置于 -20℃ 或 -80℃ 保存,4℃ 也可保存,但其活性将会降低。

6）冻存培养基（cryopreservation medium）:按完全培养基 0.8ml 和二甲基亚砜（Dimethyl sulfoxide, DMSO）0.2ml 的比例配制。通常不需要在冻存培养基中添加 Y-27632。然而,Y-27632 可能对大量细胞的长期处置有效。

2. 人胚胎干细胞系在无动物源性成分培养基的传代　传统的人多潜能干细胞培养方法需要使用小鼠或人成纤维细胞饲养层以及 Knockout™ 血清替代品（Invitrogen）培养基。因此,人多潜能干细胞需要适应新的培养基和基质。大多数商品化的培养基不需要适应过程。对于某些人多潜能干细胞系而言,在人工基膜（matrigel）基质上逐渐适应成分明确 / 无动物源性成分培养基作为中间步骤,可获得更好的结果。亦即,在 matrigel 基质上使用 50% 的小鼠胚胎成纤维细胞条件培养基和 50% 的成分明确 / 无动物源性成分培养基可作为第一中间步骤,随后在 matrigel 上使用成分明确 / 无动物源性成分培养基作为第二中间步骤。清除饲养细胞并非必需,因为饲养细胞在传代过程中就可被清除。在细胞适应过程的前几次传代操作,推荐以 1:（2~5）的比例进行分瓶培养。通常情况下,当细胞完全适应时,以 1:10 的比例分瓶进行低密度培养是可行的。

1）开始前，将溶液置于室温进行平衡。根据制造商的说明，包被 6 孔培养板来制备培养细胞的 Synthemax II-SC 基质。

2）从培养器皿中吸去培养人胚胎干细胞系的培养基。

3）用 3ml PBS 冲洗两次。

4）加入 1ml 0.2% EDTA/PBS，室温下孵育 2~5 分钟（若用 0.02% EDTA/PBS 通常需要 5~10 分钟）。

5）吸去 EDTA/PBS。

6）加入 1ml TrypLE Select 溶液，吸去后，在 37℃下孵育 1 分钟。Accutase® 溶液可用作替代品，其作用要比 TrypLE Select 温和。室温孵育 3~10 分钟或在 37℃孵育 3~5 分钟。对于 PSGro 培养基，可用 0.02% EDTA/PBS 以 1∶1 稀释 TrypLE Select 和 Accutase® 以用于消化细胞。

7）加入成分明确、无动物源性成分的培养基。

对于 KhES-3 细胞可以使用 mTeSR1 或 TeSR2 或 PSGro 培养基；对于 KhES-1 细胞可以使用 TeSR2 或 NutriStem 培养基；对于 H9 细胞使用 TeSR2 或 DMEM/KSR 培养基。

8）用移液管抽吸培养基使细胞完全分散。再将分离的细胞转到 15ml 锥形离心管。

9）4℃下以 200g 离心 3 分钟，吸去上清液。将细胞重新悬浮在培养基，计数细胞，并以（4~6）×10⁴ 个细胞 /cm² 或适当密度重新接种于 Synthemax 预先包被的新培养板。再向培养基加入 10μmol/L ROCK 抑制剂 Y-27632。轻轻旋转培养板，确保细胞悬液最终分布在细胞培养孔。

10）从接种后约 24 小时开始，每天更换培养基。对于 6 孔板，加入 3~4ml/ 孔。在某些情况下，在接种 48 小时后再更换培养基可能更好。每 4~5 天传代人胚胎干细胞一次。

3. 细胞的冻存（cryopreserving）

1）开始冻存细胞前，将溶液平衡到室温，冷冻培养基除外。

2）制备冻存培养基。使用前，将装有冷冻培养基（freezing medium）的离心管放在冰上。

3）传代胚胎干细胞制备分离细胞。将含有细胞悬液的 15ml 锥形管以 200g，4℃下离心 3 分钟。

4）吸取上清液，在 2ml 培养基中重新悬浮，并计数细胞。

5）将含有细胞悬液的锥形管在 200g 下离心 3 分钟。

6）吸取上清液，在 0.5ml 培养基中重新悬浮，并计数细胞。

7）轻轻搅拌，逐滴加入等量冰冷的冻存培养基。这项技术减少了对细胞的渗透性休克（osmotic shock）。降低渗透性休克对冻存多潜能干细胞非常重要。如果跳过这个过程，细胞的存活率将非常低。

8）向每个冻存管（freezing vial）中加入 1ml 细胞悬液。

9）将细胞转移到冷冻容器中，并在 -80℃下储存过夜。

10）为了长期储存，第 2 天将细胞转移到液氮罐中，先将冻存管悬在液氮罐用气相降温（with a vapor phase）。

4. 细胞的复苏（thawing）

1）从液氮储存罐中取出胚胎干细胞冻存管。

2）在 37℃水浴解冻冻存管。轻轻搅动小管并小心不要将管完全浸入水中。

3）当只剩下少量冰时，从水浴中取出冻存管。

4）用 70% 乙醇喷洒到冻存管外消毒。

5）轻轻地用移液管将细胞从冻存管移到 15ml 锥形离心管中。

6）缓慢地向细胞中逐滴加入 9.5ml 完全培养基，同时轻轻搅动离心管。这项技术减少了对细胞的渗透性休克。降低渗透性休克对解冻复苏多潜能干细胞非常重要。如果跳过这个过程，细胞的存活率将非常低。

7）将含有细胞悬液的锥形管在 200g 下离心 3 分钟。

8）吸取上清液，在 3~4ml 培养基中重新悬浮细胞，然后计数细胞。

（四）BG01V 人胚胎干细胞向内胚层、外胚层和中胚层的分化

下述实验方案适用于小鼠胚胎成纤维细胞（MEF）条件培养基（R&D Systems®, Catalog #

AR005）培养 BG01V 人胚胎干细胞。如果使用不同的细胞系或生长培养基,可能需要修改本实验方案。用于分化的人多潜能干细胞的质量至关重要,如果细胞的质量不好或传代次数很高可导致分化效率降低和 / 或细胞死亡增加。

1. 材料

1）细胞:BG01V 人胚胎干细胞。

2）试剂:RPMI 培养基;BSA（含极低内毒素）;DMEM/F12（1×）;GlutaMAX™;青霉素 / 链霉素;PBS;Cultrex PathClear 低生长因子型基底膜提取物（Cultrex PathClear Reduced Growth Factor BME;R&D Systems®）;重组人 bFGF（R&D Systems®）;MEF 条件培养基（R&D Systems®）;台盼蓝溶液;Accutase® 溶液（Innovative Cell Technologies）。

2. 试剂和培养基的配制 人多潜能干细胞功能鉴定试剂盒（R&D Systems®, Catalog # SC027B）含有分化基础培养基补充剂,内胚层、中胚层和外胚层分化补充剂以及三个胚层标志物人 SOX17、Otx2 和 Brachyury 抗体。按照试剂盒的操作指南配制以下试剂和培养基:

1）0.1%BSA:在 PBS 中将 10mg BSA 溶解在 10ml PBS 中。用注射器过滤器对溶液进行过滤除菌,在 2~8℃下可保存 3 个月。

2）内胚层分化补充剂 I（500×）:用 50μl 无菌 0.1%BSA 重新溶解。轻轻搅拌。

3）内胚层分化补充剂 II（500×）:用 100μl 无菌 0.1%BSA 重新溶解。轻轻搅拌。

4）中胚层分化补充剂（500×）:用 100μl 无菌 0.1%BSA 重新溶解。轻轻搅拌。

5）外胚层分化补充剂（500×）:用 150μl 无菌 0.1%BSA 重新溶解。轻轻搅拌。

6）分化基础培养基:将 4ml 50 倍分化基础培养基与 196ml RPMI 培养基、2ml 青霉素 / 链霉素（可选）和 2ml GlutaMAX 混合。

7）内胚层分化培养基 I:将 500 倍内胚层分化补充液 I 储备液稀释于分化基础培养基。需要时新配。

8）内胚层分化培养基 II:将 500 倍内胚层分化补充液 II 储备液稀释于分化基础培养基。需要时新配。

9）外胚层分化培养基:将 500 倍外胚层分化补充液储备液稀释于分化基础培养基。需要时新配。

10）中胚层分化介质:将 500 倍中胚层分化补充液储备液稀释于分化基础培养基。需要时新配。

3. Cultrex PathClear BME 包被培养板的制备

1）将 Cultrex PathClear BME 在 2~8℃的冰上解冻过夜。

2）将融化的 Cultrex PathClear BME 分装至预冷的小管,−20℃下储存。

3）在冰上或在 2~8℃下,将 Cultrex PathClear BME 分装管解冻过夜。

4）用 DMEM/F12 以 1 : 40 稀释 Cultrex PathClear BME。稀释液在 2~8 ℃下可储存 2 周。

5）用 95% 乙醇并经火焰（sterilized with 95% ethanol and flamed）制作无菌盖片,再将无菌盖片放入 24 孔板的培养孔。

6）用稀释的 Cultrex PathClear BME 包被所需数量的培养孔（24 孔培养板约 0.5ml/ 孔）,并在室温下孵育 1~2 小时。

7）临植入细胞之前,除去 Cultrex PathClear BME 溶液。

4. 细胞分离

1）将 MEF 条件培养基加热至 37℃。

2）从细胞中吸出培养基。向 60mm 皿添加 1ml Accutase® 溶液或 100mm 皿添加 3ml。在室温下孵育 2~5 分钟,或直到细胞开始从培养板上脱落。如果使用多个培养皿培养的细胞,则以小批量（每次 1~2 个培养皿）工作,这样细胞就不会长时间暴露在 Accutase® 溶液中。

3）用移液管在培养皿上轻轻抽吸 Accutase® 溶液直到所有细胞脱壁。

4）轻轻上下抽吸细胞悬液,以分离大细胞团。

5）将细胞悬浮液转移到含有 5ml MEF 条件培养基（如用 100mm 培养皿加 12ml 条件培养基）的 15ml 离心管中,并以 200g 的速度离心 4 分钟。

5. 细胞种植

1）用 MEF 条件培养基（含有 4ng/ml 重组人 bFGF）重新悬浮细胞沉淀,并用血细胞计数板计数细胞。

2）将细胞以 $1.1 \times 10^5/cm^2$ 种植到 Cultrex PathClear BME 包被的培养板。例如,可将 4.5×10^6 个细胞均分后种植于 24 孔板的所有培养孔。如果所养细胞通常生长缓慢,初始的种植密度可以增加。

3）在 37℃、5%CO₂ 条件下培养过夜。第 2 天,每块培养板的应长满大约 50%。如果细胞达不到 50% 汇合,用新鲜培养基换液直到细胞长满 50%。

4）进行以下的分化实验。

6. 外胚层的分化

1）将分化基础培养基加热至 37℃。

2）用分化基础培养基制备所需量的外胚层分化培养基,然后在 24 孔板加入 1.0ml 培养基 / 孔。

3）从每个培养皿或培养孔中吸出 MEF 条件培养基。

4）将制备好的外胚层分化培养基加入每个培养皿 / 孔,在 37℃ 和 5% 二氧化碳条件下培养过夜。

5）在第 2 天和第 3 天重复步骤 1）~4）。

6）第 4 天,可以对细胞进行免疫细胞化学分析。

7. 中胚层的分化

1）将分化基础培养基加热至 37℃。

2）用分化基础培养基制备所需量的中胚层分化培养基,然后在 24 孔板加入 1.0ml 培养基 / 孔。

3）从每个培养皿或培养孔中吸出 MEF 条件培养基。

4）将制备好的中胚层分化培养基加入每个培养皿 / 孔,在 37℃ 和 5% 二氧化碳条件下培养过夜。

5）12~16 小时后,重复步骤 1）~4）。

6）初始分化后的大约 24 至 36 小时,对细胞进行免疫细胞化学分析。

8. 内胚层的分化（第 1 天）

1）将分化基础培养基加热至 37℃。

2）用分化基础培养基制备所需量的内胚层分化培养基Ⅰ,然后在 24 孔板加入 1.0ml 培养基 / 孔。

3）从每个培养皿或培养孔中吸出 MEF 条件培养基。

4）将制备好的内胚层分化培养基Ⅰ加入每个培养皿 / 孔,在 37℃ 和 5% 二氧化碳条件下培养过夜。

9. 内胚层的分化（第 2、3 天）

1）加入内胚层分化培养基Ⅰ 16~24 小时后,将分化基础培养基加热至 37℃。

2）用分化基础培养基制备所需量的内胚层分化培养基Ⅱ,然后在 24 孔板加入 1.0ml 培养基 / 孔。

3）从每个培养皿或培养孔中吸出内胚层分化培养基Ⅰ,加入制备好的内胚层分化培养基Ⅱ。

4）在第 3 天重复步骤 1）~3）。

5）第 4 天,可以对细胞进行免疫细胞化学分析。

（五）人胚胎干细胞的鉴定

根据前述的胚胎干细胞的分子和生化标记物（膜表面分子和转录因子）,用免疫细胞化学和流式细胞术对培养的胚胎干细胞进行鉴定,这是确定多潜能干细胞的最低要求。

1. 免疫细胞化学

1）4% 多聚甲醛（paraformaldehyde）的配制:用蒸馏水新鲜制备 100ml 多聚甲醛,将 50ml 蒸馏水在通风柜的加热板（hot plate）上加热至 60℃（不要超过 65℃）,再添加 4 克多聚甲醛粉末。搅拌溶液直到澄清（可以添加几滴 NaOH）。之后,通过 0.22μm 过滤器过滤溶液,添加 50ml 无菌的 DPBS（Dulbecco phosphate buffer saline, pH7.4）。待溶液达到室温之后再用来固定细胞,必要时可以调 pH。

2）用 PBS（24 孔板,1.0ml/ 孔）冲洗细胞两次。

3）室温下用 4% 多聚甲醛固定细胞 20 分钟。

4）用 1%BSA–PBS 清洗细胞 3 次,持续 5 分钟（24 孔板, 0.5ml/ 孔）。

5）在室温下用 0.3% Triton X–100、1% BSA 和 10% 正常驴血清（PBS 配制）中破膜和封闭（permeabilize and block）细胞 45 分钟（24 孔板, 0.5ml/ 孔）。

6）封闭期间,用 0.3% Triton X–100、1% BSA 和 10% 正常驴血清（PBS 配制）稀释重新溶解的相关一抗（本节前述的胚胎干细胞和分化细胞的分子和生化标记物抗体）至最终浓度为 10μg/ml。

7）应使用没有添加一抗的 0.3% 个 Triton X–100、1% BSA 和 10% 正常驴血清（PBS 配制）作阴性对照。

8）阻断后，用稀释的一抗（24孔板，300μl/孔）在室温下孵育3小时或在2~8℃下孵育过夜。

9）用1%BSA-PBS中清洗细胞3次，持续5分钟（24孔板，0.5ml/孔）。

10）用1%BSA-PBS以1∶200比例稀释二抗。

11）室温下用稀释的二抗（R&D Systems®，Catalog # NL001或同等抗体）（24孔板，300μl/孔）室温下避光孵育细胞60分钟。

12）用1%BSA-PBS中清洗细胞3次，持续5分钟（24孔板，0.5ml/孔）。

13）用PBS（24孔板，1.0ml/孔）覆盖细胞，用荧光显微镜观察。

14）或者，吸取PBS并添加蒸馏水或去离子水（24孔板，0.5ml/孔）。在载玻片上加一滴封片液（R&D Systems®，Catalog # CTS011），用镊子小心取出盖片，再将盖片的细胞面向下置于封片液。

15）将载玻片置于显微镜下观察。

2. 流式细胞术

1）从细胞中吸出现有培养液，向培养孔中添加0.5ml Accutase®溶液。在37℃下孵育4~5分钟或直到细胞开始从培养板上脱落。

2）将细胞转移到微型离心管中，并在300g下离心5分钟。弃上清液。

3）用2.0ml PBS洗细胞。在300g下离心5分钟，然后从细胞沉淀中倒出缓冲液。再洗一次。

4）将高达 1×10^6 个细胞/100μl的等份液注入FACS管中。添加0.5ml冰冷的流式细胞术固定缓冲液（R&D Systems®，或含有1%~4%多聚甲醛的同等溶液）。

5）混合溶液，在室温下孵育10分钟。不定时地混合细胞以保持单细胞悬液。

6）以300g离心细胞5分钟，倒出流式细胞术固定缓冲液。

7）用2.0ml PBS洗细胞。在300g下离心5分钟，然后从细胞沉淀中倒出缓冲液。再洗一次。

8）在100~200μl流式细胞仪破膜/洗涤缓冲液Ⅰ（R&D Systems®，或含皂苷的等效溶液）中重新悬浮细胞沉淀。

9）加入10μl一抗并混合。在室温下避光孵育细胞30分钟。

注：由于皂苷介导的细胞破膜是一个可逆的过程，因此在进行胞内染色时，将细胞维持在破膜

缓冲液/洗涤缓冲液Ⅰ很重要。

10）用流式细胞仪破膜/洗涤缓冲液Ⅰ洗细胞2次，如步骤3所示。

11）用100~200μl流式细胞仪破膜/洗涤缓冲液Ⅰ重新悬浮细胞沉淀。

12）用流式细胞仪破膜/洗涤缓冲液Ⅰ中稀释所需二抗。建议从二抗产品说明书中建议的浓度开始稀释。

13）室温避光孵育20~30分钟。

14）用流式细胞仪破膜/洗涤缓冲液Ⅰ洗细胞2次，如步骤3所示。

15）将细胞重新悬浮在200~400μl PBS缓冲液中进行流式细胞术分析。

3. 体、内外多潜能分析

除了上面胚胎干细胞标志物的鉴定，检测培养细胞向三个初级胚层发育分化的能力是最终证据。体外诱导细胞分化请见本节前面的"（四）BG01V人胚胎干细胞向内胚层、外胚层和中胚层的分化"。分化细胞标记物的表达情况可用人多潜能干细胞功能鉴定试剂盒（R&D Systems®，Catalog # SC027B）提供的抗体Otx2（外胚层）、Bachyury（中胚层）和SOX17（内胚层）进行分析。

体内多潜能分析：将人胚胎干细胞异种移植到免疫缺陷小鼠，观察畸胎瘤的形成情况。

4. 端粒酶活性（telomerase activity）
按照制造商的说明，用TRAPEZE端粒酶检测试剂盒（Chemicon）端粒重复扩增方案（telomeric repeat amplification protocol）测定端粒酶活性，以衡量人胚胎干细胞具有持续有丝分裂能力。以下实验步骤包括样品制备（1~6）、PCR反应（7~10）和电泳分析（11~16）。

1）收集30~100人胚胎干细胞集落。在4℃下400g离心5分钟沉淀细胞。强烈建议使用试剂盒提供的阳性和阴性对照［分化细胞系和/或热灭活的永生化细胞或干细胞］。

2）用无菌的无钙、镁离子的DPBS在4℃下以400g洗细胞沉淀5分钟。

3）用5~20μl用于干细胞集落的CHAPS裂解缓冲液（Thermo Scientific）重新悬浮细胞沉淀。

4）在冰上放置30分钟。

5）在4℃下以9 500g（12 000r/min）离心细

胞 20 分钟。

6）将上清液转移到新管中,放置在 -80℃可储存长达 1 年以用于端粒酶检测。

7）每个 PCR 反应取 2~4µl 样品作为 PCR 模板。

8）热灭活阴性对照品必须置于 85℃下 10 分钟。然后,使用相同的 2~4µl 体积进行 PCR 反应。

9）制备除模板外所有成分的主混合物,除了 Taq 聚合酶所有试剂(TRAP 反应缓冲液、dNTP mix、TS primer 和 TRAP primer mix)都由试剂盒提供。

10）PCR 程序:30℃ /30 分钟 1 个循环;94℃ /30 秒 +59℃ /30 秒共 30~33 个循环。

11）用 10~15µl 的 PCR 反应产物和 2~5µl 的 10× 上样缓冲液。

12）在 10%~20% 非变性聚丙烯酰胺凝胶(可用 BioRad 的 15% 预制凝胶)上样。

13）在 0.5×TBE 中电泳凝胶,直到两条颜色带(color band)都从凝胶中跑出来。

14）用 1×TBE 制备 SYBR 绿色溶液(1/10 000)。

15）黑暗中将凝胶染色 15~20 分钟。

16）在透光器中观察 DNA 条带(波长与溴化乙锭相同)。

5. 碱性磷酸酶活性　利用碱性磷酸酶底物试剂盒Ⅳ来验证胚胎干细胞的生长。

1）将胚胎干细胞传代至 matrigel 或层粘连蛋白包被的腔室培养玻片(chamber slide)用条件培养基培养 2~7 天。

2）吸出培养基,PBS 清洗,室温下用 4%(w/v)多聚甲醛(配制方法见前)固定细胞 15~60 分钟。再用 PBS 清洗两次。

3）按照制造商的说明,室温下用碱性磷酸酶底物避光孵育细胞 1 小时。

4）用 100% 乙醇轻轻洗涤玻片 2~5 分钟,然后封片。

5）计数显色反应染过的胚胎干细胞集落。

（段德义）

第二节　神经干细胞培养及鉴定

神经解剖学尤其是中枢神经系统组织学研

究领域颇为著名的西班牙神经科学家和病理学家卡哈尔(Santiago Ramóny Cajal, 1852—1934)曾于二十世纪二十年代指出:成年脑内不会产生新的神经元,这个观念被普遍接受了几十年。直到二十世纪六十年代,位于美国波士顿的麻省理工学院两位学者 Joseph Altman 和 Gopal Das 才突破了这一观点,他们在成年豚鼠脑观察到有丝分裂活动,并且这些有丝分裂神经组织细胞(神经组织细胞与神经细胞即 neuron 神经元不同)可以分化为成熟神经元。但两位学者的发现又被忽视了 30 年,直到二十世纪九十年代人们“重新发现”并再次证实了成年脑内的神经元发生(neurogenesis)。人们将神经干细胞(neural stem cell)作为关键工具来解读生物化学和分子信号传导在生后神经谱系细胞发育的作用,并应用神经干细胞的可塑性来获得治疗效果,即中枢神经系统修复。

神经干细胞是多能前体细胞(multipotent precursor cell),其具备如下特性:①在多个区域和发育环境下可分化为神经谱系的所有细胞(理想情况下神经元分化为多个亚型;星形胶质细胞和少突胶质细胞)(即有多分化潜能);②自我更新(即生成具有相同潜能的子代神经干细胞);③可迁移(populate)至发育中和 / 或变性中的中枢神经系统(或其他神经)区域。

一、胚胎和成年神经干细胞的发育

胚胎发育过程中神经干细胞的发育分为以下三个主要阶段:

1）扩增(expansion):胚胎发育早期,经过神经诱导(neural induction)部分外胚层细胞发育为柱状神经干细胞(常被称为神经上皮细胞,neuroepithelial cell),这一时期的细胞主要是对称性分裂,产生的子代细胞均具有分裂增殖能力。

2）神经元发生(neurogenesis):胚胎发育进一步发展,神经上皮细胞(此时常被称为神经干细胞)以不对称性方式分裂,其中一个子细胞保持有丝分裂状态,而另一个子细胞则退出细胞周期并分化为神经元。这种细胞分裂方式主要发生在神经管的室管膜区(ventricular zone, VZ)。随后,神经干细胞从柱状变为放射状,形成放射状胶质细胞（radial glia），最终产生皮质星形胶质细胞，并通过持续的不对称性分裂产生皮质神经元。现在认为放射状胶质细胞就是中枢神经系统胚胎和成年时期的神经干细胞。

3）神经胶质发生（gliogenesis）：神经元发生结束以后，VZ区神经干细胞的亚群将生成各种类型的神经胶质细胞。这一阶段的脑SVZ神经干细胞失去了部分多分化潜能而成为胶质祖细胞（glial progenitor cell），最终产生分化终末胶质细胞，包括星形胶质细胞和放射状胶质细胞。研究表明：神经干细胞在胚胎不同时期携带有不同的发育信息，早期神经干细胞更多发育为神经元，而相对成熟的神经干细胞则多分化为胶质细胞。

成年脑内的神经发生始终存在，主要发生两个区域：侧脑室的SVZ和海马结构的齿状回（dentate gyrus，DG）颗粒下区（subgranular zone，SGZ）。啮齿类动物SVZ的神经干细胞每天分裂产生幼稚神经元（即神经母细胞），后者通过吻侧迁移流（rostral migratory stream，RMS）通道进入嗅球，分化并成熟为嗅觉中间神经元；而人类SVZ的神经干细胞则会形成纹状体的神经元。成人和成年啮齿类动物SGZ的神经干细胞都能新生形成DG区（非CA1和CA3等区）的颗粒细胞。最常见的神经退行性疾病阿尔茨海默病患者的新生神经元不仅比同龄人要少得多，也少于正常衰老的年长者。但也有研究人员并未在成人海马观察到新生神经元。

几种抗原标记物被用来区分神经干细胞和神经祖细胞（neural progenitor）与非神经祖细胞（non-neural progenitors），例如：神经上皮干细胞蛋白（nestin）（表达于未成熟的神经外胚层细胞）、RNA结合蛋白Musashi 1（与转录后基因编辑有关）、细胞表面标记物AC133（多种干细胞以及癌干细胞表达）、转录因子SOX2和放射状胶质细胞表达的中间丝胶质纤维酸性蛋白（GFAP）。

二、神经干细胞的培养方式

从胚胎和成年分离的神经干细胞在体外培养和扩增建立起研究平台，用以理解神经系统发育的调控机制，且扩增的神经干细胞具有治疗神经损伤和疾病的潜在价值。将神经干细胞移植到患者体内，可以分化来代替受损的神经元和胶质细胞，使受损细胞自我恢复，也可以用来输送化学治疗药物。

体外培养神经干细胞时，需要考虑培养基中的成分足以维持其生长繁殖，即可促进细胞增生的有丝分裂原存在，维持干细胞的未分化状态即多分化潜能而不引起神经干细胞的分化。研究表明：只有表皮生长因子（epidermal growth factor，EGF）、碱性成纤维细胞生长因子（basic fibroblast growth factor，bFGF）和白血病抑制因子（leukemia inhibitory factor，LIF）一起使用才能维系胎儿端脑分离的神经干细胞的自我更新和多分化潜能。因为血清中可能存在可诱导细胞分化的因子，因此神经干细胞一般需要在无血清条件下培养。

离体神经干细胞体外可以神经球（neurosphere）、单层（monolayer）和多层（multilayer）等方式培养。

1. 神经球培养 将分离好的细胞植入培养器皿，培养基中加入EGF和bFGF（人神经球培养还需加入LIF），细胞聚集以自由漂浮的悬浮物形式增殖，细胞与非黏附性皿底的相互作用最小。这些神经球既可通过每个球内诸多单细胞的增殖来形成，也可通过附近球的融合而成为数千到数百万个细胞组成的团块，细胞通过分泌细胞黏附分子（cell adhesion molecule）和细胞外基质（extracellular matrix，ECM）分子而发生强有力的相互作用。神经球培养是神经干细胞增殖的广泛使用的标准技术，但另一方面，又被认为它既不是神经干性（neural stemness）的独特特性，也不是克隆增殖的指标。在培养过程中，神经球外部细胞消耗了营养成分从而影响球内部细胞存活以至发生细胞死亡并对抗细胞的有丝分裂，导致细胞扩增数量降低。

2. 单层培养 通过低密度种植细胞以减少细胞间的相互作用从而阻止了神经球的形成。塑料或玻璃皿底通常包被生物分子，培养基中添加bFGF，神经干细胞黏附在皿底上生长。包被分子包括聚D-赖氨酸（poly-D-lysine，PDL）、聚L-鸟氨酸（poly-L-omithine，PLO）和ECM成分如纤粘连蛋白（fibronectin）或层粘连蛋白（laminin）。单层培养的优势是所有细胞都可以无阻碍地从培养基中获得生长因子和营养成分。

3. 多层培养 将细胞通过相对高密度种植于经组织培养处理过的但未被修饰的塑料培养血表面。多层培养介于单层培养和神经球培养之间，局部聚集或成簇的细胞之间存在相互作用，并通过其伸向相邻细胞簇的板状足（lamellipodia）与培养血底相互作用。这种培养模式与神经球培养和单层培养相比，其优点是可以获得大量的神经干细胞，以用于分化调控制和细胞移植。多层培养是新近开发的培养方法，远不及运用单层培养和神经球培养的研究普遍。

许多组织特异性干细胞（如造血干细胞）具备分化为该器官全部各代细胞的能力，但是在体外培养状态下神经干细胞并不能发育为成年脑中神经元的所有亚型，经长期扩增后生成的主要是GABA 神经元和谷氨酸能神经元。从早期的啮齿类动物和人的中脑分离出的前体细胞（precursor cell）经短期扩增可以诱导出功能性的多巴胺能神经元，但长期扩增则会显著降低中脑多巴胺神经元的诱导效率。为此，人们尝试了不同生长因子的鸡尾酒组合、氧水平改变以及转 nurr1 基因（中脑多巴胺神经元发育过程中起关键作用的转录因子）等多种策略，均不能从早期幼稚但经长期扩增的神经干细胞诱导出体内、外都具有完整功能的中脑多巴胺神经元。

下面主要介绍神经球培养法和黏附单层培养法培养神经干细胞、神经干细胞的诱导分化，以及神经干细胞及其分化的免疫细胞化学鉴定。

（一）神经球培养法扩增神经干细胞

1. 材料

1）NeuroCult™ 增殖试剂盒（NeuroCult™ Proliferation Kit, STEMCELL Technologies Inc, Catalog # 05702），含 NeuroCult™ 基础培养基（NeuroCult™ Basal Medium）和 NeuroCult™ 增殖补充剂（NeuroCult™ Proliferation Supplement）。

2）小鼠 CNS 组织分离试剂：含 2% 葡萄糖的 PBS（Phosphate-buffered saline）（收集组织所需），台盼蓝（Trypan Blue），NeuroCult™ 酶消化分离试剂盒（NeuroCult™ Enzymatic Dissociation Kit for Adult CNS Tissue，用于成年 CNS 组织）。

3）神经干细胞增殖试剂：重组表皮生长因子（EGF）；重组碱性成纤维细胞生长因子（bFGF）（只用于培养成年小鼠 CNS 细胞）；肝素溶液（只用于培养成年小鼠 CNS 细胞）；牛血清白蛋白（Bovine serum albumin, BSA）或人血清白蛋白（human serum albumin, HSA）（EGF 和 bFGF 复溶所需）；Accutase™（用于细胞传代）；台盼蓝。

2. 试剂和培养基的配制

1）EGF 贮存液（stock solution, 10μg/ml）：将含至少 0.1%BSA 的 1ml 无菌水加到 EGF（100μg/小瓶）小瓶，用移液管沿小瓶侧面加入。不要旋涡。如不立即使用，则在 −20℃ 至 −80℃ 贮存达 6 个月。

用含至少 0.1%BSA 的无菌水将 EGF（100μg/ml）按 1∶10 比例稀释至终浓度 10μg/ml。如果不立即使用，则将贮存液分装后 0.1~0.3ml 贮存于 −20℃，冷冻/解冻不得超过 3 次。

2）bFGF 贮存液（stock solution, 10μg/ml）（仅用于培养成年小鼠 CNS 细胞）：将含至少 0.1% BSA 的 1ml 无菌水加到 bFGF（10μg/小瓶）小瓶，用移液管沿小瓶侧面加入。不要旋涡。如果不立即使用，则将贮存液分装后（0.1~0.3ml）贮存于 −20℃，冷冻/解冻不得超过 3 次。

3）NeuroCult™ 增殖培养基：将 50ml 瓶内的 NeuroCult™ 细胞增殖补充剂（NeuroCult™ Proliferation Supplement）在 2~8℃ 解冻过夜或在 37℃ 解冻 1~2 小时。如不立即使用，将其分装为 10ml 管于 −20℃ 贮存。一旦分装管解冻，应立即使用，不要再冷冻！在 −20℃ 下贮存后可能会形成白色沉淀。沉淀在 37℃ 下完全解冻并混匀补充剂将会消失。

如果增殖补充剂在运输过程中解冻，应立即分装并在 −20℃ 下贮存。如果补充剂保持冷却状态（不高于 10℃），性能应不受影响。

将所有 NeuroCult™ 增殖补充剂（50ml）添加到 1 瓶（450ml）NeuroCult™ 基础培养基（或每 9ml NeuroCult™ 基础培养基中添加 1ml NeuroCult™ 增殖补充剂）。

混匀后无细胞因子的 NeuroCult™ 增殖培养基即可使用。如果不立即使用，在 2~8℃ 下可保存 1 个月。避免将培养基反复暴露于室温和光照下。

无细胞因子的 NeuroCult™ 增殖培养基仅用于操作某些特殊的步骤,例如,重悬和清洗细胞悬液。不要将这种无细胞因子培养基用于细胞培养。培养胚胎或成年小鼠组织来源的细胞时,建议使用以下不同的细胞因子组合。

4)胚胎 NeuroCult™ 增殖完全培养基:胚胎 NeuroCult™ 增殖完全培养基(Complete Embryonic NeuroCult™ Proliferation Medium):在每 10ml 无细胞因子的 NeuroCult™ 增殖培养基(制备见上)中,添加 20μl 的 EGF(10μg/ml),终浓度为 20ng/ml。如果不立即使用,胚胎 NeuroCult™ 增殖完全培养基于 2~8℃下可保存 1 周。

5)成年 NeuroCult™ 增殖完全培养基:成年 NeuroCult™ 增殖完全培养基(Complete Adult NeuroCult™ Proliferation Medium):在每 10ml 无细胞因子的 NeuroCult™ 增殖培养基(制备见上)中,添加以下物质:20μl 的 EGF(10μg/ml),终浓度为 20ng/ml;10μl 的 bFGF(10μg/ml),终浓度为 10ng/ml;10μl 的肝素溶液,肝素终浓度为 0.000 2%(w/v)即 2μg/ml。如果不立即使用,成年 NeuroCult™ 增殖完全培养基于 2~8℃下可保存 1 周。

3. 胚胎第 14 天小鼠 CNS 组织的分离(dissociation)

1)在妊娠的胚胎第 14 天(embryonic day 14,E14)解剖出胚胎(embryo),其中 E0 是妊娠堵塞形成的那天。

从一只怀孕小鼠可以获得 8~12 个数量不等的胚胎。以下操作方案可用于处理多达 20 个胚胎。

2)从胚胎中取出整个大脑,转移到一个 35mm 的含 2% 葡萄糖的冰冷 PBS 的培养皿中。

3)解剖出所需的大脑区域,置入含 2% 葡萄糖的冰冷 PBS 中。

4)解剖完成后,将置于含 2% 葡萄糖的 PBS 中的所有组织转移到 15ml 锥形管或 14ml 圆底管中。

5)让组织沉淀并用移液管吸取上清液。将组织重新悬浮在 1ml 胚胎 NeuroCult™ 增殖完全培养基中。

6)将一次性塑料枪头连接到 1ml 移液器上,设定为 0.9ml,抽吸破碎(triturate)组织约 5 次。如果仍存在未分离组织(undissociated tissue),让组织团块沉降 1~2 分钟。用移液管将含有单细胞的上清液移到新的 15ml 锥形管中。丢弃未分离组织。

破碎可形成单细胞悬液,但注意不要产生气泡。在这一步骤中,大部分组织将被分离。不要过度破碎,否则会导致细胞死亡。

7)向单细胞悬液中添加 10ml 胚胎 NeuroCult™ 增殖完全培养基。

8)150g 离心 5 分钟。清除并丢弃上清液。

9)用一次性塑料移液枪头短暂破碎(2 次)重新悬浮细胞于 1ml 胚胎 NeuroCult™ 增殖完全培养基中。再添加 2ml 胚胎 NeuroCult™ 增殖完全培养基。

10)通过 40μm 细胞滤器(cell strainer)过滤细胞悬液。

11)测量细胞悬液的总体积。用台盼蓝拒染法和血细胞计数板计数活细胞。

12)然后植入细胞进行神经球培养或黏附单层培养细胞。

4. 成年小鼠 CNS 组织的分离　用 NeuroCult™ 酶消化分离试剂盒(NeuroCult™ Enzymatic Dissociation Kit for Adult CNS Tissue)可以有效地分离成年小鼠 CNS 组织,以获得具有高活力(high cell viability)的细胞悬液。有关完整说明,请参阅 The Technical Manual:Enzymatic Dissociation of Adult Mouse and Rat CNS Tissue Using NeuroCult™ Enzymatic Dissociation Kit(Document #28930)。

1)获得单细胞悬液后,用台盼蓝拒染法和血细胞计数板计数活细胞。

2)然后植入细胞进行神经球培养或黏附单层培养细胞。

5. 小鼠原代 CNS 细胞的初始种植

1)对于胚胎 CNS 来源的细胞,在 T-25cm^2 培养瓶加入 10ml 胚胎 NeuroCult™ 增殖完全培养基,以 8×10^4 个细胞 /cm^2 的密度植入细胞,总数为 2×10^6。

对于成年小鼠脑 SVZ 来源的细胞,在 T-25cm^2 培养瓶加入 10ml 成年 NeuroCult™ 增殖完全培养基,以 2×10^4 个细胞 /cm^2 的密度植入细胞,总数为 5×10^5。

2)在 37℃的 5% CO_2 加湿培养箱中培养神经球。

6. 冷冻保存的神经球的解冻和初始种植

1）预热胚胎 NeuroCult™ 增殖完全培养基至37℃。

2）向 15ml 锥形管中加入 9ml 胚胎 NeuroCult™ 增殖完全培养基。

3）从冷冻柜中取出含神经球的冻存管，并在 37℃ 水浴中快速解冻。

4）将 1ml 胚胎 NeuroCult™ 增殖完全培养基逐滴加到含有解冻神经球的冻存管中。

5）将悬液转移到步骤 2 准备的锥形管中，并以 90g 下离心 5 分钟。

6）吸出上清液并轻轻抽吸细胞沉淀，将神经球重悬于 10ml 胚胎 NeuroCult™ 增殖完全培养基。用移液管抽吸细胞沉淀使神经球重新悬浮。不要将神经球研磨成单细胞悬浮液。

7）将重新悬起的神经球移到 T-25cm² 培养瓶，加入胚胎 NeuroCult™ 增殖完全培养基到 10ml（即上述的全部细胞悬浮液），植入细胞密度 $2×10^5$ 活细胞 /cm²，细胞总数 $5×10^5$。

细胞植入 T-25cm² 培养瓶后的第 2 天或第 3 天，培养基开始变酸（颜色从红色变为橙色 / 黄色），必须将培养物 1：2 分瓶进行培养。

分瓶方法：取出 5ml 细胞悬液，加入 5ml 胚胎 NeuroCult™ 增殖完全培养基，混合后的全部悬液加入到新 T-25cm² 培养瓶。再将 5ml 胚胎 NeuroCult™ 增殖完全培养基加到留在原培养瓶的细胞悬液，使总体积达到 10ml。

8）在倒置光学显微镜下观察培养物，以确定培养物中是否含有完整的神经球，且其中悬浮的单细胞最少。这种培养物现在被称为第 1 天的培养物。

在此阶段，完整的神经球直径应该是 100~150μm。这种初始培养期可使细胞适应培养基并从冷冻保存中恢复。

9）在 37℃、5% 二氧化碳中培养，湿度大于 95%。

10）在培养 3、5、7 和 8 天后（即第 4、6、8 和 9 天）检查培养物，以确定漂浮的单个神经球（球样外观，spheroid appearance）是否完整、存活（图 5-2），并显示一些生长迹象（与第 1 天培养相比，神经球直径增加）。

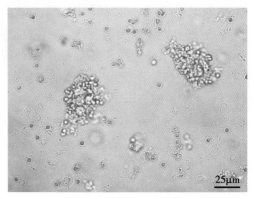

图 5-2 悬浮方式生长的神经干细胞
神经干细胞培养 10 天后，可见细胞聚集以自由漂浮的形式形成神经球形克隆
笔者实验室供图

7. 收集神经球用于传代培养 当培养的神经球（上述的原代神经球或冻存复苏神经球）直径达到 100~150μm 时（通常在细胞植入后的 5~8 天），应传代培养神经球。在细胞达到高密度和生长培养基变酸（颜色变为橙色 / 黄色）之前，也应进行传代。如果培养基颜色在神经球直径达到 100~150μm 之前就变成橙色 / 黄色，则进行培养基的半量换液。不要让神经球长得太大（直径大于 200μm）；大神经球核心内的细胞，因缺乏适当的气体和营养物质或废物的交换会发生坏死。

1）将培养的所有细胞悬液收集到 15ml 锥形管。如果神经球黏附到培养瓶上，则轻敲培养瓶或用培养基轻轻吹打黏附的细胞以解离细胞。

2）以 90g 离心细胞 5 分钟。

3）选用下述的 Accutase™ 酶水解法或机械分离法分离神经球（dissociation of neurosphere）。

8. Accutase™ 酶水解法分离神经球 Accutase™ 含有蛋白水解酶和胶原水解酶，可常规用于培养细胞的分离。

1）将 Accutase™ 在 2~8℃ 温度下置于冷水容器中解冻过夜，或在室温（15~25℃）下解冻到刚解冻即用于细胞的分离。不要在 37℃ 下解冻。

2）将神经球离心之后，移出并丢弃上清液，留下细胞沉淀。

3）在分离细胞之前，用相应的（即胚胎或成人）Neurocult™ 增殖完全培养基预先湿润一次性移液器枪头，以防止细胞黏附在移液器枪头的壁上。

4）向每个 T-25cm² 瓶收集的细胞沉淀中添加 200μl Accutase™。

5）在室温（15~25℃）或 37℃下培养 5 分钟。在孵育阶段，轻轻摇动管进行混合细胞，以确保细胞悬液充分混合。

6）5 分钟后，用眼睛观察是否还有未分离的神经球或细胞团块。如果还有细胞团块，对于 T-25cm² 瓶收集的细胞，将 200μl 的移液器设置在 180μl 左右，用移液器轻轻破碎之。

7）用没有添加细胞因子的 Neuroccult™ 增殖完全培养基洗细胞。

8）以 150g 离心 5 分钟。弃去上清液。

9）加 500μl 胚胎或成人 NeuroCult™ 增殖完全培养基重悬细胞。

10）测细胞悬液的总体积。用台盼蓝拒染法和血细胞计数板计数活细胞。

11）然后，进行下述的"再植入细胞培养神经球"。

9. 机械分离法分离神经球

1）细胞离心后，去除并丢弃上清液。将 T-25cm² 培养瓶的细胞沉淀物重悬于最多 200μl 胚胎 NeuroCult™ 增殖完全培养基中。如果用多管收集培养物，则以小体积（例如 200μl）重悬细胞沉淀物，再将所有细胞悬液汇集起来。

2）将 200μl 的移液器设置在 180μl 左右，上下抽吸破碎神经球（20~30 次），直到获得单细胞悬液。用力破碎，但不要将气泡引入细胞悬液。

3）如果神经球仍没有分离，静置 1~2 分钟，用移液管将含有单细胞的上清液移到新管。如有必要，重复破碎过程：将 200μl 胚胎 NeuroCult™ 增殖完全培养基添加到剩余的尚未分离的神经球中，按上述步骤继续破碎。

4）将获得的所有单细胞悬液汇集起来。

5）150g 离心 5 分钟。

6）弃去上清液。如有必要，加入适当体积（如 1ml）的胚胎 NeuroCult™ 增殖完全培养基通过短暂破碎而悬起细胞。

7）测细胞悬液的总体积。用台盼蓝拒染法和血细胞计数板计数活细胞。

8）然后，进行下述的"再植入细胞培养神经球"。

10. 再植入细胞培养神经球（replating cells for neurosphere culture）

1）对于胚胎 CNS 细胞，在 T-25cm² 培养瓶加入胚胎 NeuroCult™ 增殖完全培养基 10ml 以 2×10^4 个活细胞 /cm² 的密度植入胚胎 CNS 来源的细胞，细胞总数 5×10^5。

对于成年 CNS 细胞，在 T-25cm² 培养瓶加入成年 NeuroCult™ 增殖完全培养基 10ml 以 4×10^3 个活细胞 /cm² 的密度植入成年 CNS 来源的细胞，细胞总数 1×10^5。

2）在 37℃的 5% CO_2 加湿培养箱中培养。

（二）黏附单层培养法扩增神经干细胞

1. 材料和设备　聚 -D- 赖氨酸（Poly-D-Lysine，PDL）；层粘连蛋白（laminin）；Accutase™（用于细胞传代）。

其余试剂、材料和设备等与"（一）神经球培养法扩增神经干细胞"相同。

2. 培养器皿包被溶液的配制　为了以黏附单层方法培养神经干细胞和祖细胞，需要在培养器皿的表面包被合适的基质。用聚 D- 赖氨酸（PDL）、层粘连蛋白、聚 -L- 鸟氨酸或这些物质的组合成分包被培养器皿的表面，以促进细胞与基质的结合，从而避免细胞与细胞之间的黏附和聚集。在没有适当基质的情况下这些细胞黏附和聚集会形成神经球。按以下方法分别制备 PDL 和层粘连蛋白的贮存液（stock solution）、PDL/ 层粘连蛋白包被培养器皿和仅层粘连蛋白包被培养器皿。

1）PDL 贮存液（100μg/ml）的制备：在 50ml 无菌水中溶解 5mg PDL。然后分装于聚丙烯小瓶，在 2~8℃下贮存。

2）层粘连蛋白贮存液（10μg/ml）的制备：在 2~8℃下解冻层粘连蛋白。用无菌 PBS 或无菌水稀释层粘连蛋白，制备 10μg/ml 层粘连蛋白工作液（working solution）（现制备的量应与立即使用所需量相当）。将剩余的层粘连蛋白（尚未稀释）以适当体积分装后贮存于 -20℃。

3. PDL/ 层粘连蛋白包被培养器皿

1）用无菌水稀释 100μg/ml 的 PDL 贮存液至终浓度 10μg/ml。

2）将 10μg/ml PDL 加入到备用的培养器皿（6 孔板为 1~2ml/ 孔，T-25cm² 培养瓶为 3ml）。

3）在室温（15~25℃）下孵育2小时或在2~8℃下孵育过夜（约20小时）。

4）用无菌PBS清洗每个培养孔/瓶（6孔板加入1~2ml/孔，T-25cm²培养瓶5ml），弃去尽可能多的PBS。

5）加入10μg/ml层粘连蛋白贮存液（6孔板为1~2ml/孔，T-25cm²培养瓶为3ml）。

6）在室温（15~25℃）下孵育2小时或在2~8℃下孵育过夜。

7）用无菌PBS清洗每个孔/瓶（6孔板加入1~2ml/孔，T-25cm²培养瓶加入5ml）。

只有准备种植细胞时才弃去PBS。不能让包被好的培养板完全干燥。

8）包被好的培养器皿即可用来种植细胞（plate the cell）进行黏附单层培养，且只供包被的当天使用。

4. 只用层粘连蛋白包被培养器皿

1）将适当体积的10μg/ml层粘连蛋白贮存液加入到备用的培养器皿（6孔板为1~2ml/孔，T-25cm²培养瓶为3ml）。

2）在室温（15~25℃）下孵育2小时或在2~8℃下孵育过夜。

3）用无菌PBS清洗每个培养孔/瓶（6孔板加入1~2ml/孔，T-25cm²培养瓶5ml）。

只有在准备种植细胞时才弃去PBS。不能让包被好的培养板完全干燥。

4）被好的培养器皿即可用来种植细胞进行黏附单层培养，且只供包被的当天使用。

5. 小鼠原代CNS细胞的初始植入

按前述方法，制备胚胎或成年小鼠CNS的单细胞悬液，然后将其植入已包被的培养器皿。

1）对于胚胎CNS来源的细胞：T-25cm²培养瓶用PDL/层粘连蛋白或层粘连蛋白包被后，加入10ml胚胎NeuroCult™增殖完全培养基以8×10^4个活细胞/cm²的密度植入细胞，总数2×10^6。

成年小鼠脑SVZ来源的细胞：在PDL/层粘连蛋白或层粘连蛋白包被的T-25cm²培养瓶加入10ml成年NeuroCult™增殖完全培养基以2×10^4个细胞/cm²的密度植入细胞，总数5×10^5。

2）在37℃的5% CO_2加湿培养箱中培养：在有底物存在的情况下，神经干细胞和祖细胞将

在24小时内黏附在底物包被的培养器皿上。黏附后的细胞形态扁平，多为双极性（图5-3）。

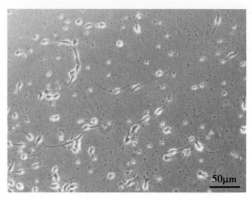

图5-3 黏附单层生长的神经干细胞
在包被的培养器皿培养24小时后细胞呈单层方式生长，未见神经球形克隆
作者实验室供图

6. 黏附单层培养细胞的传代

黏附单层培养的细胞汇合到60%~80%时就应传代。在收集细胞之前，必须准备好所需数量的预包被培养瓶。下述操作是用Accutase™来分离细胞。Accutase™分离的细胞活力高，且分离的细胞能为多次传代而进行新一轮黏附培养。

1）一旦培养物汇合达到60%~80%即可传代，使用移液器从培养器皿中取出培养基。

2）向每个T-25cm²培养瓶中添加10ml PBS，洗涤细胞。

3）轻轻旋转培养瓶，然后吸出PBS并丢弃。

4）在每个T-25cm²瓶中添加1ml Accutase™。

5）在室温（15~25℃）或37℃下培养5分钟。

6）观察培养物以确定细胞是否开始脱壁解离（detach）以及脱壁是否完成。如果细胞在5分钟后没有完全脱壁，则用培养基流注冲培养器皿表面以解离细胞。

7）用一次性移液管将5ml胚胎NeuroCult™增殖完全培养基添加到细胞已解离的T-25cm²培养瓶中。

8）使用同样的移液管，向上和向下抽吸细胞/培养基悬液2~3次来重悬已解离的细胞。

9）收集细胞并置入新的无菌15ml锥形管中。如果仍有细胞残留管内，则添加少量胚胎NeuroCult™增殖完全培养基，重新收集剩余细胞。

10）以110g离心5分钟。

11）弃去上清液，最多加200μl胚胎NeuroCult

增殖完全培养基。把 200μl 移液管设置为约 180μl，接上一次性塑料移液枪头，抽吸直到获得单细胞悬液。

12）加适当体积（0.5~1ml）的胚胎 Neuro-Cult™ 增殖完全培养基重悬细胞。

13）测细胞悬浮液的总体积。用台盼蓝拒染法和血细胞计数板计数活细胞。

7. 黏附单层培养细胞的再植入

1）胚胎 CNS 来源的细胞：在 PDL/ 层粘连蛋白或层粘连蛋白包被的 T-25cm² 培养瓶加入 10ml 胚胎 NeuroCult™ 增殖完全培养基，以 2×10^4 个活细胞 /cm² 的密度植入细胞，总数 5×10^5。

成年 CNS 来源的细胞：在 PDL/ 层粘连蛋白或层粘连蛋白包被的 T-25cm² 培养瓶加入 10ml 成年 NeuroCult™ 增殖完全培养基，以 8×10^3 个活细胞 /cm² 的密度植入细胞，总数 2×10^5。

2）在 37℃的 5% CO_2 加湿培养箱中培养。

（三）神经干细胞的分化

1. 材料

1）胚胎小鼠 CNS 细胞分化的黏附性基质：聚 L- 鸟氨酸（poly-L-ornithine，PLO）溶液；PDL；层粘连蛋白。

2）成年小鼠 CNS 细胞分化的黏附性基质：Corning® Matrigel® 基底膜或低生长因子型 Corning® Matrigel® 基底膜（Corning® Matrigel®，Growth Factor Reduced；Corning Catalog #354277 or 354230）。

2. NeuroCult™ 分化完全培养基的配制

NeuroCult™ 分化试剂盒（NeuroCult™ Differentiation Kit，Catalog # 05704，STEMCELL Technologies Inc），含 NeuroCult™ 基础培养基（NeuroCult™ Basal Medium）和 NeuroCult™ 分化补充剂（NeuroCult™ Differentiation Supplement）。

1）将 50ml 瓶内的 NeuroCult™ 细胞分化补充剂在 2~8℃解冻过夜或在 37℃解冻 1~2 小时。

如不立即使用，将其分装为 10ml 管于 -20℃贮存。一旦分装管解冻，应立即使用，不要再冷冻。在 -20℃下贮存后可能会形成白色沉淀。沉淀在 37℃下完全解冻并混匀补充剂将会消失。

2）将所有 NeuroCult™ 分化补充剂（50ml）添加到 1 瓶（450ml）NeuroCult™ 基础培养基，或每 9ml NeuroCult™ 基础培养基中添加 1ml NeuroCult™

分化补充剂即 1：10 稀释。

3）充分混匀即为马上可以使用的 NeuroCult™ 分化完全培养基（Complete NeuroCult™ Differentiation Medium）。如不立即使用，在 2~8℃下可保存 1 个月。

3. 盖玻片包被溶液的配制

1）制备 PLO 或 PDL 贮存液：将 1.5ml PLO 溶液（0.01%）添加到 8.5ml 无菌 PBS 中，制备 15μg/ml PLO 贮存液。

将 5mg PDL 溶解于 50ml 无菌水中制备 100μg/ml PDL 贮存液，分装于聚丙烯小瓶 2~8℃贮存。

2）制备 10μg/ml 层粘连蛋白贮存液：在 2~8℃下解冻层粘连蛋白，以防止层粘连蛋白胶凝（gelling）。在无菌 PBS 或无菌水中稀释层粘连蛋白，制备 10μg/ml 层粘连蛋白工作液（制备量应与即刻使用所需量相当）。将剩余的层粘连蛋白（尚未稀释）以适当容积分装后在 -20℃下贮存。

4. PLO/ 层粘连蛋白或 PDL/ 层粘连蛋白包被盖玻片 从胚胎小鼠 CNS 组织中获得细胞进行分化实验时，用 PLO/ 层粘连蛋白或 PDL/ 层粘连蛋白包被盖玻片。

如果使用圆形玻璃盖玻片进行免疫细胞化学，确保所选的盖玻片容易放入和取出培养细胞板的培养孔。在包被前用高压灭菌法对盖玻片进行消毒。

1）使用无菌镊子，将预先消毒的玻璃盖片置于 24 孔板的培养孔。然后加入 0.5~1ml 的 15μg/ml PLO 贮存液于置有盖片的培养孔。

用无菌水稀释 100μg/ml PDL 贮存液至最终浓度 10μg/ml 后，再加入 0.5~1ml 于置有盖片的培养孔。

确保盖片完全浸没在 PLO 或 PDL 溶液中。如有必要，使用一次性塑料吸液枪头将盖玻片推到孔底。

2）在室温（15~25℃）下孵育 2 小时或在 2~8℃下孵育过夜（约 20 小时）。

3）用 1ml 无菌 PBS 洗每个孔 2 次。尽可能弃去 PBS。

4）将 0.5~1ml 10μg/ml 层粘连蛋白贮存液加到置有盖片的培养孔中。

5）在室温（15~25℃）下孵育 2 小时或在

2~8℃下孵育过夜。

6）从每孔中取出上述溶液。用 1ml 无菌 PBS 清洗 3 次,每次 15 分钟,以去除任何残留的层粘连蛋白溶液。

只有在准备种植细胞时才弃去 PBS。不能让包被好的培养板完全干燥。

7）用基质包被好的盖片即可使用,且只供包被的当天使用。

5. 用 Matrigel® 包被盖玻片 从成年小鼠 CNS 组织获得细胞进行分化实验时,要用 Matrigel® 包被盖玻片。

如果使用圆形盖玻片进行免疫细胞化学,确保所选的盖玻片容易放入和取出培养细胞板的培养孔。在包被前用高压灭菌法对盖玻片进行消毒。

1）将 Matrigel® 在 2~8℃下解冻,直至其液化。

为防止 Matrigel® 凝胶化(gelation),必须保持在冰上或 2~8℃低温下解冻。

2）将整瓶融化的 Matrigel® 分装成每份 2mg 加入到 2ml 螺旋盖管。留够 2mg 分装小管供实验使用后,将其余不使用的 Matrigel® 分装小管置于 -20℃下贮存。

一份 2mg Matrigel® 溶液足够包被 1~2 块 24 孔板,这取决于每孔使用 0.5 或 1ml 溶液。每批 Matrigel® 的蛋白质浓度各不相同。参考供应商的分析证书,以确定制备 2mg 分装样品所需的 Matrigel® 适当容量。

3）将 23ml 无细胞因子的 NeuroCult™ 增殖培养基加入 50ml 聚丙烯管中。

4）向含有 2mg Matrigel® 的管中添加 1ml 不含细胞因子的冰冷 NeuroCult™ 增殖培养基,然后用吸液管上下混合溶液。

5）将稀释的 Matrigel® 溶液转移到含有 23ml 无细胞因子的 NeuroCult™ 增殖培养基的 50ml 聚丙烯管中,用吸液管轻轻上下混合溶液。

6）使用无菌镊子,将预先消毒的玻璃盖片移至每个 24 孔板的培养孔中。

7）将 0.5~1ml 稀释的 Matrigel® 加入含有盖玻片的培养孔中。

8）在室温(15~25℃)下孵育 2 小时或在 2~8℃下孵育过夜。

9）准备使用包被的盖玻片时,移除 Matrigel®

溶液。细胞可以直接种植到 Matrigel® 包被的盖片上,无需清洗步骤。

6. 从神经球培养物中收集神经干细胞 在细胞因子(EGF 和 bFGF)的存在下,神经干细胞仍处于相对未分化的状态。在去除细胞因子和加入少量血清后,神经干细胞可被诱导分化为神经元、星形胶质细胞和少突胶质细胞。

1）培养的神经球直径达到 100~150μm 时,收集 T-25cm² 培养瓶的细胞。植入胚胎 CNS 原代细胞和传代细胞一般需要生长 5~7 天。

2）收集神经球并放置在 15ml 的锥形管中。如果仍有细胞黏附到培养瓶上,用培养基流注冲黏附的细胞以解离细胞。

3）以 90g 离心 5 分钟。移出上清液并丢弃。

4）在 10ml NeuroCult™ 分化完全培养基中轻轻重悬细胞沉淀物,以清洗细胞(去除细胞因子)。

5）以 90g 离心 5 分钟。

6）移出上清液并丢弃。

7）用 200μl NeuroCult™ 分化完全培养基,重新悬浮含有神经球的离心管中的细胞沉淀物。

8）将 200μl 的移液器设置在 180μl 左右,上下抽吸破碎神经球(20~30 次),直到获得单细胞悬液。用力破碎,但不要将气泡引入细胞悬液。

本步骤为高密度植入从神经球分离的单细胞以用于对分化细胞进行二维定性和 / 或定量分析。注意区分后面提到的低密度植入整个神经球,对单个完整神经球进行三维共聚焦显微镜检查。

9）如果神经球仍然没有分离,静置 1~2 分钟,用移液管将含有单细胞的上清液移到新管中。将 200μl NeuroCult™ 分化完全培养基添加到剩余的未解离神经球中,如上所述重复破碎。获得单细胞悬浮液后,将所有细胞悬浮液混合。

10）150g 离心 5 分钟。

11）去除上清液,在适当体积(例如 1ml)的 NeuroCult™ 分化完全培养基中进行短暂破碎,使细胞重新悬浮。

12）测细胞悬液的总体积。用台盼蓝拒染法和血细胞计数板计数活细胞。

7. 从黏附单层培养物中收集神经干细胞

1）当培养物汇合 60%~80% 即可收集细胞。用移液管从培养皿中移走培养基。

2）向每个 T-25cm^2 培养瓶中添加 10ml PBS，洗涤细胞。

3）轻轻旋转培养瓶，然后取出 PBS 并丢弃。

4）在每个 T-25cm^2 瓶中添加 1ml Accutase^{TM}。

5）在室温（15~25℃）或 37℃下孵育 5 分钟。

6）观察培养物以确定细胞是否开始脱壁解离以及解离是否完成。如果细胞在 5 分钟后没有完全解离，则用培养基流注冲培养器皿表面以解离细胞。

7）用一次性移液管将 5ml NeuroCult^{TM} 分化完全培养基添加到细胞已解离的 T-25cm^2 培养瓶中。这步洗涤可以去除细胞因子。

8）使用同样的移液管，向上和向下抽吸细胞 - 培养基悬液 2~3 次来重悬已解离的细胞。

9）收集细胞并置入新的无菌 15ml 锥形管中。如果仍有细胞残留管内，则添加少量 NeuroCult^{TM} 分化完全培养基，重复收集剩余细胞。

10）以 110g 离心 5 分钟。

11）弃去上清液，最多加 200μl NeuroCult^{TM} 分化完全培养基。把 200μl 移液管设置为约 180μl，接上一次性塑料移液枪头，抽吸直到获得单细胞悬液。

12）加适当体积（0.5~1ml）的 NeuroCult^{TM} 分化完全培养基重悬细胞。

13）测细胞悬浮液的总体积。用台盼蓝拒染法和血细胞计数板计数活细胞。

8. 种植单细胞悬液诱导细胞分化

1）对于胚胎小鼠 CNS 细胞：在 24 孔板中置入 PDL/ 层粘连蛋白或 PLO/ 层粘连蛋白包被的盖玻片，加入 1ml NeuroCult^{TM} 分化完全培养基，植入原代细胞（5×10^5/孔）或传代细胞（1.25×10^5/孔）的悬液。

对于成年小鼠 CNS 细胞：在 24 孔板中置入 Matrigel$^®$ 包被的盖玻片，加入 1ml NeuroCult^{TM} 分化完全培养基，植入原代细胞（5×10^5/孔）或传代细胞（1×10^5/孔）的悬液。

2）在 37℃的 5% CO_2 加湿培养箱中培养。

3）每天检查培养物以确定在分化过程中是否需要更换培养基。如果培养基变酸（变黄），进行培养基的半量换液，去除大约一半的培养基再添加新鲜的 NeuroCult^{TM} 分化培养基。

4）用倒置显微镜观察植入 6~8 天后的培养物，以确定细胞是否分化。当细胞分化以后，单细胞会扩散开来，细胞形态不一。

5）取出已有分化神经细胞的盖玻片或预包被培养玻片，进行间接免疫荧光染色。

9. 完整神经球细胞的分化

1）培养的神经球直径达到 100~150μm 时，收集 T-25cm^2 培养瓶的细胞。植入胚胎 CNS 原代细胞和传代细胞一般需要生长 5~7 天。

2）收集神经球并放置在 15ml 的锥形管中。如果仍有细胞黏附到培养瓶上，用培养基流注冲黏附的细胞以解离细胞。

3）以 90g 离心 5 分钟。移出上清液并丢弃。

4）在 10ml NeuroCult^{TM} 分化完全培养基中轻轻重悬细胞沉淀物，以清洗细胞，去除细胞因子。

5）以 90g 离心 5 分钟。

6）移出上清液并丢弃。

7）用 5ml NeuroCult^{TM} 分化完全培养基悬浮神经球（不要破碎神经球）。

目的：低密度植入整个神经球对完整神经球进行三维共聚焦显微镜检查。

8）将神经球转移到 60mm 的培养皿（或其他合适的培养器皿）中，以便用一次性塑料吸液管枪头分离单个神经球。

9）将 1ml 完 NeuroCult^{TM} 分化完全培养基加入到 24 孔板，孔内已置入 PLO/ 层粘连蛋白或 PDL/ 层粘连蛋白包被的玻璃盖片。

10）用移液管分离出 1~10 个神经球，并将其植入 24 孔板，孔内已置入 PLO/ 层粘连蛋白或 PDL/ 层粘连蛋白包被的玻璃盖片。

虽然肉眼通常能看到单个神经球，但也可以用放置在生物危害安全柜中的显微镜进行观察。

11）在 37℃的 5% CO_2 加湿培养箱中培养。

12）每天检查培养物以确定在分化过程中是否需要更换培养基。如果培养基变酸（变黄），进行培养基的半量换液，去除大约一半的培养基再添加新鲜的 NeuroCult^{TM} 分化培养基。

13）用倒置显微镜观察植入 6~8 天后的培养物，以确定细胞是否分化。当细胞分化以后，完整的神经球会扩散开来，细胞形态不一。

14）取出已有分化神经细胞的盖玻片或预包

被培养玻片,进行间接免疫荧光染色。

（四）免疫荧光标记鉴定细胞类型

1. **试剂** DPBS（无 Ca^{++} 或 Mg^{++}）；PBS 配制的 4% 多聚甲醛（pH 7.2）；Triton X-100；封片剂。

2. **固定**

1）从培养孔中吸出大约 90% 的培养基。固定前不要将培养基全部取出,未固定的细胞不应暴露在空气中。

2）在化学通风柜中,向 24 孔板的每孔中加入 1ml PBS 配制的 4% 多聚甲醛（pH 7.2）。

3）在室温（15~25℃）下孵育 30 分钟。

4）在化学通风柜中,吸取多聚甲醛溶液。

5）向 24 孔板的培养孔中加入 1ml PBS（pH7.2）,并在室温（15~25℃）下孵育 5 分钟。吸去 PBS。

6）再重复 PBS 清洗 2 次,共 3 次。

3. **破膜（permeabilization）**

1）向 24 孔板的培养孔加入 1ml 0.3% 的 Triton X-100/PBS。

2）在室温（15~25℃）下孵育 5 分钟。

3）吸去 Triton X-100/PBS。

4）向孔中加入 1ml PBS（pH 7.2）,并在室温（15~25℃）下孵育 5 分钟。吸去 PBS。

5）再重复 PBS 清洗 2 次,共 3 次。

4. **封闭和一抗标记**

1）用 PBS 配制 10% 血清的封闭液。所用血清的类型应与产生二抗的动物相对应。

2）用封闭液稀释一抗（含有适当的血清）[鉴定神经干细胞可用神经上皮干细胞蛋白（nestin）、Musashi 1、CD133-AC133、SOX2 和 GFAP 等标记物抗体；鉴定已分化的神经元和胶质细胞的标记物抗体请见第四章第四节],稀释比例适当用以免疫标记。每孔至少需要 250μl,这个液量足以覆盖置有盖玻片的培养孔或培养玻片的腔室孔（chamber well）的整个表面。

或者,可将少量抗体（约 50μl）直接添加到已有分化细胞的盖玻片上,再将第二个清洁盖玻片直接放置在其顶部。

3）将稀释后的一抗添加到 24 孔板的培养孔或培养玻片（culture slide）上。如果使用培养玻片,将其放在湿盒内如塑料容器或装有湿纸巾的盒。

4）在 37℃下孵育 2 小时或在 2~8℃下孵育过夜。

5）用 3×5 分钟的 PBS 洗涤液洗涤一抗。

5. **二抗标记**

1）用 PBS+2% 血清（与制备封闭液的血清相同）稀释二抗以获得合适的免疫标记浓度。培养孔或玻片的已分化细胞已被一抗标记,再加入最少 250μl 稀释后的二抗。

2）将二抗在 37℃下孵育 30 分钟或在 2~8℃下孵育过夜。

二抗对光敏感,尽可能将样品置于暗处,以防褪色。

3）用 3×5 分钟 PBS 洗涤液洗涤二抗。

4）最后一次清洗后,向孔中加入蒸馏水。

6. **封片**

1）对于 8 孔腔室培养玻片（8-well culture slide）：按照制造商的方案,从 8 孔腔室培养玻片移除腔室后用蒸馏水冲洗载玻片。

2）将 5μl 封片液添加到培养玻片的腔室凹槽（chamber slot）,再用 75mm 的盖玻片覆盖,避免气泡进入。

3）在荧光显微镜下用荧光基团的适当滤光片观察免疫标记结果。

4）对于在 24 孔板免疫标记的盖玻片：在干净玻璃盖玻片上添加 10μl 封片液。从 24 孔板上取下免疫标记的玻璃盖片,轻敲盖片的角部以除去多余的水。

5）将盖片的细胞面朝下放置于封片液上,避免气泡进入。

6）在荧光显微镜下用荧光基团的适当滤光片观察免疫标记结果。黏附单层培养的神经干细胞标志物 nestin 免疫荧光染色阳性（图 5-4）。

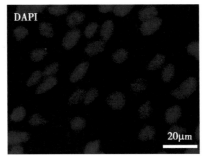
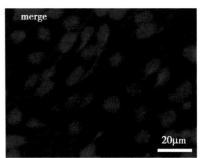

图 5-4　神经干细胞的鉴定
黏附单层培养的神经干细胞表达标志物 nestin（红色），DAPI 复染细胞核（蓝色）
作者实验室供图

（段德义）

第三节　造血干细胞

一、造血干细胞的定义及生物学特征

造血干细胞（hematopoietic stem cells，HSC）数量很少，可以自我更新，不断成熟、分化为体内各种血细胞谱系，维持外周血平衡，然后进入程序性死亡。对造血干细胞的研究最早可追溯到 20 世纪 50 年代，并对有些调节机制有所了解。目前，骨髓移植已成为治疗白血病、再生障碍性贫血、免疫缺陷性疾病以及某些自身免疫性疾病最有效的治疗手段。但实际上，目前对造血干细胞自我更新了解的甚少。血细胞生成是一个动态的过程，造血干细胞可以分化为髓性和淋巴谱系，通过对称分裂和不对称分裂来维持自身有足够量的造血干细胞。HSC 细胞一般分为两类，一类为长期造血干细胞（long-term hematopoietic stem cells，LT-HSCs），它具有非常强的自我更新能力，并可维持长期、连续的更新；另一类为短期造血干细胞（short-term hematopoietic stem cells，ST-HSCs），或被称为祖细胞或前体细胞。它只有有限的自我更新能力，主要是维持正常造血干细胞的产生。长期造血干细胞的自我复制特性在进行细胞治疗时尤为重要，更具高效性。现已发现 LT-HSCs 和 ST-HSCs 的表面标志，LT-HSCs 的表面标志是 $CD34^-$、KLS^+（$c\text{-}kit^+$ $lineage^-$ $sca\text{-}1^+$ KLS），而 ST-HSCs 的表面标志是 $CD34^+$、KLS^+、$Flt3^-$，多潜能的前体细胞（MPP）的细胞表面标志是 $CD34^+$、KLS^+、$Flt3^+$。

在造血干细胞的培养过程中，由于 HSC 没有明显的形态特征，又是多种类型细胞的混合体，而且细胞形态也很相似，细胞数量很少，只能以细胞表面特有的标志和功能进行鉴定，常用荧光标记的单克隆抗体通过流式细胞分检器（FACS）分离骨髓细胞（表 5-1）。

表 5-1　造血干细胞和前体细胞表面标志

标志	人	小鼠
CD34	$CD34^+$	$CD34^{low/-}$
SCA	-	SCA^+
Thy	$Thy1^+$	$Thy^{+/low}$
CD38	$CD38^{low/-}$	$CD38^+$
C-kit	$C\text{-}kit^{-/low}$	$C\text{-}kit^+$
Lin	Lin^-	Lin^-
$Lin^{nag}/CD34^+$	+	-
$Lin^{nag}/CD133^+$	+	-
CD59	$CD59^+$	-
CD133	$CD133^+$	
CD117	+	+
CD105	-	+

二、造血干细胞的分离及培养

造血干细胞的主要来源是骨髓。本节以分离骨髓和脐带血细胞为例简述一般过程。

（一）骨髓造血干细胞

【实验材料】

培养基：常用的培养基为 IMDM、McCoy5 或 DMEM（含 10%~30% FBS、50U/ml 青霉素、50μg/ml

氯霉素），2%甲基纤维素（methycellulose，MC）。

【操作程序】

1）无菌条件下将小鼠股骨两端剪断，用注射器吸入10%FBS的培养基，从股骨一端冲出骨髓。

2）通过100目和200目的细胞筛或21号针头制成单细胞悬液。

3）300g离心5分钟，弃上清，无血清培养基洗细胞。

4）在15ml离心管中加5ml的淋巴细胞分离液，将稀释的1~2ml骨髓细胞铺在淋巴细胞分离液上，800g离心20分钟，分离中间层的有核细胞。

5）无血清培养基洗细胞2次，去除残留淋巴细胞分离液。

6）将分离的有核细胞与等体积2%甲基纤维素混匀，置于35mm培养皿中培养，培养10~14天后肉眼可见集落形成。

7）在解剖镜下挑出细胞集落，24孔培养板继续扩大培养，并进行细胞学鉴定。

8）也可将有核细胞稀释后直接接种在有滋养层的24孔培养板，培养7~10天，显微镜下可见集落形成。

（二）脐带血干细胞

脐带血（umbilical cord blood，UCB）和胎盘是另一丰富的造血干细胞的主要来源。比较脐带血和成体骨髓干细胞，发现脐带血干细胞比成体干细胞更具有多能性，可以分化为三胚层的所有细胞，而且来源丰富、方便。

【实验材料】

人脐带血长期培养的培养基（HLTM）：McCoy5含12.5%的FBS、12.5%的马血清、各种人细胞生长因子（IL-3 5μg/L、IL-6 50μg/L、SCF 50μg/L、G-CSF 1.5μg/L、GM-CSF 2μg/L、EPO 0.2U/ml）。

【操作程序】

1）收集脐带血，用氯化铵低渗法去除红细胞。

2）500g离心10分钟，用培养基将细胞稀释至2×10^6个/ml，在T150培养瓶或带搅拌的生物反应器中培养2~4天，使细胞适应体外的培养环境。

3）甲基纤维素半固体培养：2%甲基纤维素（HLTM配制）与等体积的有核细胞（1×10^4）充分混匀，置于35mm培养皿中培养，10~14天后可

以看到红系、粒系和单核/巨核细胞集落形成。

（三）胎儿造血系统

另一富含HSC细胞的是胎儿期的造血系统，但胎儿期的造血系统仅适用于研究而不能用于临床治疗。研究得比较多的是小鼠胚胎，人类胎儿HSC细胞研究的比较少。最近报道12~18周的人胎儿富含HSC细胞。小鼠胚胎发育至第7天时，开始出现造血母细胞，并在卵黄囊形成血岛。当发育至10~11天时（相当于人怀孕4~6周），HSC细胞开始分裂，几天后迁移至肝脏，在肝脏继续分裂和迁移，最后移至脾脏、胸腺和骨髓。

（四）胚胎干细胞和胚胎原始生殖细胞

小鼠胚胎干细胞在体外培养条件下给予特定的生长因子，可以分化为（不是全部）大部分的血细胞。但还没有严格的标准证明能产生长期的造血干细胞。

目前对胚胎干细胞和胚胎生殖干细胞了解的还不是十分清楚，虽然在实验室可以培养胚胎干细胞和胚胎生殖干细胞产生造血前体细胞，证据是能够产生γ血红蛋白，在一定的培养条件下产生CD34$^+$细胞。

（五）造血干细胞的可塑性

造血干细胞的另一重要特征是可塑性，来自骨髓的干细胞可以分化产生其他组织类型的细胞如心肌细胞和神经细胞。这些干细胞的可塑性或者"转分化（transdifferentiation）"的机制目前还不清楚，可能与微环境的信号转导有关。

（卞晓翠）

第四节 间充质干细胞

间充质干细胞（mesenchymal stem cell，MSC）是成体干细胞中最具代表性的多能干细胞类型，其概念的提出源于1991年美国生物学家Arnold Caplan最早从骨髓中所分离出的干细胞，即为骨髓来源MSC。后来有研究者先后在其他组织如胎盘、脐带、脂肪组织等分离出具有类似表型的MSC。这些MSC不但具有理想的自我更新能力，而且在合适的体内微环境或体外诱导培养条件下可分化为多种谱系的细胞。此外，MSC在取材来源、分离培养方面也具有其特有的优势，且不存在伦理争议问题。因此，该种干细胞在干细胞组织

工程研究和临床转化治疗中具有不可替代的优势和潜能。

骨髓来源的 MSC 研究得最早,也最为深入。研究表明:骨髓 MSC 不但参与维持血细胞的生成,而且还可以通过自我更新进行扩增,并能够在适当的诱导分化条件下分化成为多谱系细胞,如成骨细胞、软骨细胞、肌原细胞、脂肪细胞和平滑肌细胞。人骨髓间充质干细胞的经典分离方法是利用密度梯度离心从骨髓细胞中分离出单核细胞层后进行培养,MSC 黏附于组织培养皿上,而不贴壁的造血细胞经几次换液后被除掉,得到呈纤维样的贴壁快速增殖的 MSC,细胞可在扩增过程中保持着多潜能性。但需要明确的是:连续多次体外传代或体外培养条件不当均会导致其走向衰老、分化,失去其自我更新和多向分化的潜能。本节将重点介绍骨髓源 MSC 的分离培养及鉴定方法。

(一)骨髓 MSC 的分离培养方法

【实验材料】

1)临床来源的人骨髓抽取液(抗凝处理);

2)Ficoll-Paque 淋巴细胞分离液;

3)MSC 培养基:H-DMEM+15% 胎牛血清(Gibco)+1% 非必需氨基酸(NAA)+5ng/mL 碱性成纤维生长因子(b-FGF)+100U/ml 青霉素 +100μg/mL 链霉素;

4)0.25% 胰蛋白酶 -0.01%EDTA 细胞消化液;

5)D-Hank 液(无钙、镁的 Hank 平衡盐溶液);

6)细胞培养瓶。

【实验方法】

(1)密度梯度离心培养法

1)取 2~3ml 抗凝的临床骨髓抽取液迅速加入预温 D-Hank 液至 10ml。

2)另取一个 50ml 离心管,加入 20ml Ficoll-Paque 淋巴细胞分离液,然后将 10ml 骨髓稀释液轻轻铺在 Ficoll 层上,注意不要破坏界面,室温离心(800g,30 分钟),收集中间白细胞层为有核细胞。

3)将收集的细胞加入 3~5 倍体积的 D-Hank's 液,室温离心(400g,10 分钟)。

4)弃上清,重复步骤 3,去除残留的 Ficoll 液体。

5)重新将细胞悬浮在预温的 MSC 培养基中,取少量细胞加入台盼蓝,检测细胞存活率,细胞存活率应大于 80%。接种 1×10^6 个 /ml 细胞至培养皿中,置于 37℃、5%CO$_2$ 的培养箱中培养。

6)培养过夜后,轻轻吸出培养液和没有贴壁的细胞,加入新鲜细胞培养液。

7)每隔一天换一次培养液。观察贴壁的 MSC 克隆的形成及生长情况。

8)细胞培养至 70%~80% 汇合时,用 0.25% 胰蛋白酶 /EDTA 消化,按照 1:3 比例进行扩增传代。

(2)全骨髓培养法:见图 5-5。

1)取 2~3ml 抗凝的临床骨髓抽取液直接加入预温完全培养基至 10ml,轻轻混匀。

2)将上述混合液直接接种至细胞培养瓶内,置于细胞培养箱培养 48 小时,其间保证静置培养,不要移动培养瓶。

3)培养 48 小时后,取出细胞培养瓶,吸弃培养基和悬浮细胞(主要为血细胞),更换新鲜培养基,镜下观察可见一定量贴壁细胞生长。

4)继续培养 3~4 天,镜下动态观察干细胞克隆的形成及生长情况。细胞培养至 70%~80% 融合时,用 0.25% 胰蛋白酶 /EDTA 消化,按照 1:3 比例进行扩增传代。

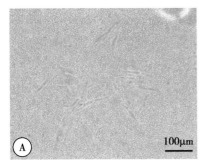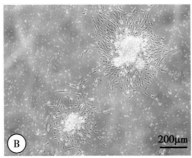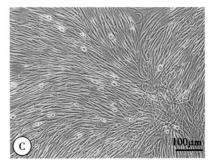

图 5-5 人骨髓间充质干细胞分离培养

A. 贴壁细胞第 2 天;B. 细胞集落形成第 4 天;C. 细胞扩增期呈现旋涡状生长

（二）流式细胞仪分离鉴定 MSC

（1）收集原代或扩增一代的 MSC，经 0.25% 胰蛋白酶 -0.01%EDTA 消化 5 分钟。

（2）离心收集细胞，用流式细胞仪缓冲液（2%BSA+0.1% 叠氮钠 /PBS 配制）清洗细胞。

（3）收集 2×10^5 个细胞与多种单抗孵育 20 分钟，用流式细胞仪缓冲液洗细胞。具体方法参照抗体使用指导说明。

（4）离心收集细胞，重新悬浮细胞至流式细胞仪缓冲液中（含 1% 多聚甲醛），以小鼠单抗为非特异荧光检验对照。

（5）统计 10 000 个细胞进行分析。

（6）结果分析从骨髓中分离的 MSC 应为：

1）MSC 是均一细胞群体，细胞形态为均一的成纤维样细胞，具有黏附性。

2）细胞表面表达不同蛋白。MSC 表达一类黏附分子 CD105（SH-2）、CD54、CD29、CD44、CD73、CD90。

3）MSC 表达细胞因子和生长因子，如 IL-1、IL-15、LIF、GCSF、GM-CSF、M-CSF、Flt-3 配体、SCF。

4）MSC 中不表达 IL-2、IL-3、IL-4、IL-10、IL-13、CD45、CD34 和 CD14。

（三）MSC 克隆形成试验

MSC 最重要的特征之一是具有自我更新的能力，集落形成试验（CFU）是检测 MSC 自我更新能力的比较可靠的方法之一。

【实验方法】

1）吸弃贴壁生长的人 MSC 细胞培养基，并用 PBS 清洗。

2）加入 0.05% 胰蛋白酶 +0.01%EDTA，消化 3~5 分钟。

3）加入有血清的培养基终止反应，离心收集细胞（400g，5 分钟）。

4）重新将细胞悬浮在培养基中，细胞密度为 1×10^3 个 /ml。

5）准备 3 个 10cm 的培养皿，每皿加入 15ml 培养基。

6）每皿加入 100μl 细胞悬液（1~100 个细胞）轻轻晃动使细胞分布均匀，37℃、5% CO_2 条件下培养 2~3 周，显微镜下观察细胞形成克隆。

7）去除培养基，加入 10ml 结晶紫染色 5~10 分钟。

8）吸出染液，PBS 缓冲液充分清洗。

9）计数每皿的集落数，取其平均数，计算 CFU 形成率（形成的 CFU 占接种的细胞数百分比）。

（四）MSC 细胞向脂肪细胞谱系诱导分化

【实验材料】

1）制备脂肪细胞诱导形成的培养基：H-DMEM 培养基中加入 1μmol/L 地塞米松（储存液 1mmol/L，100% 乙醇配制）、0.2mmol/L 吲哚甲基素（indomethacin，储存液 100mmol/L，DMSO 配制）、0.01mg/ml 胰岛素、0.5mmol/L 3- 异丁基 -1- 甲基黄嘌呤（储存液 500mmol/L，DMSO 配制）、10% 胎牛血清（FBS）、100U/ml 青霉素 +100μg/ml 链霉素。

2）制备脂肪细胞维持生长的培养基：H-DMEM 培养基 +0.01mg/ml 胰岛素 +10% 胎牛血清 +100U/ml 青霉素 +100μg/mL 链霉素。

3）配制油红 O（ORO）工作液：油红 O 粉剂 1g+ 异丙醇 100ml 配成油红 O 饱和溶液，使用时以油红 O 饱和液 1 份加蒸馏水 2 份，过滤后使用。

【实验方法】

1）MSC 细胞培养在 6 孔培养板，每孔加 2ml 培养基，细胞最终密度 2×10^3 个细胞 /cm²，置于 37℃、5% CO_2 的培养箱中培养。

2）每 2~3 天更换新鲜培养基，直至细胞汇合（7~12 天）。MSC 细胞一定要生长至汇合，利于诱导分化。

3）细胞达到 100% 汇合后，添加脂肪细胞诱导培养基，诱导 3 天（37℃、5% CO_2 培养箱中培养），然后用维持脂肪细胞生长培养基培养 1~3 天，如此诱导三次，以不加诱导剂的 MSC 生长培养基作为对照，按相同步骤共同处理。培养脂肪细胞时需要小心，不要破坏细胞内的脂滴，换培养基时注意让细胞处于干燥状态。

4）诱导 3 个循环后，在维持脂肪细胞生长的培养基中继续培养 7 天，每 2~3 天更换 1 次培养基。

5）在显微镜下可以观察到诱导分化的脂肪细胞有脂滴存在，为进一步验证脂肪细胞的分化，可将细胞用 PBS 洗 2 次，4% 多聚甲醛固定 10 分钟，PBS 洗 2 次，用油红 O 染色 30 分钟，PBS 洗 2 次，以非诱导的细胞作为对照，细胞核用苏木精复染（图 5-6）。

6）诱导的脂肪细胞进一步用于鉴定。

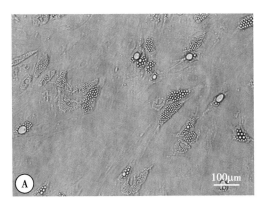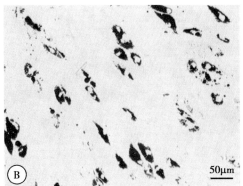

图 5-6 人骨髓间充质干细胞经体外诱导分化为脂肪细胞

A. 倒置相差显微镜下拍摄的脂肪细胞；B. 油红 O 染色示脂肪细胞内的脂滴形成

（五）MSC 诱导分化为软骨细胞－软骨细胞团试验

【实验材料】

1）配制诱导软骨细胞分化的不完全培养基：H-DMEM 含 0.1μmol/L 地塞米松（1mmol/L，100% 乙醇配制），1mmol/L 丙酮酸钠、0.2mmol/L 维生素 C2-磷酸盐、0.35mmol/L 脯氨酸、6.25μg/ml 牛胰岛素、6.25μg/ml 转铁蛋白、5ng/ml 亚硒酸盐、5.33μg/ml 亚油酸、1.25mg/ml 牛血清白蛋白。

2）配制诱导软骨细胞分化的完全培养基（新鲜配制，12 小时用完）：在诱导软骨细胞分化的不完全培养基中加入 0.01μg/ml TGF-β1（储存液 20μg/ml，10mmol/L HCL-10% 乙醇配制），0.5μg/ml BMP-2 和 0.5μg/ml BMP-6。

【实验方法】

1）细胞计数：将细胞转入塑料培养管中培养，有利于形成软骨细胞团，每个软骨细胞团需要 2.5×10^5 MSC 细胞（最好用聚丙烯管，细胞不会黏附在管上，不能用聚苯乙烯管）。

2）用诱导软骨细胞的不完全培养基洗 MSC 细胞，室温，150g 离心 5 分钟。弃上清，重新将细胞悬浮在 1ml 不完全培养基中，细胞密度 1×10^6 个 /ml，150g 离心 5 分钟。

3）将 MSC 细胞重新悬浮在完全培养基中，细胞密度 5.0×10^5 个 /ml。以加不完全培养基培养的细胞为阴性对照。

4）在 15ml 聚丙烯管中加入 0.5ml（2.5×10^5 个细胞）细胞悬液，室温，150g 离心 5 分钟，无需弃上清或重新悬浮细胞团。

5）拧松管盖，通气，然后于 5% CO₂ 培养箱中 37℃ 静置培养 24 小时。

6）每 2~3 天全部换培养基，为防止丢失细胞团，用移液头吸出培养基，加 0.5ml 新鲜制备的完全培养基，取出培养瓶时拧紧盖子。

7）换培养基后，轻弹每管底部，使细胞团漂起。拧紧盖子，37℃ 培养。

8）培养 14~28 天后，收集软骨细胞团。用 4% 多聚甲醛固定细胞团，乙醇逐级脱水。

9）将细胞团浸入石蜡中包埋，进行组化切片（4~8μm）检测或冷冻切片，用甲苯胺蓝硼酸盐和番红（safranine）进行染色，硫酸脂蛋白聚糖经甲苯胺蓝硼酸盐染色后呈紫色，番红染色示深红色，或用Ⅱ型胶原免疫染色（图 5-7A）。

（六）MSC 诱导分化为成骨细胞谱系

【实验材料】

制备诱导成骨细胞分化的培养基（0.2μm 过滤）：MSC 生长培养基含 0.1μmol/L 地塞米松（1mmol/L 100% 乙醇配制）、50μg/ml 维生素 C-2-磷酸盐、10mmol/L β-甘油磷酸盐，茜素红（ARS）染液（1%ARS，水配制 0.5mol/L 氢氧化铵调 pH 为 4.1）。

【实验方法】

1）在 6 孔培养板中加入 3×10^4 个细胞 /孔、2ml 培养基。

2）37℃、5% CO₂ 培养 4~24 小时后，细胞黏附在培养皿表面。

3）换新鲜的诱导成骨细胞分化的培养基。

4）培养 2~3 周，每 3~4 天诱导一次，换新鲜的诱导成骨细胞分化的培养基，以未诱导组为对照。

5）诱导后的骨细胞在形态上会有所改变，当细胞开始分化和矿化后，细胞从 spindle（纺锤形）

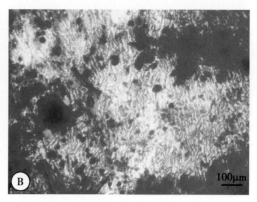

图 5-7 人骨髓间充质干细胞经体外诱导分化为软骨细胞和骨细胞
A. 番红染色；B. 茜素红染色

变成矩形体，细胞层汇合后形成缝隙，细胞开始分层。一旦看到细胞开始分层，应立即通过钙沉积或其他骨细胞测定进行检测。

6）PBS 液洗细胞 2 次，加 4% 多聚甲醛固定细胞。

7）去除固定液，PBS 液清洗 2 次，双蒸水洗 2 次，加 2ml 茜素红（ARS）染色 30 分钟，PBS 洗 2 次，成骨细胞呈深红色（图 5-7B）。

8）钙沉积测定，用无 Ca^{2+} 的 PBS 洗细胞，然后加 0.5mol/L HCl，收刮细胞，测定经过诱导的和未经诱导的细胞钙的含量。

【注意事项】

1）MSC 形态学观察：生长良好的 MSC 细胞呈较小、纺锤体样的形态，细胞折光度好，有较多的双联体为处于分裂期的细胞，克隆形成能力较强，具有向成骨细胞、脂肪细胞和软骨细胞分化的潜能，此类细胞称为快速自我更新的细胞；如果过度传代或高密度培养，细胞形态发生改变，细胞较大，呈菱形，虽有少量折光的双联体，但此类细胞克隆形成能力较差，分化潜能减弱，一般称此类细胞为缓慢增殖细胞。

2）MSC 培养密度：MSC 细胞应以低密度培养以保持其多潜能性，汇合培养的 MSC 细胞很快变成 SR 细胞，失去克隆形成能力和分化的潜能。人的 MSC 细胞应在 50%~60% 汇合度时进行传代，细胞密度为 $5 \times 10^3 \sim 8 \times 10^3$ 个细胞 /cm² 进行传代。尽量保持 MSC 细胞的增殖能力。

（七）不同组织来源的 MSC 的特殊表面标志

间充质干细胞（MSC）同样具有多能性和可塑性。MSC 可用于组织修复系统，可以维持血细胞的生成，可以自我更新和分化成为各种谱系细胞，如成骨细胞、软骨细胞、肌原细胞、脂肪细胞和平滑肌细胞。所以，分离人的间充质干细胞可以从骨髓细胞、脐带血、脂肪组织、牙髓、子宫内膜等组织分离。不同组织来源的 MSC 具有不同的表面标志（表 5-2）

表 5-2 不同组织来源的 MSC 具有不同的表面标志

表面标志	组织来源
CD271	骨髓、脂肪组织
MSCA1	骨髓
抗 - 成纤维细胞抗原	骨髓
CD105	骨髓
CD146	脐带血、脂肪组织、牙髓、子宫内膜

（王秀丽）

第五节 表皮组织干细胞

皮肤是人体最大的器官，由表皮、真皮、皮下组织及附属器构成。皮肤有极强的组织修复和再生能力，其中皮肤干细胞发挥着至关重要的作用。虽然目前对皮肤干细胞的定位、种类以及数量的研究报道不一，但研究较多也较为深入的主要是表皮干细胞（epidermal stem cells）和毛囊干细胞（follilar stem cells）。本节内容将重点介绍人体表皮干细胞的生物学特性及体外培养方法。

表皮干细胞是多种表皮细胞的祖细胞，源于胚胎时期外胚层。表皮干细胞在胎儿时期主要集中于初级表皮嵴,至成人时呈片状分布在表皮基底层。表皮干细胞与定向祖细胞在表皮基底层呈片状分布,在无毛发的部位其位于与真皮乳头顶部相连的基底层;在有毛发的皮肤,表皮干细胞则位于表皮基部的基底层。其中有 1%~10% 的基底细胞为干细胞。

表皮干细胞最显著的生物学特性之一是慢周期性(slow cycling)。该特征足以保证其较强的增殖潜能和降低 DNA 复制错误的发生概率。而另一方面,表皮干细胞的自我更新能力表现为在离体培养时细胞呈克隆性生长,如连续传代培养,细胞可进行 140 次分裂,即可产生大量的子代细胞,由此也使得表皮干细胞成为皮肤组织工程研究中备受关注的理想种子之一。此外,表皮干细胞对基底膜的黏附是维持其自身生物学特性的重要前提条件。其细胞表面主要通过表达大量的黏附分子 β– 联蛋白和整合素(integrins)来实现对基质的黏附。细胞表面不同的整合素包括 $\alpha_2\beta_1$、$\alpha_3\beta_1$ 和 $\alpha_5\beta_1$ 作为受体分子与基底膜各种成分相应的配体结合,也是诱导干细胞进入分化周期的重要调控机制之一。而高表达 β_1 整合素蛋白也可作为毛囊干细胞筛选鉴定的一个重要的表面标志。

表皮干细胞具有双向分化的能力,即一方面可向表皮深层迁移分化为表皮基底层,进而生成毛囊;而另一方面可向浅层迁移分化,最终分化为各种表皮细胞。表皮干细胞的命运调控与其所处的表皮组织微环境密切相关,微环境中的间质细胞、细胞外基质(extracellular matrix, ECM)以及可溶性细胞因子等微环境因素协同调控表皮干细胞的增殖与分化。结合表皮干细胞所具有的黏附特性、高表达整合素蛋白等特异性表面标志的特征以及其分化特性,可对皮肤组织中的表皮干细胞进行体外分离纯化与鉴定表征。

对比表皮干细胞,毛囊干细胞的相关研究仍有待深入。研究表明:人毛囊干细胞同样具有慢周期性,且具有无限多次细胞周期,但其存在的位置却颇具争议。毛囊是由外根鞘(ORS)、内根鞘(IRS)和发干组成,产生内根鞘和发干的活跃分裂细胞为基质细胞,该类细胞是毛囊球中的一组可分裂的上皮细胞。毛囊球中还包括一组特化的间充质细胞,被称为毛乳头。在成体的毛囊中,从底层进入毛发生长期(anagen),然后进入过渡期和毛发终止期(catagen/telogen)。当基质细胞耗尽其增殖潜能,毛囊开始退化移动毛乳头细胞到毛囊膨胀的表皮部位(bulge),这可能就是毛囊干细胞的储存部位。这些干细胞在得到毛乳头细胞的信号之后开始产生新的毛囊,也能产生表皮,尤其在外伤或烧伤的部位可以重新长出表皮。实验证明,膨胀部位是表皮和毛囊干细胞的微环境(niche),可以确信某些干细胞如人表皮干细胞是存在于表皮基底层中。

一、人表皮干细胞的培养

(一)皮肤组织块培养法

【实验材料】

1)手术中获取的健康人皮片;

2)Epilife™ 表皮干细胞培养基(Invitrogen);

3)MEM 完全培养基:MEM 培养基 +20% 胎牛血清 +1% 青霉素 / 链霉素;

4)无菌 PBS 缓冲液:添加有 2% 青霉素 / 链霉素及 1.25μg/ml 两性霉素 B 的 PBS 缓冲液;

5)0.25% 胰蛋白酶 –0.01% EDTA 溶液;

6)无菌 60mm 玻璃表面皿;

7)经Ⅳ型胶原包被的细胞培养皿和细胞培养瓶。

【实验方法】

1)无菌条件下获取健康人皮肤(5mm × 5mm),经添加有 1% 青霉素 / 链霉素及 1.25μg/ml 两性霉素 B 的 PBS 缓冲液反复冲洗。

2)将所取皮肤片铺在经无菌处理的 60mm 表面皿上,表皮面朝上,加入少量新鲜 Epilife™ 完全培养基,将皮片剪切成多个小块,约 1mm² 大小。

3)转移皮肤小块至 35mm 培养皿上,每个皿放 20~30 块,仍保持表皮面朝上。

4)缓慢加入少量 Epilife™ 培养基保持组织块保持湿润状态,并将之置于 37℃、5% CO$_2$ 培养箱中预孵育 0.5~1 小时。

5)取出培养皿,再次缓慢加入 1.5~2ml Epilife™ 完全培养基,小心覆盖组织小块并继续培养 24 小时。

6)倒置相差显微镜下观察培养物,注意观察组织块周边是否有细胞爬出。继续培养 3~4 天后,动态观察组织块周边细胞生长情况。

7）待组织块周边的细胞逐渐长满融合，经0.25% 胰蛋白酶 -0.01% EDTA 溶液消化传代。镜下观察皮肤组织块周围生长出来的细胞变圆离散后，加入完全培养基并离心收集细胞（1 000r/min 离心 5 分钟）。

8）将细胞重新悬浮在 Epilife™（Invitrogen）完全培养基中，接种到 T25/T75 培养瓶中。

9）从皮肤组织块中分离出来的表皮干细胞在 Epilife™ 生长培养基中可连续培养。

10）在培养皿中加入新鲜的含有 20% 胎牛血清的 MEM 培养基可进一步检测表皮干细胞生长分化的能力。

（二）皮肤组织消化培养法

【实验材料】

1）手术中获取的儿童阴茎包皮片。

2）成纤维细胞培养基：DMEM 培养基 +10% 胎牛血清（FBS）+1% 青霉素 / 链霉素。

3）表皮干细胞完全培养基：DMEM 培养基 +10% 胎牛血清（FBS）+5μg/L 表皮生长因子（EGF）+1.0mg/L 牛垂体提取物 +400μg/L 氢化可的松 +0.05M（1M=1mol/L）$CaCl_2$+0.1M $L-$ 谷氨酰胺 +1% 青霉素 / 链霉素。

4）无菌 PBS 缓冲液：添加有 2% 青霉素 / 链霉素及 1.25μg/ml 两性霉素 B 的 PBS 缓冲液。

5）0.25% 胰蛋白酶 -0.01% EDTA 溶液。

6）4g/L DispaseⅡ消化酶。

7）人胎盘源性Ⅳ型胶原。

8）角蛋白 19 单克隆抗体；β1- 整合素多克隆抗体。

9）经Ⅳ型胶原包被的细胞培养皿和细胞培养瓶。

【实验方法】

1）无菌条件下获取手术切除的儿童阴茎皮肤，经含有 2% 青霉素 / 链霉素及 1.25μg/ml 两性霉素 B 的 PBS 缓冲液反复冲洗（8~10 次）。

2）超净台内去除取材皮肤的皮下组织，并用剪刀剪成 5mm×5mm 大小的小组织块。将这些小组织块转移至添加有 4g/L DispaseⅡ消化酶的离心管内进行消化分离表皮和真皮组织细胞，消化条件为 4℃，12~15 小时。

3）将上述组织转移到 0.25% 胰蛋白酶 -0.01%EDTA 溶液继续进行消化，收获细胞悬液。

将细胞重悬于成纤维细胞培养基内进行传代培养 2~3 代。收集该培养基，经 0.22μm 滤膜滤过后与表皮干细胞完全培养基按照 1∶1 体积比混合，制备最终的表皮干细胞培养基备用。

4）将步骤 2 所获取的消化后组织继续进行 0.25% 胰蛋白酶消化处理，条件为 37℃，10 分钟，离心收集细胞。

5）将上述经消化处理后所收集的细胞重悬于最终的表皮干细胞培养基，并接种至经Ⅳ型胶原包被的培养皿内，置于细胞培养箱内培养 10 分钟，促进细胞贴壁。

6）镜下观察有部分细胞贴壁后，吸弃培养基及未贴壁的悬浮细胞，缓慢加入新鲜的表皮干细胞培养基。

7）每隔一天定期更换新鲜培养基，镜下动态观察细胞的生长及细胞集落形成情况。细胞形成较大集落时进行消化传代。

二、表皮干细胞的鉴定

【实验方法】

1）可用免疫荧光染色、免疫组化方法检测 β1 整合素、角蛋白 19 等特异蛋白分子的表达情况。

2）收集表皮干细胞样品，PBS 洗细胞，95% 乙醇和 5% 丙酮固定液于室温下对样品进行固定 10 分钟。

3）PBS 洗细胞，0.1%Triton-X-100 处理样品 15 分钟（室温），PBS 清洗细胞。

4）采用 10% 驴血清对样品进行封闭，室温 30 分钟。

5）吸弃多余的封闭液，直接与对应一抗 4℃ 孵育过夜。

6）PBS 充分清洗后与对应的二抗室温孵育 1~2 小时。

7）依据实验需求对细胞核进行复染（免疫荧光染色用 DAPI 染细胞核，免疫组化用苏木素染细胞核），然后进行 PBS 漂洗、脱水透明封片（免疫组化）、观察。免疫荧光染色的样品经 PBS 清洗后，可直接加入防荧光猝灭封片液，封片后置激光共聚焦扫描显微镜（或荧光显微镜）下观察拍照。

8）细胞标志：①多潜能标志，Oct4，Nanog；

②表皮和角质形成细胞的标志,角蛋白 8,角蛋白 18,角蛋白 5,角蛋白 14,整合素 –α6,整合素 –β4,整合素 –β1,角蛋白 6,角蛋白 15,P63,角蛋白 10,内披蛋白(involucrin)等。

【注意事项】

1)由于取材来源皮肤是暴露在有菌环境,因此在取材及原代培养过程中极易发生污染。为最大限度地降低污染概率,在取材过程中要注意严格无菌操作,获取材料后采用高浓度抗生素的 PBS 溶液进行充分的冲洗,在初始培养的过程中也可适当的增加抗生素浓度。

2)利用差速贴壁法收获表皮干细胞的效率并不理想。结合磁珠分离技术可提高表皮干细胞的分离效率和纯度。

3)所制备的表皮干细胞培养基中含有成纤维细胞条件培养基,该培养基的质量控制对于干细胞的生长会产生影响。

三、人毛囊干细胞的培养

【实验材料】

1)手术中获取的废弃的人头皮组织。

2)表皮干细胞完全培养基:DMEM/F12 培养基 +20% 胎牛血清(FBS)+10μg/L 表皮生长因子(EGF)+ 胰岛素 5.0mg/L+ 转铁蛋白(5mg/L)+0.4mg/L 氢化可的松 +1% 青霉素 / 链霉素 + 两性霉素 B(2.5mg/L)。

3)无菌 Hank 液:添加有 1% 青霉素 / 链霉素及 1.25μg/ml 两性霉素 B 的 Hank 缓冲液。

4)0.48U/ml 中性蛋白酶溶液。

5)0.05% 胰蛋白酶 –0.01% EDTA 溶液。

6)100 目不锈钢滤网。

7)流式细胞检测的相关抗体(一抗,二抗)。

8)经Ⅳ型胶原包被的细胞培养皿和细胞培养瓶。

【实验方法】

1)术中获取的头皮组织,去除真皮下脂肪组织,含 2% 青霉素 / 链霉素的 Hank 液冲洗 3 次,再用不含抗生素的 Hank 液冲洗 2 次,剪成约 3mm×3mm 大小。

2)将上述小组织块转移至离心管内,加入 0.48U/ml 的中性蛋白酶 4℃消化过夜。

3)取出经消化的组织,在显微镜下用手术镊

顺毛囊生长方向轻轻拔出完整的毛囊,分别进行单细胞培养和组织块培养。

4)组织块培养法:完整的毛囊去除多余的毛干,保留根鞘外 1mm,接种到小的培养皿中,加入少量毛囊细胞生长培养液,5%CO₂、37℃饱和湿度进行组织黏附培养。培养 4 小时后,继续补足培养液培养,在倒置显微镜下观察细胞的形态及细胞生长的情况,待细胞融合达 85% 后传代。

5)单细胞培养法:剪碎毛囊,加入 0.05% 胰蛋白酶 –0.01%EDTA 混合液在 37℃摇床上消化 30 分钟,含 FBS 的培养基终止消化。所获取细胞悬液经 100 目钢网过滤,收集滤液于离心管中,离心收集细胞(1 000r/min,5 分钟)。弃上清,重悬细胞于毛囊干细胞培养液,吹匀后计数;以 2×10⁴/L 细胞接种到经胶原包被的培养瓶中,置于培养箱内培养。在倒置显微镜下观察细胞的形态及细胞生长的情况,待细胞融合达 85% 后传代。

6)采用免疫荧光染色、免疫组织化学技术以及流式细胞技术对所获取的毛囊干细胞的表型进行鉴定,对其分化能力进行检测评价。

【注意事项】

1)由于取材来源皮肤是暴露在有菌环境,因此在取材及原代培养过程中极易发生污染。为最大限度的降低污染概率,在取材过程中要注意严格无菌操作,获取材料后采用高浓度抗生素的 Hank 溶液进行充分的冲洗,在初始培养的过程中也可适当的增加抗生素浓度。

2)磁珠分离技术可提高表皮干细胞的分离效率和纯度。

3)毛囊干细胞的批量获取涉及质量控制的问题,在转化应用中需谨慎。

(王秀丽)

第六节　诱导型干细胞的建立及鉴定

诱导多能干细胞(induced pluripotent stem cell, iPS 细胞)是将经过筛选的限定的转录因子或小分子化合物转入体细胞,经过重编程可使体细胞转变为具有多项分化潜能的干细胞。理论上

iPS细胞诱导分化后的组织可以避免机体发生免疫排斥反应，且不受伦理道德和组织材料来源的限制，可以作为再生医学的组织来源，用于治疗糖尿病、脊髓损伤、心血管疾病、神经退行性病变等多种疾病，因此iPS细胞一经问世便因其潜在的巨大应用前景备受关注。

2006年，日本京都大学的山中伸弥（Shinya Yamanaka）首次从胚胎干细胞相关的24个基因筛选出4个（Oct3/4、SOX2、c-Myc、Klf4），通过逆转录病毒转基因的方法将这4个基因同时转入小鼠成年成纤维细胞，可将小鼠体细胞重编程，使之具有类似胚胎干细胞的特点，具有三个胚层的各种细胞类型的分化潜能。随后2007年，Yamanaka又报道了利用上述4个基因可以将人的成纤维细胞诱导为iPS细胞。与此同时，美国Thomson报道了利用另外一组基因（Oct3/4、SOX2、Nanog、Lin28）也可以成功将人的体细胞诱导为iPS细胞。由此拉开了iPS研究的大幕，iPS技术被列为21世纪十大科技成就之一，并迅速成为医学和生物领域一项重要的突破。Yamanaka也因其在细胞重新编程研究中的杰出贡献，与英国的约翰·戈登（John B.Gurdon）共同获得2012年的诺贝尔生理学或医学奖。

iPS细胞具有许多与胚胎干细胞（embryonic stem cells, ES）相同的特征：相似的细胞形态和生长特性，可以无限的自我更新；正常的核型；表达与ES相同的关键多能性因子的蛋白（Oct4、Nanog）、胚胎干细胞特异的细胞表面标志分子（如小鼠的SSEA-1、人的SSEA-3/4）和基因表达谱；很高的端粒酶活性和碱性磷酸酶活性；iPS细胞不依赖外源基因的表达；在表观遗传学上与ES相似；在体外悬浮培养可形成拟胚体并可以诱导分化为三胚层的细胞；体内接种裸鼠可形成畸胎瘤等。

iPS最早的研究是通过病毒载体将外源基因转入到受体细胞中，虽然病毒载体在重编程后形成的iPS细胞中逐渐沉默，但仍然有插入突变的风险，限制了iPS细胞的临床应用。后续的研究者们尝试了多种不同的策略对iPS重编程的方法进行了改进，如瞬时转染（无病毒组分）、腺病毒载体（低基因组整合率）、小分子（无病毒组分、易操作）、蛋白转导（直接导入蛋白转录因子）等。

另外，iPS细胞的定向分化以及个体特异iPS尤其是疾病特异iPS的研究也取得了长足的进展。以下以无滋养层维持体系培养为例，介绍人成纤维细胞诱导iPS的步骤和鉴定。

（一）人体细胞重编程为iPS细胞

【实验材料】

1）细胞：人皮肤成纤维细胞HDF、病毒包装细胞293FT。

2）质粒：含有OCT3/4、SOX2、KLF4和c-MYC ORF基因的慢病毒载体质粒Lv-cDNA，目的片段序列需经过测序进一步验证；慢病毒包装质粒VSVG和8.91（pCMV-dR8.91）。

3）试剂：六孔板、培养皿、细胞转染试剂Lipofect-amine 2000、人工基膜（matrigel growth-factor reduced）、聚凝胺（polybrene）、Trizol试剂、IV胶原酶。

4）培养液：DMEM培养基含10% FBS, 2mmol/L L-谷氨酰胺，1×10^{-4}mol/L非必需氨基酸，1mmol/L丙酮酸钠，0.5%青霉素和链霉素。人胚胎干细胞培养基mTeSR。

【实验步骤】

1）慢病毒制备：包装细胞293FT以6×10^6/100mm皿的密度接种并培养过夜，用Lipofect-amine 2000按照说明书转染慢病毒载体质粒Lv-cDNA、包装质粒VSVG和8.91。48小时后收集病毒上清，0.45μm膜过滤后置于4℃冰箱保存。

2）慢病毒感染：HDF以10% FBS的DMEM培养，感染前一天取2×10^5个细胞铺于六孔板的一孔中，第二天，以MOI=10：1加入含有四种因子的病毒上清，同时加入4μg/ml聚凝胺，培养24小时。

3）包被matrigel包被6孔板4℃过夜，用DMEM/F12洗去未结合的matrigel，使用之前恢复至室温。

4）iPS诱导：病毒感染后24小时，胰蛋白酶消化HDF铺于matrigel包被过的六孔板中，10% FBS的DMEM培养，隔天换液。自第6天起，更换为mTeSR培养基，隔天换液。待出现肉眼可见克隆时，每天换液。

【结果分析】

1）病毒感染后10~14天，可见小的细胞聚集，细胞形态已经明显发生了改变，由梭形变圆形，生长聚集在一起。约20天后，可以观察到肉眼可见的边界清楚的克隆出现（图5-8）。25~30

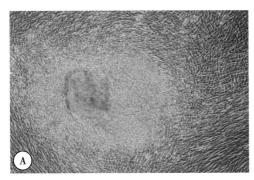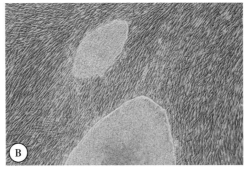

图 5-8　诱导多能干细胞的重编程

A. 病毒感染后 14 天,可见细胞聚集;B. 病毒感染后 20 天,可见边界清楚的克隆

天可将 iPS 克隆转移到新的 matrigel 包被的 6 孔板中,此时为第一代细胞,iPS 细胞形态上与 hES 相似,呈现典型的多层次的结构,细胞排列紧密,可看到明显的核仁和高核质比(图 5-9)。

2)人的 iPS 细胞传代:DMEM/F12 培养基清洗一次,加含 1mg/ml 胶原酶 IV,于 37℃孵育,当克隆的边缘开始松散时,去除胶原酶,用 DMEM/F12 培养基清洗细胞。刮下细胞收集到 15ml 离心管,轻吹打 3~5 次,至呈现肉眼可见、均匀的细胞团块样为宜(不要过度吹打,单细胞难以存活),待细胞自然沉降或 1 000r/min 离心 5 分钟后,弃上清,加入适当体积的 mTeSR 培养基重悬,1:(6~20)比例转移到新的 matrigel 预包被过的培养皿中。

【注意事项】

1)培养基使用前需要 37℃水浴。

2)使用滋养层细胞可以提高诱导效率。

(二)人 iPS 细胞的鉴定

【实验材料】

人 iPS 细胞,人胚胎干细胞培养基 mTeSR,碱性磷酸酶(alkaline phosphatase)染色试剂盒,SSEA1、SSEA3、SSEA4、Nanog 等免疫细胞化学的

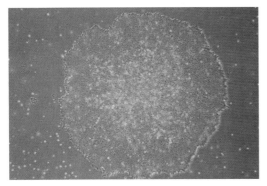

图 5-9　无滋养层细胞的诱导多能干细胞

抗体,细胞核染料 Hoechst 33342,严重联合免疫缺陷(SCID)小鼠,表达谱芯片,甲基化检测试剂盒,定向分化的培养基。

【操作步骤】

1)碱性磷酸酶染色:按照碱性磷酸酶试剂盒进行操作。

2)免疫细胞化学:培养的 iPS 细胞用 4% 多聚甲醛(PBS 配制)室温固定 10 分钟,PBS 洗一次。用 PBS 配制的 5% 正常羊血清,1%BSA 和 0.1% Triton X-100 室温处理细胞 45 分钟。hES 特异蛋白 SSEA1、SSEA3、SSEA4、Nanog 的一抗室温孵育 1 小时,对应荧光二抗孵育 1 小时,细胞核用 1mg/ml Hoechst 33342 染色。

3)体外形成拟胚体(EB):人的 iPS 细胞用胶原酶 IV 处理,细胞团转移到 poly(2-hydroxyethyl methacrylate)包被的培养皿中。培养基 DMEM/F12 含 20% KSR、2mmol/L L- 谷氨酰胺、1×10^{-4}mol/L 非必需氨基酸、1×10^{-4}mol/L 2- 巯基乙醇、0.5% 青霉素、链霉素。每隔一天换培养基,悬浮培养 8 天后,转移 EBs 到明胶包被的培养皿中。在上述培养基中继续培养 8 天。可形成各种不同类型的细胞形态,利用免疫细胞化学和 RT-PCR 检测三胚层细胞标志。

4)体内形成畸胎瘤:为检测人 iPS 细胞在体内的多能性,用胶原酶 IV 消化细胞,离心,细胞以 100mm 培养皿汇合度为 1/4 时体积重悬于 DMEM/F12 培养基中。背部侧皮下注射到 SCID 小鼠体内。形成肿瘤后,取肿瘤 4% 多聚甲醛固定、石蜡包埋、切片、HE 染色。

5)表达谱芯片:分离 HDF 和人 iPS 细胞总 RNA,用 Cy3 标记,与人全基因组芯片 4×44K 进行杂交,用 GeneSpring GX7.3.1 软件分析数据。

6）甲基化检测：1μg 基因组 DNA 用 CpGenome DNA modification 试剂盒处理，用 QIAquick 柱纯化 DNA，PCR 方法扩增 *Oct3/4* 和 *Nanog* 基因的启动子区域，PCR 产物克隆到 pCR2.1–TOPO 载体上，每个样品挑取 10 个克隆，通过 m13 通用引物进一步测序确证。

7）人 iPS 分化为神经细胞：PA6 滋养细胞接种到明胶包被的 6 孔板中，培养 4 天至汇合，小的 iPS 细胞团接种到 PA6 滋养层，Glasgow 基本培养基（Invitrogen），含 10% KSR、1×10^{-4} mol/L 非必需氨基酸、1×10^{-4} mol/L 2– 巯基乙醇、0.5% 青霉素和链霉素。

8）人 iPS 分化为心肌细胞：人 iPS 细胞维持在 matrigel 包被的培养皿中，培养基 MEF–CM 含 4ng/ml bFGF。培养 6 天，然后换含 B27 的 RPMI1640 培养基，加入 100ng/ml 人重组 activin A，培养 24 小时，然后再加入 10ng/ml 人 BMP4 继续培养 4 天。经过细胞因子的刺激后，将细胞维持在无任何细胞因子的 RPMI/B27 培养基中，每隔一天更换培养基。

【结果分析】

1）人 iPS 细胞碱性磷酸酶染色阳性。一般情况下，除了克隆边缘的少数细胞，不表达 SSEA1，但表达 hES 细胞特异表面抗原 SSEA3、SSEA4 和 Nanog。

2）人 iPS 在体外可以形成拟胚体，体内可以形成包括三胚层各种组织的畸胎瘤。

3）多能性相关的基因，*Oct3/4*、*REX1*、*Nanog* 的启动子区域 CpG 在人 iPS 是未甲基化状态，但在原母 HDF 中，CpG 是高度甲基化的，表明这些启动子在 iPS 中被活化了。

4）人 iPS 与 PA6 滋养细胞共同培养 2 周后，可以分化成神经样的细胞。免疫组化检测标志蛋白进一步验证：酪氨酸羟化酶和 bⅢ–tubulin 为阳性。RT–PCR 检测多巴胺神经细胞的标志基因：*AADC*、*member 3*（*DAT*）、*ChAT*、*LMX1B* 和 *MAP2* 表达阳性。

5）条件培养基诱导人 iPS 细胞分化 12 天后，显微镜可观察到心肌细胞开始跳动。RT–PCR 检测表达心肌细胞的标志：*TnTc*、*MEF2C*、*MYL2A*、*MYHCB*、*NKX2.5* 阳性。而 *Oct3/4*、*SOX2*、*Nanog* 干细胞性相关基因表达显著减低。

（冯海凉）

参 考 文 献

1. Lanza R, Atala A. Handbook of Stem Cells, Volume 2: Adult and Fetal Stem Cells. Second Edition. London: Academic Press, 2013: 237–248, 683–708.

2. Sell S. Stem Cells Handbook. Second Edition. Albany, NY: Humana Press, 2013: 7–9, 13–15, 75–76.

3. Steinhoff G. Regenerative Medicine from Protocol to Patient. Third Edition. Switzerland: Springer International Publishing, 2016: 1–36.

4. Turksen K. Human Embryonic Stem Cell Protocols. Third Edition. New York: Springer Humana Press, 2016: 15–24, 39–69.

5. Xiong H, Gendelman HE. Current Laboratory Methods in Neuroscience Research. New York: Springer, 2014: 129–136.

第六章 器官培养

器官培养（organ culture）是将部分或整体器官在不进行组织分离的前提下，在维持正常组织结构即仍保持其三维结构的基础上，于体外环境中让其生存、生长并保持一定功能特征的培养方法，是广义的组织培养形式之一。近年来伴随细胞球状体、类器官、三维细胞模型以及组织工程等研究在再生医学和疾病建模应用中所展现的巨大潜力和理想前景，器官培养技术获得了新一轮的发展，拓展到了更广阔的领域。

器官培养的研究工作始于19世纪末。1897年，Leob首次利用血浆凝块对成年兔的肝、肾、甲状腺及卵巢等器官组织块进行了培养，使这些器官组织块在体外得以培养3天，且维持其正常的组织结构。到20世纪初，对器官培养技术的应用逐渐增多，这一时期培养的材料主要来自于胚胎器官，其中以鸡胚较为常用。1914年，Thompson用悬滴培养法，对鸡胚的脚趾、羽毛等进行器官培养，观察到在体外条件下器官的生长、增大乃至形态的分化。在以后的几十年间，器官培养技术发展迅速，其培养材料的来源不仅包括脊椎动物的多种胚胎器官，如神经组织、皮肤、性腺、骨骼、牙胚等，同时还扩展到胚胎以外的成体器官。在这一时期，培养基的来源及成分也有所改进。Strangeways和Fell用鸡血浆及鸡胚提取液的混合物取代传统的血浆凝块后，发现其更能促进鸟类及其他多种动物胚胎的体外生长。随着半固体、液体培养基相继被引入培养系统，在操作技术上，Fell、Spratt、Wolff等先后创立了表玻皿器官培养法、琼脂固化技术及Wolff器官培养法；而搽镜纸法、格栅培养技术、滤纸虹吸培养法等的建立，则克服了应用液体培养基在支持、营养器官培养物方面所存在的传质障碍问题。在静置培养的基础上发展起来的动态器官培养法，特别是近年伴随组织工程的发展和新型生物反应器的研究与开发，已经能够实现同时对培养基和气体进行利用，及时消除培养系统中代谢产物的影响，因而成为器官培养技术发展历程中一个重要的突破。体内器官培养法，即利用动物本身的某些器官或组织作为培养的环境，来进行器官培养，也是器官培养技术一个重要的发展。其中，兔眼前房、鸡胚早期胚盘、鸡胚尿囊绒膜等均是体内器官培养法所经常采用的器官，它们均含有一些体外环境所不能提供的、对器官尤其是胚胎器官的生长、发育具有重要作用的物质，因而对于在体外条件下难以存活的器官而言，该体内培养方法提供了一条较为适用的途径。近年来，以重度免疫缺陷小鼠培养肿瘤组织，或者基因改造大动物作为嵌合体进行器官培养，这些工作均已成为相关领域的研究热点。

借助于器官培养，研究者可直接观察体外环境下器官组织的生长过程及其变化规律，了解器官各组织细胞间的正常联系及相互作用。通过改变外界条件、人为施加一些影响因素，器官培养还有助于研究者进一步探索局部环境对培养器官生长的调节作用。与细胞培养相比，器官培养使培养物在结构及功能上均更接近于其在机体内的生长情况。因此，器官培养已广泛地应用于生物学和医学研究中。同时伴随类器官、三维细胞模型和组织工程等技术的快速发展，为患者培养个体化器官或组织，提供新药筛选体系以及肿瘤个体化研究模型等工作均将成为可能。可见，器官培养在未来的生命医学领域将会拥有更为广阔的应用前景。

第一节 器官培养的要求及特点

在体外条件下，由于缺乏血液循环系统，器官培养物的养分及氧气的供应主要靠自然渗透和气体扩散来完成。但不同于单层培养体系所具有的物质易于渗透和扩散的特征,器官培养的培养物在结构上是三维立体的,极易产生传质障碍。为保证器官培养物在体外的生存及生长,对于器官培养所涉及的各个技术环节,包括取材、培养基的选择以及培养的器皿配备等均具有一定的要求。

(一)器官培养的取材

为了避免在培养过程中,培养器官的组织中心因缺乏营养或氧气而坏死,通常要求所采用的培养材料的体积大小在 $8mm^3$ 以下。因此,对于动物的大多数成体器官而言,仅需要取其器官的一部分组织加以培养。对于一些氧消耗量较大的器官如肝、肾等,取材时则尤其需要控制其体积的大小。胚胎器官本身因其对氧的需求量较低,且能量的来源主要为糖酵解,因此既可以作为整体,也可以取其一部分进行器官培养。而若需对胚胎器官的某一部分进行培养,所取材料的体积大小可能会影响到其分化的方向及进程。因此,研究者应根据自身科研工作的需求来确定所取材料的大小。例如,在培养鸡胚胚盘时,体积较大的胚盘将向神经组织分化,而小块的胚盘则倾向于形成角化的表皮细胞或肠样细胞。在进行器官培养取材时,除外需要注意所取材料的大小,还应尽量保持材料的完整、减少操作过程对材料的损伤、所取的材料创面要平整、结构上具有立体的三维特征并同时能反映出原器官的结构与功能特征。对于像肾脏这类由皮质及髓质组成的器官,在取材时应逐渐由表及里的深入,使所取的材料兼有皮质及髓质;而在进行皮肤取材时应根据皮肤的结构层次,同时取得包括表皮、真皮及皮肤其他附属部分结构的功能性皮片。只有这样正确的取材才有可能在后期的培养中真正获得可高度"复制"在体皮肤结构与功能的类器官。此外,所取的材料要保持新鲜,应尽量缩短材料离体到培养这一过程的时间。若培养材料来自手术组织,则应在组织离体后30分钟内获取实验所需部分,然后立即放入低温的培养基或缓冲液中并快速运往实验室。在取材过程中还应注意保持无菌的环境及无菌操作。所用的手术刀剪、止血钳等均需经过消毒;盛装材料的器皿、溶液也应保证是无菌的。

(二)培养基

器官培养所用的培养基主要包括固态和液态两种形式。而从培养基的来源上分类,则可分为天然培养基及合成培养基两大类。天然培养基通常包括动物血清、鸡血浆及鸡胚胎汁等,其中胎牛血清(fetal bovine serum, FBS)的商品化程度最高,使用最为广泛。许多合成培养基均适合于器官培养,但培养器官的类型不同,其适宜的培养基种类也有所差异:如 CMRL 1066 培养基较适合于培养成年器官;而 BGJ 培养基则常用于鸡胚长骨的培养。

天然培养基含有丰富的、能促进器官生长、发育及分化的因子,因此在器官培养中起着重要的作用。其对于胚胎器官的培养更是必不可少。通常在使用合成培养基时也需加入一定比例的天然培养基。但加入何种类型的天然培养基及加入量的多少须依据培养器官的类型而定。例如在培养鸡胚软骨时,牛血清比马血清更能促进其早期的分化;而在培养小鼠胰腺时,培养基中马血清的含量超过10%,将抑制其上皮的分化。

在器官培养的过程中,在培养基中加入一些细胞因子、激素或维生素等物质可更好地维持培养器官的结构、促进其生长。皮肤的器官培养常用的添加因子有胰岛素、氢化可的松、表皮生长因子(EGF)等。其中胰岛素能促进细胞利用葡萄糖和氨基酸,对很多细胞的增殖生长有促进作用;氢化可的松有促进表皮上皮细胞增殖的效应;EGF 则可以促进毛囊向退化期转变,使杵状毛形成。而在牙胚的培养中,培养基中添加胰岛素样生长因子、血小板源性生长因子后,牙胚细胞的分化能力明显增强,生长速度也加快。添加因子的作用常受其剂量的影响,如在骨骼的培养中,适当剂量的氢化可的松能促进骨细胞的分化;但剂量过高时却可抑制骨细胞的合成能力。因此,在应用这类因子作培养基添加剂时,应严格控制其剂量范围。

(三)培养环境中的气体

氧气是对培养器官的生长有着重要作用的气体。不同的培养器官,其对氧气的消耗量存在差异。成体器官对氧气的需求量较大。氧气在培养基中溶解的程度,将直接影响到培养器官体积的大小及存活的时间。通过加注纯氧,可升高培养环境中的氧分压,进而明显地促进培养基中氧的溶解量。对多数成体器官及某些胚胎器官而言,在氧分压为95%的条件下进行器官培养较为合适。

有些器官的培养则需要在氧分压较低的环境中进行。氧浓度过高将会对细胞造成损害。骨骼原基在氧分压为35%的条件下,可以很好地发育、生长,产生胶原;若氧分压超过35%,骨将发生碎裂。培养环境中含45%的氧,则较适合于胚胎皮肤的培养。在这一条件下,皮肤中的毛囊、表皮及真皮各部分均能得到较好的发育、生长。

二氧化碳是器官培养所必需的另一种气体,其作用主要是维持培养基的酸碱平衡。其常用工作浓度为5%,在器官培养中可与氧气、氮气或空气混合后使用。

（四）培养器官的支持物

在器官培养时,选用不同的培养支持物,可使培养器官的结构及分化产生不同的变化。为了保持培养器官的三维结构,常需抑制培养过程中细胞发生迁移。培养支持物可在这方面发挥重要作用。以较为常用的琼脂为例,利用琼脂表面光滑导致培养器官与之的黏附较弱这一特点,可直接将培养器官种植于琼脂上,由此能在一定程度上抑制细胞迁移的发生。另一种方式是将培养的器官包埋于琼脂块中,这既不影响培养基中营养物质向所培养器官的渗透,同时也限制了培养器官内细胞迁移的发生。在胚胎器官培养中,培养的支持物也可促进或降低培养器官分化的能力。若将胚胎器官包埋于卵黄膜中,胚胎的体节分化将提前,但包埋于琼脂凝块中的胚胎器官,其体节分化的阶段将明显减少。

（五）器官培养技术的特点

与其他生物学技术一样,器官培养技术有其自身的优点与局限性。正确地认识这些特点将有助于器官培养技术的合理应用及相关结果的正确分析。

1. 优点

（1）利用器官培养技术能直接的研究、观察个体某一器官形态的发生、结构的形成及分化过程。

应用器官培养技术,我国学者陈瑞铭阐释了

小鼠胸骨的起源及影响其分节的关键因素。该研究团队以肋骨尚未形成的胚胎小鼠(E10-11.5)为实验模型,对其前壁及前肢进行了体外培养,并未观察到肋骨的形成,但该过程中却成功获得了胸骨原基。胸骨曾被认为起源于肋骨。但该研究工作充分证明:胸骨并非直接起源于肋骨。他们还发现:在E13.5-14的胚胎小鼠的胸腹壁中,胸骨原基中已有肋骨附着。将肋骨取掉后,胸骨原基在体外培养时,将发生整体的骨化,但并不分节。若保留一侧的肋骨,则这一侧的胸骨分节则会随即发生。以上器官培养的结果表明:肋骨在胸骨分节中具有重要的作用。

（2）利用器官培养技术,可以独立的在体外环境中,系统研究器官的功能活动及组成器官的各组织间的相互作用。

在对唾液腺、甲状腺及皮肤等器官的培养中,发现上皮细胞的分化依赖于间充质细胞的作用。以鸡胚为模型来研究胰腺的发育时发现,若培养的胚胎原肠取材于胰腺原基出现前18小时,经培养后可形成正常的胰腺组织;但若取材时间早于上述时间,胚胎原肠培养后将不会形成胰腺。这表明胰腺细胞的前体及其相应的间充质均为胰腺发育所必需。

（3）在器官培养中,通过施加一种或多种实验因素,可研究器官生长、分化中的调节过程及影响因素,而排除了体内复杂因素的干扰。

在对乳腺进行器官培养时,通过在培养基中加入不同的激素,可了解其对乳腺发育过程的影响。在不含任何激素的培养基中,无论是处于发育早期还是处于发育晚期的乳腺,其腺泡结构均会发生明显的退化。但当将胰岛素加入培养基后,腺泡退化将被阻止,腺体可存活。若同时加入氢化可的松、催乳激素等,在腺泡结构保持完整的同时,腺体还能够产生分泌功能。

（4）在器官移植中,器官培养能延长供体器官保存的时间。

器官培养现已被成功地应用于角膜的保存过程中。通过对培养基成分的改良及其他培养条件的改进,器官培养可使角膜的保存时间延长至6~8周。经器官培养保存的角膜移植后具有低免疫排斥、存活率高等特点。随着器官培养技术的发展,肝脏移植、肾移植和心脏移植中供体器官的保存也在发生着革新式变化,从传统静态冷保存(static cold storage,SCS)发展到低温机械灌注(hypothermic machine perfusion,HMP),再到体温机械灌注(normothermic machine perfusion,NMP),显著缩短器官的热缺血和冷缺血时间,从而降低因器官离体质量下降所带来的被弃用的浪费。

(5)器官培养技术为组织工程的发展提供了技术保证,促进了组织工程和组织器官工程的快速发展。目前组织工程技术可应用于复制各种组织:如骨、软骨、肌腱、韧带、皮肤和人工血管。该技术还推进了生物人工器官的开发:如人工胰岛、人工肝脏和人工肾脏等。组织工程学的发展也将改变传统的医学模式,进一步发展成为再生医学并最终转化应用于临床。

(6)随着动物基因改造技术的成熟和干细胞技术的发展,器官体内培养技术取得了长足的进步。患者源肿瘤异种移植模型(patient-derived tumor xenograft,PDX),将患者的肿瘤组织直接移植到基因改造的重度免疫缺陷小鼠(如 NOD/SCID 小鼠)而建立的人源异种移植模型在组织病理学、分子生物学和基因水平上保留了大部分原代肿瘤的特点、具有较好的临床疗效预测性。除外肿瘤研究,器官体内培养技术在胰腺再造领域也有突破性进展。2010 年,加州斯坦福大学(Stanford University)的遗传学家中内启光(Hiromitsu Nakauchi)教授报道:采用器官体内培养技术,在 Pdx1 基因敲除导致自身胰腺形成缺陷的小鼠体内可实现大鼠胰腺的构建生长。2017 年该团队通过移植生长在大鼠体内具有胰岛素分泌活性的小鼠胰腺组织,成功治愈了小鼠的糖尿病。相信伴随交叉学科的快速发展,器官体内培养技术在疾病治疗中会展现出不可替代的优势,拥有更为广阔的应用前景。

2. 器官培养技术的不足

(1)与其他体外培养技术类似,在器官培养过程中培养物所处的人工环境与体内环境相比仍存在较大的差别。因此,我们并不能将器官培养中所获得的信息,尤其是某些药物的作用效果直接推论于体内的情况。

(2)采用器官培养技术所制备的器官培养物其细胞数量和质量的均一性控制方面存在难度。

(3)器官培养中,培养物的存活时间有限。这限制了对其进行长时间的体外研究,因此也难于实现对某些外界因素效应的长期跟踪。

(包 骥)

第二节　器官培养的方法及应用

器官培养技术从产生到发展至今,各种新方法层出不穷,这些方法的基本原理大致相同,但其设计及操作过程各具特色,在应用时可根据实际情况加以选择。现在,器官培养技术被广泛用于胚胎期及成年期器官的多种研究中。通过对胚胎期器官或全胚胎的培养,不仅可了解胚胎或其部分器官的发育、分化过程,以及各组织间在器官发育分化过程中的相互作用,同时还有助于探讨在胚胎发育过程中,畸形产生的原因、机制。而成体器官的体外培养,一方面对于研究器官自身的功能及其影响因素有重要的价值,另一方面,也为器官移植等技术提供了保存器官的良好方法。此外,借助于器官培养技术,在肿瘤研究中可建立多种类型的肿瘤侵袭模型,是研究肿瘤及其发生机制的较为有效的途径。在具体进行器官培养的过程中,根据培养材料来源不同及培养目的的不同,所选择的方法也各异,有时同一种材料也可用多种方法加以培养,而就某些器官或某些培养目的而言,还可能需要采用一些特殊的方法。下面将介绍一些有代表性的、常用的器官培养方法和它们的应用。

一、固体培养基器官培养法

这类方法的特点是培养基的形态为固体,其中最有名的是琼脂凝胶器官培养法(Wolff 器官培养法),后续出现很多衍生方法。该方法由 Wolff 于 1951 年建立,这一方法中所用的固体培养基由一定比例的琼脂、鸡胚胎提取汁及小牛血清混合组成,呈凝胶状,常以卵黄膜及鸡胚的中肾组织作为培养的支持物,在肿瘤器官的培养中较为常用。固体培养基早期主要用于胚胎发育的研究,目前经过改进,被广泛应用于类器官的培养。

(一)胚胎肢芽的器官培养

在体外条件下,对胚胎肢芽进行培养,可以了解某些器官原基形态及分化的发生过程。琼脂凝胶培养法是最常用的方法。所培养的胚胎肢芽一般取自鸡胚和小鼠胚,发育时间不同的鸡胚和小鼠胚,其肢芽的分化程度呈现明显的差异,在研究器官原基时,需选用早期的胚胎,即孵育 3 天的鸡胚或 E11~12 的小鼠胚。下面是用琼脂凝胶法培养胚胎肢芽的具体过程。

【实验材料】

1)以孵育 3 天的鸡胚作为胚胎肢芽的来源。

2)培养基:2% 的琼脂,2 倍浓度及常规浓度的 199 液体培养基、胎牛或小牛血清、Hank 平衡盐液等。

3)培养器械 培养皿、培养碟、白内障刀、眼科剪镊、石蜡等。

【操作程序】

1)琼脂凝胶培养基的制备:①将 2% 的琼脂加热熔化后,与等体积的 2 倍浓度的 199 培养基混合;②按 5∶1∶4 的比例将上述混合液、胎牛血清及常规浓度的 199 培养基一起加到培养皿中;③迅速将上述溶液混匀,让其冷却、凝固后,即制成琼脂凝胶培养基。

2)取已孵育 3 天的受精蛋,用酒精对其外壳进行消毒后,从气室端将其击破,取出鸡胚,放置于无菌的培养皿中。

3)用眼科剪切取鸡胚的肢芽,因此时的鸡胚的肢芽较小,取材的范围可较大一点,包括肢芽周围的组织。将所取的肢芽置于另一培养皿中,用 Hank 液清洗。

4)用白内障刀将所取材料中的非肢芽部分的组织修理、切除掉。

5)将上述切取的胚胎肢芽接种到所制备的琼脂凝胶培养基上,用吸管轻轻吸去肢芽周围的液体。

6)将培养皿加盖,放入 CO_2 培养箱中,于 37℃下培养。

7)每隔 5~7 天,将已培养一段时间的鸡胚肢芽移植于新鲜制备的琼脂凝胶培养基上,再继续培养。

【结果分析】

通过琼脂凝胶培养法对鸡胚肢芽进行器官培养,可以观察到鸡胚肢芽的生长、软骨的形成、软骨最终分化为肢骨雏形的整个发育过程。软骨的形成一般出现于鸡胚肢芽经培养后的 2~3 天,而肢骨的形成则出现于肢芽经培养后的 10 天左右。若在琼脂凝胶培养基中加入一些激素或药物,可通过鸡胚肢芽形成软骨及肢骨的过程及时间,来了解这些外界因子对鸡胚肢芽的形态发生及骨形成的影响。

(二)小鼠肠上皮类器官的培养

类器官模型是一种三维细胞培养系统,其与体内的来源组织或器官高度相似。小肠的上皮层由纤细、微小的突起,即肠绒毛组成。绒毛的基部有称为隐窝(crypts)的龛状结构,这里是负责肠黏膜持续更新的小肠干细胞的栖息地。将小鼠肠上皮隐窝分离并在固体基质胶中培养成肠上皮类器官,体外模拟肠上皮的生长发育过程。

【实验材料】

1)小鼠。

2)基质胶 matrigel,温和细胞解离试剂(gentle cell dissociation reagent,GCDR),磷酸盐缓冲液(PBS),牛血清白蛋白(BSA),DMEM/F-12 培养基等。

3)眼科剪镊、培养皿、注射器、移液枪等。

【操作程序】

1)提前一天将基质胶从 −20℃的冰箱中拿出放于 4℃冰箱中解冻。

2)将培养组织用的 24 孔板提前放入 37℃孵箱中预热。

3)处死 1~3 只小鼠,用眼科剪剪开小鼠的腹部皮毛,用手将小鼠皮毛撕开,注意不要剪开小鼠的腹膜,用酒精擦拭小鼠腹膜。换新的剪刀剪开腹膜,取出小鼠结直肠,3~6cm。

4)将肠子放到加有 5ml 冷 PBS 的 10cm 平皿里。

5)用 10ml 注射器插入肠子一端,用冷 PBS 进行冲洗,将粪便冲洗干净。

6)用小剪刀把肠子纵向剖开,再用 1ml 枪尖吸冷 PBS 冲刷肠内外壁,总共洗三次。

7)将肠子转移到含有 15ml 冷 PBS 的 10cm 平皿中,已灭菌的载玻片轻刮内壁进行彻底的清洗。

8)加 15ml 冷 PBS 至 50ml 离心管中,用镊子将洗干净的肠子夹起悬于离心管上,从肠子的底部用剪刀将其剪成 2mm 的片段于离心管中。

9）用预湿的 10ml 的移液管洗肠道碎片上下吹吸多次，静置使肠子由于重力作用沉淀并去除其上清，再次加入 15ml 冷 PBS，反复洗 15~20 次直到其上清十分干净。

10）去除上清并加入 25ml 的温和细胞解离试剂（15~25℃），在摇床上以 20r/min 的速度室温孵育 15 分钟（小肠）或者 20 分钟（大肠）。

11）静置使肠子在重力作用下下沉 30s，然后小心去除上清。用 10ml 含有 0.1% BSA 的冷 PBS 重悬肠道碎片反复吹吸多次，静置使肠道碎片沉到管底，取上清并用 70μm 滤网将其过滤到 50ml 的离心管中，并在管子上标"1"并插在冰上。重复该步骤收集 2~4 份。

12）将离心管中的液体在 290g，2~8℃中离心 5 分钟，小心去除上清，留下底部沉淀。

13）用 10ml 冷的含有 0.1% BSA 的 PBS 重悬，2~8℃，200g 离心 3 分钟，小心地去除上清，使得隐窝仍然留在管子里面。

14）将每个离心管中的隐窝用 10ml 冷的 DMEM/F-12 重悬。

15）从每个试管中吸取 1ml 加入到 6 孔板的一个孔中，用显微镜估计其数量，选择其中隐窝数量多的几管来做。再统计每 10μl 中隐窝的数量，估算隐窝数量，例如 15 个隐窝 /10μl×100 = 1 500crypts/ml。

16）可以将每个离心管中的隐窝分装至 3 个 15ml 离心管且包含数量大约是 1 000、1 500、3 000 个隐窝，再 200g，4℃离心 5 分钟，小心去除上清。

17）加入 100μl，温度 15~25℃完全类器官生长培养基，再加入 100μl 溶解的基质胶然后使用枪吹打混匀 10 次，避免产生气泡。

18）小心地吸取 50μl 隐窝基质胶混合液至之前预热的 24 孔板中，将吸管的尖部对准在底部的上方然后缓慢的将其打出，使其在每一个孔中都是一个位于中间的圆顶结构，之后放 37℃孵箱中 10 分钟直到基质胶凝固。

19）在每一个孔中，沿着壁加入 750μl，温度 15~25℃完全的肠类器官培养基。

20）在周围的孔中加入 PBS。

21）将 24 孔板放入 CO_2 培养箱中，于 37℃下培养，培养基一周换三次，加培养基时需提前预热（图 6-1）。

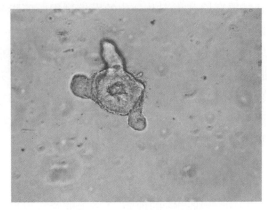

图 6-1 小鼠肠上皮类器官

【结果分析】

隐窝在基质胶中培养 5~7 天后会形成肠上皮类器官。在肠上皮类器官的培养中，肠干细胞具有自我更新和分化能力，形成隐窝和绒毛结构，上皮极化和具备功能性的腔。在整个实验操作的过程中，在操作肠段或者隐窝之前，应预先将移液管和移液头湿润，从而预防组织粘连到移液管壁上。在处理肠道的过程中，应先清除肠系膜（连接肠道与腹壁的膜），然后才切割小肠。如果肠系膜未预先去除，在随后的洗涤步骤中肠段则难以沉降。在分离肠隐窝的时候，将肠道切割为 2mm 的小段之后，在洗涤 3~5 次时上清可能就十分清澈了，但为确保肠段干净，仍需要在 PBS 中冲洗 15~20 次。在冲洗过程中需通过重力实现肠段的沉降，若使用离心分离可能会导致其他杂质沉淀，而导致隐窝收获率降低。为对细胞的破坏降至最低并确保最大限度地回收细胞，在室温条件下使用类器官生长培养基和温和细胞解离试剂，但用于清洁和洗涤过程的 PBS 和 DMEM/F12 则需保持冰冷。隐窝经分离后进行铺板时，将培养基与基质胶混合时必须十分迅速，30~60 秒以内完成混合，同时必须使用预热处理的培养板和冰冷的基质胶，这样才可确保隐窝悬浮，如果隐窝接触并粘在孔的表面上，将会出现分化现象。隐窝应使用三种不同密度进行铺板。培养基和类器官本身均能够产生促使类器官扩增和成活所需的因子，如果隐窝的接种密度过大，则隐窝无法从培养基中吸收充足的营养，实现适当扩增，如果隐窝的接种密度太小，则类器官无法产生充足的因子，也会导致无法实现适当扩增。类器官开始出芽生长时，应对类器官进行传代。在传代过程中，解离类器官时需要注意在温和细胞解离试剂中孵育的时间以及使用移液管手动搅拌的力度。如果在温和细胞解离试剂中对类器官的孵育时间过长或者搅拌过度，则可能会出现过多的单细胞，应避免这种情况。

二、液体培养基器官培养法

这类方法最大的特点是培养基的换液过程非常方便，同时还适合于研究各种外界因子对培养器官的影响及对培养器官进行生化分析，是目前被广泛应用的器官培养方法。

（一）血管的器官培养

血管的器官培养是研究血管生理及病理形成机制的重要手段，被广泛用于血管的发育、损伤、修复、再生及再狭窄等方面的研究中。血管器官培养的材料主要来自大鼠、兔等哺乳动物的胸主动脉，培养的方法有多种，其中以悬浮孵育法的操作较为简单，这一方法的特点是将所取的动脉剪成小块后，直接让其悬浮于培养液中，按常规条件加以培养。在血管的器官培养中，琼脂孔培养法是较为常用的方法，由 Nicosis 等于 1990 年建立，该法可使血管在体外环境中生存较长的时间（最长可达 20 余天），有利于对血管的生成作直接深入的观察，也适合于开展血管生成抑制反应及其机制等方面的研究。有关琼脂孔培养法的详细情况如下：

【实验材料】

1）成年大鼠的胸主动脉。

2）培养基：以 MCDB131、DMEM/F12（1∶1）及 MEM 三种培养基较为常用，培养基中添加青霉素（100IU/ml）、链霉素（100μg/ml）及两性霉素（2μg/ml）。

3）培养器械：手术刀剪、眼科剪镊、培养皿等。

4）其他培养用液：1.5% 的琼脂、胶原或纤维蛋白原液等。

【操作程序】

1）琼脂孔的制备：将 1.5% 的琼脂倾倒入培养皿中，待琼脂凝固后形成厚度为 10mm 左右的琼脂板，在其上打出直径为 10mm 大小的琼脂孔。

2）将大鼠用乙醚麻醉后，酒精对其胸腹部皮肤作常规消毒。

3）固定大鼠于手术板上，手术剪剪开其胸骨，使其主动脉暴露。

4）结扎弓动脉后，剪下主动脉，放置于盛有培养基的培养皿中。

5）用吸管吸取培养皿中的培养基，冲洗动脉内壁后，将其剪成 1mm 长度的动脉环。

6）向已制成的培养皿琼脂孔中滴加数滴胶原或纤维蛋白原液，将动脉环置于其中，再加入 0.5~1ml 的培养基。

7）将培养皿放置于 CO_2 培养箱中于 37℃下培养，2 天后换液。

【结果分析】

利用该法可使血管在体外存活较长的时间，而在培养一周的时间内，均可观察到微血管的生长，在培养的 7~8 天，微血管的生长最为旺盛。由于该法所用的培养基不含血清，排除了培养基中不定因素对血管生长的影响，较有利于进行血管功能及其调节因素等方面的研究。

（二）毛囊的器官培养

毛囊是由上皮及间充质成分组成的一种器官，在体外条件下对毛囊进行器官培养，不仅可更好地了解毛囊的生物学特性，阐明其生长周期的机制及各种影响因素，同时还可探讨病理状态下毛囊生长异常的原因及药物治疗的机制，因此，毛囊的器官培养已成为毛囊研究中广泛使用的重要的手段。早期的毛囊培养主要是以未分化出毛囊的胚胎皮肤作为培养的对象，而直至 20 世纪 90 年代，随着毛囊分离技术的改进，利用悬浮培养法培养单个游离的毛囊才获得成功，这一方法现已被普遍应用于毛囊的器官培养中。在对毛囊进行器官培养时，过去常用含胎牛血清的培养基，但培养一定时间后，毛母质细胞会发生一些异常的改变，换用无血清培养基后，毛囊生长将趋于正常，下面介绍的即是使用无血清培养基所进行的毛囊悬浮器官培养法。

【实验材料】

1）手术切除的成人头皮。

2）培养基：William E 培养基，含 L- 谷氨酰胺、胰岛素、氢化可的松及青 - 链霉素双抗溶液等。

3）培养器械：24 孔培养板、培养皿、头皮叶片刀、手术刀剪、显微外科镊等。

【操作程序】

1）剃净人尸体的头发，用酒精对其头皮加以消毒。

2）剪取部分头皮,将其浸泡于含青霉素、链霉素的 D-Hank 液中,用 Hank 液仔细清洗 3 遍。

3）将洗净的头皮放置于盛有 D-Hank 液的培养皿中,用手术剪将其剪成长度为 0.3~0.5cm 的小块。

4）解剖镜下,用头皮叶片刀从真皮与皮下脂肪交界处将两者分离。

5）用眼科剪去除皮下脂肪,将毛囊远端用显微外科镊轻轻夹住,顺毛囊方向小心地将毛囊连带球部一起从皮下组织中抽出,切忌用力过猛,以免使毛球部受到损伤。每一头皮块可提供数 10 个带毛球部的毛囊。

6）将所取的毛囊放置于 24 孔板中,一孔一个,向培养板孔中加入 0.5ml 的培养基,盖好培养板后,将其置于 37℃、5% CO$_2$+95% O$_2$ 的条件下培养。

7）培养 3~5 天后,换液。

【结果分析】

在上述方法中,所使用的培养基不含血清,排除了以往毛囊培养中血清造成的毛母质细胞变性问题,因此,按本法所培养的毛囊,其生长状态及速度均与在体时的情况较为接近,毛囊的生长时间可延长至培养的第 14 天,而在培养的前 4 天,毛囊的生长速度较快,其毛根可以每天 0.3mm 的速度生长。

(三)肝芽类器官培养

肝的发育涉及来自内胚层和中胚层的组织之间复杂的相互作用。肝脏最初起源于内胚层中前肠上皮细胞发育而来的肝芽结构,肝芽来源的肝母细胞形成肝细胞和胆管上皮细胞,而肝脏成纤维细胞和星状细胞是由附近的中胚层来源的间质分化而来。由 Takebe 等于 2013 年建立了一种将肝细胞,间充质干细胞和内皮细胞混合,模拟肝发育早期的三个细胞系,在铺有基质胶 matrigel 的平皿中培养,自发形成三维肝芽类器官。

【实验材料】

1）大鼠,人间充质干细胞(MSC)和人脐静脉内皮细胞(HUVEC)。

2）培养基:肝细胞培养基(William E 培养基),内皮细胞培养基,间充质肝细胞培养基。

3）培养器械:24 孔培养板、培养瓶、基质胶 matrigel,胰蛋白酶,胶原酶,台盼蓝。

【操作程序】

(1)分离大鼠原代肝细胞

1）将大鼠用乙醚麻醉后,碘伏和酒精对其胸腹部剃毛后皮肤作常规消毒。

2）固定大鼠于手术板上,手术剪剪开其腹部,上翻肝脏,使其门静脉暴露。

3）从门静脉 16G 留置针插管,运用两步胶原酶灌注法获取大鼠肝细胞。

4）消化完全后,取下肝脏,轻轻的撕去包膜,将肝细胞刷入预冷的洗涤培养基中,滤网过滤,制粗制的肝细胞悬液。

5）以 50g,4℃离心 5 分钟,弃上清。再加入洗涤培养基重悬细胞,共离心三次。得到的肝细胞,用台盼蓝染色,计算细胞活率以及数量。

(2)肝芽类器官的形成

1）基质胶提前一天 4℃过夜冻融,用预冷的枪头在冰上用肝细胞和内皮细胞培养基的混合液将基质胶稀释两倍,吸取 400μl,均匀的平铺在 24 孔板每个孔里。

2）将铺有基质胶的孔板放进 37℃的培养箱 30 分钟,待基质胶凝固以后即可接种细胞。

3）将分离的原代肝细胞、HUVEC、MCS 按照 10 : 7 : 3 的比例混合总共 2×10^6 个细胞于 24ml 混合培养基中(肝细胞培养基与内皮细胞培养基 1 : 1 混合),混合均匀后,按每孔 1ml 培养基接种于铺有基质胶的 24 孔培养板中。

4）将 24 孔培养板放置于 CO$_2$ 培养箱中于 37℃下培养,3 天后换液(图 6-2)。

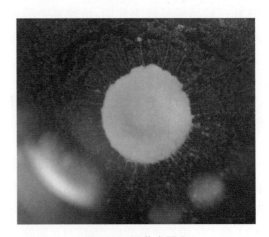

图 6-2 肝芽类器官

【结果分析】

24 小时后,贴壁细胞从四周开始向内部卷曲包裹,肝芽类器官逐渐形成,48~72 小时,直径达到 500μm,肝芽类器基本稳定。在肝芽类器官的培养中,在分离原代肝细胞之前,需要提前准备好 HUVEC 和 MSC,MSC 最好用分离培养 5 代以内的细胞,以保证混合细胞贴壁后能够发生卷曲包裹形成肝芽。后期,将这些肝芽移植入免疫缺陷的小鼠体内后会有血管生成,并呈现出肝脏所特有的功能。

三、动态器官培养法

这类方法的特点是将所培养的器官处于动态变化的环境中,增强其与培养基及周围气体间的物质交换,及时清除培养过程中产生的代谢产物,由此促进培养器官的生长。动态器官培养法目前主要包括灌注式培养、旋转式培养和摇摆式培养等,但各自在实验设计的原理上有所不同,通常都需要特定的培养装置,而且整个培养装置的构成较为复杂,在培养箱中所占的空间较大。

(一)全胚胎培养

这是一种将整个胚胎从母体中取出,在不改变胎盘及胚胎各器官、组织间正常关系的前提下,对胚胎整体进行体外培养的方法,同胚胎器官培养相比,该方法对于研究胚胎发育、胚胎致畸及其机制等问题有着更为重要的价值。根据所取的胚胎植入子宫内膜与否,可将全胚胎培养分为植入前培养及植入后培养。植入前培养的材料一般为 2~8 细胞期的卵裂球,培养的方法较为简单,通常是将卵裂球放置于培养板的孔中,加入少量(0.5~1ml)培养基后,于 37℃、CO_2 培养箱中进行培养。48~72 小时后,培养的卵裂球可进入桑葚期,有的可达胚泡期。已进入胚泡期的胚胎,在体外若再继续培养,则胚胎将发生退化、死亡,但若将其植入适合的母体子宫内,着床后,又可进一步生长、发育。植入前胚胎培养现已成为体外受精、胚胎移植等技术的产生及发展的重要基础。植入后培养的材料为已着床于子宫内膜的、处于器官形成期的胚胎,植入后培养常用的方法是一种全封闭式的动态培养法,在培养过程中常需要换气,以保证培养环境内气体的供应及维持 pH 的恒定,该方法是在旋转管器官培养法的基础上发展而来的,最早由 New 于 1978 年建立,现已普遍应用于胚胎发育致畸因子及其机制的研究中,具

有实验周期短、结果灵敏、排除了母体对致畸的影响等优点,现将这种植入后胚胎培养的方法介绍如下:

【实验材料】

1)9.5~11.5 天的孕鼠、成年大鼠。

2)培养基、大鼠血清。

3)培养器皿:60ml 圆柱形培养瓶、手术刀剪、眼科镊及白内障刀等。

【操作程序】

(1)制备大鼠血清

1)将成年大鼠用乙醚麻醉后,固定于取材板上,用酒精消毒其胸腹部皮肤。

2)从正中剖开大鼠腹部,使其主动脉暴露。

3)用注射器穿刺入腹主动脉抽血,迅速于 2 000r/min 下离心 3 分钟,之后静置 30 分钟。

4)为使上清液中血凝块内的血清充分释放,可用止血钳轻轻挤压血凝块,然后将其移出。

5)在 2 000r/min 条件下离心 5 分钟后,轻轻吸取血清,将其移入无菌的容器中,–20℃冻存。

6)冻存的血清解冻后,于 56℃水浴中灭活 30 分钟,即可用于培养。

(2)胚胎的培养

1)用 2% 的戊巴比妥钠将孕鼠麻醉,酒精消毒其腹部皮肤。

2)剖开孕鼠腹部,取出子宫,将其放置于盛有 Hank 液的培养皿中。

3)沿子宫系膜剪开子宫,于立体显微镜下将暴露的胚胎及其表面附属结构一同取出,移入另一盛有 Hank 液的培养皿中。

4)用白内障刀及眼科剪镊除去胚胎周围的母体蜕膜、卵黄囊壁层及 Reichent 膜,并修剪外胎盘锥,使其呈圆锥形。

5)将胚胎及卵黄囊脏层、羊膜及外胎盘锥一并放置于培养瓶中,每一培养瓶中可放 6 个 E9.5 胚胎或 3 个 E11.5 胚胎。

6)向培养瓶中充入混合气体,加盖密闭后,将培养瓶置于旋转培养器上,进行转动培养,转速为 30~40 转/h。所充入的混合气体,应根据胚胎龄的大小,调整其组成,对于 E9.5 胚胎,混合气体成分包括 5% CO_2、5% O_2、90% N_2;对于 E11.5 胚胎,混合气体则主要由 5% CO_2、95% O_2 组成。

7）对于所培养的 E9.5 胚胎,需在培养的第 2 天进行换气,充入的混合气体中应及时增大氧气的比例,一般为 5% CO_2、20% O_2、75% N_2。

【结果分析】

在体外培养的条件下,植入后胚胎可在培养的 1~4 天内有较好的发育,体节与蛋白质含量均可发生不同程度的增加,E9.5 胚胎的发育较为迅速,可形成 25~28 对体节,与在体状态时相似;而 E11.5 胚胎在体外的发育速率慢于在体状态。当培养的胚胎在体外存活的时间超过 4 天以后,其发育的速度明显减慢,远远低于其在体内的发育速度。

（二）大鼠组织工程肝脏的灌注培养

去细胞化是将组织或器官上的细胞利用不同的方法洗脱下来,仅保留细胞外基质的技术。最早由 Taylor 于 2009 年建立灌流全器官去细胞化技术,能够保留原器官内部三维细胞外基质支架结构,和完整的血管网络,具有良好的生物相容性,可作为组织工程的支架材料。利用此种支架材料构建组织工程器官,特别适于灌注培养方式,通过使培养基持续流经培养器官,来达到动态培养的目的。培养基的流动,使得培养的器官能不断地获得新鲜的营养物质,培养环境中氧气扩散也受到促进,代谢产物由此可及时地被排除,可维持较好的生长状态。

【实验材料】

1）180~220g 成年大鼠 2 只。

2）William-E 培养基、胎牛血清、十二烷基硫酸钠（SDS）、Triton-X100、混合型胶原酶（SERVA NB4）。

3）培养盒、方形培养皿、手术剪、眼科镊、蠕动泵、16G 留置针等。

【操作程序】

（1）制备大鼠去细胞化肝脏支架

1）将成年大鼠用乙醚麻醉后,固定于取材板上,用酒精消毒其胸腹部皮肤。

2）取腹正中纵切口入腹,暴露肝脏。

3）从下腔静脉注入肝素生理盐水（100IU/ml）2ml 行全身肝素化。

4）松解肝脏所有韧带。游离门静脉（PV），结扎幽门静脉,肝动脉（HA），肝下下腔静脉（IHIVC）和胆总管。结扎右肾上腺静脉和右肾静脉,于游离肝上下腔静脉（SHIVC）后,剪断。游离腹主动脉前壁,剪开膈肌,结扎胸主动脉。从 PV 插管,缓慢灌注含有肝素钠（50U/ml）的冰水（4℃）20ml,剪断 SHIVC 使灌注液流出。待灌注结束,肝脏变为灰白色,将肝脏中叶连同 PV 和 SHIVC 一起取出。

5）切除肝左中叶,保留肝右中叶。利用 16-G 血管留置针针头塑料部分制作两个 Cuff 管,分别插入肝右中叶上保留的 PV 和 SHIVC 中。将取下的肝右中叶接入自制无菌生物反应器中,并使灌流液从 PV 端流入,SHIVC 端流出。

6）用蒸馏水配制浓度分别为 1%，0.5% 和 0.25% 的 SDS 各 500ml。用蒸馏水配制体积分数为 1% 的 Triton X-100 溶液 100ml。

7）以 1ml/min 的速度向肝右中叶中灌注 4℃ 蒸馏水过夜;接着依次用浓度分别为 1%，0.5% 和 0.25% 的 SDS 以 1ml/min 的速度分别灌注 4 小时;此时肝脏逐渐变成乳白色,流出的灌注液呈浑浊的棕黄色;然后用蒸馏水 1ml/min 的速度灌注 30 分钟;然后用 1% 的 Triton X-100 溶液以 1ml/min 的速度灌注 1 小时,充分洗脱 SDS 残留。

8）最后用含有抗生素的灭菌蒸馏水（青霉素 100U/ml，链霉素 100U/ml 和两性霉素 B 100U/ml）以 1ml/min 的速度灌注 12 小时,对去细胞化支架进行无菌处理。

（2）大鼠肝细胞分离与成聚球体培养

1）将大鼠用乙醚麻醉后,碘伏和酒精对其胸腹部剃毛后皮肤作常规消毒。

2）固定大鼠于手术板上,手术剪剪开其腹部,上翻肝脏,使其门静脉暴露。

3）从门静脉 16G 留置针插管,运用两步胶原酶灌注法获取大鼠肝细胞。

4）消化完全后,取下肝脏,轻轻的撕去包膜,将肝细胞刷入预冷的洗涤培养基中,滤网过滤,制粗制的肝细胞悬液。

5）以 50g，4℃ 离心 5 分钟,弃上清。再加入洗涤培养基重悬细胞,共离心三次。得到的肝细胞,用台盼蓝染色,计算细胞活率以及数量。

6）用培养基将分离得到的大鼠肝细胞重悬,调整细胞浓度到 1×10^6 个 /ml。

7）然后加入 20ml 细胞悬液到 40ml 摇动培养玻璃皿中,置于摇动摇床上,速度为 10cpm

（cycle per minute），整个培养体系置于 CO_2 培养箱中于 37℃ 下，摇动悬浮培养 24 小时。

（3）肝细胞球和支架材料体外复合培养

1）将大鼠去细胞化天然肝脏支架接入循环灌流培养系统中，用 37℃ 氧合培养基以 2ml/min 的速度从 PV 处灌注 2 小时。

2）将从 5 个培养皿中搜集的肝细胞聚球体，4℃ 50g 离心 5 分钟，得到大约 $1×10^8$ 个大鼠肝细胞悬浮于 3ml 培养基中，从经过内部表面抗凝处理的去细胞化天然肝脏支架上的 PV 插管中注入肝脏支架中。然后静置 4 个小时让肝细胞贴附。

3）37℃ 氧合培养基以 1ml/min 的速度从 PV 处灌注培养 2 小时，去除未贴壁细胞。

4）37℃ 氧合培养基以 5ml/min 的速度从 PV 处灌注培养 24 小时（图 6-3）。

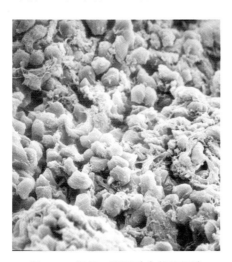

图 6-3　组织工程肝脏内部肝细胞

【结果分析】

以低渗灌注液和浓度梯度离子去垢剂灌注法完成大鼠肝脏支架完全去细胞化。成功分离大鼠肝细胞，肝细胞活性大于 95%，将 $1×10^8$ 个原代大鼠肝细胞经过 24 小时摇动悬浮培养，80% 的大鼠肝细胞聚集形成直径大于 60 微米的大鼠肝细胞聚球体。将所获得大鼠肝细胞聚球体注射进入大鼠去细胞化肝脏支架，静置培养 2 小时使肝细胞球贴附与去细胞化肝脏支架复合。然后将复合有大鼠肝细胞的大鼠去细胞化肝脏支架置于体外循环灌流细胞培养体系中，以 5ml/min 低速灌流培养 24 小时，大鼠组织工程肝脏构建完成。

四、体内器官培养法

这类方法主要特点是将培养器官置于成体、胚胎或胚胎附属组织内，使其在更接近于体内的环境中生长、分化。该类方法较适合于培养某些在体外条件下不易存活的胚胎原基，同时，对于研究肿瘤侵袭的特性及程度、药物治疗效果等均有重要的价值。鸡胚早期胚盘、鸡胚尿囊绒膜、兔眼前房、大网膜、重度免疫缺陷小鼠等，均可选作体内器官培养法的天然培养基。

（一）鸡胚尿囊绒膜培养法

本方法以孵育 8.5~10 天的鸡胚尿囊绒膜作为天然培养基，此时的鸡胚尿囊绒膜富含血管，可为培养器官的生长提供丰富的营养物质。在鸡胚肢芽原基及眼球原基的生长、发育研究中，常用到此法。

【实验材料】

1）以孵育 3 天的受精蛋作为培养器官的来源。

2）以孵育 10 天的鸡胚作为鸡胚尿囊绒膜的来源。

3）培养器皿：牙科钻、培养皿、牙科镊、钟表镊、眼科剪、解剖镜、孵箱、照蛋箱等。

【操作程序】

1）照蛋箱透照孵育 10 天左右的鸡胚，可观察到明显的尿囊绒膜及其主要的血管。

2）选择两条相互交接的、离胚体有一定距离的血管，在交接点处用铅笔标以记号。

3）用碘酊与酒精消毒以记号为中心的区域，牙科钻开启一大小为 0.8cm×0.8cm 的方孔（窗户）。钻孔用力要轻，注意不要伤及软壳膜，使尿囊绒膜血管破裂、出血。

4）用牙科镊轻轻揭起所钻方孔的壳片，将其置于已消毒的培养皿中，加盖罩好。

5）将软壳膜用生理盐水浸润，使移开软壳膜时不致损伤尿囊绒膜。

6）用钟表镊小心掀起并撕去软壳膜，在体视显微镜下，可见已暴露的尿囊绒膜及其血管。

7）将壳片（窗户）盖回原处，放置于孵箱的网格盘上，以备移植。

8）在照蛋箱下选取发育良好的、孵育 3 天左右的鸡胚，用牙科钻开启一方窗，使胚胎暴露。

9）用中性红琼脂薄片染胚胎 1~2 分钟后，胚胎结构清晰可见。

10）用眼科剪将整个胚盘沿胚盘外沿剪下，放于盛有生理盐水的培养皿中，用缓冲液洗去羊膜及绒膜。

11）用虹膜剪取下鸡胚的翼芽及腿芽。

12）用弯吸管吸取翼芽及腿芽，并将其移植于上述已制得的尿囊绒膜上。

13）将壳片盖回原处，壳片周围用熔化的石蜡加以封闭后，放于孵箱中，有窗户的一侧朝下。培养过程中，需经常翻转孵育的种蛋，每天不少于 2 次。

14）培养于尿囊绒膜上的鸡胚器官可生长、发育，时间可维持 9~10 天（图 6-4）。

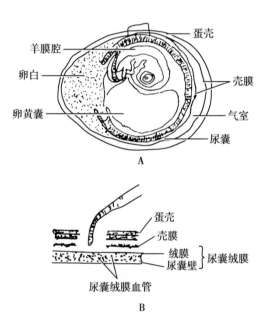

图 6-4　鸡胚尿囊绒膜培养法示意图

A. E9 鸡胚（宿主）及开窗位置；B. 以弯吸管经过蛋壳上的窗户进行移植

【结果分析】

1）优点：培养所需的条件简单，不涉及复杂的仪器、设备；因尿囊绒膜可提供丰富的营养物质，培养器官可以如在体内一样进行正常的生长、发育。

2）不足：培养的器官易受到种蛋代谢，尤其是激素的影响；在培养过程中，培养的器官容易与尿囊绒膜间发生粘连，其形态的形成可能由此受到影响；培养的时间不能维持太长，一般为 9~10 天，培养时间过久，尿囊绒膜会因培养器官的进一步生长而崩溃。

（二）人源肿瘤异种移植模型

人源肿瘤异种移植模型（patient-derived tumor xenograft，PDX）模型是一种将肿瘤患者的肿瘤组织移植至重症免疫缺陷型小鼠体内，并使肿瘤组织在小鼠体内生长而构建成的一种肿瘤模型。PDX 模型是将肿瘤组织以组织的形式移植至 NSG 小鼠体内，从而很好地保持肿瘤的异质性，在组织病理学、分子生物学和基因水平上保留了大部分原代肿瘤的特点、具有较好的临床疗效预测性，与临床相似度更高，是现阶段最优秀的肿瘤动物模型。

【实验材料】

1）NOD/SCID 免疫缺陷小鼠。

2）HTK 组织保存液、生理盐水等。

3）培养皿、套管针、手术刀片、剪刀和镊子等。

【操作程序】

1）新鲜肿瘤样本从手术室取出后，置入含有无菌的 HTK 组织保存液（4℃避光保存，可提前加入青霉素 / 链霉素）的 15ml 或 50ml 离心管中。4℃保存。

2）用已灭过菌的眼科镊将肿瘤组织块迅速转移至装有生理盐水的培养皿（6cm）中，在 6cm 皿中用刀片切成 2~4mm³ 左右的小块，若是肿瘤块较大，可切成 12 小块；较小时，可切成 4 小块。

3）移于装有适量生理盐水的 6cm 皿中，贴好封口膜后，放入冰盒中，连同器械（一把剪刀，镊子和接种针）一同带入 SPF 动物房。

4）取 1~3 只 NOD/SCID 免疫缺陷小鼠，将每只动物的前后肢背侧备皮并用医用酒精进行皮肤消毒，并用 1.5% 戊巴比妥进行麻醉。

5）将切好的肿瘤块用镊子从针头处塞入套管针，抓持小鼠并绷紧穿刺位置的皮肤，将带有肿瘤块的套管针穿刺至皮下，并向肩背部移行，将套管针针芯推进，使肿瘤块推出留在套管针穿刺所形成的移行窦道内，拔出套管针；若肿瘤撤出时随针头移动，则用套管针将其复位；每个小鼠可接种 4 处，每个患者的肿瘤可接种 1~3 只小鼠。

6）PDX 模型肿瘤的传代：PDX 模型在达到 1 000mm³ 或者需要传至下一代小鼠时需要对肿瘤进行再次移植，移植过程中一定要注意无菌原则。

【结果分析】

PDX 模型小鼠,重点观察和记录肿瘤的生长情况,每周两次用游标卡尺检测肿瘤的直径,并换算成肿瘤体积,绘制肿瘤生长曲线;不同肿瘤生长曲线不同,一般于接种后 20~30 天,达到 1 000mm³,此时要将小鼠处死并传代,而对于接种后 120 天仍未见有肿瘤生长趋势的小鼠则进行安乐死处理。

（包 骥）

第三节 三维细胞培养技术

伴随近年来生命科学、材料科学及工程学等领域的快速发展及学科交叉融合的日益提升,以组织器官表型与功能重建为研究宗旨的组织工程与再生医学研究备受关注。而三维（3D）培养技术则成为开展组织工程与再生医学研究的关键核心技术。3D 细胞培养技术是将细胞接种培养于具有 3D 结构空间的培养基质以构建细胞 – 基质复合物,通过模拟构建在体组织生长微环境来提高细胞的体外生长及增殖活性并促进其理想表型和功能产生的一类新型培养技术。区别于传统的基于培养板（培养皿）的平面培养技术,3D 培养技术不但可以为所培养细胞提供三维立体的生长空间,而且还能够模拟细胞 – 细胞 – 基质相互作用,从而再现与在体组织高度相关的表型与功能。此外,该技术所建立的培养体系还兼具有细胞培养的直观性、构成因素的明确性以及培养条件的可控性等优势。因此,3D 细胞培养技术被认为是构架于平面培养模型与动物模型之间的桥梁,既可以弥补平面培养在模拟微环境方面的缺陷,又可以克服由种属差异和伦理争议所导致的动物模型的不足,从而在组织发生、器官构建以及新药研发中均具有不可替代的重要价值。本节将在概述 3D 细胞培养技术核心要素的基础上,详细提供目前已广泛应用的几种关键类型的 3D 细胞培养方法和相关技术要点。

一、3D 细胞培养技术的关键因素

采用 3D 细胞培养技术成功构建 3D 细胞培养模型的关键因素主要包括:种子细胞;培养基质 / 支架;生长因子;生物反应器。

1. 种子细胞 依据所构建的 3D 培养细胞模型的不同需求,人源或动物源的原代分离细胞和已建立细胞系的细胞均可作为 3D 模型构建的种子细胞。细胞类型包括实质细胞和间质细胞。其中,仅有一种细胞类型（多为功能性实质细胞）的培养体系称为单一培养体系;而含有两种及两种以上细胞类型的培养体系称为共培养体系。共培养体系在 3D 模型的体外构建中更为多见,在微环境的模拟构建方面具有细胞构成方面的优势。但对比单一培养体系,共培养体系后期的检测与评价则需要活细胞标记、多抗体染色以及流式细胞仪分选等更为复杂的平台检测技术的支撑。

2. 培养基质 / 支架（culture matrix/scaffold） 目前应用于 3D 细胞培养的培养基质 / 支架主要包括水凝胶和多孔材料支架,其材料来源有天然生物材料（胶原,基质胶,丝素蛋白,海藻酸盐）和人工合成生物材料［聚乳酸（PLA）,聚乳酸 – 羟基乙酸共聚物（PLGA）,合成多肽等］两大类。近年来生物材料技术发展迅速,在材料的分离、纯化、改性修饰以及表征应用方面均取得相关进展,见表 6-1。

3. 生长因子（growth factors） 生长因子是维持或者提高 3D 培养体系内细胞活性并促进其体外生长和分化的关键因素之一。在 3D 培养体系内持续或间断式添加特定的外源性生长因子或诱导内源性生长因子的产生不但能够诱导组织化结构的发生、细胞活性的改善,而且还可以实现干细胞的高效定向诱导分化,从而获取具有理想表型和功能的成熟靶细胞。

4. 生物反应器（bioreactors） 氧气和营养物质的有效传递是影响 3D 细胞培养体系内细胞生长活性的重要因素。生物反应器的应用能够优化改善培养体系内的营养传递,从而大大提高所培养细胞的生长活性和功能。生物反应器一般是依据所构建的 3D 模型体系自行设计以满足 3D 培养所需,也有通用型商品化生物反应器如旋转瓶培养器（图 6-5A）、Synthecon 系列旋转生物反应器（图 6-5B）等。采用生物反应器还可以实现 3D 培养体系内细胞的批量扩增。

表 6-1 三维培养用生物材料的主要分类及特征

支架材料类型	常见举例	优点	缺点
天然材料	胶原,明胶,多糖(琼脂糖,纤维素,海藻酸,壳聚糖等),丝素蛋白	(1)多为天然细胞外基质组分,能更理想地模拟在体 ECM 微环境; (2)生物相容性好	(1)来源及制备的可重复性; (2)易于降解,货架期短; (3)易被内毒素、病毒等污染
合成材料	聚乙二醇(PEG),聚乙烯醇(PVA),聚己酸内酯(PCL),聚乳酸(PLA),聚乙醇酸(PGA)等	(1)组分和结构明确,易于制备; (2)可调控生物可降解性; (3)可调控生物力学性能; (4)表面可修饰性	降解后产生酸性产物改变pH,易于引发组织副作用及炎性反应
混合材料	采用物理或化学手段混合两种以上天然或合成材料:Ti-PEL,壳聚糖-海藻酸钠(CA),PLGA-丝蛋白,硅-壳聚糖,聚己内酯-透明质酸/壳聚糖等	(1)理想的物理特性; (2)理想的机械性能; (3)理想的生化特性	制备工艺相对复杂、专业

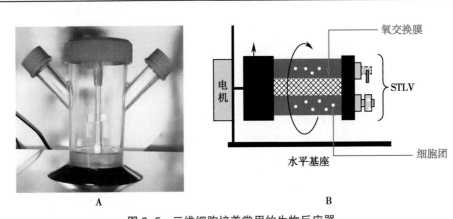

图 6-5 三维细胞培养常用的生物反应器
A. 搅拌旋转培养体系;B. 模拟微重力的旋转生物反应器 STLV 型

二、3D 细胞培养方法

根据细胞种植、培养方式、3D 微环境的特征及构建方式的不同,3D 细胞培养方法可大致分为:细胞球培养;基于生物材料支架培养;微流控芯片培养;3D 生物打印。其中后两种 3D 培养方法所涉及的原料制备复杂、操作步骤繁琐,且需要特定的仪器设备才能实施,所以本节将集中于前两种培养方式,详细提供具有代表性的几种 3D 培养方法。

(一)细胞球培养

细胞球 3D 培养技术是利用细胞自组装功能,通过细胞的自发性聚集来形成多个细胞团。该过程中培养细胞可高表达细胞黏附分子 E-Cadherin 来触发细胞彼此间的黏附聚集;聚集后的细胞会分泌产生自身的细胞外基质(ECM),由此来进一步促进细胞间的聚集并增强细胞团的稳定性。

对比其他 3D 培养方法,细胞球形成培养法操作简单,易于掌握,且利于实现细胞球的批量制备以满足 3D 培养的数量需求。但需要指出的是:采用该技术方法所形成细胞球是基于随机的细胞自组装来完成的,其形成过程难以控制,导致所形成的细胞球体积不可控,因此质量控制存在难度。此外,并非所有的细胞均能够通过自发性聚集形成细胞球。

1. 胚胎干细胞拟胚体的制备 胚胎干细胞在悬浮培养的条件下通过细胞间聚集形成多个细

胞球。这些细胞球再经过一段时间的悬浮培养即可分化形成拟胚体结构。拟胚体的制备是胚胎干细胞进行后期贴壁诱导分化的基础,也是诱导定向诱导分化效率的关键因素之一。

【实验材料】

1）培养于 60mm 培养皿内小鼠胚胎干细胞（带有饲养层细胞）。

2）高糖 DMEM 完全培养基（H–DMEM）,含有 15% 胎牛血清（FBS）+1% 青霉素 / 链霉素 +10^{3}U/ml LIF（白血病抑制因子）。

3）0.1% 无菌明胶溶液：称取 100mg 明胶颗粒加入 100ml 超纯水内（此时不溶解）,经高温高压灭菌后即促进明胶溶解形成均一透明的明胶溶液,置于 4℃ 保存。

4）无菌 PBS 缓冲液。

5）无菌 0.25% 胰蛋白酶溶液。

【实验器材】

1）100mm 细菌级低贴附力塑料培养皿。

2）100mm 细胞培养级塑料培养皿。

3）塑料离心管（15ml）,细胞计数板、计数器。

4）微量移液器,移液器枪头,塑料移液管。

5）恒温水浴锅,离心机（甩平式转头）,倒置显微镜。

6）CO$_2$ 细胞培养箱,超净工作台。

【实验方法】

1）取生长状态良好的培养于 60mm 培养皿内小鼠胚胎干细胞（带有饲养层细胞）,吸弃培养基,经 PBS 轻洗后加入 0.25% 胰蛋白酶消化（37℃,1~2 分钟）。加入完全培养基（含 15%FBS 的 H–DMEM 培养基）终止胰蛋白酶消化。

2）离心收集所消化的细胞（2 000r/min,5 分钟）,重悬细胞至完全培养基中,计数细胞数目。

3）准备经 0.1% 明胶溶液包被的细胞培养级培养皿（约 2ml 明胶 /100mm 培养皿）,于超净工作台内室温下包被 >1 小时,备用。

4）吸弃培养皿内多余的明胶溶液,直接将前述所收集制备的细胞悬液转移至该培养皿内,加入适量培养基让细胞充分悬浮。

5）利用差速贴壁法去除饲养层细胞：将悬浮细胞置于 CO$_2$ 细胞培养箱内静止培养 30~40 分钟,然后在倒置相差显微镜下观察是否有绝大多数饲养层细胞贴壁。

6）低贴壁悬浮方法制备拟胚体：确定大部分饲养层细胞贴壁后,轻轻吸取所有细胞悬液并转移至低贴附性的细菌级培养皿,加入足量完全培养基悬浮培养 3~5 天。悬浮培养 1 天后即可在倒置相差显微镜下观察到细胞的自发性聚集,5 天后可见形态典型的细胞聚集体,并形成拟胚体结构（图 6-6）。

7）悬滴法制备拟胚体：确定大部分饲养层细胞贴壁后,轻轻吸取所有细胞悬液至离心管内,调整细胞浓度至（5~8）×10^6 个 /ml。准备无菌细胞培养皿（100mm）,皿内加入 10~12ml PBS 液；皿盖翻转内面向上,用微量移液器吸取一定量细胞悬液（15μl/ 滴）滴至培养皿盖内表面,制备多个分隔排列的液滴,然后快速翻转培养皿盖并将

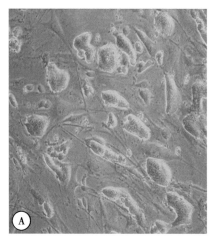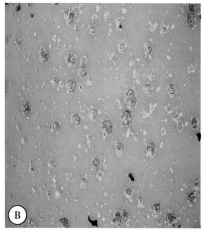

图 6-6　小鼠胚胎干细胞和拟胚体

A. 生长状态良好的小鼠胚胎干细胞（倒置相差显微镜,放大倍数 200×）；B. 经低贴壁悬浮法形成的干细胞拟胚体（放大倍数 100×）

之盖在已预先加入PBS缓冲液的培养皿上。小心转移该培养皿至细胞培养箱内，3~5天后每个液滴中即可形成大小均一的拟胚体（图6-7）。

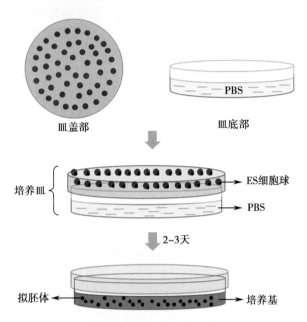

图6-7 悬滴法制备胚胎干细胞拟胚体示意图

【注意事项】

1）胚胎干细胞的未分化状态是细胞团聚集并形成拟胚体的关键因素。

2）制备胚胎干细胞拟胚体的过程中，制备的细胞悬液尽可能保证细胞充分分散，从而易于获取单细胞悬液，有利于提高拟胚体的制备效率及体积的均一性。

3）无论是低贴壁悬浮方法还是悬滴培养法所制备的拟胚体均可直接应用于下游的干细胞诱导分化研究，所制备的拟胚体的质量也是影响细胞分化效率的关键因素之一。

4）虽然同样是通过细胞自组装来促进细胞的聚集，但对比低贴壁悬浮方法，悬滴法所制备的拟胚体大小更为均一可控。

5）由于饲养层细胞是预先经过丝裂霉素处理，其增殖能力已经受到抑制，因此本操作中饲养层细胞的是否完全去除对拟胚体的制备不存在显著性影响。

2. 基于微载体的胚胎干细胞球培养

【实验材料】

1）培养于60mm培养皿内小鼠胚胎干细胞（带有饲养层细胞）。

2）高糖DMEM完全培养基（H-DMEM），含有15%胎牛血清（FBS）+1%青霉素/链霉素。

3）高糖DMEM基础培养基含有1%青霉素/链霉素但不含有FBS。

4）微载体（光滑或多孔型微载体均可，依据实验需要而定）。

5）无菌PBS缓冲液（无Ca^{2+}, Mg^{2+}）。

6）无菌0.25%胰蛋白酶溶液。

【实验器材】

1）旋转生物反应器（HARV, 50ml, Synthecon, USA）。

2）微量移液器，移液器枪头，塑料移液管。

3）24孔、96孔细胞培养板。

4）塑料离心管（15ml），细胞计数板、计数器。

5）无菌医用5ml注射器（自备，国产）。

6）恒温水浴，离心机（甩平式转头），倒置相差显微镜。

7）CO$_2$细胞培养箱，超净工作台。

【实验方法】

1）ES细胞培养：预先准备若干铺有滋养层细胞（经丝裂霉素-C预处理）的塑料培养皿。ES细胞经复苏后，按照常规培养方式对其进行体外传代、扩增。培养过程中培养基为添加LIF的ES生长培养基，每48小时定期更换新鲜液体。

2）微载体的预处理：称微载体0.25g，经PBS液洗涤3~5次后，浸泡于PBS液体中过夜，再次以PBS液洗涤2~3次，高压蒸汽灭菌30分钟后，以无菌H-DMEM基础培养基洗涤2次，最后浸泡于H-DMEM基础培养基内（不含有FBS），置4℃冰箱保存备用。

3）RCCS容器的预处理：①使用专用工具松解容器的所有螺丝部分，小心将容器的底座和顶盖分离。将容器的所有塑料部分浸泡于中性洗涤液配制的清洗液中，用柔软的毛刷轻轻洗涤各部件，注意不要划损容器，中央的氧交换膜部位要用手（带乳胶手套）非常小心的清洗。②以超纯水淋洗容器各部件15~20分钟，浸泡于超纯水内过夜。③自然干燥各部件后，组装容器，其内充满70%乙醇液体，处理24小时。④高温灭菌前，首先倾倒内部乙醇液体，松解周围螺丝一周，将容器主件、进样口塑料塞和排气管塑料盖分别用锡箔纸包裹，外被灭菌纱布和敷布后，高温灭菌：105~110℃×30min。⑤置至室温，于无菌条件下重新组装容器,即可使用。

4)RCCS 内微载体和细胞的装载:①首先制备 ES 细胞悬液 10ml,调整细胞密度为(1.0~1.5)× 10^6 个 /ml。②RCCS 容器组装后,依次缓慢加入 0.25g 微载体(5~10ml,已处理)悬浮液,10ml ES 细胞悬液(使用不含 FCS 和 LIF 的 H-DMEM 培养基),以及 10ml FBS 液体,注意尽量避免产生气泡。③以 H-DMEM 培养基(不含 FBS)补足终体积至 50ml。最后用注射器排空容器内所有气泡。此时,细胞密度为 2.2×10^5 个 /ml,FBS 终浓度为 15%。④安装容器至旋转基座,将整个容器置细胞培养箱内常规培养,调整初始转速为 8r/min,对 ES 细胞进行旋转培养,3~5 天后收集样品在倒置相差显微镜下观察在微载体表面所形成的细胞球(图 6-8)。

【注意事项】

1)胚胎干细胞数量与微载体的数量比例是高效制备胚胎干细胞球的关键因素。

2)Synthecon 旋转生物反应器包括 HARV 和 STLV 两种型号,针对基于微载体的干细胞球扩增培养,HARV 类型要显著优于 STLV 型号;但若无微载体的参与,只有选择 STLV 型旋转生物反应器进行悬浮培养才能够成功制备胚胎干细胞拟胚体,且可实现拟胚体的批量制备。

3)微载体类型多样,究竟选择哪种类型要依据后续的研究需求而定。一般光滑表面的微载体更易于样品细胞的回收,而多孔结构微载体的比表面积更大,更利于细胞的规模化扩增。

4)基于微载体的扩增培养适用于多种类型干细胞的扩增培养,如间充质干细胞(MSC),也可直接应用于干细胞的规模化诱导分化。

3. 肿瘤细胞球培养

【实验材料】

1)培养于培养瓶内人非小细胞肺癌细胞株 A549。

2)高糖 DMEM 完全培养基(H-DMEM),含有 10% 胎牛血清(FBS)+1% 青霉素 / 链霉素。

3)无菌 PBS 缓冲液(无 Ca^{2+},Mg^{2+})。

4)无菌 0.25% 胰蛋白酶溶液。

【实验器材】

1)96 孔 U 形底培养板,细胞低黏附表面处理。

2)塑料离心管(15ml),细胞计数板、计数器。

3)多孔道微量移液器,液体加样槽,移液器枪头,塑料移液管。

4)恒温水浴,离心机(甩平式转头),倒置显微镜。

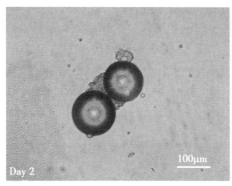
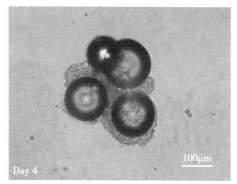
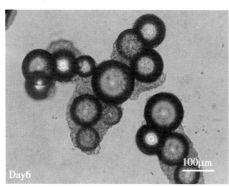
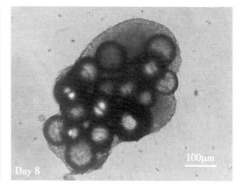

图 6-8　基于微载体培养的小鼠胚胎干细胞形成三维生长的细胞团
(倒置相差显微镜)

5）CO₂ 细胞培养箱,超净工作台。

【实验方法】

1）取生长状态良好的培养于培养瓶内 A549 细胞,吸弃培养基,经 PBS 轻洗后加入 0.25% 胰蛋白酶消化（37℃,约 1 分钟）。离心收集所消化的细胞（2 000r/min,5 分钟）,重悬细胞至完全培养基中,计数细胞数目。

2）调整单细胞悬液的细胞浓度为 $1×10^6$ 个/ml,转移单细胞悬液至加样槽内,采用多孔道（6 排道）移液器吸取细胞悬液加样至 96 孔 U 形底培养板内（200μl/ 孔,$2×10^5$/ 孔）,轻微旋转振荡,利于细胞聚集成团。

3）轻轻放置 96 孔培养板至 CO₂ 细胞培养箱,动态观察细胞的聚集及肿瘤细胞团的形成（图 6-9）。

【注意事项】

1）该方法所制备的肿瘤细胞球是利用肿瘤细胞彼此间自聚集的特性,在低黏附培养基质表面促进细胞间相互黏附而形成肿瘤细胞球。

2）该方法所制备的肿瘤细胞球大小均一,可用于后续的药物毒性筛选评价研究。

3）并非所有的肿瘤细胞均可在上述条件下形成致密均一的肿瘤球结构。

（二）基于生物材料 / 多孔支架培养

基于生物材料（多孔支架）的细胞 3D 培养技术显著区别于前面所描述的基于细胞自聚集来形成细胞球的 3D 培养方法,而是需要借助生物材料支架的参与,通过包埋培养或支架接种的方式,细胞的增殖来促进细胞呈 3D 模式进行生长。

过程中生物材料不但作为细胞 3D 生长的空间几何支架,而且还能够提供相应的细胞培养基质,从而实现 3D 培养体系的建立。对照细胞球培养方法,基于生物材料 / 多孔支架的 3D 培养技术要相对复杂繁琐很多,其中不但涉及生物材料支架的制备与修饰表征,而且还关系到相关的培养微环境因素（包括生物因素、化学因素以及物理因素等）的优化,更为重要的是针对该 3D 培养体系的后期检测与评价分析也非常具有挑战性。但值得指出是:近年来伴随生物材料、医学、生物工程学等学科的不断发展与完善,多学科交叉性研究越来越成为生命科学研究的主流。与之相随产生的是新材料、新技术、新方法在交叉学科 - 组织工程和再生医学研究领域的不断涌现,从而显示出其在基础研究和转化应用领域的不可替代的潜能价值。由于目前已报道的可应用于细胞 3D 培养构建的生物材料支架种类繁多,优缺各异,因此本部分内容我们综合考虑所选用支架材料在获取来源和制备工艺方面的难易度,同时结合其在各类型细胞 3D 培养中的普适性,主要介绍基于胶原 / 基质胶的水凝胶支架和以丝素蛋白多孔支架为代表的 3D 细胞培养体系。但在具体的科研设计中,研究者还需要根据自身的研究需求对相关的技术方法进行调整和优化,从而构建真正可满足研究所需的理想 3D 细胞培养体系。

1. 基于胶原凝胶体系培养胚胎干细胞 胶原蛋白属于不溶性纤维形蛋白质。胶原是细胞外基质中含量最高的组成成分,由三条多肽链构成,构成细胞外基质的主要骨架结构。细胞外基质

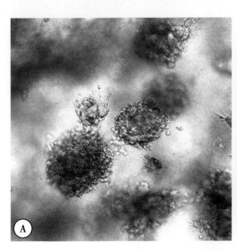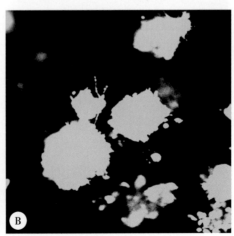

图 6-9 人肿瘤细胞 A549 在胶原培养体系内形成多个细胞球

A. 倒置相差显微镜图像;B. 荧光染色示肿瘤细胞球

中的其他成分也可与胶原相结合,从而构成结构和功能的统一体遍布于人体各组织和器官。结缔组织中的胶原主要是 I、II、III 型胶原,IV 型胶原主要存在于基底膜。用于 3D 细胞培养的胶原水凝胶多为来自动物(鼠,牛)的 I 型胶原。这里我们以鼠尾胶原的制备与应用为例来介绍相关的细胞 3D 培养模型的体外构建方法。

【实验材料】

1)国产冰醋酸 HAc 分析纯,NaOH 分析纯;

2)75% 酒精,无菌 PBS 溶液;

3)SD 大鼠尾巴 1 支;

4)无菌 10×DMEM 基础培养基,无菌 0.1% HAc 溶液,无菌 2mol/L NaOH 溶液;

5)胚胎干细胞生长培养基:H-DMEM 培养基 +15% FBS+1% P/S 抗生素(青霉素 / 链霉素)+ 10^3U/ml 白血病抑制因子(LIF);

6)培养于 60mm 培养皿内小鼠胚胎干细胞(去饲养层细胞)。

【实验器材】

1)24 孔细胞培养板,无菌培养基分装瓶(250ml),无菌细胞培养皿(10cm),玻璃表面皿(10cm);

2)无菌 0.22μm 细胞滤器(注射器接口);

3)无菌手术器械(眼科剪,眼科镊,弯止血钳);

4)装有碎冰的冰盆;

5)无菌离心管,预冷的 1.5ml Ep 管;

6)微量移液器,预冷的移液器枪头;

7)恒温水浴,离心机(甩平式转头),倒置相差显微镜;

8)CO_2 细胞培养箱,超净工作台。

【实验方法】

1)大鼠鼠尾胶原溶液的制备(图 6-10)

I. 由根部剪取 SD 大鼠尾巴一支,浸入 75% 乙醇,4℃放置过夜(最短 4 小时)。

II. 在无菌超净台内配制 0.1%(v/v)冰醋酸液,经 0.22μm 滤器过滤后置 4℃保存备用。

III. 在无菌超净台内操取出经消毒处理的大鼠尾巴,放置于无菌培养皿内,无菌 PBS 溶液冲洗 2 次。用剪刀剪开表面皮肤层,结合剪刀和止血钳,完整去除表面皮肤层,暴露下层显示多条白

图 6-10 大鼠鼠尾胶原溶液制备方法步骤图

A. 浸泡于 PBS 液中大鼠尾;B. 剥离表皮的大鼠尾;C. 剪断的大鼠尾;D. 分离出来的尾腱;

E. 剪碎的尾腱;F. 溶解于 0.1% 冰醋酸液中尾腱

色尾腱的结缔组织层。

Ⅳ. 用剪刀沿尾骨结节处剪断尾骨和尾腱，无菌 PBS 溶液冲洗 2~3 次。

Ⅴ. 用眼科镊轻轻抽取肉眼可见多条白色尾腱，收集所有尾腱至玻璃表面皿，用 PBS 溶液冲洗 2~3 次，并尽可能吸尽残余 PBS 液体。

Ⅵ. 加入少量（1~2ml）0.1% 冰醋酸（4℃）至所收集的尾腱，同时用眼科弯剪剪碎所有尾腱（尽可能剪碎）。

Ⅶ. 收集经剪碎的尾腱组织及液体，溶入至适量体积的 0.1% 冰醋酸液中（一般为 100~150ml，4℃），振荡混匀，放置 4℃待尾腱充分溶解，一周内可形成透明均一溶液。

Ⅷ. 吸取上层透明均一溶液，尽可能去除未溶解杂质部分，分装保存至无菌培养基瓶内备用。

Ⅸ. 粗测所制备胶原溶液的浓度：吸取 1ml 胶原溶液至样品皿，然后至 60℃干燥箱内充分干燥。计算加入胶原溶液前与胶原加入充分干燥后的差量重量，即可初步计算所制备胶原溶液的浓度（多为 3%~5%）。

2）基于大鼠鼠尾胶原构建胶原 – 胚胎干细胞 3D 培养体系

Ⅰ. 消化收集小鼠胚胎干细胞，计数细胞数量并制备浓缩细胞悬液至 1.5ml Ep 管内备用。

Ⅱ. 制备胶原凝胶：所有操作均在冰盆上进行。首先调整胶原浓度（多为 2mg/ml），吸取一定量体积（V）的胶原溶液至预冷的离心管或 Ep 管内，加入 1/10 体积（1/10V）的 10×DMEM 溶液调节离子渗透压，再加入适量体积的 2mol/LNaOH 溶液调节胶原溶液 pH 至中性，尽可能混匀胶原溶液。

Ⅲ. 迅速混合所制备的胶原溶液和浓缩的细胞悬液，计算所接种细胞的终浓度 1×10^6 个 /ml。迅速转移胶原 – 细胞混合物至细胞培养板，并置于 CO_2 细胞培养箱静置培养 1.5~2 小时，等待胶原溶液充分交联成胶。

Ⅳ. 待胶原溶液充分成胶后，于倒置相差显微镜下观察凝胶形成情况和细胞分布情况，轻缓加入适量培养基至各孔内进行维持培养。

Ⅴ. 倒置相差显微镜下观察凝胶内细胞的增殖及细胞团的形成及动态生长，定期更换培养基，并按照研究需求更换诱导培养基进行定向诱导分化（图 6–11）。

【注意事项】

1）整个过程中严格遵守无菌操作规则进行操作，尤其涉及动物样品的收集和处理，注意乙醇浸泡的时间要足够。

2）抽取尾腱要充分，并保证剪碎尾腱充分溶解，才能够制备较高浓度的胶原溶液。

3）所测得的胶原浓度并不精准，若需要精准浓度数值需要进行 ABC 法蛋白定量检测分析。也可以直接购买 BD 公司的商品化胶原溶液，提高实验的质量控制。

4）在胶原凝胶制备的过程中，注意所有操作均在冰盆上进行，并使用预冷的移液枪头、Ep 管。此外，整个操作过程要求迅速、准确，建议实验前做好分组设计及计算工作。

5）胶原凝胶的制备过程中既要保证细胞 – 胶原混合均匀，又要避免过多次数的抽吸混合，多次抽吸混合会导致胶原成胶的失败。此外，中性

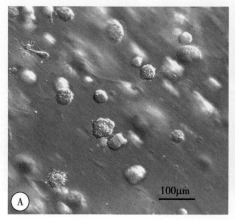
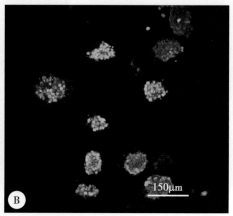

图 6–11 胶原包埋促进胚胎干细胞形成三维生长的细胞团（拟胚体）

A. 倒置相差显微镜；B. 细胞活性染色：激光共聚焦检测，绿色显示良好的细胞活性

pH 的调整对于成胶过程也至关重要。

6）胶原凝胶所构建的 3D 细胞培养体系的机械性能不理想，其稳定性较差。培养过程中容易发生胶原体积的收缩，漂浮，因此不适用于模型的长期体外培养研究。

2. 基于胶原 –matrigel 基质胶体系培养乳腺上皮细胞　细胞外基质中除外占主体的胶原蛋白，还包含有其他多种基质蛋白及细胞因子等组分，他们共同组成了机体的细胞外基质骨架，从而维持细胞 / 组织微环境的稳定与功能。为此，BD 公司采用专利技术，从富含胞外基质蛋白的 EHS 小鼠肿瘤中分离出基底膜基质 –matrigel，其主要由层粘连蛋白，Ⅳ 型胶原，巢蛋白，硫酸肝素糖蛋白等组成，还包含生长因子和基质金属蛋白酶等。BD matrigel 在室温条件下，聚合形成具有生物学活性的 3D 基质，模拟体内细胞基底膜的结构、组成、物理特性和功能，有利于体外细胞的培养和分化，以及对细胞形态、生长、迁移、侵袭和基因表达的研究。由此，胶原与 matrigel 基质胶的混合基质体系被认为有区别于胶原基质的显著特征，在细胞 3D 培养体系的构建中具有独特的优势。这里我们以乳腺上皮细胞 MCF–10A 细胞 3D 培养模型构建为例。

【实验材料】

1）自制备鼠尾胶原溶液或商品化胶原溶液；

2）商品化 matrigel（分装管）；

3）无菌 $10 \times$ DMEM 基础培养基，无菌 0.1% HAc 溶液，无菌 2mol/L NaOH 溶液；

4）MCF–10A 细胞生长培养基：H–DMEM/F12（1∶1）培养基 +5% 马血清 +0.5μg/ml 氢化可的松 +0.1μg/ml 霍乱毒素 +10μg/ml 胰岛素 +20ng/ml EGF+1% P/S 抗生素；

5）0.25% 胰蛋白酶溶液，无菌 PBS 溶液；

6）培养于培养瓶内的人乳腺上皮细胞株 MCF–10A 细胞。

【实验器材】

1）24 孔细胞培养板，无菌离心管，预冷的 1.5ml Ep 管；

2）装有碎冰的冰盆；

3）微量移液器，预冷的移液器枪头；

4）恒温水浴，离心机（甩平式转头），倒置相差显微镜；

5）CO_2 细胞培养箱，超净工作台。

【实验方法】

1）提前 12 小时解冻分装 matrigel 溶液：将冻存的整瓶 matrigel 浸埋在冰浴中，置于 4℃ 冰箱内过夜至完全融化。实验前采用预冷的移液枪头和 Ep 管，于冰盒上操作，迅速进行分装，–80℃ 冻存备用。

2）消化收集 MCF–10A 细胞，其胰蛋白酶消化条件为培养箱内孵育 10~15 分钟。计数细胞数量并制备浓缩细胞悬液至 1.5ml Ep 管内备用。

3）制备胶原 –matrigel 混合凝胶

Ⅰ. 首先制备胶原溶液：调整胶原浓度（多为 2mg/ml），吸取一定量体积（V）的胶原溶液至预冷的离心管内，加入 1/10 体积（1/10V）的 $10 \times$ DMEM 溶液调节离子渗透压，再加入适量体积的 2mol/L NaOH 溶液调节胶原溶液 pH 至中性，置于冰浴中保持低温，备用。

Ⅱ. 预先解冻 matrigel 基质，吸取一定体积 matrigel 至预冷的离心管或 Ep 管中并迅速与等体积的预制备胶原溶液混合，此时混合基质的 pH 应为中性，放置于冰浴中。

4）迅速混合所制备的胶原 –matrigel 混合基质溶液和浓缩的 MCF–10A 悬液，计算所接种细胞的终浓度（5~8）$\times 10^5$/ml。迅速转移混合基质 – 细胞混合物至细胞培养板，并置于 CO_2 细胞培养箱静置培养 1.5~2 小时，等待胶原溶液充分交联成胶。

5）待胶原溶液充分成胶后，于倒置相差显微镜下观察凝胶形成情况和细胞分布情况，轻缓加入适量培养基至各孔内进行维持培养。

6）定期更换培养基，于倒置相差显微镜下动态观察凝胶内 MCF–10A 细胞的增殖及所形成的腺泡样上皮结构，并对其进行表型和功能的表征评价（图 6–12、图 6–13）。

【注意事项】

1）商品化 matrigel 在使用中切忌反复冻融，否则会影响基质胶中的蛋白活性。

2）商品化 matrigel 在 22~35℃ 环境下快速成胶，因此溶解时在 4℃ 冰上过夜冻融。所有用品在使用前需置于冰浴，必须使用预冷的移液管、吸头及小管操作 matrigel。成胶后的 matrigel 可以在 4℃ 24~48 小时后重新呈液态。

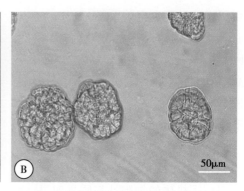

图 6-12　人乳腺上皮细胞 MCF-10A 经 matrigel 包埋培养后形成类腺泡结构
（倒置相差显微镜）
A. 低倍镜；B. 高倍镜

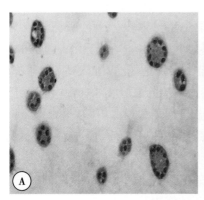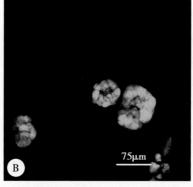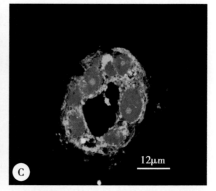

图 6-13　三维培养人乳腺上皮细胞 MCF-10A 的形态检测
A. HE 染色示类腺泡结构；B、C. 荧光标记染色示类腺泡结构的细胞活性及形态特征

3）胶原 -matrigel 混合凝胶制备过程中的体积比可依据具体研究需要进行调整优化。

4）对比胶原蛋白溶液，matrigel 的价格昂贵，且构成成分复杂，存在较大批间差，在实验中尽量使用同批次的产品。

5）胶原 -matrigel 凝胶的制备过程中注意避免过多次数的抽吸混合，否则会导致成胶的失败。

6）胶原 -matrigel 混合凝胶具有优于单纯胶原蛋白的生物学活性，但其机械稳定性很差，不宜单独应用于长期体外培养模型的构建。

7）胶原和 matrigel 均属于水凝胶类支架，其内部的物质传递存在障碍，由此可能影响细胞的表型和功能。该因素应在模型的构建与体外培养中给予考虑。

3. 基于多孔支架共培养乳腺上皮细胞 - 间质细胞　除基于水凝胶体系的 3D 细胞培养技术，具有多孔结构的生物材料支架在 3D 细胞培养体系的构建中也很常见。这些具有不同刚性的多孔支架不但具有可调控的生物力学特性，而且

还可促进 3D 培养体系内的物质传递，在提高模型的几何可塑性、稳定性以及细胞活性方面均具有一定的优势。当然，根据具体的研究需要也可整合水凝胶支架和多孔支架来优化构建理想的 3D 细胞培养模型体系。这里以丝素蛋白多孔支架为例介绍上皮细胞 - 间质细胞共培养体系的构建培养技术，以期指导类似基于多孔支架材料的 3D 细胞（共）培养体系的构建研究。

【实验材料】

1）自制备鼠尾胶原溶液或商品化胶原溶液；

2）商品化 matrigel（分装管）；

3）无菌 10×DMEM 基础培养基，无菌 0.1%HAc 溶液，无菌 2mol/L NaOH 溶液；

4）MCF-10A 细胞生长培养基：H-DMEM/F12（1∶1）基础培养基 +5% 马血清 +0.5μg/ml 氢化可的松 +0.1μg/ml 霍乱毒素 +10μg/ml 胰岛素 +20ng/ml EGF+1% P/S 抗生素；

5）成纤维细胞 MF 细胞生长培养基：H-DMEM+10% FBS+1% P/S 抗生素；

6）共培养基：MCF-10A 生长培养基：MF 生长培养基 =2：1；

7）0.25% 胰蛋白酶溶液，无菌 PBS 溶液；

8）培养于培养瓶内的人乳腺上皮细胞株 MCF-10A 细胞；培养于培养瓶内。

【实验器材】

1）丝素蛋白多孔支架材料（盐析法制备，直径 5mm，厚度 3mm）；

2）24 孔细胞培养板，无菌离心管，预冷的 1.5ml Ep 管；

3）装有碎冰的冰盆 / 冰盒；

4）微量移液器，预冷的移液器枪头；

5）恒温水浴，离心机（甩平式转头），倒置相差显微镜；

6）CO_2 细胞培养箱，超净工作台。

【实验方法】

1）丝素蛋白支架预处理：实验前 12 小时高温高压处理丝素蛋白支架，并取一定数量的经灭菌的丝素蛋白支架放入盛有 H-DMEM/F12 培养基的培养孔板内进行预浸泡处理。

2）分别消化收集 MCF-10A 细胞和 MF 细胞，计数细胞数量，并按照 3：1（MCF-10A：MF）数量比例制备浓缩的混合细胞悬液至 1.5ml Ep 管内备用。

3）制备胶原 -matrigel 混合凝胶：参照前面所提供的胶原 -matrigel 基质胶制备 1：1 混合凝胶，置冰浴备用。

4）取一定量体积的混合凝胶溶液，迅速与浓缩的细胞悬液混合。然后采取多孔接种的方式将接种于经预处理的丝素蛋白（25~30μl/ 支架，MCF-10A 细胞数量 ~6×10^4/ 支架）。接种前完全吸弃丝素蛋白支架内的残留培养基，这样才利于接种的细胞 - 凝胶混合物快速渗透至多孔支架内部。

5）迅速将接种后支架移入细胞培养箱内，静置 1.5~2 小时，待胶原 -matrigel 基质充分凝胶。轻轻转移该支架至新的细胞培养板内，加入适量共培养基，进行悬浮维持培养。

6）观察并检测支架多孔结构内的细胞分布、生长形态及类上皮结构的发生（图 6-14）。对比单独培养体系，可用于考察共培养条件对上皮细胞表型和功能的影响。

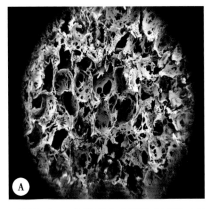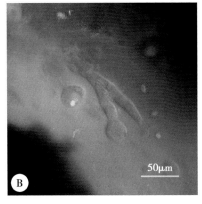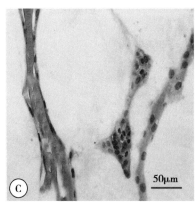

图 6-14 人乳腺上皮细胞 MCF-10A 与 MF 共培养于多孔丝素蛋白支架后形成类乳腺上皮结构（类腺泡和类导管）
A. 多孔丝素蛋白支架的扫描电镜图；B. 激光共聚焦图片示类上皮结构形成；C. HE 染色示类乳腺上皮结构

【注意事项】

1）胶原 -matrigel 混合凝胶制备过程中注意低温操作。

2）多孔支架材料依据其自身的材料特性，有时需要采用细胞外基质组分对其进行预包被处理，以利于细胞的黏附和生长。

3）3D 共培养技术具有多种类型，包括直接共培养和间接共培养，具体的共培养方法要基于研究需要进行调整。

4）共培养模型的体外构建中，共培养基的确定是前提。通常是基于细胞的个体化培养基进行比例分配，通过测定细胞生长活性并绘制细胞生长曲线来筛选和优化共培养基。

5）对比基于胶原 -matrigel 水凝胶的培养体系，基于多孔支架的 3D 细胞培养体系机械稳定性更为理想，其彼此相通的多孔结构也利于内部的物质传递，因此更适合于构建体外长期培养模型。

（王秀丽）

参 考 文 献

1. 章静波. 组织和细胞培养技术. 3 版. 北京：人民卫生出版社, 2014.

2. Harold S. Bernstein. Tissue Engineering in Regenerative Medicine. New York：Springer Humana Press, 2011.

3. Ranjna C Dutta, Aroop K, Dutta. 3D Cell Culture：Fundamentals and Applications in Tissue Engineering and Regenerative Medicine. Pan Stanford Publishing Pte, 2018.

4. ZuzanaKoledova. 3D Cell Culture：Methods and Protocols. Springer Protocols. Human press, 2017.

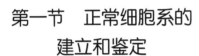

第七章　细胞建系和鉴定

第一节　正常细胞系的建立和鉴定

人的正常组织细胞已被成功建立了许多细胞系,国外报告较多,国内较少。所建立的细胞系包括成体组织和胚胎组织两种来源,上皮细胞和成纤维细胞多见。许多正常细胞在体外经有限传代后将停止分裂,不能成为永久性细胞系,而少数在体内自我更新能力强的细胞通过改进培养技术,可成为永久性细胞系(如干细胞)。无论有限细胞系或永生细胞系都需进行鉴定。

一、正常细胞系建立程序

正常细胞系的建立包括原代培养、传代、换液和冻存复苏等程序。

(一)原代培养

原代培养是建立细胞系的第一步和基础,包括收集和分离所需正常组织,剪碎、机械分散或酶解松散组织,获得的细胞或组织块接种于培养瓶,给予合适的培养条件,获得所需的原代培养细胞。由于培养方法的改进(如 ATCC 提供针对不同组织来源的细胞培养基),可提高原代培养细胞的存活率。

1. 组织的收集和分离　人的活体正常组织主要通过手术切除的相关标本(如在肺肿瘤切除的标本上获取肺上皮组织)、活体穿刺(如肝脏组织活检穿刺标本)、内腔镜等方法取材。动物正常组织可直接解剖动物取材。

【实验材料】

装有保鲜液(D-Hank 液,加 0.03%EDTA,另加双倍抗生素)的无菌离心管收集标本,管上注明标本的部位、送检实验室名称、取材时间等。含有双倍抗生素的磷酸盐缓冲液(PBS),无菌平皿、培养瓶,小镊子、眼科剪刀等灭菌处理(75% 乙醇浸泡 30 分钟以上)。健康的动物。

【实验方法】

1)将收集标本的无菌离心管送到手术室或活体穿刺室、内腔镜室。取材获得的人标本放入管内,及时送实验室。如手术切除标本已送到病理科,最好由细胞培养人员选择部位,获取所需标本。

2)将收集管送到实验室后,放至 4℃ 冰箱存放(一般不应超过 24 小时)。应尽快进行原代培养,在取材后 4 小时内进行培养,细胞存活效果最好。动物来源标本细胞培养同人来源。

3)在超净工作台内进行操作。取材标本放入平皿,用无菌眼科剪刀剪下所需的组织,去除上面的血块,用无菌生理盐水冲洗多次,直到无血迹为止。对于开放性的器官来源的组织,清洗更为重要,应彻底去除污染的微生物。

2. 原代培养方法　原代培养方法主要有组织块法、酶消化法、机械分离法三种方法。组织块培养是古老技术,操作比较简单。将剪成小块的组织接种到培养皿底部(或培养瓶生长面),加入生长培养基,进行培养。酶消化法利用酶作用于组织间质的蛋白质,使细胞失去与间质组织的连接,活细胞从组织中分离出来,接种分离的组织细胞团或单个细胞于培养皿,细胞很快贴壁生长,形成单层培养物。该方法在细胞建系中应用较多。常用的酶有胰蛋白酶和胶原酶。酶消化法也可以与机械分离法合并应用。取材标本较少时,采用组织块法。所获标本的量较大时用酶消化法较好,可以一次得到大量细胞。一些容易分离的组织可用机械分离方法。

(1)组织块培养

【实验材料】

均为无菌材料。生长培养基(根据所培养

的细胞选择,如常用的有 RPMI 1640、DMEM-H、DMEM/F12、Hank F12,根据需要可加各种浓度的胎牛血清和生长因子等。ATCC 提供针对不同组织来源的细胞的培养基,磷酸缓冲液(PBS),无菌眼科剪刀,镊子,吸管,平皿,组织培养瓶或平皿。

【实验方法】

1)从平皿中取出已处理过的样品,放置于一无菌平皿中,用无菌 PBS 冲洗 3 次。转移组织块到第 2 个平皿,将需要的组织用剪刀剪成小块(约 1mm³),用无菌镊子将小块放置于培养瓶或平皿底部。将其置于 CO₂ 培养箱 37℃,2 小时。

2)将生长培养基加入到含有组织块的培养瓶或皿中,淹没组织块即可,直到细胞从组织块生长出来之前,不用更换培养基,为了促进组织块贴壁,可用纤维结缔组织提取胶原作为基质或用成纤维细胞饲养层。当细胞从组织块周围向外生长,可用刮除方法去掉大量生长的成纤维细胞。

【结果分析】

接种组织块后 2~4 周,在倒置显微镜下,可见多边形上皮样细胞和长梭形成纤维细胞从组织块边沿移出生长,保留需建系的细胞,去除其他细胞。经 1~2 个月后细胞形成单层,逐渐扩大范围。当单层细胞已占据 1/3~1/2 瓶底,可考虑传代。

【注意事项】

如果培养上皮细胞,对于过度生长的纤维细胞要及时和反复除去(刮除),注意不要破坏上皮细胞。要用适合上皮细胞生长的无血清或低血清浓度的培养基,保持 pH6.8~7.0,通过更换培养液调整。接种细胞后,一周内不要从孵箱中取出培养皿,以免影响生长。

(2)胰蛋白酶(trypsin)消化法:胰蛋白酶可消化任何组织,更适合于细胞间质较少的组织,是最常用的方法之一。胰蛋白酶可作用于细胞膜,引起可逆性的细胞膜损伤。为了达到最好的消化效果并减少对细胞损伤,需控制消化条件。Ca^{2+} 和 Mg^{2+} 对胰蛋白酶活性有抑制作用,因此配制的酶溶液应避免含有这些离子。胰蛋白酶的浓度范围 0.01%~0.5%,碱性环境酶活性较好,pH7.8~8.0。最适温度 37℃,15~20 分钟反复消化小块组织,直到组织松弛成黏丝状物。4℃消化时间可延长至 10 小时以上,甚至过夜。含有血清的溶液可中和酶的作用。

原代培养时,将组织块剪成小块,浸泡在胰蛋白酶溶液中(可同时搅拌),在酶活性最高的条件下,消化组织,离心、收集细胞,按适宜浓度接种于培养瓶,加入生长培养基培养。

【实验材料】

材料均保持无菌。组织块,0.25% trypsin 溶液(Difco 1:250)溶于 D-Hank 液,无菌的磷酸盐缓冲液 PBS,生长培养基(无血清或低血清浓度的培养基)。培养器皿(组织培养级),50ml 或 15ml 离心管多个。磁力搅拌棒预先放入玻璃小瓶中,高压灭菌,眼科刀剪,吸管等。

【实验方法】

1)将收集和分离的活体组织放入平皿,用 PBS 冲洗多次,去除血块等,从开放器官取组织更需通过清洗消除污染。

2)将组织转到另一无菌平皿,剪成约 3mm 组织小块。

3)将组织块放入含有磁力搅拌棒的玻璃小瓶中,加入 PBS 洗 3 次去除上清。

4)加入 20ml 0.25% 胰蛋白酶溶液浸泡小组织块,放至 37℃ CO₂ 孵箱中,磁力搅拌器以 100r/min 搅拌 15~30 分钟(此步可根据需要加入其他酶)。

5)收集细胞团,将细胞悬液收集于含有适量胎牛血清的离心管中,重新加胰蛋白酶溶液到含组织块的瓶中。

6)重复上述步骤,反复消化组织块,收集细胞悬液,直到组织块完全解离,或组织块不再解离,可终止消化。

7)合并收集瓶中的细胞悬液,将收集容器中的细胞悬液放入离心管,1 000r/min,5 分钟离心收集细胞,弃上清,加入培养基重悬细胞沉淀。

8)经台盼蓝染色检测细胞活力并计数活细胞,用生长培养基稀释活细胞浓度达 2×10^5 个/ml,每个培养瓶加入 3ml 稀释的活细胞液(液体占 1/3 空间),放至 37℃ CO₂ 孵箱。

9)通常 2 天内,不必更换培养基(细胞可自分泌生长因子,有利细胞贴壁生长),当细胞生长成单层后,需换液。

【结果分析】

细胞悬液接种后,次日于倒置显微镜下,可见大量贴壁的圆形细胞,折光度好,约 1 周后,细胞贴壁生长形成上皮样或梭形纤维细胞单层。待细胞完全汇合成一片后可传代。

【注意事项】

组织经消化后,细胞悬液含各种组织细胞组分,细胞贴壁后,逐渐形成各种形态的细胞群,其中以成纤维细胞和多边形上皮样细胞为主。如果建立上皮样细胞系,由于成纤维细胞更易生长,因此除用适合上皮细胞生长的低血清或无血清培养基外,可以刮去成纤维细胞。注意及时换液,保持稳定的 pH。

(3)胶原酶消化法:由于细胞外间质含有胶原组织和结缔组织,妨碍细胞从组织中分离出来,而胶原酶特异作用于胶原组织,因此可采用胶原酶消化胶原组织,对细胞的破坏小。但该方法带来一定的问题,即可能间质组织细胞更多且过度生长。使用该方法时先将组织剪成小块,放于含有胶原酶的生长培养基中待组织消化后,收集细胞接种于培养瓶。

【实验材料】

均为无菌材料。配制 2 000U/ml 胶原酶,含 10% 胎牛血清的 DMEM/F12 培养基,PBS 溶液。吸管,平皿,玻璃瓶,组织培养瓶,离心管,剪刀,眼科剪刀,镊子,组织块。

【实验方法】

1)将需培养的组织放入平皿,用 PBS 冲洗几次。

2)将组织取出放入新的无菌平皿,去除不需要的组织或异物。

3)将组织剪成 2mm 大小后,放入玻璃瓶加入 PBS 冲洗几次,弃上清,留组织块于瓶底。

4)将组织块取出放入新的玻璃瓶,加入 4.5ml 生长培养基(含血清)。

5)加入 0.5ml 胶原酶(2 000U/ml)于培养基中,终浓度为 200U/ml。

6)将培养瓶放置 37℃,4~48 小时,不需搅拌(如果组织松散不明显,延长消化时间),通过轻轻摇动玻璃瓶,观察消化效果。

7)当组织块已完全松散和细胞悬液明显,可静置玻璃瓶,使未消化的组织块沉于瓶底,吸出细胞悬液,如果多余的组织块不易沉底,则可用不锈钢网过筛去除。

8)细胞悬液离心,1 000r/min 5 分钟。弃上清,加入生长培养基,悬浮细胞。

9)经台盼蓝染色计数活细胞,用培养基将细胞浓度调整到每毫升 2×10^5~5×10^5,接种于培养瓶,每瓶接种 3ml,液体量约占培养瓶 1/3 空间,放置于 37℃ CO_2 孵箱培养。

【结果分析】

接种细胞次日,倒置显微镜下可见大量贴壁圆形细胞。1 周后细胞形成单层,2 周左右单层细胞汇合成片,可以传代。

【注意事项】

接种的细胞中含有各种组织细胞,因此必须去除不需要成分,如培养上皮细胞系,除应用低浓度血清和上皮细胞生长因子外,尚需除去成纤维细胞团。注意保持培养基恒定合适的 pH。

(4)机械分离法:酶消化法虽然能获得高浓度的活细胞,对于单层培养非常有用,但耗时长、费用高。相比之下,机械分离法获取活细胞比较简单和经济。采用剪刀剪碎组织,分离出活细胞。用注射器、组织研磨器轻轻磨碎挤压组织获取细胞。机械方法用于软组织,如脑组织的细胞培养。

【实验材料】

均为无菌条件。生长培养基,PBS,平皿,剪刀,镊子,一次性注射器,组织研磨器,不锈钢滤网(孔径大小不等,如 60 目、100 目、200 目),细胞培养瓶。

【实验方法】

1)取所需组织剪成 3~5mm 大小块。可以挤压剪碎,使细胞从组织中释放出来,收集细胞。

2)可将剪碎的组织放入注射器内,反复抽吸几次,挤压出细胞悬液于平皿中,用培养基悬浮。

3)将上述制备的细胞悬液(其中含有小组织块),用细筛过滤,获取细胞悬液(其中包括大的细胞团)。用吸管充分吹打悬浮以尽可能制备成单个细胞。

4)用细胞计数器计数活细胞(台盼蓝染色),在机械磨碎组织时,许多细胞间质、血细胞被释放,计数时须辨认。调整细胞浓度为(2~5)× 10^5/ml(或更高的细胞浓度),接种细胞于培养瓶。

【结果分析】

接种细胞贴壁后,逐渐形成单层细胞,单层汇合成一片,铺满瓶底,可以传代。

【注意事项】

机械分散组织的方法获得的细胞中间质细胞较多,次日可换液一次,以去除未贴壁的间质细胞和死细胞,因此接种细胞的浓度比酶消化法应更高。

(5)悬浮培养:悬浮培养是由于细胞本身不具有贴附生长的能力,而悬浮于培养液中生长。也可以通过人工方法,如机械搅拌使细胞不能贴壁,悬浮生长。原代培养,组织经酶消化后,接种于培养瓶中的细胞呈悬浮状态,不贴壁生长。由于悬浮细胞获取营养更为充分,增殖迅速,可通过换液、及时补充营养和去除细胞的代谢产物,保持pH稳定。传代,1 000r/min,10分钟离心收集细胞,1瓶原细胞分散到3~4个培养瓶。

(二)传代换液

原代培养后细胞开始增殖,由于细胞生长在培养瓶有限的空间,代谢产物增加,因此,细胞需要及时换液和传代。在体外细胞生长一代,包括3个过程。接种细胞后出现潜伏期(lag phase),一般为1~2天,细胞进入对数生长期(log phase),约1周时间,正常细胞密度达到饱和,进入平台期(plateau phase)。为了保持细胞继续增殖,因此在细胞对数生长期阶段,应该进行传代。传代是当培养的细胞明显增殖,细胞数量增加到覆盖大部分培养器皿时,用酶从培养皿上消化细胞,制备细胞悬液,按一定比例(原瓶细胞分于2~4瓶)接种于新的培养瓶,加入培养基进行培养。不同细胞系有不同的生长增殖速度,因此传代换液时间依赖于不同细胞系而定。

1. 原代培养后第一次传代 原代培养细胞已经生长并增加到一定数量,可以进行一次传代。

从原代培养到第一次传代的时间没有确定的规律,通常取决于原代培养方法(分离活细胞的数量和细胞损伤程度)、细胞活性(细胞离体时间、增殖快慢)、细胞类型和特点(肿瘤细胞比正常细胞易于生长)、接种的细胞密度(浓度太低,细胞不易增殖)、培养条件(培养基、血清温度和湿度、CO₂等)。第一次传代能否成功,细胞能否在传代后继续增殖,不仅取决于细胞形成单层的面积,而且与细胞活性密切相关,在光学显微镜下细胞边缘清晰,结构清楚,折光度强,表明细胞活性好,可以进行常规传代。

2. 常规传代方法 取出培养瓶(皿)中上清,加入trypsin/EDTA消化细胞后,去消化液,加入生长培养基吹打为单个细胞悬液,细胞计数器计数,按一定细胞浓度接种到新培养瓶。

【实验材料】

完全生长培养基,D-Hank液,胰蛋白酶消化液(0.05% trypsin+0.02% EDTA)均用D-Hank液配制。培养皿,吸管,细胞计数器。以上溶液及培养皿和吸管均为无菌。

【实验方法】

在传代前一天用完全生长培养基换液。

1)检查培养物有无污染和细胞形态有无退行变化,取生长旺盛细胞传代。

2)将胰蛋白酶消化液放置37℃预热。

3)弃去传代的培养皿中的液体,尽量倒干净,或用吸管完全吸出,加入适量已预热的消化液,根据瓶的大小相应增减消化液量。注意加入液体时不要冲击细胞,尽量轻轻从侧壁加入,液体覆盖细胞表面。放置37℃消化,由于不同细胞系对trypsin敏感程度不同,因此消化时间差别较大。通常37℃放置30秒后,在镜下见所有细胞变为圆形,并且细胞间隙清楚,细胞未脱落时,加入完全培养液充分吹打细胞成单细胞悬液。

4)细胞计数器计数活细胞(用台盼蓝染色):用完全培养基稀释细胞浓度在2×10^5~5×10^5个/ml,分装入新培养瓶。也可根据经验,对每种细胞系传代不需计数,将原瓶细胞加入合适的生长培养基,按一定比例接种(1瓶细胞可分成3瓶或4瓶,甚至5瓶)传代。

5)合适的培养条件:将培养瓶放置于CO₂孵箱,37℃(CO₂浓度保持在5%~10%)培养。

3. 换液 细胞在两次传代中间,需更换培养液,供给新的营养,去除一些有害代谢产物和保持稳定的pH环境。根据不同细胞系,可定期换液,也可根据培养上清酚红指示剂颜色而定,一般传代后3天左右。培养液由红色变成黄色时,显示细胞代谢快,酸性代谢产物已积聚过多,必须换液。取出所有瓶中培养液,不必洗涤细胞,加入新培养液。

4. 悬浮培养的传代换液,依据肉眼观察培养液颜色由红变黄(酚红指示剂指示培养液呈酸性)。通常在细胞接种2~3天后,开始换液,经

1 000r/min，10 分钟离心，收集细胞，加入新的培养基。4~5 天需传代，通过离心收集细胞，用新的生长培养基悬浮细胞，平均分到 3~4 个新的培养瓶，进行培养。由于悬浮细胞的增殖有细胞密度依赖性，因此细胞传代的初始密度不应过低，一般可在 $1 \times 10^5 \sim 10^6$ 个 /ml。

【结果分析】

建立细胞系：培养的细胞在有限传代后停止分裂的，不能继续传代的为有限细胞系。在体外传 50 代以上的细胞群体为永生化细胞系。

【注意事项】

传代是保持细胞在体外良好生长和建成永久性细胞系的关键，应在细胞对数生长期进行细胞传代。贴壁细胞，酶消化一定要充分。

（三）细胞的冻存和复苏

细胞冻存和复苏是建立细胞系不可缺少的步骤。为了避免细胞在体外长期培养时丢失、污染或变异，对细胞要及时冻存。低代细胞由于避免了长期体外传代引起基因不稳定和细胞表型变化，可保持原细胞的特征，因此，及时冻存低代细胞很有必要。

细胞复苏是将冻存细胞系经过解冻的过程，复苏细胞可重新在体外进入增殖状态。

细胞的冻存与复苏见第三章第四节。

二、正常细胞系建立的例证

培养上皮细胞和建立上皮细胞系一直是细胞组织培养中重要的领域。上皮细胞承担了各种器官的重要功能，如：肠 / 肾上皮的吸收功能、肝膜上皮分泌功能、肺上皮气体交换功能等。癌细胞是从正常上皮转化而来，对于医学和生命科学尤有重要意义。

建立上皮细胞系有一定难度，主要原因是培养所需的取材标本很难是纯上皮细胞，通常间质组织含有各种细胞成分。原代培养时成纤维细胞在体外培养很容易生长，由于成纤维细胞生长旺盛，影响上皮细胞的生长。现已明确血清中许多成分有促进成纤维细胞有丝分裂的作用，并诱导上皮细胞终末分化，停止分裂。因而，采用无血清或低浓度血清和含有促进上皮细胞生长的选择培养基，是培养和建立上皮细胞系的主要改进。此外，取材标本所用仪器的改进，可获取到纯上皮细胞，也为建立上皮细胞系提供了条件。

（一）表皮角质细胞的建系

由于细胞培养技术的改进，角质上皮细胞已被建系。表皮角质细胞（epidermal keratinocytes）来源于皮肤鳞状上皮细胞，取贴附于基底膜的具有干细胞特征的亚细胞群组织进行培养。原代培养细胞用酶消化方法，采用无血清培养基补充各种成分如表皮生长因子（EGF）等，降低钙离子浓度和用放射处理的 3T3 成纤维细胞作为饲养层等技术的改进，对于成功培养表皮细胞起到关键作用。

1. 从取材标本分离上皮细胞

（1）取材标本可从外科手术获取，如皮肤移植、小儿包皮手术或流产胎儿皮肤剩余的标本等，无菌收集标本应尽快送到实验室。用 PBS 充分清洗，以去除污染。

（2）分离出上皮组织表皮层：去除标本多余的组织。取皮肤最外层的表皮细胞（尽可能取薄的角化层），可选择酶消化组织。可以选择以下一种酶：trypsin（见原代培养，酶消化法）；胶原酶消化皮肤组织可在其边沿看见表皮时，取出组织块放入培养皿，加入完全培养基，用镊子分离出表皮层。

（3）获取表皮细胞：用 0.25% trypsin 和 0.05% EDTA 消化，37℃孵育 10 分钟，用吸管轻轻吹打残余的组织，使细胞从中分离出来，用完全培养基洗涤后，离心收集细胞。

2. 原代培养

（1）无论酶消化方法或组织块方法，当有成纤维细胞生长时，可用刮除的方法或分次贴壁方法去除（见正常细胞原代培养一节）。

（2）制备培养细胞的饲养层（见成纤维细胞培养）。

（3）计数分离的上皮细胞。

（4）接种 5×10^4 个 /ml 细胞悬液。

（5）选择无血清或低血清浓度的培养基，低钙离子，培养基中加胰岛素（insulin）、皮质醇（hydrocortisone）、EGF、牛血清白蛋白。

3. 传代换液　消化液为 0.05% trypsin 和 0.02% EDTA。及时换液以保持培养基 pH 稳定。

【实验结果】

来源于干细胞的可建立永生性细胞系。

【注意事项】

将贴附在基底膜的具有干细胞特征的角质细胞亚群分离出来培养和建系。

（二）乳腺正常上皮的培养和建系

用 Georgetown 方法，可在短时间内培养获得大量乳腺正常上皮细胞，培养得到的细胞又称为条件性重编程细胞，具有干细胞特性。该方法也可用于其他组织来源的细胞培养，如前列腺正常上皮细胞、肝癌细胞、肺癌细胞等。

【实验方法】

Georgetown 方法可参考 Liu 等于 2012 年发表在 *American Journal of Pathology* 的文章。

【实验结果】

可在短时间内培养获得大量乳腺正常上皮细胞，增殖旺盛，具有干细胞特性，传代过程中，不会出现细胞增殖变慢或者细胞衰老的现象。

【注意事项】

乳腺正常上皮细胞较难消化，可适当延长消化时间或提高消化液浓度，消化至细胞从培养皿或瓶生长面脱落且细胞间隙明显时终止消化。该方法培养的细胞，增殖速度较快，因此传代比例可适当加大。

（三）成纤维细胞的培养和建系

成纤维细胞来源于人或小鼠的结缔组织，可以直接从人或动物组织取材，成年组织或胚胎组织均可以获取。成纤维细胞容易培养和建立有限细胞系，并可长期保持二倍体核型和正常细胞的生物学性质。胚胎来源细胞是未分化成纤维细胞，很容易在体外生长，常作为建立正常细胞系的组织来源。人或鼠胚胎肺成纤维细胞已被建立，并有多种用途。

【实验方法】

原代培养：标本通常取自小鼠较大的胚胎组织，大约 13 天的胚胎组织是培养成纤维细胞的主要来源。人的胚胎组织也需在器官形成后取样本。无菌条件下取胚胎肺组织（或取小鼠胚胎肺组织），按正常组织原代培养方法，处理组织，剪成小块，接种在培养皿内或胰蛋白酶消化法接种活细胞到培养皿中。加入生长培养基（含 10%~20% 胎牛血清的 DMEM-H 或 RPMI 1640）。细胞生长后，培养上清出现黄色，可以更换生长培养基。当细胞占据培养瓶 1/2 以上时，可以消化

传代。传代方法见正常细胞建系中传代部分。

【实验结果】

成纤维细胞体外可以有限期传代，建成有限细胞系。

【注意事项】

成纤维细胞较易培养。体外长期培养，一些细胞系可能转化或出现染色体核型异常。

三、建立正常细胞系的讨论和小结

原代培养是从活体标本取材进行体外细胞培养到第一次细胞传代的过程，是建立细胞系的第一步和基础。原代培养细胞在体外第一次传代，代表了培养的细胞发生了重要的转变，说明增殖细胞已占优势和已达到相当数量。原组织中含有多种类型的异质性细胞，经过培养条件选择，细胞已趋于均一，这些细胞群体可在体外继续增殖和成为某一种系的细胞群体。因此，原代培养是否成功对于建成细胞系是至关重要的阶段。原代培养成功的关键与以下因素有关：

（一）选择合适的原代培养方法

组织块、酶消化和机械分离三种方法，各有优缺点。酶消化法可以获得大量的活细胞，直接培养细胞形成单层，建立细胞系较快速，成功率较高。胰蛋白酶是最常用的方法，用于分离组织和常规传代，但胰蛋白酶可能损伤细胞。胶原酶对细胞间质有很好的作用，因此对消化含胶原组织丰富的正常上皮组织和癌组织效果好，对上皮细胞损伤小。组织块法取材组织量小，当不能用其他方法时可用。机械分离法可快速获取细胞，但间质细胞多，对细胞损伤大，因此，应当根据组织来源和培养目的选择方法。

（二）适合的培养条件

原代培养的组织含有多种类型的细胞，要促进所需要的细胞增殖，抑制混杂细胞生长，可按照细胞营养要求，选择合适的培养基。如果要建立上皮细胞系，由于成纤维细胞在体外比上皮细胞更易于生长，因此，限制培养基中的血清浓度和加入可刺激上皮细胞生长的必要成分，可以促进上皮细胞生长，抑制成纤维细胞生长。

（三）精心呵护细胞适时传代和换液

传代时，酶消化细胞要适时，及时换液，保持培养基恒定的 pH。避免由于污染或培养中不慎

事故使细胞毁于一旦。要及时从低代的细胞开始冻存,适时复苏细胞,防止传代细胞中断。

四、正常细胞系的鉴定

新建立的无论永生化细胞系或有限细胞系都需要进行鉴定,明确细胞来源、细胞个体的遗传学标记、生物学特性。通过鉴定的细胞系才有应用价值。对于使用中的细胞系也需及时鉴定,明确是否已有细胞间污染和错误的细胞系。随着分子生物学方法进步,细胞鉴定方法不断得到改进和完善,包括细胞分子生物学、遗传学、酶学、免疫学等。正常细胞系的鉴定通常包括如下几个方面。

(一)细胞形态学检测

形态学检测是利用光学仪器对细胞表型的直接观察,可了解细胞的组织来源,可区别正常细胞和恶性细胞等。有经验的实验室工作人员可通过形态学的观察及时发现细胞是否有微生物和细胞间的污染。所以,它是最简单的鉴定细胞的方法。

1. **直接观察**　将细胞培养瓶或皿置于倒置显微镜下观察。

【实验材料】

倒置多功能显微镜:10×、20×、40× 物镜,6×、10× 目镜。

【实验方法】

将细胞培养瓶放置于光镜载物台上,先用低倍镜,后用高倍镜观察细胞。

【实验结果】

光镜下上皮细胞为多边形,边界清晰,大小规则,核规则,呈圆形。核浆比率小,细胞间排列整齐。单层培养物,无重叠生长。间质组织来源的细胞呈长梭形,核圆,核小,细胞排列规则、整齐,单层培养物,无重叠生长。

【注意事项】

上皮细胞与成纤维细胞从形态上容易鉴别,但当培养条件改变或接种细胞密度过低,细胞形态可发生改变,上皮细胞伸出伪足,由多边形向梭形变化,成纤维细胞可由长梭形变短。但形态变化是可逆转的。

2. **细胞染色检查**　用 Giemsa 染色培养的细胞玻片,在光镜下观察细胞形态。

【实验材料】

普通显微镜,Giemsa 原液和用 PBS 1∶10 稀释液,PBS,去离子水,甲醇固定液(PBS∶methanol 为 1∶1 配制),0.5cm×2cm 盖玻片,培养瓶或培养皿。

【实验方法】

1)在玻片上制备单层培养的细胞(将无菌小玻片约 0.5cm×2cm 于细胞传代接种前无菌放置于培养瓶内,接种 1~2 滴细胞悬液(2×10⁵ 个 /ml),置于 37℃、CO_2 培养箱培养。

2)细胞在玻片上形成单层后,取出玻片,用 PBS 轻轻冲洗后,将玻片放在普通载玻片上。

3)滴 1~2 滴甲醇固定液,覆盖玻片细胞表面约 5 分钟,弃去,再加入新固定液 1~2 滴,放置 10 分钟,弃去。滴加 Giemsa 稀释液染色 3 分钟,PBS 轻轻冲洗。

4)在显微镜下检查细胞,先用 10 倍物镜,然后分别用 20 或 40 倍观察。

【实验结果】

光镜观察上皮细胞和成纤维细胞可清楚观察到核形态和染色质。可鉴别正常细胞和恶性细胞,细胞呈腺管样排列,细胞核偏于一侧,为腺上皮细胞来源。

【注意事项】

掌握好染色条件,制备好的染色片,可清楚观察细胞。

3. **透射电镜检查细胞超微结构**　包括以下过程:分离细胞、固定、包埋、切片、观察等。

【实验方法】

将对数生长的细胞,用胰蛋白酶消化细胞或用盖玻片上生长的细胞,1 000r/min,5 分钟,离心沉淀收集细胞,经戊二醛固定,进行包埋、切片。也可采用将细胞原位包埋的方法,将细胞培养于电镜用特殊膜上,进行固定包埋。该方法不破坏细胞间排列关系。

【实验结果】

透射电镜可观察到亚细胞结构。上皮细胞可见张力原纤维、桥粒等特点,腺细胞可见分泌颗粒。对于确定培养细胞系的组织来源有重要意义。

(二)抗原标记

特异抗原标记物是指能与特异抗体结合的细胞表面蛋白,它们对于鉴定细胞来源有重要作用,已有多种抗体和检测试剂盒问世。检测细胞标记方法简单、快速,单克隆抗体和多克隆抗体都被应用。单克隆抗体对细胞抗原决定簇是特异的,非常有用。

间接免疫组化方法是用荧光素或酶等标记物或显色物标记特异性抗体,通过抗体特异性与细胞表面抗原结合形成带有荧光素或显色物的抗原抗体复合物,可以检测这些复合物,达到检测细胞特殊表面抗原的目的。

【实验材料】

1)细胞爬片及载玻片。

2)固定液:95% 乙醇,或冷丙酮,或甲醇,或乙酸。

3)PBS:在 800ml 蒸馏水中溶解 8g NaCl、0.2g KCl、1.44g Na_2HPO_4 和 0.24g KH_2PO_4,用 HCl 调节溶液的 pH 至 7.4,加水定容至 1L,在 1.034×10^5Pa 高压下蒸汽灭菌 20 分钟,保存于室温。

4)0.1%Triton:用 PBS 稀释。

5)10% 封闭用正常羊血清:用 PBS 稀释。

6)1% 牛血清白蛋白(BSA)。

7)相应一抗、二抗,用辣根过氧化物酶(HRP)标记二抗。

8)显色剂:3,3'- 二氨基联苯胺四盐酸盐(DAB),在 9ml 0.01mol/L Tris·Cl(pH 7.6)溶液中溶解 6mg 二氨基联苯胺,加入 1ml 0.3%(W/V)$NiCl_2$ 或 $CoCl_2$。二氨基联苯胺溶液必须在临用前配制。

9)培养细胞用的完全培养基。

【实验方法】

1)标本制备:制作细胞爬片,待培养细胞达80%~90% 汇合时取出爬片。

2)漂洗:PBS×3 次。

3)固定:固定液固定 15~20 分钟。

4)漂洗:PBS×3 次。

5)打孔:使细胞膜及细胞内抗原暴露更充分,0.1%Triton×10 分钟。

6)漂洗:PBS×3 次。

7)封闭:10% 正常羊血清,>20 分钟。

8)漂洗:PBS×3 次。

9)一抗孵育:适当比例的一抗(1%BSA 稀释),4℃过夜或 37℃ 1 小时。

10)漂洗:PBS×3 次。

11)二抗孵育:二抗标有 HRP,37℃ 1 小时。

12)漂洗:PBS×3 次。

13)显色:DAB 显示,同时镜下观察显色情况。

14)漂洗:待显色最佳且尚未出现非特异性染色时用蒸馏水冲洗 ×3 次。

15)脱水、透明:70% 乙醇、80% 乙醇、90% 乙醇、95% 乙醇、100% 乙醇Ⅰ、100% 乙醇Ⅱ、二甲苯Ⅰ、二甲苯Ⅱ(不同梯度顺序进行)。

16)树脂封片,镜下观察。

【实验结果】

利用细胞系表面特异性抗原,与正常上皮细胞抗体结合,DAB 显色后在显微镜下细胞表面可观察到特异的棕黄色颗粒,可作为正常上皮细胞的标记。用成纤维细胞生长因子(FGF)抗体检测成纤维细胞系的表面抗原,可获阳性结果。也可以使用荧光标记的抗体,在荧光显微镜下观察。

【注意事项】

注意避免非特异性染色,出现假阳性。控制显色的条件和时间,以免背景过高。

（三）细胞生长试验

正常细胞生长明显区别于肿瘤细胞和转化细胞,鉴定细胞系是否为正常生长,主要方法是:①在免疫缺陷小鼠上无浸润生长,不形成肿瘤;②培养的细胞具有形成单层(接触性抑制)、饱和密度、停泊依赖等生长特点(见第七章第二节)。

（四）细胞来源种属的鉴定

细胞来源种属的鉴定常用方法有同工酶法、染色体分析及 PCR 法,用于确认细胞的种属来源,并排除在培养的过程中可能出现的种间交叉污染或错误认定。具体方法见第八章第二节。

（五）细胞的身份认证

细胞的身份认证目的是排除细胞种内交叉污染,其主要是根据细胞基因组 DNA 序列上的个体差异性,可以通过 DNA 分型的方法加以鉴别,常见的技术有限制性片段长度多态性(restriction fragment length polymorphisms,RFLP)、可变数目串联重复序列(variable number of tandem repeat,VNTR)和短串联重复序列(short tandem repeat,STR)。具体方法见第八章第三节。

五、正常细胞系鉴定讨论及小结

鉴定细胞系是正确使用细胞系的前提。无

论有限细胞系或永生化细胞系都需进行鉴定。此外，细胞系间出现交叉污染和错误鉴定的细胞系是现实存在的，有作者估计在生物学杂志发表的论文中大约有25%细胞系有误，一些权威机构和个人呼吁对细胞系鉴定的必要性和迫切性应引起足够重视，避免由于不能即时发现细胞出现的问题给研究工作或临床应用造成不可估量的损失。

为对新建立的细胞系对其来源、性质和生物学特征以及细胞个体的遗传学标记（细胞"ID"）等提供可靠证据，现已建立了多种方法，其中短串联重复序列（short tandem repeat，STR）检测是从个体水平鉴定细胞系的"金标准"。ATCC（American Type Culture Collection）等国际细胞权威机构已将其列为细胞鉴定的常规手段，并对保存的细胞系建立了STR数据库。

鉴定人细胞系间污染有多种方法，STR检测是快速、经济和高准确度方法。但该方法存在一定的局限性和缺点，该方法仅限于检测种内细胞系间的污染有效，对物种间细胞系交叉污染的检测不可行。如果实验室除培养人源细胞外还有其他种属来源细胞，必须用其他方法进行鉴别，如：染色体核型分析，同工酶分析，DNA扩增（fragment analysis），条形码（sequencing DNA barcode regions）等技术。

（卞晓翠）

第二节　肿瘤细胞系、转化细胞系的建立和鉴定

本节主要介绍恶性细胞建系，包括从人、动物恶性肿瘤取材建立的肿瘤细胞系和正常细胞经过体外诱发的恶性转化细胞系。转化细胞系可分为恶性转化和一般转化两种。恶性转化细胞系获得无限生长能力和恶性表型。因此，直接从肿瘤组织建立的细胞系和恶性转化细胞系，为研究恶性肿瘤提供了有用模型。一般转化细胞系不具有恶性细胞的表型，可以作为近似于正常细胞的模型。

一、肿瘤细胞系的建立

早在20世纪50年代，国外建立了宫颈癌的HeLa细胞系；随着细胞培养和技术的改进，人体各种器官组织来源的肿瘤细胞系不断问世。尽管肿瘤在体内处于分化调控障碍的状态，持续进行增殖，但在体外培养时，许多肿瘤细胞并非特别容易存活和建系。肿瘤细胞在体外生长增殖受到一定限制可能有多种因素，比如从体内到体外环境的改变阻断了肿瘤细胞在体内从周围正常间质组织和血管获取肿瘤细胞生长最适营养（包括生长因子），间质细胞过度生长耗竭了培养基中的营养成分等。随着组织培养技术的改进，特别是培养基的改进，提高了肿瘤细胞建系的成功率。

随着体外培养的细胞在生物医学的研究中使用越来越广泛，交叉污染的现象也越来越严重，近年来引起了研究者们的广泛重视。有报道，科学界流传使用的肿瘤细胞系中25%是错误的细胞系。所以，在肿瘤细胞系建系之初就做好原代组织的冻存备份尤为重要。

（一）肿瘤细胞原代培养

肿瘤细胞建系的方法和程序相似于正常细胞，包括标本收集和取材、消化和培养、传代、换液、冻存、复苏等过程。针对肿瘤细胞的特点，在培养方面有以下改进内容：

1. 标本收集和取材　肿瘤组织是异质性的，包括两个含义，其一，肿瘤组织中除肿瘤细胞外还有间质细胞；其二，肿瘤细胞群体中细胞的异质性（细胞之间在形态、基因水平、表型等的差异）。由于肿瘤组织侵袭（invasion）生长特点，因此肿瘤最外层组织为最活跃细胞，同时要注意取材标本中除去混杂的间质组织。为了克服肿瘤细胞群体的异质性，在原代培养取材时可考虑采用转移灶标本，如转移的淋巴结、肿瘤性胸腹水等。转移组织中的肿瘤细胞已经经过生长优势选择，群体细胞比较均一，比原位肿瘤组织细胞更易于生长。取材后尽快将肿瘤组织进行培养，一般4小时内细胞活性最好。标本在4℃存放不要超过24小时。

人肿瘤细胞建系必须要有完整的记录，包括组织来源、患者姓名、住院号、年龄、性别、临床诊断、病理诊断（应明确分类分期）、术前放化疗情况，为细胞系建系的重要资料。

为了鉴定建立的细胞系来源和生物学特性，最好留有患者正常组织和血标本。

2. 分散肿瘤组织 肿瘤组织多为较坚实实体（少数例外，如卵巢肿瘤、脑肿瘤），含有丰富的间质细胞，因此用酶消化肿瘤组织是分散肿瘤细胞的较好方法。胰蛋白酶（trypsin）是最常应用的酶，但它对结缔组织的消化能力有限，适合含结缔组织较少的肿瘤，并且胰蛋白酶对细胞膜有损害作用，影响细胞存活。胶原酶（collagenase）消化肿瘤组织证明更有效，可抑制结缔组织细胞的生长。胶原酶的消化方法：0.5mg/ml 胶原酶处理，可在显微镜下观察，纤维细胞逐渐被除去为止。用 Hank 液或培养基洗涤，除去附着细胞的酶，再进行接种和培养。少数含结缔组织不多的肿瘤组织可选用机械分散的方法。机械分散对肿瘤细胞损伤小，但有过多的纤维细胞从结缔组织中离散出来。当肿瘤组织标本很小，不能用酶消化获取肿瘤细胞时，可以用组织块法进行原代培养。体内恶性肿瘤呈外向浸润生长，肿瘤生长过快，使肿瘤中心组织呈坏死，因此取材时应避开坏死部分。但肿瘤组织中不可避免有已经耗竭和坏死的细胞，因此在酶消化组织前，应尽可能清除这些细胞，以免接种后很快溶解破坏，释放出影响肿瘤细胞生长的有害物。

3. 接种肿瘤细胞 胰蛋白酶或胶原酶消化的肿瘤组织制备的细胞悬液，应有足够的细胞密度，通常接种细胞浓度为 5×10^5 个 /ml，37℃培养，通常 2 周左右可见有集落生长（图 7-1）。

图 7-1 腹膜假性黏液瘤组织在体外 10 天后
可见明显的上皮集落生长（100×）

4. 成纤维细胞过度生长的去除 肿瘤组织中成纤维细胞对肿瘤细胞生长和建系的影响。用选择培养基、饲养层等方法可以克服其过度生长。

以下方法也可应用：

（1）机械排除法：将玻璃吸管前端在火焰上烧弯曲，用作除去成纤维细胞的工具。可在显微镜下直接刮除生长的成纤维细胞，也可事先在显微镜下对有成纤维细胞生长的单层培养瓶上做出标记，然后按标记刮除。刮除后，用培养液洗 1~2 次后，加入新培养液培养。如需要可多次刮除。

（2）反复贴壁：根据肿瘤细胞与成纤维细胞贴壁快慢的差异，可以把两种细胞分开。用消化酶消化细胞，接种到培养瓶后，加入生长培养基，将培养瓶（A）放置 37℃ 10~20 分钟，将培养上清倒出到另一培养瓶（B），加入新培养基，放置 37℃ 10~20 分钟，将 B 瓶上清倒入 C 瓶，置 37℃培养。将 A、B、C 瓶于 37℃培养 24~48 小时后于显微镜下观察，将含有成纤维细胞的培养瓶弃去，保留含上皮细胞的培养瓶。如果上皮细胞中仍含有成纤维细胞，可按上述方法继续重复处理，直到成纤维细胞去除。

5. 培养基 在肿瘤细胞建系中，选择性培养基的应用是提高肿瘤细胞体外存活、抑制成纤维细胞生长的关键技术。选择培养基是针对特殊细胞生长的营养要求设计的。针对肿瘤细胞的特点，选择性培养基应含少量血清。血清对上皮细胞有抑制作用而有利于成纤维细胞生长。因此，用低或无血清培养基为好。改良 RPMI 1640 培养基可提高肿瘤细胞存活。如 HITES 培养基，加有氢化可的松（hydrocortisone）、胰岛素（insulin）、转铁蛋白（transferrin）、雌激素（estradiol）和硒（selenium）等成分。HITES 培养基适合用于人小细胞肺癌建系。胰岛素、转铁蛋白和 selenium 这些生长刺激因子也适合于许多种类型肿瘤细胞培养。此外，另一种适合腺癌细胞培养的培养基是 RPMI 1640，培养基加入胰岛素、转铁蛋白、硒、氢化可的松、EGF、BSA 和丙酮酸钠（sodium pyruvate）。为了抑制成纤维细胞生长，在培养基中加入成纤维细胞的抗体或成纤维细胞代谢抑制剂等成分，也可提高肿瘤细胞系建系成功率。

6. 饲养层 在培养器皿底部接种能形成接触性抑制的成纤维细胞饲养层，可以有利于肿瘤细胞贴壁生长和抑制肿瘤组织中正常成纤维细胞过度生长。可以应用多种组织来源的成纤维细胞,如人胚小肠细胞、FHS741 作为饲养层。培养乳腺癌细胞,小鼠 3T3 细胞或 STO 胚胎成纤维细胞常被应用作饲养层。将胰蛋白酶或胶原酶消化的肿瘤组织细胞制备的单细胞悬液,接种到汇合单层的饲养层细胞上,肿瘤细胞可形成集落,成纤维细胞不形成。

饲养层的制备:将经过丝裂霉素 C(MMC)或经放射处理的小鼠 3T3 细胞接种到培养瓶。

【实验材料】

无菌 3T3 细胞,培养基,丝裂霉素 C 5μg/ml(无血清培养基配制或 BSS),X-ray 或 ^{60}Co,30Gy 照射。

【实验方法】

trypsin 消化体外传代培养的 3T3 细胞,再以 10^5/ml 细胞浓度接种。50% 细胞出现汇合,加入 0.25μg/ml 丝裂霉素 C(2μg/10^6 个细胞),过夜(或用放射 ^{60}Co 代替)。24 小时后换液,trypsin 消化细胞,再接种到新培养瓶,每瓶接种浓度为 $5×10^4$ 个 /ml,加入培养基,培养 24~48 小时作为饲养层。

(二)换液与传代

1. 换液　原代培养肿瘤细胞旺盛增殖后,消耗了培养基中营养,产生的细胞代谢产物对肿瘤细胞继续增殖会产生不利影响,因此需要及时更换培养液。通常细胞产生酸性代谢产物,培养上清呈黄色(培养瓶中含有酚红 pH 指示剂)时,需要及时换液,肿瘤细胞在对数期增殖迅速,可以每天换液,倍增时间较长的细胞可以间隔 2~3 天更换 1 次,甚至可更长时间。

2. 传代　①原代培养的肿瘤细胞应掌握合适的第二次传代时间。一般不需要等肿瘤细胞长到 100% 汇合才传代。肿瘤细胞与正常细胞生长特点不同,表现为重叠生长。当在显微镜下观察到上皮样细胞汇合达 50% 左右,可见细胞层上堆积有圆形的细胞,提示细胞增殖活跃时就可以传代。②常规传代:原代培养物第一次传代后,需要常规传代维持细胞在体外正常生长。肿瘤细胞像正常细胞一样在体外生长可分为潜伏期、对数期和平台期。由于各种来源的肿瘤细胞系倍增时间快慢不同,每种细胞系传代时间有所不同。通常在细胞接种后 5 天左右传代一次。一瓶原细胞传到 1~5 瓶。如果计数细胞浓度,每瓶可接种(2~4)× 10^5 个细胞。

3. 冻存和复苏　虽然肿瘤在体内的生长调控不受控制,但在体外培养条件下却不一定可以连续传代(图 7-2)。一般认为在体外连续传代 50 次以上或连续培养两年以上才能被认为是永久性细胞系。因此,建系过程需要不断冻存不同代数的细胞作为备份。并且,由于体外长期传代可能引起细胞基因背景的漂移及细胞表型上的改变,因此,从第一次传代后,就应尽早地冻存培养物。各种不同代数的细胞培养物也是科研工作有用的工具。冻存细胞和复苏方法与正常细胞相同,可参照正常细胞。

二、肾透明细胞癌细胞建系的例证

人肾透明细胞癌细胞系的建立:从外科切除的人透明细胞癌标本取材,用胰蛋白酶消化组织成单细胞悬液,接种细胞于培养瓶,加入含 10% 灭活胎牛血清的 DMEM/F12(1:1)生长培养基,CO_2 孵箱 37℃培养。

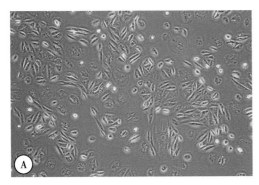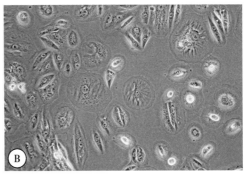

图 7-2　肾透明细胞癌组织在体外传代培养 2 个月后逐渐衰老,出现煎蛋样细胞,停止增殖

A. 100× 视野;B. 200× 视野

【实验材料】

无菌组织培养皿、T25 细胞培养瓶、吸管等。眼科剪刀、镊子。生长培养基：DMEM/F12（1∶1）+10% 灭活胎牛血清。消化液：0.25% 胰蛋白酶 +0.03% 乙二胺四乙酸（EDTA）溶液，PBS。

【实验方法】

1）从手术切除的无菌标本，放入无菌玻璃瓶，立即送实验室，每例肿瘤标本有明确记录，包括患者姓名、性别、年龄、手术时间、病理诊断等。

2）将肿瘤组织放入无菌平皿，去除血块和坏死组织，用无菌 PBS 冲洗多次，直到无血迹。转移到另一平皿中，用无菌小型刀剪从肿瘤组织切除结缔组织及坏死组织，将肿瘤块放于另一无菌平皿中，剪成 1~2mm 小块。留取废弃组织于 –80℃冰箱冻存，以备建系后进行细胞身份比对。

3）加入消化液（0.25% trypsin+0.03%EDTA）覆盖组织块。37℃消化 15~20 分钟，吸管进行吹打，收集上清消化液于离心管中，加入含有血清的培养基中和胰蛋白酶。

4）重复步骤 3，直到细胞组织块完全消化。

5）吸出收集的消化液离心，1 000r/min，10 分钟。

6）弃上清。用含血清培养基悬浮沉淀。

7）计数细胞。制备 5×10^5 个 /ml 细胞悬液，接种到培养瓶（细胞悬液所占空间为培养瓶的 1/3）。置 37℃，CO_2 孵箱培养。

8）接种细胞 48 小时后，于倒置显微镜下观察细胞，如细胞已大部分贴壁，可换液一次清除上清中的死细胞，加入新的培养基。

【注意事项】

对离体的肿瘤组织尽快取材进行培养是获得肿瘤细胞建系的重要因素。及时去除生长的成纤维细胞（用刮除的方法较为简便），有利于肿瘤细胞的生长。掌握好第一次传代时间，扩增具有生长优势的肿瘤细胞，使其在体外能够成为细胞系是重要的环节。精心传代、换液，及时冻存，避免污染，需经 6 个月以上的努力，方能够达到建立细胞系的目的。

三、转化细胞系建立

转化是指细胞发生了不可逆转的遗传改变而引起恒定表型改变的事件。转化细胞系可由于细胞本身基因不稳定（啮齿类），在传代中自发发生，也可用放射线、致突变剂、病毒以及外源基因等因素处理，诱发细胞产生遗传改变。转化细胞系主要有 3 个类型：①有限分裂的细胞，变为无限增殖的细胞，获得不死性，成为永生化细胞系；②细胞不正常自主性生长，丧失细胞接触性抑制、过饱和密度、无停泊依赖等正常细胞生长特点；③致瘤性，细胞可在免疫缺陷小鼠体内浸润生长，形成肿瘤。转化细胞均可获得不死性，变为无限增殖的细胞，成为永生化细胞系。致瘤性是判断恶性转化或一般转化细胞系最主要的指标。细胞可在免疫缺陷小鼠体内侵袭生长形成肿瘤是恶性转化细胞系。一般转化细胞系也可能在体外有不正常的生长表型，但在体内不能形成肿瘤。

一般转化细胞系获得不死性，在体外可以无限传代，但仍视作正常细胞模型，如常用的鼠 NIH3T3 细胞。恶性转化的细胞系，已具有恶性表型，是研究恶性细胞的有用模型。

（一）诱变转化细胞的一般方法

1. 转化细胞的选择　可从原代培养的正常细胞、传代的正常细胞选择。成纤维细胞易于转化，上皮细胞较难。

2. 转化因素　转化细胞的因素包括以下数种：①化学致突变剂，常用的甲基硝基亚硝基胍（N-methy-N-nitro-N-nitrosoguanidine，MNNG）；②物理方法：放射线照射；③病毒转化：用 EB 病毒感染淋巴细胞引起转化，SV40 病毒转化正常上皮细胞；④用外源基因转染细胞，诱发细胞转化，已获得较高的转染率，转化的外源基因包括肿瘤基因如 ras、myc，病毒基因如 SV40LT 抗原基因、端粒酶基因等。

（二）外源基因转化细胞

建立转化细胞系，包括以下程序：①选择合适的外源基因，如 SV40LT 抗原基因转染人成纤维细胞最有效。构建外源基因表达载体（质粒），含有合适的标记基因作为阳性转染细胞的选择 [质粒上有新霉素耐受基因，可用遗传霉素（G418）选择]；②选择合适的转基因方法，化学方法最常用磷酸钙、脂质体（lipofectin）、基因枪、电转移等；③选择合适的转染细胞；④用转基因方法转染细胞,获阳性集落;⑤证明外源基因有无表达;⑥证明转染细胞的表型是否改变和有无致瘤性。

1. SV40LT 抗原基因转化人血管内皮细胞 人血管内皮细胞体外增殖能力极其有限,用 SV40LT 抗原基因进行转化是较为成功的方法。

【实验材料】

HEPES 缓冲液,10×Ca HEPES,2×Ca HEPES 磷酸缓冲液,NaAc,Tris-EDTA 缓冲液,无水乙醇,Eagle MEM/15%FCS,G418。均为无菌液。

【实验方法】

1)制备转化所需 DNA:制备 DNA-磷酸钙溶液:DNA 20μg/ml,CaCl$_2$ 0.125M,Na$_2$PO$_4$ 0.75mmol/L,NaCl 140mmol/L,HEPES 12.5mmol/L,pH7.12。

2)转化细胞的制备:原代分离人脐静脉内皮细胞,细胞达 70%~80% 汇合,转化前一天用无血清培养基换液。

3)转化细胞:将 1ml DNA 磷酸钙沉淀加入到培养皿(3ml)覆盖细胞,处理 6 小时或更长,于 37℃ CO$_2$ 孵箱。

4)去除和洗涤培养液,加入生长培养基(EMEM,15% FCS)培养 48 小时后,加入 G418 200μg/ml。

5)更换培养基,含 G418 浓度可降低或不变,鉴定耐受集落生长,直到大多数细胞死亡。

6)尽早冻存细胞,传代中多次冻存。

【实验结果】

可建立永生化传代的恶性转化细胞系。但有可能用此方法建立的转化细胞系不一定具有恶性特征,可能与所转染细胞的基因稳定有关。

【注意事项】

永生化细胞系的建立,细胞要度过生长的"危机期",大多数细胞死亡,仅少数集落出现,通过及时换液保持培养液 pH 恒定和补充营养。

2. 转染端粒酶基因可诱导转化细胞系的建立 端粒酶在细胞内表达,抵消细胞分裂所致端粒缩短,是细胞获得不死性的重要分子机制。转染外源端粒酶基因于有限传代的正常细胞系,包括人上皮细胞和成纤维细胞、血管内皮细胞等,均可诱导产生永久性细胞系,并证明了转染细胞中,端粒酶表达和端粒缩短受到了抑制。用 SV40 病毒基因和人端粒反转录酶基因(HTERT gene)两种方法均可获得无限增殖的人上皮细胞系:但 SV40 诱导的不死性细胞,多伴有细胞不正常分化和核型不稳定,表现出对动物一定程度的致瘤性;而端粒酶转染的细胞很少有核型的改变和有上皮细胞分化的特点,保持更多正常细胞的表型。说明用 SV40LT 抗原基因和 HTERT gene 转化细胞存在一定差异,SV40LT 多引起细胞恶性转化,而 HTERT gene 主要诱导细胞获得不死性。

3. 转基因小鼠 利用转基因小鼠可以建立转化细胞系,基本方法是设计有某种基因突变、缺失、嵌入病毒基因的 DNA,植入小鼠的卵母细胞。发育的转基因小鼠将携带有表达某种基因的组织,从小鼠组织取材,可以获得转化细胞系。例如,H2kbtsA58 转基因小鼠,含有 SV40LT 抗原,从小鼠各种组织取材,可以建立多种永久性转化细胞系。因此,利用转基因小鼠是建立细胞系快速有效的方法。

四、肿瘤细胞和转化细胞建系讨论和小结

肿瘤细胞无控制生长和无限分裂能力是肿瘤细胞建系率比正常细胞高的原因。但肿瘤细胞建系仍存在一定困难,一方面由于细胞离体后,外环境改变,不能从间质吸取营养和不能获取周围环境生长因子的刺激,从而影响肿瘤细胞生长;另一方面,取材培养的肿瘤组织除肿瘤细胞外,还含有多种细胞成分,包括血细胞、血管内皮细胞、肌肉细胞、间质细胞等,在体外培养中,这些细胞有一定存活期限,它们摄取和消耗培养基中有限的营养和产生代谢产物,对肿瘤细胞生长不利。成纤维细胞生长最快,存活时间长,对肿瘤细胞生长最为不利。针对肿瘤细胞建系存在的问题,进行细胞培养技术改进,如接种成纤维细胞饲养层,有利提高肿瘤细胞建系成功率。

建立转化细胞系,通常用已建成的正常细胞系进行转化,所以不存在上述肿瘤细胞建系原代培养所存在的问题。能否建成转化细胞,除要选择合适的细胞系外(遗传性状过于稳定的细胞不易转化),对转化方法的选择也很关键。转染外源病毒基因,如 SV40LT,有较高的转化率。该方法在国内已能很好应用。从转基因小鼠组织取材建立细胞系在国外已有一些报告,该方法的应用,不仅提高了建系率,而且使用常规细胞培养方法不

能建立的细胞系,通过转基因动物可以建立携带某种靶基因的细胞系,为细胞培养和建立细胞系开拓了新的局面。

五、肿瘤细胞系和转化细胞系的鉴定

肿瘤细胞系的鉴定主要包括细胞组织来源和恶性特性。随着细胞分子生物学的进步,对肿瘤认识的深入,鉴定肿瘤细胞系恶性特征的指标也越来越多。转化细胞如果是正常细胞系转化而来,不需再进行组织来源鉴定,仅明确是否已获得了不死性,以及确定是恶性转化或一般转化。细胞系的基因型鉴定:细胞系的建立及使用过程中,经历了长时期的体外培养,其间除了细菌、病毒和支原体的污染外,细胞间的污染也成为严重的问题。应用多位点 DNA 指纹分析(multilocus DNA fingerprint analysis)、短串联重复序列(short tandem repeat, STR)、聚合酶链反应片段分析(PCR)等多种分子生物学方法,进行细胞身份认证也是肿瘤细胞系鉴定的重要内容。

本节仅介绍最常用鉴定方法,即形态学、染色体异常、体外恶性生长和体内恶性生长。其中一些鉴定方法,在正常细胞鉴定中已详细描述,这里只简要说明结果。

(一)细胞形态学

1. 光镜直接检查

【实验材料】

多功能倒置显微镜,带有 10×、20×、40× 物镜,6×、10× 目镜。

【实验方法】

培养细胞放在载物台上,用倒置显微镜观察。先用低倍镜后用高倍镜观察细胞形态。

【实验结果】

肿瘤细胞呈多边形上皮样细胞,易于和正常成纤维细胞区分。肿瘤细胞失去正常细胞间接触性抑制,呈现重叠生长。可见细胞重叠层上有折光度强的圆形细胞。这些特点可与正常上皮细胞区分,转化细胞可出现与肿瘤细胞重叠生长相似的特点。

2. 细胞染色检查

【实验材料】

见正常细胞鉴定,除普通光镜外,可用荧光显微镜。

【实验方法】

见正常细胞鉴定,除 Giemsa 染色外,可用瑞氏结晶紫等染料。

【实验结果】

肿瘤细胞呈多边形,排列不规则,细胞重叠。细胞核大,核浆比例增大,深染突出、不规则,可见异常分裂象。有的上皮样转化细胞有相同特点。

3. 细胞超微结构的检查

【实验材料】

同正常细胞鉴定。

【实验方法】

同正常细胞鉴定。

【实验结果】

细胞核大,不规则。胞质内如观察到桥粒、张力原纤维等可为上皮细胞的特点,观察到分泌颗粒是腺细胞的特点,如有神经分泌颗粒是神经内分泌细胞的特点。细胞超微结构检查对于鉴定细胞系的组织来源和细胞恶性特点有重要意义。

(二)染色体异常

肿瘤细胞存在多种染色体水平的异常。肿瘤细胞是异倍体,存在染色体缺失、重排和移位等异常,染色体显带技术可用于检查和鉴别正常细胞和恶性细胞染色体差异。检查染色体异常除用普通方法外,还可用染色体分带技术来检查染色体细微改变。染色体分带技术是用特殊技术将染色单体上着色出深浅带(band),显示染色体的结构。

1. trypsin-G 带染色

【实验材料】

细胞中期染色体标本(见正常细胞染色体分析部分),trypsin-Giemsa 混合染液,水浴箱。

【实验方法】

1)预处理:肿瘤细胞系中期染色体标本置 60~80℃水浴 30 分钟左右或 37℃过夜,取出玻片放入 0.025M 磷酸缓冲液(pH 6.8)56℃ 10 分钟。

2)用新配制的 trypsin-Giemsa 混合显带液处理 10~30 分钟。

3)封片:染色后用自来水冲洗(冲洗标本背后,以免冲洗过分,使细胞脱落),封片。

【实验结果】

可见到清晰的每条染色体和上面的分带。肿

瘤细胞核型异常为异倍体,多在亚二倍体和三倍体之间,与正常细胞二倍体不同,每条染色体数目有增多或减少。在每条染色体上带型与正常标准相比,有缺失和增加的带以及移位等异常表现。通常转化细胞为异倍体。

2. Giemsa 显带法

【实验材料】

细胞中期染色体标本,trypsin 消化液,Giemsa 染液,水浴箱。

【实验方法】

1）预处理:标本置入 60~80℃温箱 20~30 分钟,37℃烤箱过夜。

2）trypsin 消化:3~5 分钟,冲洗多余的酶。

3）将标本放入 Giemsa 染液中染色 10 分钟。

4）封片:自来水冲洗,晾干后二甲苯透明 2~3 分钟,封入树胶。

【实验结果】

可见到清晰的每条染色体和染色体上的分带。肿瘤细胞核型为异倍体,多在亚二倍体和三倍体之间,与正常细胞二倍体不同,每条染色体数目有增多或减少。每条染色体上的带型与正常标准相比,可以显示染色体带区细微结构改变,如移位、倒置、缺失等异常,这些异常是细胞系的遗传标记。如几乎在 100% 的小细胞肺肿瘤和肾肿瘤有三号染色体短臂缺失发生,为鉴定细胞系的组织来源提供了依据。从染色体核型分析可以辨别是人或鼠来源(见正常细胞系鉴定)。

【注意事项】

trypsin 消化法分带技术关键需制备好的染色体片,掌握好 trypsin 消化条件以获得好的标本。

（三）分子生物学方法

短串联重复序列（short tandem repeat, STR），见正常细胞系的建立和鉴定。

（四）体外生长异常

肿瘤细胞（或转化细胞）体内外无控制增殖是恶性细胞的特征。肿瘤细胞丧失正常细胞接触性抑制、停泊依赖等生长特点,表现为增殖加速,生长呈过饱和密度,在软琼脂上形成集落等不正常生长特点,通过以下实验,对于鉴定恶性生长有重要意义。

1. 生长曲线和倍增时间
培养细胞经历一代（从上一次传代到下一次传代的时间,通常 7 天左右）,包括潜伏期、对数期、平台期三个阶段。通过计数 7 天细胞,可以绘制出生长曲线,计算出细胞倍增时间。

【实验材料】

0.25% trypsin+0.04% EDTA 消化液,含 10% 灭活胎牛血清的 DMEM 培养基,0.1% 台盼蓝溶液,35mm 培养皿,细胞计数器。

【实验方法】

1）对数期生长的细胞于实验前一天换液。如检测转化细胞,可同时接种转化前细胞,以便比较。

2）用 trypsin 消化细胞制备细胞悬液,用生长培养基制备 3×10^4 个 /ml 细胞悬液,每种细胞接种于 25 个直径 35mm 塑料培养皿中,每皿 3ml,于 CO_2 孵箱 37℃培养。

3）次日于显微镜下挑选细胞生长均匀的培养皿,共 21 皿。

4）每天取 3 个平皿 trypsin 消化,将细胞悬液用细胞计数器计数活细胞（0.1% 台盼蓝溶液 0.9ml 加入 0.1ml 细胞悬液）,计算活细胞平均数,连续 7 天。

5）以细胞数为纵坐标,培养天数为横坐标,计算细胞倍增时间。

【实验结果】

肿瘤细胞潜伏期短,对数期生长明显;转化细胞与转化前细胞相比较,可见转化细胞对数期生长速度明显增加。依据生长曲线,计算出细胞倍增时间。倍增时间短,反映了细胞恶性生长。

【注意事项】

为了制备准确的细胞生长曲线,接种的细胞数要合适,对于肿瘤细胞和转化细胞,通常接种 3×10^4 个 /ml 细胞。但不同细胞系生长速度差异较大,可以根据情况调整。为了防止每皿细胞的实验误差,可以在开始时多接种几皿细胞,以便挑选细胞生长更均一的平皿进行实验,每天计数至少 3 皿,减少皿间差异。

2. 克隆效应（cloning efficiency）
克隆效应也可称为集落形成率（rate of colony formation）,是检测群体细胞中增殖细胞的比率,可反映细胞系的增殖能力,因此是鉴别肿瘤细胞（或转化细胞）与正常细胞的增殖能力的指标。

【实验材料】

直径 60mm 培养皿,生长培养基,甲醇,Giemsa 染液,细胞计数器。

【实验方法】

1)对数生长的肿瘤细胞或转化细胞及其母系细胞,每种细胞接种 3 个平皿,于实验前一天换液。实验当天,显微镜下观察细胞生长情况良好,用 trypsin 充分消化,必须制备成单个细胞悬液。计数细胞,将细胞悬液浓度稀释到每毫升 250 或 150 个细胞,每个平皿接种 2ml 细胞悬液(每皿 300 或 500 个细胞)。

2)CO_2 培养箱培养 2~4 周。

3)取平皿,用 PBS 冲洗,自然干燥,用甲醇固定 10 分钟,Giemsa 染色。立体显微镜下计集落,每个集落需达到 50 个细胞。

4)计算集落形成率:集落形成率 = 平均集落数 / 每皿接种细胞数。

【实验结果】

肿瘤细胞和转化细胞具有较高的集落形成率,通常可达 10% 以上,正常细胞仅有较低的集落形成率,约 1%。

【注意事项】

该实验是检测在群体细胞中增殖细胞的比率,实验需低密度接种细胞,直径 60mm 平皿接种 300~500 个细胞,消化细胞要充分,以保证制备单个细胞悬液和接种单个细胞形成的集落。由 50 个以上细胞组成的细胞集落计数,低于 50 个细胞不能计数。

3. 放射自显影测定细胞饱和密度　核素放射自显影是用核素电声辐射对核子乳胶感光作用显示核素的分布、定位和定量的方法。嘌呤和嘧啶碱基是细胞 DNA 合成的前体,标记有放射性核素的碱基加入培养细胞液中,可以掺入到细胞 DNA 合成,细胞经过洗涤,固定涂乳胶,干燥后,于暗室中曝光,经显影后,细胞可在光镜下检测银颗粒,计算出标记细胞的百分数。由于肿瘤细胞或转化细胞失去接触性抑制,无限制性生长,因此标记指数高。

【实验材料】

DMEM 培养基 +10% 灭活胎牛血清,用 DMEM 培养基配制,^{3}H- 胸腺嘧啶(^{3}H-thymidine)使浓度为 1μCi/ml,PBS,0.25% trypsin+0.04%EDTA,含盖玻片的培养皿,细胞计数器,固定细胞,冷醋酸甲醇(acetic:methanol 为 1:3,冰冷)新鲜制备,去离子水,放射自显影,乳胶,曝光盒。

【实验方法】

1)培养细胞和核素标记:对数期生长的肿瘤细胞(或转化细胞)于实验前一天换液,0.25% trypsin+0.04% EDTA 充分消化细胞,用含血清 DMEM 制备每毫升 10^5 个细胞悬液,接种到多个含有盖玻片的培养皿中,于 CO_2 孵箱 37℃ 培养。每天换液,2~3 天后,当盖玻片细胞已成片汇合,每天取出玻片,用消化液消化细胞,制备细胞悬液,计数细胞。当盖玻片上计数细胞已达到平台期,用无血清 DMEM 培养基洗涤细胞表面,去除血清。加入 2ml 含 1μCi/ml 的胸腺嘧啶 DMEM 培养基,于 CO_2 孵箱 37℃ 继续培养 24 小时。

2)固定细胞:用 PBS 轻轻冲洗玻片以去除未标记的核素,将盖玻片放置在载玻片上,细胞面朝上,细胞用冷甲醇固定 10 分钟。

3)放射自显影:①涂布乳胶,暗室红灯下 46℃ 水浴中,熔化乳胶,将培养细胞的小玻片用胶布固定在载玻片上,浸泡乳胶,保持在 46℃ 5 秒钟,使细胞均匀涂上乳胶,取出玻片放在切片架上,使乳胶尽量成薄片,使其慢慢干燥(2~3 小时)。把干燥片放入严密的曝光盒内,于 4℃ 冰箱曝光。曝光时间长短取决于多种因素,一般 3~7 天不定。②显影和定影,选择合适的显影时间,取决于核素的剂量,一般 20℃ 左右,显影 3~5 分钟,经过 1% 醋酸溶液 1~3 分钟,置于定影液中 30~60 分钟。③染色和封片,用水洗 2 分钟,用去离子水洗 1 次,用 Giemsa 染色,将盖玻片覆盖在玻片上封片。④镜检,高倍光镜下可见细胞核银染颗粒,为标记阳性。

【实验结果】

计数标记的细胞数(核或细胞有银染颗粒)占总细胞数的百分率,为标记指数。肿瘤细胞或转化细胞标记指数高于正常细胞,显示过饱和生长,转化细胞与母系相比有明显差异。

【注意事项】

应将检测的细胞培养到平台期时加入核素标记细胞,以显示肿瘤细胞或转化细胞失去正常细胞接触抑制或呈过饱和密度生长。为了更好地计数细胞中的银染颗粒,应保证细胞中的银染颗粒呈较高密度。应在实验操作中避免核素残留造成背景过高,影响计数结果。

4. **软琼脂集落试验**　由于膜表面黏蛋白的改变,肿瘤细胞或转化细胞丧失附着于坚实的支持物上才能生长的特点(停泊依赖),能在软琼脂(半固体)上生长。因此,可以鉴别肿瘤细胞(转化细胞)和正常细胞,是细胞恶性生长指标。制备低浓度的琼脂,将培养细胞加入 40℃水浴的琼脂中混合后,分装到平皿,2~3 周后,肿瘤细胞可以生长出集落。

【实验材料】

培养的转化细胞,培养瓶,恒温水浴箱,离心机,细胞计数器,琼脂糖,生长培养基,胎牛血清,去离子水。

【实验方法】

1)制备 0.5% 下层琼脂培养基:0.25g 琼脂,去离子水 20ml,高压灭菌,琼脂完全熔化,冷至 45~50℃水浴中,加入双倍生长培养基 20ml,胎牛血清 10ml,轻轻搅拌,将琼脂培养基 1.5ml 吸至培养平皿。

2)上层 0.3% 琼脂培养基:琼脂 0.15g,去离子水 20ml,高压灭菌,琼脂完全熔化,冷却 45~50℃,加入双倍培养基 20ml,胎牛血清 10ml,轻轻搅拌,于 40℃水浴中备用。

3)制备细胞悬液:取对数生长期的转化细胞,实验前一天换液,trypsin 消化成单个细胞,制备 10^5/ml 细胞悬液。

4)加 0.1ml 细胞悬液到制备好的 5ml 上层琼脂(预热到 40℃),将上层琼脂与细胞充分摇匀(可在 40℃水浴)后,倒入已含下层琼脂的平皿上,待琼脂凝固后,置 37℃,CO_2 培养箱中。

【实验结果】

培养约 2~3 周后,在倒置显微镜下观察 50 个细胞以上的集落。肿瘤细胞和转化细胞可以观察到集落生长,正常细胞不能生长集落。

【注意事项】

该实验需保持琼脂在液态至胶状之间,通常在 40℃水浴时加入细胞,充分摇匀。温度过高,细胞受损伤以致死亡。温度过低时加入细胞则琼脂凝固,细胞不能均匀分散。琼脂糖(agarose)和甲基纤维素(methocel)可代替琼脂。

(五)裸鼠移植瘤试验

恶性转化唯一被普遍接受的特征是在体内移植后能形成肿瘤。同种移植形成肿瘤的比例很高;对于人肿瘤细胞或恶性转化细胞的研究,目前已有多种免疫抑制或免疫缺陷动物模型,如无胸腺的裸鼠已被广泛用来作为异种移植的宿主。但需要注意的是,目前一些已知的明确的肿瘤细胞系在异种移植时并不能产生肿瘤。虽然有假阴性的可能,但致瘤性仍是恶性转化的一个很好的指标。

【实验材料】

裸鼠实验室,4~5 周龄的裸小鼠(雌雄不限),培养细胞系细胞,注射器,甲醛固定液,生理盐水。

【实验方法】

1)体外对数期生长的肿瘤细胞系实验前一天换液,用 trypsin 消化细胞,灭菌生理盐水将细胞制备成细胞悬液,用生理盐水洗 1~2 次。

2)计数细胞用生理盐水将细胞稀释成 $(0.5~1) \times 10^7$ 个 /ml 待接种。

3)裸鼠接种　消毒接种部位皮肤,无菌操作。每只裸鼠双侧腋下皮下各接种 0.2ml 细胞悬液(0.5×10^7~1×10^7 个 /ml),相当于每个部位$(1~2) \times 10^6$ 个细胞。

4)1~2 个月肿瘤生长后解剖肿瘤,甲醛固定,包埋,切片,HE 染色。观察肿瘤组织细胞特征,与取材患者肿瘤病理比较,确定肿瘤组织来源。

【实验结果】

肿瘤细胞和恶性转化细胞形成移植肿瘤,正常细胞不形成。移植瘤标本与患者取材标本细胞形态学相似。虽然细胞经体外培养后,细胞形态可能有所变化,但经动物体内组织再建,可出现原肿瘤相似的组织细胞学特征。

【注意事项】

若出现肿瘤细胞和恶性转化细胞裸鼠体内移植后 3 个月未见成瘤的情况,可以进行以下尝试。

1)调整接种细胞的数量,可增加至每个部位 1×10^7 个细胞。

2)改用免疫功能更低的 SCID、NOD/SCID 小鼠。

3)接种时,弃用生理盐水,改用基质胶 matrigel 对接种细胞进行稀释。

(冯海凉)

参 考 文 献

1. Liu X, Ory V, Chapman S, et al. ROCK inhibitor and feeder cells induce the conditional reprogramming of epithelial cells [J]. Am J Pathol, 2012, 180: 599-607.

2. 鄂征. 组织培养和分子生物学技术. 北京: 北京出版社, 1994.

3. 章静波. 细胞生物学实用方法与技术. 北京: 北京医科大学、中国协和医科大学联合出版社, 1995.

4. R Ian Freshney. Culture of animal cells. 4th ed. USA: Wiley-Liss, Inc, 2000.

5. Toouli CD, Huschtscha LI, Neumann AA. Comparision of human mammary epithelial cells immortalized by simian virus 40 t-Antigen or by telomerase catalytic subunit. Oncogene Jan, 2002, 21 (1): 128.

6. Capes-Davis A, Theodosopoulos G, Atkin I, et al. Check your cultures! A list of cross-contaminated or misidentified cell lines. Int J Cancer, 2010, 127 (1): 1-8.

第八章　培养细胞的质量控制

第一节　培养细胞的微生物检测

微生物的污染一直以来都是组织培养中不可忽视的问题。微生物的污染包括了细菌、真菌（酵母菌和霉菌）、支原体及病毒等多种来源的污染。在使用培养细胞进行科学实验之前，首先需要确认培养细胞中是否存在微生物的污染，从而保证实验细胞的可靠性及可重复性。培养细胞中可能的微生物检测主要包含无菌检测、支原体检测及病毒检测。

一、培养细胞的无菌检测

培养细胞中最容易发生的污染是细菌、真菌的污染，这些污染由操作者、空气、培养器材及耗材、溶液等多种途径引入。微生物的污染，大多数情况下可以在培养细胞的过程中发现，如培养基变浑浊、培养液 pH 改变、显微镜观察时可看到菌丝或菌体等。即使在培养细胞过程中添加了抗生素，也无法完全避免微生物的污染。一般不推荐在细胞培养过程中添加抗生素，这样可以使微生物的污染在短期细胞培养过程中反映出来，从而消除培养细胞中微生物污染的潜在危险。对于新建立的细胞系、新引进的细胞系以及大规模培养后的细胞系，均需要进行无菌检测，以保证细胞的可靠性。微生物的污染，主要是应用培养法进行检测，采用多种适应细菌、真菌的培养基来检测细胞培养物中可能存在的微生物污染。

【实验材料】

1）沙氏葡萄糖琼脂培养基（用于真菌和酵母菌的培养）

2）硫乙醇酸盐流体培养基（用于需氧菌及厌氧菌的培养）

3）胰酪大豆胨液体培养基（用于需氧菌和真菌的培养）

4）0.5% 葡萄糖肉汤培养基（用于需氧菌的培养）

5）血琼脂培养基（用于链球菌及苛养菌的培养）

6）移液器，200μl，刻度可调

7）无菌移液管，1ml、5ml、10ml

【操作程序】

1）将以上五种培养基（材料 1~5）灭菌后，各取 3 支试管，于 25℃、37℃培养一周，均为阴性方可使用，检测合格的培养基可放 4℃备用。

2）将待检细胞培养物的培养上清（培养 3 天以上）接种至各种培养基中，每种培养基 6 支/皿。

3）血琼脂培养基三份于 37℃常规培养，三份于 37℃厌氧培养。其余的培养基各取 3 支于25℃、37℃分别培养。

4）培养 2~3 周后进行结果观察。

【结果判定】

如培养板上出现菌落、培养管中的液体培养基变浑浊或出现肉眼可见的菌丝体则判断为阳性结果，说明该待检样品被细菌或真菌污染。出现阳性结果的样品，需要重复检测，获得一致性结果后，进一步确定污染与否。如平板上无菌落、液体培养基清亮透明，则为阴性结果，说明待检样品无细菌及真菌污染。

二、培养细胞的支原体检测

支原体个体微小，无细胞壁，可通过一般的细菌滤器，是培养细胞中的常见污染源。由于其个体微小，无法在培养过程中直接观察到，并且对细胞的生长状态影响不易察觉而容易被人们所忽视。目前已知的支原体超过 80 种，而在细胞培养中常见的污染种类主要包括精氨酸支原体（*Mycoplasma arginini*）、猪鼻支原体（*Mycoplasma hyorhinis*）、口腔支原体（*Mycoplasma orale*）、发酵支原体（*Mycoplasma fermentans*）、莱氏无胆甾支原体（*Acholeplasmalaidlawii*）和人型支原体（*Mycoplasma hominis*）等。被支原体污染的培养物，轻度污染不会影响培养基的颜色，对细胞的生长无明显影响，严重时会使细胞的生长速度变慢，主要是使细胞代谢紊乱、影响正常的蛋白质、核酸的合成、细胞染色体发生变异、细胞膜酶系统部分受阻等。支原体的污染对细胞培养物的研究、应用带来了严重的危害，目前已经作为细胞质量控制的关键项目之一。

对于培养细胞中支原体的检测已经开发了多种方法，包括支原体荧光染色法、培养法、PCR法、生物化学法、分子杂交法、免疫荧光法和酶联免疫吸附法等，其中最常用的有 PCR 法、荧光染色法和培养法三种。对于常规的细胞培养物，建议采用其中两种及两种以上的方法对同一样品进行检测。

1. PCR 法　聚合酶链反应（PCR）法检测支原体是一种非常敏感及特异性较强的方法，具有实验操作简单、花费时间短及灵敏度高等优点，在绝大多数的实验室均可完成。该方法主要是针对支原体 16SrRNA 的保守区域设计引物，利用单一或巢式 PCR 的方式，对待检样品中的 DNA 进行扩增，然后通过琼脂糖凝胶电泳观察判断结果，从而确认其中是否存在支原体的污染。目前已经有多种商品化的支原体污染检测试剂盒上市，研究者可根据自己的需求选取适当的试剂盒。建议在选择试剂盒时先对该试剂盒的检测灵敏度进行测试。

【实验材料】

1）移液器，10μl 和 200μl，刻度可调；

2）无菌 15ml 离心管、1.5mlEP管、250μl PCR 管；

3）支原体 PCR 试剂盒。

【操作程序】

1）细胞培养物采用无抗生素的培养基培养 3 天以上，新复苏的细胞至少传代 2~3 次以上再进行检测。

2）贴壁培养的细胞应先处理为细胞悬液，然后 1 000r/min 离心 5 分钟，取 200μl 上清将细胞沉淀吹打至悬浮状，100℃放置 10 分钟，然后 12 000r/min 离心 30 秒，上清即为待测样品。

3）依次向 PCR 管内加入 15μl 反应液、1μl Taq 酶、4μl 待测样品，并设立阳性对照（15μl 反应液、1μl Taq 酶、4μl 支原体阳性样品）、阴性对照（15μl 反应液、1μl Taq 酶、4μl 纯水）。

4）将 PCR 管混匀后离心，放置于 PCR 仪内进行 PCR。

5）琼脂糖凝胶电泳检测扩增产物。

【结果判定】

阴性对照应无任何条带，阳性样品为单一清晰条带。

待检样品与阴性、阳性样品比较，如果出现和阳性一样的条带则说明待检样品为支原体阳性，否则为支原体阴性。

【注意事项】

1）使用专用的培养箱、生物安全柜进行阳性样品及可疑样品的操作。

2）将 DNA 提取、PCR 反应和电泳的地点尽量的分开。

3）所用试剂提前分装保存，不重复使用。

4）支原体 PCR 检测使用专用的移液器及相关耗材，并经常进行消毒。

5）每次检测均需设置内参、阴性、阳性及空白对照，以保证实验结果的可靠性。

2. 荧光染色法　支原体的荧光染色法主要采用 Hoechst 33258 染料进行染色，该染料是一种可以特异性的与 DNA 结合的荧光染料，用于细胞培养物的染色。经过荧光染色，在支原体污染的细胞表面会形成支原体 DNA 荧光染色颗粒或丝状的荧光亮染形态，从而有效的观察到支原体的污染。对于贴壁细胞可以直接进行荧光染色观察，也可通过转接指示细胞进行培养后染色观察，而悬浮细胞必须接种指示细胞进行检测。这里所用的指示细胞需本身无支原体污染，且是支原体的敏感宿主，如 Vero、NIH3T3、3T6、NRK、MDCK 和 A549 细胞等。采用指示细胞进行支原体的检测，有利于某些需要特殊营养的支原体的生长，并且有利于建立阴性及阳性的实验对照。

【实验材料】

1）培养基、无菌 PBS 溶液；

2）6孔细胞培养板、无菌吸管（1ml、5ml、10ml）；

3）移液枪、移液器，200μl、1ml，刻度可调；

4）Hoechst 33258 荧光染液；

5）固定液甲醇：冰醋酸（3：1），现用现配；

6）倒置荧光显微镜，UV 光源。

【操作程序】

1）将待检细胞在无抗生素的条件下培养至少传代 1 次，取培养 3 天以上，并且已经长满的细胞培养上清待检。

2）将指示细胞接种至 6 孔细胞培养板，培养基中不加抗生素。

3）将待检细胞培养上清加入指示细胞中，1ml/孔，每个样品 3 孔。接种无菌培养基和支原体阳性样品各 3 孔，作为阴性对照及阳性对照。

4）培养 3~5 天后，传代一次，继续培养 3~5 天后染色观察。

5）将培养板中培养上清吸去，加入无菌 PBS 润洗细胞表面，两次。

6）加入现配的固定液 5ml/孔，固定 15 分钟，吸出固定液。

7）再次加入现配固定液 5ml/孔，固定 15 分钟，吸出固定液，自然晾干。

8）加入 Hoechst 33258 荧光染液（使用前搅拌 15 分钟），3ml/孔，避光染色 30 分钟。

9）吸出染色液，加入纯水润洗细胞表面，5ml/孔，重复 3 次。

10）吸去纯水，自然晾干，倒置荧光显微镜观察，UV 光源。

【结果判定】

阴性结果应能够看到清晰的细胞核，背景干净无亮点。阳性结果应在细胞核之间观察到大量颗粒状或丝状的荧光点。

【注意事项】

1）在进行支原体荧光染色检测时，需要设置阴性及阳性对照。

2）由于阳性对照具有感染性，需要在独立的培养环境中进行操作及培养。

3）操作过程中，操作人员需要注意自身的防护，并对所有接触过阳性样品的吸管、枪头、培养板、培养上清、固定液等进行妥善的消毒处理，以免污染培养环境。

支原体荧光染色法结果见图 8-1。

3. 培养法　培养法是支原体检测中的常规方法，广泛用于细胞培养物的质量控制和检验。支原体由于没有细胞壁，形态上呈多形性，在固体培养基上培养，能够形成中心高密度、周围低密度的典型的油煎荷包蛋状菌落，对于结果的判断清晰准确，因而成为支原体的常规检测方法之一。

【实验材料】

1）PPLO 支原体固体培养基；

2）6cm 无菌平皿，无菌吸管（1ml、5ml、10ml）；

3）移液枪、移液器，200μl、1ml，刻度可调；

4）厌氧罐。

【操作程序】

1）按照说明书配制 PPLO 液体及固体培养基，灭菌后分装，取样在 37℃培养一周，阴性方可使用，检测合格的培养基可放 4℃冰箱备用。

2）待检细胞需要在无抗生素的培养基中至少传一代，然后取培养 3 天以上并且长满的细胞上清为样品。

3）首先将待检细胞上清接入支原体液体培养基中进行初步培养 7 天。

4）从培养 7 天后的液体培养基中取样接种

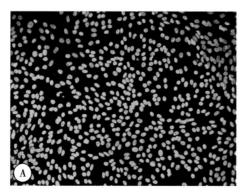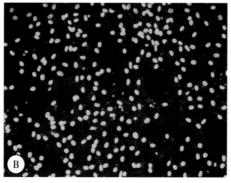

图 8-1　支原体荧光染色法结果

A. 支原体阴性，细胞核之间无可见的荧光点；B. 支原体阳性，细胞核之间可见颗粒状的荧光点至支原体固体培养基,37℃培养21天,每隔3天观察一次。

【操作程序】

在显微镜下仔细检查整个平板,避免漏检。阳性结果应能够发现典型的油煎荷包蛋状菌落,见图8-2。

【注意事项】

1)由于培养法检测支原体中需要接种支原体阳性样品作为对照,因此在培养和操作过程中需进行单独的隔离。

2)对实验材料、耗材及废弃物进行妥善的灭菌处理,以免污染其他细胞及培养环境。

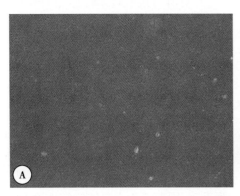
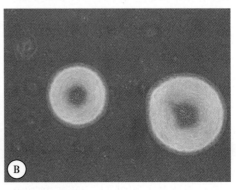

图8-2 支原体平板培养法结果
A. 支原体阴性,无菌落;B. 支原体阳性,可见典型的油煎荷包蛋状菌落

三、培养细胞的病毒检测

病毒是一种无完整细胞结构的微生物,个体微小,病毒的生长、繁殖都必须在宿主细胞内完成。培养细胞在建系及传代过程中均易受到病毒的污染。根据病毒种类的不同,有些病毒感染细胞后能够产生细胞病变(CPE),从而导致细胞死亡。而有些病毒感染后不形成CPE,从而无法快速发现。病毒感染宿主细胞具有高度的专一性,细胞在感染病毒后呈现多样化,有些会有明显病变,有些不会产生病变,病毒检测的方法也就较为复杂,往往不是一两种方法就能确定的。下面介绍几种主要的方法:

1. 细胞形态观察法 将待检细胞接种至培养板或培养瓶中,持续培养至少2周,其间根据需要可换液或传代,每天镜检观察细胞形态,观察是否发生CPE。

2. 血细胞吸附试验 将细胞接种至培养板中,培养2~3天后,形成单层。采集鸡和豚鼠的血制成0.2%~0.5%鸡和豚鼠红细胞混合悬液。将细胞培养物去上清,加入适当鸡和豚鼠红细胞悬液,分别置2~8℃和20~25℃各30分钟,然后用生理盐水洗掉未吸附的红细胞,进行显微镜检查。观察红细胞的凝集和吸附现象,阳性对照可在检测前2~3天用流感病毒接种MDCK细胞。此方法可以与细胞形态观察法联合使用,在形态观察法的细胞培养2周后,进行红细胞吸附试验,检测是否含有病毒。

3. 鸡胚接种检测法 根据接种部位不同,选择不同日龄的鸡胚,9~11日龄的鸡胚用于接种鸡胚尿囊腔和绒毛尿囊腔,5~7日龄鸡胚用于接种鸡胚卵黄囊。将细胞培养后,常规方法制成悬液,调整细胞浓度为至少5×10^6个/ml,接种鸡胚,每个样品接种至少10枚鸡胚。37℃培养3~5天后观察鸡胚的存活情况,并取鸡胚尿囊液用0.2%~0.5%鸡和豚鼠红细胞混合悬液做红细胞凝集试验。存活的鸡胚超过80%,且红细胞凝集试验为阴性,则结果判断为阴性。

（沈　超）

第二节　培养细胞的种属鉴定

一、同工酶法

同工酶(Isoenzyme)是生物体内催化相同反应而分子结构不同的酶,可用于不同种属细胞培养物的种属鉴定及交叉污染的分析。生物体

内含有多种同工酶,而常用于细胞种属鉴定的同工酶有乳酸脱氢酶(LD)、苹果酸脱氢酶(MD)、葡萄糖-6-磷酸脱氢酶(G6PD)、核苷磷酸化酶(NP)、天冬氨酸氨基转移(AST)、甘露糖-6-磷酸异构酶(MPI)和B肽酶(PepB)。采用电泳的方式将细胞中的同工酶进行分离,然后通过染色观察测量检测同工酶条带的电泳距离,根据标准样品和对照样品计算出迁移率,再与已知的物种迁移率相对照,就能够判断细胞的种属来源以及是否存在其他种属细胞的交叉污染。目前已经确定了20余个物种的同工酶电泳迁移距离和迁移率,可以采用同工酶的方法判断这些种属来源的细胞。对于未知来源的细胞,通常只需要检测四种酶就可以判断其种属来源,最常用的是LD、MD、G6PD和NP。

同工酶法鉴定细胞系的种属来源早期主要采用 Innovative Chemistry 公司的 Authentikit 琼脂糖凝胶系统。该系统的操作原理主要是将细胞裂解后,用全细胞的裂解物进行琼脂糖凝胶电泳,经过电泳的作用,将不同的同工酶进行分离。整个过程关键点在于细胞裂解和电泳过程中要保持同工酶的活性。电泳结束后,根据需要检测的同工酶的种类,将该种同工酶的显色底物倒在胶上,37℃孵育显色。同工酶通过作用于底物而显色,从而是该种酶显现出条带。显色结束后,可将琼脂糖胶烘干以便长期保存。将干燥的凝胶贴到凝胶记录表上,测量从点样孔中间到条带中间的距离为电泳距离。该系统使用小鼠细胞系 L929 抽提物为标准,人宫颈癌 HeLa 细胞抽提物为对照。以 L929 及 HeLa 条带的电泳距离为准,换算待检细胞的迁移率,查询各物种的迁移率表格,就可以确定未知细胞的种属来源。

可惜的是,2015 年 Innovative Chemistry 公司的 Authentikit 系统停产,目前尚未有新的商品化同工酶检测试剂盒上市。在国内目前也有实验室建立了同工酶电泳技术检测细胞的种属来源及交叉污染,主要是用琼脂糖凝胶电泳法。

【实验材料】

(1)PBS 溶液、细胞裂解液(Tris 50mmol/L,EDTA 1mmol/L,Triton X-100 2%,pH 7.4)。

(2)巴比妥缓冲液:巴比妥钠 50mmol/L,巴比妥 10mmol/L,pH 8.6。

(3)显色底物

1)LD:Tris 227mmol/L,乳酸钠 227mmol/L,NAD 2mmol/L,NaCl 11mmol/L,MTT 1mmol/L,PMS 0.3mmol/L。

2)MD:Tris 100mmol/L,苹果酸钠 4mmol/L,NAD 2mmol/L,MTT 3mmol/L,PMS 2.5mmol/L。

3)G6PD:Tris 300mmol/L,葡萄糖-6-磷酸 50mmol/L,NADP 1mmol/L,$MgCl_2$ 32mmol/L,MTT 1mmol/L,PMS 0.4mmol/L。

4)NP:Tris 146mmol/L,Na_2HPO_4 30mmol/L,肌酐 56mmol/L,黄嘌呤氧化酶 0.3U,MTT 1mmol/L,PMS 0.4mmol/L。

(4)移液器,10μl、200μl,刻度可调,涂布棒、15ml 离心管、1.5ml EP 管、无菌移液管,1ml、5ml、10ml,冰盒(-20℃存放)。

(5)琼脂糖凝胶(使用前需加热煮沸 2 次)、透明胶板、玻璃托板、胶槽模板、磨砂胶板、长尾夹、注射器、烧杯、保鲜膜。

(6)HeLa 细胞(人宫颈癌细胞系)、L929 细胞(小鼠成纤维细胞系)、待检细胞。

【操作程序】

(1)同工酶电泳胶片制备

1)配制 0.8% 的琼脂糖凝胶,煮沸两次,自然降温。

2)取一块玻璃托板,其上依次放置磨砂胶板、透明胶板和胶槽模板,用长尾夹固定(图 8-3)。

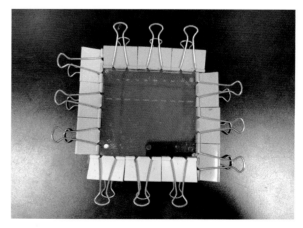

图 8-3 同工酶电泳制胶模具

3)将琼脂糖凝胶倒入小烧杯冷却至 40℃左右,用注射器吸取 15~25ml 琼脂糖凝胶,缓缓从胶槽上的小孔注入胶板中,注入凝胶时注意避免产生气泡,使凝胶均匀的分布在胶片上。

4）待琼脂糖凝胶凝固后，取下注射器，使用保鲜膜将胶板包裹密封，正置于4℃冰箱中保存备用。

（2）同工酶提取

1）将细胞培养至80%以上的单层后，消化、离心、收集细胞。

2）用移液枪将细胞转移至1.5ml EP管中，用PBS洗两次，离心，去上清。

3）估算细胞的体积，加入等体积的细胞裂解液，用枪头缓慢搅拌均匀，注意不要产生气泡，放置冰盒中裂解20分钟，也可放-80℃冰箱保存备用。

（3）同工酶电泳

1）将电泳槽放置于盛有冰块的冰盒中，使电泳系统维持较低的温度，避免因产热而造成酶的降解（图8-4）。

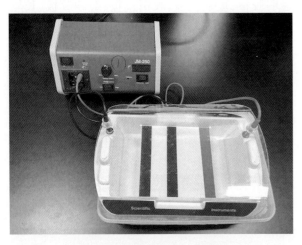

图8-4 同工酶电泳仪示意图

2）从冰箱中取出备用的琼脂糖凝胶板，将胶槽模板从琼脂糖凝胶剥离后，放进电泳槽中，点样孔靠近电泳槽阴极。

3）从-80℃冰箱中取出待检样品，快速离心以分离细胞杂质，用移液器取上清小心加入点样孔中，1μl/孔，静置，直至样品在点样孔中完全吸收。

4）小心加入预冷的巴比妥缓冲液，直至没住凝胶片。

5）连接电源，调节电压，150V恒压电泳50分钟左右。

（4）显色

1）根据所要检测的同工酶的种类，在电泳结束前5分钟配制显色底物。

2）电泳结束后取出胶片，置于托盘中，将配好的显色底物均匀的倒在凝胶上，也可用涂布棒将显色底物均匀涂开，避光，于37℃烘箱中温育显色。

3）每隔5分钟观察凝胶显色情况，待显出清晰条带后，将凝胶置于清水中润洗，充分洗去残留的染色液。至凝胶背景清澈透明为止。

4）用滤纸将残留的水吸去，照相记录结果。

【结果判定】

见图8-5。

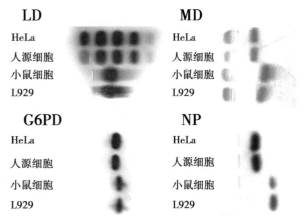

图8-5 四种同工酶电泳图谱

（1）LD结果：人源细胞的为5条带，以点样孔为中心，靠近电泳槽阴极方向有一条带，靠近阳极方向有4条带，第4条条带通常显色较浅。小鼠细胞为三条带，均在点样孔靠近阳极方向，但是距离较近，不易分开。

（2）MD结果：人源细胞和小鼠细胞均为两条带，分布在点样孔两边，小鼠细胞较人源细胞分离距离较远。

（3）G6PD：人源细胞和小鼠细胞均为一条条带，均在点样孔靠近阳极方向，小鼠细胞迁移距离较人源细胞略远。

（4）NP：人源细胞和小鼠细胞均为一条条带，均在点样孔靠近阳极方向，小鼠细胞迁移距离较人源细胞远，两种来源细胞差异显著。

二、染色体法

核型（又称染色体组型）通常指有丝分裂中期所观察到的一个物种或细胞的整个染色体组，其主要形态特征包括染色体数目、大小、形状等。绝大多数的哺乳动物具有其独特的核型。核型是物种稳定的遗传性状，在分类学上核型可作为物种鉴定的重要指标。因此核型分析是确定培养细胞的种属来源、监测细胞在长期培养过程中是否发生染色体畸变和是否有交叉污染以及鉴定培养的细胞是正常或恶性细胞的简便有效的方法之一。核型分析的过程包括中期染色体的制备、空气干燥法制片、吉姆萨（Giemsa）染色或 G 带显示（胰蛋白酶吉姆萨法）、显微镜观察、图像拍摄、染色体计数及根据染色体形态、大小和 G 带型进行的分组、排队和同源染色体配对等。

【实验材料】

PBS，100μg/ml 的秋水仙素液（用 PBS 配制）；0.25% 胰蛋白酶溶液；低渗液：0.075mol/L 或 0.4% 的氯化钾溶液；固定液：3∶1 的甲醇冰乙酸（应现配现用）；磷酸缓冲液（pH7.4）；Giemsa 染液：用时以磷酸缓冲液 1∶10 稀释。15ml 离心管，吸管，载玻片，染色缸。

【实验方法】

（1）取处于对数生长期的细胞培养物（至少一个 T25 培养瓶的细胞），加入秋水仙素液到培养瓶内，使秋水仙素的最终浓度为 0.02~0.8μg/ml。

（2）在 37℃ 培养箱中继续培养细胞 1~4 小时。秋水仙素处理时间随细胞种类不同及倍增时间的长短而变。

（3）秋水仙素处理后，如培养物为单层细胞，倒出含秋水仙素的培养液，用 PBS 洗细胞 1~2 次后，用 0.25% 胰蛋白溶液消化细胞，使细胞变圆，脱离培养瓶壁，然后加入含血清的培养液，终止胰蛋白酶对细胞的作用。如为悬浮培养细胞，则不需要胰蛋白酶处理。

（4）以 1 000~1 200r/min，离心 8~10 分钟，收集细胞。弃上清液，将细胞沉淀用 5~10ml 的低渗液重新悬浮，在室温下低渗处理 20~30 分钟。低渗液的用量应根据细胞的数量作调整。离心收集细胞。

（5）弃上清液，加入 2~5ml 新鲜配制的固定液，混匀，室温下固定 5~10 分钟。离心，收集细胞。

（6）重复固定细胞 2~3 次。离心，弃上清液。

（7）在细胞沉淀中加入少量（0.2~0.5ml）新鲜配制的固定液，固定液体积为细胞沉淀体积的 5~10 倍，用吸管将细胞沉淀和固定液混匀，制备成细胞悬液。

（8）取一张干净的载玻片，用吸管滴加一滴细胞悬液到载玻片上，使细胞悬液在载玻片上铺展开来，室温下自然干燥。用相差显微镜观察是否有中期分裂相、细胞的密度以及染色体的分散情况。如果细胞密度过大，可向细胞悬液中再加入适量的固定液，混匀后再滴片。如果细胞密度过小，将细胞悬液重新离心，弃上清，重新加入更少量的固定液，混匀后再滴片。可制备多张染色体玻片，用于检查。

（9）对于只需要进行染色体计数的培养物，选取有分散较好的中期分裂相的载玻片，用 Giemsa 染液染载玻片 10~15 分钟。流水冲洗载玻片，空气干燥。用显微镜观察中期分裂相，选取染色体分散较好的中期分裂相，拍照后，计数染色体。

（10）对于需要进行染色体分组、排队和配对，并获得核型图的培养物，需要进行 G 带显示，以便与同源染色体的准确配对。G 带显示的方法较多，现常用的是胰蛋白酶 –Giemsa 法。胰蛋白酶 –Giemsa 法显示 G 带的过程如下：同上述 1~8，制备 3~5 张染色体玻片标本；将染色体玻片标本置室温下放置至少 3 天，或者将玻片标本置于 65℃ 烤箱烘烤 3~4 小时，进行老化；在室温下，将老化后的玻片标本投入 0.025% 胰蛋白酶溶液（PBS 配制）中处理 3~5 分钟；取出玻片标本，流水冲洗，立即用 Giemsa 染液染色 10~15 分钟，流水冲洗，空气干燥。在显微镜下观察 G 带显示情况。

【实验结果】

（1）染色体数目的确定：在显微镜下观察中期分裂相并照相。对 50~100 个分散完好的中期分裂相进行染色体数目的统计，并统计出各类染色体数目在 50~100 个细胞中的出现频率，以其中出现频率最高的染色体数目作为染色体的众数，代表该受检细胞系的染色体数目。进行染色体数目计数时，可用常规染色的中期分裂相，也可用经 G 带显示后的中期分裂相。表 8-1 是人及一些常见动物的染色体数目。表 8-2 列举了一些细胞系的染色体数目。

表 8-1　人及常见动物的染色体数目

名称	染色体数目（2n）	名称	染色体数目（2n）
人	46	家兔	44
小鼠	40	水牛（河川型）	50
大鼠	42	水牛（沼泽型）	48
中国仓鼠	22	绵羊	54
金黄地鼠	44	山羊	60
豚鼠	64	马	64
家猫	38	驴	62
家犬	78	猕猴	42
家猪	38	家鸡	78

表 8-2　一些细胞系的染色体数目

细胞系中文名称	细胞系缩写名称	染色体数目
人胚肺细胞	MRC-5	46
人宫颈癌细胞	HeLa	64~90
人慢性白血病细胞	K562	59~68
人乳腺癌细胞	MCF-7	74~82
中国仓鼠卵巢细胞	CHO	22~30
叙利亚仓鼠肾细胞	BHK-21	42~44
小鼠胚胎细胞	3T3-L1	68~72
牛肾细胞	MDBK	60
水貂肺上皮细胞	MV-1-Lu	30

（2）核型的获得：在已拍照的染色体数目为该细胞系的染色体众数的经 G 带显示的中期分裂相中，选取染色体分散均匀无重叠、长度适中、完整的中期分裂相 3~5 个，在电脑上通过分析软件将同一分裂相中的每一条染色体进行裁剪，根据染色体的大小、着丝粒位置及 G 带带型，将同源染色体进行配对，按一定顺序排列好，即得到该细胞系的核型。在核型中，染色体的排列方式有三种：①按染色体的相对长度，从大到小排列；②按着丝粒的位置，分组排列；③按染色体的大小和着丝粒的位置排列。具体按什么方式排列，需要参考该物种的核型首次被报道的文献中核型的排列方式。除参考相关文献外，也可在 Atlas of Mammalian chromosomes 一书中查到各种哺乳动物的核型。以下是人及几种常见动物的 G 带核型（图 8-6~ 图 8-12）。

（3）细胞系的种属鉴定：根据受检细胞系的染色体数目和染色体的形态，与已报道的不同物种的核型相比较，即可确定受检的细胞系的种属来源。如人正常二倍体细胞是 46 条染色体，染色体的形态有中着丝粒的、亚中着丝粒的和近端着丝粒的。小鼠正常二倍体细胞是 40 条染色体，所有染色体都是端着丝粒的。因此，依据染色体的数目和形态，可判断细胞系是来源于人或小鼠。

另外，根据染色体的数目及核型图分组排列的染色体中，每组染色体有无增加或减少，可判断受检细胞系是来源于正常细胞还是恶性细胞。恶性细胞的染色体数目为非整倍体，有发生畸变的染色体，有的是同源染色体的增减，有的是染色体发生了易位、倒位和缺失等，不能与正常的同源染色体配对。通过 G 带核型分析，只能确定其染色体数目的变化范围，不能完全准确的确定每一条畸变染色体的来源，只有通过其他手段如荧光原位杂交（FISH）来确定变异的染色体。图 8-13 是

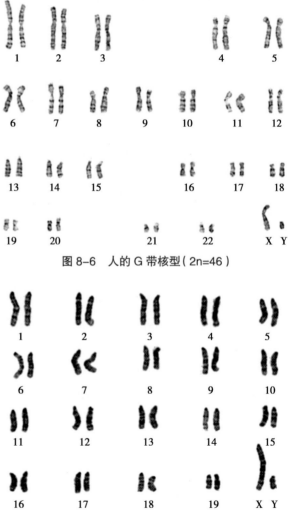

图 8-6　人的 G 带核型（2n=46）

图 8-7　小鼠的 G 带核型（2n=40）

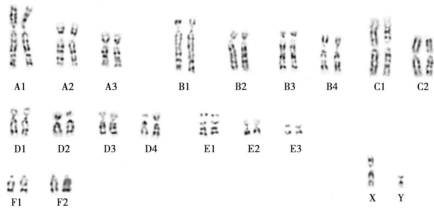

图 8-8　家猫的 G 带核型（2n=38）

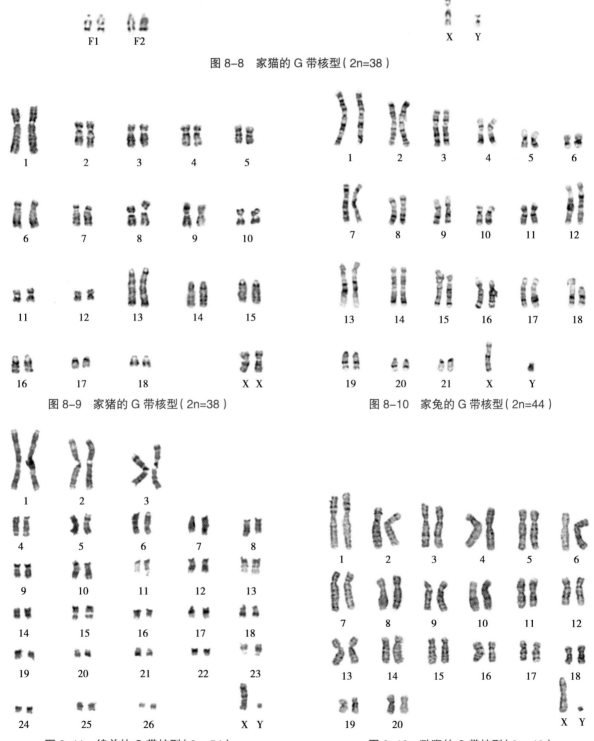

图 8-9　家猪的 G 带核型（2n=38）

图 8-10　家兔的 G 带核型（2n=44）

图 8-11　绵羊的 G 带核型（2n=54）

图 8-12　猕猴的 G 带核型（2n=42）

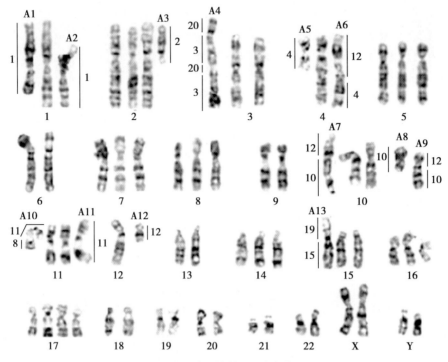

图 8-13　A549 细胞系的核型（染色体数目为 66）

染色体上方标有 A1-A13 的染色体为畸变染色体，畸变染色体两侧的数字是经 FISH 确定的畸变染色体的来源

染色体数目为 66 的人小细胞肺癌细胞系（A549）的核型，与正常人的核型相比，可以确定 A549 细胞为人源肿瘤细胞，有多个畸变染色体，染色体数目为非整倍体。

【注意事项】

为了获得分散良好的中期分裂相，需要注意染色体制备的几个关键步骤：

（1）秋水仙素加入和处理的合适时间：随所检查的细胞倍增时间的不同而不同。既要能收集到足够数目的中期细胞，又要保证染色体不缩得太短。秋水仙素处理时间太短，则分裂中期的细胞少；秋水仙素处理时间太长，分裂细胞虽多，但染色体缩得太短，形态特征模糊，有发生异常分裂的现象。

（2）低渗处理：是染色体研究中不可缺少的一个环节。不同的细胞系低渗处理的时间有所不同，与低渗时的细胞浓度相关，应事先进行预实验。要使中期分离相中的染色体分散好，低渗处理细胞要充分，同时秋水仙素处理的时间也要合适。

（3）固定液和染色液应现配现用，否则将影响固定和染色的效果。

（4）用于制备染色体标本的载玻片一定要洁净，否则将影响染色体的铺展。载玻片清洗干净，放置在广口瓶中，用无水乙醇浸泡。用时取出载玻片，用纸擦干净即可。

（5）在做 G 带显示时，玻片标本在胰蛋白酶溶液中的处理时间与胰蛋白酶的质量、浓度、pH、温度和标本的存放时间有关。

三、PCR 法

目前实验细胞常见的来源种属有人、小鼠、大鼠、叙利亚仓鼠、中国仓鼠、猴、兔、猪、牛、犬等，针对每个种属设计一对特异性的引物，该引物只能在该种属的全基因组 DNA 被扩增出特异性的条带。实验中提取待检测细胞的 DNA，与种属特异性引物分别进行 PCR 扩增，然后行琼脂糖凝胶电泳检测，观察每条引物代表的种属处是否出现了特异性的条带。PCR 法简单细胞种属鉴定包括细胞全基因组 DNA 的提取纯化、PCR 扩增和琼脂糖凝胶电泳三个部分，现分步骤介绍。

（一）细胞全基因组 DNA 的提取纯化

目前有多种商品化的细胞基因组 DNA 提取纯化试剂盒，一般包括细胞破碎、DNA 提取和 DNA 纯化三个步骤。

【实验材料】

哺乳细胞基因组 DNA 提取试剂盒，PBS，双蒸水（ddH₂O），EP 管。

【实验方法】

（1）收集细胞，1000r/min 离心 5 分钟，弃上清；

（2）PBS 冲洗一次，离心，弃上清，制作细胞团备用；

（3）按照商品化试剂盒说明书提取、纯化细胞基因组 DNA；

（4）紫外分光光度计检测 DNA 的浓度与纯度；

（5）琼脂糖凝胶电泳检测 DNA 的质量；

（6）根据实验安排 4℃或 -20℃保存已纯化的 DNA。

【实验结果】

（1）提纯后的 DNA 检测 A260、A280、A230，质量好的 DNA 260/280 在 1.7~2.0（提示蛋白含量低），260/230 在 2~3（提示盐含量低）。

（2）琼脂糖凝胶电泳时 DNA 呈均一致密的亮带，分子量大小在 20~50kb，提示没有降解，DNA 质量较好。

【注意事项】

（1）待提取 DNA 的细胞做成细胞团后最好及时提取 DNA，如果不能立即提取，可以 -20℃保存，但随着保存时间的延长会影响到提取的 DNA 的质量。

（2）琼脂糖凝胶电泳上样时 DNA 量不要太大，一般为 100ng，否则容易出现拖尾现象。

（二）种属特异性引物的 PCR 扩增

以将提纯的 DNA 为模板，针对每个种属的特异性引物进行 PCR 扩增。

【实验材料】

（1）提取纯化的哺乳动物细胞基因组 DNA；

（2）引物，见表 8-3；

表 8-3 细胞种属鉴定的特异性引物

引物名称	序列（5′-3′）	靶基因	扩增子大小 /bp
Human-F	CAAGACAGGTTTAAGGAGACCA	c-globin	~1 800
Human-R	GCAGAATCCAGATGCTCAAGG		
Mouse-F	ATTACAGCCGTACTGCTCCTAT	cox I	150
Mouse-R	CCCAAAGAATCAGAACAGATGC		
Rat-F	AGACACTCTGACGACTGTCAACA	D4Rhw5	317
Rat-R	CATGGTAGAGAAAATCTGTTCCG		
Chinese Hamster-F	GTGACCCATATCTGCCGAGAT	Cytochrome b	293
Chinese Hamster-R	CATTCTACTAGGGTGGTGCCC		
Syrian Hamster-F	AGGTGATCCACTCCTTCGCT	c-globin	~1 500
Syrian Hamster-R	TGTTCTCTAGGGAACAAGTGACTT		
Monkey-F	CCTCTTTCCTGCTGCTAATG	cox I	222
Monkey-R	TTTGATACTGGGATATGGCG		
Rabbit-F	CGGGAACTGGCTTGTCCCCCTG	cox I	151
Rabbit-R	AACAGTTCAGCCAGTCCCCGCC		
Pig-F	ACTGCCAGCAGCCTAAATGTAT	MARC_67887-67888：	517
Pig-R	TCCCTAACTTGCCAGTCTTAGC	1205421730：3	
Bovine-F	TCACTGGCTTACAACTAGGG	BT225	272
Bovine-R	TGGAGATGAGTTTGACTAAG		
Dog-F	GAACTAGGTCAGCCCGGTACTT	cox I	153
Dog-R	CGGAGCACCAATTATTAACGGC		

（3）10×PCR 缓冲液、dNTP 混合物、Taq DNA 聚合酶、灭菌 ddH₂O；

（4）PCR 仪、移液枪、灭菌枪头。

【实验方法】

（1）设定好 PCR 仪程序；

（2）按表 8-4 配制 PCR 混合物；

表 8-4 PCR 法种属鉴定时各组分的比例

成分	终浓度	所需体积
10×PCR buffer（含 Mg²⁺ 20mmol/L）	1×	2µl
上游引物（5µmol/L）	0.5µmol/L	2µl
下游引物（5µmol/L）	0.5µmol/L	2µl
模板 DNA	50ng/20µl	50ng
dNTP 混合物（各 2.5mmol/L）	各 200µmol/L	1.6µl
Taq DNA 聚合酶（5U/µl）	0.6U/20µl	0.12µl
灭菌水	-	补足 20µl

（3）预变性：95℃ ×5 分钟；

（4）变性：95℃ ×30 秒；

（5）退火：55℃ ×30 秒；

（6）延伸：72℃ ×1 分钟；

（7）变性、退火、延伸进行 25 个循环；

（8）72℃ ×10 分钟；

（9）PCR 产物近期使用在 4℃保存，长期保存置于 -20℃。

【注意事项】

（1）注意无菌操作，防止 DNA 的降解。

（2）PCR 中变性、退火、延伸进行 25 个循环即可，30 个循环在下一步的琼脂糖凝胶电泳中发现有很多非特异的条件。

（3）实验中以无菌水作为阴性对照模板，以已知种属的细胞 DNA 作为相应阳性对照的模板。

（4）种属特异性引物不是唯一的，可筛选其他引物，但需检测其特异性和敏感性。

（三）琼脂糖凝胶电泳

琼脂糖凝胶电泳是一种非常简便、快速、最常用的分离纯化和鉴定核酸的方法，一般用于分离和纯化 0.5~25kb 的 DNA 片断。

【实验材料】

（1）TAE 电泳缓冲液：

50× 贮存液，pH 约 8.5：

Tris 碱　　　242g

冰醋酸　　　57.1ml

0.5mol/L EDTA, pH8.0 100ml

加 H₂O 至 1L，使用前加入 H₂O 稀释成 1× 工作液。

注：0.5mol/L EDTA, pH8.0 的配制方法为，在 700ml H₂O 中溶解 186.1g Na₂EDTA·2H₂O，用 10mol/L NaOH 约 50ml 调至 pH8.0，补加水至 1L。

（2）DNA 染料：10 000×GelRed（花青类核酸染料）。

（3）电泳级琼脂糖。

（4）6× 上样缓冲液。

（5）DNA 分子量标准。

（6）水平凝胶电泳装置。

（7）制胶架。

（8）凝胶样品梳。

（9）电泳仪。

【实验方法】

（1）制备 1.5% 琼脂糖凝胶：将 1×TAE 电泳缓冲液和电泳级琼脂糖在微波炉中熔化，混匀，凝胶浓度为 1.5%，稍冷却，加入 GelRed，使其终浓度为 1×，倒入制胶架，插上样品梳。待胶凝固后，拔去梳子，放入加有足够电泳缓冲液的电泳槽中，缓冲液高出凝胶表明约 1mm。

（2）上样：用适量的 6× 上样缓冲液与 PCR 产物混合，然后用移液器样品加入样品孔中。一定要包括合适的 DNA 分子量标准物。

（3）电泳：接通电极，使 DNA 向阳极移动，在 1~10V/cm 凝胶的电压下进行电泳。当上样缓冲液中的溴酚蓝迁移至足够分离 DNA 片断的距离时，关闭电源。

（4）观察、拍照：紫外投射仪上观察、照相。

【实验结果】

对应种属的泳道上出现同阳性对照大小一致的特异条带，提示检测样品为该种属来源的细胞（图 8-14）。如果提示种属与预期不符，提示该细胞可能被其他来源种属的细胞污染。如果两个泳道上都出现特异条带，提示检测样品为两个种属的混杂细胞。

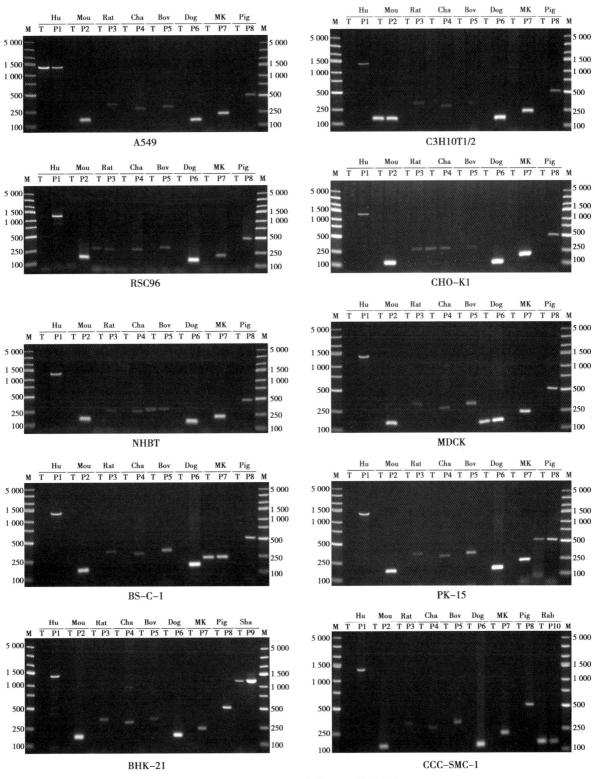

图 8-14　10 个种属细胞的 PCR 检测电泳图

T: 检测样品；P: 已知种属的细胞基因组 DNA 作为相应种属的阳性对照；P1: RD（人横纹肌肉瘤细胞）；P2: Hepa 1-6（小鼠肝癌细胞）；P3: PC-12（大鼠肾上腺嗜铬细胞瘤细胞）；P4: CHO（中国仓鼠卵巢细胞）；P5: MDBK（牛肾细胞）；P6: MDCK（犬肾细胞）；P7: Vero（非洲绿猴肾细胞）；P8: LLC-PK1（猪肾细胞）；P9: BHK-21（叙利亚仓鼠肾细胞）；P10: CCC-SMC-1（兔主动脉平滑肌细胞）；M: DNA 分子量标准

【注意事项】

（1）配制凝胶时一定要混匀,琼脂糖颗粒完全溶解,但微波炉加热时间不能太长,以防水分过度蒸发,凝胶浓度不准确。

（2）电泳时电压越低,条带分离越好。

（3）发现可疑交叉污染的细胞时,结果需要重复,一般从 DNA 的提取开始重新检测,以防检测过程中的污染。

（沈 超 佴文惠 卞晓翠）

第三节 人源细胞的身份认定

对于实验细胞资源而言,其身份的真实性是保证科学研究真实可靠的基础,但是在细胞培养的过程中,科研人员往往更关注于外源微生物的污染,如细菌、真菌、支原体的污染,而忽视细胞间的交叉污染,包括种间的污染和种内的污染。1957 年首次出现了细胞间交叉污染的报道。但是,由于重视程度不够,近些年细胞系交叉污染的现象仍然非常严重。国际细胞系认证委员会（International Cell Line Authentication Committee,ICLAC）最新公布的数据中,有 488 例实验细胞被交叉污染或错误认定（http://iclac.org/databases/cross-conta 分钟 ations/）。细胞系交叉污染主要是操作者的问题。不同细胞共用培养基、同时操作多种细胞、错误标记或者标记不清以及饲养层细胞或条件性培养基的使用都可能导致细胞系的交叉污染。有些交叉污染可能出现的比较早,即在细胞系建立的过程就出现了,比如人脐静脉内皮细胞 ECV304,其建系实验室保存的细胞就已经被人膀胱癌细胞 T24 所污染。有的交叉污染可能局限在某些实验室,建系的实验室或者大的保藏机构仍能找到正确的细胞。一份针对 483 名细胞使用人员的调查结果显示,35% 的人使用细胞时是从其他实验室获得的,而非正规的细胞保藏机构,且受试者中近一半不会对拿到的细胞进行身份认证。这就使得局限在某些实验室的错误细胞得到了推广。细胞种间污染的判断可以通过 PCR 法和同工酶分析的手段,具体方法已在有关章节介绍,细胞种内的污染主要是根据 DNA 序列上的个性差异性通过 DNA 分型的方法加以鉴别。

DNA 是遗传的物质基础,DNA 序列中既含有生物体维持生命活动的共性信息,又含有生物体区别于其他个体的个性信息。尤其在高等生物中,编码功能蛋白质的 DNA 仅占整个基因组 DNA 的 1.2%~5%,其余为非编码的 DNA,包括基因内含子、一些调节序列、假基因和某些功能不明的序列等。由于编码 DNA 的序列改变往往会引起相应蛋白质的功能缺失或改变,进而引发个体的生长发育或代谢的缺陷,最终可能被淘汰,所以人类在 DNA 进化过程中,编码 DNA 的序列相对比较保守,而非编码 DNA 不转录,不断发生突变,在复制时的序列滑动和染色体的分离、组合,形成人类 DNA 的个体差异及 DNA 的多态性。

1984 年英国莱斯特大学的遗传学家 Jefferys 及其合作者首次将分离的人源小卫星 DNA（λ33.15 和 λ33.16）用作基因探针,同人体核 DNA 的酶切片段杂交,获得了由多个位点上的等位基因组成的长度不等的杂交带图纹,这种图纹极少有两个人完全相同,故称为“DNA 指纹”,意思是它同人的指纹一样是每个人所特有的。DNA 指纹的图像在 X 线胶片中呈一系列条纹,很像商品上的条形码。DNA 指纹图谱,开创了检测 DNA 多态性的多种多样的手段,如限制性片段长度多态性（restriction fragment length polymorphisms,RFLP）分析、串联重复序列分析、随机扩增多态性 DNA（RAPD）分析等。各种分析方法均以 DNA 的多态性为基础,产生具有高度个体特异性的 DNA 指纹图谱。

DNA 指纹具有下述特点:

1）高度的特异性:研究表明,两个随机个体具有相同 DNA 图形的概率仅 3×10^{-11};如果同时用两种探针进行比较,两个个体完全相同的概率小于 5×10^{-19}。全世界人口约 75 亿,即 7.5×10^{9}。因此,除非是同卵双生子女,否则几乎不可能有两个人的 DNA 指纹的图形完全相同。

2）稳定的遗传性:DNA 是人的遗传物质,其特征是由父母遗传的。分析发现,DNA 指纹图谱中几乎每一条带纹都能在其双亲之一的图谱中找到,这种带纹符合经典的孟德尔遗传规律,即双方的特征平均传递 50% 给子代。

3）体细胞稳定性:即同一个人的不同组织如血液、肌肉、毛发等产生的 DNA 指纹图形完全一致。鉴于以上优点，DNA 指纹分析在人类医学中被广泛应用于个体鉴别、亲子鉴定、医学诊断及寻找与疾病连锁的遗传标记等方面。

DNA 指纹图谱法的基本操作：从生物样品中提取 DNA，将完整的基因组 DNA 或 PCR 技术扩增出的高可变位点 DNA（如 VNTR 系统），然后将扩增出的 DNA 酶切成 DNA 片断，经琼脂糖凝胶电泳，按分子量大小分离后，转移至尼龙滤膜上，然后将已标记的小卫星 DNA 探针与膜上具有互补碱基序列的 DNA 片段杂交，用放射自显影便可获得特异的杂交条带排列方式，即 DNA 指纹图谱。

在此基础上，随着微卫星（micro-satellites）或称短串联重复序列（short tandem repeats, STR）的发现和 PCR 技术的进步，目前可利用多重 PCR 使得多个 STR 能够被同时检测，而荧光标记的 PCR 引物又可以实现仪器测序，自动获得 STR 的重复次数等特征。STR 分型操作简便，灵敏性高，特异性好，是现阶段个体识别和亲子鉴定中最主要的技术，也是人源细胞身份认证的"金标准"。

下面简要介绍一下目前用于细胞身份真实性鉴定的几种 DNA 分型的常用技术。

（一）限制性片段长度多态性（restriction fragment length polymorphisms, RFLP）

限制性片段长度多态性（RFLP）是一种以 DNA-DNA 杂交为基础的第一代遗传标记。其基本原理是：利用特定的限制性内切酶识别并切割不同生物个体的基因组 DNA，得到大小不等的 DNA 片段，所产生的 DNA 数目和各个片段的长度反映了 DNA 分子上不同酶切位点的分布情况。通过凝胶电泳分析这些片段，就形成不同带，然后与克隆 DNA 探针进行 Southern 杂交和放射显影，即获得反映个体特异性的 RFLP 图谱。它所代表的是基因组 DNA 在限制性内切酶消化后产生片段在长度上差异。由于不同个体的等位基因之间碱基的替换、重排、缺失等变化导致限制内切酶识别和酶切发生改变从而造成基因型间限制性片段长度的差异。

RFLP 的探针有两类：多位点探针和单位点探针。多位点探针可同时检测多个位点，单位点探针只检测一个位点。多位点探针的显著特点是鉴别概率极高，一个探针即可达到个人认定的目

的，如 33.15 探针（Gill）的个人匹配概率（Pm）为 $2 \times 10^{-10} \sim 2.4 \times 10^{-11}$。多位点探针的缺点是：①对 DNA 模板要求高，不能用于降解 DNA；②操作复杂、费用昂贵、耗时长（7~14 天）；③谱带的判读较困难，尤其是混合斑；④统计学分析较复杂；⑤探针的种属特异性差：由于人类与动植物的某些 DNA 片段的同源性以及多位点探针的特性，故有些探针除与人类 DNA 基因组杂交外，也可与动植物 DNA 基因组杂交；⑥无 DNA 指纹的群体分布资料。单位点探针因只与一个位点杂交，鉴别概率低，但无多位点探针的某些缺点，曾流行一时。近年来随着基于 PCR 技术的扩增片段长度多态性分析日益成熟，某些商业化的复合 PCR 试剂盒能很容易地得到个体的特异信息，所以在个体识别和亲子鉴定中 RFLP 技术逐渐被取代。但是对于来源于同一母系细胞的两个克隆，基于 PCR 反应的 STR 分析是不能区分的，而此时多位点的 DNA 指纹技术可以做得到。

（二）可变数目串联重复序列（variable number of tandem repeat, VNTR）

可变数目串联重复序列（VNTR）是由 Wyman 等在 1980 年从人类 DNA 文库中发现的一高度可变的重复区。继后，又有人发现与之类似的可变区。其特征是高变区内有一核心序列可重复串联，核心序列的长度为 10~70bp，不同个体核心序列的重复次数不一样，在群体中呈多态性，高变区基本上在非编码区。Nadamura 等将这称为 VNTR 和小卫星 DNA（mini-satellite）。VNTR 位点存在于整个人类基因组，主要分布在染色体端粒。

VNTR 基本原理与 RFLP 大致相同，只是对限制性内切酶和 DNA 探针有特殊要求：①限制性内切酶的酶切位点必须不在重复序列中，以保证小卫星序列的完整性。②内切酶在基因组的其他部位有较多酶切位点，则可使卫星序列所在片段含有较少无关序列，通过电泳可充分显示不同长度重复序列片段的多态性。③分子杂交所用 DNA 探针核苷酸序列必须是小卫星序列，通过分子杂交和放射自显影后，可一次性检测到众多小卫星序列，得到个体特异性的 DNA 指纹图谱。该方法可从个体水平上鉴定多个物种来源的细胞系，是鉴定物种内和物种间细胞污染的可选方法

之一。该方法具有实验操作繁琐、检测时间长、成本高的缺点。

VNTR 系统的检测除了上述的分子杂交外，也可基于 PCR 扩增的方法，设计引物扩增多个高变异的 VNTR 位点，不同个体核心序列重复的次数不同，所以经扩增得到的片段长度也不相同。对扩增得到的 DNA 片段进行琼脂糖凝胶电泳，可以获得条带位置不同的 VNTR 位点图谱。基于 PCR 扩增的 VNTR 系统检测有如下的缺点：杂合子两条带的产量往往有差异，短片段产量较长片段高，随着两片段长度相差越大越明显，这是由于小基因较大基因更容易扩增所致，以致将杂合子误判为纯合子。当 DNA 部分降解，尤其长片段的靶 DNA 降解时，只扩出短片段，导致错误型别鉴定，限制了 VNTR 系统的应用。

基于分子杂交的 VNTR 检测具体操作如下。

1. 细胞 DNA 杂交膜的制备：

【实验材料】

PBS：不含钙、镁离子的磷酸缓冲盐溶液（pH7.2），Hinks 酶和缓冲液，琼脂糖（agarose gels，0.7% agarose），电泳液：1×TBE 加 1mg/L 溴化乙啶（ethidium bromide），5×TBE（储存液 pH8.2），上样缓冲（loading buffer），酸性洗液：800ml 0.1M HCl，碱性洗液：500ml 0.2M sodium hydroxide，0.6M NaCl，中性洗液：500ml 0.5M Tris，pH7.6，1.5M NaCl，2×SSC，20×SSC。

【操作程序】

（1）用 trypsin 消化培养细胞，用 PBS 洗 2~3 次，1 000r/min 离心收集细胞。提取 DNA，紫外分光测 DNA 含量。用 EcoRl 酶消化 DNA，37℃ 过夜处理，可取少量样品，经琼脂糖电泳观察，应该有 >5kb DNA 带出现。

（2）将已消化好的 DNA 加入 6μl 6× 上样缓冲液，上样到分析胶上，同时应有分子量标准和其他已知的细胞系同样消化的 DNA 作为对照进行电泳，电压 3V/cm，17~20 小时后在紫外线灯下照相记录。

（3）胶变性后，进行 Southern blot，将转移 DNA 的膜取出，暴露于紫外线（302nm）5 分钟，将处理好的膜保持在干燥的杂交袋中，待杂交。

2. 制备标记 M13 的噬菌体探针通过随机引物延伸和 sephadex 柱上纯化。

【实验材料】

模板：M13 噬菌体 DNA ssDNA（0.25μg/ml）用蒸水稀释 1∶4，HEPES（1M pH6.6），DTM 试剂：dATP，dCTP，dTTP 各 100μmol/L 置于 250mmol/L Tris-HCl 中，25mmol/L MgCl$_2$ 和 50mmol/L 的 2-巯基乙醇，pH8.0。标准缓冲液，牛血清白蛋白（bovine serum albumin），α-[^{32}P]-dGTP，Klenow 酶（1μg/ml），sephadex 柱，上样缓冲液：10mmol/L Tris-HCl，pH7.5，1mmol/L EDTA。

【操作程序】

（1）2μl 稀释的 M13 DNA 与 11μl 灭菌蒸馏水混合在 eppendorf 管中，放置沸水中 2 分钟，放置冰上 5 分钟。

（2）加 11.4μl 的缓冲液和 0.5μl BSA，加入 10μl α-[^{32}P]-dGTP，2μl Klenow 酶到瓶中。混合瓶中内容物，短暂离心一次，放置温室过夜。

（3）将上述内容物吸出，加到已经平衡好的 sephadex 过柱。

（4）上 2×400μl 过柱缓冲液，收集两次 400μl 的洗出液作为探针。煮沸探针 2 分钟，放在冰上冷却，直到用于杂交。

3. 杂交　用标记好的 M13 探针与细胞 DNA 进行 Southern blot 杂交，利用放射自显影，观察杂交带。

【实验材料】

预杂交液/杂交液：0.263M 磷酸氢钠，7%（w/v）sodium dodecyl sulfate，1mmol/L EDTA，1%（w/v）BSA，冲洗液：20×SSC。

【操作程序】

（1）将膜放于 200ml 预热的预杂交液袋子中，55℃ 4 小时振摇。

（2）转移膜到装有 150ml 预热杂交液的袋子中，55℃，加入探针过夜。

（3）转移膜到洗液中，室温 15 分钟，重复一次。

（4）用预热（55℃）加有 0.1%SDS 的洗液冲洗，于 55℃ 15 分钟振摇。

（5）用 1×SSC 室温冲洗膜。

（6）膜放置滤纸上空气干燥，利用放射性检测仪检查膜上存在的核素，进行放射自显影，X 胶片于 -80℃。冲洗放射自显影的胶片。

【实验结果】

可显示细胞 DNA 在胶片上移动的带型，对于鉴定细胞物种的来源和组织来源提供了非常有用的证明。因为每个细胞系除与组织培养来源的个体 DNA 相同外，不同种系来源的细胞和不同组织来源的细胞有独特的带型。

【注意事项】

除用 M13 作为探针外，进行 Southern blot 杂交检测 DNA 重复序列，还有一些其他不同长度重复序列可以用作探针。

（三）短串联重复序列（short tandem repeat，STR）

短串联重复序列（STR）作为继限制性片段长度多态性（RFLP）之后的第二代遗传标记。STR 广泛存在于原核、真核生物基因组中，是核心序列为 2~7bp 的高度串联重复序列，重复次数从几次到数十次。STR 主要位于基因组非编码区及染色体近端粒区，重复单位以（CA）$_n$、（AAAN）$_n$、（AAN）$_n$ 和（GT）$_n$ 较常见，长度一般在 400bp 左右。据估计，在人类基因组中，每 20kb 就有一个 3 或 4 个核苷酸重复序列的 STR 位点。STR 的功能目前尚不肯定，有人认为这些重复序列可能起基因表达调控作用，参与某些基因的重组，或者与维系着丝点强度保证染色体三维结构有关。STR 由不同的个体间不同的重复单位以及不同的重复次数构成其多态性，分布在不同种族、不同人群间，具有个体差异性。

STR 分析具有以下优点：①检测方法的灵敏度高，杂合子两条带的扩增产量相等，不存在优先扩增和漏带现象；②因 STR 位点广泛存在于整个基因组，可用于检测部分降解 DNA；③各位点的扩增条件相差不大，可将几个 STR 位点进行同步扩增，即复合扩增技术（multiplex PCR），此法节约时间与实验材料、提高工作效率和识别概率。目前 STR 系统在个人识别和亲子鉴定中逐渐占据了主导地位，世界各大细胞资源保藏单位如 ATCC、DSMZ 都采用 STR 分析检测细胞的个体信息。同时，有的 STR 位点具有突变率高、重复单元不确定等缺点，不利于结果的判断。为了提高 STR 系统的个体识别率，目前多采用多位点复合扩增的方法，即将多个引物加入同一个反应体系中，固定 dNTP、Mg^{2+}、变性温度和循环次数，调节各引物浓度进行同步扩增。复合扩增产物的检测方法有两种：①银染，该方法适用于几个扩增片段长度相互不重叠位点的复合扩增，成本低，检测位点不多，限于 2~3 个；②荧光染料标记，其方法是将引物用不同颜色的荧光染料标记，扩增产物用全自动测序仪或荧光检测仪观察结果，它适用于扩增片断长度相互重叠的位点。此种方法成本和仪器昂贵，可测 4 个及 4 个以上位点的复合扩增。

【实验材料】

需检测样本，哺乳动物细胞基因组 DNA 提取试剂盒，荧光标记的 STR 位点扩增试剂盒，变性聚丙烯酰胺凝胶电泳试剂，DNA 测序仪，基因分型分析软件。

【操作程序】

（1）细胞基因组 DNA 的提取，提取方法在有关章节已有描述。

（2）提取的 DNA 复合 PCR 法扩增 STR 位点。此步骤中，ATCC 和 DSMZ 采用的是商业化试剂盒（Promega PowerPlex® 1.2），可以同时扩增 8 个 STR 位点：THO1、TPOX、VWA、CSF1PO、D16SS39、D78820、D13S317、D5S818 和 1 个 amelogenin 基因（性别相关基因，不是 STR 位点），这九个位点的引物分别用两种颜色的荧光标记。这一系统的个人匹配概率低于 1×10^{-8}，即两人 STR 谱相同的概率低于 1×10^{-8}。目前也有 16 个或 20 个扩增位点的商品化试剂盒。位点扩增具体的操作方法按试剂盒说明进行。

（3）将扩增得到的产物用 DNA 测序仪进行聚丙烯酰胺凝胶电泳。DNA 测序仪利用荧光分析将 DNA 片段电泳分离与荧光扫描结合在一起，在电泳过程中即时记录片段的荧光强度与迁移时间。这种分析系统自动化程度很高。荧光标记 STR 基因扫描（genescan）分析是利用荧光标记的引物在 PCR 扩增 STR 基因座时，使 PCR 产物的一条链带上荧光标记。这种带有荧光分子的 DNA 片段在凝胶中从阴极向阳极迁移，按片段长度大小排列，当迁移到阳极端的激光扫描仪的扫描窗口，荧光染料受到激发，发出一定波长的光，按荧光强度记录下来，每一个带荧光染料的 DNA 片段电泳轨迹按各自通过激光扫描窗口的实际时间被记录下来，以荧光吸收峰来表示每一个片段。峰值越高，表示该片段量越多；峰出现的时间与片段大小有直接关系，片段越小，峰越早出现。计算机保存所有片段通过扫描窗口的实际时间及其荧光特征。然后根据同一泳道内标准分子量的迁移率得到每一泳道迁移的特征。最终根据同一泳道内标的迁移率得到每一泳道迁移的标准曲线,计

算出待测样品的分子量大小,其精确度为 0.5bp。

（4）利用基因分型（genotyper）软件将测定样品片段大小与同一凝胶的等位基因分型标准物（Ladder）进行比对,得到基因分型（图 8-15）。

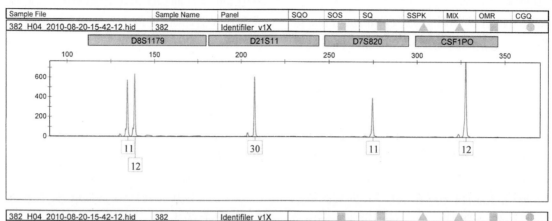

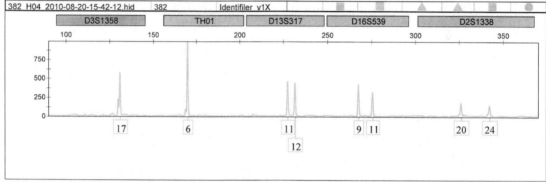

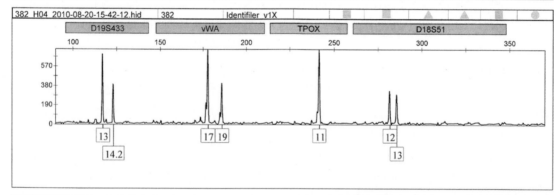

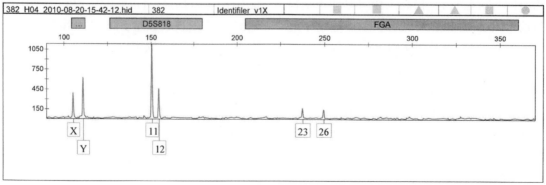

图 8-15　细胞 STR 分型示例（人肾癌细胞 UT-14）

【实验结果】

基因分型的结果为等位基因 STR 位点重复序列的重复数，是细胞系来源个体的遗传标记和人来源身份确证。阳性对照细胞所有位点分型正确，而蒸馏水阴性对照应在所有位点中均未出现扩增条带。新建立或使用中的细胞系，其检测结果应与细胞系来源的组织或来源个体的血标本DNA STR 结果一致，或与细胞已有的 DNA STR数据对比，以确证细胞有无污染或错误。

【注意事项】

（1）STR 复合扩增技术虽然已经作为个体识别和亲子鉴定主要手段，但仍然存在一些问题，如荧光检测方法费用高，仪器昂贵；对多个位点同时扩增，扩增条件只能是折中的，以致某些位点的扩增效率不高或出现非特异性的扩增条带而影响判断。另外，还需要注意的是，STR 分型非常敏感，在待检测样品中如果混有纳克级的其他细胞的 DNA 也能被检测出来，所以当发现待检样品的 DNA 中有可疑 DNA 污染时，要注意从头开始重复实验，保证其他 DNA 的混入确实是发生在培养过程中，而不是发生在 DNA 的提取或操作过程中，另外还要配合免疫学和细胞遗传学的检测，以肯定细胞确实与其他细胞发生了交叉污染。

（2）应用 STR 方法鉴定建立的人细胞，还需保留最早的取材标本，包括活检、冷冻组织，或甲醛固定石蜡包埋组织、血液标本、低代培养物等，以便作为在今后不断对细胞系进行 STR 检测，确定细胞系间是否有污染的对照。

（3）目前商品化的人 STR 位点扩增试剂盒是具有种属特异性的，即动物来源的细胞用此试剂盒检测无扩增条带。因而，如果待检样品为人和动物细胞的混合样品，仅 STR 分型是无法检测出，必须通过种属鉴定的方法来排除该类污染。

（卞晓翠）

参 考 文 献

1. RI Freshney. 动物细胞培养：基本技术和特殊应用指南. 章静波，徐存拴，译. 北京：科学出版社，2019.

2. 刘玉琴. 细胞培养实验手册. 北京：人民军医出版社，2009.

3. Parodi P, Aresu O, Bini D, et al. Species identification and confirmation of human and animal cell line: a PCR based method. BioTechniques, 2002, 32（2）：438-440.

第九章 培养细胞常用检测分析

第一节 细胞培养的生长测定

一、细胞计数法

细胞计数法是用血细胞计数板计数细胞悬液中的细胞数目，以测定细胞增殖和调整细胞密度。具体细胞计数方法可参照第三章第二节。

二、台盼蓝染色法

在细胞的分离、传代、冻存和复苏等过程，均可导致细胞死亡。台盼蓝染色法可用于检测活细胞数量。

【实验材料】

1. 无菌

（1）胰蛋白酶消化液；

（2）细胞培养液；

（3）移液器枪头。

2. 非无菌

（1）移液器，20μl 或 100μl，刻度可调；

（2）血细胞计数板和盖玻片；

（3）倒置显微镜。

【操作程序】

1. 对于贴壁细胞，按照常规传代方法，先吸出原有培养液，再加入胰蛋白酶进行消化，制成单细胞悬液；对于悬浮培养细胞，充分混匀，使细胞团分散，制成单细胞悬液。如果细胞量较多或者容易聚集，可以按一定比例稀释后计数。

2. 取 0.5ml 台盼蓝溶液、0.3ml HBSS 和 0.2ml 细胞悬液，充分混匀。然后，将混合液放置 1~2 分钟。

3. 用移液器吸取 20μl 以上混合液，注入血细胞计数板小室。

4. 至少计数 500 个细胞，并计数其中的着色细胞。

5. 用双蒸水和 70% 乙醇清洗计数板和盖玻片，然后用擦镜纸擦干。

【结果分析】

1. 正常细胞不被染色。细胞死亡后，细胞膜通透性增大，台盼蓝进入细胞内，故细胞呈蓝色。

2. 细胞活力（%）=（总细胞数－着色细胞数）÷总细胞数 ×100%。

【注意事项】

1. 如果含有台盼蓝的细胞悬液放置时间过长，正常细胞可摄取染料，从而影响染色结果。

2. 台盼蓝染色法是一种粗略的检测存活细胞的方法，不能准确地反映细胞活性的差异。因此，可使用 MTT 比色法或凋亡检测法评价细胞活性或检测早期凋亡细胞。

三、MTT 比色法

MTT［3-（4,5-dimethylthiazol-2-yl）-2,5-diphenyl-2H-tetrazolium bromide］是一种粉末状化学试剂，在不含酚红的培养液或平衡盐溶液中溶解后呈黄色。活细胞线粒体中琥珀酸脱氢酶能将 MTT 黄色溶液还原为紫色的不溶于水的甲臜结晶，沉积于细胞中，而死细胞则不能。二甲基亚砜（DMSO）可溶解甲臜结晶，用酶联免疫检测仪测定吸光值，判断细胞的代谢水平。MTT 比色法用于生物活性因子的活性检测、细胞毒性实验、抗肿瘤药物筛选和肿瘤放射敏感性测定等。

【实验材料】

1. 无菌

（1）胰蛋白酶消化液。

（2）细胞培养液。

（3）MTT 溶液 5g/L，用不含酚红的培养液或 0.01mol/L PBS（pH7.2）配制。在磁力搅拌器上搅拌 30 分钟，用 0.22μm 微孔滤器过滤除菌。分装后，可放 2~8℃冰箱内避光保存。如需较长时间使用,可 –20℃冷冻保存。

（4）96 孔培养板。

（5）移液器枪头,200μl。

2. 非无菌

（1）移液器或者多道加样器;

（2）二甲基亚砜（DMSO）;

（3）振荡混合仪和酶联免疫检测仪;

（4）离心用的板架（用于悬浮生长的细胞）。

【操作程序】

1. 取对数生长期细胞,如果为贴壁细胞,用胰蛋白酶消化后制成单细胞悬液,计数;如果为悬浮细胞,吹打混匀,制成单细胞悬液,计数。

2. 根据细胞的增殖速度,将细胞稀释至一定浓度,用移液器或多道加样器将细胞悬液加至 96 孔培养板中,100~200μl/ 孔。置于 37℃,CO_2 孵箱进行培养。

3. 可设置不同的时间点,取待检细胞,吸去培养液（悬浮细胞需要离心）,按 100~200μl/ 孔加入含有 10% MTT 的培养液,避光,继续培养 3~4 小时,可延长至 8 小时。

4. 弃去孔中含有 MTT 的培养液,加入 200μl DMSO。然后,振荡 10 分钟,使结晶充分溶解。对于悬浮生长细胞,离心（1 000r/min,5 分钟）,吸去含有 MTT 的培养液,再加入 DMSO。

5. 在酶联免疫检测仪上测定吸光值,测定波长为 570nm。以只加培养液的孔为空白对照组。

【结果分析】

细胞存活率 =（试验组吸光值 – 空白对照组吸光值）/（对照组吸光值 – 空白对照组吸光值）×100%。

【注意事项】

1. 为防止孔板中的液体蒸发,可将孔板置于塑料盒中再放入孵箱培养;也可将周边的孔加入无菌 PBS 以减少边缘效应;

2. 加细胞的过程中要反复多次混匀细胞悬液,以保证每孔中细胞数量均一;

3. 每组设置多个复孔,减少误差;

4. 使用 MTT 时注意避光;

5. 高浓度血清可影响吸光值。常使用含 10% FBS 的培养液,在加入 DMSO 前尽量吸净培养液;

6. 吸去培养液时,动作要慢,以免吸去甲瓒结晶。

四、CCK-8 比色法

CCK-8（cell counting kit-8）试剂中含有 WST-8 [化学名:2-（2- 甲氧基 -4- 硝基苯基）-3-（4- 硝基苯基）-5-（2,4- 二磺酸苯）-2H- 四唑单钠盐],它在电子载体 1-Methoxy PMS 的作用下可被细胞线粒体中的脱氢酶还原为具有高度水溶性的黄色甲瓒产物。生成的甲瓒物的数量与活细胞的数量成正比。用酶联免疫检测仪测定光吸光值,可间接反映活细胞数量。该方法已广泛用于生物活性因子的活性检测、药物筛选、细胞增殖试验、细胞毒性试验以及药敏试验等。

【实验材料】

1. 无菌

（1）胰蛋白酶消化液;

（2）细胞培养液;

（3）CCK-8 试剂盒,4℃保存;

（4）96 孔培养板;

（5）移液器枪头,200μl。

2. 非无菌

（1）移液器或者多道加样器;

（2）振荡混合仪和酶联免疫检测仪;

（3）离心用的板架（用于悬浮生长的细胞）。

【操作程序】

1. 取对数生长期细胞,如果为贴壁细胞,用胰蛋白酶消化后制成单细胞悬液,计数;如果为悬浮细胞,吹打混匀,制成单细胞悬液,计数。

2. 根据细胞的增殖速度,将细胞稀释至一定浓度,用移液器或多道加样器将细胞悬液加至 96 孔培养板中,100μl/ 孔。置于 37℃,CO_2 孵箱进行培养。

3. 可设置不同的时间点,取待检细胞,加入 10μl/ 孔 CCK-8 试剂,避光,继续培养 1~4 小时。

4. 在酶联免疫检测仪上测定吸光值,测定波长为 450nm。以只加培养液的孔为空白对照组。

【结果分析】

细胞存活率 =（试验组吸光值 – 空白对照组吸光值）/（对照组吸光值 – 空白对照组吸光值）×100%。

【注意事项】

1. 实验前,通过接种不同数量的细胞来确定合适的细胞接种数量;

2. 设置对照孔（含有细胞的培养基、CCK-8、待测物质）和空白孔（含有细胞的培养基、CCK-8、没有待测物质）；

3. 每组设置 3~6 个复孔；

4. 加入 CCK-8 时不要产生气泡，气泡会干扰吸光值的准确性。

五、细胞生长曲线法

细胞生长曲线法是观察同一代细胞的增殖过程。根据细胞生长曲线分析细胞增殖速度，确定具体实验、细胞传代、细胞冻存或具体实验的最佳时间。

【实验材料】

1. 无菌

（1）24 孔培养板；

（2）细胞悬液；

（3）胰蛋白酶消化液；

（4）移液器枪头。

2. 非无菌

（1）移液器，20μl 或 100μl，刻度可调；

（2）血细胞计数板和盖玻片；

（3）倒置显微镜。

【操作程序】

1. 计算细胞密度 2 次，得出细胞密度平均数。然后，将细胞悬液等量加入培养板的每个孔中，培养时间计为 0。

2. 每隔 24 小时吸去 3 个孔的培养液，加入消化液，混悬细胞，计算细胞数目。每个孔计数 2 次，得出细胞密度平均数。

3. 绘细胞生长曲线，横坐标为培养时间，纵坐标为细胞密度（图 9-1）。

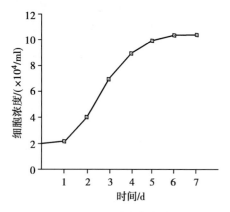

图 9-1 细胞生长曲线

【结果分析】

1. 细胞生长曲线反映细胞的生物学特征。每一代细胞的生长过程可大致分为潜伏期、对数生长期和停滞期。

（1）潜伏期：细胞对分离和传代操作所致损伤的恢复以及适应新生长环境的过程。一般来说，原代培养细胞需要 24~96 小时，甚至更长时间才能恢复增殖。不同细胞的增殖恢复所需时间不同，如肿瘤细胞比正常二倍体细胞恢复得快。传代细胞的潜伏期一般为 6~24 小时。

（2）对数生长期：细胞数量呈对数增长。对数生长期一般为 3~5 天。常以倍增时间来表示细胞生长旺盛情况，倍增时间为细胞数量增加一倍所需要的时间。

（3）停滞期：除肿瘤细胞和成纤维细胞外，细胞长满形成单层。细胞不再增殖，生长活动停滞。

2. 不同种类细胞的生长曲线各具有特点。

【注意事项】

1. 培养板各孔内细胞的消化操作过程要一致，避免细胞密度有明显差别。

2. 计数细胞前，应尽量使细胞重悬均匀。

六、[³H]-TdR 掺入法

将用[³H]标记的胸腺嘧啶脱氧核苷掺入到新合成的 DNA 中，通过测定[³H]放射性脉冲数比较不同细胞的增殖活性。

【实验材料】

1. 仪器　液闪计数器；

2. 标记物　5μCi[methyl-3H]-TdR/ml，用培养液配成；

3. 清洗液　PBS；

4. 胰蛋白酶消化液。

【操作程序】

1. 将细胞悬液加入培养皿或培养板孔中，培养 24~48 小时。

2. 吸去培养液，加入含有[³H]-TdR 的新鲜培养液，培养 12~24 小时。

3. 除去标记的培养基，用 PBS 清洗细胞 2~3 次。

4. 消化和收集细胞。

5. 用预冷的 10% 三氯乙酸沉淀 DNA，再用 0.5ml 1N NaOH 提取。然后，用 0.5ml 1N HCl 中

和 NaOH。

6. 用孔径为 0.22μm 滤器或玻璃纤维滤纸滤出 DNA 提取物，烘干。

7. 用液闪计数器测定每分钟放射性脉冲数。

【结果分析】

被标记的细胞是处于分裂周期 S 期的细胞。[^{3}H]-TdR 掺入量反映 DNA 合成的快慢。

【注意事项】

1. 因[^{3}H]-TdR 具有放射性和基因毒性，使用时请谨慎处理；

2. 产生的废液丢弃到指定的放置放射性废物的容器中。

七、BrdU 掺入法

细胞将 BrdU 磷酸化形成 BrdUTP，BrdUTP 作为前体掺入 DNA，代替 dTTP。

【实验材料】

1. **仪器**　细胞计数器。

2. **标记物**　20μmol BrdU/L，用培养液配成。

3. **清洗液**　PBS。

4. **PB 液**　含 100mmol/L KCH$_3$COOH、30mmol/L KCl、10mmol/L Na$_2$HPO$_4$、1mmol/L MgCl$_2$、1mmol/L Na$_2$ATP 和 1mmol/L DTT。

5. **抗体稀释液**　含有 0.5% BSA 和 0.1% Triton 20 的 PBS。

【操作程序】

1. **BUdR 掺入**

（1）贴壁细胞

1）培养皿中放一块盖玻片，然后加入细胞悬液，培养 24~48 小时。

2）待细胞覆盖盖玻片约 50% 时，吸去培养液，加入含 BUdR 的培养液，继续培养 15 分钟。

（2）悬浮细胞

1）将 0.25g 低凝点琼脂糖加入 10ml PBS，加热至 95℃，溶解后冷却至 37℃。

2）将 1ml 37℃的琼脂糖溶液与 4ml 37℃的细胞悬液混合。

3）加入 10ml 37℃的石蜡，封好烧瓶，立即用手摇动 10~15 秒，呈现乳白色为止。

4）在预冷的水中间歇地摇动烧瓶，冷却 10 分钟，使琼脂糖在石蜡中形成胶状。

5）加入 35ml 预冷的 PBS，混合后离心

（1 000r/min，5 分钟）。然后吸去上清液，用 PBS 混悬琼脂糖包裹的细胞，再离心 1 次。

6）用培养液混悬胶化细胞，培养 1 小时。

7）吸去培养液，加入含 BUdR 的培养液，继续培养 15 分钟。

2. **固定**

（1）盖玻片上的细胞

1）配制 4% 甲醛：将 4g 低聚甲醛加入 50ml 蒸馏水中，加热至 60℃，直到溶解。冷却后，加入 50ml 2 × PBS，用孔径为 0.22μm 的滤器过滤。

2）用 PBS 浸洗细胞 2 次，将盖玻片放入甲醛溶液，室温下放置 10 分钟。

3）用 PBS 洗盖玻片 2 次后，再用 0.2%Triton X-100 透化细胞 5 分钟。

（2）胶囊包埋的细胞

1）按上述方法用 PB 液配制 4% 甲醛。

2）用预冷的 PB 液浸洗胶化细胞 3 次，每次 5 分钟。然后，在 0℃条件下用 0.2%Triton X-100 透化细胞 10 分钟。

3）用预冷的 PB 浸洗细胞 3 次，每次 5 分钟，然后用甲醛溶液固定 10 分钟。

3. **抗体标记**

（1）盖玻片上的细胞

1）用蒸馏水清洗盖玻片 3 次，然后用 2mol/L HCl 处理细胞 1 小时，使 DNA 变性。

2）用 0.1mol/L Na$_2$B$_4$O$_7$ 中和变性的 DNA，再用 PBS 清洗细胞 2 次。

3）加入一抗，室温下放置 1~2 小时。

4）用抗体稀释液浸洗 3 次，每次 10 分钟。

5）加入二抗，室温下放置 1~2 小时。

6）封片。

（2）胶囊包埋的细胞

1）用预冷的抗体稀释液清洗细胞 2 次。

2）取 100μl 细胞，加入 400μl 含有一抗的抗体稀释液，混合后在 0℃条件下放置 2 小时，按时搅拌。

3）用预冷的抗体稀释液清洗细胞 3 次，每次 10 分钟。

4）加入 400μl 含有二抗的抗体稀释液，与细胞混合后于 0℃条件下放置 2 小时，按时搅拌。

5）用预冷的抗体稀释液清洗 3 次，每次 10 分钟。

6）在室温下用 PBS 清洗 3 次,每次 5 分钟。

7）将 5μl 细胞与等量封片剂混合,封片。

【结果分析】

1. BUdR 被掺入到 DNA 复制位点,这些复制位点可用荧光剂或酶偶联的抗体检测。

2. 计数染色细胞,得出有丝分裂指数。有丝分裂指数是指分裂象细胞占全部细胞的百分比。一般细胞的有丝分裂指数为 0.1%~0.5%。细胞系和肿瘤细胞的指数较高,可达 3%~5%。继代培养细胞的指数比原代细胞高。

【注意事项】

1. BUdR 是一种诱变剂,操作过程中应戴手套和护目镜,并在通风橱中进行。

2. 用 Tris 缓冲液稀释碱性磷酸酶标记的抗体。

八、细胞集落培养

集落(colony）则指由一个以上的祖细胞分裂、增殖而聚集在一起的细胞团,由于是来自不同的祖细胞,所以无论在生物学特征还是遗传学特征都不同,甚至差异很大,所以克隆(clone）和集落(colony）两者有本质上的差异。

集落形成是分析细胞增殖和存活最为可取的方法,这一技术可区分细胞生长速度(集落大小）和细胞存活(集落数目）的变化。

（一）贴壁细胞的集落形成实验

【实验原理】

低密度接种细胞,培养至集落形成后染色计数集落数,用于集落形成率和存活检测。

【实验材料】

1. 无菌

（1）培养基;

（2）胰蛋白酶,0.25%;

（3）试管;

（4）培养皿,6cm。

2. 非无菌

（1）甲醇;

（2）PBS;

（3）1% 结晶紫;

（4）血细胞计数板或电子细胞计数器。

【操作步骤】

1. 胰蛋白酶消化细胞,制备成单细胞悬液。

2. 细胞计数,按有限稀释法稀释细胞,稀释步骤为:

（1）将消化后的细胞悬液稀释至 1×10^5 个/ml;

（2）取 1×10^5 个/ml 细胞悬液 200μl,加完全培养基至 20ml,成为 1×10^3 个/ml;

（3）取 1×10^3 个/ml 细胞悬液 200μl,加完全培养基至 20ml,成为 10 个/ml。

3. 如果为首次测定集落形成率,可试用 50、100、200 个细胞进行测定,最终选择合适的细胞量进行实验。

4. 每种细胞浓度接种 3 个培养皿,每个皿中加相应量的细胞及 5ml 完全培养基。

5. 将接种好细胞的培养皿放于 37℃,饱和湿度的 5%CO_2 孵箱中进行培养。

6. 静置培养至集落肉眼可见（1~3 周）。

7. **结晶紫染色**

（1）弃去培养皿中的培养基;

（2）用 PBS 冲洗细胞,弃洗液;

（3）加入 3ml 新鲜 PBS,再加入 3ml 甲醇,轻轻混匀（避免集落脱落）;

（4）弃 PBS 和甲醇混合液,加入 5ml 甲醇,室温固定 15 分钟;

（5）弃甲醇,加入 2~3ml 结晶紫,覆盖整个生长面,染色 10 分钟;

（6）取出染液,过滤,回收。

（7）用自来水冲洗培养皿,洗去多余的结晶紫,风干。

8. 计数每个培养皿中的集落,排除少于 50 个细胞的集落,计算集落形成率。

【注意事项】

1. 消化成单个细胞悬液以获得最佳的集落形成率;

2. 选择合适的细胞接种量;

3. 计数集落时,排除过于松散和细胞数量少于 50 个的集落;

4. 若培养 1 周没有可见集落,可补加培养基后再培养 1 周,若仍没有集落形成,可再培养 1 周,若还是没有集落出现,则不再有可能出现集落。

（二）悬浮细胞的集落形成实验

包括双层软琼脂培养法和甲基纤维素半固体培养法。

第一种,双层软琼脂培养法:温度高时琼脂

呈液态,但在 37℃时呈凝胶状态,细胞悬浮在温暖的琼脂凝胶培养基中,经过一段时间的培养可形成集落。细胞在软琼脂上生长增殖的能力越强,形成集落的概率就越大。

【实验材料】

Difco 琼脂,用双蒸水分别配成 1.4%(底层琼脂)和 1%(顶层琼脂)浓度的琼脂,高压灭菌备用,2× 含 20% 胎牛血清培养基、45℃水浴。

【操作程序】

1. 收集对数生长期细胞,计数。

2. 将 2× 的培养基在 45℃中预温。

3. **底层琼脂的制备**　将 1.4% 的琼脂加热熔化,冷却至 60~70℃,与等体积的 2× 培养基混匀(底层琼脂的浓度为 0.7%),立即倒入 35mm 皿或 6 孔板中,确保覆盖整个培养皿底部。

4. **顶层琼脂的制备**　将 1% 琼脂加热熔化,置于 45℃水浴中保温。

5. 将 1% 琼脂与 2× 的培养基等体积混匀并保持在 37~40℃,再向管中加入少量细胞悬液(每个皿或孔中的细胞量为 100 或 200 个),充分混匀后立即倒入上述铺有底层琼脂的平皿或 6 孔板中。每个细胞浓度设 3 个皿或者孔。

6. 待凝固后,将皿或板放入湿盒中,置 CO_2 培养箱中培养,10~14 天后肉眼可以观察到集落形成。

7. 观察集落,计数。

第二种,甲基纤维素半固体培养法,具体如下:

【实验材料】

双蒸水配制 4% 甲基纤维素,高温高压灭菌,置于 4℃过夜,使甲基纤维素彻底溶解。2× 含 20% 胎牛血清的培养基。

【操作程序】

1. 将一定体积的 4% 甲基纤维素与等体积的 2× 含 20% 胎牛血清培养基混匀,甲基纤维素的浓度为 2%。

2. 一定体积的细胞悬液与等体积的 2% 甲基纤维素充分混匀。

3. 接种到 24 孔培养板,每孔 1ml,或 35mm 培养皿中,每皿 3ml。每个皿或孔中的细胞量为 100 或 200 个,每个细胞浓度设 3 个皿或者孔。

4. 将培养皿或者培养板放入湿盒中,置 CO_2

培养箱中培养,10~14 天后肉眼可以观察到集落形成。

5. 观察集落,计数。

【注意事项】

1. 使用双层软琼脂培养法时,如果需要加入生长因子等添加剂,应加在下层的琼脂中。

2. 加细胞前,确保上层琼脂培养基已冷却至 37℃。

3. 将培养皿或者培养板放入湿盒中,确保培养环境的稳定。

4. 对于一些在低密度下难增殖的细胞,可以加入饲养层细胞。

(杨振丽)

第二节　细胞周期分析

一、细胞周期概述

真核细胞是以细胞周期的形式复制的。一个细胞通过一系列程序性事件复制自身元件并分裂为两个子代细胞从而完成了增殖,实现了自我复制。细胞的这种程序化的复制和分裂,即细胞周期过程,该过程可以分为两个不同的时期,即 S 期(代表合成 synthesis),基因组复制发生在 S 期,S 期一般需要 10~12 小时,占细胞周期的 1/2。而染色体分离和细胞分裂发生在 M 期(M 代表有丝分裂,mitosis),M 期需要时间短(哺乳动物细胞不超过 1 小时),M 期包括从染色体浓缩开始,复制完毕的 DNA 包装,形成细长的染色质,染色质浓缩形成结构更为紧凑的染色体后核膜破裂,复制好的一对姊妹染色单体粘连到有丝分裂纺锤体微管上。随着有丝分裂发生,细胞会在中期(metaphase)作短暂停滞,此时,染色体在有丝分裂纺锤体的赤道板上排列等待分离。姊妹染色体的分离发生在后期的起始阶段(anaphase),染色体向纺锤体的相反两极移动,并在那里开始去浓缩并重建细胞核。此后,细胞通过细胞质分离(cytokinesis)一分为二形成两个子细胞。

细胞周期内还存在间隔期(gap phase),大量蛋白质和细胞器的复制发生在间隔期。在 M 期与 S 期之间存在 G_1 期,在 S 期与 M 期之间存在

G_2 期，这样通常把真核细胞周期分 4 个时期：G_1 期、S 期、G_2 期和 M 期。G_1 期、S 期、G_2 期又统称为分裂间期（interphase）。

细胞周期过程经历许多事件，其中包括一种不可逆启动细胞的生物化学反应，从一种反应状态转变为另一种状态，这些生物化学事件被称为细胞周期转换。

例如，细胞 G_1 期的长短可由外部条件和来自其他细胞的胞外信号决定或改变，如条件不适，细胞将推迟通过 G_1 期而进入一个被称为 G_0 期的静止期，如果外部条件出现了适合生长和有足够强的生长或分裂信号，G_1 期和 G_0 期的细胞可以通过靠近 G_1 晚期的一个特定位点（在哺乳动物细胞中被称为限制点 R 点，restriction point）。通过 R 点，即使除去生长或分裂信号细胞仍会进入 S 期。此外，如果在细胞周期过程中的前一事件没有完成，细胞周期将会在此被阻断。例如，如果 DNA 发生损伤时，细胞周期将不能通过 DNA 损伤检验点（DNA damage checkpoint），G_1 期、G_2 期被延迟，从而为 DNA 损伤提供修复时间，以确保遗传信息的高度保真性。如果染色体没有连接在纺锤体上，细胞周期将不能通过中期检验点。通常认为检验点是附加在细胞周期调控系统中的一种附属机制，是通过对细胞内负信号的响应而阻断细胞周期，以使调控更为精细。在理想的条件下，检验点对一般细胞周期进程并不重要，但是对缺少检验点的细胞群来说，将增加它们的突变概率，可能造成癌变的发生。

二、细胞周期调控

有两个过程被认为是细胞周期调节的核心，一是细胞周期蛋白（cyclin）依赖性蛋白激酶（cyclin dependent protein kinase, CDK）所启动的对调控蛋白质的磷酸化修饰反应；其二是细胞周期调节蛋白的特异性的蛋白酶水解作用。

1. 周期蛋白分类及功能 在细胞周期的不同时期，细胞周期蛋白与相应的 CDK 形成复合物参与细胞周期的调控，是一类进化上保守的蛋白质，每一个细胞周期它们都要经历一次合成和降解（通过泛素-蛋白酶体系统水解）的循环。所以，在细胞周期进行过程中，周期蛋白浓度会发生周期性的改变。如果没有周期蛋白与 CDK 形成

异源复合物，CDK 则没有催化活性。周期蛋白与 CDK 作用是特异性的，其主要作用是决定 CDK 对底物专一性的识别。哺乳动物周期蛋白可以按照在细胞周期不同时期的活性进行分类，在 G_1 期与 CDK 形成复合物的是周期蛋白 D 类，该复合物的形成将推动细胞周期越过 G_1 末期的限制点；G_1/S 期出现的是 D 和 E 类，它们与 CDK2 形成的复合物是 DNA 复制开始所必需的；在 M 期是特异性的周期蛋白 B 类，与 CDK1 结合形成的复合物将促进有丝分裂事件的发生；A 类周期蛋白在 S 期、G_2 期和 M 期都有活性，在 S 期周期蛋白 A 类与 CDK2 形成的复合物也是 DNA 复制所必需的。迄今为止，在哺乳动物细胞中发现至少有 10 类周期蛋白，除以上参与细胞周期进程的 D、E、A 和 B 以外，其余与细胞转录等功能有关。

2. 周期蛋白依赖性蛋白激酶（CDK） 在哺乳动物中至少有 10 种不同的 CDK（CDK1，CDK2，CDK3，CDK4，CDK5……），参与细胞周期调控的有 CDK1（CDC2）、CDK2、CDK4 和 CDK6，其余的 CDK 并不直接参与细胞周期的调控，而是参与诸如转录等功能。

CDK 是 Ser/Thr 蛋白激酶，通常以活性、无活性和高活性三种状态存在，这些不同活性状态的转换是由周期蛋白/可逆磷酸化修饰/周期蛋白依赖性蛋白激酶的抑制因子（cyclin-dependent kinase inhibitor, CKI）结合所控制的。

CDK 必须与特异性周期蛋白结合形成异源聚合物才能活化（具备了基础活性的形式），大部分 CDK 在活性位点或其附近发生磷酸化修饰后其活力可以增高数百倍（高活性）。例如，CDK2（CDC2）的 T160 被周期蛋白依赖性蛋白激酶激活激酶（CDK kinase CKA）磷酸化后，其活力比基础活力增加了 300 倍。而 CDK2 在 T14 和 Y15 被磷酸化将失去活性，催化该磷酸化反应在酵母中是双功能蛋白激酶 Weel，在哺乳动物中是与 Weel 同源的酶。这两个位点的磷酸化可保证 CDK2-CycB 一直保持失活直至 G_2 期结束。在 G_2/M 期转换过程中，T14 和 Y15 磷酸化修饰的失活状态，可以被双功能蛋白磷酸酶 CDC25 所逆转，并导致 CDK2（CDC2）活性恢复。此外，CDK-cyclin 复合物的活性还受到多种 CKI 所抑制。

CKI 是一类非同源的蛋白质家族，以可逆形式与 CDK 或 CDK-cyclin 复合物有选择性的结合并抑制 CDK 活性。依据 CKI 氨基酸顺序同源性可将它们分为 CIP/KIP 和 INK4 家族，CIP/KIP 家族成员主要作用于 CDK2 复合物；INK4 家族成员优先结合 CDK4 和 CDK6 并抑制它们的活性。

总之，CDK-cyclin 及 CKI 这三类蛋白质形成一个相互作用的多变体系，CDK 活性是该系统核心，所产生的信号将启动生物化学事件，也是内部和外部控制细胞周期的起始点。

3. CDK 的底物 确认 CDK 在细胞周期进程中的底物及其底物功能是一件极为困难的事。目前对有关 CDK 的 G_1 期和 S 期底物知之甚少。在 G_1/S 期最重要的底物是肿瘤抑制蛋白（视网膜母细胞瘤蛋白 retinoblastoMa protein，pRb 或 Rb）及 pRb 相关蛋白 p130 和 p107，它们通过被 CycD1-CDK4/6（G_1 期早期）和 CycE-CDK2（G_1 期晚期）等复合物的磷酸化，促进细胞通过限制点进入 S 期。从有丝分裂结束至限制点（R），pRb 都是以非磷酸化的形式存在，这种形式的 pRb 阻断一些控制 S 期基因表达的转录因子（如 E2F）的活化从而抑制细胞增殖。在限制点区间和通过限制点以后 pRb 被高度磷酸化（多位点磷酸化）并直至有丝分裂结束，高度磷酸化的 pRb 具有启动细胞生长的功能。同时该蛋白的很多功能都与转录因子 E2F 家族有关。

在 G_2/M 期，CycB-CDC2 复合物［也被称为有丝分裂启动因子（mitosis-promoting factor，MPF）］的活性决定细胞能否进入 M 期。磷酸化作用主要发生在与细胞骨架重建、核膜和纺锤体形成等有关的蛋白质上。在 M 期主要是核纤层蛋白被磷酸化，它的过度磷酸化导致核纤层及一些转录因子被磷酸化，如转录因子 TFⅢB 等。

4. 通过蛋白质水解作用调节细胞周期进程 为确保细胞周期进程不可逆地有序进行，除调节 CDK 的活性变化以外，一些如 CDK 调解因子 - 周期蛋白、CKI 等还受到泛素依赖的蛋白水解途径（ubiquitin-dependent proteolytic pathway，UPP）的降解，造成这些调节因子失活。水解 CKI 作用可以使一些调节细胞周期的复合物的亚基有选择性的重排，这种蛋白质靶向水解作用使一些周期调节酶的底物失活，也可以使细胞周期的各期的

调节系统恢复到基态。通常 CDK 活性调解网络和靶蛋白水解是相互联系、相互依赖的。

在 UPP 中有两类泛素偶联酶（E2）/泛素连接酶（E3）复合物在细胞周期中起重要调控作用。一类是 SCF（Skp1-Cul1-F-box 蛋白）复合物，另一类叫后期 - 启动复合物（anaphase-promoting complex，APC）或称为周期小体（cyclosome）。

（1）SCF E2/E3 复合物：得名于复合物中 3 种固有的亚基 - 支架蛋白（Skp1，2）、选择素（Cullin）和 F- 盒蛋白（F-box），哺乳动物的该复合物由 Skp1、Cullin、Rbx1、CDC34（一种 E2）和 F- 盒蛋白（F-box）等组成，其中 Rbx1 含有 RING 指纹基序结构（really interesting new finger）可介导并参与 E2 连接，F- 盒蛋白是底物特异性的连接亚基，同时还与 Skp1 结合。在哺乳动物中已经发现 70 多种不同的 F- 盒蛋白。在 G_1/S 期转换过程中，SCF 复合物降解抑制因子 p27KIP1、p57KIP2、p21CIP1 和周期蛋白 A 是细胞周期通过限制点所必需的。而通过 SCF 介导降解周期蛋白 E、周期蛋白 D 和 Cdc6 蛋白（DNA 复制前复合物 pre-RC 的主要成分，在 G_2 期合成，在有丝分裂过程中形成 pre-RC），对维持（细胞周期过程中）细胞内在环境的稳定是必需的。需要特别指出的是，一些泛素连接酶只有在底物被磷酸化后才能对底物做出专一性的识别，例如抑制因子 p27KIP1 需要 CycE-CDK2 复合物在 Thr187 上磷酸化，才能与支架蛋白 Skp2 结合，进而 p27KIP1 被 SCF 泛素化。同时 p27KIP1 必须转移到核外才会被降解，因此，p27KIP1 从细胞核出来和被 UPP 降解都需要磷酸化控制。

（2）APC E2/E3 复合物：至少由 11 种以上蛋白质（亚基）组成。已经鉴定出 CDC20 和 Hct1/Cdh1 是 APC 的活化亚基，可能决定 APC 底物的专一性。大部分由 APC 介导的泛素化底物都有一种特殊顺序（称之为破坏盒 D-box，其序列为 R-ALGCN/D/EI-N），通过该复合物介导不同底物泛素化导致其降解，这对引起和控制有丝分裂非常重要。在哺乳动物有丝分裂后期至 G_1 晚期 APC 活性较高；在 S 期、G_1 期和有丝分裂早期活性较低。

已经鉴定出 APC 的底物包括 CycA、CycB、有丝分裂蛋白激酶、后期抑制因子、纺锤体相关蛋白

及 DNA 复制抑制因子等。

有丝分裂周期蛋白和后期抑制因子是 APC 的底物，有丝分裂过程中的周期蛋白的水解是在 M 期/后期转换时发生的，而在 S 期开始关闭。有丝分裂的 Cyc A 在 Cyc B 之前水解，由于在 G_1 期 Hct1-APC 的持续活化，所以检测不到有丝分裂周期蛋白的存在。只有当 S 期开始时，关闭了 APC 的活性才能产生新的有丝分裂周期蛋白。

后期抑制因子是 APC 的另一类底物，姊妹染色单体的分离需要 APC 复合物的激活，一种叫定位蛋白（securin，系一类蛋白酶抑制剂）是 APC 的底物，在后期前定位蛋白结合并抑制分离酶（separase）的活性。中期结束时，定位蛋白被 APC 泛素化导致被降解，从而导致有催化活力的分离酶释放，并切割黏合复合体的一个亚基，致使黏合复合体从染色体上解离，姊妹染色单体分离。

APC 活性调节是通过多种机制调控的，它涉及各种调节亚基的结合情况的改变；磷酸化是调节 APC 主要成员以及调节因子的一种重要方式，但是这些磷酸化信号如何调控 APC 的功能尚不清楚。

细胞周期中所发生的一系列的生物化学事件，目前还有很多问题和细节并未阐明，比如在细胞周期过程中细胞如何复制大量的蛋白质和细胞器及其他所必需的生物大分子，细胞周期的调控，细胞周期与癌变的关系等一系列的问题尚待深入研究。

三、细胞同步化方法

细胞同步化是指自然的或经物理、化学诱导使细胞群体停滞在细胞周期的某一时相，前者称为自然同步化，后者称为人工同步化。人工同步化是利用药物或其他方法使细胞停滞在细胞周期的特定时相。获得细胞周期状态均一的细胞群体，对于研究细胞周期、特定细胞周期转变、细胞动力学、细胞周期调控以及细胞在不同时相对药物敏感性等是十分重要的。

细胞同步化方法有多种，包括通过调控细胞培养的营养状态，或用物理降温休克，或加入抑制剂阻断细胞进入 S 期或有丝分裂进程等方法。

如用血清饥饿、异亮氨酸剥夺和化学物质［如洛伐他汀（lovastatin）］处理等可使细胞停滞在 G_0 期或 G_1 期；艾菲地可宁（aphidicolin）、羟基脲（hydroxyurea）、过量胸腺嘧啶核苷（TdR）等可使细胞周期停滞于 G_1/S 交界处，从而获得 S 期的同步化细胞；用 DNA 损伤性物质可使细胞停滞在 G_1 期和/或 G_2 期；诺考达唑（nocodazole）干扰细胞微管的组织形成，因此可以将悬浮和贴壁细胞都停滞在有丝分裂期；秋水仙素可将细胞停滞在分裂中期。

另外，利用细胞在有丝分裂过程中细胞呈圆球状，只有很小部分与瓶底接触，因而与细胞培养皿的附着力减弱，通过轻微振荡可以获得 M 期细胞。其优点是细胞未经任何药物处理，能够真实地反映细胞周期情况，且细胞的同步化效率高。但由于指数生长期的细胞在一定的时间内处于 M 期细胞仅占很小的比例，可以间隔一定时间振荡一次进行富集，也可获得较大量的 M 期细胞。

由于药物阻断可能会造成细胞长时间处于停滞状态，也可能会干扰细胞周期的正常调节过程，导致细胞代谢的改变。因此，可利用某些种类的细胞在不同时期细胞体积和质量上的显著差异，通过细胞淘洗和密度梯度离心来获得细胞密度和大小均一的细胞进行研究。这种方法省时、效率高、成本低，但对有些细胞不适用。

细胞同步化的原则：①使细胞停滞在细胞周期某一点；②终止的过程完全可恢复；③恢复后的细胞可同步、协调一致地运行于细胞周期。在选用同步化的方法前，应考虑几个因素：①要分析细胞周期的哪一期；②同步化达到的水平是什么；③所需要的细胞数是多少。

（一）使细胞同步化在 G_0/G_1 期的方法

1. **血清饥饿法** 最常用的使细胞处于 G_0/G_1 期同步化方法是血清饥饿法和氨基酸饥饿法。细胞的血清饥饿方法使细胞群体在血清撤除后 24~48 小时产生反应，需掌握最佳的撤除血清量以及撤除时间。有些细胞种类不适宜用血清饥饿法，这种方法会将此类细胞永久地停留于 G_0 期，或者不能停留在 G_0/G_1 期，或者引发细胞凋亡（apoptosis）。下面描述的方法适用于悬浮培养的细胞，也可用于单层培养的细胞。

【实验材料】

1. 无菌

（1）培养液；

（2）胎牛或小牛血清；

（3）Hank 液；

（4）培养瓶；

（5）离心管（15ml、50ml）。

2. 非无菌

（1）Giemsa 染液；

（2）37℃恒温箱；

（3）超净工作台；

（4）显微镜。

【操作步骤】

（1）收集对数生长期、汇合度为 70%~80% 的细胞，离心（500g，5分钟），用无菌的 PBS 或无血清培养液，清洗 2 次，细胞重悬于培养液中。

（2）根据细胞种类，培养液中血清浓度降至 0.5%~1%，以汇合度为 30%~40% 接种培养，血清饥饿培养 24~48 小时后，细胞进入 G_0/G_1 期。如 REF-52 细胞可稳定地停滞在无血清培养液中，但 NIH-3T3 细胞只需在含 0.5% 血清的培养液中就表现出静止状态。

（3）去除含 0.5%~1% 血清的培养液，加入正常培养时所用的完全培养液，细胞受到刺激重新进入细胞周期。NIH-3T3 细胞约在刺激后 12 小时细胞进入 S 期，该时间随不同类型的细胞可短至 6 小时或长达 20 小时。

2. 氨基酸饥饿法　用异亮氨酸剥夺法也可获得大量的 G_0/G_1 期细胞。撤除培养液中一种必需氨基酸 – 异亮氨酸，可使细胞进入 G_0/G_1 期。然而，并非所有的细胞都会对该同步化处理有反应。

【操作步骤】

（1）收集对数生长期、细胞汇合度为 70%~80% 的细胞，离心（500g，5分钟），弃原培养液，用 pH7.4 无菌的 PBS 或不含血清和异亮氨酸的培养液洗 2 次。

（2）用无异亮氨酸的培养液重悬细胞，所加血清应不含任何残留的游离异亮氨酸。

（3）细胞在无异亮氨酸的培养液中培养 30~42 小时或者 1~2 个细胞周期，时间不要过长。因为在这种条件下延长培养时间将增加对细胞的

毒性，且有时会出现不可逆的生长终止。

（4）经无异亮氨酸培养液中培养的细胞，在加入含血清的完全培养液后，细胞将会重新进入细胞周期。

【注意事项】

因饥饿处理后的细胞要比正常指数生长期的细胞脆弱，所以处理细胞时要轻柔以减少不必要的刺激，如离心，应用低速（500g），3~5 分钟。在去除贴壁细胞无异亮氨酸培养液、加入完全培养液时也要小心谨慎，以免细胞丢失，因这些细胞的黏附性没有正常细胞牢固。

总之，上述两种方法产生的同步化细胞，不会在一个细胞周期后持续下去。由于细胞种类不同，它们将在 8~12 小时以准同步化态进入 S 期。如与其他同步化因素合用时，饥饿法是效果较好的。

（二）使细胞同步化在 G_1 期

以下简述两种方法：

第一种，洛伐他汀同步法：洛伐他汀是常用的 G_1 期可逆性抑制物，可使细胞可逆性地停留在 G_1 期早期，而不是 G_0 期。但使用之前洛伐他汀需要活化。

【实验材料】

洛伐他汀的活化：52mg 洛伐他汀溶于 1.04ml 95% 乙醇。加入 813μl 1mol/L 的 NaOH，然后用 1mol/L 的 HCl 调 pH 至 7.2。活化后的溶液用无菌离子水或培养基稀释到 13ml，[10mmol/L（4mg/ml）]，并储存在 –20℃冰箱备用，储存时间不应超过 1 个月。

【操作步骤】

（1）以 MCF-7 细胞为例，取对数生长期、细胞汇合度为 70%~80% 时的细胞，用胰蛋白酶消化收集细胞，离心（500g，5分钟），弃原培养液，在 37℃，用无菌的 PBS 或不含血清的培养液洗 2 次。

（2）细胞在含洛伐他汀的培养液中至少要培养一个倍增时间。细胞汇合度应在 30%~50%。洛伐他汀的最佳浓度要依细胞种类而定，有效浓度为 10~60μmol/L。

（3）解除洛伐他汀的阻断，可将细胞用磷酸缓冲液或不含洛伐他汀的培养液洗 2 次。然后将细胞用含 5mmol/L 甲羟戊酸的培养液重悬。甲

羟戊酸的浓度应是所用洛伐他汀浓度的 100 倍以上。值得注意的是,经洛伐他汀处理后多种细胞在恢复中 G_1 期被延长了。

第二种,含羞草素同步法:含羞草素(mimosine)是一种植物氨基酸。其靶细胞尚不清楚,被认为能够将细胞阻滞在后 G_1 期或 G_1/S 期交界处,是一种有效的同步化物质。

【实验材料】

将含羞草素溶解于 pH7.4 的 PBS 中,终浓度为 100mmol/L,过滤除菌。该溶液可存于 4℃ 备用,2 个月内使用。

【操作步骤】

(1)对数生长期细胞或先经异亮氨酸剥夺处理的细胞重悬在含 100~400μmol/L 含羞草素的培养液中。细胞在有含羞草素的培养液中培养 6~24 小时(对数生长期细胞)或 14 小时(异亮氨酸撤除法处理后的细胞)。

(2)解除含羞草素的作用,使细胞重新进入细胞周期,可用无菌的 PBS 或完全培养液洗 2 次,然后将细胞以 30%~40% 汇合度重悬于培养液中。

(三)使细胞同步化在 G_1/S 期交界点

使细胞同步化在 G_1/S 期交界点的方法主要基于抑制 DNA 合成。很多的化学抑制物如艾菲地可宁(aphidicolin)、羟基脲(hydroxyurea)或过量胸苷(thymidine)等均可用于此同步化。

【实验材料】

用磷酸盐缓冲液(pH 7.4)将胸苷配成 100mmol/L 的母液,过滤除菌(或高压灭菌)后保存在 −20℃ 或 −80℃,3 个月内使用。

【操作步骤】

(1)用添加 2mmol/L 胸苷的新鲜培养液将指数生长期细胞稀释至 2.5×10^5 个 /ml,37℃ 培养 12 小时。这段时间内 G_2/M 期的细胞将会进入 G_1 期,会同原有 G_1 期的细胞一起进入相当于 G_1/S 期边界的状态(G_2/M 3.6 小时,$G_1 \approx 8.4$ 小时,总共 $\approx$ 12 小时)。任何处于 S 期的细胞在加入胸苷后都将会停滞在 S 期。

(2)将细胞悬浮,离心(500g,5 分钟),弃去含胸苷培养液并用等量完全培养液洗 2 次以解除最初的胸苷阻滞。对单层生长的细胞,倒掉含胸苷培养液后在单层细胞上加入新鲜的培养液,轻

轻冲洗细胞后弃培养液,用新鲜培养液再洗 3 次以除去胸苷。

(3)在新鲜培养液中孵育 16 小时。在此期间,细胞将从胸苷阻断中复苏进入细胞周期,分裂并且进入下一个细胞周期的 G_1 期。进入 G_1 期的细胞将与停留在前一细胞周期 S 期末的细胞汇合。如果希望细胞再经历 2 个循环,接种细胞的密度以 25% 汇合度为好。

(4)16 小时后,将细胞在 2mmol/L 胸苷的培养基中稀释至 2.5×10^5 个 /ml,并培养 12~14 小时。处于 G_2/M 或 G_1 期的细胞都将进入并停滞在 G_1/S 期边界。于再次加胸苷 8~10 小时后,以流式细胞仪分析细胞所处周期位置,这将确保细胞群体充分同步化。

(四)使细胞同步化在有丝分裂期(M 期)

分裂中的贴壁细胞会失去贴壁性,故常用摇落法使细胞同步化在有丝分裂期。

【操作步骤】

(1)70%~80% 汇合的细胞于消化前除去原培养液,用无血清培养液冲洗,然后加入 3ml 0.1% 胰蛋白酶消化液,37℃ 孵育 3~5 分钟。轻叩培养瓶,使松动的细胞游离下来,加 20ml 完全培养液并离心(500g,5 分钟)。细胞计数并稀释至 2.5×10^5 个 /ml。

(2)在面积 162cm² 的培养瓶中,接种 2.5×10^5 个 /ml 的细胞及培养液 20~40ml,置 37℃ 培养 6 小时,使细胞再次贴附瓶壁。摇动培养瓶,晃动培养液,吸出培养液以除去未贴壁的细胞。换新培养液洗 2 次,加培养液继续培养 10 小时。

(3)培养 10 小时后,轻轻摇动或在边台上叩击培养瓶。然后吸出培养液以收集有丝分裂细胞。合并收集的培养液,离心(500g,5 分钟),使有丝分裂期细胞沉积下来。重悬细胞,调整细胞密度为 5×10^5 个 /ml。经流式细胞仪分析、Giemsa 染色和 / 或相差显微镜检查。

四、细胞周期分析

(一)流式细胞仪分析细胞周期

利用流式细胞仪分析细胞周期的原理是根据细胞在不同的细胞周期 DNA 含量的不同,DNA 可以用荧光染料染色,然后通过流式细胞仪分析细胞内 DNA 荧光强度的变化,来分析细胞所

处的细胞周期（G_0/G_1、S 和 G_2/M 期）。碘化丙锭（propidium iodide, PI）可以嵌入核酸中，使 DNA 或 RNA 的所有双链区均被染色。由于 PI 不能通过完整的细胞膜，因此首先需要将细胞固定，目前固定细胞的方法多用 70% 乙醇，而且固定后的细胞于 4℃ 可以保存 1~3 周，再进行染色分析，通过流式细胞仪分析细胞所在的周期分布。

【操作步骤】

（1）用不含 Ca^{2+} 和 Mg^{2+} 的 Hank 液将细胞洗 2 次。

（2）将细胞重悬于 500μl PBS 中，小心操作以免细胞形成团块。如有团块，可将细胞通过 25 号针头或 200 目尼龙滤网以除去团块。

（3）加入 5ml 70% 乙醇［（1~2）× 10^6 细胞/ml］，混匀，置 -20℃ 固定过夜，固定后的细胞在 4℃ 可保存至数月。

（4）离心，彻底去除 70% 乙醇。

（5）细胞重悬在 1ml PI 染液［100ml 含 0.1%（v/v）Triton X-100 的 PBS 中，加入 2mg PI，20mg 不含 DNA 酶的 RNase A］。4℃ 避光可保存 2~3 周。

（6）在 37℃ 孵育 20 分钟，RNA 酶发挥作用（RNA 酶使双股 RNA 降解，这样只有双链 DNA 被 PI 染色）。标本可存于 4℃ 避光保存。

（7）通过流式细胞仪分析染色细胞，在 488nm 激发光波长下检测 PI 荧光，利用软件系统分析细胞周期的分布。

（二）^{3}H-TdR 掺入 DNA 法

20 世纪 50 年代提出细胞周期概念时，人们基于 DNA 合成期与有丝分裂（更早被人们所认识）来确定细胞周期的时相与动力学。

【操作程序】

（1）将一定数量的细胞培养在 96 孔板中，培养 12~24 小时。

（2）吸出培养液，加入含 1μCi/ml［^{3}H］-TdR 的培养基，培养 12~48 小时。

（3）PBS 洗细胞 3 次，离心，弃 PBS。

（4）用预冷的 10% 三氯乙酸沉淀细胞 DNA，在冰上孵育 20 分钟。

（5）将培养孔中的三氯乙酸沉淀物用无水乙醇洗 2 次，然后溶解于 0.5ml 1mol/L NaOH。

（6）用 1mol/L HCl 中和。

（7）用细胞收集器收集细胞 DNA，至玻璃纤维滤纸上并烘干。

（8）加入闪烁液，用闪烁计数器计数每分钟放射性脉冲数。

（三）PCNA 法

【操作步骤】

（1）收集培养细胞，加入 PBS，离心、洗 2 次，弃 PBS。

（2）丙酮固定。

（3）固定后，加入 PBS，离心、洗 2 次，最后洗完后弃 PBS，再加入一定量 PBS 重悬细胞。

（4）PCNA 抗体按操作说明书稀释，37℃ 孵育 1 小时。

（5）PBS 洗 3 次。

（6）加入异硫氰酸荧光素（FITC）标记的抗鼠 IgG。

（7）PBS 洗 3 次。

（8）488nm 激发光波长下，进行流式细胞术分析。

（四）测定细胞周期的其他方法

20 世纪 90 年代，细胞周期调控的分子机制被科学界逐步阐明，包括细胞周期的系列调控基因产物（如 CDK、cyclin、CKI 等），既向经典的细胞周期分析方法提出了挑战，又为新一代细胞周期分析理论与方法的研究提供了发展的基础与要求，形成了新一代细胞周期分析理论与方法。

1. cyclin E+A/DNA 技术　经典的以 DNA 合成、有丝分裂为标志的细胞周期分析模式（DNA 直方图），只能将细胞周期分为三个群体，即 G_0/G_1、S、G_2/M。20 世纪 80~90 年代发展的 PCNA 法，只是将 S 期与 G_1、G_2 重叠部分分开，仍然只能将细胞周期分为三个群体。人们根据 cyclin E 和 cyclin A 的细胞周期时相性表达特征，发展了 cyclin E+A/DNA 双参数流式细胞术。以培养细胞为模式，可以将细胞周期分为 6 个时相，即 G_0、早 G_1、晚 G_1、S、G_2 和 M，因此，这是一种分析完整的细胞周期时相方法。

【操作步骤】

（1）收集培养细胞（约 2× 10^6 个细胞），用 70% 冷乙醇固定，置 -20℃ 冰箱过夜。

（2）固定后的细胞，用 PBS 离心洗 2 次，最后去除 PBS，再用 PBS 稀释的 0.25% TritionX-100 在冰上处理 5 分钟。

（3）加 5ml PBS，离心、洗涤 2 次，最后洗完后弃 PBS，再加入一定量 PBS 重悬细胞。

（4）加入用 1%BSA 稀释的 cyclin E/A 单克隆抗体（在 100μl 体积中，每 5×10^5 个细胞与大约 0.25μg 抗体反应），4℃孵育过夜。

（5）次日，细胞用 5ml PBS 离心洗涤后，加入 FITC 标记的羊抗鼠 IgG 抗体，室温下放置 30 分钟~1 小时。

（6）再次洗涤细胞后，用 20μg/ml PI 和 0.2mg/ml RNaseA，在室温下进行 DNA 染色 20 分钟。

（7）488nm 激发光波长下，通过流式细胞仪分析细胞在细胞周期的分布。

2. Annexin V-PI 技术　越来越多的证据表明，相当一部分细胞凋亡表现为细胞周期的特异性。从某种意义上讲，这一类细胞凋亡是一个细胞周期事件。20 世纪 90 年代，人们发展了 Sub-G₁/Gel 同步法和流式细胞术的 TdR 法，使细胞凋亡研究从定性走向定量和定时相。纵然这些方法在细胞凋亡研究领域得到广泛的应用，但仍然有它们的不足。Sub-G₁ 的不足在于时常与细胞碎片（debris）相混淆，且不能分辨 50kb 以上的细胞凋亡；人们一度使用膜联蛋白 V（Annexin V）方法去解决这一难题，但后者又不能将细胞凋亡与细胞周期的变化联系在一起。为此，人们进一步发展了 Annexin V/DNA 双参数法，前者克服了 Sub-G₁ 经典法的不足，后者将细胞周期与 Annexin V 这一敏感方法联系在一起，成为分析细胞周期和细胞凋亡的好方法。

【操作步骤】

（1）将培养细胞经 PBS 洗 2 次后，加入 Annexin V 缓冲液洗一次，再用吸附缓冲液悬浮。

（2）加入 Annexin V-FITC 培养 10 分钟，然后用含 1.5mmol/L CaCl₂ 的培养基洗细胞除去未吸附的 Annexin V-FITC。

（3）加入碘化丙锭（PI）工作液冰浴 15 分钟。

（4）将细胞置于激发光为 480nM 波长的 EPICS XL 流式细胞仪（coulter, Hialeah, Fla.USA）检测。

（5）每个样品检测 1×10^4 个细胞，重复 3 次。

（6）用 LysisII 软件分析结果。

3. cyclin 域值技术　一般认为，细胞周期中存在着数个检测点，控制着细胞进入 S、M 期。起初，这些检测点的变异是通过细胞周期运行时酵母的形态学改变得以识别的。最近，流式细胞术为分析细胞周期运行变化提供了快速、敏感的方法，甚至在没有形态学变化时，也能发现细胞周期运行的变化。当实验组与对照组比较时，某一细胞周期时相中细胞的累积多少就是细胞周期检测点"严密"或"松弛"的直接证据。而当细胞被"check"在某一检测点时，其本身是负责该检测点通行（transit）的 CDK 不能被激活，进而使相应的 cyclin 不能被降解，细胞内该 cyclin 增加，更早于相应的细胞周期时相中细胞的累积。根据这一理论，应用 cyclin/DNA 双参数流式细胞术，可以分析出 G₁、G₂ 和 M 期的三个检测点，因此，该方法常用于分析细胞的检测点。

4. 双 cyclin 技术　以往的细胞增殖分析常常以 M 期或 S 期细胞多少作为细胞增殖的指数，现在人们认识到，M 期或 S 期细胞的多少，只代表细胞停留在这一时相的时间长短，并不真正代表进入细胞增殖周期（cell divide cycle）的细胞数量。为此，20 世纪 90 年代发展起来的 Ki-67/DNA 方法，可以分析包括早 G₁ 期在内的细胞增殖群体，成为较先进和更科学的细胞增殖分析方法。

5. 双光源三参数 cyclin 分析技术　研究发现，某些细胞类型存在有 cyclin 的非时相性表达，如 cyclin B1 一般在 G₂ 和 M 中期达到高峰，但在某些细胞类型，该蛋白表达在 G₁ 期。究竟这一 cyclin B1 是在晚 G₁ 期，还是早 G₁ 期？现有的方法很难去回答这一问题。人们发展的双光源三参数 cyclin 分析技术，不需要补偿（补偿将导致 cyclin 域值的失真），能同时分析 DNA 和任意两个 cyclin，从而可以对非时相性 cyclin 表达进行分析。

6. 后分选激光共聚焦显微镜技术　近年来，分析细胞学的一个重要进展是把定量的分析细胞学与形态的分析细胞学联系在一起。典型代表是 Darzynkiewicz 实验室发展起来的激光扫描细胞仪（laser scanning cytometry, LSC），旨在进行定量分析细胞学研究同时，能够观察到细胞形态学变化。后分选激光共聚焦显微镜技术（post-sorting confocal, PSC）不仅具有 LSC 的特点，还具备单细胞内生物活性大分子定位、定量和三维重建功能。

7. **后分选蛋白质印迹技术** 精细的细胞周期时相性分析、新型的细胞增殖分析、细胞周期相关性细胞凋亡以及双光源三参数 cyclin 分析，为分析细胞学提供了强有力的技术平台，使这一领域的研究者们努力地试图将细胞的生命活动与生物活性大分子物理及化学变化联系在一起。基因组计划的基本完成，也促使分子生物学家去研究众多基因的生物功能。人们发展的分选后蛋白印迹技术（post-sorting Western blot），不仅解决了非时相性 cyclin 表达的定性问题，而且将先进的分析细胞技术与经典的分子生物学技术联系到特定的细胞群体，为功能基因组研究提供了又一技术平台。

8. **cyclin/Sub-G$_1$ 技术** 该技术又称凋亡/增殖比率分析技术。当前，细胞增殖与细胞凋亡的同步分析提到了议事日程上来，为此，人们发展了细胞增殖与凋亡的同步分析技术（cyclin/Sub-G$_1$ 技术或 Ki-67/Sub-G$_1$ 技术），建立了细胞凋亡/增殖比率分析的技术平台。

（杨振丽）

第三节 细胞运动、侵袭能力观察

细胞运动包括附着、伸展、迁移和细胞分裂等形式，是细胞生物学的基本特征之一。

一、吞噬轨迹法

吞噬轨迹法是用一层疏松的胶体金颗粒覆盖培养皿底壁或盖玻片，观察细胞吞噬胶体金颗粒后形成的运动轨迹。吞噬轨迹法可用于成纤维细胞、上皮细胞和肿瘤细胞的实验研究。

【实验材料】

1. 细胞悬液。

2. 22mm × 22mm 盖玻片、150ml 烧杯、无水乙醇和烫发用吹风机。

3. 配制下列 4 种溶液：1%BSA、36.5mmol/L Na$_2$CO$_3$、0.1% 甲醛和 14.5mmol/L HAuCl$_4$。

【操作程序】

1. 用吹风机向下送 85℃热风。

2. 将盖玻片浸入 BSA 溶液，数秒钟后取出，用吸水纸去掉水分，再将盖玻片浸入无水乙醇。

3. 迅速取出盖玻片，使盖玻片表面与热风方向平行，快速均匀吹干。

4. 将盖玻片放入培养皿中，每个培养皿内放置 8~10 块。

5. 将 35ml Na$_2$CO$_3$ 溶液加入烧杯，再将甲醛溶液和 HAuCl$_4$ 溶液加入。

6. 快速将烧杯移至沸水浴中，溶液开始变色时取出烧杯，在光照射下观察溶液颜色。投射光照射时，溶液呈蓝色。

7. 趁热将胶体金溶液倒入铺有盖玻片的培养皿中，静置 45 分钟。溶液颜色逐渐变浅，盖玻片呈浅灰色。

8. 用培养液浸洗盖玻片 2 次，加入细胞悬液，培养 1~2 天。

9. 普通染色或免疫荧光染色后，显微镜下观察吞噬轨迹。

【结果分析】

1. 如果溶液加热后呈紫色，说明反应过快，胶体金颗粒超过 10nm。如果溶液呈黑色，说明胶体金颗粒过多沉淀。

2. 细胞贴壁伸展时，在细胞周围形成圆形轨迹。细胞迁移时，出现直线或曲线轨迹。细胞分裂情况下可观察到分向轨迹。

【注意事项】

1. 当吹风机吹干盖玻片时，应使表面无条纹。

2. 在加入细胞悬液前，可将铺有盖玻片的培养皿在培养箱内放置 30 分钟。

3. 培养液浸洗或染色时，冲洗盖玻片要轻，以免洗掉胶体金颗粒。

4. 吞噬轨迹法不适用于巨噬细胞的研究，因为巨噬细胞吞噬胶体金颗粒后前进运动不明显。

二、刮痕修复法

刮痕修复法是当细胞生长形成单层时刮除一定范围的细胞，观察细胞向刮除细胞区的迁移运动。细胞刮除法常用于血管形成、淋巴管形成和组织愈合的研究。

【实验材料】

1. 直径为 35mm 的塑料培养皿。

2. 宽约 5mm 剃须刀片和解剖镊。

3. PBS 和 Giemsa 溶液。

4. 含 0.1% 明胶的无血清培养液。

【操作程序】

1. 将剃须刀片无菌消毒，备用。

2. 当内皮细胞形成单层时，用剃须刀片刮除细胞 $25mm^2$。

3. 用 PBS 清洗细胞 2 次。

4. 加入培养液，培养 1~2 天。

5. Giemsa 染色后，用目镜测微尺测量细胞向刮除细胞区的迁移距离。

【结果分析】

1. 内皮细胞迁移速度在刮除细胞后约 12 小时达高峰。一般以某一细胞群的最大迁移距离为参数分析内皮细胞迁移能力。

2. 同时计数迁移细胞的数目。

【注意事项】

1. 如果刮除细胞时用力过猛，剃须刀片在培养皿底壁上留下刮痕，将影响细胞迁移。如果用力太轻，刮除区有残留细胞，可影响实验结果。

2. 在培养皿下面放黑纸衬托，以便于肉眼观察是否彻底刮除细胞。

三、Transwell 法

Transwell 法是利用培养小室中的聚对苯二甲酸乙二酯（PET）膜观察上室内细胞向下室迁移或趋化运动。可作单一种细胞培养，也可作两种细胞共培养。常用于上皮细胞、内皮细胞、巨噬细胞和肿瘤细胞等的趋化迁移实验和侵袭迁移实验研究。

【实验材料】

1. Transwell 小室　包括细胞培养板和细胞培养嵌套。细胞培养嵌套底部 PET 膜孔径为 $8\mu m$。

2. 完全培养液。

3. 细胞悬液。

【操作程序】

1. 在细胞培养板的孔内加入适量预温的完全培养液。

2. 用解剖镊将细胞培养嵌套固定在培养板的孔壁上。

3. 在培养箱中放置 20 分钟，调整下池培养液的 pH。

4. 在上室内加入细胞悬液，放培养箱内培养。

5. 上室内的细胞贴壁后，在下池内加入生长因子或趋化因子，继续培养。

6. 用剃须刀将 PET 膜切下，固定和染色，显微镜下观察穿过膜孔的细胞形态，并对细胞进行计数。

【结果分析】

细胞的伪足或整个细胞经 PET 膜上的微孔迁移至下室，贴附于膜的下面。

【注意事项】

根据细胞大小和实验目的选择合适孔径的细胞培养嵌套。

（刘玉琴）

第四节　细胞衰老

机体的形态、结构和生理功能逐渐衰退的现象称为衰老（aging）。机体的衰老是细胞衰老的结果。细胞衰老的研究多集中在衰老相关 β- 半乳糖苷酶活性检测、端粒的长度测定、端粒酶的活性测定、DNA 修复基因测定、微卫星不稳定性的测定。

一、衰老相关 β- 半乳糖苷酶活性检测

β- 半乳糖苷酶可催化 5- 溴 -4- 氯 -3- 吲哚 - β-D- 半乳糖苷（X-Gal）生成深蓝色产物。Dimri（1995）报道大部分细胞在 pH 4 时表达溶酶体 β- 半乳糖苷酶活性，而在 pH 6 时仅衰老细胞表达 β- 半乳糖苷酶活性，因此将 pH 6 时的活性称为衰老相关 β- 半乳糖苷酶（senescence associated-β Gal，SA-β Gal）活性。此方法简便易行，可用于检测培养细胞以及组织切片的衰老细胞。

【实验材料】

1. 4% 多聚甲醛。

2. SA-β Gal 孵育液　1g X-Gal，40mmol/L 枸橼酸钠缓冲液（pH 6.0），5mmol/L 亚铁氰化钾，5mmol/L 铁氰化钾，150mmol/L NaCl，2mmol/L MgCl$_2$，新鲜配制。

3. 培养箱、冷冻切片机。

【操作程序】

1. 培养细胞（成纤维细胞）制备细胞涂片或细胞爬片，4% 多聚甲醛固定 5~15 分钟。新鲜组

织（皮肤）以 4% 多聚甲醛固定 4~6 小时，冷冻切片。

2. PBS 洗 2 次，加入新鲜配制的 SA-β Gal 孵育液，37℃孵育过夜。以不含 X-Gal 的孵育液作为阴性对照。

3. 中性红复染胞核，光镜下观察。

【注意事项】

并非人所有类型的细胞均有 SA-β Gal 活性；有的物种无 SA-β Gal 活性。应用此方法时应考虑上述因素。

二、端粒长度的测定

端粒是染色体末端的一种特殊结构，由一段简单重复的富含 G 的 DNA 序列及其相关蛋白组成。不同物种的端粒 DNA 序列不同，人的端粒 DNA 序列为 5′-TTAGGG-3′。端粒起到保护染色体免于降解和融合的作用。由于染色体线状 DNA 末端复制缺口问题，在真核细胞分裂时，端粒序列将变短。当端粒短至越过某一临界长度时，将失去其维护染色体稳定的作用，并最终导致细胞的衰老和死亡。端粒酶是一种核糖核蛋白，它是依赖 RNA 的 DNA 聚合酶，以自身的 RNA 为模板合成端粒 DNA 的重复序列。目前，检测端粒长度的变化及端粒酶的活性已成为研究细胞癌变、衰老和死亡的重要指标。端粒限制片段平均长度（mean length of telomere restriction fragment, TRF）测定通常采用 Southern blot 或流式-荧光原位杂交联合检测。

（一）Southern blot

【实验材料】

1. 抽提缓冲液　10mmol/L Tris-HCl（pH 8.0），0.1mmol/L EDTA（pH 8.0），0.5%SDS。

2. Ⅰ液　100mmol/L Tris-HCl（pH 7.5），150mmol/L NaCl。

3. Ⅱ液　100mmol/L Tris-HCl（pH 7.5），150mmol/L NaCl，0.5% 封阻剂（blocking reagent）。

4. Ⅲ液　100mmol/L Tris-HCl（pH 9.5），100mmol/L NaCl，50mmol/L MgCl$_2$。

5. 预杂交液　5×SSC，0.1%SIS，0.02%SDS，0.5% blocking reagent。

6. 杂交液　5×SSC，0.1%SLS，0.02%SDS。

7. 烤箱、离心机、电泳仪、涡流振荡器、放射性/非放射性探针标记试剂盒、尼龙膜、BCIP/NBT（5-溴-4-氯-3′-吲哚基磷酸甲苯胺盐和氯化硝基四氮唑蓝）碱性磷酸酶显色液。

【操作程序】

1. 基因组 DNA 提取（酚氯仿法）

（1）取 10^6~10^8 个细胞，加入 400μl 抽提缓冲液，涡流振荡充分混匀。

（2）加终浓度为 200μg/ml 的蛋白酶 K，50℃水浴，消化 3 小时或过夜。

（3）用 Tris 饱和酚（pH 8.0）反复抽提 2 次，酚：三氯甲烷和三氯甲烷各抽提 1 次。

（4）加入 1/10 体积 3mol/L NaAc（pH 5.2）和 2 倍体积无水乙醇沉淀 DNA。

（5）用吸头挑出团块状 DNA 沉淀物，70% 乙醇漂洗 1 次后，置一新的离心管中，室温干燥 10 分钟。

（6）加 50μl 含 RNaseA（浓度为 20μg/ml）的 TE 彻底溶解沉淀，计算 DNA 含量和纯度。

2. 探针标记　采用地高辛标记试剂盒，以寡聚核苷酸 5′-CCCTAACCTAACCCTAA-3′ 为模板，按试剂盒说明书进行操作标记探针。

3. 探针最适工作浓度的确定

（1）将试剂盒中已标记的标准 DNA 和新标记的 DNA 依次进行 1∶10、1∶20、1∶40、1∶80、1∶160、1∶320、1∶640、1∶1 280、1∶2 560、1∶5 120 倍稀释，各稀释度均取 1μl 点至尼龙膜上，80℃烤膜 2 小时。

（2）用Ⅰ液从下至上浸湿此膜，在Ⅱ液中 37℃封闭 30 分钟。

（3）抗地高辛抗体反应液（用Ⅰ液 5 000 倍稀释），37℃孵育 30 分钟。

（4）Ⅲ液平衡 5 分钟，转移膜至显色液（BCIP/NBT）中避光显色，TE 终止反应。

4. Southern 杂交

（1）各检测样品分别取 20μg 基因组 DNA，Hinf 酶切过夜。

（2）0.7% 琼脂糖，40V 电泳过夜。

（3）凝胶依次进行下列处理：

1）0.25mol/L HCl 脱嘌呤 15 分钟，水洗 5 分钟。

2）5mol/L NaCl、0.5mol/L NaOH 中变性 30 分钟，水洗 5 分钟。

3）1.5mol/L NaCl、0.5mol/L Tris-HCl（pH7.2）、1.0mmol/L EDTA（pH8.0）中和 2 次，每次 15 分钟。

（4）毛细管法转膜。

（5）2×SSC 漂洗，80℃烤干 2 小时。

（6）预杂交液 68℃预杂交 6 小时，杂交液中加入探针，47℃过夜。

（7）漂洗杂交膜（2×SSC、0.1×SSC、0.1% SDS 中 50℃漂洗 2 次，每次 5 分钟）。

最后按上述步骤依次进行免疫反应，BCIP/NBT 显色，TE 终止反应，照相，并进行图像分析，计算端粒平均长度。

【注意事项】

1. **DNA 样品上样量** 一般情况下，进行 Southern 杂交时，凝胶上每一加样孔应加 10μg 基因组 DNA 样品，但用寡核苷酸作探针时应适当增大 DNA 样品上样量，至少为 20μg。

2. **杂交条件的选择** 杂交条件是影响最后实验结果的主要因素。但杂交条件包括许多方面，其中以凝胶处理、杂交液成分和杂交温度等为重要影响因素。

（1）凝胶处理：电泳后凝胶必须经脱嘌呤处理，否则将影响毛细管转移效率。因为一般情况下端粒均较长，约为 20kb。所以，进行 Southern 杂交时，为了提高转移效率，需对凝胶中的 DNA 先用弱酸（引起部分脱嘌呤反应）而后用强碱（水解脱嘌呤部位的磷酸二酯键主链）处理，这样产生的 DNA 片段可高效率地从凝胶上迅速转移。然而，需特别注意的是防止脱嘌呤反应过甚，否则 DNA 断裂成过小的片段而不能有效地结合到固相支持物上，以 10~15 分钟为宜。

（2）杂交液成分：由于在使用寡核苷酸探针时，高浓度的蛋白质会干扰探针与其结合至尼龙膜上的靶核酸的退火，故将杂交液中的封闭组分去掉，否则会造成杂交信号的熄灭。

（3）杂交温度的确定：首先应根据经验公式计算杂交体的解链温度 Tm 值，对短于 18 个核苷酸的寡核苷酸，其 Tm 值是将杂交体中 A 残基数与 T 残基数的和乘以 2℃，再将 G 残基数与 C 残基数的和乘以 4℃，两积相加便得出杂交体的 Tm 值。

（二）流式-荧光原位杂交联合检测

测量端粒长度的理想方法应快速、步骤少且允许少量细胞的检测，产生可靠、可重复和精确的结果。尽管应用 Southern blot 测量端粒长度可产生精确和可重复的结果，但其步骤相对繁琐，且需要相对大量的细胞，因此妨碍其应用于大规模分析。端粒由（TTAGGG）$_n$ 串联重复组成，可与荧光素标记的（CCCTAA）$_3$ 端粒 DNA 探针结合。端粒越长，结合的端粒 DNA 探针就越多，则荧光越强。

流式-荧光原位杂交（流式-FISH）是将流式细胞仪与 FISH 技术结合起来的一种新技术，可用于检测端粒长度。流式-FISH 的一个显著优势是肽核酸（PNA）-标记探针的应用。杂交条件下 PNA-DNA 相互作用较 DNA-DNA 或 DNA-RNA 相互作用更稳定，因此 PNA 探针可产生较传统 DNA 寡核苷酸探针更强的荧光信号。应用 PNA 探针的端粒荧光强度显著高于应用荧光素标记（CCCTAA）$_3$DNA 探针。

【实验材料】

流式细胞分析仪、恒温水浴箱、涡旋振荡器。

异硫氢酸荧光素（FITC）标记的（CCCTAA）$_3$ 端粒 DNA 序列特异性肽核酸（PNA）探针（Telomere PNA kit/FITC for flow cytometry）。

【操作程序】

1. 离心收集 $2×10^6$ 个细胞，加 300μl FITC 标记的（CCCTAA）$_3$ 端粒 DNA 序列特异性 PNA 探针，涡旋混匀，置已预热至 82℃恒温水浴箱，变性 12 分钟。再次涡旋混匀，室温，避光杂交过夜（15~20 小时）。

2. **洗脱** 加 1×Wash Solution（按试剂盒说明书稀释）1ml，涡旋混匀，置已预热至 40℃恒温水浴箱洗脱 10 分钟。涡旋混匀，离心，500g，5 分钟，移去上清。重复上述洗脱过程 1 次。

3. **DNA 复染** 加 0.5ml 1×PI 复染液（按试剂盒说明书稀释，PI 和 RNase A 终浓度分别为 0.1μg/ml 和 10μg/ml），涡旋混匀，移至流式细胞仪上机专用管，4℃避光复染，3~5 小时。

4. **流式细胞仪检测** 以中速（每秒 80~150 个细胞）收集细胞，收集至少 10 000 个细胞进行分析。

【结果分析】

应用 488nm 氢离子及 633nm 氦氖激光器。FITC 通过 FITC 通道（FL$_1$）检测，PI 采用 PI 通道（FL$_2$ 或 FL$_3$）检测。测定结果采用 Cell Quest 软

件分析。

【注意事项】

1. **细胞数量** 细胞过多,端粒探针不能达到饱和量,影响实验结果。细胞过少,则流式细胞仪检测时,导致进样速度过慢,甚至可采集细胞数达不到 10 000 个细胞的最低要求,影响数据分析。

2. **离心力** 洗脱过程离心力过小,导致细胞丢失;离心力过大,则细胞团块压缩过紧而难以重悬,甚至细胞破碎,亦导致细胞丢失。

三、错配修复基因的测定

错配修复基因(mismatch repairing gene)超家族属于管家基因,目前已发现人类 6 个错配修复基因:*hMSH2*、*hMSH3*、*hMSH6*、*hMLH1*、*hPMS1* 和 *hPMS2*。错配修复基因的异常表现为基因突变和蛋白质表达的减少,而蛋白质表达涉及 RNA 水平和蛋白质水平。下面就 RNA 水平作一简要阐述。

错配修复基因 mRNA 原位杂交:

【实验材料】

盖玻片、湿盒、杂交炉、PBS、SSC、预杂交液、BCIP/NBT。

【操作程序】

1. 将细胞制成 1×10^7 个 /L 细胞悬液,将细胞悬液一滴接种于已消毒培养皿中的盖玻片上,加培养基培养 48 小时。

2. 将细胞生长状态良好的盖玻片取出,0.01mol/L PBS 漂洗 3 次,甲醇:丙酮(1:1)固定液固定 10 分钟,PBS 漂洗 3 次。

3. 将制好的细胞片用 10mg/ml 蛋白酶 K 消化,37℃,10 分钟,PBS 洗 2 次,每次 2 分钟。

4. 取 200μl 预杂交液 95℃变性 10 分钟,冰浴中骤冷,加样于细胞标本上,平放入密封湿盒,42℃孵育 3 小时。

5. 标记探针加于 200μl 预杂交液中,95℃变性 10 分钟,冰浴中骤冷,加样于细胞标本上,平放入密封湿盒,42℃恒温过夜。

6. 依次用 6×SSC–45% 甲酰胺洗 10 分钟,2×SSC 洗 10 分钟 ×2 次,0.2×SSC 洗 10 分钟 ×2 次。

7. 加碱性磷酸酶标记的抗地高辛抗体,37℃,4 小时。

8. 洗脱液洗 10 分钟,加入 BCIP/NBT 显色。镜检显色情况,PBS 冲洗,终止显色。

【结果分析】

显微镜下分别随机计数 300 个细胞,细胞内 mRNA 表达强度如下:

阴性:不着色;单阳性:细胞质内细小稀疏蓝色颗粒;双阳性:细胞质内较密的细小蓝色颗粒;强阳性:细胞质内明显致密的蓝色颗粒。

细胞 mRNA 表达积分 = 单阳性 %×1+ 双阳性 %×2+ 强阳性 %×3

四、微卫星不稳定性的测定

微卫星(microsatellite)遍布于人类基因组中,为一类非编码、数目可变的重复 DNA 序列,由同一脱氧核苷酸重复串联而成,重复序列为 1~4bp,常见为(CA)$_n$ 形式,长度通常小于 350bp,重复次数不超过 60 次。微卫星不稳定性(microsatellite instability,MIN)是指由于 DNA 复制错误引起的简单重复序列的增加或缺失。细胞衰老时,微卫星不稳定性增加。

微卫星不稳定性的检测通常采用聚合酶链反应 – 单链构象多态性(PCR–SSCP)法。

【材料】

1. **10×PCR 缓冲液** 100mmol/L KCl,160mmol/L(NH$_4$)$_2$SO$_4$,20mmol/L MgSO$_4$,200mmol/L Tris–HCl(pH 8.8),1%Triton X–100,1mg/ml BSA。

2. **PCR 反应体系(50μl)** 10×PCR 缓冲液 5μl,引物各 5pmol,dNTP 10nmol,DNA 模板 5~10ng,DNA 聚合酶 2.5U。

3. PCR 仪、电泳仪、微卫星位点引物、dNTP、DNA 聚合酶。

【操作程序】

1. **DNA 抽提** 按常规方法抽提得到基因组 DNA。

2. **PCR** 50μl PCR 反应体系于 PCR 仪中扩增,反应条件为 94℃预变性 7 分钟,94℃ 30 秒,56℃ 30 秒,72℃ 45 秒,共 30 个循环,最后 72℃延伸 7 分钟。

3. **SSCP** 取 PCR 反应产物加入上样缓冲液,97℃变性 5 分钟,冰水中骤冷,立即上样于 12% 非变性聚丙烯酰胺凝胶,室温恒压 200V,电泳 4.5 小时。取下凝胶,常规方法银染显色。

【结果分析】

MIN 在凝胶图谱上主要有 3 种改变类型: 1 型表现为多一些额外条带,或者条带密度增加 50%;2 型表现为条带迁移位置发生改变;3 型表现为出现条带缺失或密度减少 50%。

（刘玉琴）

第五节　凋亡研究

细胞凋亡(apoptosis)是指由体内外因素触发细胞内预存的死亡程序而导致的细胞死亡过程。细胞凋亡作为生理性、主动性过程,能够确保机体的正常发育、生长,维持内环境稳定,发挥积极的防御功能。凋亡与衰老是两个不同的概念。凋亡的发生需要细胞早期基因的表达,细胞由 G_1 期进入 S 期,启动 DNA 的合成。衰老的细胞生长发生停滞,不能进入 S 期,比年轻细胞更抗凋亡,从而维持长期生存。而在一些异常情况下,如癌症及细胞损伤相关疾病时,有些细胞可以通过受体激酶的介导,激活以 NF-κB 为中心的正向级联放大的信号转导通路,而达到抗凋亡的作用。

一、细胞凋亡的形态学研究方法

根据细胞凋亡时的形态学改变,使用普通光学显微镜直接观察,或用带电荷的染料台盼蓝(trypan blue)着色死细胞,或用吉姆萨染料(Giemsa)染色后进行观察。使用透射电镜或扫描电镜,可以直接观察到凋亡细胞发泡、染色质浓缩、边集现象和凋亡小体等。非荧光的酯酶底物(如二乙基荧光素,fluorescein diacetate)和双苯并咪唑染料(Hoechst 33342,Ho)等可被活细胞或凋亡细胞吸收,前者水解后能产生很强的绿色荧光,后者在紫外光的激发下可以产生蓝色荧光。碘化丙锭(propidium iodine,PI)着色死细胞,并在紫外线下呈红色荧光。PI 和 Ho 染色结合起来,通过流式细胞仪分析,就可以把凋亡细胞和坏死细胞区别开来。

(一)凋亡细胞的 Giemsa 染色

【实验材料】

普通光学显微镜、载玻片、Giemsa 染色液、磷酸盐缓冲液。

1. Giemsa 染色液　称取 Giemsa 染料 0.8g,加入 50ml 甲醇,加温至 58℃,搅拌约 2 小时,待染料彻底溶解后,缓慢加入 50ml 甘油,充分摇匀,置 37℃温箱中保温 8~12 小时。置棕色瓶中密封保存,即为 Giemsa 原液,一般在 12~24 小时后即可使用。临用时,取 1ml Giemsa 原液与 10ml PBS 混合,即为 Giemsa 工作液。

2. 磷酸盐缓冲液(PBS)(pH 7.4)　1L 1.392g K_2HPO_4,0.276g $NaH_2PO_4 \cdot H_2O$,8.770g NaCl。

【操作程序】

1. 细胞悬液于 4℃、500r/min 离心,去除上清后,将细胞重悬于 PBS 中,使细胞浓度为 10^6 个/ml。

2. 取 100/μl 细胞悬液均匀涂布于载玻片上,干后用甲醇固定 1 分钟,晾干。

3. 在细胞上滴加两滴 Giemsa 染色工作液,室温染色 5 分钟。

4. 用水轻轻洗去染液,室温晾干 24 小时。

5. 二甲苯浸泡 3 分钟,去除杂质,使载玻片透明后,以树脂封片。

6. 普通光学显微镜下观察细胞核形态。

【结果分析】

普通光学显微镜下可观察到凋亡细胞的染色质浓缩、靠近核膜和核边集现象、核膜裂解、染色质分割成块状和凋亡小体等典型的凋亡形态。

(二)凋亡细胞的电子显微镜观察

【实验材料】

透射电子显微镜、组织切片机、包埋剂、PBS、戊二醛、锇酸、丙酮等。

【操作程序】

1. 4℃离心收集 5×10^6 个细胞,PBS 洗 2 次。

2. 细胞悬浮于 25% 的戊二醛中,至少固定 30 分钟,PBS 洗 2 次。

3. 细胞悬浮于 1% 锇酸中,固定 1 小时。

4. 丙酮梯度脱水。

5. 细胞置于丙酮∶包埋剂(1∶1)中置换 30 分钟。

6. 包埋剂浸 2 小时。

7. 按常规将细胞包埋、切片。

8. 透射电子显微镜下观察细胞形态、细胞质及细胞核的变化,照相并记录实验结果。

(三)凋亡细胞的碘化丙锭(PI)排斥分析法

细胞凋亡过程中,由于胞质和核染色质浓缩,核裂解,产生凋亡小体,使细胞的光散射性质发生相应的变化，因此，测定光散射的变化是非常简单的细胞凋亡分析法。带有电荷的染料 PI 不能使活细胞着色，只能使坏死细胞着色。而 Ho 可渗透过细胞质膜，使活细胞和凋亡细胞的 DNA 染色，经适当波长的紫外线激发，PI 和 Ho 可分别产生红色和蓝色荧光。下述方法先用 PI 染色，再用 Ho 染色。这样，坏死细胞呈 PI 强阳性染色，而凋亡细胞或活细胞呈 Ho 阳性染色。通过流式细胞仪的分析，根据各种细胞光散射的性质不同，即可把坏死细胞、凋亡细胞和活细胞定量地区分开来。

【实验材料】

流式细胞分析仪，使用 351nm 光线氢离子激光光源或带有 UGl 滤光片的高压汞灯。

1. PI 储存液　1mg/ml，蒸馏水溶解。

2. PI 染色液　使用 PBS 将 PI 储存液稀释至 $20\mu g/ml$。

3. Ho 储存液　1mmol/L，蒸馏水溶解。

4. Ho 染色液　使用无钙、镁离子的 PBS，按 1∶4 稀释 Ho 储存液。

5. 细胞固定液　以 PBS 配制 25% 的乙醇。

【操作程序】

1. 细胞离心去上清后，将细胞悬浮于 $50\mu l$ PBS 中。

2. 加入 $100\mu l$ PI 染色液，混匀，置冰中染色 30 分钟。

3. 加入 1.85ml 细胞固定液，混匀。

4. 加入 $50\mu l$ Ho 染色液，混匀，置冰中染色至少 30 分钟。

5. 流式细胞仪分析　PI 和 Ho 均可使用 340nm 紫外线激发，其荧光分别为红色（>620nm）和蓝色 [（480 ± 20）nm]。因此，可使用适当的滤光片和二色镜测定 Ho 的蓝色荧光，使用长程滤光片测定 PI 的红色荧光。

【结果分析】

对照活细胞的 Ho 蓝色荧光最强，而早期凋亡细胞由于其 DNA 降解和丢失，其 Ho 蓝色荧光较弱，也有很弱的 PI 红色荧光。晚期凋亡细胞 PI 红色荧光加强。坏死细胞 PI 红色荧光最强，而 Ho 蓝色荧光较弱。

【注意事项】

1. 可使用不加染料的正常培养细胞作为阴性对照，地塞米松处理（$1\mu mol/L$，3~4 小时）的小鼠胸腺细胞作为阳性对照。

2. 如果先固定细胞，再进行 PI 染色，然后根据凋亡细胞、坏死细胞和活细胞光散射性的不同鉴定凋亡细胞，不能将凋亡细胞与坏死细胞和受机械损伤的细胞严格地区别开来。

（四）Annexin V-FITC/PI 双染法

在正常细胞中，磷脂酰丝氨酸（phosphatidylserine，PS）位于细胞膜的内侧，但在细胞凋亡的早期，PS 可从细胞膜的内侧翻转到细胞膜的表面，暴露在细胞外环境中。Annexin V 是一种分子量为 35.8kD 的 Ca^{2+} 依赖性磷脂结合蛋白，能与 PS 高亲和力特异性结合。将 Annexin V 进行荧光素 FITC 标记，以标记的 Annexin V 作为荧光探针，利用流式细胞仪可检测细胞凋亡的发生。PI 是一种核酸染料，它不能透过完整的细胞膜，但在凋亡中晚期的细胞和死细胞，PI 能透过细胞膜而使细胞核染成红色。将 Annexin V 与 PI 联合使用可区分凋亡早晚期的细胞和死细胞。

【实验材料】

流式细胞分析仪，使用 351nm 光线氩离子激光光源或带有 UGl 滤光片的高压汞灯。

1. Annexin V-FITC　rh Annexin V $20\mu g/ml$ 储存于 20mmol/L Tris-HCl，50mmol/L NaCl 缓冲液中，含 1mg/ml BSA。

2. 1×Binding Buffer　10mmol/L Hepes/NaOH，pH 7.4，140mmol/L NaCl，2.5mmol/L $CaCl_2$，经 $0.2\mu m$ 过滤器除菌。

3. PI 染色液　$25\mu g/ml$ 溶于 PBS，pH 7.4。

【操作程序】

1. 2 000r/min，离心 5 分钟，收集细胞，弃培养基（贴壁细胞以不含 EDTA 的胰蛋白酶消化，消化时间不易过长，以免引起假阳性）。

2. 冷 PBS 洗细胞 2 次，2 000r/min，离心 5 分钟。

3. 1×Binding Buffer $400\mu l$ 悬浮细胞，细胞浓度约为 1×10^{6} 个 /ml。

4. 加入 $5\mu l$ Annexin V-FITC，轻轻混匀后，于 2~8℃ 避光孵育 15 分钟。

5. 加入 $10\mu l$ PI 染色液，轻轻混匀后，于 2~8℃ 避光孵育 15 分钟。

6. 1 小时内用流式细胞仪检测。

【结果分析】

流式细胞仪激发光波长采用 Ex.=488nm 双波长激发，Em.=530nm 检测 FITC 荧光，>575nm 的发射检测 PI。Annexin V-FITC 的绿色荧光通过 FITC（FL$_1$）通道检测，PI 红色荧光采用 PI 通道（FL$_2$ 或 FL$_3$），建议采用 FL$_3$。细胞可分为 3 个亚群：仅有很低荧光的为活细胞，有较强绿色荧光的为凋亡细胞，有绿色和红色荧光双重染色的为坏死细胞（包括极晚期的凋亡细胞）。

【注意事项】

1. 细胞凋亡是一个快速和动态的过程，染色后应立即观察。

2. Annexin V-FITC 和 PI 为光敏物质，操作时应注意避光。

3. 血小板含有 PS，能与 Annexin V 结合，干扰实验结果。如果分析血液样品，使用不含 EDTA 的缓冲液 200g 离心洗去血小板。

二、细胞凋亡的生物化学研究方法

染色体基因组的片段化（fragmentation）是凋亡细胞的最重要特征之一。因其染色体 DNA 在核小体连接部位断裂，其片段的大小具有独特的性质，可经过 DNA 的琼脂糖凝胶电泳、3′末端标记以后，再进行琼脂糖凝胶电泳 + 放射自显影、超速离心技术进行定性、定量测定。

（一）超速离心法

细胞凋亡时，其染色质 DNA 片段化绝大部分发生于核小体的连接部位，所形成 DNA 片段的大小为 180~200 碱基对的倍数。但是，普通离心速度的离心力不足以使混合的细胞染色体 DNA 分段（fraction）分离，必须进行超速离心。以氯化铯（CsCl）连续梯度超速离心，结合溴化乙啶（ethidium bromide，EB）染色，可清楚看到 DNA 片段的分带。超速离心本来是分离纯化 DNA、区分开环和闭环 DNA 的一种方法，也可用于凋亡细胞染色质 DNA 的片段化检测。

【实验材料】

超速离心机、氯化铯、溴化乙啶、液状石蜡。

溴化乙啶（10mg/ml）：100ml 水中加入 1g 溴化乙啶，磁力搅拌数小时以确保其完全溶解，转移至棕色瓶中。

【操作程序】

1. 测量 DNA 溶液的体积，按 1g/ml 精确加入固体氯化铯（CsCl），将溶液加温至 30℃ 助溶，温和地混匀溶液，直到 CsCl 完全溶解。

2. 每 10ml DNA 溶液加入 0.8ml 溴化乙啶（10mg/ml），立即将溴化乙啶溶液（漂浮在表面）与 DNA–氯化铯溶液混匀，溶液的终浓度应为 1.55g/ml（溶液的折射率为 1.386 0），溴化乙啶的浓度大约为 740μg/ml。

3. 室温应用 Sorvall SS34 转头（或与其相当的转头），以 8 000r/min 离心 5 分钟，浮在溶液上面的水垢状浮渣是溴化乙啶与 DNA 溶液中未抽提干净的蛋白质所形成的复合物。

4. 用巴氏吸管或带大号针头的一次性注射器将浮渣下的清亮红色溶液转移至适用于超速离心转头的离心管中。用轻液状石蜡加满管的其余部分并封口。

5. 于 20℃ 对所得的密度梯度以 45 000r/min 离心 16~24 小时。普通光照下，于梯度上可见条状粉红染色条带。管底部深红色的沉淀，是溴化乙啶与 RNA 形成的复合物。位于 CsCl 溶液和液状石蜡之间的则是蛋白质。

【结果分析】

超速离心以后，DNA 片段条带的颜色主要取决于 DNA 片段的含量，在极端条件下与溴化乙啶的含量也有关系。如果 DNA 条带的含量太少，则溴化乙啶的颜色太浅，不易辨认，可应用更为敏感的方法测定。

【注意事项】

1. 超速离心速度 超速离心的速度应在实际操作中进行摸索。速度太小，不足以使各个片段分开；但速度太大，则可能造成小片段与溴化乙啶形成复合物而沉入管底。

2. 超速离心时间 与超速离心速度一样，在具体的实验条件下摸索。时间太短，片段不易分开。

（二）琼脂糖凝胶电泳法

琼脂糖（agarose）是分离、鉴定和纯化 DNA 片段的标准方法。该技术操作简便、快速，用低浓度的荧光嵌入染料溴化乙啶进行染色，可以确定 DNA 在凝胶中的位置。凋亡的细胞，其染色质 DNA 发生断裂，并发生片段化，大小为 180~200bp 的倍数。从细胞中抽提染色质 DNA，进行琼脂糖凝胶电泳，则可以分带，如果琼脂糖凝胶中含有荧光染料,在紫外线照射时,可见染色条带呈梯状(ladder)排列。

【实验材料】

电泳仪、水平电泳槽、紫外线灯、琼脂糖、溴化乙啶、DNA 上样缓冲液、电泳缓冲液。

1. 上样缓冲液　0.25% 溴酚蓝,40%(W/V)蔗糖水溶液。

2. 电泳缓冲液　Tris- 醋酸(TAE):0.04mol/L Tris- 醋酸,0.001mol/L EDTA。

【操作程序】

1. 按常规方法配制琼脂糖凝胶。

2. DNA 样品与溴酚蓝载样液混匀以后,用微量加样器加至样品槽中。

3. 5~10V/cm 恒压电泳。在紫外线灯下可检查 DNA 电泳条带。如果同时加入了已知分子量的 DNA 片段作为分子量标识,还可以估算出 DNA 条带的分子量大小。如不满意,还可复原电泳槽继续电泳,直至满意为止。可以摄影,对 DNA 条带电泳情况留下永久记录。

【注意事项】

1. 熔化琼脂糖制备溶液时,最好应用三角烧瓶,松松地塞上软塞。其中的液体量不应超过三角瓶容积的 50%。防止在微波炉、沸水浴中进行熔化时沸出。

2. 浇注胶模时,一定要等待琼脂糖溶液的温度冷却至 60℃ 左右。温度太高,容易使对边的凝胶重新熔化或高温凝胶从电泳槽开口处溢出或漏出。

3. 每次配制凝胶尽量一次用完。多次重复熔化,使水分蒸发,琼脂糖的浓度则发生变化,影响电泳的结果。

4. 电极线不要接反,否则 DNA 片段以反方向运动,很快消逝于电泳液中。

5. 胶模灌注时,一定要保证胶模水平状态,必要时以水平仪进行校正,否则浇注的凝胶厚薄不均一,影响 DNA 电泳的效果。

6. 琼脂糖溶液一定要在彻底熔化以后才可使用。

7. 要等待琼脂糖凝胶完全凝固时才可以将梳子拔出,否则梳齿将破坏加样孔。

8. 胶模浇注时防止气泡的产生,如产生气泡可在凝固前以巴氏吸管吸出。防止气泡对 DNA 电泳过程产生影响。

（三）末端标记电泳法

以 DNA 超速离心、琼脂糖电泳等技术,可以将各种大小的 DNA 片段分开,以便鉴别。但是,这两种方法最后结果的判定,都是依赖于溴化乙啶的染色以及红色荧光的肉眼观察。这种方法虽然简便,但却不很敏感。以核素进行末端标记结合放射自显影技术,对程序性细胞死亡的 DNA 片段化进行研究,则具有很高的敏感性。其理论根据就是细胞发生凋亡时细胞染色质 DNA 的片段化,主要是单链断裂。单链断裂如何导致 180~200bp 倍数大小的片段形成?细胞凋亡时,其早期就有内源性核酸内切酶基因的表达激活。这种钙和镁离子依赖性核酸内切酶主要是切割 DNA 双链之一,即进行单链切割。这种单链切口主要分布于核小体的连接部位,当然,核小体上也有核酸内切酶的切口分布,只是较小罢了。这种 DNA 单链切口的分布在 DNA 两条链上的分布概率是对等的,如果 DNA 双链上两个单链切口相距不到 14bp,则这种双链结构很不稳定,极易分离。这样,发生凋亡的细胞,其染色质 DNA 即从核小体连接部位断开,从而形成一系列的单链突出的黏性末端。因此,细胞凋亡对其染色质 DNA 的片段化也有以下特点:

1. 催化 DNA 片段化的酶是一种内源性核酸内切酶。

2. 细胞凋亡时 DNA 断裂主要位于核小体的连接部位。

3. 细胞凋亡时 DNA 断裂主要是单链断裂,极少为 DNA 双链上相同部位同时断裂。

4. 产生大量的 3' 端黏性末端。

应用大肠埃希菌 DNA 聚合酶 I 的 Klenow 片段或 T4 噬菌体 DNA 聚合酶都可以进行 3' 凹端的 DNA 末端标识。其反应条件与补平双链 DNA 分子的 3' 凹端的条件相似,不过只是在反应中加入一种放射性标记的 dNTP。在反应中加入哪一种 α-^{32}P 标记的 dNTP 完全是随机的。因为 DNA 片段化的位点在 DNA 双链上随机分布,其 5' 突出端的核苷酸序列不肯定、不一致。因此,加入标识的任何一种 dNTP,所得的实验结果都应该是相似的。

应用 3′ 末端标记,凋亡细胞中提取的 DNA 琼脂糖凝胶电泳分段以后,再进行放射自显影,其敏感度有很大的提高。另外,放射自显影的 X 线片显影以后,还可以在密度仪(densitometer)测定下进行定量及半定量的检测。这也是末端标记法的一个重要优点。

【实验材料】

电泳仪、水平电泳槽、琼脂糖、上样缓冲液、电泳缓冲液、4 种 dNTP、α-^{32}P-dCTP、Klenow 酶。

【操作程序】

1. 细胞染色体 DNA 的抽提。从研究的组织及细胞系中以常规方法分离、纯化 DNA。

2. **建立反应体系** 细胞染色体 DNA 1~10pg,四种 dNTP 2~5nmol/L,α-^{32}P-dCTP 2~10μCi, Klenow 酶 1~5U。

3. 上述反应体系,在 37℃水浴中反应 30~60 分钟。

4. 按常规方法进行琼脂糖凝胶电泳。

5. 以保鲜膜包好琼脂糖凝胶,暗室中与 X 线片叠好,在增感屏中,-70℃冰箱曝光 24~48 小时,甚至更长时间,以实验条件不同而相应变化。

6. 冲洗 X 线片。

7. 如有必要,可用密度仪,测定曝光点的密度,以进行比较。

8. 条件不稳定时可用多个 X 线片、多个时间曝光,摸索条件,取得最佳效果。

【注意事项】

1. 在反应中常加入未标识的 dNTP,可避免模板 3′ 末端的核苷酸被外切除掉;可使未标记 dNTP 作为第 2、第 3 或第 4 个核苷酸加到 3′ 凹端。DNA 的 3′ 末端不能有效地被大肠埃希菌 DNA 聚合酶 I Klenow 片段所标记,可用 T4 噬菌体 DNA 聚合酶对这类分子进行标记。

2. 由于 DNA 片段的标记程度只与其摩尔浓度而不与其大小成正比,所以不同大小的片段被标记的程度是相同的。

3. 通过放射自显影确定由于分子太小而用溴化乙啶染色无法看到的 DNA 带。

4. 电泳前,不必除去未掺入的 α-^{32}P-dNTP。因为 α-^{32}P-dNTP 无论在聚丙烯酰胺还是琼脂凝胶电泳中的迁移率均比溴酚蓝快,因此不会干扰 DNA 样品的检测。

(四)单细胞凝胶电泳法

单细胞凝胶电泳分析(single cell gel electrophoresis, SCGE)是在单细胞水平进行 DNA 损伤和修复检测的荧光检测方法,具有简单、快速、灵敏和原位等特点。因其细胞电泳形状颇似彗星,又称彗星试验(comet assay)。

低熔点琼脂糖凝胶将细胞包埋于载玻片上,细胞裂解液破坏细胞膜、核膜及其他生物膜,细胞内 RNA、蛋白质及其他成分进入凝胶,继而扩散至裂解液中,而核 DNA 仍原位附着于核骨架。如果细胞未受损伤,因核 DNA 分子量大,电泳中停留于原位,经荧光染色后呈现圆形的荧光团,无拖尾现象。若细胞受损,在碱性电泳液(pH>13)中,DNA 双链解螺旋且碱变性为单链,单链断裂的小分子量 DNA 碎片进入凝胶,向阳极迁移,形成拖尾。细胞核 DNA 损伤愈严重,产生的断链或碱变性片段愈多,其片段愈小;电场作用下迁移的 DNA 量多,迁移的距离长,荧光显微镜下可观察到尾长增加和尾部荧光强度增强。一定条件下,DNA 迁移距离(彗星尾长)和 DNA 含量(荧光强度)分布与 DNA 损伤程度呈线性相关。

【实验材料】

电泳仪,电泳槽,荧光显微镜,彗星图像分析软件。

1. 0.8% 低熔点琼脂糖,PBS 配制。

2. 0.6% 常熔点琼脂糖,PBS 配制。

3. **碱性裂解液** 2.5mol/L NaCl, 100mmol/L Na$_2$EDTA, 10mmol/L Tris, 1% 肌氨酸钠。临用前加 10% DMSO, 1%Triton X-100。

4. **电泳缓冲液** 1mmol/L Na$_2$EDTA, 300mmol/L NaOH, Tris-HCl, pH7.5。

【操作程序】

1. **制备第一层胶** 100μl 常熔点琼脂糖滴加于载玻片,加盖玻片,4℃固化 10 分钟。

2. **制备第二层胶** 小心去除盖玻片,在第一层胶上滴加 80μl 含细胞(1×10^5 个/ml)低熔点胶琼脂糖,细胞与凝胶比例为 1：5。加盖玻片,4℃固化 10 分钟。

3. **裂解** 小心去除盖玻片,将载玻片浸入冰冷的碱性裂解液内,4℃裂解 1 小时。

4. **漂洗** 取出载玻片,PBS 漂洗 3 次。水平电泳槽内,加入电泳缓冲液,避光 20 分钟。

5. **电泳** 20V，300mA，电泳30分钟。

6. **漂洗** 取出载玻片，PBS漂洗，3×3分钟。

7. **染色** 滴加3μl EB（2μg/ml）于凝胶，加盖玻片，24小时内镜检。

【结果分析】

荧光显微镜下观察，凋亡细胞呈现小头和大尾的彗星样结构。活细胞显示大头和极小尾。坏死细胞显示大核残余物和几乎不可见尾。

【注意事项】

1. **胶体中的细胞密度** 细胞密度应调整至 1×10^5 个/ml，细胞数过低，则片中细胞数太少，不易完成100个彗星计数分析；细胞数过高，则片中细胞过密，使位于不同层面的细胞相互重叠而无法分析。

2. **裂解时间** 裂解时间过短可能使细胞裂解不彻底；裂解时间过长，可能出现沉淀而影响实验结果。

3. **电泳条件** 电压或电流过大，严重受损伤的细胞可能出现拖尾过长，使彗星消失而影响结果；正常的细胞也可能形成少许拖尾而形成假阳性结果。电压或电流过小，受损伤的细胞不会出现拖尾，形成假阴性结果。

三、细胞凋亡的免疫化学分析方法

细胞凋亡时，细胞染色体双链DNA裂解而产生的核小体DNA可与核心组蛋白H2A、H2B、H3、H4紧密结合，形成复合物，保护其DNA不被核酸内切酶降解。在细胞凋亡的早期，只有少数细胞的DNA发生断裂，用生物化学方法很难测出DNA ladder。Leist等使用抗组蛋白和抗DNA的单克隆抗体酶联免疫分析法（ELISA），测定凋亡细胞，不仅提高了测定凋亡细胞的灵敏度，而且可以测定早期的细胞凋亡。

采用ELISA测定细胞凋亡具有下列优点：①可定量地测定凋亡细胞；②不需要预先标记细胞，因而也可测定在体外不增殖的细胞，如从组织中分离的细胞等；③如测定的是与组蛋白结合的断裂DNA，则可以显示在细胞凋亡过程中基因组DNA的降解；④所使用的抗体没有种属特异性，因而可以测定各种不同种属的细胞凋亡；⑤可同时进行大量样品的检测；⑥灵敏度高，需要的细胞数少。

凋亡细胞核小体DNA断裂的酶联免疫吸附法，采用抗组蛋白抗体和抗DNA抗体夹心法（sandwich ELISA）进行测定，其原理与常规ELISA一致。测定时，首先用抗组蛋白抗体包被酶标测定板，接着用封闭试剂封闭，然后加入含有核小体和寡聚核小体的凋亡细胞裂解物，核小体则可与抗组蛋白抗体结合。最后，加入过氧化物酶（POD）标记的抗DNA抗体，此抗体可与已固定在酶标板上的核小体或寡聚核小体中的DNA结合，在POD底物（DAB）存在下，产生颜色反应，通过酶标测定仪分析，即可定量测定凋亡细胞。

抗组蛋白抗体可与人、小鼠、大鼠、仓鼠、牛、猪和果蝇的组蛋白结合，POD标记的抗DNA抗体可与单链的和双链的DNA结合，据此设计的抗体夹心酶联免疫吸附分析法可以测定核小体单体和各种不同大小的核小体聚合物，因而可以测定许多不同的培养细胞系或从动物组织中分离细胞的细胞凋亡。目前，Boehringer Mannheim公司已经有试剂盒供应，下面以此试剂盒为例，介绍这一测定方法。

【实验材料】

96孔或24孔酶标测定板，酶标分析仪，平台振荡器，抗组蛋白抗体、POD-抗DNA抗体、磷酸盐缓冲液（PBS）（pH7.3）、0.1mol/L碳酸盐缓冲液（pH9.2）、包被缓冲液、洗涤缓冲液、封闭缓冲液、酶联抗体复合物工作液、底物缓冲液、喜树碱（camptothecin，CAM）溶液、细胞裂解液。

1. **0.1mol/L碳酸盐缓冲液（pH9.2）** 碳酸钠13.6g，碳酸氢钠7.35g，H_2O 950ml，用1mol/L HCl或1mol/L NaOH调节pH至9.2，加蒸馏水定容到1 000ml。

2. **包被缓冲液（临用前配制）** 1μl抗组蛋白抗体，9μl 0.1mol/L碳酸钠缓冲液，pH9.2。

3. **洗涤缓冲液（含0.05%NaN_3的PBS）** NaN_3 0.5g溶于1 000ml PBS。

4. **封闭缓冲液** 0.05%Tween-20，1mmol/L EDTA，0.25%BSA，0.05%NaN_3。

5. **酶联抗体复合物工作液（临用前制备）** 1μl POD-抗DNA抗体，9μl封闭缓冲液。

6. **底物缓冲液** 50~75mg DAB溶于100ml 0.05mol/L Tris-HCl（pH7.4）中，在室温暗处振荡

溶解,滤纸过滤后,于4℃暗处保存。临用前加0.001%~0.003%H_2O_2。

7. **喜树碱溶液(1、2、4μg/ml)** 称量400μg喜树碱溶于100ml培养基(4μg/ml),再用培养基分别稀释2倍(2μg/ml)和4倍(1μg/ml)。

8. **细胞裂解液** 10mmol/L Tris-HCl(pH8.0),10mmol/L NaCl,10mmol/L EDTA,100mg/ml 蛋白酶K,1%SDS。

【操作程序】

1. **待测样品制备**

(1)以 HL-60 细胞(髓性白血病细胞)为例。将对数生长期的 HL-60 细胞用培养基稀释至 10^5 个/ml。在 Eppendorf 管中,每管加入 0.5ml(5×10^4 个细胞)。

(2)每管中分别加入 500μl 含有 0、1、2 和 4μg/ml 的喜树碱溶液,其中含 0μg CAM 的为阴性对照(活细胞、未处理的细胞),置 37℃、CO_2 孵箱中培养 4 小时。

(3)1 500r/min 离心 5 分钟,收集细胞,去除上清。将细胞重悬于 1ml 培养基中,同法离心后,将细胞重新悬浮于细胞裂解液中,4℃裂解 30 分钟。

(4)15 000r/min 离心 10 分钟,小心吸出 400μl 上清(避免吸出细胞核,其中含有未降解的 DNA),与 3.6ml 细胞裂解液混合(1∶10 稀释,1ml 相当于 10^4 个细胞),立即用于核小体的酶标测定,或分装贮存于 -20℃ 备用。

2. **实验步骤**

(1)在酶标板中,每孔加入 100μl 包被缓冲液,室温包被 1 小时,或于 4℃ 包被过夜。

(2)除去包被缓冲液,每孔加入 200μl 细胞裂解缓冲液,室温封闭 30 分钟。

(3)除去裂解缓冲液,每孔加入 200μl 封闭缓冲液,再于室温封闭 30 分钟。

(4)每孔加入 250μl 洗涤缓冲液,反复洗涤 3 次。

(5)每孔加入 100μl 待测样品溶液,另设两孔只加细胞裂解缓冲液,作为测定本底的空白对照,室温孵育 90 分钟。

(6)如(4)洗涤。

(7)每孔加入 100μl 酶标抗 DNA 抗体溶液(空白对照孔不加),室温孵育 90 分钟。

(8)如(4)洗涤。

(9)每孔加入 100μl 底物缓冲液,置室温暗处反应约 10~20 分钟后,以底物缓冲液为对照,使用酶标分析仪,于波长 405nm 处测定各孔光密度值。如果样品孔光密度值超过了仪器测量范围,则要将其稀释后再测。相当于活细胞的阴性对照孔也必须稀释相同的倍数。减少底物反应时间,也可使光密度值降低。

【结果分析】

待测样品光密度值等于从 3 个待测样品平行孔的光密度值中减去本底光密度值,代表正在死亡和已经死亡的细胞数目。凋亡细胞以富集系数(enrichment factor,EF)表示,EF 值的高低代表释放到胞质中的核小体单体或寡聚物的多少,等于待测样品光密度值除以阴性对照孔的光密度值。计算公式如下:

EF=(待测样品光度值 - 本底密度值)(死细胞)/ 阴性对照管光密度值(活细胞)

【注意事项】

1. 在使用不同的细胞和不同的细胞凋亡诱导剂时,ELISA 所需要的细胞数目不同,因此,细胞数目应当通过预实验确定。

2. 实验本底光密度值因实验条件不同会有所变化,在一般条件下,加入底物反应 15 分钟后,本底光密度值应小于样品光密度值的 1/10。

3. 阴性对照细胞(不加凋亡诱导剂的细胞),因不同的细胞培养条件会有所不同,通常在达到对数生长期的培养细胞中,约含 3%~8% 的死细胞。在 ELISA 中,这些死细胞会使光密度值增加,因此要严格控制培养细胞中死细胞的数目。

4. 由于阴性对照细胞会引起光密度值增加,因此,一般不需要另设阳性对照细胞。但如一定要求另设阳性对照细胞,可按下述方法制备。在 Eppendorf 管中加入 500μl 经处理的细胞悬液(5×10^4 个细胞),1 500r/min 离心 5 分钟,去上清。将细胞重新悬浮于 500μl 高渗缓冲液(10mmol/L Tris-HCl,pH7.4,400mmol/L NaCl,5mmol/L $CaCl_2$,10mmol/L $MgCl_2$)中,37℃保温至少 2 小时以上。15 000r/min 离心 10 分钟,小心吸出 400μl 上清,以细胞裂解液按 1∶5 稀释后作为阳性对照。

5. 本实验的影响因素主要包括细胞凋亡的

动力学、凋亡诱导剂和所试验的全部细胞中凋亡细胞的数量。在 HL-60/CAM 标准系统中，抗体夹心 ELISA 最低可测定 5×10^2 个 /ml（相当于每孔 50 个细胞）中的凋亡细胞。

四、细胞凋亡的分子生物学研究方法

脱氧核糖核苷酸末端转移酶介导的缺口末端标记法（terminal-deoxynucleotidyl transferase mediated nick end labeling，TUNEL）或缺口翻译法，实际上是分子生物学与形态学相结合的研究方法，对完整的单个凋亡细胞核或凋亡小体进行原位染色，能准确地反映细胞凋亡最典型的生物化学和形态特征，可用于石蜡包埋组织切片、冷冻组织切片、培养的细胞和从组织中分离细胞的细胞凋亡测定，并可检测出极少量的凋亡细胞，灵敏度远比一般的组织化学和生物化学测定法要高，因而在细胞凋亡的研究中已被广泛采用。

（一）TUNEL 法

细胞凋亡时，DNA 双链断裂或只要一条链上出现缺口而产生的一系列 DNA 的 3′-OH 末端可在脱氧核糖核苷酸末端转移酶（TdT）的作用下，将脱氧核糖核苷酸与荧光素、过氧化物酶、碱性磷酸化酶或生物素形成的衍生物标记到 DNA 的 3′末端，从而可进行凋亡细胞的检测，这类方法一般称为 TUNEL。由于正常的或正在增殖的细胞几乎没有 DNA 的断裂，因而没有 3′-OH 形成，很少能够被染色。

下面以过氧化物酶标记测定法为例介绍该方法。

【实验原理】

脱氧核糖核苷酸地高辛衍生物［（digoxigenin）-11-dUTP］在 TdT 酶的作用下，可以掺入到凋亡细胞双链或单链 DNA 的 3′-OH 末端，与 dATP 形成异多聚体，并可与连接了报告酶（过氧化物酶或碱性磷酸酶）的抗地高辛抗体结合。在适合底物存在下，过氧化物酶可产生很强的颜色反应，特异准确地定位出正在凋亡的细胞，因而可在普通光学显微镜下进行观察。本方法可以用于甲醛固定的石蜡包埋组织切片、冷冻切片和培养的或从组织中分离细胞的凋亡测定。

【实验材料】

染色缸、湿盒、恒温水浴、恒温箱、光学显微镜、磷酸缓冲液（PBS）（pH7.4）、蛋白酶 K、含 2% 过氧化氢的磷酸缓冲液、过氧化物酶标识的抗地高辛抗体。

1. TdT 酶缓冲液（新鲜配制）　Trizma 碱 3.63g，用 0.1mol/L HCl 调节 pH 至 7.2，加蒸馏水定容至 1 000ml，再加入二甲砷酸钠［（CH_3）$AsO_2Na \cdot 3H_2O$］29.96g 和氯化钴（$CoCl_2 \cdot 6H_2O$）0.238g。

2. TdT 酶反应液（新鲜配制）　TdT 酶缓冲液 76μl，TdT 酶 32μl 混匀，置于冰上备用。

3. 洗涤与终止反应缓冲液　氯化钠 17.49g，枸橼酸钠 8.829g，蒸馏水 1 000ml。

4. 0.5%（W：V）甲基绿　甲基绿 0.5g，0.1mol/L 醋酸钠 100ml（pH4.0）。

5. 100% 丁醇，100%、95%、90%、80% 和 70% 乙醇，二甲苯，10% 中性甲醛溶液，醋酸，松香水等。

【操作程序】

1. 将培养的或从组织分离的约 5×10^7 个 /ml 细胞，4% 中性甲醛，室温固定 10 分钟。载玻片上滴加 50~100μl 细胞悬液并使之干燥。PBS 洗两次，每次 5 分钟。

2. 染色缸中加入含 2% 过氧化氢的 PBS，室温反应 5 分钟。PBS 洗两次，每次 5 分钟。

3. 滤纸小心吸去载玻片上细胞周围的多余液体，立即在细胞上加 2 滴 TdT 酶缓冲液，置室温 1~5 分钟。

4. 滤纸小心吸去细胞周围的多余液体，立即在细胞上滴加 54μl TdT 酶反应液，置湿盒中，37℃反应 1 小时（注意：阴性染色对照，加不含 TdT 酶的反应液）。

5. 载玻片置于染色缸中，加入已预热至 37℃的洗涤与终止反应缓冲液，37℃保温 30 分钟，每 10 分钟将载玻片轻轻提起和放下一次，使液体轻微搅动。

6. PBS 洗 3 次，每次 5 分钟，直接在细胞上滴加两滴过氧化物酶标记的抗地高辛抗体，湿盒中室温反应 30 分钟。

7. PBS 洗 4 次，每次 5 分钟。

8. 细胞上直接滴加新鲜配制的 0.05%DAB 溶液，室温显色 3~6 分钟。

9. 蒸馏水洗 4 次，前 3 次每次 1 分钟，最后 1 次 5 分钟。

10. 室温,甲基绿复染 10 分钟。蒸馏水洗3 次,前两次将载玻片提起放下 10 次,最后 1 次静置 30 秒钟。依同样方法再用 100% 正丁醇洗3 次。

11. 二甲苯脱水 3 次,每次 2 分钟,封片、干燥后,光学显微镜下观察并记录实验结果。

【注意事项】

一定要设立阳性和阴性细胞对照。阳性对照的切片可使用 DNase I 部分降解的标本,阳性细胞对照可使用地塞米松 1μmol/L 处理 3~4 小时的大、小鼠胸腺细胞或人外周血淋巴细胞。阴性对照不加 TdT 酶,其余步骤与实验组相同。

（二）缺口翻译法

【实验原理】

以缺口翻译(nick translation)技术标记双链 DNA 片段,其条件是 DNA 片段上必须有缺口(nick)。制备均一标记的 DNA 探针时,通常以低浓度的 DNA 酶 I 消化 DNA,使双链 DNA 链上出现缺口。在凋亡的细胞中,有核酸内切酶的激活,可使细胞染色质 DNA 在核小体之间的连接部位发生断裂,形成特定大小的 DNA 片段,这就是凋亡过程具有的特征性 DNA 片段化。细胞凋亡过程中 DNA 的损伤多数情况下属于单链断裂,主要分布在核小体连接部位。这种以单链缺口为特征的 DNA 片段化,是进行缺口翻译检测的重要分子基础。

除了具备有缺口的双链 DNA 模板以外,进行缺口翻译反应还必须具备催化这一系统的酶类。常用的是来源于大肠埃希菌的多聚酶类。

DNA 多聚酶 I 由单链多肽组成,其分子量为 109kD,有 3 种酶的催化活性:$5' \to 3'$ DNA 多聚酶活性,$5' \to 3'$ DNA 外切酶活性,$3' \to 5'$ DNA 外切酶活性。

除了上述 3 种分子克隆中常用的酶的催化活性以外,还有 RNase H 酶的催化活性。缺口翻译技术,利用大肠埃希菌 DNA 聚合酶 I 的 $5' \to 3'$ 的 DNA 多聚酶的活性及 $5' \to 3'$ 核酸外切酶的活性,从缺口的 5' 端除去核苷酸,同时也可以将反应系统中的单核苷酸加到切口处的 3' 端。5' 端核苷酸的去除及 3' 端核苷酸的加入同时进行,导致缺口沿着 DNA 链移动。由于放射性标记的核苷酸代替了原有核苷酸,因而将具备缺口的核苷酸进行

标记。

大肠埃希菌 DNA 聚合酶 I 大片段,即 Klenow 片段,仅保留了 $5' \to 3'$ 多聚酶活性和 $3' \to 5'$ 的核酸外切酶活性,而其 $5' \to 3'$ 核酸酶消化活性消失,因此不能用作缺口翻译技术的酶类。

【实验材料】

1. 10× 缺口平移缓冲液 0.5mol/L Tris-HCl(pH7.5),0.1mol/L MgSO₄,1mol/L 二硫苏糖醇(DTT),500μg/ml 牛血清白蛋白。上述缓冲液配制完毕以后,分装成小份,贮存于 -20℃。

2. 4 种脱氧核苷三磷酸(dNTP)含有 dNTP 的溶液,每种脱氧核苷酸浓度都是 20mmol/L。

3. T4 大肠埃希菌 DNA 聚合酶 I 其保存溶液中含有 50% 甘油。通常情况下,1μl 这种溶液含 5 个单位的 DNA 多聚酶。

【操作程序】

1. 细胞悬液制备 细胞状态最好处于对数生长期。其密度根据细胞类型可以相差很大。从 $2 \times 10^4 \sim 5 \times 10^5$ 个 /ml 不等,根据需要和细胞本身的特点选定。

2. 反应体系 反应体积(荧光标记物):10× 缺口翻译缓冲液 5μl,荧光标记 -12-dUTP 0.03~0.35nmol,dTTP 0.97~0.65nmol,dATP 1nmol,dCTP 1nmol,dGTP 1nmol,T4DNA 多聚酶 I 5U,加水至 50μl。

上述反应体系避光 37℃以 4 000r/min 旋转振荡反应过夜。加入 2μl 的 0.5mol/L 的 EDTA(pH7.4)终止反应。此时即可以应用荧光激活细胞计数器(fluorescence activated cell sorter, FACS)进行分析。当然,反应体系中标识的单核苷也可以是生物素化或核素标识物。

反应体系(生物素标记物):10× 缺口翻译缓冲液 5μl,生物素化 dUTP 3μmol,dGTP 3μmol,dCTP 3μmol,dATP 3μmol,T4DNA 多聚酶 I 4U,加水至 50μl。

上述反应体系于室温反应 9 分钟。以磷酸盐缓冲液冲洗组织切片,进行免疫组化显色。

反应体系(核素标记物):10× 缺口翻译缓冲液 5μl,35S dCTP 16μCi,dATP 4μmol,dGTP 4μmol,dTTP 4μmol,T4 DNA 多聚酶 I 10U,加水至 50μl。

3. 免疫细胞化学检查 PBS 冲洗 3 次,以

DAB 为底物,检测过氧化物酶标识的生物素化的 dUTP。

4. 放射自显影　以 PBS 冲洗 3 次,敏感胶片覆盖,曝光 2 周后冲洗胶片。

【注意事项】

1. **细胞数量**　各种标记单核苷酸的掺入量取决于两个因素,一个是模板 DNA 上单链缺口的多寡,另一个是 T4DNA 聚合酶的活性。各实验系统中,由于采用的细胞类型和反应体系相差很大,细胞发生凋亡的比率也不同。因此,不同反应系统中细胞染色质 DNA 模板缺口数量不同。对各种反应体系中的细胞用量应具体分析再确定。

2. **组织切片处理**　石蜡包埋固定的组织切片,必须事先小心彻底脱蜡。防止反应体系不能有效地浸入组织中,这是有效进行反应的先决条件。

3. **细胞固定**　细胞膜的穿透性是影响检测效果的重要条件。因为这可以决定反应体系能否与细胞染色质 DNA 有效接触。将细胞固定后贮存于 4℃,可保证细胞的稳定性,同时为各个实验系统提供质量均一的、有保证的细胞标本。

4. **反应时间**　反应时间可能也是影响结果的一个重要因素。除了对每个实验系统进行细致的探索以外,必须设置严格的对照。

5. **防止 DNA 片段的丢失**　凋亡过程中细胞 DNA 的低分子量部分,200~1 000bp、单个或寡聚核小体片段可以从细胞中渗出。剩下的大分子量的 DNA 仍然保留在核基质中。后一部分 DNA 在反应完毕后冲洗及乙醇固定过程中不会丢失。因此,在反应及操作过程中应严防 DNA 片段的丢失,否则会严重影响实验结果。

(刘玉琴)

第六节　细胞的基因修饰

当一个基因被克隆后,研究者总是希望能在真核细胞中深入研究其功能。通过各种手段在真核细胞中过表达或敲低目的基因的表达,进一步研究其在细胞中的功能、表达调控、蛋白质产物等是现在非常常用的技术。目前已经被用于基因结构与功能分析、基因表达与调控、基因治疗与转基因动物等领域的研究。

这里介绍几种常用的对细胞进行基因修饰的方法。

一、磷酸钙沉淀法

此法是研究基因转染最先采用的技术,操作简单,不需昂贵的转染试剂,至今仍有研究者应用此技术。其机制可能是 DNA 与磷酸钙形成沉淀物,使之黏附到培养的哺乳动物细胞表面,被细胞内吞。但此法不足的地方是转染效率比较低,有些细胞不能用此种方法进行转染。

（一）贴壁细胞转染方法

【实验材料】

1. 2mol/L 氯化钙,0.22μm 滤膜过滤除菌,−20℃ 保存。

2. 2×HBS 缓冲液:280mmol/L NaCl,10mmol/L KCl,1.5mmol/L Na_2HPO_4,12mmol/L 葡萄糖,50mmol/L HEPES。将 1.6g NaCl,0.074g KCl,0.027g $Na_2HPO_4 \cdot 2H_2O$,0.2g 葡萄糖,1g HEPES 溶于 90ml 水中,用 0.5mol/L NaOH 调节 pH 为 7.0,然后用双蒸水定容至 100ml,0.22μm 滤膜过滤除菌,分装,−20℃ 保存。

3. 含 15% 甘油的 1×HBS 缓冲液。

4. PBS 缓冲液(pH7.4)。

【操作程序】

1. 在转染前 24 小时,将对数生长期细胞用胰蛋白酶消化,将 1×10^6 个细胞接种于 60mm 的培养皿中,置 37℃、5%CO_2 培养箱中继续培养。

2. 在转染前 2 小时,按表 9-1 配制 DNA-磷酸钙共沉淀物。将质粒 DNA 溶于 263μl 无菌水中,加入 37μl 2mol/L 氯化钙溶液,混匀后,缓慢加入 2×HBS 缓冲液,并不断轻轻摇振,缓冲液在 30 秒内加完。将所配制的混合物在室温静置 30 分钟。

表 9-1　DNA-磷酸钙共沉淀物的制备

试剂	60mm 培养皿	100mm 培养皿
DNA/μg	6~12	10~20
无菌水 /μl	263	438
2mol/L 氯化钙 /μl	37	62
2×HBS/μl	300	500

3. 弃去细胞培养基,用无血清培养基或 PBS 缓冲液洗涤一次,将 DNA-磷酸钙沉淀物加入培养皿中,在室温下静置 20~30 分钟,然后再加入 5ml 培养基,37℃、5%CO₂ 培养箱中继续培养。

4. 培养 24~48 小时,可进行瞬时表达检测,或用适当的选择性培养基进行稳定转化克隆的筛选。

(二)悬浮培养细胞转染方法

1. 用离心法收获 1×10^7 个细胞,弃细胞培养基,用 PBS 缓冲液洗涤一次细胞沉淀,再一次离心收获细胞。

2. 制备 DNA-磷酸钙沉淀物,方法同上。

3. 用 0.5ml DNA-磷酸钙沉淀物重悬细胞沉淀,置室温 10~20 分钟。在细胞悬液中加入 5ml 完全培养基,置 37℃、5%CO₂ 培养箱中继续培养。

4. 培养 16~24 小时,收集细胞,弃转染液,换以完全培养液继续培养。

5. 37℃、5%CO₂ 培养箱中培养 48 小时后,进行表达检测或者克隆化筛选。

【注意事项】

1. 在制备 DNA-磷酸钙沉淀物的静置过程中,约 5 分钟出现轻度浑浊,浑浊度越来越深,大约在 20~30 分钟时,在显微镜下观察出现小颗粒。

2. 颗粒的大小与转染的效率密切相关,其判定方法是将试管对着光线观察,见溶液呈浑浊状态,略带白色,但肉眼又看不见颗粒,在高倍显微镜下则可见均匀细小的颗粒,此时的颗粒为比较理想的状态。如果用肉眼即能看到颗粒,则说明所形成的颗粒太大;如果 20 分钟后溶液仍然透明,则说明无颗粒形成或形成的颗粒太小。

3. 在加入 $2 \times HBS$ 时,一定要不断地振摇,否则会形成大块状的颗粒。

4. 在配制 $2 \times HBS$ 缓冲液时,一定要注意溶液的 pH,其可明显地影响沉淀颗粒的形成。偏酸则不能形成颗粒,偏碱则形成的颗粒太大。这两种情况均可导致转染失败。

5. 在实际操作中,有的研究者为了增加转染的效率,在转染的 3 步骤后 2~4 小时进行甘油休克。在实验前需要进行预实验,检测该细胞对甘油的敏感性。方法是:收集对数生长期细胞 1×10^7 个,弃培养基,加入 0.5ml 含 15% 甘油的 $1 \times HBS$ 缓冲液。37℃温育,分别在显微镜下观察 1、2、3 分钟时的细胞变化,如果在温育过程中,发现细胞变圆并死去,则转染后勿进行甘油休克。如果细胞形态未发生明显变化,才可进行甘油休克。方法同细胞对甘油的敏感性检测。甘油休克后,弃 15% 甘油的 $1 \times HBS$ 缓冲液,用 PBS 洗一次,加入完全培养基继续培养。

6. 另一个增强转染效率的方法是用氯喹处理细胞。氯喹对细胞具有毒性作用,一般在实验前需进行预实验决定合适的浓度。但对于大多数细胞来说,用浓度为 100μmol/L 的氯喹处理或可取得良好的效果。可在 DNA-磷酸钙沉淀物加入细胞之前或之后进行,但需在甘油休克之前。处理后用 PBS 液清洗。在处理的过程中细胞会出现泡状变化,这是正常现象。

二、脂质体转染

转染用试剂脂质体 Lipofectin 和 Lipofectamine 是商业化的第一、二代产品基因转染试剂。Lipofectamine 与 Lipofectin 相比,毒性更小,转染效率更高,特别适合于一些体外培养细胞,如 HeLa、COS-7、NIH3T3、PC12 等。脂质体是一种特制的阳离子脂质试剂,其与靶 DNA 的磷酸骨架结合而成的复合物,具有能携带基因物质通过细胞膜,从而完成转染过程的特性。可转染 DNA、RNA 和寡核苷酸至各种细胞,并可将 DNA 导入植物原生质体。脂质体适用于各种类型的贴壁生长和悬浮培养的细胞,其介导的转染效率是磷酸钙沉淀法的 5~100 倍。

(一)贴壁细胞转染方法

【材料】

脂质体,不完全培养基(RPMI 1640),完全培养基(含 15% 胎牛血清)。

【操作程序】

1. **质粒的制备** 由于用于转染的质粒量比较大,所需的纯度也较高,而且质粒的构型最好是共价闭环的。所以推荐采用质粒 DNA 大量制备,而且在操作过程中要轻柔。提取的质粒需进行纯化,如用氯化铯密度离心法、聚乙二醇沉淀法。目前市上所售的一些质粒提取和纯化的试剂盒可以达到基因转染的要求,并且操作比较简单、快捷。在质粒纯化的最后一步质粒沉淀时,应是无菌操作,70% 的乙醇漂洗,无菌超净台内吹干,溶于无菌水中。

2. **收获细胞** 将（1~2）×10⁵ 个细胞重悬于 2ml 完全培养基中，转种于 35mm 培养皿中或 6 孔培养板中。

3. 37℃、5%CO_2 培养箱培养 18~24 小时，使细胞达 50%~80% 的融合。

4. 在 Eppendorf 管中，制备下列溶液：①A 溶液，将 2~20μg 质粒 DNA 溶于 100μl RPMI 1640 培养基中；②B 溶液，Lipofectin［Lipofectin（μl）：DNA（μg）约为 2.5：1］稀释于 RPMI 1640 培养基中，至终体积 100μl。

5. 合并 A 溶液和 B 溶液，轻轻混匀，置于室温 15 分钟。

6. 弃去培养皿或培养板中的细胞培养液，并用无血清培养基洗涤细胞一次。

7. 加 0.8ml 无血清培养基至 Lipofectin–DNA 混合物中，混匀后，小心滴在细胞上，轻轻混匀。

8. 37℃、5%CO_2 培养箱培养 5~24 小时（这个时间要根据细胞耐受无血清培养时间而定）。

9. 弃去转染液，加入 2ml 完全培养基，继续培养。

10. 转染后 48~72 小时，测定细胞瞬时表达情况，如用于稳定表达，可于转染 48 小时后更换选择培养基进行筛选。

（二）悬浮细胞转染方法

【实验材料】

同贴细胞转染方法。

【操作程序】

1. 质粒的制备同上。

2. 收获细胞，用无血清培养基洗涤细胞 1 次。

3. 将（2~3）×10⁶ 个细胞重悬于 0.8ml 无血清培养基中，接种于 6 孔板或 35mm 培养皿中。

4. 参照贴壁细胞转染方法 4、5 进行制备 Lipofectin–DNA 混合物。

5. 将制备的 Lipofectin–DNA 混合物加入细胞悬液中，轻轻混匀，置 37℃、5%CO_2 培养箱培养 5~24 小时。

6. 加 4ml 完全培养基继续培养。

7. 转染 48~72 小时后，室温 200g，离心 5 分钟收获细胞。测定细胞瞬时表达情况。

Lipofectamine 与 Lipofectin 转染的方法基本

相同，不同公司的产品有稍许不同，请参照其产品说明书进行，表 9-2 列出不同直径的培养皿的转染过程所需的试剂量。

表 9-2 不同直径培养皿转染过程所需试剂量

培养皿直径 /mm	脂质混合物 /μl	Lipofectamine 或 Lipofectin/μl	DNA /μg	无血清培养基 /ml
35	100	2~25	1~2	0.8
60	300	6~75	3~6	2.4
100	800	16~200	8~16	6.4

三、电穿孔转染技术

电穿孔是指在高压电脉冲的作用下使细胞膜上出现微小的孔，导致不同细胞之间的细胞膜发生融合。在后来的研究中发现，对细胞进行电击可以促使细胞通过微孔吸收外界环境中的 DNA 分子，并进入细胞核内部。

【操作程序】

1. 在含 10% 胎牛血清的 DMEM 培养基中生长至 50%~80% 融合，收集细胞（0.5~1.0）×10⁷ 个 /ml，并用冰预冷的电穿孔缓冲液洗涤细胞 2 次。常用的电击缓冲液有：PBS 缓冲液（pH7.4），磷酸盐蔗糖缓冲液（272nmol/L，7mmol/L 磷酸钠 pH7.4，1mmol/L $MgCl_2$），Hamm′s F12 培养基（不含小牛血清和抗生素）。

2. 取 0.8ml 细胞悬液放入 0.4cm 的基因脉冲小池中，取 3~40μg 质粒加入细胞悬液中，充分混匀，冰浴 10 分钟。

3. 将基因脉冲小池放在电脉冲仪的正负极之间，电击 1 次，电击条件依据电击缓冲液有所不同（表 9-3）。

表 9-3 缓冲液及所需的电压

缓冲液	电容 /μF	电压 /V
PBS 缓冲液	25	100~1 600
磷酸盐蔗糖缓冲液	25	100~1 000
Hamm′s F12 培养基	960	250~450

4. 电击后将小池冰浴 10 分钟。

5. 从小池中吸出细胞，并用适量的培养基稀释细胞，37℃、5%CO_2 培养箱中培养 48 小时后，进行表达检测或者克隆化筛选。

【注意事项】

1. 电击的最大电压和电击持续时间是影响转染效率的 2 个主要因素。电击电压太小和 / 或持续时间太短,则转染效率太低;如果电击电压大或电击时间太长,细胞将不能存活,所以用此种方法转染为了取得好的转染效率,须进行反复实验摸索出最佳的电击电压和电击持续时间。

2. 细胞处于有丝分裂期时比较易感染外源 DNA,所以在进行转染时,细胞最好处于对数生长期。

3. 质粒 DNA 的状态对转染的影响。要使外源 DNA 整合到细胞染色体上,最好用线性 DNA (因为线性 DNA 有较高的重组概率)。瞬时表达用环状的 DNA 即可。

4. 质粒 DNA 的浓度在 2~40μg/ml 范围内时,随着 DNA 浓度的增加,转染效率随着增加。作为稳定表达时,DNA 的浓度为 2~10μg/ml,而某些瞬时表达系统则需 20~40μg/ml。

四、病毒介导的基因转移技术

近年来,在各种实验系统的转运核酸的载体中,病毒载体已经越来越受到研究者们的青睐。一般来说,病毒载体的转导效率比常规真核表达载体高很多,因此特别适合于介导外源基因在难转染甚至无法转染的哺乳动物细胞中表达,常用的病毒载体包括腺病毒载体、逆转录病毒载体和慢病毒载体等,又各自具有不同的特点。如腺病毒载体来源于人 5 型腺病毒,需要先和一个辅助质粒共转染包装细胞(常用 293T),得到的病毒颗粒可以感染分裂和非分裂期的细胞,但是不整合到宿主染色体上;逆转录病毒表达体系改建自莫洛尼鼠白血病病毒,需要在特定的包装细胞(如 PT67)中进行包装,病毒颗粒释放到上清中,收集后可以感染分裂期的目的细胞,并整合到染色体上;而慢病毒载体改建自人免疫缺陷病毒(HIV),带有目的基因的表达质粒需要和包装质粒(2 个或者 3 个)共转染包装细胞(293T、293FT 等),包装出复制缺陷的慢病毒颗粒,进一步感染目的细胞,慢病毒也可以整合到宿主染色体上。下面以慢病毒体系为例,简单介绍病毒包装体系。

【操作程序】

1. **预铺明胶** 用 0.1% 的明胶包被 T75 细胞培养瓶,覆盖瓶底即可(T75 瓶加 3ml),室温放置 10 分钟。

2. **传 293T 细胞** 将培养 293T 细胞用 0.05% 胰蛋白酶消化后,细胞计数,取 (2~3)×10⁶ 个细胞,用 5ml 含 10%FBS 的 DMEM 培养基重悬于 T25 培养瓶。以此浓度铺细胞,第二天 293T 细胞达到 80%~90% 的汇合度即可包装病毒。

3. 取含目的 cDNA 的慢病毒质粒和包装质粒 pVSVG 及 △8.91(三质粒包装系统),按照以下比例混合:

(1)质粒 DNA:pVSVG:△8.91=10:5:7.5

(2)总 DNA:opti MEM=2μg:100μl

(3)总 DNA:fugene=2μg:5μl

先加入 opti MEM,然后加入质粒混合物,正常吹打 3~5 次,或是颠倒混匀,再加入 56μl Fugene 转染试剂,室温放置 15 分钟,即可加入培养瓶中。晃匀后,隔 2~4 小时后再晃匀一次即可。

4. 转染后 24 小时,将 T75 瓶中的培养基弃去,加入新的 10% DMEM 10ml,转染后 48、72 小时后收集病毒上清,用 0.45μm 滤膜过滤后置于 4℃冰箱保存(病毒如需长期保存,可分装后置于 -80℃保存)。

5. **感染细胞** 取 37℃预热后的病毒加入培养的目的宿主中,同时加入 1/1 000 聚凝胺(提高感染效率),感染 72 小时或 96 小时后可进行目的基因的检测。

除了上述几种向细胞内转移核酸的方式之外,基因导入的方法还有 DEAE- 葡聚糖转染技术、基因显微注射和纳米级分子级颗粒的非脂质体型转染试剂等方法。DEAE- 葡聚糖转染的方法一般用于基因瞬时表达,它不易形成稳定转染的细胞系。基因显微注射需要特殊的仪器和设备,操作比较复杂,但这种方法常用于建立转基因动物模型,以研究外源基因在整体动物中表达调控规律。转基因动物可改变动物的基因型,使其更符合人类的需要,或使转基因动物产生人类所需的生物活性物质。纳米级分子级颗粒的非脂质体型转染试剂是一种不含脂类分子、内毒素及任何动物来源的成分,当它与 DNA 混合时,形成纳米大小的转染复合物,这种技术由于不含脂类分子,所以特别适用于研究脂类分子的实验、信号转导研究及新药发现和药物筛选。

另外,分子生物学的发展日新月异,基因编辑的新型工具层出不穷,比如发现了很多类具调控作用的非编码 RNA。小干扰 RNA(small interfering RNA, siRNA),是 21~25nt 寡核糖核酸双链 RNA 分子,转染细胞可以稳定、特异性抑制某一个基因的表达;microRNA(miRNA)是由内源基因编码的长度约为 22 个核苷酸的非编码单链 RNA 分子,参与转录后基因表达调控;长链非编码 RNA(long noncoding RNA, lncRNA)是长度大于 200 个核苷酸的非编码 RNA 在表观遗传调控等众多生命活动中发挥重要作用。最新被报道的规律成簇间隔短回文重复(clustered regularly interspaced short palindromic repeat, CRISPR)系统,仅仅由 Cas9 蛋白和向导 RNA 分子(single RNA, sgRNA)就可以对基因组中特定的 DNA 序列进行外科手术式的精细改造,在特定的位置敲除或者插入基因。这些新技术的实现往往也都是以外源基因导入细胞为基础,故细胞的转染或感染作为组织细胞培养中的常用手段,应用越来越广泛。

五、筛选细胞克隆

基因转染入细胞后,有些细胞克隆所转染的基因是高表达,而有些克隆是低表达,还有一些研究需要对稳定转染的细胞克隆进行筛选。获得稳定转染细胞克隆一般需要 2 个过程,一是通过药物筛选,将未转染成功的细胞去除;二是克隆细胞株的分离和扩增。

(一)药物筛选

在基因导入过程中只有一小部分细胞获得了外源性的 DNA,稳定整合到细胞的基因组 DNA 中,并且表达产物。为了方便地鉴定出这些细胞来,一般在转染载体上会有一个能在这些细胞中产生可被选择的显性遗传标志。目前常用的这种标志有胸腺核苷激酶(tk)基因、二氢叶酸还原酶(dhfr)基因、新霉素磷酸转移酶(neo)基因、乙酰转移酶(pac)基因和潮霉素磷酸转移酶(hph)基因等。下面以 G418 筛选为例进行介绍。表 9-4 列出了这些标记所适用的细胞和所用的筛选药物。

【操作程序】

1. 取 100mg G418 溶于 2ml 无菌 PBS 中(浓度为 50mg/ml),-20℃保存。

2. 转染后经过 48~72 小时,待细胞生长接近融合时按 1:4 传代。

3. 继续培养至细胞达 50%~70% 融合。

4. 弃去培养液,更换含有 800μg/ml 的 G418 培养液进行筛选(其浓度可依据预实验来确定,不同的细胞对 G418 有不同的适合浓度),与此同时用未转染的细胞作对照进行。

5. 当大部分细胞死亡时(约 3~5 天后,在镜下观察,细胞不再贴壁,漂浮起来,细胞变圆),再换一次液,G418 浓度可降至 150~250μg/ml,以维持筛选作用。

6. 约 10~20 天后,可见有抗性克隆形成,待其逐渐长大后,将其分离转移和扩增。

(二)克隆细胞株的分离转移和扩增

将所形成的克隆进行扩增培养的方法常用的有两种方法。

1. 胰蛋白酶-滤纸黏附

(1)将所形成的克隆在显微镜下准确标记位置。

(2)在超净台内,吸去培养基,并用无血清的

表 9-4 标记基因所适用的细胞和所用的筛选药物

标志基因	筛选药物	所适用的细胞
胸腺核苷激酶(tk)基因	HAT	tk⁻ 细胞
二氢叶酸还原酶(dhfr)基因	甲氨蝶呤	dhfr⁻ 细胞
新霉素磷酸转移酶(neo)基因	G418	所有真核细胞
乙酰转移酶(pac)基因	嘌呤霉素(puromycin)	所有真核细胞
潮霉素磷酸转移酶(hph)基因	潮霉素(hygromycin)	所有真核细胞
脱氨酶基因(bsr/BSD)	杀稻瘟菌素(blasticidin)	所有真核细胞

培养基洗涤两次。

（3）用无菌镊夹取一块约 5mm 方形灭菌 3MM 滤纸，用 0.25% 胰蛋白酶浸湿，置于克隆所标记的位置处，5~20 秒。

（4）将 24 孔培养板每孔加入含有 250μg/ml G418 的选择性培养基 2ml，用镊子取出黏附有克隆细胞的滤纸块，置于 24 孔培养基中，涮洗数次，以使滤纸上黏附的细胞脱下。

（5）将移有克隆细胞的 24 孔培养板置于 37℃、5%CO₂ 培养箱中继续培养。

（6）待细胞长满后，胰蛋白酶消化后，进一步扩大培养。

2. 胰蛋白酶 –Tip 头吸取

（1）细胞克隆位置的确定和处理同上（1）和（2）。

（2）用微量移液器（带无菌 Tip 头）吸取 2~5μl 0.25% 胰蛋白酶滴在细胞克隆位置上，并反复吹打数次，吸取液体。

（3）将含有细胞的胰蛋白酶液体 2ml，加入含有 250μg/ml G418 的选择性培养基 24 孔板中。37℃、5%CO₂ 培养箱中继续培养。

（4）待细胞长满后，胰蛋白酶消化后，作进一步扩大培养、鉴定。

上述列出了一些常用的基因转染方法，转染的效果如何，除了用药物抗性筛选标志外，还需对其产物进行检测，进一步鉴定，所用的方法就是应用细胞的分离提取技术，提取 RNA 进行 RT-PCR 检测和 Northern blot 检测，提取蛋白质进行 Western blot 检测。

（冯海凉）

参 考 文 献

1. Barr PJ, Tomei LD. Apoptosis and its role in human disease. Biotechnology NY, 1994, 12（5）: 487–493.

2. Cheng J, Zhou T, Liu C, et al. Protection from Fas-mediated apoptosis by a soluble form of the Fas molecule. Science, 1994, 263（5154）: 1759–1762.

3. Archana MB, Yogesh TL, Kumaraswamy KL. Various methods available for detection of apoptotic cell-a rewview.

Indian J Cancer, 2013, 50（3）: 274–283.

4. RI Freshney. 动物细胞培养：基本技术和特殊应用指南. 章静波, 徐存拴, 等译. 北京：科学出版社, 2019.

5. Krauss G. 细胞信号转导与调控的生物化学. 孙超, 刘景生, 等译. 北京：化学工业出版社, 2005.

6. Alberts B. Molecular Biology of the Cell. 4thed. 新跃, 钱万强, 等译. 北京：科学出版社, 2008.

第十章　细胞融合与单克隆抗体制备

两个或多个真核细胞合并形成双核或多核细胞的过程称为细胞融合(cell fusion),基因型相同的细胞融合后形成的后代称同核体(homokaryon),基因型不同的细胞融合后形成的后代称异核体(heterokaryon),也称杂交细胞,此时细胞融合又称细胞杂交(cell hybridization)。细胞融合可以自然发生(如肌细胞融合形成肌纤维),也可通过人工方法诱导产生。不同细胞能够融合在一起的概念或想法早已出现。1907年,神经生物学者 Harrison 为了解决神经纤维是单一的神经细胞还是多个细胞融合而成,进行了体外细胞培养的尝试,为细胞培养技术奠定了基础。受限于细胞培养技术,细胞融合技术发展较为缓慢,直到1962年,日本学者 Okada 才首次在体外利用仙台病毒诱导细胞融合成功。

目前,化学或物理的融合方法已取代了仙台病毒这样传统的生物学方法,成为体外诱导两个不同类型细胞融合的主要手段,它们的作用原理是暂时使质膜的脂类分子的有序排列发生改变,待去掉作用因素之后,质膜恢复原有的有序结构,在恢复过程中便可诱导相互接触的细胞之间发生融合。细胞融合形成的异核体中,两种细胞的成分混合在一起,提供了研究它们之间相互作用的条件。同种动物不同组织的融合细胞,其染色体较少发生相互排斥,杂交细胞相对稳定,能较好地表达双亲的特异性状,而不同种动物的融合细胞其染色体不稳定,往往一个亲本的染色体保持完整,而另一个亲本的染色体被排除,只剩一条或几条染色体。例如,人-小鼠杂交细胞中,人的染色体容易随机丢失,大鼠-小鼠杂交细胞中,大鼠的染色体也容易随机丢失。

最初,细胞融合技术主要是用于动物细胞核质关系的研究。例如,鸡红细胞与组织培养细胞融合后,鸡红细胞的非活性细胞核受到正在生长的培养细胞胞质的激活,开始合成 RNA 分子,并进一步进行 DNA 复制。1970年,美国的弗雷(L.D.Frye)和埃迪登(H.Edidin)用细胞融合技术首次直接证明了细胞的膜蛋白在细胞膜内的平面横向移动这一理论。细胞融合技术在动物细胞中实验成功后,很快被应用到植物细胞中,而发展成为植物细胞杂交技术。所谓植物细胞杂交,实际上是以脱掉细胞壁的原生质体融合为基础,即利用人工的方法把分离到的不同品种或不同种的原生质体诱导成融合细胞,然后再经离体培养、诱导分化和再生完整植株的过程。原生质体融合技术配合原生质体培养已得到了一些体细胞杂种植株,在植物形态上表现出了杂种特性,为克服有性杂交不亲和性和改良植物品性建立了一条新途径。

细胞融合成就了单克隆抗体制备技术,而这一技术的成功被誉为免疫学领域的革命。

单克隆抗体与常规的血清抗体不同,后者是针对一个抗原的不同抗原决定簇由许多不同的 B 淋巴细胞产生的(多克隆)混合体,而单克隆抗体是针对抗原某一个决定簇的,由一个 B 淋巴细胞产生的抗体,因而是一种均质的高特异性的抗体。自抗原抗体反应的特异性被认识以来,在体外常规制备大量高特异性的均质性抗体成为了免疫学者们的宿愿和奋斗目标。1975年,Köhler 和 Milstein 首先报道用细胞融合技术,使经绵羊红细胞免疫的小鼠脾细胞与小鼠骨髓瘤细胞相融合,建立了能够定向产生抗绵羊红细胞的单克隆抗体,并可以在体外将所得杂交瘤细胞大规模培养增殖以获取特异的抗体。这是人类首次能够按照自己的意愿在体外生产针对某一抗原决定簇产生的特定抗体。单克隆抗体不但被广泛地应用于免疫学、法医学、微生物学、病理学、肿瘤学、遗传学、分子生物学等各个医学研究领域,也成为临床生化实验室的常规分析、诊断试剂和许多临床疾病治疗和预防的重要手段。单克隆抗体技术的应用是现代生物学领域里最重要的进展之一，对现代生物学和医学各个领域产生了巨大的影响，是划时代的技术进步。

近一段时期以来，随着单克隆抗体产业化的不断推进，基因工程抗体技术也飞速发展。这其中如噬菌体抗体筛选技术是最有效的制备单克隆抗体的实验方法，也不乏一些基因工程抗体是在淋巴细胞杂交瘤产生这一基础之上的工作，它们的出现更丰富了单克隆抗体的内容。以细胞融合技术为开端，伴随基因工程技术的不断进步，单克隆抗体制备这一领域将会迎来一个更加高效、多彩的时代。

第一节　单克隆抗体制备的基本原理

体外规模化制备高特异性均质抗体长期以来存在着许多技术瓶颈，其中最重要的问题在于生产用细胞的制备。致敏的 B 淋巴细胞能分泌特异性抗体，且每个 B 淋巴细胞只针对单一的抗原决定簇产生抗体，但这些分泌抗体的细胞寿命短，不能在体外培养的条件下长时间生长。应用细胞融合技术可以解决这个问题。骨髓瘤细胞可以在体外大量繁殖，将小鼠的骨髓瘤细胞与能够分泌某种抗体的 B 淋巴细胞融合，融合后的杂交细胞既具有肿瘤细胞易繁殖的特性，又具有 B 淋巴细胞分泌特异性抗体的能力。结合细胞克隆培养技术，将获得的杂交瘤细胞进行单克隆分离并进行筛选，建立单克隆细胞系，这样的细胞系就能够用于规模化生产针对单一抗原决定簇的均质抗体。

细胞融合前要用某种抗原免疫小鼠，使小鼠体内产生针对这种抗原的致敏的 B 淋巴细胞，这些致敏的 B 淋巴细胞会存在于免疫小鼠的脾脏内。B 淋巴细胞与骨髓瘤细胞的融合多用聚乙二醇（polyethyleneglycol，PEG）作为促融剂，因为细胞融合是随机的，除了脾细胞中的各种细胞与骨髓瘤细胞可发生融合之外，骨髓瘤细胞之间或其他脾细胞之间也会发生融合。此外，还会剩下许多未融合的骨髓瘤细胞和脾细胞。因此需要将融合的目标杂交细胞筛选出来。

筛选是根据以下原理：一般细胞 DNA 的主要生物合成途径可以被叶酸的拮抗物氨基蝶呤（aminopterin）所阻断，但细胞仍然可以经过旁途径（或叫应急途径）进行合成。这种旁途径是通过次黄嘌呤鸟嘌呤磷酸核糖转移酶（hypoxanthine-guanine phosphoribosyltransferase，HGPRT）、次黄嘌呤（hypoxanthine，H）和胸腺嘧啶脱氧核苷激酶（thymidine kinase，TK）及胸腺嘧啶脱氧核苷（thymidine，T）来合成 DNA。因此，正常细胞在 TK 和 HGPRT 的存在下，即便主要生物合成途径被阻断，若有足够的次黄嘌呤和胸腺嘧啶脱氧核苷，DNA 的合成仍可进行，但若缺少其中一种酶，DNA 合成就不能进行。用于细胞融合的骨髓瘤细胞系是经过毒性药物 8- 杂氮鸟嘌呤（8-AG）或 5- 溴脱氧尿嘧啶核苷（BUdR）等诱导而选择产生的代谢缺陷型细胞，细胞内缺少 HGPRT 或 TK。因此，这种骨髓瘤细胞或者骨髓瘤细胞之间形成的融合细胞在 DNA 正常合成途径被阻断的 HAT（次黄嘌呤 – 氨基蝶呤 – 胸腺嘧啶脱氧核苷）选择性培养基中就无法生存。但当它们与具有 TK 和 HGPRT 的正常细胞融合后，形成的杂交瘤细胞兼具两种亲本细胞的性质，从而在 HAT 选择性培养基中存活并生长繁殖。另一方面，正常的脾细胞或脾细胞之间的融合细胞由于寿命有限，在细胞培养液中不能持续生长繁殖，一般会在 5~10 天内死亡。在 HAT 选择性培养基中生存下来的细胞，可能是多克隆杂交瘤细胞的混合群体，也可能是其他各种正常细胞与骨髓瘤细胞融合产生的非分泌抗体的杂交瘤细胞，因此需进一步用有限稀释等方法进行克隆化培养，分离出单克隆的杂交瘤细胞并筛选出识别特异性抗原的抗体分泌克隆。

单克隆抗体的制备周期长、且具有高度的连续性，涉及大量的组织细胞培养、免疫化学和细胞免疫等技术方法，包括两种亲本细胞的选择和制备、细胞融合、杂交瘤细胞的选择性培养、杂交瘤细胞的克隆化、单克隆抗体的生产、特性鉴定和纯化等。单克隆抗体的制备过程如图 10-1 所示。

杂交瘤细胞的融合制备技术是单克隆抗体技

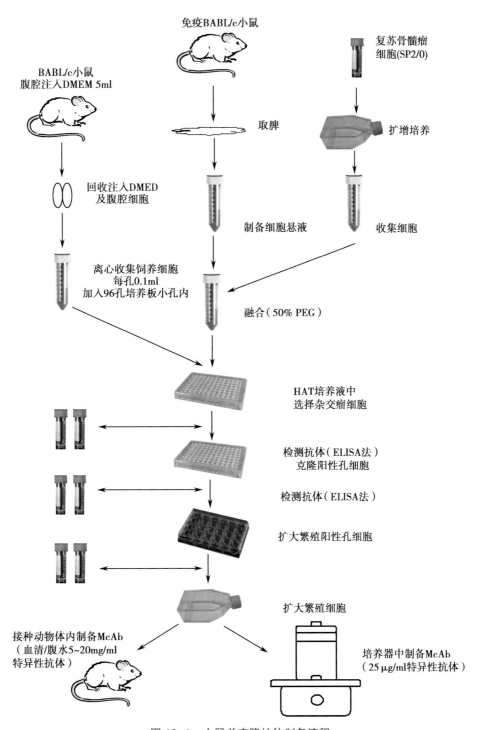

图 10-1　小鼠单克隆抗体制备流程

术的基础。利用 B 淋巴细胞杂交瘤技术,分离出产生某种特定单克隆抗体的杂交瘤细胞,这种选择性制备单克隆抗体的技术也被视作抗体工程的新开端。迄今为止,学者们曾采用 5 种细胞系统研制单克隆抗体,亦即小鼠 – 小鼠、大鼠 – 大鼠、大鼠 – 小鼠、鼠 – 人与人 – 人细胞杂交瘤,但绝大多数采用小鼠 – 小鼠细胞杂交瘤。下面我们对这一系统进行详细介绍。

第二节　小鼠 – 小鼠 B 淋巴细胞杂交瘤

小鼠 – 小鼠 B 淋巴细胞杂交瘤技术是最为成熟、应用最广泛的杂交瘤技术,其优点在于:小鼠骨髓瘤细胞比较稳定,容易获得,易于培养;使用小鼠作为免疫动物所需抗原量较少,操作简便,并容易获得好的免疫效果;融合成功后的杂交细胞属于同种属杂交细胞,传代较稳定,相对来讲,不容易发生变异或染色体丢失。

一、融合用细胞的制备

产生单克隆抗体的杂交瘤细胞应由两个亲本细胞融合而成。根据抗原量、抗原特性选择不同的免疫方法来制备大量处于增殖状态的 B 淋巴细胞并选择合适的小鼠骨髓瘤细胞株是整个单克隆抗体制备过程中的第一个关键步骤。

【实验材料】

1. SP2/0 骨髓瘤细胞。

2. 肝素(500U/ml),10%DMSO,75% 乙醇。

3. 8- 杂氮鸟嘌呤(8-Azaguanine,8-AG)配制　8-AG 200mg 加 10ml 双蒸水,再加 1N NaOH 至溶解后,再用双蒸水定容至 20ml(10mg/ml),0.22μm 滤器过滤除菌。

4. Dulbecco 氏改良的 Eagle 培养液(DMED 培养液)。

5. DMEM 完全培养液　含 10% 胎牛血清的 DMEM,每 100ml 含青霉素 1 万 U,链霉素 10mg,29.2mg L- 谷氨酰胺。

6. 骨髓瘤细胞维持、免疫及饲养细胞制备用 BALB/c 小鼠(6~12 周龄)。

7. 可溶性抗原或颗粒性抗原。

8. 完全福氏佐剂(Freund's adjuvant)与不完全福氏佐剂。

9. 0.5% 台盼蓝染液。

10. HAT 培养液　氨基蝶呤贮存液(A 液,100×):1.76mg 氨基蝶呤(Mw.440.4),加 90ml 三蒸水,0.5ml 1mol/L NaOH,待氨基蝶呤充分溶解后,加 0.5ml 1mol/L HCl 中和,再加三蒸水至 100ml,0.22μm 滤器过滤除菌后,无菌分装成每管 1ml,−20℃保存。

次黄嘌呤和胸腺嘧啶脱氧核苷贮存液(HT 液,100×):136.1mg 次黄嘌呤(Mw.136.1),38.8mg 胸腺嘧啶脱氧核苷(Mw 440.2),加 100ml 三蒸水,放入 40~45℃水浴中,完全溶解后经 0.22μm 滤器过滤除菌,无菌分装成每管 1ml,−20℃保存。

含 15%~20% 胎牛血清的 DMEM 完全培养液 98ml 中加入 A 贮存液和 HT 贮存液各 1ml 即为 HAT 培养液。若仅加入 HT 贮存液则为 HT 培养液。

【实验器材】

1. 解剖盘,大头针,镊子,剪刀。

2. 注射器(5ml,10ml),注射针头(4 号、5 号和 7 号)。

3. 塑料离心管(10ml),96 孔细胞培养板,细胞计数板、计数器。

4. 恒温水浴,离心机(甩平式转头),倒置显微镜。

5. CO_2 培养箱,超净工作台。

6. 冻存管,−70℃冰箱,液氮罐。

【实验方法】

1. 小鼠骨髓瘤细胞　好的小鼠骨髓瘤细胞株除缺乏 HGPRT 或 TK 外,应具备如下特点:①在体外能长期传代培养,性质稳定,呈无限性增殖;②自身不分泌或极少量分泌免疫球蛋白;③融合率高。目前,在我国常用的为 SP2/0 和 NS-1,都是源自 BALB/c 小鼠的 HGPRT 缺陷株。

(1)小鼠骨髓瘤细胞株的维持与保存:

1)防止突变、定期筛选:8-AG 是鸟嘌呤(G)的类似物,可以经旁途径中 HGPRT 作用变成 8- 杂氮磷酸鸟苷(8-aza-GMP)进而成为核酸合成的原料,如果在 DNA 复制或 RNA 转录过程中被摄入,那么新合成的 DNA 或 RNA 因没有功能而导致细胞死亡。HGPRT 缺陷的细胞,缺少旁途径,可以耐受 8-AG 而存活。

少数骨髓瘤细胞会发生自发性突变,为了防止 HGPRT 缺陷株的回复突变,可将瘤细胞定期(一般 20 代的间隔)以 8-AG(终浓度 15~20μg/ml 培养液)处理,连续培养 7 天,除去含 HGPRT 的骨髓瘤细胞。

2)防止支原体污染:小鼠骨髓瘤细胞一旦被支原体污染,细胞生长状况不良,将会严重影响融合率。支原体污染难以辨别,可参照本书中前述相关检查步骤。被污染的细胞一般难以用药物彻底清除,最有效的方法是将已污染的细胞注入 BALB/c 小鼠的腹腔,借助腹腔中的巨噬细胞将支原体清除。具体操作如下:

I. 收集骨髓瘤细胞,计数,离心,去上清,加入不含血清的 DMEM 培养基,调节细胞浓度至

10^6 个 /ml。

Ⅱ. 取 1~2 只 8 周龄的雌性 BALB/c 小鼠,每只腹腔注射 1ml 骨髓瘤细胞。7~10 天后,小鼠腹部增大,将小鼠颈椎脱臼处死,按无菌操作过程,剪开表皮,不要弄破腹膜,用肝素(500U/ml)湿润的 10ml 注射器,抽取腹水,离心,弃上清,再用不含血清的 DMEM 培养液洗一遍,再离心,弃上清。

Ⅲ. 根据细胞团块的大小,加入适量的冷冻液,吹打均匀,分装在若干个冻存管内,冻存细胞。

Ⅳ. 同时留部分细胞接种至培养瓶内,用含 8-AG 的 15% 胎牛血清 DMEM 完全培养液连续培养 7~10 天,去除其他小鼠腹腔细胞。经 8-AG 筛选过的骨髓瘤细胞才可用于细胞融合。

3)冻存方法:骨髓瘤细胞应尽量减少培养传代的次数,及时冻存。冻存前将骨髓瘤细胞培养至对数生长期,维持最佳的细胞活力以提高冻存后复苏存活率。冻存时细胞浓度为 3×10^6~5×10^6 个 /ml。具体操作如下:

Ⅰ. 将骨髓瘤细胞移至离心管内,离心,弃上清。

Ⅱ. 加入 0.5~1ml 的冷冻液,轻轻吹打匀散后,将细胞转移至冻存管内。

Ⅲ. 将冻存管置于 -20℃ 1 小时,-70℃ 冰箱 12~24 小时后,迅速移入液氮罐中。冷冻液的配制:40%DMEM+50% 胎牛血清 +10%DMSO。

(2)融合用小鼠骨髓瘤细胞株的制备:

1)融合前 10 天,将骨髓瘤细胞从液氮罐中取出,迅速放入 37℃ 水浴锅中,不浸没管盖下沿,轻轻振荡至完全溶解。

2)将冻存管离心 5 分钟(1 000r/min),弃去上清,加入 3ml 新鲜完全培养液重复离心一次。再加入 1~2ml 完全培养液,将沉淀吹打开后移入 50ml 培养瓶中,将培养液补充至约 8ml。

3)5%CO$_2$、37℃ 培养,根据细胞的生长状况适当换液。一般 5~7 天后细胞可完全恢复,镜下可见细胞大小均匀、圆而透亮。

4)每 3~4 天按 1:3 至 1:10 的比例稀释传代,扩大培养。

5)融合前 2~3 天,按 1:4 比例稀释传代 1 次,以保证融合时,细胞处于对数生长期,活力最佳,传代后细胞的密度在 5×10^4~1×10^5 个 /ml。

2. 免疫 B 淋巴细胞的制备 用目的抗原刺激机体,使机体产生致敏的 B 淋巴细胞,是单克隆抗体制备过程的第一步。免疫效果的好坏直接影响到融合率、阳性率及阳性克隆分泌产物的特性,免疫成功的标志是在融合时脾脏能够提供大量处于增殖状态的特异性 B 淋巴细胞,但此时血清中的抗体效价不一定最高。

(1)免疫动物:根据选用的骨髓瘤细胞来选择免疫用鼠。SP2/0 骨髓瘤细胞来自 BALB/c 小鼠,因此,选用 8~12 周龄、健康的雌性 BALB/c 小鼠进行免疫。免疫程序依抗原量、抗原性质、免疫原性和小鼠的反应性而定。一般免疫 2~3 次,间隔 2~3 周,最后一次免疫后 3~4 天,采取脾细胞用于融合。

1)可溶性抗原:可溶性抗原的免疫效果与抗原的分子量有关,分子量大的抗原(5 万以上)容易获得更好的免疫效果,分子量小的抗原(2 万 ~4 万)免疫效果可能相对较差,但可以通过增加免疫次数来提高免疫效果。分子量 1 万左右的抗原通常需要将其用化学偶联法连接于大分子载体蛋白(如牛血清白蛋白、人血清白蛋白等),再进行免疫,以提高免疫原性。半抗原物质则必须与载体蛋白连接才能免疫。

Ⅰ. 将抗原 100μl(含蛋白量 10~100μg)与等体积完全福氏佐剂(Freund adjuvant)混合,用微量搅拌器充分混匀,腹部皮下多点或腹腔注射。

Ⅱ. 2~4 周后,同量或半量抗原加等体积不完全福氏佐剂进行第二次免疫,也称为加强免疫。加强免疫可根据需要进行多次。

Ⅲ. 融合前三天,进行最后一次免疫,叫冲击免疫。用 PBS 150μl 溶解抗原 50μg,经小鼠尾静脉注射。冲击免疫的目的是促进免疫小鼠脾脏内正处于增殖状态的 B 淋巴细胞达到最多,因此非常关键,注射量太少,不足以刺激脾脏内的记忆细胞,量大了有可能造成小鼠体内因抗原抗体免疫复合物的大量形成而引起休克和死亡。冲击免疫也可通过腹腔注射来进行,但应加大注射量。

2)颗粒性抗原:颗粒性抗原(细胞、病毒、病原体碎片等)容易产生好的免疫效果,不需要加佐剂而直接注射入小鼠腹腔。如果是细胞性抗原,每次注射 10^6~10^7 个细胞,共 0.5ml。间隔 2~4 周,加强免疫 1~2 次,融合前 3 天按同样方法再免疫一次。

3）其他免疫方法：

Ⅰ. 脾内免疫：此法适用于抗原量特别少的情况。将小鼠腹腔注射戊巴比妥（40~50μg/g 体重）麻醉后，打开小鼠腹腔暴露脾脏，用 4~5 号针头沿脾脏长轴方向插入，缓慢注入 20μg 蛋白抗原（可交联于载体上以增加抗原性），或 2.5×10^5 个细胞，边注射边退针，将抗原均匀地注射到小鼠脾内，注射后缝合小鼠皮肤。一次免疫后 3~4 天即可取脾细胞进行融合。

Ⅱ. 体外免疫：取未经致敏的小鼠脾细胞 1×10^8 个，加入含 20% 胎牛血清 DMEM 培养液 10ml，微量抗原（可溶性抗原：1~100μg；细胞性抗原：经 ^{60}Co 照射或用固定剂短暂固定为佳，抗原量为 1×10^7~2×10^7 个细胞），10ml 条件培养液，在 5%CO$_2$、37℃培养 3~6 天，若培养成功，在相差显微镜下，可见大量母细胞成丛生长，这时可收集细胞和供融合之用。

条件培养液的概念及其制备：原发性体液免疫必须有免疫 T 细胞的参加。在体外培养小鼠胸腺细胞时，培养液中产生的某些可溶性因子成分能够替代 T 细胞的作用，这种胸腺细胞培养液被称之为条件培养液。

取 BALB/c 小鼠与 C57BL 小鼠（10~14 天周龄）各两只，颈椎脱位处死后剥离胸腺，轻轻撕碎，将胸腺组织细胞悬浮于 DMEM 培养液，离心弃上清，再重复悬浮两次。将细胞用含 15% 胎牛血清的 DMEM 完全培养液调至 3×10^6~5×10^6/ml，并在培养液中加入 2-巯基乙醇（终浓度 50μmol/L）与谷氨酰胺（终浓度 2mmol/L），5%CO$_2$、37℃培养 2~4 天。离心除去培养细胞，将培养液用 0.22μm 滤器过滤除菌，4℃保存供 2 周内使用，−20℃贮存，活性可保持 6 个月。

（2）免疫效果检测：免疫 2~3 次后，可从小鼠眼眶取血检测血清效价。

1）按住小鼠头部，用毛细管插入小鼠的内眼角，取血 15~20μl，移入小离心管中，离心。

2）用移液器吸取血浆 2~5μl，用磷酸盐缓冲液稀释至 100 倍、500 倍、1 000 倍、2 000 倍。检测方法根据抗原性质决定，与后述的杂交瘤细胞的检测方法一致。

3. **饲养细胞** 在体外组织培养中，单个或少数细胞不易生长繁殖，必须加入其他活细胞共同培养，才能使之生存。加入的细胞称为饲养细胞（feeder cells）。常用的饲养细胞有正常小鼠腹腔巨噬细胞、脾细胞、胸腺细胞或大鼠胚胎传代成纤维细胞。腹腔细胞因制备较为方便，同时其中的巨噬细胞除饲养作用外，还可清除死亡破碎细胞及微生物，常常作为饲养细胞的首选，其具体操作步骤如下：

（1）取 BALB/c 小鼠 3~4 只，颈椎脱位法处死后，浸泡在 75% 乙醇中消毒 15 分钟。

（2）将小鼠固定于蜡盘上，腹部朝上，用无菌剪刀在其腹部皮肤剪一小横口，拉开皮肤，暴露腹腔。

（3）用镊子提起腹壁，用注射器注入 5ml DMEM 培养液，右手固定注射器使针头留置在腹腔内，左手轻轻按摩腹部约 1~2 分钟，然后以原注射器抽取腹腔内液体（每只小鼠约可得 4~4.5ml 腹腔液），移入预冷的 50ml 离心管中。

（4）以 1 000r/min 离心 10 分钟，弃上清，加入适量 HAT 培养液，计数活细胞数。

（5）用 HAT 培养液将细胞稀释至 4×10^5 个/ml，加入培养板中，96 孔板 50μl/孔（2×10^4 个细胞），24 孔板 0.5ml/孔（0.6×10^5 个细胞）。

（6）置入 5%CO$_2$、37℃培养箱中培养备用。

一般在融合细胞前一天制备饲养细胞，第二天观察饲养细胞生长状态良好、无污染再使用。也可融合当时加入。融合后培养板中如发现培养细胞不足，还可随时补充。

二、细胞融合

致敏的 B 淋巴细胞必须与骨髓瘤细胞融合，才能产生杂交细胞。因此，细胞融合是单克隆抗体制备的重要环节。有多种方法可促进细胞之间的融合，包括物理的、化学的或生物学的方法。物理方法，如电激和激光；生物方法，如仙台病毒、副流感病毒和新城鸡瘟病毒等介导的细胞融合；化学方法，如聚乙二醇（polyethyleneglycol，PEG）等。其基本原理都是上述因素可造成膜脂分子排列的瞬间改变，去掉作用因素之后，质膜恢复原有的有序结构，在恢复过程中便可诱导相接触的细胞发生融合。

一般实验室最常用的是 PEG 化学促融法。PEG 可能导致细胞膜上脂类物质的物理结构重新排列,使相互接触的细胞膜易于融合。分子量 1 000~4 000 的 PEG 促融效果好,对细胞的毒性也较小,下面我们就将此法详细列出。

【实验材料】

1. **细胞培养液** DMEM 培养液、DMEM 完全培养液、15%~20% 胎牛血清的 HAT 培养液。

2. **50% PEG 溶液** 称取 5g PEG(分子量 2 000 或 4 000),放入小瓶内,高压灭菌消毒,趁热加入 5ml 无菌的 PBS 或 DMEM 培养液。

3. 0.5% 台盼蓝染液。

4. 红细胞裂解液(0.83% 氯化铵)。

【实验器材】

1. 玻璃吸管、1 000ml 烧杯、塑料离心管(10ml 和 50ml),直径 6cm 玻璃平皿,120 目无菌筛网,5ml 玻璃注射器,血细胞计数板,计数器,解剖器具。

2. 离心机(甩平式转头),倒置显微镜,37℃ 恒温水浴,CO_2 培养箱,超净工作台等。

【实验方法】

1. **制备骨髓瘤细胞悬液**

(1)收集处于对数生长期的细胞 100~200ml(5×10^4~1×10^5 个 /ml)于 50ml 离心管中,1 000r/min 离心 10 分钟,用 DMEM 培养液洗 2 次,最后将细胞悬浮于 40ml DMEM 完全培养液中。

(2)取 0.1ml 细胞悬液,加 0.5% 台盼蓝染液进行细胞计数和细胞活力检测。活细胞应占 90% 以上。计数后,吸取 2×10^7 个细胞的悬液移入灭菌的 50ml 离心管。

2. **制备免疫脾细胞悬液**

(1)取同批免疫的 BALB/c 小鼠 2 只,经眼眶或腋下血管取血,分离血清供检测抗体用。

(2)将小鼠处死后,局部消毒剖腹,无菌取出脾脏。

(3)将脾脏放于无菌培养皿内的筛网上,立即加入 5ml 预冷的 DMEM 培养液,用灭菌的注射器柄轻轻捻压脾脏,吸取网下的细胞悬液,移入无菌的 50ml 离心管,再加入 10ml 无血清培养液重复上述操作。将收集到的细胞悬液用 DMEM 培养液定容到 30ml。

(4)1 000r/min 离心 5 分钟,弃上清后,加入 4℃预冷的 0.83% 氯化铵溶液 5ml,室温静置 5 分钟低渗溶解掺杂的红细胞,加入 10ml DMEM 完

全培养液终止溶解作用。

(5)1 000r/min 离心 5 分钟,弃上清后,用 DMEM 完全培养液洗涤一次,悬于 10ml 培养液中。

(6)同前法进行细胞计数和活力检测。取 1×10^8 个脾细胞悬液备用。

3. **细胞融合**

(1)取 40ml HAT 培养液、15ml DMEM 培养液和 1ml 50% PEG 分别置于 37℃ 水浴中预温。另备盛 37℃ 水的 500ml 烧杯 1 只。

(2)将规定数量的上述两种细胞悬液(脾细胞 1×10^8 个,骨髓瘤细胞 2×10^7 个)加入同一 50ml 离心管中混匀,1 000r/min 离心 10 分钟,倒尽上清液,用手弹击管底,使两种细胞混匀成糊状。

(3)将离心管置于 37℃ 预温的盛水杯中,用吸管吸取 0.7ml 预温的 50% PEG 溶液后,将吸管尖端插入离心管底部,一边轻轻搅动细胞沉淀,一边滴加 PEG 溶液,一分钟内加完,放入烧杯温水中,静置 90 秒钟。

(4)立即滴加 15ml 37℃预温的 DMEM 培养液,使 PEG 稀释而停止作用。滴加方法是前 30 秒加 1ml;后 30 秒加 3ml;然后在 1 分钟内加完剩余的 11ml。

(5)补加 DMEM 培养液至 40ml,1 000r/min 离心 10 分钟,弃上清。

(6)加 40ml 含 15%~20% 胎牛血清的 HAT 培养液。用吸管轻轻混匀,滴加到已含有饲养细胞的 4 块 96 孔细胞培养板的小孔中,每孔 0.1ml,置 37℃、5%CO_2 培养箱中培养。

三、杂交瘤细胞的筛选

免疫小鼠脾细胞与小鼠骨髓瘤细胞经 PEG 处理后,形成多种细胞混合溶液,其中包括未融合的骨髓瘤细胞和免疫脾细胞,同种细胞融合产生的骨髓瘤细胞的同核体和免疫脾细胞的同核体,以及骨髓瘤细胞与免疫脾细胞的异核体。仅后者能形成杂交瘤细胞。因此,杂交瘤细胞的制备通常会经历两次筛选:第一次是筛选杂交瘤细胞株;第二次是筛选能产生抗原特异性的抗体细胞株。第一次筛选采用的 HAT 选择性培养液是在普通的动物细胞培养液中加入次黄嘌呤(H)、氨基喋呤(A)和胸腺嘧啶核苷(T)。次黄嘌呤可经核酸

合成旁路途径合成次黄嘌呤核苷酸,从而完成嘌呤核苷酸的补救合成。氨基蝶呤为叶酸的结构类似物,阻断了核酸合成的主要途径,阻碍了次黄嘌呤核苷酸和胸腺嘧啶核苷酸的合成。胸腺嘧啶核苷酸直接添加到培养基中来补足被阻断的嘧啶核苷酸的合成。

第二次筛选:在实际免疫过程中,一种抗原决定簇刺激机体形成相对应的一种效应 B 淋巴细胞,因此,从小鼠脾脏中取出的效应 B 淋巴细胞的特异性是不同的,经 HAT 培养液筛选的杂交瘤细胞特异性也存在差异,所以必须从杂交瘤细胞群中筛选出能产生针对某一预定抗原决定簇的特异性杂交瘤细胞。通常采用有限稀释克隆细胞的方法,将杂交瘤细胞多倍稀释,接种在多孔的细胞培养板上,使每一孔含一个或几个杂交瘤细胞,通过 ELISA 等方法最终选出分泌预定特异抗体的杂交细胞株进行扩大培养。下面我们先就融合细胞的第一次筛选进行详述。

【实验材料】

细胞培养液:含 15%~20% 胎牛血清的 HAT 和 HT 培养液。

【实验器材】

吸管,倒置显微镜,CO_2 培养箱,35mm 直径平皿。

【实验方法】

1. 液体培养基培养法

(1)每 2~3 天更换 1 次 HAT 培养液,方法是吸出培养孔 2/3 旧液,再换入等量新液。在选择性培养液中培养 2~3 天内,将有大量未融合细胞及同核体细胞死亡。4 天后,其他细胞逐渐消失,只有融合的杂交瘤细胞成簇生长,形成小的细胞集落。这些细胞浑圆透亮、形似骨髓瘤细胞,增殖很快。

(2)7~10 天停止使用 HAT 培养液,改用 HT 培养液。由于培养孔中的细胞内可能含有较高浓度的残留氨基蝶呤,所以仍需向杂交瘤细胞提供应急合成 DNA 所需的 HT,一周后,细胞内的氨基蝶呤被稀释,可换用正常 DMEM 完全培养液培养。此时,杂交瘤细胞可长满培养孔底部的 1/3 或 1/2,这时即可吸取培养液进行特异性抗体检测,确定哪个孔中有分泌特异性抗体的杂交瘤细胞。

2. 甲基纤维素半固体培养基培养法　此方法是 Davis 于 1982 年首创的。其优点是杂交瘤细胞可固定在一个位置生长,直接形成克隆,经挑取后可免去克隆化培养的步骤,与液体培养基相比,可节省时间近 3 周。另外,杂交瘤细胞也稳定,容易生长。融合后的杂交瘤细胞在半固体培养基中易于均匀分布,操作简便,容易挑取克隆转移至液体培养基内。缺点是挑取克隆必须在立体显微镜下进行,有一定的难度且检测工作量大。

(1)制备饲养细胞悬液。

(2)取 25ml 2% 甲基纤维素半固体培养基、10ml 胎牛血清及 2ml 50 倍 HAT 浓缩液,与融合后的细胞及饲养细胞混合,用 DMEM 培养基调节体积至 40ml,充分混匀。

2% 甲基纤维素半固体培养基的配制:称取 2g 甲基纤维素,放入 100ml 体积的三角瓶内,加入 50ml 双蒸水,同时放入一个磁力搅拌子,高温高压消毒,趁热稍加振荡,冷却后置 4℃ 12~24 小时,加入预先准备好的双倍 DMEM 培养基 50ml,置于 4℃ 冰箱搅拌过夜,完全混匀后即可使用。

(3)均匀地倒入 20~22 个直径 35mm 的小平皿中,每皿约 2ml。

(4)将平皿置于潮湿的饭盒内,5% CO_2、37℃ 培养箱中培养 7~14 天,尽量避免晃动。

(5)在立体显微镜下将细胞克隆移至 96 孔培养板,加 HT 培养液培养一天后,改换正常含 15% 胎牛血清 DMEM 完全培养液,培养 3~4 天后进行特异性抗体检测。

脾细胞与骨髓瘤细胞以 4~5:1 的比例进行融合,在甲基纤维素的选择培养基中可生长出 500~1 500 个杂交细胞克隆,产生所需要的单克隆抗体的细胞克隆将取决于抗原的质量和成功的免疫方法。

四、特异抗体的检测

单克隆抗体筛选检测是建立杂交瘤细胞株的关键步骤之一,也称融合细胞的第二次筛选。通常筛选方法要求灵敏、可靠、迅速并且能够检测大量样品。实验者应当在细胞融合前建立并充分掌握相应的筛选方法。

筛选检测主要针对培养孔上清液,可供选用的方法有:酶联免疫吸附测定(ELISA)、放射免疫测定（RIA）、细胞毒试验、空斑试验、免疫荧光试验（IFA）、间接血凝试验、旋转黏附双层吸附试验（SADIST）、免疫金试验等。酶联免疫吸附测定灵敏度高、特异性强，检测迅速，是各实验室最常用的方法，现将酶联免疫吸附测定的几种不同形式分别加以介绍。

【实验材料】

1. 相应抗原溶液（蛋白质含量为 1~10mg/ml）。

2. 包被缓冲液　0.05mol/L，pH9.6 碳酸盐缓冲液（1.59g 碳酸钠，2.93g 碳酸氢钠加水至 1 000ml）。

3. 洗涤液　取 500μl Tween-20 加入 1 000ml 0.01mol/L、pH7.6 磷酸盐缓冲液。

4. 含 1% BSA 的 0.02mol/L、pH7.2 磷酸盐缓冲液。

5. 稀释液　0.02mol/L、pH7.2 磷酸盐缓冲液，加入 0.05% 浓度的 Tween-20。

6. 辣根过氧化物酶标记羊或兔抗小鼠 IgG 试剂。

7. 底物液

（1）3, 3′, 5, 5′ - 四甲基联苯胺（3, 3′, 5, 5′ -tetramethylbenzidine，TMB）底物贮存液：6mg TMB 溶于 10ml 二甲基亚砜（DMSO）中。TMB 反应液（临时配制）：300μl TMB 底物贮存液加入 30ml 0.1mol/L、pH6.0 磷酸缓冲液中，再加 45μl 3% 过氧化氢，充分混匀。

（2）3, 3′ - 二氨基联苯胺四盐酸盐（3, 3′ -diaminobenzidine-tetrahydrochloride，DAB）底物液：取 5mg DAB 溶于 10ml 0.1mol/L、pH 5.0 磷酸盐 - 柠檬酸盐缓冲液中，再加 0.15ml 30% 过氧化氢溶液混匀，避光保存。

8. 2mol/L 硫酸溶液。

9. 10μg/ml L- 多聚赖氨酸。

10. 0.5% 戊二醛。

11. 0.1mol/L 甘氨酸。

12. DMEM 培养液。

【实验器材】

1. 酶标分光光度测定仪。

2. 96 孔微量滴定板。

【实验方法】

1. 酶联免疫吸附测定（enzyme linked immuno sorbent assay，ELISA）　这是一种最常用且灵敏可靠的检测方法，其特点是利用聚苯乙烯微量反应板吸附抗原或抗体，使之固相化，免疫反应和标记酶 - 底物反应都在反应板内进行。这种方法除保留抗原、抗体反应的高度特异性以外，由于标记酶的酶促反应的放大作用，使灵敏度可以达到 ng 甚至 pg 的水平。

（1）可溶性抗原的包被和检测：包被固相载体所需的抗原或抗体量，在实验前应经过摸索测定，找出最佳浓度，高 pH、低离子浓度的缓冲液有利于蛋白质吸附在聚苯乙烯固相载体表面，所以通常用 0.05mol/L、pH 9.6 碳酸盐缓冲液包被。

1）将稀释至适当浓度的抗原滴入 96 孔塑料微量滴定板的每一个小孔内，每孔 100μl，置 4℃ 吸附过夜。

2）次日甩去孔中的抗原液，用洗涤液洗 3 次。

3）每孔加 200μl 含 1% 牛血清白蛋白的 0.01mol/L、pH 7.2 磷酸盐缓冲液，置 37℃ 1 小时，以封闭孔壁上的空隙，阻断非特异性结合。然后，再用磷酸盐缓冲液洗 2~3 次。

4）每孔加入 100μl 待测样品，置湿盒内于 37℃ 作用 1 小时，同时设置空白、阴性、阳性对照孔。

5）用洗涤液洗 3 次后，每孔加入 100μl 用稀释液稀释的辣根过氧化物酶标记的羊或兔抗小鼠 IgG 试剂，置湿盒内于 37℃ 作用 1 小时。

6）甩掉多余的酶标抗体，用洗涤液洗 5 次，然后用蒸馏水洗 2 次。

7）每孔加入 100μl 新配制的底物 TMB，置室温暗处作用 5~30 分钟，当阳性孔变蓝色时，加入 100μl 2mol/L 硫酸溶液，终止反应。

8）用酶标分光光度仪测定结果。

（2）不溶性抗原的包被和检测：不溶性抗原或细胞性抗原则可通过 L- 多聚赖氨酸作媒介，包被于固相载体表面。

1）微量滴定板每孔加入 50μl 10μg/ml 的 L- 左旋多聚赖氨酸，室温下放置 30 分钟后，用磷酸盐缓冲液（pH 7.4）洗涤 2 次。

2）每孔加入 50μl 抗原（细胞性抗原应先计数，并调至 2.5×10^6 个细胞 /ml）。4℃ 过夜，次日用磷酸盐缓冲液洗涤 1 次。

3）每孔加入 50μl 0.5% 戊二醛，4℃ 固定 15 分钟，用磷酸盐缓冲液洗涤 2 次。

4）每孔内加入 0.1mol/L 甘氨酸溶液 500μl，4℃放置 30 分钟，磷酸盐缓冲液洗涤 3 次。

5）每孔加入 DMEM 培养液 500μl，置 -20℃保存备用。

6）检测时将微量滴定板从 -20℃冰箱中取出，待孔内液体融化后，用磷酸盐缓冲液洗涤 2 次。每孔内加入 100μl 待测的单克隆抗体，室温放置 2 小时，用磷酸盐缓冲液洗涤 4 次。

7）每孔加入 100μl 酶标羊或兔抗小鼠 IgG 抗体，室温作用 2 小时，用磷酸盐缓冲液洗涤 6 次。

8）每孔加入 200μl 新配制的底物（TMB 或 DAB），37℃作用 30 分钟。

9）用酶标分光光度仪测定结果。

2. 酶标记 SPA 间接 ELISA 法 葡萄球菌 A 蛋白（staphylococcal protein A，SPA）能与人和多种哺乳动物 IgG 的 Fc 段结合，将酶与 SPA 交联制成酶标记的 SPA，可代替酶标抗体使用。

操作方法：将抗原包被于固相载体，加入待测单克隆抗体，抗体与相应抗原结合而被固定，洗涤后加入羊或兔抗小鼠 IgG 抗体，使其与被固定于抗原上的单克隆抗体结合，洗涤后加入酶标记的 SPA，SPA 与羊或兔抗小鼠 IgG 的 Fc 段结合而被固定。最后加入底物（TMB 或 DAB）溶液，根据显色深度对单克隆抗体进行定性或定量测定。

3. 亲和素 - 生物素 ELISA（ABC-ELISA）法 亲和素（avidin）是存在于鸡蛋清中的一种碱性糖蛋白。分子量为 68 000，是由四个相同的亚单位构成的。生物素（biotin）是在动植物中广泛分布的一种生长因子，以辅酶的形式参加各种羧化酶反应，故又称辅酶 R 或维生素 H，卵黄中含量高。利用亲和素 - 生物素方法进行免疫酶检测具有如下优点：①亲和素对生物素具有极强的亲和性，结合牢固而稳定；②每个亲和素分子可以结合 4 个生物素分子，使反应明显放大；③生物素在温和条件下结合到抗体或酶上，比活性高，不影响酶和抗体活性；④用生物素代替酶标抗体，减少了酶产生立体阻位的问题；⑤可提高检测的特异性。

操作方法：将已知抗原包被于固相载体，洗涤后加入待检样品（单克隆抗体）。抗原抗体反应后，洗涤加入生物素标记兔抗小鼠 IgG，静置反应后洗涤，加入新配制的亲和素 - 辣根过氧化物酶复合物。充分反应后再次洗涤加入相应酶底物（TMB 或 DAB）。根据反应后的颜色深浅进行定性或定量分析。

特异性抗体的检测，除上述 3 种常用的方法外，尚有其他的方法，例如：间接免疫荧光测定法（IFA）、放射免疫测定法（RIA）、细胞毒试验等。其中 RIA 法灵敏度高，特异性强，准确可靠，但因需放射性核素实验室及相关设备而使其应用受到限制。

上述方法，描述了融合细胞的特异性抗体检测，主要针对分泌抗体的特异性结合的能力进行筛选。由于不同的抗原具有不同的表位决定簇，因此所筛选到的特异性抗体并不代表其具有一定的功能，后续的功能筛选同样是抗体筛选不可或缺的重要环节。但是不同的抗原其对应的功能筛选的策略不同，需要有的放矢的进行筛选设计，甚至需要进一步在体内进行抗体功能确证。

五、杂交瘤细胞的克隆化

在单克隆抗体的生产过程中，经 HAT 培养液筛选出的杂交瘤细胞产生的抗体存在多样性，必须对杂交瘤细胞群进行多轮的二次筛选，才能选出针对目标具有抗原特异性的杂交瘤细胞。当细胞融合和选择性培养成功，并经过反复 2~3 次检测证实培养孔中存在预定抗原的特异性抗体时，应尽快将杂交瘤细胞克隆化，以确保单克隆抗体的纯一性并避免其他阴性细胞对其生长的影响。将阳性的杂交瘤细胞进行单细胞分离培养，产生单克隆杂交瘤细胞是单克隆抗体技术中的一个重要环节。除了有限稀释方法，现在更加先进的细胞分选技术也得到开发及应用，如通过细胞分选仪或者流式细胞技术对杂交瘤细胞进行筛选，通过细胞表面酶联免疫反应，将特异性抗体及荧光标签吸附于细胞表面，达到筛选目的。本部分主要是介绍有限稀释法的杂交瘤细胞克隆化过程。

【实验材料】

1. BALB/c 小鼠。

2. **细胞培养液** 15% 胎牛血清 DMEM，15% 胎牛血清 DMEM-HT 培养液。

3. 制备小鼠饲养细胞所需试剂。

【实验器材】

1. 96 孔培养板、吸管、离心管（10ml）、细胞计数板、计数器。

2. 制备小鼠饲养细胞所需器材。

3. 甩平式转头离心机、倒置显微镜。

4. 温度调节水浴锅。

5. 弯头毛细管、培养皿。

【实验方法】

1. **有限稀释法** 当细胞悬液被连续稀释成足够多的份数时，就可能得到含单个细胞的悬液，经过培养后单个细胞可以增殖为同源性细胞克隆。有限稀释法是细胞克隆化最常用的方法，不需要特殊设备，操作过程简单。

（1）克隆的前一天，制备饲养细胞悬液，在 96 孔培养板的每孔中约加入 100μl 细胞悬液（10^6 个/ml），置 CO_2 培养箱中过夜。在细胞融合后的第一次克隆化时，应将细胞悬于 HT 培养液中。

（2）将待克隆的杂交瘤细胞从培养板的小孔内轻轻冲下，计算每毫升培养液中的活细胞数。

（3）用 15% 胎牛血清 DMEM 培养液连续稀释细胞悬液成 5、10、50 个细胞/ml。

（4）将细胞悬液分别加入含有饲养细胞的 96 孔培养板的小孔中，每孔 0.1ml，使每孔应含细胞数为 0.5、1、5 个细胞。

（5）将细胞培养板放在 5% CO_2、37℃饱和湿度的培养箱中培养，4~5 天后开始更换培养液，换液频率视细胞生长状态和速率而定，一般约 2~3 天更换一次。

（6）当细胞长满孔底的 1/3~1/2 时，开始测定各孔中培养液的相应特异性抗体的活性，选择抗体效价高，呈单个克隆生长、形态良好的细胞孔，继续按上述稀释方法进行 1~2 次克隆和扩大培养。

（7）尽快将所得的克隆细胞进行冷冻保存，留存种细胞。

2. **甲基纤维素半固体培养基培养法** 此方法可以用于细胞融合后的选择性培养过程（见上述第三节第二部分），也可以在杂交瘤细胞的克隆化中使用。

3. **软琼脂平皿培养法** 杂交瘤细胞可在软琼脂培养基上生长繁殖，营养物质通过扩散流向细胞。细胞的可溶性分泌物质亦可在该培养基中向四周扩散。将杂交瘤细胞培养在软琼脂平皿上，待单个细胞增殖为细胞集落后，再移入培养液中培养、检测、筛选。

（1）在平皿内制备饲养细胞。

（2）将含有 15% 胎牛血清的 DMEM 培养液在 40℃水浴预热。

（3）取一定量琼脂糖，加少量磷酸盐缓冲液后，高压、灭菌、溶化，待冷至 39~40℃时，加入 DMEM 培养液，使琼脂糖的最终浓度为 0.5%。轻轻摇荡混匀后，倒入铺有饲养细胞的平皿内，冷却。

（4）将待克隆的杂交瘤细胞从培养板的小孔内轻轻冲下，计算每 ml 培养液中的活细胞数。

（5）用预热的含血清 DMEM 培养液将杂交瘤细胞稀释成不同细胞数，同上法与灭菌后的琼脂糖混合，覆在已铺好的琼脂糖的表面，冷却。

（6）5% CO_2、37℃培养箱中培养 7~14 天。

（7）在倒置显微镜下计算克隆数，用毛细吸管吸出克隆细胞，移入含有饲养细胞和 HT 培养液的 96 孔培养板的小孔中，培养一周后开始检测上清液中的特异性抗体。

用这种方法需要注意的是，融合细胞与琼脂糖混合时的操作要迅速准确，时间拖延导致培养基易凝固，细胞混合不匀，而若将温度调高则容易导致细胞损伤甚至死亡。

4. **单细胞显微镜操作法** 在倒置显微镜下，借助毛细管将单个细胞逐一吸出，进行培养、检测的方法。

（1）96 孔板培养饲养细胞。

（2）将抗体检测阳性的待克隆的杂交瘤细胞 100~1 000 个移入无菌培养皿中，置 5% CO_2、37℃培养箱中静置 1 小时。

（3）在倒置显微镜下，用特制的弯头毛细管逐个吸出杂交瘤细胞，放入铺有饲养细胞的 96 孔培养板中，每孔一个细胞。弯头毛细管每吸一次，应反复用无菌蒸馏水或培养液冲洗，以免混入细胞而影响效果。

（4）置 5% CO_2、37℃培养箱中培养。一周后，待孔内有克隆细胞生长后，检测上清液中的特异性抗体。

六、杂交瘤细胞的冻存

杂交瘤细胞一经建立应尽快冻存，以保证杂交瘤细胞不致因传代污染或在传代过程中细胞染色体丢失、发生变异等。应在得到分泌特异性抗体的杂交瘤细胞后的早期，冻存几批细胞于液态氮中，以便在所获得细胞发生意外时复苏。

【实验材料】

冷冻液：含 20% 胎牛血清的 DMEM 与二甲基亚砜（DMSO）以 9∶1 的比例混合。

【实验器材】

1. 2ml 冻存管、吸管、10ml 离心管、细胞计数板、计数器、冻存盒。

2. 甩平式转头离心机、倒置显微镜、液态氮罐。

【实验方法】

1. 取生长旺盛、形态良好的待冻存细胞，制成细胞悬液，计数。

2. 200g 离心 5 分钟，吸去上清液，加入冷冻液，使最终细胞密度为（3~5）× 10^6 个 /ml。

3. 以 1ml 细胞悬液分装于 2ml 冻存管中，拧紧螺盖，放入冻存盒中，−70℃ 冰箱过夜（8~12 小时）。

4. 放入液态氮中长期保存。

七、单克隆抗体类型的鉴定

鉴定杂交瘤所分泌的特异性抗体属于哪一类型，对于抗体的进一步纯化及后续实验都是必不可少的重要内容。

【实验材料】

1. 待查的杂交瘤细胞培养上清液或小鼠腹水（体内诱导法），硫酸铵。

杂交瘤细胞培养上清液的浓缩：取杂交瘤培养上清液 1ml，加硫酸铵 0.3g，持续晃动溶解 30 分钟（注意避免起泡），10 000r/min 离心 5 分钟，吸去上清，加入 50μl 磷酸盐缓冲液。

2. 1% 琼脂糖凝胶 用 0.05mol/L、pH8.6 巴比妥钠 – 巴比妥缓冲液配制，加 0.02% 叠氮钠防腐剂。

3. 小鼠 IgG 及其亚类 IgG1、IgG2a、IgG2b、IgG3 和 IgM、IgA 等抗血清。

【实验器材】

载玻片、打孔器（孔径 3mm）、水平台、湿盒、微波炉、旋转振荡器。

【实验方法】

1. **制备琼脂板** 将 1% 琼脂糖凝胶用微波炉熔化。在水平台上灌制琼脂板（6cm × 3cm），待凝固后，用凝胶打孔器打孔，制成中心有一孔，周围有 6 个孔（呈梅花形排列）的琼脂板。

2. **加样** 加入 5~10μl 浓缩的杂交瘤细胞培养上清或含单克隆抗体的腹水（用磷酸盐缓冲液稀释 30~50 倍）至中心孔中，四周孔分别加入抗小鼠 IgM、IgG1、IgG2a、IgG2b、IgG3、IgA 等不同类和亚类的抗血清。

3. **温育** 加样后将琼脂板放入湿盒内，室温静置 24~48 小时后观察结果。

4. 若见沉淀线出现，即可依据相对应抗血清的类型确定单克隆抗体的类型。

要获得清晰的沉淀线，关键在于抗原与抗体的比例要合适。因此，在检测时要先摸索抗原抗体加样的比例。市售抗血清用于双扩散免疫沉淀实验可按说明要求加入，抗原的量则需在一定范围调节。若使用纯化的单克隆抗体作抗原，可将蛋白质浓度调整到 0.2~1mg/ml 再进行检测。

小鼠的腹水中应主要以杂交瘤分泌的单克隆抗体为主，但同时也含有少量小鼠自身的各种类型抗体，因此判定结果时应当注意。一般不用小鼠腹水做初次结果鉴定，可以用小鼠腹水做追加确认。

八、单克隆抗体的大量制备

在获得分泌特异性单克隆抗体的杂交瘤细胞克隆后，可以用动物体内诱导、体外规模化培养等多种方法大量生产所需单克隆抗体。

【实验材料】

1. BALB/c 小鼠（成年小鼠或经产母鼠）。

2. 降植烷（pristane）或液状石蜡。

3. **杂交瘤细胞** 用无血清 DMEM 洗涤一次并将细胞浓度调至（1~5）× 10^6 个 /ml。

4. 75% 乙醇。

【实验器材】

1. 离心管（10ml）、吸管、注射器（2ml）、注射针头（7 号、12 号）、细胞计数板、计数器、0.45μm 针头滤器。

2. 甩平式转头离心机、显微镜等。

【实验方法】

1. **小鼠体内诱导腹水法** 将杂交瘤细胞接种于同系小鼠或裸鼠腹腔内,可导致小鼠发生腹腔杂交瘤细胞肿瘤从而产生含单克隆抗体的小鼠腹水,抗体浓度可达 1~10mg/ml,是最常用的、方便有效的方法。如前所述,这种方法还可有效地保存杂交瘤细胞株并清除支原体等杂菌的污染。

（1）给 BALB/c 小鼠腹腔注射 0.5ml 降植烷或液状石蜡。

（2）7 天后,每只小鼠腹腔注射 1ml 杂交瘤细胞（1×10^6~5×10^6 个 /ml）。

（3）7~10 天后,小鼠腹部增大,可以开始收集腹水。用左手固定小鼠,75% 乙醇消毒腹部,用 12 号针头刺入小鼠下腹部,轻轻挤压使腹水流出,收集至离心管,使劲晃动离心管防止腹水凝结,每只小鼠一次可收集 5~8ml 腹水。

（4）1 000~2 000r/min,离心 5 分钟,吸取上清,以 0.45μm 的针头滤器过滤除菌,小包装分装后 −20℃保存,避免反复冻融。

（5）间隔 2~3 天,可再取腹水。一般可取腹水 2~3 次。也可杀死小鼠一次性获取腹水。

2. **体外培养法** 在一般实验室条件下,可以采用普通的细胞培养法。以含 10% 胎牛血清的 DMEM 和 2×10^6 个 /ml 细胞为最佳条件,但所获单克隆抗体含量较低。也可用装有搅拌器或气泡搅拌的发酵罐（4~10L）进行大规模灌注培养。

近年来,还有微囊培养法与中空纤维细胞培养系统都可以高效、大量生产单克隆抗体,详见第十一章。

九、小鼠单克隆抗体的纯化

用于单克隆抗体纯化的方法很多,并且各有所长。在选择纯化方法时,应根据实验需要进行取舍。一般情况下,杂交瘤细胞培养上清液或小鼠腹水都不需专门纯化即可用于某些实验,如酶联免疫吸附实验。对于确实需要用纯化抗体的实验,在选择纯化方法时应根据抗体的纯度要求、单克隆抗体的类型、实验室的技术条件等因素,在节省时间、资金的情况下,获得预期的纯度与效果。例如,IgG 型抗体可以用蛋白 A 亲和层析法获得最大纯度,但在离子交换层析的分离也能基本符合要求时,选择后者要经济的多,下面是几种常用

的方法。

（一）硫酸铵沉淀法

蛋白质由于有水化层和电荷的存在,其水溶性具有亲水胶体的性质。加入大量的中性盐（如硫酸铵等）可以破坏蛋白质水化层和电荷存在的因素,使蛋白质从溶液中沉淀出来（盐析）。不同蛋白质盐析时,所需硫酸铵的浓度不同。由于 γ−球蛋白沉淀所需硫酸铵饱和度也可以使其他一些非抗体蛋白沉淀,故此法只能达到粗提蛋白的目的。

【实验材料】

1. 杂交瘤细胞腹水或培养上清液等。

2. 0.01mol/L 磷酸缓冲液,pH7.2。

3. **饱和硫酸铵溶液** 将 900g 固体硫酸铵 $[(NH_4)_2SO_4]$ 加至 1 000ml 蒸馏水中,在 70~80℃下充分搅拌促溶,置 4℃过夜。瓶底析出许多白色结晶,上清即为饱和硫酸铵溶液。

4. 氨水（NH_4OH）。

【实验器材】

1. 透析袋、吸管、烧杯、量筒、离心管、磁力搅拌子。

2. 磁力搅拌器、pH 计、离心机等。

【实验方法】

1. 将直接取自小鼠腹腔的腹水在 4℃、3 000r/min 离心 20 分钟,除去纤维蛋白、不溶性颗粒及漂浮的脂肪层。

2. 测量腹水的总体积,将腹水移至一带有刻度的烧杯内,腹水的体积不应超过烧杯刻度容量的 1/2,加入磁力搅拌子。

3. 将盛有样品的烧杯放入一非金属冰盒当中,烧杯周围塞满碎冰。将冰盒置于磁力搅拌器上,将 pH 计的电极插入溶液当中（不要插到底部以免被磁力搅拌子碰坏）,边搅拌,边将等量的饱和硫酸铵缓慢地加入到烧杯当中,并滴加氨水将溶液维持在 pH7.2 左右,继续搅拌 30 分钟。

此步骤也可以不用冰盒而在冰室或 4℃冰箱内进行。

4. 4℃、10 000r/min 离心 10 分钟,弃上清。用少量 0.01mol/L 磷酸缓冲液溶解沉淀,并用 100 倍体积的同一缓冲液 4℃搅拌透析过夜,每隔 4 小时更换一次透析液。

5. 收集透析后的样品液,测蛋白浓度及其他

指标,分装贮存。

(二)离子交换层析法

离子交换层析是目前在生物大分子提纯当中应用最广泛的方法之一。它是利用不同的生物大分子的带电部分与具有相反电荷的离子交换剂吸附强弱的不同而进行分离的高效纯化方法。离子交换层析纯化可作为硫酸铵沉淀法后续的精纯方法,能够获得纯度更高的抗体样品。

【实验材料】

1. 二乙基氨基乙基－纤维素(DEAE-Cellulose)。

2. 0.5mol/L NaOH,0.5mol/L HCl。

3. 0.2mol/L、pH8.0 磷酸缓冲液,含 0.14mol/L NaCl 的 0.01mol/L、pH8.0 磷酸盐缓冲液,含 0.5mol/L NaCl 的 0.01mol/L、pH8.0 磷酸盐缓冲液。

【实验器材】

1. 层析柱(1cm×15cm)。

2. 磁力搅拌子、磁力搅拌器、混匀器。

3. 样品收集试管。

4. 样品收集器(带有或不带 280nm 紫外波长监测仪)。

【实验方法】

1. **酸碱处理** 称取 DEAE-Cellulose 干粉 10g,以重量:体积 =1:10 的比例,先于 0.5mol/L NaOH 浸泡 30 分钟、水洗至 pH7.0,改用 0.5mol/L HCl 浸泡 30 分钟、水洗至 pH4.0,再用 NaOH 浸泡 30 分钟后,水洗至 pH7.0。

2. **装柱** 将经过处理的 DEAE-Cellulose 倒入层析柱内,柱床体积约为 1cm×8cm,装柱时注意柱内均匀,没有气泡,表面要平整。

3. **平衡** 用 0.2mol/L、pH8.0 磷酸缓冲液,以 90ml/h 流速平衡层析柱至流出液的 pH 达到 8.0。再用含 0.14mol/L NaCl 的 0.01mol/L、pH8.0 磷酸盐缓冲液 2 000ml 以同样速度进行平衡。

4. **上样** 将约一个柱床体积的腹水加入层析柱,用含 0.14mol/L NaCl 的 0.01mol/L pH8.0 磷酸盐缓冲液 300ml 进行上样后平衡,以 60ml/h 流速洗脱未吸附在层析柱上的蛋白。

5. **洗脱、收集蛋白** 将混匀器出口(从 0.14mol/L NaCl 至 0.5mol/L NaCl 梯度)接柱,以 60ml/h 流速连续洗脱吸附在层析柱上的蛋白。以 3ml 为一管收集或在 280nm OD 值监测下,收集各个洗脱峰。免疫球蛋白一般最早被洗脱或者是最大的蛋白峰。

6. 根据需要对样品进行纯度检测(蛋白质电泳等)、浓度检测、浓缩等。

(三)蛋白 A 亲和层析法

葡萄球菌 A 蛋白(Staphylococcal protein A,SPA)能够与多种动物及人 IgG 的 Fc 段特异性结合,对小鼠 IgG2a、IgG2b、IgG3 结合力较强,对 IgG1 与 IgM 结合较弱,而且对不同单克隆抗体中 IgG1 的结合也不相同。1mg SPA 大约能够结合 10mg IgG。

【实验材料】

1. 1.5g SPA-Sepharose 4B。

2. 0.1mol/L、pH7.2 磷酸盐缓冲液,0.1mol/L、pH8.0 磷酸盐缓冲液,0.1mol/L pH6.0、pH4.5、pH3.5 磷酸氢二钠－柠檬酸缓冲液(用于抗体亚类的纯化)。

3. 0.1mol/L、pH4.5 醋酸钠缓冲液(含 0.15mol/L 氯化钠)。

4. 0.1mol/L、pH9.0 Tris-HCl 缓冲液。

5. 透析袋和分子量 2 万的 PEG。

【实验器材】

烧杯,层析柱,部分收集器,紫外分光光度计,离心机等。

【实验方法】

1. 用 0.1mol/L、pH7.2 磷酸盐缓冲液膨胀 SPA-Sepharose 4B,1.5g 膨胀后约为 6ml,倒掉浮在缓冲液中的微细颗粒,装入层析柱。

2. 用 0.1mol/L、pH 8.0 磷酸盐缓冲液 50ml,以 1ml/min 的速度平衡层析柱。

3. 将待纯化的腹水(3~6ml)用 0.1mol/L pH8.0 磷酸盐缓冲液稀释 2~3 倍直接上层析柱。

4. 用 3~5 倍柱床体积的 0.1mol/L pH8.0 磷酸盐缓冲液洗去没有吸附的其他蛋白成分,直至流出液与流入液的 280nm OD 值相同或相近。

5. 根据小鼠 IgG 的亚类,选用 5 倍柱床体积的 pH6.0(IgG1)、pH4.5(IgG2a 和 IgG2b)、pH3.5(IgG4)的 0.1mol/L 磷酸氢二钠－柠檬酸缓冲液洗脱结合的抗体。酸性流出液以适当的 0.1mol/L pH9.0 Tris-HCl 缓冲液中和,以免抗体活性丧失。

6. 收集洗脱液测 OD 值,将含蛋白的洗脱液装入透析袋,PGE 浓缩至 5~10ml 后,对 50~100 倍的 0.1mol/L pH7.2 磷酸盐缓冲液 4℃透析过夜。

7. 收集透析后的样品,测 OD 值,分装冻存。

第三节　大鼠－大鼠 B 淋巴细胞杂交瘤

大鼠杂交瘤技术是继小鼠杂交瘤之后发展起来的另外一种单克隆抗体制备技术,与小鼠杂交瘤技术相比,具有以下优点:①大鼠对某些病毒抗原的免疫反应较强;②适合用于小鼠模式生物的研究;③大鼠单克隆抗体能够结合人和兔的补体;④大鼠单克隆抗体的产量高,容易提纯,适于大量生产。大鼠杂交瘤技术的缺点是免疫所需抗原量较大（300~1 000μg）、时间较长及操作有一定的难度。目前,世界上只有为数不多的几个公司和研究机构提供大鼠单抗的技术服务。

一、大鼠骨髓瘤细胞系

目前常用的大鼠骨髓瘤细胞株是 Y3-Ag1.2.3 和 IR938F,均源自 LOU/C 大鼠回盲肠淋巴细胞瘤 R210 体外培养或筛选。1979 年,Galfre 等对 R210 进行抗 8-AG 压力培养,筛选得到具有 8-AG 抗性的细胞株经克隆化命名为 Y3-Ag1.2.3（简称 Y3）,但其本身分泌鼠 κ 链。1982 年,Bazin 等对 R210 细胞系进行体外培养筛选得到对 8-AG 耐受、HAT 敏感的细胞株 IR983F,该细胞具有不分泌 κ 轻链、贴壁性弱、易于体外培养、融合效率高的特点。培养条件方面,大鼠骨髓瘤细胞的最佳培养液是含胎牛血清的 RPMI 1640 完全培养液,或用 10% 小牛血清加 10% 马血清替代胎牛血清。此外,大鼠骨髓瘤细胞株也需用 20μg/ml 的 8-AG 定期筛选以除去变异细胞。

二、大鼠 B 淋巴细胞的制备

大鼠免疫多采用 3 个月龄的 LOU/C 大鼠。

1. 可溶性抗原　可以采用下面两种免疫方案:

（1）方案一:第一次用 0.1mg 抗原溶于 0.2ml PBS 与同体积完全福氏佐剂充分乳化后腹部皮下注射,第二次用 0.1mg 抗原溶于 0.2ml PBS 与同体积不完全福氏佐剂充分乳化后腹部皮下注射,第三次与第二次注射同样的成分与剂量,第四次用 45μg 抗原溶于 100μl PBS 脾内注射,每次注射相隔两周,最后一次免疫 3 天后进行细胞融合。

（2）方案二:第一次用 0.3mg 抗原溶于 0.5ml PBS 与同体积完全福氏佐剂充分乳化后皮下或腹腔注射,两周后用 0.5mg 抗原溶于 0.5ml PBS 与同体积不完全福氏佐剂充分乳化后皮下或腹腔注射,两个月后用 0.4mg 抗原溶于 0.1ml PBS 尾静脉注射作加强免疫,3 天后做细胞融合。

2. 细胞性抗原　0.1×10^7~1×10^7 个 /ml 细胞腹腔注射,每 2~3 周注射一次,共 3 次腹腔注射,融合前 4 天,尾静脉注射加强免疫。

三、细胞融合

细胞融合方法与小鼠细胞融合方法大致相同。脾细胞与骨髓瘤细胞的比例为（10~5）：1。脾细胞的总量要比小鼠的脾细胞多。接种时,每板 2×10^7 个脾细胞。完全培养基中含 20% 胎牛血清、HAT、谷氨酰胺及青霉素等。2 周后改用 HT 培养基,5%CO_2、37℃培养。

四、大鼠单克隆抗体的生产

用 OKA 大鼠,雌性或雄性,3 个月龄以上。每只腹腔注射降植烷 1ml,7 天后将杂交瘤细胞 5×10^6~5×10^7 个接种于腹腔中,10~14 天可收获腹水。

五、大鼠单克隆抗体的提纯

Bazin 等建立了一种迅速有效的提纯大鼠单克隆抗体的方法。其原理是:大鼠的免疫球蛋白轻链 95% 是 κ 型,κ 型轻链还可分为 1a 与 1b 两个亚型,而用于免疫的 LOU/C 大鼠的 κ 链亚型是 1a,用于生产腹水的 OKA 大鼠自身分泌 1b 抗体,即腹水中的单克隆抗体为 1a,与自身分泌的不同。Bazin 制备了抗 Igκ-1a 的单克隆抗体 MARK-3（已商业化）,将此单克隆抗体偶联到凝胶制备成亲和层析柱,就可以迅速有效地提纯大鼠单克隆抗体。

第四节　人－人淋巴细胞杂交瘤

鼠－鼠杂交瘤所产生的单克隆抗体尽管在科学研究、临床诊断等诸多领域里显示了重要作用,但是由于是异源性蛋白容易引起人抗小鼠抗体（human anti-mouse antibody, HAMA）反应，易被人体快速清除，其体内应用受到极大的限制。为了减少鼠杂交瘤抗体和人源化抗体的免疫原性，提高抗体生物效应，许多研究者尝试各种方法来获得全人抗体，基于人杂交瘤技术制备的天然人抗体的潜力并没有被全部挖掘。

人-人杂交瘤技术之前，早期制备人单克隆抗体采用的是人-小鼠杂交瘤技术，即用人免疫B淋巴细胞与小鼠骨髓瘤细胞融合。这一技术优点是小鼠骨髓瘤细胞融合率高，相应后续工作成熟完善。但其致命缺点是人与小鼠细胞的种属间杂交后代不稳定，传代后融合细胞很快随机丢失人抗体染色体。人染色体中免疫球蛋白编码基因位于第2、第14和第22号染色体上，其中任何一条丢失，则丧失分泌功能抗体的能力。也有实验结果表明，人-小鼠杂交瘤分泌抗体能力丧失并不一定是结构基因的丢失，也可能是调节基因的失活，如发生人-小鼠染色体相互易位，产生新的标记染色体，而这种标记染色体越多，杂交瘤细胞越趋稳定。从理论上来讲，制备人单克隆抗体最理想的方法是人-人B淋巴细胞杂交瘤技术，这种方法保留了天然B细胞中抗体DNA的真实序列和配对，可以表达天然的全长人抗体分子。基于这样的愿景，科学家们不断努力，1973年，小鼠骨髓瘤细胞与原代人B细胞融合的人-鼠杂交瘤建立；1980年，人-人杂交瘤技术诞生。

近年来，人抗原特异性B细胞的体外大量扩增、高效融合技术和新的克隆方法等技术的进步，使人们从血液标本中分离无需改造、天然形式的人源抗体成为可能。但现实当中仍有许多困难需要克服，如缺乏可靠的用于融合的人骨髓瘤细胞系是阻碍人杂交瘤技术广泛应用的关键问题。

下面我们就人-人杂交瘤制备过程做概要的介绍。

一、人骨髓瘤细胞株和B淋巴母细胞瘤株

最早报道用于人-人杂交瘤技术的人骨髓瘤细胞株是U-266，由Nilsson等于1970年建立。U-266经诱变后，形成HGPRT缺陷的突变株，称

为U-266AR或SKO-007，这个骨髓瘤细胞株本身分泌IgE型免疫球蛋白。另一种可供人-人杂交瘤技术使用的骨髓瘤细胞株是RPMI 8226，由Matsuoka等在1976年建立，经过诱变处理，产生了HGPRT缺陷株TM-H2，这株细胞能分泌人型免疫球蛋白的γ、κ链。人骨髓瘤细胞系体外建株比较困难，建成的细胞株体外培养也需谨慎，培养过程多采用含15%胎牛血清的RPMI 1640完全培养基，并添加20~40μg/ml 8-AG，以筛除发生变异的细胞；也可长期培养于含5μg/ml 8-AG的培养基中。不用时，应将人骨髓瘤细胞尽快冻存于液氮中。

由于人骨髓瘤细胞系的缺乏，人们开始研究用EB病毒（EBV）转化的人淋巴母细胞瘤株（lymphoma cell line, LCL）制备人单克隆抗体。LCL的特征是EB（Epstein-Barr）病毒阳性，粗面内质网与高尔基器发展不完善，染色体为二倍体，而且是多克隆群体。最早用于制备人单克隆抗体的LCL是GM1500-A2，它是从GM1500诱发而来的HGPRT缺陷株，本身分泌IgG型免疫球蛋白。除此以外，还有LICR-LON-Hmy2、UC729-6、UC729-HF2等。LCL的培养和冻存方法与人骨髓瘤细胞株的培养和冻存方法相似。

除了上述人源骨髓瘤细胞系外，许多研究致力于通过小鼠骨髓瘤细胞和人类细胞融合获得异源骨髓瘤，以用于进一步细胞融合构建人-人杂交瘤。这些异源骨髓瘤包括有：HMMA 2.5、SHM-D 3327和MFP-2，目前在针对不同病毒的人单抗，如HIV、流感病毒、登革热病毒、西尼罗病毒等的制备上已有报道。

二、人B淋巴细胞的制备

人免疫B淋巴细胞的来源主要是外周血淋巴细胞，其次也可采用脾细胞、淋巴结细胞或病变灶浸润性淋巴细胞等。一般地说，制备抗病原体微生物及治疗自身免疫性疾病的单克隆抗体多采用患者的外周血，而制备抗肿瘤单克隆抗体时，实体瘤引流区淋巴结及浸润肿瘤内部的淋巴细胞是较理想的免疫B淋巴细胞来源。有一些慢性白血病，还可以取患者的脾细胞作为免疫B淋巴细胞的来源。

采用外周血分离免疫淋巴细胞，首先要将外

周血经过 Ficoll-Hypaque 梯度离心处理,去除红细胞和粒细胞等,分离出单个核细胞(包括淋巴细胞和单核细胞);再将这些单个核细胞培养于培养基中,加入目的抗原与促有丝分裂原(美洲商陆,pokeweed mitogen)在体外致敏 B 细胞。例如,制备抗破伤风毒素(tetanus toxoid, TT)人单克隆抗体时采用的方法是:将分离好的单个核细胞调至密度为 2×10^6 个 /ml,置于 RPMI 1640 培养基(含 2μg/ml 两性霉素 B、80μg/ml 庆大霉素、2mmol/L 谷氨酰胺、30% 灭活的胎牛血清及 5ng/ml 的 TT、2.5μg/ml 促有丝分裂原),37℃、7%CO_2 培养 3~5 天。现在较常用的体外免疫致敏 B 细胞的方法是将促有丝分裂原与条件培养液共用。

若采用脾细胞作免疫 B 淋巴细胞,也以 Ficoll-Hypaque 梯度离心分离出单个核细胞;再将这些细胞在 RPMI 1640 培养基中静置培养 20 分钟,连续 3 次,以去除贴壁细胞;然后将再次分离好的细胞用目的抗原依上述方法致敏。

用淋巴结细胞和脾细胞作为人的免疫 B 淋巴细胞获得阳性克隆的概率比较低,将人的外周血 B 淋巴细胞经 EBV 转化后再与小鼠骨髓瘤细胞融合,则容易获得较多阳性克隆。例如,用含有高滴度 EBV 的猴细胞系 B95.8 培养上清液感染 B 细胞,1~2 周内可产生转化克隆即淋巴母细胞;通过添加环孢菌素 A 以抑制 EBV- 特异性 T 细胞,应用 CpG 寡核苷酸可使 B 细胞转化率从 10% 提高到 30%。此外,通过过表达 bcl-6 和 bcl-XL 实现人 B 细胞永生化的基因修饰,Spits 等分离出了许多对抗病毒的多克隆抗体,但是缺点就是由于抗体是 EBV 转化细胞所得,存在病毒污染的风险,因此更加理想的途径还是进一步克隆抗体基因并重组为工程细胞株。

三、细胞融合

细胞融合方法可包括电融合和激光照射的物理融合方法、PEG 和脑磷脂介导的化学融合方法、水疱性口炎病毒(VSV)和日本血凝病毒(HVJ)介导的生物融合方法。细胞融合前后的处理可影响杂交瘤的制备效率,如骨髓瘤细胞的预先同步化可提高融合效率近 50%、用人血浆替代胎牛血清可提高融合效率 10 倍。

四、人单克隆抗体的生产

生产人单克隆抗体一般采用 8 周龄雌性裸鼠。第 1 天与第 7 天两次腹腔注射降植烷,每只每次注射 0.5ml;第 8 天接种杂交瘤细胞,细胞密度为 5×10^6 个 /ml,每只注射 1ml;3 周后收集腹水。此外,也可用无血清培养基体外规模化培养杂交瘤细胞,从培养上清中获取抗体。

五、人-人杂交瘤技术存在的问题

尽管人们对人-人杂交瘤细胞的制备做出了诸多努力,但始终缺乏一个成熟、通用而高效的方法。这是由于存在下面诸多的因素:

1. 缺乏好的亲本人骨髓瘤细胞株 人骨髓瘤细胞株的建株条件比较苛刻,迄今为止尚无理想的细胞株。另一代用的淋巴母细胞瘤株(LCL)是由 EBV 转化而来,带有 EBV,即使成功也会给人单克隆抗体的临床应用带来麻烦。另外,现有人骨髓瘤细胞或淋巴细胞瘤细胞制备的异源骨髓瘤,其融合率、抗体产量及稳定性等都不如小鼠骨髓瘤细胞株,而且自身均分泌抗体。

2. 难于获得大量抗原特异性人 B 淋巴细胞 B 淋巴细胞来源之一是外周血,但外周血中 B 淋巴细胞仅占淋巴细胞总数的 1/10。以注射白喉毒素为例,免疫接种者经再次加强免疫后 2~4 周,B 细胞群中产生特异性抗体的细胞仅 1/10 000;据推测,从外周血获得能分泌抗白喉毒素抗体 B 细胞的概率仅 $1/10^9$。由于人体的特殊条件即伦理的限制,除一些疫苗外,许多有临床价值的抗原不能采用体内免疫的方法。人 B 淋巴细胞来源之二是淋巴结细胞,有报道曾用该来源的 B 细胞筛选出产生和分泌抗乳腺癌细胞的人单克隆抗体,但从一个淋巴结中仅得到 1×10^6~5×10^6 个细胞,其中 B 淋巴细胞就更少,而且这样的淋巴细胞虽能产生特异性抗体,但不一定处于最高峰。人 B 淋巴细胞来源之三是手术切除的脾脏,但其 B 淋巴细胞对某种抗原体外致敏的程度难测,不易获得高亲和力的抗体。

3. 人单克隆抗体的大量生产问题 人杂交瘤细胞不能在小鼠或其他动物体内生长,接种至裸鼠体内所能获得的抗体量也不理想。

第五节　兔－兔 B 淋巴细胞杂交瘤

在实际应用中，鼠单抗存在"亲和力""特异性"等缺陷，且小鼠免疫系统不能识别半抗原等小的抗原表位和鼠源性免疫原。鉴于兔多克隆抗体稳定性良好、半衰期较长，在免疫学研究中应用广泛，人们开始尝试建立兔杂交瘤技术。1980年，异源骨髓瘤融合的兔－鼠杂交瘤细胞建立，但该细胞不稳定、不能长期分泌抗体。由于兔骨髓瘤细胞系缺乏，兔 B 细胞体外病毒转染困难，兔单抗技术进展缓慢。1995 年，Spieker-Polet 等从 c-myc/v-abl 转基因兔成功建立了兔骨髓瘤细胞系 240E-1，并与兔 B 淋巴细胞融合获得第一株兔－兔杂交瘤细胞，自此开启了兔杂交瘤技术制备兔单克隆抗体的新时代。

兔单克隆抗体的优点是：①兔单克隆抗体在抗体多样性及抗体产生机制上与小鼠不同，能够识别啮齿动物（鼠）不产生免疫原性的抗原，增加了靶抗原总数，促进了人－小鼠交叉反应抗原相应抗体的产生；②抗原结合位点广泛，可识别小分子化合物、肽、脂多糖及更多新型修饰表位，如磷酸化等翻译后修饰表位；③高特异性和高敏感性，解离系数可达到皮摩尔级，即 10^{-12} Kd（M），在 IHC 中有更好的应用，在开发灵敏的检测试剂方面潜力巨大；④高效：兔脾脏 B 淋巴细胞数量为小鼠 50 倍，融合得到的杂交瘤克隆比小鼠多数倍；⑤可质控的大规模培养体系；⑥适于高密度培养，细胞传代的间隔时间比小鼠杂交瘤细胞短。目前，全球已制备了近万株兔单抗：其中，1个兔单抗已通过临床Ⅲ期试验，3 个正在临床Ⅲ期试验中，11 个诊断用兔单抗（如 PD-1 伴随诊断抗体）获得美国食品药品监督管理局（FDA）批准。

一、兔骨髓瘤细胞系

兔骨髓瘤细胞 240E-1 细胞培养时易成团，融合效率低，杂交瘤稳定性差。1996 年，Weimin Zhu和 Rovert Pytela 通过重复亚克隆和优化培养基方法改造了 240E-1 细胞，得到融合效率高、染色体数目稳定的兔杂交瘤细胞系 240E-W。随后，研究人员不断优化，分别得到不含兔内源 IgG 重链基因、融合效率及杂交瘤阳性率更高的 240E-W 衍生细胞株 240E-W2，以及同时去除了内源性重链和轻链的第四代兔骨髓瘤细胞系 240E-W3。美国 Epitomics 公司［宜康（杭州）生物］首先获得兔单克隆抗体专利技术 RabMAb® 和兔单抗开发平台，其他公司如美国 Cell Signaling Technology 公司等也在开发自己的兔单克隆抗体产品。

二、兔 B 淋巴细胞的制备

多采用 6 个月龄至 2 岁的新西兰兔。

1. **可溶性抗原**　免疫抗原总量为 1.0mg 蛋白。首次免疫将 0.1mg 抗原与完全福氏佐剂充分乳化后腹部皮下、肌内注射；2~3 周后，用不完全福氏佐剂，以同样方式进行一至两次增强免疫；融合前 4 天将 0.2mg 抗原溶于生理盐水，通过腹腔和静脉注射滴注。

2. **细胞性抗原**　2×10^7 个 /ml 抗原表达细胞腹腔注射，每 2~3 周注射一次，共 3 次腹腔注射，融合前 4 天，耳缘静脉注射加强免疫。

三、细胞融合

细胞融合方法与小鼠细胞融合方法大致相同，脾细胞与骨髓瘤细胞 240E 的比例为 2：1。由于兔脾淋巴细胞总量比小鼠的脾细胞多，可以将它冻存后进行多次融合，以实现高通量融合筛选。除脾细胞外，免疫兔外周淋巴结细胞也可用于细胞融合，因其贴壁细胞更少，较少干扰杂交瘤的生长。为提高融合效率，可预先体外培养分离的淋巴细胞 24~48 小时，并用 50μg/mL 抗原、X 射线照射 CD40L 转染细胞（CD40L 转染细胞与脾细胞比例为 1：10）体外加强免疫。此外，兔杂交瘤细胞培养中添加重组人 IL-6 可促进单克隆抗体的分泌。

第六节　单克隆抗体的改构优化

近年来，基因工程抗体迅速发展，基于单克隆抗体基础上的各种改构优化的抗体，如人－鼠嵌合抗体和小分子抗体的研制日趋成熟，重构抗体、噬菌体抗体等技术相继问世并成功应用，使得抗体的自身结构优化，改善其生物学特性的期望成为现实。

一、人－鼠嵌合抗体

鼠源性单克隆抗体的抗原结合活性由 Ig 的 V 区决定,免疫原性在 Ig 的 C 区,利用人 Ig 的 C 区和小鼠的 Ig 的 V 区重组,可构建人－鼠嵌合抗体(human-mouse chimeric antibodies)以发挥各自的特点。其方法是:从分泌某种单克隆抗体的杂交瘤细胞基因中分离和鉴别出功能性 V 区基因,经基因重组与人 Ig 的 C 区基因相拼接,插入适当的表达载体中,构建成人－鼠嵌合的轻重链基因表达质粒。用电穿孔方法将表达质粒导入小鼠骨髓瘤细胞,通过筛选可获得人－鼠嵌合的 Ig 轻、重链完整抗体(图 10-2)。这种嵌合抗体既保持鼠源性单克隆抗体结合抗原的特异性和亲和性,又因 IgG C 区属人源性,从而减少鼠源性单克隆抗体作为异种蛋白对人体的免疫源性。鼠源性单克隆抗体用于人体均出现异种蛋白反应,而嵌合抗体仅 10% 出现弱反应。由于嵌合抗体恒定区为人源性,其在人体内介导补体和细胞对靶抗原的杀伤和吞噬作用明显优于亲本鼠单克隆抗体,其效率可提高 100 倍,它在体内的半衰期比鼠源性单克隆抗体长 6 倍以上。

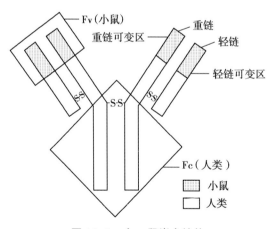

图 10-2　人－鼠嵌合抗体

利用嵌合技术尚可拼接不同亚类的人 C 区基因,改变抗体的效应功能,使原细胞毒作用较低的 IgG2a 或 IgG2b 转换成细胞毒作用较强的 IgG1 和 IgG3,增强抗体的免疫治疗功能。

抗体分子能与抗原决定簇构象空间结构互补,主要是由可变区中氨基酸序列变化较大的区域即互补性决定区(complementarity determining region,CDR)所决定,故用鼠源性单克隆抗体可

变区中 3 个 CDR(CDR1、CDR2、CDR3)序列置换人 Ig 基因中的相应序列,可得 CDR 移植抗体(CDR grafting antibody)(图 10-3),这种抗体的恒定区与可变区的骨架区均为人源性。

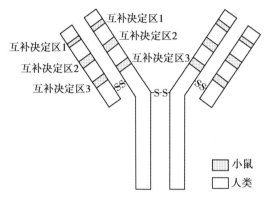

图 10-3　互补性决定区移植抗体

可用全合成法或定点突变法构建人源性抗体,但工作难度大,需通过计算机系统选择与小鼠相应 V 区有最大同源性的人 IgV 区方能获得成功。即便如此,单纯移植 CDR 很难完全达到亲本抗体的特异性和亲和力,因为骨架区的某些氨基酸可与 CDR 有相互作用或影响分子构象,更换骨架区可造成 CDR 构象的变化。

二、小分子抗体

抗体分子的抗原结合部位由可变区组成,从而可以在体外构建分子量较小、具有结合抗原功能的分子片段。完整的抗体相对分子量为 150 000(150kDa),小分子抗体的相对分子量约为 15 000~20 000(15~20kDa),按其结构特点有 Fab 抗体、Fv 抗体、单链抗体(single-chain variable fragment,ScFv)、单域抗体(single domain antibody,sdAb)和最小识别单位(minimal recognition units,MRu)等几种类型。它们分子量小,免疫原性降低,在体内容易穿透血管壁或其他组织屏障到达肿瘤等组织病变部位,且易与其他分子如药物、酶、放射性核素或细胞因子等拼接,成为有效的靶向诊断、治疗手段。这类抗体最大的优点是能在大肠埃希菌中表达,可以通过大规模生产使成本大幅度降低。

1. Fab 抗体　将单克隆抗体重链 V 和 CH1 区 cDNA 与完整轻链 cDNA 连接,插入表达载体,在大肠埃希菌中表达。其大小约为完整 IgG 的 1/3。

2. Fv 抗体与 ScFv 抗体　Fv 是抗体分子中

保留抗原结合部位的最小功能片段,由轻链可变区(VH)和重链可变区(VL)组成,两者以非共价键结合在一起,为完整抗体的 1/6,亦为单一抗原结合位点。非共价键结合不稳定,在稀释条件下容易解离成 VH 和 VL。获得稳定的 Fv,有三种方法:一是用戊二醛交联;二是通过对 Fv 段基因突变引入半胱氨酸的残基,形成二硫键;三是目前常用且较成熟的方法,即构建 ScFv。

ScFv 抗体是在重链 V 区基因 3′端与轻链 V 区 5′端之间连接一编码亲水折叠多肽(15~25 个氨基酸)的寡核苷酸,插入表达载体,在真核或原核细胞中表达而成的线形重组蛋白。

3. 单域抗体(single domain antibody) 是由单个抗体可变区域构成的功能性抗体,通过基因工程的方法在大肠埃希菌中表达而得。单域抗体一般是指单个 VH 功能区域,因为在抗原结合部位 VH 比 VL 的作用更大。单域抗体具有抗体的特异结合功能,但对其与完整抗体相比的亲和性评价不一,有亲和性基本一致与亲和性低一个数量级之分。

4. 最小识别单位(MRu) 它是具有抗原结合活性的最小的识别单位,它仅由可变区中单一的互补性决定区(CDRs)构成,分子量仅为完整抗体的几十分之一。

三、双特异性抗体

双特异性抗体(bispecific antibodies)又称双功能抗体,该抗体的两个 Fab 段能分别识别不同的抗原决定簇,其结构是双价。它可通过化学交联、杂交瘤和抗体的遗传工程等方法制备。它在免疫学诊断、肿瘤导向治疗和细胞表面成分的功能研究等领域有广泛的应用前景。

1. 化学交联法 将抗不同抗原的 Ig 解离和重聚合,制备方法因实验室而异。

2. 杂交 – 杂交瘤法(hybrid–hybridoma) 基本上按照细胞融合技术,将分泌不同特异性抗体的细胞进行融合,所得杂交 – 杂交瘤不仅分泌两个亲代细胞的 Ig,也分泌同时表达两个亲代细胞 Ig 结合特异性的杂交分子,杂交瘤细胞合成两条不同的 H 链和两条不同的 L 链,在细胞内随机自由组合,装配成各种杂交抗体分子分泌出来。两种 H 链和两种 L 链之间可以有十种不同组合,只有一种成为双特异性抗体(图 10-4)。

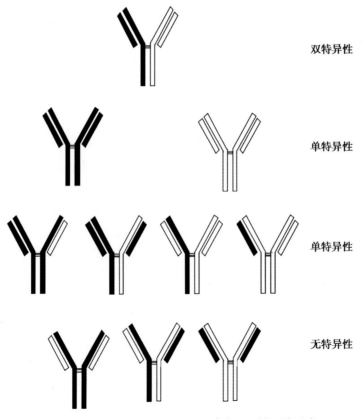

图 10-4　杂交 – 杂交瘤法分泌上清中 IgG 的可能形式

通常有两种制备途径,一是用一种分泌抗体的杂交瘤细胞系与一种分泌抗体的 B 淋巴细胞融合杂交,本法需先将杂交瘤细胞系用 8-AG 诱导成 HGPRT 缺陷型后,再行融合,进而进行 HAT 选择。本法仅需制备一种杂交细胞系,较为简便,缺点是不易推测其单克隆抗体的亚类。另一方法是将两株分泌不同抗体的杂交瘤细胞融合,该法必须将一种杂交瘤细胞驯化成 HGPRT 缺陷型,而将另一种杂交瘤细胞用 BudR 诱导成 TK 缺陷型,再融合并用 HAT 选择。本法较易推测所得双特异性单克隆抗体的亚类,但制备工作量大。杂交 - 杂交瘤的染色体几乎等于两个亲本染色体的总数,达 3~4 个细胞的染色体数,故其稳定性差,需经常加以亚克隆,以保存细胞系。

3. 遗传工程法　本法是将两套轻、重链基因导入骨髓瘤细胞或转染肿瘤细胞系中表达。若选择合适的抗体恒定区以及 Ig 类和亚类,可得到产量较高的双特异性抗体。经过转染的肿瘤细胞的染色体数量正常,不发生变化,仅较少的嵌合基因导入并整合到宿主基因组内,所以它更为稳定。

目前,关于双特异性抗体的制备已经有许多技术的报道,这些方法各有不同的优缺点,开发者一般会根据不同的靶点组合来选择合适的抗体制备平台,这些双特异性抗体往往能发挥单个抗体所无法完成的功能,迄今调动免疫治疗和结合肿瘤靶点的双特异性抗体的追逐已经成为制药领域追逐的热点。

四、展望

单克隆抗体作为现代科学研究的重要工具,在基因组学、表观蛋白组学等前沿领域具有不可或缺的作用,更是现代生物技术药物最主要的产品。单抗药物也是当今发展最快、复合增长率最高的一类生物技术药物,被誉为生物产业“皇冠上的明珠”。本章我们主要通过细胞融合技术介绍单克隆抗体的原创制备及其筛选方法。

单克隆抗体的原创性的制备,除了本章前面所述的基于细胞融合的杂交瘤技术外,目前还有噬菌体抗体库技术;人源化小鼠技术;B 细胞分选技术和核糖体展示技术等。

（1）噬菌体抗体库技术:噬菌体抗体库技术是目前体外筛选抗原特异性抗体的最常用方法。其主要原理是将编码抗体蛋白的 DNA 序列插入到噬菌体外壳蛋白结构基因的适当位置,使抗体随噬菌体的重新组装而展示到噬菌体表面并进行筛选的方法。

由全部 B 淋巴细胞的抗体基因与噬菌体载体构建的噬菌体抗体文库(phage-display antibody libraries, 约 10^6~10^9 个噬菌体),可以筛选各种不同的特异抗原。通常在抗体基因和噬菌体基因之间插入一个琥珀终止密码子。这样,当琥珀密码子被抑制时(抑制性菌株培养),抗体就会以融合蛋白的形式在噬菌体表面表达。而当琥珀密码子没有被抑制时(非抑制性菌株培养),抗体便以非融合的可溶性分泌形式表达(图 10-5)。

噬菌体抗体技术是一种全新的制备单克隆抗体的实验方法,其优点如下:首先,筛选速度快,仅数周即可完成,且便于大规模批量生产;其次,选择范围广泛,可实现自动化筛选。噬菌体抗体基因文库可表达 10^6~10^9 个不同抗原结合特性的抗体,可从中进行充分选择;可模拟天然免疫系统中抗体亲和力成熟过程,通过多轮突变、链置换和抗原选择,甚至可以创造出具有比体内产生的抗体亲和力更高的抗体;同时,因其含有针对抗原各种表位的抗体,可一次开展针对多个靶点的抗体筛选;另外,可制备人天然抗体库,对人自身抗原和其他非免疫原性抗体进行筛选。但是,由于库容量受到引物限制,非特异抗体吸附和噬菌体抗体基因删失,抗原的体外纯化等制约,同时由于抗体基因在细菌中表达,需要后续的改造优化等,限制了其广泛应用。

（2）人源化小鼠技术:用转人抗体基因小鼠(hu-mice)制备人源单克隆抗体。该技术通过转基因的手段把小鼠自身的抗体表达系统灭活或敲除,再引进人的抗体生成系统。之后通过靶抗原免疫携带有人抗体基因的小鼠(如 VeloImmune,XenoMouse 等),最终可得到人源单克隆抗体。其特点是可以进行抗体的体内优化,可产生高亲和力的抗体。有研究者曾经对进入二期临床试验的所有单抗药进行分析,发现与噬菌体展示相比,通过转人抗体基因小鼠研发出来的抗体药的成药性更好,指标包括抗体自我聚合、非特异性结合等多项指标。转基因小鼠技术研发的主要代表公司为

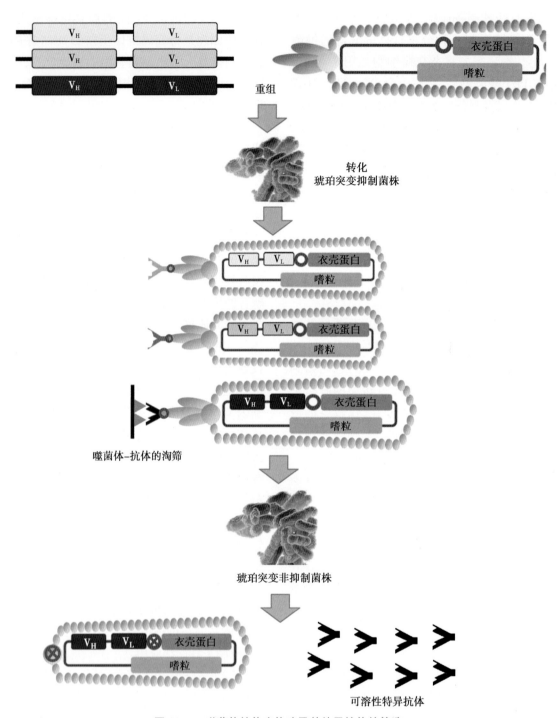

图 10-5 噬菌体抗体库构建及其特异抗体的筛选

美国生物制药公司 Genpharm/Medarex 和美国基因治疗公司 Cell Genesys/Abgenix。该技术是目前治疗性抗体的最主要来源之一,目前受到转基因老鼠来源的限制,通常一次只能进行一个靶点的筛选,很难实现自动化的通量筛选;此外由于专利的限制,一般性的研究机构往往难以负担其高昂的专利费用,其推广应用还有较大难度。

(3)B 细胞分选技术:通过分离人单个 B 细胞分离,人们最早用 EBV 来永生化患者的记忆 B 细胞,然后克隆记忆 B 细胞,从而得到与疾病相关的人单克隆抗体。但永生化的 B 细胞往往抗体基因不稳定,容易丢失,而且有 EBV 病毒污染,使其使用在一定程度上受到限制。因此,新一代的 B 细胞分选技术主要是基于流式细胞术分选抗原特异性的 B 细胞,通过 RT-PCR 扩增人抗体的重链和轻链基因,将抗体基因重组入表达载体,然后转染工程细胞筛选表达全人抗体。该方法的难点是体外分离抗原特异的记忆 B 细胞，但单个 B 细胞在体外不易存活，基因获取困难。

（4）核糖体展示技术：通过聚合酶链反应（PCR）构建抗体核糖体展示文库，表达产生 ScFv- 核糖体 -mRNA 的复合体，与固化抗原相互作用后正确表达的 ScFv 就可以与固相抗原结合，使与抗原亲和力高的 ScFv 的 mRNA 得到富集，然后将筛选出的 mRNA 反转录为 cDNA 并进行大量扩增即可获得抗体编码基因。其优势在于抗体建库简单、库容量大、分子多样性强、筛选方法简便，实现了基因型和蛋白表型的统一；但在系统的稳定性上，特别是防止 mRNA 的降解以及形成稳定的复合体方面仍需进一步提高。

综上，不同的抗体制备方法和策略，均有其各自的优缺点，不同实验室可依据其自身的条件进行尝试和优化，无论是通过细胞融合，或者噬菌体抗体库筛选、B 细胞分选等，都是原创性新靶点、新表位、新功能抗体的重要制备途径和策略。此外，还可应用基因工程的方法，对所获抗体进行重组、改构和修饰，特别是通过功能性抗体重组、优效修饰技术获得的修饰性抗体药物，包括人源化抗体抗体依赖的细胞介导的细胞毒性作用（antibody-dependent cell-mediated cytotoxicity，ADCC）效应增强修饰技术、糖基化结构优化技术（变构恒定区序列）、重构抗体亚类、片段抗体、类抗体长效修饰（PEG 偶联、融合蛋白技术）及双接头抗体等，达到优化提升抗体整体性能，同时使之更好的适应生物反应器放大与代谢控制等，从而为抗体在疾病治疗中的应用奠定基础。

（李 玲　杨向民）

参 考 文 献

1. Köhler G, Milstein C. Continuous cultures of cells secreting antibody of predefined specificity. Nature, 1975, 256: 495-497.

2. Milstein C, Litlle M, Kipriyanov SM, et al. 25 years of monoclonal antibodies. Immunology Today, 2000, 21（8）: 355-412.

3. 何维. 医学免疫学. 北京：人民卫生出版社, 2005.

4. 沈倍奋, 陈志南, 刘民培. 重组抗体. 北京：科学出版社, 2005.

5. Glukhova XA, Prusakova OV, Trizna JA, et al. Updates on the Production of Therapeutic Antibodies Using Human Hybridoma Technique. Curr Pharm Des, 2016, 22（7）: 870-878.

6. Yam PC, Knight KL. Generation of rabbit monoclonal antibodies. Methods Mol Biol, 2014, 1131: 71-79.

第十一章　工程细胞及其大规模培养

第一节　细胞培养在生物制品中的应用

一、生物制品的概念

目前认为凡是从微生物、原虫、动物或人体材料制备，或采用现代生物技术、化学方法制成，作为预防、治疗、诊断特定传染病或其他疾病的制剂，通称为生物制品。狭义的生物制品包括菌苗、疫苗、类毒素、抗毒素和抗血清等。广义的生物制品还包含抗生素、血液制剂、肿瘤以及免疫病等非传染性疾病的诊疗制剂等。所采用的现代生物学技术，一般认为主要包括基因工程、细胞工程、酶工程和发酵工程四个部分。其中细胞工程包括细胞培养和移植、细胞融合、动物的胚胎工程、植物的微繁殖、单倍体育种、原生质的培养和细胞杂交等。可见在生物制品学中，细胞培养是生物制品的一个主要的应用技术。通过细胞培养所能获得的生物制品主要有：单克隆抗体、病毒疫苗（狂犬病、乙型肝炎等）、生长因子（表皮生长因子、神经生长因子等）、免疫调节剂（干扰素）、酶（组织纤溶酶原激活剂等）和细胞克隆等。本节主要介绍细胞培养在疫苗制备中的应用。

二、细胞培养在疫苗制备中的应用

疫苗是生物制剂中的一大类，它包括细菌性疫苗和病毒性疫苗。其中病毒性疫苗的发展可分为三个时期。第一，古典疫苗时期，在病原体发现以前，根据反复观察和经验而制出疫苗的时期，古典疫苗只有牛痘疫苗和狂犬病疫苗，所采用的方法是以动物制备或动物培养技术。第二，病毒培养疫苗时期，即利用病毒培养技术制备疫苗时期，

所制出的疫苗称为传统疫苗。此时所采用的技术是小鼠、鸡胚和细胞培养技术，产生的疫苗有黄热病、流感、乙型脑炎、脊髓灰质炎、麻疹等疫苗。第三，基因工程疫苗时期，即依照生物工程技术研制出的病毒亚单位疫苗时期。研制出来的这类新型疫苗就是基因工程疫苗，它采用了分子生物学、分子免疫学等新技术，如乙型肝炎病毒疫苗。可以这样认为，动物疫苗、鸡胚疫苗、细胞培养疫苗是疫苗发展的三部曲，如狂犬病疫苗经历过动物疫苗、鸡胚疫苗，最后发展为细胞培养疫苗。为比较动物、鸡胚、细胞培养、基因工程疫苗的发展，将各种技术所制备的主要疫苗种类列入表11-1。

表 11-1　各种技术所制备的主要疫苗

疫苗种类	主要疫苗	制备方法
动物疫苗（1930年前）	疫苗（牛、羊淋巴液）	鸡胚、细胞培养
	狂犬病（兔、羊脑）	鸭胚、鸡胚、细胞培养
鸡胚疫苗（1930年后）	黄热病	鼠脑
	乙型脑炎	鼠脑、细胞培养
	腮腺炎	
	流感	
	斑疹伤寒	鼠肺
细胞培养疫苗（1950年后）	脊髓灰质炎	二倍体
	麻疹	二倍体
	风疹	
	水痘	
基因工程疫苗（1980年）	乙型肝炎	血源（人血浆）
	艾滋病（研制中）	

基因工程疫苗是现代疫苗产业的发展趋势。细胞培养是一项比较简便可靠的疫苗制备策略。同时细胞培养也是病毒研究工作中最主要的基

础之一。细胞培养推动了生物制品领域的发展，通过获得纯系病毒，给活疫苗毒种筛选提供了最佳条件，已基本取代了动物或鸡胚制备疫苗过程。近年发展起来的悬浮细胞培养、微载体细胞培养和中空纤维培养，使生物制品走上了大批量、工业化、自动化培养技术。

在疫苗制备上，细胞培养相对于动物培养、鸡胚培养有许多得天独厚的优点。

1. 细胞没有特异性的免疫力 细胞在离体组织培养后，不存在免疫作用，易被病毒感染。

2. 病毒敏感范围广泛 有些病毒具有严格的宿主及组织特异性，但离体的细胞培养，对病毒的敏感范围增加。如脊髓灰质炎病毒可以在非神经细胞上生长，对人羊膜细胞不敏感，但在原代培养的羊膜细胞则敏感，并有细胞病变。肠道病毒、呼吸道鼻病毒等大都能在猴肾细胞培养上生长。

3. 在分离病毒时，细胞培养可大量接种标本，从而增加了病毒分离效率。

4. 提高了收获物的纯度，易于加工处理。

5. 细胞培养瓶间的差异比较小，大大地提高实验的准确性、重复性。

目前常用的细胞培养的细胞类型及所制备的疫苗类型如表 11-2 所示。

表 11-2 细胞培养制备疫苗所用的
细胞类型和疫苗类型

细胞类型	疫苗
人成纤维细胞	甲型肝炎病毒（HAV）
CHO 细胞（中国仓鼠卵巢细胞）	乙型肝炎病毒（HBV）
原代地鼠肾细胞	乙型脑炎病毒、狂犬病病毒
人二倍体细胞 WI-38	狂犬病病毒
非洲绿猴肾（Vero）细胞	狂犬病病毒、灰质炎病毒、流行性出血热病毒

下面以狂犬病疫苗的制备为例简单介绍疫苗的制备过程。

1. 使用 12g 左右健康的金黄地鼠，无菌取肾，去除肾包膜、结缔组织及血凝块。

2. 将肾皮质切成 $1mm^3$ 大小的组织碎块，丢弃髓质部分。

3. 用 0.25% 的胰蛋白酶消化组织块 30 分钟。

4. 离心收集细胞，并制成单细胞悬液。

5. 按常规培养，制成单层细胞。

6. 接种病毒，用 10L 转瓶继续培养，分两阶段进行，37℃ 培养 3 天，于第 4 天收集病毒溶液；更换培养液，33℃ 继续培养，3 天后，收集病毒培养液。

7. 进行病毒毒力滴定试验，要求达到 5log LD_{50}/ml。

8. 经 0.45μm 滤膜过滤，用分子量 30 万超滤膜进行超滤浓缩，浓缩后用 1∶10 000~1∶1 000 的 β- 丙内酯灭活，灭活后的浓缩液经过凝胶过滤柱层析及离子交换柱层析进行两步纯化试验。

（冯海凉）

第二节 治疗用细胞的培养及应用

一、T 细胞的培养与肿瘤的细胞治疗

（一）肿瘤的免疫治疗近年来取得的进展

肿瘤免疫治疗是前沿生物技术与医学、免疫学、药学、材料学等多学科交叉融合而形成的针对恶性肿瘤进行临床治疗的新手段，它能解决传统药物或治疗手段不能解决的问题，在恶性肿瘤的治疗方面起到重要作用，主要包括抗体治疗、免疫细胞治疗、肿瘤疫苗治疗、肿瘤基因治疗、基因编辑等。肿瘤免疫治疗具有 100 多年的发展历史，特别是近年来，国际上肿瘤免疫治疗发展迅速，多个针对肿瘤免疫检查点的抗体药物、基因修饰的细胞治疗产品、肿瘤疫苗、溶瘤病毒、基因治疗等产品上市。2013 年底，Science 杂志把针对肿瘤免疫检查点的抗体治疗、肿瘤嵌合抗原受体修饰的 T 细胞（chimeric antigen receptor-modified T cell，CAR-T）治疗为代表的免疫疗法位居年度全球十大科学研究突破之首。

免疫细胞治疗是当前全球生物医药产业发展的热点，在癌症、血液病、心血管病、糖尿病、老年痴呆症等临床治疗方面具有重要价值，是一项能够彻底改变全人类进程的伟大创新，关乎全社会健康和福祉，关乎国家新的经济增长点和新形势下的国家均势。近年来，肿瘤的免疫治疗取得重

要进展并正在获得重大突破,特别是基于 CAR-T 的个性化免疫治疗获得了突破性进展。随着 CAR-T 细胞疗法的发展,CAR 修饰的 NK 细胞(CAR-NK)、TCR 修饰的 T 细胞疗法(TCR-T)的发展也非常迅速。

CAR-T 细胞治疗是在近年来基因治疗、细胞治疗取得长足发展的基础上,利用基因工程技术,将具有肿瘤抗原识别能力的嵌合抗原受体(chimeric antigen receptor, CAR)/特异性识别受体表达于 T 淋巴细胞表面,使非特异性的 T 细胞获得具有特异识别肿瘤抗原的能力。CAR 分子一般由胞外识别区、跨膜区和胞内信号区三个部分组成:胞外识别区为具有抗原识别能力的抗体可变区组成,一般为单链抗体(scFv, single chain variable fragment),发挥 CAR-T 细胞的靶向识别作用;跨膜区发挥膜锚定作用,将 CAR 分子固定在 T 细胞的细胞膜上;胞内信号引发信号的级联反应,在 CAR 分子结合抗原后,启动 T 细胞的免疫反应。因此,一旦 CAR 分子与肿瘤表面抗原结合后,CAR-T 细胞则能够被诱发强的抗肿瘤免疫反应,从而介导靶向的抗肿瘤作用。目前,包括 CD19、CD20、Mesothelin、EGFRvⅢ、GD2 等数十个肿瘤抗原被用于 CAR-T 研究的治疗靶点,有十多种靶向不同抗原的 CAR-T 细胞治疗正在进行临床试验(www.clinicaltrials.gov),特别是靶向 CD19 的 CD19 CAR-T 在治疗血液系统的肿瘤取得了重要突破。针对急、慢性粒细胞白血病、多发性骨髓瘤、非霍奇金淋巴瘤等血液肿瘤的基因工程 T 细胞所进行的临床试验取得了令人振奋的疗效。特别要指出的是,目前 CAR-T 疗法选择的均是复发、难治的晚期肿瘤患者,针对一些肿瘤类型(如急性粒细胞靶细胞)的疗效十分显著,治疗的完全反应(CR, complete response)率超过 90%。因此,美国 FDA 也将该类疗法定义为突破性药物,加快其审批流程,使其能够尽快使肿瘤患者获益。

2018 年 8 月 28 日,欧盟委员会宣布批准诺华公司生产的 Kymriah 和吉利德公司生产的 Yescarta 两种 CAR-T 细胞疗法在欧盟上市用于治疗癌症,这是 CAR-T 细胞疗法首次获得欧盟批准。其中,Kymriah 被批准用于 25 岁以上患复发或难治性的急性 B 细胞型淋巴细胞性白血病(B-ALL)患者的治疗以及复发或难治性弥漫大 B 细胞性淋巴瘤(DLBCL)患者的治疗。Yescarta 被批准用于难治或复发性原发性纵隔大 B 细胞淋巴瘤(PMBCL)以及 DLBCL 患者的治疗。

欧盟批准使用 Kymriah 疗法是基于 Juliet 和 Eliana 两项临床试验,其中包括来自 8 个欧洲国家的患者,这是迄今为止唯一的一项全球注册的临床研究。2017 年 12 月,Juliet 国际临床试验的结果在美国血液学会议上进行了报告,试验小组随访接受 Kymriah 治疗至少 6 个月的 46 例患者,总有效率为 37%,其中 30% 完全缓解,7% 部分缓解,并且大多数患者用药 3 个月后病情仍然缓解。而在 Eliana 临床试验中,使用 Kymriah 后所有患者骨髓中均达到最小残留阴性状态,缓解后 6 个月无复发的概率为 75%,6 个月生存率为 89%,12 个月生存率为 79%。据欧盟 EMA 的审查小组称,Kymriah 的优势在于它能够明显缓解 ALL 患者的病程,并且可以产生持续时间较长的治疗效果。Yescarta 的批准是基于一项名为 ZUMA-1 的单臂临床试验。在该试验中,72% 的患者接受了治疗,51% 的患者获得了完全有效的治疗反应。中位随访为 15.1 个月。1 年后,60% 的患者仍然存活。

CAR-T 细胞产业的发展也吸引了巨大的投资。在 Kite 的 Yescarta 获批前不久,Gilead 以 119 亿美金的价格收购了 Kite。此前,诺华、辉瑞、强生、礼来等国际制药巨头也投入巨资进行 CAR-T 相关品种的研发。在国内,复兴和药明康德分别斥巨资与 Kite 和 Juno 合作,建立复兴凯特和药明局诺公司,推进 CAR-T 细胞治疗的产业化进程。作为目前最复杂的生物疗法,CAR-T 细胞治疗依然有许多的技术难点尚未突破,确切的作用机制还不清晰,特别是临床应用的有效性和安全性依然是目前关注和争论的焦点,但该技术已表现出巨大的应用潜力。Coherent Market Insights 认为,到 2028 年,全球 CAR-T 细胞治疗市场将达到 85 亿美元。目前,诺华、Juno Therapeutics 和 Kite Pharma 是 CAR-T 细胞治疗市场的三大巨头研发企业,辉瑞、梯瓦、罗氏等企业也参与了免疫细胞疗法的开发。

同时,以 CAR-T 细胞为代表的基因修饰的免疫细胞也带动了其他细胞治疗的发展,特别是以 NK 细胞、NKT 细胞、TIL 等免疫细胞为主的肿瘤细胞免疫疗法越来越受到关注,在肿瘤治疗的疗效上也有进一步的突破。工程免疫细胞的治疗过程见图 11-1。

(二)基因修饰的免疫细胞的制备

1. 基因修饰载体的制备 目前常用的基因修饰载体包括慢病毒载体(lentivirus vectors,LVs)和逆转录病毒载体(retrovirus vectors,RVs)以及腺病毒载体(adenovirus vectors,AVs)。慢病毒载体和逆转录病毒载体基因组均是正链 RNA,其基因组进入细胞后,在细胞浆中被其自身携带的反转录酶反转为 DNA,形成 DNA 整合前复合体,进入细胞核后,DNA 整合到细胞基因组中。整合后的 DNA 转录 mRNA,回到细胞浆中,表达目的蛋白或产生 RNAi 干扰。病毒载体介导的基因表达或 RNAi 干扰作用持续且稳定,原因是目的基因整合到宿主细胞基因组中,并随细胞基因组的分裂而分裂。不同的是,慢病毒载体可以感染分裂期和非分裂期细胞,逆转录病毒载体则只能感染分裂期细胞。而腺病毒载体基因组是双链 DNA,可感染分裂期和非分裂期细胞,外源基因不整合到基因组中。大量文献研究表明,病毒载体介导的目的基因可以长期表达于脑、肝脏、肌肉组织以及造血干细胞、骨髓间充质干细胞、巨噬细胞、淋巴细胞等。

2. 293T 包装细胞的培养

(1)细胞复苏

1)准备物品:DMEM 细胞培养基(含 10% 灭活 FBS 和 100U/ml 青链霉素)、培养皿、BD 管、冰盒等。

2)从液氮罐中取出细胞冻存管,应戴有防护眼镜和手套。

3)迅速放入 37℃ 水浴锅中,并不时摇动,尽快解冻直至冻存管仍有黄豆大小冰块时置于冰上。

4)用 70% 酒精擦拭消毒后,在超净台内吸出细胞悬液至预冷的 15ml BD 管中,补加 3ml DMEM 培养基,冰上放置 5 分钟。

5)再次加入 7ml DMEM 培养基,室温放置 5 分钟后,800r/min 离心 5 分钟。

6)弃上清,加入 10ml DMEM 培养基轻轻吹打重悬,后移入 100mm 培养皿中放入 37℃、5% CO_2 的细胞培养箱中培养,次日给予换液。

(2)细胞传代

1)培养皿中的细胞布满约 80%~90% 时进行传代,弃去旧培养液,加入 5ml 灭菌 PBS 溶液,轻轻晃动,洗涤细胞生长面,然后弃去 PBS 溶液。

2)加入 2ml 胰蛋白酶消化液,消化 2~3 分钟,将培养瓶轻轻摇动使细胞脱壁、悬浮、分散,直到细胞完全消化下来。

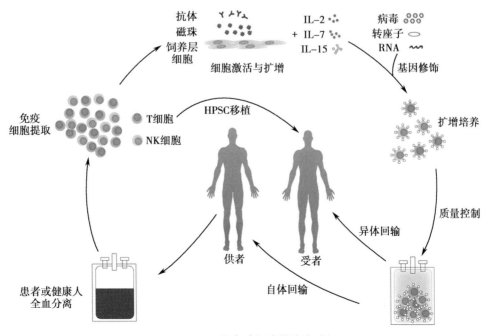

图 11-1 工程免疫细胞的治疗过程

3）加入 5ml DMEM 培养基终止消化，用刻度吸管吹打数次使细胞完全脱落，制成细胞悬液后按大约 1∶3 比例传代继续培养用来包装病毒。

3. 病毒的包装

配制如下溶液：

（1）CaCl₂：2.5M；

（2）2×BBS：50mmol/L BES，280mmol/L NaCl，1.5mmol/L Na₂HPO₄；

（3）病毒包装体系配制：在双蒸水中加入病毒辅助质粒和核心质粒，共 22.5μg。再加入 50μl CaCl₂，最后逐滴加入 500μl 2×BBS，总计 1ml。常温静置 15 分钟后加入培养皿中。

（4）转染 12 小时后，更换新的培养基；

（5）48 小时后收取第一次培养上清并更换新鲜培养基，病毒上清于 4℃保存；

（6）72 小时后收取第二次培养上清，合并两次收取的上清；

（7）将上述收取的上清 3 000r/min 离心 10 分钟，用孔径 0.45μm 的 PVDF 膜滤器过滤，后进行浓缩。

4. 病毒的浓缩和纯化

（1）取 6 个 Ultra-clear 超速离心管，用 70% 乙醇消毒后，放在超净工作台中打开紫外灯照射 30 分钟；

（2）每个 Ultra-clear 超速离心管中加入约 32ml 的预先收集并处理过的病毒上清液；

（3）配平后按次序将所有 6 个离心管放入 Beckman SW32Ti 超速离心转头中，20℃ 19 700r/min，离心 2 小时；

（4）小心将管子从转头中取出，倒掉上清，将离心管倒扣在灭菌滤纸巾上放置几分钟使剩余的上清流干，吸掉剩余的液滴，管底有可见的乳白色沉淀；

（5）每管中加入 100μl 不含钙和镁离子的 PBS，用移液器轻柔吹打使沉淀重悬，避免产生泡沫，将所有管中的液体集中到一个超速离心管中；

（6）集中后的病毒悬液分装成 50μl 每份，保存在成品管中，用碎干冰速冻后储存在 -80℃ 备用。

5. CAR-T/TCR-T　基因修饰 T 细胞作为免疫细胞疗法之一，它的出现为肿瘤细胞治疗提供了新方法和手段。基因修饰的 T 细胞疗法主要包括嵌合抗原受体修饰的 T 细胞和 T 细胞受体（T cell receptor，TCR）修饰的 T 细胞两种。这些基因修饰的 T 细胞通过嵌合在细胞膜上的特异性受体识别肿瘤抗原，介导下游信号分子激活启动 T 细胞抗肿瘤作用。CAR-T 细胞技术的发明者是美国 Rosenberg SA 教授，CAR 基因修饰的 T 细胞识别肿瘤细胞表面抗原，不具有 MHC 限制性。Emily 是首位从 CAR-T 细胞疗法获益的肿瘤患者，接受 CD19 CAR-T 细胞治疗后淋巴瘤持续缓解，极大地推动了 CAR-T 细胞治疗血液肿瘤疾病进展。目前 CAR-T 细胞治疗产品持续上市，用于复发难治的急性淋巴细胞白血病和弥漫大 B 细胞淋巴瘤治疗。CAR 分子现已发展到第四代，第一代 CAR 分子胞内信号为 CD3ζ，治疗肿瘤的临床反应率低，所以科学家在 CAR 分子结构中添加了共刺激信号，提高 T 细胞对肿瘤细胞的免疫响应，依据引入的共刺激分子数量不同分为第二代和第三代 CAR 分子。第四代 CAR 分子添加了细胞因子基因、共刺激配体基因或调控开关和自杀基因，提升了 CAR-T 细胞治疗安全性和抗肿瘤治疗效果。采用患者自体细胞制备 CAR-T 细胞的过程首先需要采集患者外周血，分离出全血淋巴细胞，利用单克隆抗体激活外周单核细胞中的 T 细胞，采用转基因技术对激活后的 T 细胞进行 CAR 基因修饰，成功接受 CAR 基因修饰的 T 细胞即为 CAR-T 细胞，经过扩大培养后回输到供者体内产生抗肿瘤免疫反应。部分通用 CAR-T 细胞制备采用异体健康供者 T 细胞为材料，利用 ZFN 技术，TALEN 技术，或规律成簇间隔短回文重复（clustered regularly interspaced short palindromic repeat，CRISPR）/CRISPR 相关蛋白核酸酶 9（CRISPRassociated nuclease 9，Cas 9）等基因编辑技术敲除 T 细胞 TCR 和 B2M 等基因后生产 CAR-T 细胞，这种 CAR-T 细胞制备技术规避了患者自身 T 细胞质量不佳带来的细胞制备失败风险，但同时存在基因敲除不彻底带来的移植物抗宿主病风险，虽然被证实具有临床治疗效果，但是其安全性需要更多的临床试验数据支持。TCR-T 细胞与 CAR-T 细胞制备过程类似，嵌合在 T 细胞表面的转基因 TCR 识别肿瘤抗原依赖于抗原提呈细胞的提呈过程，虽然具有 MHC 限制性，但 TCR-T 细胞能够识别肿瘤胞内抗原，在临床试验中展示出对黑色素瘤、多发性骨髓瘤治疗效果较好。

CAR-T 细胞和 TCR-T 细胞疗法被证实具有较好的临床应用前景,通过提高肿瘤治疗的靶向性能够一定程度上避免放疗和化疗带来的多脏器毒性和骨髓抑制等副作用。单一的 CAR-T 细胞或 TCR-T 细胞疗法能够用于肿瘤疾病的治疗,同时,与其他药物联用如免疫检查点抑制剂或放化疗药物等能够进一步提升治疗效果,但是在临床大规模应用前,仍然存在诸多的困难亟待解决。首先是 CAR-T 细胞和 TCR-T 细胞靶向肿瘤细胞转移和浸润困难,CAR-T 细胞静脉回输后形成细胞团聚集困于肺循环,抑制其迁移到肿瘤部位,实体肿瘤形成的致密胞外基质物理屏障限制 T 细胞的浸润,实现转基因 T 细胞靶向肿瘤细胞归巢和浸润是实现肿瘤治疗效果的首要条件;其次,实体肿瘤免疫抑制微环境限制了 T 细胞抗肿瘤作用,肿瘤微环境中免疫抑制细胞、抑制性细胞因子以及其他的抑制性因素能够导致 CAR-T 细胞和 TCR-T 细胞失能,抗肿瘤作用丢失,克服肿瘤微环境能够改善基因修饰 T 细胞治疗效果,但方法需要进一步探索;此外,CAR-T 细胞和 TCR-T 细胞治疗可能存在细胞毒性,首先是脱靶效应,细胞治疗的靶点选择至关重要,肿瘤特异性抗原数量稀少,以肿瘤相关抗原为靶点可能导致肿瘤外的正常组织或器官损伤,优化 CAR 和转基因 TCR 分子对抗原的亲和力尤其重要,其次 CAR-T 细胞和 TCR-T 细胞治疗产生的溶肿瘤反应和细胞因子风暴不可忽视,临床研究目前采用不同剂量梯度和细胞因子受体阻断剂进行预防和治疗。

尽管 CAR-T 细胞和 TCR-T 细胞技术发展迅速,但要实现广泛的临床应用仍需要更加深入的研究。CAR-T 细胞和 TCR-T 细胞治疗的重点在于细胞制备技术,获得高质量的 CAR-T 细胞或 TCR-T 细胞是获得良好临床反应率的第一步。

CAR-T 细胞 /TCR-T 细胞培养技术:

(1)培养材料:

1)T 细胞培养液:现在 T 细胞培养多用商品化的淋巴细胞培养基,额外添加人白细胞介素 2(IL-2)和血清即可配制成可以使用的 T 淋巴细胞培养液。也可使用 RPMI 1640 培养基补充 β-巯基乙醇、谷氨酰胺、非必需氨基酸、青霉素、链霉素、丙酮酸钠、血清 IL-2 等物质配置成完全培养基,即可用于 T 细胞培养。部分实验室在 T 细胞培养过程中添加白细胞介素 7(IL-7)和白细胞介素 15(IL-15)促进 T 细胞增殖。商品化的培养基应注意有效期限,保证使用新鲜的培养基。

2)T 淋巴细胞分离:外周单核淋巴细胞分离多使用合成多聚蔗糖作为分离介质,利用密度梯度离心法分离淋巴细胞,现多为商品化分离液试剂。也可自行配制多聚蔗糖分离液,密度为 1.07~1.08g/ml。分离出的淋巴细胞可以使用抗体分选,获得纯度较高的 T 淋巴细胞,也可直接使用商品化试剂盒完成细胞分选操作。

3)T 细胞激活剂:目前,多数实验室使用抗 CD3/CD28 单克隆抗体或抗体包被的磁珠进行 T 细胞激活。

(2)培养方法:在实验室小规模培养的 T 细胞只能满足科研需求,培养通常是在第 1 天对外周全血进行分离,使用淋巴细胞分离液分离外周全血后,中间白膜层即为外周单核淋巴细胞,取该细胞进行 T 细胞分选操作,后用 T 细胞激活剂激活 24~48 小时后进行基因修饰,基因修饰过程多在孔板中进行,在促感染试剂的作用下利用慢病毒作为载体进行基因传递,基因修饰后的 T 细胞即为转基因 T 细胞,T 细胞感染 48 小时后能够检测到较高的转基因表达效率,以 1×10^6 个 /ml 细胞密度扩增后能够用于实验室研究。

临床制备的 CAR-T/TCR-T 细胞扩增培养多在生物反应器中进行,目的是获得大量的目的细胞用于临床患者治疗,这种培养方法从分离到最后获得成品细胞往往在全封闭的连续培养系统中进行,以满足临床用药 GMP 要求。

6. CAR-NK　CAR-NK 细胞即为 CAR 基因修饰的 NK 细胞,采用 CAR-NK 细胞进行肿瘤免疫治疗与基因修饰的 T 细胞相比具有一定优势。NK 细胞不表达抗原特异性受体,因此不产生移植物抗宿主病,这一特性使得同种异体细胞来源生产的 CAR-NK 细胞临床应用成为可能。同时,NK 细胞具备免疫监视功能,通过受体识别介导非特异性肿瘤杀伤效应,因而使用 NK 细胞进行免疫治疗产生肿瘤免疫逃逸风险较低。此外,分化成熟的 NK 细胞在体内生存时间有限,限制了 CAR-NK 细胞回输后产生的长效细胞毒性,如

CD19 CAR-T 细胞导致的 B 细胞发育不全。

CAR-NK 细胞的细胞来源较 CAR-T/TCR-T 细胞更加广泛,外周单核细胞来源和脐带血来源的原代 NK 细胞使用病毒进行基因修饰效率较低,限制了 NK 细胞临床大规模应用。科学家尝试使用 NK92 细胞代替 NK 细胞制备 CAR-NK,NK92 为 NK 细胞淋巴瘤患者来源的 NK 细胞系,临床研究使用 NK92 制备的 CAR-NK92 细胞展示出良好的治疗潜力和安全性。但是 NK92 细胞本身存在染色体异常和恶性转化风险,因而临床上 NK92 细胞回输前进行辐照,限制了 CAR-NK92 细胞的增殖和持续抗肿瘤作用。此外,不久前科学家尝试使用 iPS 细胞体外诱导产生 NK 细胞,经 CAR 基因修饰后形成的 NK-CAR-iPS 细胞 -NK 细胞,展示出理想的抗肿瘤治疗效果和极低的毒副作用,因其安全和可再生的特点成为 NK 细胞的理想替代品,但其安全性和临床治疗效果有待进一步考察。

尽管 CAR-NK 细胞的临床应用潜力巨大,但是目前仅仅局限于临床前研究。CAR-NK 细胞疗法从基础研究走向临床仍需开展更深入的研究。

CAR-NK 细胞培养技术:

(1)培养材料

1)NK 细胞培养液:NK 细胞培养多用商品化培养液,添加 IL-2 和 IL-15 以及血清配制成完全培养液,添加青霉素和链霉素到培养液中能避免细菌污染,尽量保证使用新鲜培养液。

2)NK 细胞分离:NK 细胞分离需先分离出外周单核淋巴细胞,再使用商品化试剂分选外周单核细胞中的 NK 细胞,或使用基因修饰的 K562 细胞作为饲养层细胞与外周单核细胞共培养,特异性扩增其中的 NK 细胞。

(2)培养方法

1)共培养法:共培养法是指将 NK 细胞和单层饲养细胞在体系中共同培养,模拟体内 APC 细胞刺激信号促进 NK 细胞增殖,常用的饲养层细胞为 K562。但是共培养方法存在一定缺陷,主要由于 K562 细胞来源于慢性髓系白血病患者,存在恶变可能,虽然能够使用辐照灭活处理,但临床应用仍然存在较大争议,所以目前基本处于实验室研究阶段。

2)细胞因子培养:这种培养方法是利用 IL-2 和 IL-15 等细胞因子提供激活信号促进 NK 细胞体外增殖。在第 1 天抽取抗凝外周血,进行外周单核细胞分离,使用抗体分选技术分选 CD3⁻CD56⁺ 细胞即为 NK 细胞,培养约 2 周后能获得纯度较高的 NK 细胞,基因修饰过程往往在孔板中进行,若使用病毒载体则需要借助促感染试剂如聚酰胺、纤维连接蛋白等提高基因转移效率。基因修饰后的 NK 细胞维持 $1 \times 10^6 \sim 2 \times 10^6$ 个 /ml 的细胞密度进行扩大培养。

(三)非基因修饰的免疫细胞的制备

1. 树突状细胞的培养 树突状细胞(dendritic cells, DC)于 1973 年被加拿大科学家 Ralph M.Steinman 发现,是目前已知的唯一具有刺激初始 T 细胞增殖功能的抗原呈递细胞(antigen presenting cells, APC)。DC 成熟时周围具有许多树突样突起,为其明显特征。

【实验材料】

(1)材料来源:人体外周血单个核细胞(peripheral blood mononuclear cells, PBMC)、骨髓、脐带血 CD34⁺ 细胞,胚胎肝脏组织等。

(2)器械:医用一次性采血针、医用采血管、BD 离心管。

(3)分离液:淋巴细胞分离液(Ficoll-Hypaque)。

(4)培养液:X-VIVO 培养基或 RPMI1640 培养基。

(5)相关试剂:粒细胞巨噬细胞集落刺激因子(GM-CSF)、白细胞介素 -4(IL-4)、肿瘤坏死因子 α(TNF-α)、白细胞介素 -1b(IL-1b)、白细胞介素 -6(IL-6)、前列腺素 E2(PGE2)。

【实验方法】

(1)外周血单核细胞的分离:

1)采集患者或志愿者的静脉血液 8~100ml;

2)将外周血与淋巴细胞分离液按体积比 1:1 加入 BD 管,使用梯度离心法对血液中的 PBMC 进行分离;

3)将分离得到的白膜层细胞使用无血清培养基清洗 1~2 次,并且使用红细胞裂解液去除残留红细胞,获得纯度较高且数量达到 $1 \times 10^8 \sim 3 \times 10^8$ 个的 PBMC。

(2)将上一步获得的 PBMC 细胞使用无血清培养基重悬,并调整细胞浓度为 $1 \times 10^6 \sim 2 \times 10^6$ 个 /ml,置于培养瓶或培养皿内;

（3）将 PBMC 悬液置于 37℃, 5%CO$_2$ 培养箱内孵育 2 小时, 目的是让单核细胞贴壁;

（4）孵育结束后, 吸去上清非贴壁细胞;

（5）在贴壁细胞中补假无血清培养基, 同时加入重组人粒细胞巨噬细胞集落刺激因子（800~1 000U/ml）和重组人白细胞介素 -4（500U/ml）, 置于 37℃, 5%CO$_2$ 培养箱中继续培养, 此步骤为诱导单核细胞向 DC 分化;

（6）根据细胞生长情况, 每 2~3 天进行一次半量换液, 并根据浓度补足相关细胞因子;

（7）在培养至 6 天时, 加入肿瘤坏死因子 -α（10~20ng/ml）、白细胞介素 -1b（10~20ng/ml）、白细胞介素 -6（200ng/ml）、前列腺素 E2（1~2μg/ml）, 诱导 DC 成熟并提高产量;

（8）根据细胞的生长状况, 在培养的 7~8 天对 DC 进行收集。

【结果分析】

DC 的质量检测:

（1）细胞形态及数量: 培养收集的 DC 可在显微镜下观察到明显的树突状结构; 回收细胞数量在 1×10^6 个以上属于正常产量; 台盼蓝染色结果应当证明活细胞占比在 80% 以上。

（2）细胞表型检测: 成熟的 DC 表面高表达 CD11c、HLA-ABC、HLA-DR、CD40、CD80、CD83 和 CD86 等表面标记, 其中 CD83 为特异性标志物。通过流式细胞术检测这些表面标记可以对分离培养的 DC 进行鉴定。

（3）无菌检测与内毒素检测: 若要将 DC 用于免疫治疗, 在回输前应当对细菌、真菌、支原体等微生物以及内毒素进行检测。

【注意事项】

（1）在外周血液采集之前, 必须对患者或志愿者进行检测（例如肝炎病毒检测、自身免疫性疾病检测等）, 以证明其血液的正常;

（2）采血的医疗器械应当为一次性制品, 不可重复使用, 避免交叉感染的出现;

（3）使用的培养基以及试剂应当符合相应的质量标准, 得到相应临床应用的审批。

2. 肿瘤浸润淋巴细胞的培养　肿瘤浸润淋巴细胞（tumor infiltrating lymphocyte, TIL）, 于 1986 年由 Rosenberg 研究组首先报道。TIL 细胞是一群 CD4$^+$T 细胞、CD8$^+$T 细胞, 其作用效果是淋巴因子激活的杀伤细胞（lymphokine-activated killer, LAK）的 50~100 倍, 其中 CD8$^+$T 细胞发挥主要作用, 值得注意的是不同肿瘤来源的 TIL 细胞中, CD4$^+$T 细胞与 CD8$^+$T 细胞的数量存在差异。目前, TIL 细胞在免疫治疗方面展现出巨大的潜力, 有临床研究表明 TIL 联合高剂量白细胞介素 -2 在治疗晚期多发性骨髓瘤（MM）中有显著效果。

【实验材料】

（1）材料来源: 肿瘤患者肿瘤组织、肿瘤患者胸腹水。

（2）实验器械: 吸管, 无菌组织培养皿, 玻璃瓶, 组织培养瓶, 离心管, 剪刀, 眼科剪刀, 镊子, 手术刀, 细胞过滤网筛, 一次性注射器, 组织研磨器等。

（3）清洗液: 无菌 PBS 缓冲液。

（4）分离液: 淋巴细胞分离液（Ficoll-Hypaque）。

（5）培养液: X-VIVO 培养基或 RPMI1640 培养基。

（6）相关试剂植物凝集素（PHA）, 2- 巯基乙醇, CD3 单克隆抗体（OKT3）, 白细胞介素 2。

【实验方法】

（1）酶消化法分离 TIL

1）在无菌条件下, 取得手术切除的肿瘤癌旁组织放入装有 PBS 缓冲液的无菌玻璃瓶, 立即送实验室;

2）将获取的肿瘤组织放入无菌平皿, 除去血块、脂肪及坏死组织, 用无菌 PBS 冲洗至无血液残留;

3）将肿瘤组织剪成 1~2mm^3 的小块, 将其浸入含有胶原酶（0.1μg/ml）、透明质酸酶（0.05μg/ml）、DNA 酶（0.2μg/ml）的溶液中, 在培养瓶中 37℃ 培养 4~48 小时（或 4℃ 培养过夜）;

4）轻轻晃动玻璃瓶, 观察消化效果, 当组织块已完全松散和细胞悬液明显, 可静置玻璃瓶, 使未消化的组织块沉于瓶底, 吸出细胞悬液, 使用 50~100μm 孔径的网筛过滤, 收集滤液;

5）将收集的细胞滤液, 在室温下进行离心（1 500r/min 离心 5 分钟）, 去除上清后使用 PBS 缓冲液将收集的细胞进行重悬, 制成细胞悬液;

6）原代 TIL 细胞的获取

Ⅰ. 非连续密度梯度离心法：在离心管中依次加入细胞悬液与淋巴细胞分离液（Ficoll），具体为：最下层为 100% 淋巴细胞分离液，中间层为 75% 淋巴细胞分离液，最上层为细胞悬液，依次加入时需要小心防治三层混淆；加入完成后 2 000r/min 离心 20~30 分钟，在 100% 淋巴分离液界面收集得到 TIL 细胞；将分离得到的 TIL 细胞进行离心（1 500r/min，5 分钟）后加入红细胞裂解液除去残留红细胞（体积比为 1：10，混匀后 4℃静置 8 分钟），之后使用培养基进行洗 1~2 次，最后获得 TIL 原代细胞。

Ⅱ. 贴壁法：在离心管中按体积比 2：1 加入细胞悬液与 100% 淋巴细胞分离液（分离液在下层），2 000r/min 离心 20 分钟后，在分离液界面收集云雾状的淋巴细胞与肿瘤细胞混合物；1 500r/min 离心 5 分钟后使用红细胞裂解液除去残留红细胞（体积比为 1：10，混匀后 4℃静置 8 分钟），之后使用培养基洗 1~2 次后，重悬于含有血清的培养基中（密度 1×10^6 个 /ml）置于 37℃、5%CO_2 孵箱中培养 24 小时后，收集悬浮细胞（即为 TIL 细胞），贴壁细胞为肿瘤细胞。

（2）机械法分离 TIL

1）在无菌条件下，取得手术切除的肿瘤癌旁组织放入装有 PBS 缓冲液的无菌玻璃瓶，立即送实验室；

2）将获取的肿瘤组织放入无菌平皿，去除血块、脂肪及坏死组织，用无菌 PBS 冲洗多次，直到无血迹。转移各标本到另一平皿中，用无菌小型刀剪从肿瘤组织切下外层（细胞活性好）癌块，放于另一无菌平皿中。

3）将肿瘤组织剪成约 3~5mm 大小块。可以挤压剪碎，使细胞从组织中释放出来，收集细胞。可将剪碎的组织放入注射器内，反复抽吸几次，挤压出细胞悬液于平皿中，用培养基悬浮。将上述制备的细胞悬液（其中含有小组织块），使用 50~100μm 孔径的网筛过滤，获取细胞悬液，用吸管充分吹打悬浮以尽可能制备成单个细胞。

4）将收集的细胞滤液，在室温下进行离心（1 500r/min 离心 5 分钟），去除上清后使用 PBS 缓冲液将收集的细胞进行重悬，制成细胞悬液；

5）原代 TIL 细胞的获取：步骤同上。

（3）胸腹水 TIL 细胞的分离：不同于肿瘤组织分离 TIL 的方法，分离胸腹水的方法简介如下：

1）在无菌条件下抽取肿瘤患者的胸水或腹水 500~1 000ml，加入肝素后离心（1 500r/min，5 分钟）获得细胞，制备为细胞悬液；

2）采用非连续密度梯度离心法或者贴壁法得到原代 TIL 细胞，具体操作步骤如上不再赘述。

（4）TIL 细胞的培养

1）将单个核细胞按 1×10^6 个 /ml 重悬于无血清培养液中，加入植物凝集素（PHA）、2- 巯基乙醇、CD3 单克隆抗体，同时加入小剂量 IL-2（10~20IU/ml）诱导 TIL 细胞的活化和增殖；每间隔 2~3 天根据生长情况进行一次传代培养；置于 37℃，5% CO_2 培养箱培养 7~10 天，严密监测细胞数量并及时分瓶；

2）若需要大规模扩增 TIL 细胞，则加入高剂量 IL-2（5 000~6 000IU/ml），刺激 TIL 细胞的大规模扩增；每间隔 2~3 天根据生长情况进行一次传代培养；继续培养 40~50 天，严密监测 TIL 细胞数量，当细胞不再呈指数级增长时，收集细胞并加入 4% 人血清白蛋白制成 TIL 细胞悬液。

【结果分析】

TIL 细胞的质量检测：

（1）细胞数量：收集细胞数量在 1×10^6 个以上属于正常产量；台盼蓝染色结果应当证明活细胞占比在 80% 以上。

（2）细胞表型检测：成熟的 TIL 细胞表面表达 CD3，CD4，CD8，CD16，CD56，CD19，CD25，CD71 和 HLA-DR 等表面标记。通过流式细胞术检测这些表面标记可以对分离培养的 TIL 细胞进行鉴定。

（3）无菌检测与内毒素检测：若要将 DC 用于免疫治疗，在回输前应当对细菌、真菌、支原体等微生物以及内毒素进行检测。

【注意事项】

（1）机械分散组织的方法获得的细胞中间质细胞较多，可以及时更换培养基，以去除未贴壁的间质细胞和死细胞，因此接种细胞的浓度比酶消化法应更高。

（2）在体外对 TIL 细胞进行培养扩增的阶段，需要严格对细胞数量进行监控，以达到最佳的扩增水平。

3. CIK 细胞的培养　CIK 是 cytokine-induced

killer cells 的缩写,中文全称为细胞因子诱导的杀伤细胞。自体 CIK 细胞是指在体外由多种细胞因子,例如 IL-2、γ- 干扰素(IFN-γ),诱导患者自体外周血单个核细胞(peripheral blood mononuclear cell,PBMC)而生成的以 $CD3^+CD56^+$ 和 $CD3^+CD8^+$ 细胞为主要效应细胞的异质细胞群。恶性肿瘤患者的免疫功能存在不同程度的受损,$CD3^+$、$CD8^+$、$CD56^+$ 细胞数量降低,增殖后的 CIK 细胞既具有 T 淋巴细胞强大的抗肿瘤活性又具有 NK 细胞的非 MHC 限制性杀伤肿瘤细胞的特点。与 PBMC 相比,CIK 细胞中 $CD3^+$、$CD8^+$、$CD56^+$ 细胞比例明显升高,CIK 细胞具有溶瘤活性高、杀瘤谱广、对正常组织毒性低、体外可高度扩增等特点,是目前临床上广泛使用的过继性免疫治疗细胞。

【实验材料】

(1)材料来源:人的肝素抗凝静脉血。

(2)试剂:红细胞裂解液、Ficoll 淋巴细胞分离液、培养基(10 万 IU/L 青霉素和 100mg/L 链霉素)、FBS、CD3mAb、重组人 IFN-γ、人血清。

(3)仪器设备:生物安全柜、离心机、水浴锅、二氧化碳细胞培养箱、电动移液枪 10μl/200μl/1ml 移液枪、医用剪刀、医用止血钳、试管架、冰盒 15ml、离心管、培养瓶 50ml、离心管 50ml、一次性注射器 5ml、10μl/200μl/1ml 枪头。

【操作程序】

(1)洁净区及工作台紫外照射≥30 分钟,单核细胞分离液(Ficoll)和培养基提前 30 分钟从 4℃冰箱取出移至 37℃水浴锅待用;

(2)机采或单采供者外周血 50~100ml;

(3)采血管口或血袋软管口经酒精灯灼烧,将抗凝血倒入 50ml 的 BD 管;

(4)缓慢将血液加在 Ficoll 液面上(方法:将离心管倾斜 45°,在 Ficoll 液面上 1cm 处,缓慢注入稀释的血细胞,不要打乱液面界面),Ficoll 与血液的体积比为 1:1;

(5)室温离心,1 000g,30 分钟,加减速度 2;

(6)离心后,小心取出离心管,可清晰看到细胞分层。注意轻拿轻放,保持离心管竖直放置,以免破坏细胞分层,缓慢提取 Ficoll 层与血浆层交界处的白膜层细胞;

(7)室温离心,300g,10 分钟,加减速度 9;

(8)去上清,加入红细胞裂解液,混匀;

(9)待细胞悬液变得清亮,离心,300g,5 分钟;

(10)去上清,加入配制好的培养基(CD3 mAb;重组人 IFN-γ:1 000U/ml);

(11)混匀,移至培养瓶,将培养瓶水平放至 37℃,5% CO_2 培养箱;

(12)24 小时后加入 100ng/ml 的 CD_3mAb 和 1 000U/ml 的重组人 IL-2,促进 CIK 细胞的增殖;

(13)填好相关记录,清场;

(14)每两天换液分瓶或补加液体。

【结果分析】

第一次离心后,离心管内液柱呈现 5 层。第一层是血浆和血小板,第二层是单核细胞和淋巴细胞,第三层是 Ficoll,第四层是粒细胞,第五层是红细胞,第二层和第四层呈白膜状。

【注意事项】

在离心前,血液和 Ficoll 之间必须形成明显的界面,故在 Ficoll 上面加血液时一定要慢而轻。

4. DC-CIK 细胞的培养 树突状细胞(DC)与细胞因子诱导的杀伤细胞(CIK)共培养,具有显著的协同抗肿瘤效应,逐渐成为肿瘤过继性细胞免疫治疗的首推方案。

【实验材料】

(1)材料来源:人的肝素抗凝静脉血。

(2)试剂:红细胞裂解液 Ficoll(淋巴细胞分离液)、培养基、10 万 IU/L 青霉素和 100mg/L 链霉素 FBS、CD3 单抗、IL-2 人血清、重组人粒细胞巨噬细胞集落刺激因子(rhGM-CSF)、rhIL-4 rhINF-γCD3mAb、0.5mg/ml Ⅳ型胶原酶、75U/ml Ⅰ型 DNA 酶的消化液、细胞保种液。

(3)仪器设备:生物安全柜、离心机、水浴锅、二氧化碳细胞培养箱、电动移液枪、10μl/200μl/1ml 移液枪、医用剪刀、医用止血钳、试管架、冰盒、15ml 离心管、培养瓶、50ml 离心管、50ml 一次性注射器、5ml 一次性注射器、10μl/200μl/1ml 枪头、液氮。

【操作程序】

(1)手术切除的肿瘤标本,无菌条件下,将癌旁非肿瘤组织去除干净,浸于 PBS 溶液中;

(2)然后用手术刀将组织块切碎,浸于包含 0.5mg/ml Ⅳ型胶原酶和 75U/ml Ⅰ型 DNA 酶的消

化液中，37℃孵育 30 分钟,收集细胞;

（3）细胞经过液氮和 37℃培养箱反复冻融 5 个循环,收集细胞裂解物并通过 0.2μm 滤器过滤,-80℃保存备用。肿瘤细胞裂解物采用 BCA 法测定蛋白浓度;

（4）常规分离 PBMC,经洗涤后用 GTT-551 培养基调整细胞浓度至 2×10^6 个 /ml,接种于培养瓶,37℃、5% CO_2 孵箱内培养 3 小时,使单核细胞贴壁;

（5）将培养液转移至新培养瓶,用 37℃预热 GTT-551 培养基冲洗并转移未贴壁的细胞;

（6）在贴壁细胞的培养瓶中添加终浓度为 rhGM-CSF 1.0×10^6U/L 和 rhIL-4 50μg/L 的培养液,诱导生成 DC,每 2 天半量换液一次,于第 7 天添加 rhTNF-α 1.0×10^6U/L 诱导 DC 成熟;

（7）在含悬浮细胞的培养瓶中添加终浓度为 2.0×10^6U/L rhINF-g,24 小时后添加终浓度为 100μg/L CD3mAb 和 1.0×10^6U/L rhIL-2;

（8）在培养的第 5 天,加入肿瘤抗原裂解物 50μg/ml,刺激抗原特异性的 DC 产生;

（9）在培养的第 6 天,加入 IL-1β,IL-6 和 TNF-α 等细胞因子,刺激 DC 成熟;

（10）在第 7 天,收获 DC,其数量应达到 1×10^6 个以上,台盼蓝染色检测细胞活力应在 80% 以上,流式细胞仪检测 DC 免疫表型 CD11c、HLA-ABC、HLA-DR、CD40、CD80、CD83 和 CD86 等的表达,成熟的 DC 高表达这些表面标记。

二、干细胞的培养及其在再生医学中的应用

（一）干细胞及其在再生医学中的应用

干细胞是一类具有自我复制和多向分化潜能细胞的总称,干细胞移植治疗是重大疾病最前沿的医学治疗手段之一,在自身免疫性疾病、心脑血管疾病、骨和软骨损伤、神经损伤和神经退行性疾病等难治性重大疾病的治疗中发挥越来越重要的作用,应用前景广阔。近年来,美国、欧盟、日本、韩国等国家对干细胞研究和干细胞临床转化非常重视,相继启动了多个国家层面重大的干细胞研究计划,用于研发核心技术,推进干细胞临床试验及产业化。目前,国际干细胞研究及临床转化非

常活跃,截止到 2019 年 3 月,用 stem cell 作为关键词检索,在 Clinical Trials.gov 网站上登记注册的干细胞临床试验项目有 5 077 项,美国是开展干细胞临床研究最多的国家,而我国也有 412 项干细胞临床研究项目。国际上已有 14 个干细胞治疗药物在美国、韩国、欧洲等国家或地区批准上市,大部分是间充质干细胞或造血干细胞治疗产品。因此,干细胞治疗技术的飞速发展正孕育着重大的科学突破与产业化机会。

我国的干细胞研究一直处于国际先进水平,一批原创性研究成果发表在国际顶级期刊上。但最近几年,我国对干细胞治疗行业进行整顿,导致我国干细胞临床研究和产业化发展严重滞后于美国、韩国、日本和欧洲,我国目前还没有 1 个干细胞治疗产品上市。但我国政府一直非常重视干细胞研究及临床转化应用,"干细胞及转化研究"是"十三五"期间我国首批启动的 6 个国家重点研发计划的试点专项之一。2015 年 8 月 21 日,原国家卫计委、原国家食品药品监督管理总局（CFDA）联合发布《干细胞临床研究管理办法》和《干细胞制剂质量控制及临床前研究指导原则（试行）》,2017 年 12 月 18 日,原 CFDA 颁布了《细胞治疗产品研究与评价技术指导原则（试行）》,明确了我国干细胞治疗产品将按照药品进行监管,这些改革举措说明了我国对干细胞临床转化和产业发展所面临的突出问题的重视和解决这一难题的决心,这是我国干细胞临床转化应用所面临的重大战略机遇,当然也面临国外干细胞产品到中国来快速上市的严峻挑战。在新政策的刺激下,2018—2019 年,我国已经有 7 个干细胞治疗产品向国家药监局申报了临床研究批文,已经有 2 个干细胞治疗产品根据临床默许制,可以开展临床试验。随着我国干细胞新的指导原则和规范性文件出台,我国的干细胞临床转化和产业化发展必将步入快速、健康发展的轨道。

我国干细胞研究及产业化发展的主要技术瓶颈:干细胞规模化制备和质控技术,干细胞的临床研究技术,干细胞的体内示踪技术,干细胞临床研究评价技术。

（二）间充质干细胞（MSC）的培养

MSC 源于发育早期的中胚层和外胚层,是

一种具有自我复制能力和多向分化潜能的成体干细胞,可以在各种条件下诱导和分化成各种组织。MSC 可以从脂肪组织、肝脏、肌肉、羊水、胎盘、脐带、脐带血、牙髓等很多组织中获取,可分泌多种细胞因子及生长因子,具有造血支持、调节免疫、抗炎和组织修复作用,且可在体外和体内分化成若干细胞表型,没有致瘤性。临床试验目前正在研究全身或局部注射自体和异基因 MSC 治疗一些疾病,包括急性移植物抗宿主病、急性心肌梗死和自身免疫性疾病。然而,基于细胞的治疗方案需要大量的 MSC,通常每公斤患者体重需要超过 100 万个细胞,因此,建立解决这一问题的战略是至关重要的,例如建立能够促进 MSC 的有效隔离和扩展而又不损害其治疗特性的培养体系。

1. 传统 MSs 静态培养方法 目前体外扩增 MSC 普遍采用静态培养方法,在成功分离的前提下在孔板或平皿中进行至汇合后将其从生长表面消化下来,再进行传代培养。

【实验材料】

αMEM 培养基、FBS、青霉素 - 链霉素、2mmol/L L- 谷氨酰胺、0.05% 胰蛋白酶、1mmol/L EDTA

【操作程序】

(1)按常规方案从骨髓抽吸液中分离骨髓间充质干细胞。

(2)制备完全培养基(CCM,无菌):αMEM+15%~20% 优选的 FBS+2mmol/L L- 谷氨酰胺 +1× 青霉素 - 链霉素。

(3)将其接种于 150mm 细胞培养皿中,100cells/cm², 30ml 已预热的完全培养基,密切观察,每隔 2~3 天更换一次培养基,培养 7 天。

(4)待长 70%~80% 汇合用 EDTA 4~5 分钟消化进行传代培养。

在此基础上扩大的多层细胞工厂,通过简单增加培养所用器皿的尺寸以及叠加层数,以增加其表面积来满足临床需求。

【局限性】

采用这种扩增方式一方面受到方瓶或者平皿生长表面的限制,要得到足够临床用数量的细胞往往需要进行多次传代和扩增,过程繁琐,容易造成污染;同时由于静态系统中存在营养物和代谢副产物的浓度梯度,培养环境不均一,培养参数不

能实时监测和调控,不利于细胞的生长。

2. 在 Xeno-free(XF)条件下三维悬滴培养制备活化 MSC 球体 该方法通过形成球体来激活 MSC 并在 XF 条件下实现 MSC 的三维激活,以尽量减少来自 FBS 等异种培养基组分的潜在抗原的传递,同时经济成本较低。

【实验材料】

XFM-2 或 XFM-2+HSA(13mg/ml)、PBS

【操作程序】

(1)采用传统静态培养方法或者分离原代获取大约 25 000 个 MSC 细胞。

(2)将获得的骨髓间充质干细胞用以下培养基进行稀释:XFM-2 或 XFM-2+HSA(13mg/ml),密度为 700cells/μl。

(3)用排枪吸取 35μl 的细胞悬液放置于 150mm 培养皿倒置盖的底部,一次形成多个悬滴。如果需要更大或更小的球体,适当地改变细胞浓度或液滴体积。

(4)吸取 20ml 的 PBS 放入皿中,快速稳定地翻转盖子,内有水滴,使滴尖朝下。

(5)将培养皿移入孵箱 3 天,不干扰它,以允许适当的球体组装。

(6)在形成球体 72 小时后,将形成的球体进行采集,小心地移开盖子,并将其倒置放置,使悬滴再一次朝上。

(7)将盖子倾斜至 10°~20°,并将含有球体的液滴推到平板边缘。

(8)将形成的 MSC 球体和介质用吸管转移到一个 15ml 的 BD 中。用 PBS 洗涤培养皿盖子以保证最大细胞回收。

【局限性】

操作过程要求技术娴熟,不能堆积存放培养皿,局部限制了 MSC 的扩展规模,同时由于悬滴体积局限性,会导致营养消耗和废物积累,最终可能导致重要细胞功能的丧失和 / 或细胞死亡。

3. 微载体生物反应器培养 MSC 生物反应器通常结合微载体、微囊、灌流等技术使用,以提高培养细胞的数量和质量,这是目前国内外大规模生产干细胞的最主要方式。其中,主要采用的生物反应器有机械搅拌式、气升式、中空纤维式和波浪式。在动态系统中进行培养,其营养物混合均匀,培养环境相对稳定,更有利于细胞的生长和

胞外基质的分泌,扩大生产规模。以下主要介绍微载体搅拌系统培养 MSC。

【材料】

IMDM 培养基、FBS、1% 青霉素 - 链霉素、0.1% 两性霉素 B（250μg/ml）、PBS、StemPro® MSC SFM Xeno-Free 培养基、GlutaMAX™-I CTS™、CELLstart™ CTS™、1×TrypLE™ Select CTS™、台盼蓝染色剂、BD 管、非多孔塑料载体、New Brunswick Bioflo® 110 bioreactor、Bellco® spinner flask

【操作程序】

（1）配制两种培养基：一种复苏冻存 MSC 用的培养基：IMDM+1% 青霉素 - 链霉素 +0.1% 两性霉素 B；另一种用于扩增 MSC 用的培养基：StemPro® MSC SFM Xeno-Free 完全培养基 +1% GlutaMAX™-I CTS™+1% 青霉素 - 链霉素 +0.1% 两性霉素 B。

（2）复苏冻存的 MSC：37℃迅速解冻放于已配好的培养基中,250g 离心 7 分钟去除上清,将其用扩增培养基悬起放置于 T-25 或者 T-75 瓶中,密度为（3~6）×10³ 个 /ml,37℃,5%CO₂ 条件下进行培养。

（3）传代培养：当细胞密度长到 70%~80%,去除培养基,用 1×TrypLE™ Select CTS™ 消化,PBS 洗,台盼蓝法测定细胞活力后进行传代达到接种所需细胞数 1×10⁵。

（4）微载体制备：将 4g 微载体放于 50ml 聚丙烯管中高压灭菌消毒,当其沉淀下来后用无菌的 PBS 洗一次,加入 10ml CELLstart™CTS™,进行搅拌,每隔 10 分钟搅拌 2 分钟持续 1 小时,再用 PBS 和培养基洗一次。

（5）微载体生物反应器培养 MSC：将生物反应器用适量的 Sigmacote 润洗后放于层流罩内干燥,再用水洗三次进行高压灭菌。将无菌微载体用 50ml 培养基悬起后加入旋转瓶中,加入 1×10⁵ 的细胞,将其放入孵化器内进行搅拌培养,培养 2~3 天,细胞数达到 2×10⁵ 时接种于生物反应器,从第三天起每两天更换 25% 的培养基。

（6）扩大后的 MSC 的收获在扩张结束时,细胞与旋转瓶中的微载体分离去除培养上清液,用 PBS 冲洗一次微载体,加入 50ml TrypLE,搅拌至 60r/min,10 分钟。细胞悬液通过真空过滤装置过滤。

（三）诱导多能干细胞（induced pluripotent stem cell, iPS 细胞）的培养

通过向卵母细胞转移核内容物或与胚胎干细胞（ES）融合,分化细胞可以被重新编程到类似胚胎的状态。胚胎干细胞来源于哺乳动物囊胚的内部细胞团,在保持多能性的同时具有无限期生长的能力,并能分化为所有三个胚层的细胞。人类 ES 细胞可用于治疗多种疾病,如帕金森病、脊髓损伤和糖尿病。然而,在人类胚胎的使用方面存在着伦理上的困难,以及患者移植后组织排斥的问题。解决这些问题的方法之一是直接从患者自己的细胞中产生多能细胞。

诱导性多能干细胞是由已经分化的体细胞经过一定的基因改造而成的多能干细胞,兼具干细胞的多种优点,在细胞替代性治疗及其机制研究、药物研究方面具有巨大的潜在价值。2006 年,日本京都大学山中伸弥（Shinya Yamanaka）教授团队通过把 Oct3/4、SOX2、c-Myc 和 Klf4 这四种转录因子基因克隆入病毒载体,然后引入小鼠成纤维细胞,发现可诱导其发生转化,产生的 iPS 细胞在形态、基因和蛋白表达、表观遗传修饰状态、细胞倍增能力、类胚体和畸形瘤生成能力、分化能力等方面都与胚胎干细胞相似,研究成果在世界著名杂志 Cell 上发表,Shinya Yamanaka 也因此研究获得 2012 年诺贝尔生理学或医学奖,自此开启了诱导性多能干细胞的研究时代。

1. iPS 细胞的建立过程 主要包括：

（1）选择和分离培养宿主细胞,选择编程因子；

（2）通过病毒转染或者其他的方式将若干个多能性相关的编程因子导入宿主细胞；

（3）将病毒感染后的细胞种植于饲养层细胞上,并于 ES 细胞专用培养体系中培养,同时在培养中根据需要加入相应的小分子物质以促进其重编程；

（4）出现 ES 样克隆后进行 iPS 细胞的筛选和鉴定（细胞形态、表观遗传学、体外分化潜能等方面）。

2. iPS 细胞优势

（1）细胞来源多样化：细胞类型和动物品系多样化。iPS 细胞在小鼠成纤维细胞诱导成功以来,小鼠骨髓细胞、干细胞、胰腺细胞、神经干细

胞、淋巴细胞等都先后诱导成功。小鼠、大鼠、猴子，甚至人的角化细胞、外周血前体细胞，都被证实可以用于 iPS 细胞诱导。

（2）诱导手段多样化：利用过表达四种外源细胞因子产生 iPS 细胞，实验过程较繁琐，培养条件苛刻，技术门槛高，基因导入方式用的慢病毒或逆转录病毒，存在基因整合，会不会影响其他基因功能有待考证。经过十多年的发展，iPS 细胞逐渐向着诱导因子多样化、导入方式简单化的方向发展，近年逐渐兴起了非转基因方式，包括重组蛋白、mRNAs、miRNAs 等；导入方式逐渐转变为非基因整合方式，包括游离载体、仙台病毒载体等。这些进步提高了 iPS 细胞的适用性和生物安全性。

（3）免疫原性有限：iPS 细胞来源于患者自身的体细胞，移植回患者体内可以在一定程度上避免免疫排斥反应。已经有报道证明 iPS 细胞的移植不会引发强烈的免疫反应，iPS 细胞和 ES 细胞一样，触发的免疫排斥反应极小，免疫原性有限，在目前来说是相对安全的治疗方法。

（4）避开伦理争议：iPS 细胞的制造不需要利用胚胎，不需要破坏胚胎的完整性，只需要体细胞，却具有与 ESC 几乎相同的分化能力，在生命科学和医学领域中避免了胚胎干细胞带来的伦理问题。

3. iPS 细胞存在的问题

（1）安全性有待考量：iPS 细胞被认为具有潜在异常，可能发生基因表达变异、DNA 甲基化和多能性、体细胞突变、拷贝数变异等异常，导致机体致癌等。

（2）制备 iPS 细胞的效率较低：获取 iPS 细胞的效率较低（0.001%~10%），利用逆转录病毒表达系统，只有一小部分表达四种因子的细胞成为 iPS 细胞，要得到目的细胞难度大，成本高，对于普通大众适用性较低。

（3）不可控性：iPS 细胞产生的各个阶段都可能发生变异，从 iPS 细胞的获得到移植入受体组织，定向分化为所需要细胞的每一个环节，都存在不确定的潜在风险。

4. iPS 细胞的培养　iPS 细胞的培养前面章节已经介绍，在此就不过多赘述。

5. iPS 细胞的应用

（1）再生医学：利用 iPS 细胞诱导人类体细胞产生多种功能型细胞，且可以避免伦理及免疫排斥问题，在再生医学领域具有巨大的潜力。

（2）个体化医学：利用 iPS 细胞产生针对不同患者的器官及细胞，用于特定患者的药物反应试验，在个性化医学中具有极大潜力。

（3）药物安全性试验：利用 iPS 细胞诱导产生心脏细胞，用于药物研发的早期毒性试验，可以降低动物实验成本及人体实验的不确定性。

（王　玮）

第三节　细胞培养在生物工程中的应用

生物工程是指利用生物体或其组成成分，在最适条件下生产有益产物或进行有效过程的技术。生物工程一般可分为基因工程、酶工程、发酵工程、生化工程、细胞工程等。

细胞工程是生物工程的一个重要方面。总的来说，它是应用细胞生物学和分子生物学的理论和方法，按照人们的设计蓝图，进行细胞水平的遗传操作及进行大规模细胞和组织培养。当前细胞工程所涉及的主要技术领域有细胞培养、细胞融合、染色体操作及基因转染等方面。通过细胞工程可以生产有用的生物产品或培养有价值的细胞株。与干细胞技术相结合，还可用来产生新的物种或品系。

大规模的细胞培养技术是细胞工程的一个内容，指在人工条件下，高密度大量培养细胞，生产有应用价值的细胞产品的技术，如疫苗（口蹄疫苗、狂犬病毒疫苗、脊髓灰质炎疫苗、牛白血病病毒疫苗、乙型肝炎病毒疫苗、疱疹病毒 I 型及 II 型疫苗、巨细胞病毒疫苗等）、蛋白质因子（凝血因子 VIII 和 IX、促红细胞生成素、生长激素、IL-2、神经生长因子等）、免疫调节剂（α、β、γ 干扰素）及单克隆抗体（阿达木单抗、曲妥珠单抗）等；同时，也是大量增殖新型有用细胞，进而用于细胞治疗不可缺少的技术，如应用大规模培养系统，可诱导获得了移植人的细胞毒性 T 淋巴细胞（CTL），具有抗人肺鳞状癌细胞系 SQ-5 的能力，CTL 细胞体外保存 3 个月后仍保持很高的杀伤肿瘤活性，达 95% 以上。

大规模的细胞培养技术的应用推动了生物制药产业的发展，2017年全球市场有超过200种治疗蛋白获得批准上市，其中约四分之一为单克隆抗体及其衍生物。2016年全球畅销药物前15名中，8种以上是生物制品。

由于市场需求的极速扩增，大规模细胞培养的产业规模不断上升。2016年以来，市场上2 000~10 000L的生物反应器在生物制药领域已经普及，最高甚至达到25 000L规模。此外，工艺技术水平不断提高，一次性生物反应器、富集流加培养工艺及高通量灌流工艺的应用，细胞规模化培养产品的产量也从最初的不足0.1g/L增加到超过10g/L的水平。

一、大规模细胞培养方法

根据细胞培养的生长状态，大规模细胞培养方法可以分为固定化培养法与悬浮培养法。

（一）固定化培养法

将细胞限制或定位于特定空间位置进行培养的技术，称之为细胞固定化培养法。动物细胞几乎皆可采用固定化方法培养。固定化培养的优点在于，细胞可维持在较小体积培养液中生长，可以获得较高的生长密度[（50~200）×10^6个细胞/ml)]，细胞损伤程度低、培养细胞的寿命长，培养液中目标产物浓度高，培养液更换容易，细胞和培养液易于分离，因而简化了产品分离纯化操作。

1. 细胞固定化方法 细胞固定化方法有吸附、包埋、约束和集聚等作用条件温和的物理或化学固定方式。

吸附法是最简单的固定化方法。细胞在适当的条件下贴附在载体（如陶瓷颗粒、玻璃珠及硅胶颗粒）表面，或附着于中空纤维膜及培养容器表面进行生长的方式。由于载体负载能力不高，有时细胞会从表面脱落，不能达到保护细胞的目的，同时细胞的扩增受到限制。

包埋法是将细胞包埋于多聚物（蛋白质、碳氢化合物）等海绵状基质中进行培养的方法。常用的蛋白质多聚物有明胶、胶原和纤维蛋白质。明胶在30℃以上即熔化，而细胞的最适生长温度是37℃，所以不能作为动物细胞包埋的介质。可溶性纤维蛋白原通过凝血作用后，生成不可溶性纤维蛋白，同时机械稳定性变差；但如果这种转化作用在两相系统中完成，则机械强度增加并形成球形，此球形多聚物适合用于包埋贴壁依赖性生长的细胞。可用于包埋细胞的碳氢化合物多聚物有海藻酸钠和琼脂糖。海藻酸钠与细胞混合后，在一定浓度的氯化钙存在时，能形成凝聚的小球，即不溶的海藻酸钙，细胞即包埋在小球内，可用于包埋血细胞。收获细胞和产物，可用枸橼酸钠或离心破碎聚合物。许多琼脂糖借助于液状石蜡的作用形成小球体（80~200μm)，因而可用于动物细胞的固定化。这种包埋方法曾广泛用于培养杂交瘤细胞产生单克隆抗体。

约束法是将动物细胞约束在特定生长空间的固定化方法，主要包括微囊包裹和中空纤维管壁阻隔两种方式。微囊包裹亦称微囊化，它是用一层亲水性的半透膜将细胞包裹在球形微囊中，细胞不能从微囊内逸出；但微囊包膜具有半透膜的特征，小分子物质、培养液等营养成分可以自由地通过半透膜。微囊内细胞所处的液相环境与细胞悬浮培养的液体环境基本相同，细胞能够存活、生长和增殖。利用中空纤维管壁的物理阻隔，将细胞注入充填了中空纤维管束培养容器的管束外空间中，使细胞限制在培养容器的中空纤维管束外空间中生长。微囊包裹和中空纤维管壁阻隔均能有效地保护细胞遭受机械剪切力的损伤，支持培养细胞达到很高的细胞密度，但其培养规模的放大困难。

聚集法是利用贴壁依赖性生长的动物细胞在悬浮状态下具有的自发相互聚集、形成细胞团趋势的特点，对悬浮培养体系中细胞聚集成团加以诱导和控制，使细胞得以固定。此法的显著优点是经济、高效，但不同细胞的细胞团形成及细胞团粒径分布控制的条件有所不同，细胞团的粒径超出一定范围，可能出现中心性坏死和/或凋亡区域。

2. 固定化培养的设备 根据选用材料、固定化方式和生物反应器培养设备的不同，细胞固定化培养的方法又大致分为以下六类：中空纤维培养、流化床培养、巨载体培养、微囊化培养、细胞团培养及微载体培养。

中空纤维培养：早期固定化培养常用的生物反应器有螺旋卷膜培养器、多层托盘式培养器、中空纤维培养器及流化床式培养器等（图11-2）。中空纤维培养器属于填充床式反应器，反应器内的中空纤维为细胞以组织样方式生长提供了复杂的脉管

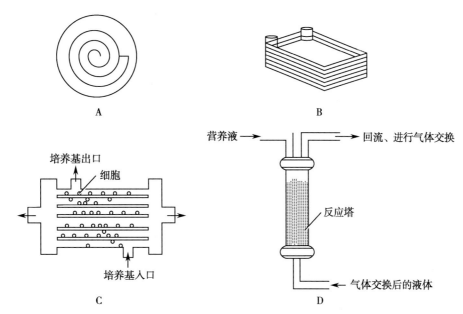

图 11-2　固定化培养常用的生物反应器

A. 螺旋卷膜培养器；B. 多层托盘式培养器；C. 中空纤维培养器；D. 流化床式培养器

系统，当细胞灌入培养系统时，纤维壁可为细胞贴壁和生长提供巨大的表面积。中空纤维培养细胞生长密度可高达 10^8 个 /ml 以上，如果控制得当，细胞培养可达数月不受污染，易于实现连续培养。

流化床培养：流化床培养器使支持细胞生长的微粒呈流态化，微粒的大小约为 $500\mu m$，而且具有多孔性。细胞接种于微粒中，反应器垂直向上的循环流动使培养液成为流化床，在此过程中不断地供给细胞营养成分和氧。这种培养方式培养液虽处流动状态，但对细胞不会造成剪切机械损伤，具有培养细胞密度高，可以长期、连续培养等优点。类似中空纤维培养，流化床培养的缺点也同样非常明显，受限于细胞固定化介质的种类及数量，细胞培养规模无法成比例放大；由于后期清洁及再生的成本等问题，这两种培养法逐步被其他固定化培养方法取代。

微囊化培养：微囊化培养是 20 世纪 70 年代后期发展起来的一种动物细胞固定化培养技术。细胞培养时，先将细胞与制备微囊所用的聚赖氨酸 / 海藻酸等试剂和 / 或成膜材料均匀混合，形成一定大小、粒径分布相对均一的微珠；进而形成具有一定通透性、薄膜包裹的微囊，再将微囊放入悬浮培养系统中进行培养。该方法更适用于特定组织细胞的大规模培养，由于制备过程繁复、放大困难，应用受限。

细胞团培养：细胞团培养是利用大部分动物细胞在体外悬浮培养体系中具有相互吸附、聚集成团的培养特性，使培养细胞以细胞团的形式均匀地悬浮培养于生物反应器中的一种动物细胞固定化培养技术。细胞团培养兼具悬浮培养及贴壁培养的优点，可应用搅拌通气反应器进行放大，但是由于不同细胞团型和粒径分布的差异，很难形成较为固定的工艺过程。

微载体培养：微载体培养法是目前最为成熟的商品化贴壁细胞大规模培养方法。微载体培养法是将细胞吸附于微载体表面，在培养液中进行悬浮培养，使细胞在微载体表面长成单层的培养方法。动物细胞贴附在微载体表面生长与细胞表面及微载体表面的化学 - 物理性质有关，微载体表面带有正电荷，而细胞表面带有负电荷，这种静电吸引作用使细胞易于在微载体表面贴附，一些细胞分泌纤维粘连蛋白和球蛋白（两者都是糖蛋白），可起到细胞与载体表面的架桥作用，而溶液中的钙、镁离子等二价离子可作为上述糖蛋白结合的媒介。

用于制备微载体材料的理想条件是对细胞无毒，具有一定的亲水性，易于贴附细胞，其密度要略大于培养液，在 1.03~1.05 之间，能够被高压灭菌、重复利用，载体的直径在 $40~120\mu m$ 范围内等。

目前已被选用的材料有交联葡聚糖、DEAE-纤维、塑料基质、玻璃介质等，表 11-3 列出常用的类型和特征。

表 11-3 常用的微载体类型及基本参数

商品名	材质	带电基和交换当量	直径 /μm	比表面积 / ($cm^2 \cdot g^{-1}$)	比重 / ($g \cdot ml^{-1}$)
Cytodex-1	葡聚糖	DEAE、1.5Meq/g	131~210	6 000	1.03
Cytodex-2	葡聚糖	三甲基 -2- 羟胺基丙基、0.6Meq/g	114~198	5 500	1.04
Cytodex-3	葡聚糖	60μg 胶原 /cm² 在载体表面	133~215	4 500	1.04
Superbeads	葡聚糖	DEAE、2.0Meq/g	135~205	5 000~6 000	1.04
Biocarrier	聚丙稀酰胺	二甲胺丙基、1.4Meq/g3300	120~180	5 000	1.04
Ventragel	交联明胶	明胶	150~250		
Celibeads	交联明胶	明胶	115~235	3 300~4 300	1.03~1.04
Biosilon	聚苯乙烯	负电荷	160~300	225	1.05
Cytospheres	聚苯乙烯	负电荷	160~300	250	1.04
DE-53	纤维素	DEAE、2.0Meq/g	80~400		
Cytopore1	纤维素	DEAE、1.1Meq/g	200~280	28 000	1.03
CultispherS	明胶		170~270	15 000	1.03

上述微载体中，Cytodex-3 在交联葡聚糖表面化学耦合了一层变性胶原，目的是更好地吸附细胞，特别是一些体外培养贴壁比较困难的细胞。另外，有的载体具有高正电荷的毒性效应，为了降低此种反应，可用火棉胶涂抹载体表面。

微载体培养模式兼有单层细胞培养和悬浮细胞培养的特点。它依靠的是微载体的表面积 / 体积比较大的特点，增加细胞生长的表面积，例如 Cytodex-1 干颗粒直径为 60~87μm，在培养液中可膨胀成 160~230μm，每克微粒表面积约为 0.6m²，相当于 7 个标准转瓶（Φ285mm × 110mm）或 6 块多层托盘用的玻璃培养板表面积，细胞生长密度可达 10^5 个 /ml。通过增加培养罐体积即可达到扩大培养规模的目的，而且培养基的利用率高，细胞较容易收获，所占空间小，减少厂房及设备投资，节约动力消耗及人力，又便于对反应系统进行检测与控制。由于以上优点，微载体培养逐渐取代其他固定化培养成为了贴壁细胞培养的首选方法。

早期常用于微载体培养系统的生物反应器如 CelliGen 罐，是一种笼式通气搅拌生物反应器，培养设备可以做成单个的细胞培养工作站，需要扩大培养规模时，可以通过串联或并联细胞培养工作站模块，使大规模细胞培养过程的可控性得到增加。在 1 000L 以上的培养规模中，由于微载体培养成本及在线清洗（CIP，Clean In Place）安全性的考虑，悬浮培养方法逐步取代了微载体培养成为生物制品产业中的主流实施方案。

（二）悬浮培养法

悬浮培养法是细胞在培养液中呈悬浮状态生长繁殖的培养方法，适用于血液细胞、淋巴组织细胞及悬浮适应的肿瘤细胞、宿主细胞，用于大量生产疫苗、α- 干扰素、白介素及单克隆抗体（McAb）等生物制品。但此法不适用于少数转化细胞和人二倍体细胞（WI-38、MRC-5），这些细胞在悬浮条件下不能生存。一些原本贴壁生长但具有悬浮培养潜能的细胞在体外经诱导和选择后，可以应用此种方法进行培养，如由 L929 细胞诱导出的 LS 细胞系，由 HeLa 细胞诱导出的 HeLa-S3 细胞等。

此种培养方法明显的优点是：培养的体积大、成本低，可连续收集部分细胞进行传代扩大培养；传代时无需消化分散，细胞可免遭酶类、EDTA 及机械损害；细胞处于均匀一致的培养基中，因此可以获得稳定状态，并且容易放大。细胞回收率高，并可连续测定细胞浓度，还有可能直接规模化放大。

为了确保细胞在培养过程中呈单细胞均匀悬浮状态，在培养系统中需采用通气搅拌或空气提升式(常简称气升式)生物反应器。

通气搅拌生物反应器,其装置中的搅拌器(图11-3)具有笼式的通气腔和消泡腔。气液交换在由200目(75μm)不锈钢丝网制成的通气腔内进行,在通气过程中所产生的气泡经管道进入液面上部的消泡腔内,气泡碰到钢丝网破裂分为气体和液体两部分,从而达到了深部通气和避免产生气泡的目的。

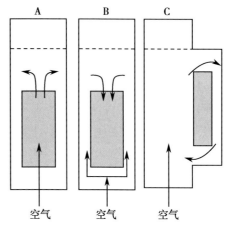

图11-4 气升式生物反应器模式图
A、B为内循环式;C为外循环式

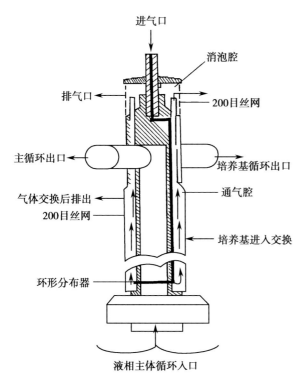

图11-3 通气搅拌生物反应器中的搅拌器装置模式图

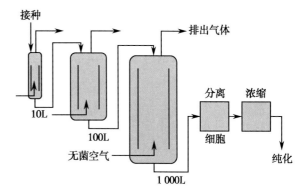

图11-5 1 000L动物细胞气开式培养流程图

气升式生物反应器(图11-4)是依据气泡柱的原理设计的,气体混合物从底部的喷射管进入反应器,产生的气泡进入中央引流管,此时管内的培养液的流体密度将小于外周的培养液,推动着中央管中的培养液上升,从中央管流出的培养液向下循环到容器的外侧,从而形成一个循环,这样产生混匀作用(气泡代替机械搅拌细胞),与此同时进行供氧。这种反应器有2种类型:内循环式和外循环式。一般采用的是内循环式,也有采用外循环式。目前10 000L的气升式反应器已经设计成功并投入使用。图11-5所示是1 000L动物细胞气升式培养流程图。悬浮培养细胞密度一般在5×10^6个/ml以下,如要提高细胞产量,则需扩大细胞培养规模,而规模越大则生物反应器越难控制。

随着生物制品市场的极速发展,悬浮培养技术在21世纪初迎来了一次较大变革。一次性培养技术结合搅拌通气或波浪式生物反应器,成为近10年生物制品产业的发展趋势。工艺开发早期的一次性模块应用技术主要针对过滤器和介质袋,现在几乎所有的操作单元都向一次性模块发展,包括生物反应器、色谱柱/膜、接头管路和部分填料等。目前,应用较为广泛的一次性生物反应器包括波浪袋式(WAVE)反应器系列及搅拌通气袋式一次性反应器。

一次性生物反应器的应用降低了培养工艺成本,加快了产品线的开发效率,降低了生物制品安全风险。虽然,市场上一次性产品的安全标准及验证方法等法律规范仍在形成中,但未来干细胞治疗或个性化免疫细胞治疗中一次性生物反应器悬浮培养技术的应用可将生物制品行业带入全新的领域。

二、大规模细胞培养的体系参数

动物细胞的大规模培养与小规模培养相比,

条件更严格,控制难度更大。以最常采用的悬浮搅拌通气培养为例,其常规的培养体系参数包括基础培养基、富集培养基、培养温度、细胞密度、搅拌速率、pH、溶氧等。

当前,悬浮培养选用的基础培养基主要是无血清培养基。对于悬浮培养的细胞,为使其细胞不致凝集、成团或沉淀,在配制培养基的基础盐溶液中不加 Ca^{2+} 和 Mg^{2+}。血清中的蛋白及营养成分通过补充营养因子如转铁蛋白、胰岛素、亚硒酸盐等进行替代。加入一些非营养性的培养液补充物,如 0.11% 的羟甲基纤维钠可减轻培养过程中机械搅拌对细胞的剪切损伤;0.11% 的普朗尼克F-68(Pluronic F-68)可减少通气搅拌过程中所产生的气泡。除此之外,葡萄糖及谷氨酰胺作为细胞生长的主要营养物质来源,需要对其进行合理的初始添加浓度计算。

富集培养基是富含高密度细胞培养所需必要营养成分的补加用的培养基,营养成分主要包括多种氨基酸及细胞生长所需的其他营养物质如脂类混合物、微量元素、维生素等。按照不同的工艺方法,包括灌流培养基及流加培养基。培养基中所含的成分可根据细胞代谢水平及产物的不同,优化定制构成。培养中所涉及的参数主要为补料/灌流速率,描述补液体积在单位时间内所占培养体积的百分比,多以稀释率(dilution,D)表示。该参数可通过在线数据分析或公式计算获得。在线检测可以结合多功能生化分析仪进行,通过负反馈补加模式,确定最终合理的补料/灌流速率;公式计算则更为复杂,需要通过对工艺中细胞比生长速率、比消耗速率及稀释率等数据进行质量衡算,最终获得合理的数值范围。

大规模细胞培养中最适温度一般为37℃,因此在细胞接种前培养液需预温至37℃,避免温度变化对细胞活性的影响,如高于该温度会对细胞产生不可逆的损伤。研究发现,在细胞培养后期,降低培养温度可增加产品的产量,降低细胞副产物代谢速率,如CHO细胞采用32℃可维持批次培养时间,提高产品表达量。

细胞悬浮培养的接种密度一般为 $(5\sim30)\times10^4$ 个/ml。悬浮培养过程中,依据总细胞密度、细胞活性及活细胞密度随时间变化情况,分为四个时期,即停滞期、对数生长期、平台期及衰亡期。

工艺过程中需要尽量降低停滞期及衰亡期的时间,维持合理的对数生长期,维持更长的平台期以达到最优产出的工艺目标。该过程可以通过流加或灌流工艺达成。

搅拌速率依据培养容器和细胞的培养方式决定,一般对悬浮细胞可用100~500r/min,而微载体系统为20~100r/min。搅拌速率取决于所用搅拌器的类型及搅拌半径与罐体半径的比例。搅拌器根据搅拌桨的形态可分为直桨、斜桨、三角桨及螺旋桨等。搅拌的充分程度可以用传质效率进行评估,结合细胞在其中的损伤比率,可以优化得到合适的搅拌速率范围。

细胞培养液的pH一般控制在7.4~6.8之间,但有些细胞如杂交瘤细胞偏好在7.0,不能低于6.8,否则将抑制细胞的生长。控制稳定细胞pH的方法有很多,一般是依靠 CO_2-$NaHCO_3$ 系统,采用通入5% CO_2 无菌空气的方式;大规模培养过程中更常用的体系是 CO_2 及 $NaOH$ 反馈控制调节模式。需要注意的是,pH调节过于频繁会对细胞造成不可逆损伤,如渗透压变化及局部蛋白变性凝集等。优化细胞代谢条件可以减少pH波动,降低pH控制过程中所带来的细胞损伤,延长细胞培养过程。

在培养过程需补充足够的氧气(一般是通无菌空气),氧气供给是大规模细胞培养的一个限制因素。对大多数细胞而言,合适的氧化还原电位值是 +75~+100mV 左右。

大规模细胞培养体系中,各个参数并不是孤立不变的,如搅拌及温度会影响溶氧及pH的变化。随着细胞密度的增加,培养基成分逐渐消耗,副产物累计,pH出现下降,最终导致细胞生长环境恶化。因此,在培养过程中,过程参数的在线或离线监测是工艺参数优化设置的前提,也是过程参数质量控制的标准。此外,合适工艺类型的选择也会对体系参数的设定产生决定性的影响。

三、大规模细胞培养的工艺类型

无论呈悬浮生长的细胞还是贴壁生长的细胞,按细胞培养的操作方式,可以将工艺类型分为以下四种:分批式培养、流加培养、半连续培养及连续或灌注培养。

（一）分批式培养

是指将细胞和培养物一次性加入生物反应器内，细胞生长和产物生成同时进行，经过一段时间反应后，将整个反应体系取出。分批式培养操作相对简单，周期短且无额外操作，能够有效降低培养过程中的污染风险，同时也是细胞培养工艺参数收集的观察窗口。但这种培养方式，细胞生长的环境处在不断恶化之中，如营养物质不断减少，乳酸等代谢抑制物不端增加，不能使细胞处在一个最优化的生长条件下，因此在应用过程中受到一定的限制。

（二）流加式培养

针对分批式培养的细胞营养受限缺点，在细胞培养过程中不断加入新鲜的培养液，使细胞能够持续生长繁殖和生成产物，直到反应结束后取出反应体系。这种培养方式可以避免细胞代谢产物累积以及营养物质缺乏对细胞生长的抑制作用。流加培养是当前动物细胞培养的主流工艺，通过对流加富集培养基的优化及培养工艺的研究，CHO 细胞在流加培养条件下平均能够达到 3~5g/L 的产品表达量。此外，高通量的多种富集培养基的 DOE（design of experiment）设计成为流加培养工艺开发过程中缩短工艺研发时间的有效方案。

（三）半连续式培养

也称反复分批式培养，是指在分批式培养过程中，不断取出培养物的同时，每次补充以新鲜的培养液，再进行分批式操作的培养方式。它与流加式培养的区别是，流加式培养的培养体积是不断增加的，而半连续培养的培养体积则保持不变。

（四）连续式或灌流式培养

是指将细胞和培养液一起加入生物反应器后，采用灌流培养法，连续排出消耗过的培养基，与此同时连续地加入新鲜的培养液，使细胞在一个恒定、优化的环境下生长和生成产物，但一般不输出细胞，细胞在数量上有波动。如果同时取出与培养液等量的细胞悬液则称为连续－流动式培养，它是真正意义上的培养环境保持稳定，营养物质、代谢产物和细胞数量不存在波动。这种方法适用于悬浮细胞和微载体培养细胞。

在上述四种工艺中，以连续培养为最佳类型，因为系统优化的环境符合细胞的生理和代谢规律，有利于细胞的生长、增殖和生成产物，应用灌流培养模式，通过调节灌流速率（VPD，灌流体积与培养体积的比值），培养过程中的抗体浓度可以不断增加，达到了增产的目的。但该工艺也有些一些缺点，如培养基的消耗量大、操作过程复杂、增加了污染机会等。

高效的连续式培养多采用灌流模式进行，即在常规生物反应器体系中添加细胞截留装置，将细胞留在生物反应器内，含有副产物及产物的上清液进行回收并补入等体积培养基。常用的细胞截留装置有离心沉降式、转筒透过式、离心分离式及超声分离式。超声分离截留装置效率较高，细胞活性保留较好，且便于放大使用，是目前应用的首选。

此外，随着一次性生物反应器的应用，预先设置在培养袋上的截留膜成为一次性连续灌流培养的首选。由于一次性反应器的快速高效的特性，更大体积的换液和更长时间的灌流培养得以实现。

（王　彬）

参 考 文 献

1. 章静波. 细胞生物学实用方法与技术. 北京：北京医科大学、中国协和医科大学联合出版社，1995.
2. Wilkins O, Keeler AM, Flotte TR. CAR T-cell therapy: progress and prospects. Human gene therapy methods, 2017, 28（2）：61-66.
3. Jackson HJ, Rafiq S, Brentjens RJ. Driving CAR T-cells forward. Nature reviews Clinical oncology, 2016, 13（6）：370-383.

第十二章 细胞培养常见问题解答

第一节 细胞培养相关问题

（一）细胞培养开始前的准备工作

1. 学习细胞培养知识,了解相关概念、方法,记住操作过程,观摩、参与实际操作。参考书《动物细胞培养——基本技术指南》（第7版）。

2. 掌握无菌技术

（1）高压消毒实验用品:操作台上不是一次性的物品均需做灭菌处理,无法高压的物品应使用75%乙醇消毒。

（2）消毒操作间和操作台:使用75%乙醇擦拭无菌间的墙面、地面,操作台的台面,孵箱,离心机等。操作前须用紫外线照射无菌间和操作台30分钟消毒。入无菌间须穿隔离服,戴手套、口罩、帽子。用75%乙醇洗去手套上的滑石粉。

（3）无菌操作:操作时应尽量接近酒精灯;拿取吸管时,避免接触其使用端;不要在开口器皿的上方操作;吸取不同液体应更换吸管;不能碰瓶口;万一碰到,更换吸管。

（二）所需细胞从何引进／订购

1. 根据实验目的和要求选择实验细胞 细胞培养已广泛应用于各个生物学、医学实验室及治疗和生产上。应根据自身实验的特性、要求,充分学习文献,了解细胞的特性,选择可以使用的细胞范围,并与导师沟通后,决定所需细胞。充分了解目前对实验用细胞质量的要求。

2. 预定细胞 登录国家细胞资源共享服务平台网站（http://cellresource.cn）详细了解细胞的情况,如培养基种类、代次、价格等。确定所需细胞后,提供细胞名称（英文缩写）和订购人的姓名、电话、单位、E-mail,在网站下单进行订购,网上预定细胞时间一般需提前1~2周。如有特殊问题,可电话咨询（国家实验细胞资源共享平台协和细胞资源中心细胞服务联系电话010-69156455、65286441,E-mail: crcpumc@vip.163.com）。

（三）如何准备细胞培养的用品

1. 无菌服装 包括消毒隔离服（有条件的实验室）或专用工作服（如白大褂）、无菌手套、无菌帽和口罩。除隔离服外,其他物品最好为一次性使用。

2. 操作台 有条件的实验室可装备超净培养间,超净工作台和生物安全柜也可。所有物品除一次性物品外均需高压灭菌。有酒精灯及75%乙醇、吸管或枪（枪头）、洗耳球、电动移液器、小试管及试管架、培养瓶架、离心管、培养皿或培养瓶、计数板、废液缸。

3. 仪器设备 相差显微镜、离心机、冰箱、水浴锅、无菌车及架子、废物桶、记号笔、灭菌擦手纸、75%乙醇喷壶。

4. 培养用液 PBS或D-Hank、胰蛋白酶等消化液（一般为0.05%或0.25%）、培养基[常用的有DMEM、R1640、MEMEBSS、MEM-NEAA（非必需氨基酸）、F12、L15等]、血清（胎牛、小牛、马等）、生长因子、药物。培养用液需提前向公司订购,或咨询国家实验细胞资源共享平台制剂服务联系电话。这些培养用液都有商业供应,不建议购买粉剂自己制备液体。

5. 其他实验相关用品 一些非常规特殊用途的添加成分或实验用品,须向公司订购,因寄送有一定滞后性,建议在订细胞之前购买。

第二节 细胞培养液使用相关问题

1. 细胞培养时应使用哪种培养基 根据所培养的细胞而定。如果是引进的细胞,保持细胞原来的培养条件,包括所使用的培养基品种。如果是新建原代培养细胞,最好以简单的配方为基础,根据所要培养的细胞类型,借鉴培养成功的相同类型细胞的培养条件,添加一些特定成分。

2. 液体培养基的保存应该冷藏还是冷冻 液体培养基的保存应冷藏。因为液体培养基经冷冻后再溶化时,其溶液的 pH 会发生改变,溶液往往变碱,某些成分溶解也会受到影响,对细胞生长不利。故液体培养基一定要避光存放在冷藏箱中,通常液体培养基在冷藏条件下可存放 6~9 个月。

3. 细胞培养液中是否需要添加谷氨酰胺 这要从谷氨酰胺的作用说起。几乎所有的细胞对谷氨酰胺都有较高的要求,细胞需要谷氨酰胺合成蛋白质,在缺少谷氨酰胺时,细胞生长不良而死亡。所以,各种培养液配方中都含有较大量的谷氨酰胺。但谷氨酰胺在溶液中很不稳定,液体培养基 4℃冰箱储存 2~4 周以上时,应重新加入原来量的谷氨酰胺。可制备高浓度(100 倍)的谷氨酰胺储存液,-20℃冷冻保存,用前摇匀加入到培养基中,使其终浓度为 2~4mmol/L。

4. 培养用液 pH 对细胞生长有什么影响 大多数细胞适宜的 pH 为 7.2~7.4,偏离此范围对细胞将产生不利的影响。但各种细胞对 pH 的要求也不完全相同,原代培养细胞一般对 pH 变动耐受差,无限细胞系耐受力强。

总体来说,细胞耐酸性比耐碱性强一些,偏酸环境中更利于细胞生长。因此,我们在配制培养用液时,可把液体的 pH 稍微调得偏酸一些。液体在经过 0.10μm 或 0.22μm 滤膜过滤时,溶液的 pH 还会向上浮动 0.2 左右。

5. 为什么培养液 pH 变化太快 造成这种情况的原因有多种,包括:细胞增殖速度太慢、忘记旋松瓶盖、CO_2 孵箱 CO_2 浓度不准确、培养液中 $NaHCO_3$ 缓冲系统缓冲力不足、发生了细菌或真菌污染。应认真仔细分析,找到原因,根据具体原因处理。生长太慢的细胞可在培养液中补加丙酮酸钠。定期校正孵箱的 CO_2 浓度。根据培养基配方添加准确的 Na_2CO_3 量。如果发生了微生物污染,应终止培养,尽快移到细胞培养区域外,培养物经 84 等强氧化剂处理后,倒入水池。

6. 培养液出现沉淀时 pH 是否会发生变化 细菌或真菌污染会造成培养液出现沉淀,pH 发生变化。这种情况下,应仔细检查培养物,一旦发现污染,最好立即将培养物进行处理,重新建立培养。

如果是新鲜配制的培养基出现沉淀,可能是装培养液的容器洗涤剂清洗后残留有磷酸盐,使培养基中的成分析出沉淀下来。如果是保存不当,如 -20℃冻存了,在解冻过程中又发生了某些成分的析出而沉淀。这些情况下培养液的营养成分有改变,将影响培养的细胞,所以建议更换新鲜的培养液。

7. 培养细胞所用培养液需要的渗透压 已建立的培养细胞能适应较宽的渗透压范围(表 12-1)。脊椎动物细胞常用培养液的渗透压在 260~320mOsm/kg 之间。添加各种成分后,应再检测培养液的渗透压。还有,利用培养皿培养或培养液开放培养时,因蒸发,培养液的渗透压会升高,所以培养箱中应保持饱和湿度。

表 12-1　常用培养基及培养用液的渗透压范围

培养液名称	渗透压范围 /(mOsm/kg)
DMEM(高糖)	315~350
DMEM(低糖)	270~330
RPMI 1640	260~290
MEM-EBSS	280~310
MEM-NEAA	280~310
McCoy5a	280~310
MEM-a	280~310
M-199	275~305
IMDM	270~300
DMEM/F-12	280~310
F-10	270~300
F-12	275~300
L-15	280~320
D-Hank	280~300
Hank	280~300
PBS	275~300

8. 培养基在使用过程中应注意的问题

(1)培养基在使用前需 37℃预热或在室温平衡后再使用。

(2)细胞培养过程中,吸取过培养液的吸管不能再用火焰烧灼,防止残留在吸管内的培养基焦化,将有害物质带入培养液中。

(3)尽量缩短各种液体、细胞的暴露时间。

(4)吸取不同液态用不同的吸管,避免液体间、细胞间的交叉污染。

(5)配制完全培养基时,配制的量最好在

2 周内用完为好。

9. 为什么 MEM 需加非必需氨基酸（non-essential amino acid，NEAA） MEM 是 Eagle 研发的最基本的、较简单的培养基，商业供应具体配方有差异。使用时应特别注意仔细阅读说明书，特别是所用的缓冲盐体系有不同，所含的碳酸氢钠量也不同（2.2g/L 或 0.35g/L）。所以，在制备液体培养液时，添加的碳酸氢钠也不同。一定要遵循厂商的说明。

因为 MEM 配方太简单，提出需要添加血清等以促进细胞生长。加 NEAA 也是其中一种，添加 NEAA 后，就无需提高血清浓度了。NEAA 有单独商业供应，储存液浓度 10mmol/L，是 100× 的浓度，无菌包装，直接按照终浓度 0.1mmol/L 加到培养液中即可。

10. 为什么有的细胞需要丙酮酸钠？如何向培养液中添加 丙酮酸钠是糖酵解过程中的中间产物，可以直接进出细胞。添加到培养液中即为细胞提供能量，又是合成代谢所需的碳源。有些类型的细胞需要添加丙酮酸钠，降低血清浓度时也可添加，进行克隆培养时可添加。丙酮酸钠还有助于降低荧光物质引发的光毒作用。丙酮酸钠使用浓度通常是 0.1mmol/L，10mmol/L（100×）储存液有商业供应。

11. 为什么有的细胞需要添加胰岛素 很难说培养基配方中的各种成分对每种细胞都是必需的。如果某细胞其培养条件中选择添加某种成分，常常是因为已有实验证明类似的细胞中这种成分有效。胰岛素作为一种激素，功能多样，既可刺激细胞对葡萄糖的运输和利用，又能促进氨基酸的吸收，还可维持细胞的分化。胰岛素可促进培养细胞的生长，特别是杂交瘤细胞的生长。所以，有些杂交瘤细胞培养液中包含胰岛素和草酰乙酸。

12. 培养液中可以使用 HEPES 吗 许多细胞系都可用 HEPES 等有机缓冲剂。但是要注意，HEPES 对细胞有毒，一些分化细胞更敏感。具体到某个细胞能否常规使用 HEPES，需先进行试用评价。HEPES 可提高培养液对荧光的敏感性。可配制 1M 储存浓度 HEPES 液，分装 5ml/ 支，冷藏保存。使用浓度为 25mmol/L。

13. 培养液为何需避光保存 培养液中有些成分遇到荧光会产生过氧化氢，这类自由基有细

胞毒性。如前述 HEPES 可增加培养液对光的敏感性。丙酮酸钠可减弱或消除光毒性。细胞培养操作时短暂的光暴露，问题不大。长时间放置在实验台上，或是在冷室中放置而不关灯，或是用玻璃门的冰箱，都会影响培养液的质量。

14. 有没有培养液培养时不需要 CO_2 孵箱 有些细胞系使用的培养液不用 CO_2，如 L-15，细胞生长良好。一般培养代数较低的细胞都需要 CO_2，代替 CO_2 孵箱的办法是先将过滤的 CO_2 直接充到培养液瓶中，再拧紧盖子。

15. 抗生素的使用方法 常规细胞培养过程中应避免使用抗生素。因抗生素可掩盖敏感细菌和真菌的感染，而支原体会不知不觉中长起来。抗生素还干扰敏感细胞的代谢。原代培养时可短期使用抗生素。新手可作为预防措施使用。珍贵细胞也可作为预防措施，以便保存质量可靠的种子。双抗一般制备 100~200 倍储存液，分装 1~5ml/ 支，-20℃ 保存。使用浓度为青霉素 100U/ml；链霉素 100μg/ml。

第三节 细胞培养血清使用常见问题

1. 血清的级别 血清一般分为：①新生牛血清，新出生牛 5 天内取血制成；②小牛血清，小牛出生 16 周以内采血制成；③胎牛血清，（进口血清）是剖腹取胎制成，国内厂家往往不能做到，经常把出生 2 天以内未进食新生牛采血制备的血清称为胎牛血清。

根据血清的生产工艺及血红蛋白、内毒素含量又分为：①特级胎牛血清，40nm 过滤，内毒素含量 ≤10EU/ml，血红蛋白含量 ≤10mg/dl；②优等胎牛血清，经过 3 次 100nm 过滤，内毒素含量 ≤25EU/ml，血红蛋白含量 ≤25mg/ml；③标准胎牛血清，3 次 100nm 过滤，低内毒素，低血红蛋白含量；④活性炭 / 葡聚糖处理血清，激素含量大大降低；⑤透析型胎牛血清：次黄嘌呤和胸腺核苷含量大大降低。

2. 血清的最佳化冻方式 从冷冻箱（-80~-20℃）中取出血清，置冷藏箱（2~8℃）中过夜，然后置 37℃ 水浴中，不断摇动直至全部融化即可取出使用。温度过高，又不加摇动的话，易形成沉淀。

3. 血清化冻后为什么是浑浊的 血清制备过程中会保留部分纤维蛋白原，化冻过程纤维蛋白

原可转化为纤维蛋白,使血清中出现浑浊、絮状物。这种情况不影响血清的功效。血清化冻过程中,在37℃水浴中放置时间过长,也会导致沉淀产生,沉淀物包含磷酸钙结晶。沉淀物也不影响血清功效。

4. 胎牛血清的替代品 由于血清费用越来越高,质量也常常波动,再加上有些特殊类型的细胞在含血清的培养液中不增殖。许多科学家试图找到替代品,经大量实验,现已研发了无血清培养基及胎牛血清替代品。

有些细胞降低血清浓度至 5% 甚至 1%,都不影响其生长。小牛血清补加铁可以替代胎牛血清。培养液中添加胰岛素、硒,特别是转铁蛋白可大量减少血清的用量。许多制剂已有商业供应,如亚油酸、血清白蛋白,补充后可支持细胞在低浓度血清条件下生长。

5. 血清为何要灭活 血清热灭活是将血清置56℃水浴45分钟。可灭活其中补体系统中具有蛋白酶活性的成分。补体是免疫系统的成分。对于培养困难的细胞、用于病毒检测的细胞,灭活可避免补体带来的不利影响。加热也可杀灭其中的支原体。血清过滤使用 0.1μm 的滤膜,支原体可通过,无法去除。昆虫细胞和胚胎干细胞的培养也需要灭活血清。但热灭活也破坏血清中的生长因子,所以血清是否进行灭活处理,需权衡以后做出决定。

6. 血清灭活的正确方法

(1)按照前面的介绍正确化冻。

(2)水浴预热到 56℃。水量要足,水深要超过瓶中血清的高度。

(3)轻轻摇动已解冻的血清,置于水浴中,水温可能会下降。

(4)待水温重新到 56℃时,再计时 30 分钟。

(5)从水浴中取出,待冷却,可使用或 –20℃ / –80℃存放,尽可能 –80℃保存。

第四节　细胞传代常见问题

1. 培养细胞何时需传代?多长时间传一次 细胞传代实为细胞分瓶。传代间隔就是两次传代相隔的时间。单层贴壁生长的细胞一般是接近汇合或 100% 汇合后进行传代。然而,有的细胞呈克隆样或成堆生长,永远也达不到汇合,这样的话应根据经验,在细胞密度最高时传代。有些细胞具接触抑制,如 3T3-Swiss albino,这些细胞应在细胞汇合前进行传代。

2. 单层贴壁细胞如何传代 贴壁细胞的传代,需使用消化酶等使细胞从其生长的表面脱离,也可加阳离子(Ca^{2+}、Mg^{2+})螯合剂 EDTA 协助。常用 0.25%(W/V)胰蛋白酶加 0.03%(W/V)EDTA 作为消化液。

传代时先用消化液浸洗一次,T75 的培养瓶需加 5~10ml,然后吸弃。再加少量消化液,如 T75 的培养瓶中加 2~5ml,显微镜下观察,至细胞变圆,脱离瓶底壁,多数细胞需 5~15 分钟。为避免细胞聚成团块,注意不要强烈吹打,不要摇晃或敲打培养瓶。耐心等待细胞自行脱离。有的贴壁细胞很难脱壁,可置 37℃培养箱中加速。细胞脱壁后,直接向培养瓶中加入含血清的培养液,通常不必离心,血清可抑制胰蛋白酶的活性。若用无血清或低血清的培养液时,则需要离心。125g 离心 5 分钟,移除上清液,加培养液,用吸管轻轻吹打,分散细胞,分到新培养瓶中。分瓶的比例通常在 1∶20~1∶2 之间,或者根据具体的细胞以更高的比例分瓶。具体到所培养的细胞,可咨询细胞提供者。

3. 细胞传代消化时所用胰蛋白酶浓度越高越好吗 细胞传代消化时所用胰蛋白酶浓度不是越高越好。胰蛋白酶底物特异性差,对细胞膜有破坏。另外,胰蛋白酶溶液的消化能力和溶液的 pH、温度、胰蛋白酶浓度及溶液中是否含有 Ca^{2+}、Mg^{2+} 和血清等因素有关。通常情况下,pH 8.0、温度 37℃其作用能力最强。另外,钙、镁离子及血清均能大大降低其消化能力。每次进行传代消化前,一定要用 D-Hank 液或 PBS 液反复冲洗细胞培养瓶,以便于将含血清的培养基冲洗干净,这样就能提高消化液的消化能力。通常使用的消化液浓度为:①0.05% 胰蛋白酶 +0.02%EDTA;②0.25% 胰蛋白酶 +0.03%EDTA;③0.25% 胰蛋白酶。溶液 pH 8.0~9.0;使用 D-Hank 液配制。

大多数细胞传代消化可使用 0.05% 胰蛋白酶 +0.02%EDTA 这种消化液。

4. 传代后培养细胞不贴壁的原因 主要原因是胰蛋白酶消化过度,胰蛋白酶浓度过高、时间过长都会造成消化过度,引起细胞严重损伤。其他原因包括新瓶洁净度不够、新培养液保存时间过长或反复打开导致 pH 过高。

5. 悬浮培养细胞如何传代　悬浮细胞的传代,应在细胞到达饱和密度前进行。细胞的适宜密度一般在 $1 \times 10^5 \sim 5 \times 10^5$ 个 /ml 培养基之间。收集细胞、离心浓缩后,添加培养液的量要足够,保证细胞浓度较低,以便细胞有足够的营养支持其对数生长。如果仅单纯添加培养液稀释,细胞密度可以合适,但可能会因为液体蒸发导致原培养液渗透压的改变以及培养基中代谢产物积累而对细胞产生不利的影响。

另一方面,如果添加了太多培养液,细胞密度太低,超出了其密度低限,细胞会进入生长停滞或生长缓慢。由于细胞的饱和密度不同,所以细胞传代的间隔也不同。如果经验不足,最好每天观察、计数细胞密度。

6. 悬浮培养细胞如何换液　收集原培养细胞悬液离心(125g, 5 分钟)后用新鲜培养液重悬细胞至适当密度,分瓶,继续培养。如果培养瓶体积允许,一些耐受性高的细胞也可以直接添加培养液。再次强调添加培养液应在细胞到达饱和密度之前进行。

7. 悬浮细胞为什么成团　悬浮细胞一般呈单细胞,有时生长速度快,在没有晃动的情况下可以成团。若晃动后仍成团,甚至有时是较大团块,可能的原因有:培养液中钙、镁离子变化;所用血清变化等。建议用无钙、镁离子的平衡盐溶液洗涤细胞,轻轻吹吸细胞获得单细胞悬液。更换血清前先进行试用。

8. 原代细胞培养物污染的原因　可能原因:原代培养组织在进入培养前已污染。建议解决方法:培养前用含高浓度抗生素的平衡盐溶液反复冲洗组织。

9. 培养细胞生长减慢的原因　这种情况可能的原因包括:

(1)由于更换了不同培养液或血清,细胞需要重新适应。

(2)试剂保存不当,培养液中一些细胞生长必需成分如谷氨酰胺或生长因子耗尽或缺乏或已被破坏。

(3)培养物中有少量细菌或真菌污染。

(4)接种细胞起始浓度太低。

(5)细胞已老化。

(6)支原体污染。

建议解决方法:

(1)比较新培养液与原培养液成分,比较新血清与旧血清支持细胞生长实验。让细胞逐渐适应新培养液。

(2)更换为新鲜配制培养液,或补加谷氨酰胺及生长因子。

(3)无抗生素培养液培养,如发现污染,更换培养物。

(4)培养液需在 2~8℃避光保存。含血清完全培养液在 2~8℃保存,并在 2 周内用完。

(5)增加接种细胞起始浓度。

(6)换用新的保种细胞。

(7)隔离培养物,检测支原体。清洁支架和培养箱。如发现支原体污染,更换新的培养物。

10. 培养细胞死亡的原因　最常见的可能原因是细胞传代时,经验不足致消化过度,细胞严重受伤。细胞传代消化时,应在显微镜下观察,至细胞变圆、脱壁,加入含血清的培养液,终止消化。其他原因包括长途运输,细胞在不适宜的温度下时间过长;培养液中营养成分消耗殆尽,没有及时换液。如果原来细胞状态较好,换液后细胞死亡,应考虑是培养液及血清的质量。最好事先已证明培养液及血清质量良好。

11. 如何将单次贴壁生长细胞驯化为悬浮培养细胞　不是所有的细胞都能驯化为悬浮培养细胞。通常贴壁依赖的正常二倍体细胞无法驯化为悬浮培养细胞,需借助微载体进行悬浮培养。贴壁依赖性不强或贴壁不依赖的细胞可驯化为悬浮细胞,如 L-929 和 HeLa 已有悬浮培养亚系。

新开始驯化细胞最需要的是耐心。同时使用专为悬浮培养细胞而改良的培养液是关键。可先从 250~1 000ml 的转瓶开始驯化,或玻璃瓶加磁力搅拌子(50~100r/min),培养液加半满。改良的专用于悬浮细胞培养液,通常减掉钙离子、镁离子,避免细胞聚集成团。还需添加抑制泡沫形成剂。玻璃瓶需先进行硅化,防止细胞粘到玻璃壁上。

最初,细胞大部分会贴壁,或聚集成大团。随着传代,悬浮培养能存活的细胞传到新培养瓶中,随着时间延长,可筛选出不需贴壁、不会聚集成团的细胞群体。新细胞系与原细胞群体是不同的,可能丢失了或获得了新特性。

12. 细胞培养适用的 CO_2 浓度　因周围空气及所有培养基配方中碳酸氢钠的不同,需将孵箱设定在不同的 CO_2 浓度。一般常用 5%~10%。

培养液中所用的碳酸氢钠是平衡气相中的 CO_2。

培养的细胞产生 CO_2，也需要少量 CO_2 存活和生长。如果不补加 CO_2 可在培养液中加用 4mmol/L（0.34g/L）碳酸氢钠，拧紧培养瓶口；用 5% CO_2 浓度时培养液中加 23.5mmol/L（1.97g/L）碳酸氢钠；用 10% CO_2 的话，培养液中加 47mmol/L（3.95g/L）碳酸氢钠，培养瓶口松开，便于空气平衡。

13. 实验室没有现成的细胞所需培养基，是否可以换为另一种培养基　细胞保藏机构 / 资源中心所使用的培养基是细胞建立者使用或者是已经证明适用的培养基。如果试图更换其他配方的培养基，可先用原培养条件冻存一些，然后再开始试用新配方。

介绍两种驯化方法。第一种，直接更换为新培养基，传代 3~5 次，迫使细胞适应新条件。第二种方法更温和，随着细胞传代，逐渐增加新培养液的比例，从 25%、50%、75% 至 100%。

第五节　细胞及培养液质量检测相关问题

1. 为什么有些细胞没有传代数？　目前 "passage" 定义为培养物被胰蛋白酶消化传代的次数，因为每次传代时的分瓶比率（1∶2 或 1∶20~1∶3）不同，无法反映细胞的年龄（代龄）。所以有许多细胞已不计传代数。如果固定传代分瓶比率，细胞传代数还是能够反映细胞年龄，虽然不是确切的代龄。

2. 细胞培养应检测的微生物　细胞收藏机构如 ATCC、国家实验细胞资源共享平台的协和细胞资源中心等对所用的血清、培养基及冻存的细胞均进行细菌、真菌及支原体检测。用血平板、各种不同的肉汤培养基进行细菌和真菌的培养。用培养法、荧光染色法及 PCR 法等检测支原体。

3. 如何判断自己所培养的细胞是否有其他细胞交叉污染？如何避免交叉污染　如果两种形态差别较大的细胞发生交叉污染，仔细的形态观察就能确定。对于形态改变不明显的细胞，某些表明标记的免疫荧光染色、同工酶检测、细胞遗传学检查及 DNA 分析可检测种间或种属内的交叉污染。最好的防止交叉污染的措施就是：每次只操作一种细胞，认真仔细做好标记。

4. 如何筛查支原体污染　前面已提到检测细胞系的支原体污染情况，可用直接培养法、间接荧光染色法（Hoechst 33258 与 DNA 结合，荧光显微镜下观察）或是敏感的 PCR 方法。直接培养法包括肉汤培养和琼脂培养，出现颜色变化或特征性克隆。由于这几种方法各有优缺点，常常 2 种联合使用，而且常常需多次检测。

5. 支原体污染的细胞能否去除支原体　可以去除支原体。有些细胞已成功去除，并仍在使用。但是，这个过程费时、费力，还不一定成功。弃掉支原体污染的细胞，重新开始培养是更好的选择。

支原体去除应在敏感性检测的基础上选择敏感抗生素，用于去除支原体。用含抗生素的培养液培养污染细胞 1~2 周，再用无抗生素的培养液培养 1~2 个月，再用较敏感的 PCR 法重复检测支原体，确保培养细胞没有污染。使用过程中还应定期重复检测，防止再被支原体污染。支原体去除过程，有可能筛出的细胞群体发生漂移，所以经支原体去除的细胞应重新检测其特性，确保该细胞仍保留原细胞系的性质。

第六节　细胞冻存复苏相关问题

1. 没有程序冻存仪的情况下如何保证最优冷冻速度　程序冷冻仪费用高，而且每次耗费大量液氮。通常实验室每次冻存的数量不是太多，可用替代方法。可用小型的泡沫盒，壁厚 15~20mm，冻存管放在其中，整个盒子直接放入 −70℃冰箱，盒内温度下降速度可基本达到要求（约为 1℃ /min）。我们用 20mm 厚度的棉花包裹冻存管后直接入 −70℃冰箱，也达到了较好的效果。

2. 在液氮中冻存细胞能保存多久？　使用了可靠有效的保护剂恰当冻存的细胞可永远保存在液氮中而保持活力。历史证明至少已达到 30~50 年。不管是在液态液氮中，还是在液氮的气相中，过了几十年细胞活力没有明显下降。但在干冰或 −70℃冰箱中保存的细胞，活力下降很快，当然细胞与细胞之间敏感性不同。有实验验证保存在 −70℃冰箱中的细胞 6 个月后活力损失超过 50%。ATCC 证明在干冰中人类细胞 4 个月活力损失殆尽，小鼠的细胞可到 6 个月。

（刘玉琴）

附录 1 实验室常用的细胞系（株）

实验室常用细胞系（株）详见附表 1-1。

附表 1-1　实验室常用细胞系（株）

细胞名称	培养基	血清其他因子
人类细胞 –（1）转化细胞		
人晶体上皮细胞永生系；SRA01/04（HLE）	DMEM-H	20%FBS
SV40T 转化的人胚肾细胞；293T	DMEM-H	10%FBS
稳定表达 EBNA1 的人胚肾细胞；293E	IMDM	10%FBS
表达 SV40T 和 EBNA1 的人胚肾细胞；293ET	IMDM	10%FBS
表达小鼠 MHC I 类分子 kb 的人胚肾细胞；293kb	IMDM	10%FBS
Sars 结构蛋白表达株；293 001A	IMDM	10%FBS
Sars 结构蛋白表达株；293 001B	IMDM	10%FBS；500μg/ml IL–2
Sars 结构蛋白表达株；293sars181A	IMDM	10%FBS
SV40T 转化的人胚肾细胞（亚系）；293T/17	DMEM-H	10%FBS；4mmol/L L– 谷氨酰胺
人胚肾细胞；293FT	DMEM-H	10%FBS
人整合 SV40 基因的乳腺上皮细胞；HBL-100［HBL100］	DMEM-H	10%FBS
SV40T 转化人脐静脉内皮细胞；PUMC–HUVEC–T1	DMEM-H	10%FBS；40μU/L 胰岛素；40U/ml 肝素；1%NEAA
SV40 转染人成骨细胞；hFOB 1.19	D/F12	10%FBS；300ng/ml G418
双位点 HC–kit 受体细胞株；DMF7	DMEM-H	10%FBS；IL–3 或 rhGM–CSF
人 APP–PS1 双基因转染细胞株（HEK293）；APP–PS1	DMEM-H	10%FBS；250μg/ml G418
Asp2 人胚胎肾细胞转化细胞；FC33	DMEM-H	10%FBS；250μg/ml G418
人胚肾细胞（亚系克隆）；FIP293	DMEM-H	10%FBS；100μg/ml Zeocin
人胚肾细胞 –F 克隆；293F		悬浮培养用特制无血清培养基；贴壁培养用 MEM–EBSS+NEAA+10%FBS
人类细胞 –（2）肿瘤细胞		
萤光素酶标记的人结直肠癌细胞；HCT116–LUC–28	DMEM-H	10%FBS；200μg/ml Hygro（潮霉素）
萤光素酶标记的人结直肠癌细胞；HCT116–LUC–22	DMEM-H	10%FBS；200μg/ml Hygro
荧光素酶转染人成骨肉瘤细胞；U2OS–Luc teT–on	DMEM-H	10%Tet system 提供的胎牛血清；200μg/ml G418
突变型 Cas9 稳定表达的人肝腹水腺癌细胞；SK–HEP–1–mCas9–740	MEM-EBSS	10%FBS；2.0μg/ml 嘌呤霉素

续表

细胞名称	培养基	血清其他因子
突变型 Cas9 稳定表达的人肝胆管癌细胞；RBE-mCas9-789	RPMI1640	10%FBS；2.0μg/ml 嘌呤霉素
突变型 Cas9 稳定表达的人肝癌细胞；PLC/PRF/5-mCas9-716	MEM-EBSS	10%FBS；2.0μg/ml 嘌呤霉素
突变型 Cas9 稳定表达的人肝癌细胞；Li-7-mCas9-765	RPMI1640	10%FBS；2.0μg/ml 嘌呤霉素
突变型 Cas9 稳定表达的人肝癌细胞；Huh7-mCas9-700	DMEM-H	10%FBS；2.0μg/ml 嘌呤霉素
突变型 Cas9 稳定表达的人肝癌细胞；HepG2-mCas9-725	MEM-EBSS	10%FBS；1%NEAA；2.0μg/ml 嘌呤霉素
突变型 Cas9 稳定表达的人肝癌细胞；Hep3b-mCas9-750	MEM-EBSS	10%FBS；2.0μg/ml 嘌呤霉素
突变型 Cas9 稳定表达的人胆囊癌细胞；GBC-SD-mCas9-780	RPMI1640	10%FBS；2.0μg/ml 嘌呤霉素
人组织细胞淋巴瘤细胞；U937［U-937］	RPMI1640	10%FBS
人子宫内膜异位症患者在位内膜间质细胞永生化细胞；hEM15A	D/F12	15%FBS
人子宫内膜腺癌细胞；KLE	D/F12	10%FBS
人子宫内膜腺癌细胞；Ishikawa	DMEM-H	10%FBS
人子宫内膜腺癌细胞；HEC-1-B［HEC-1B；HEC1B］	MEM-EBSS	10%FBS；1%NEAA；1mmol/L 丙酮酸钠
人子宫内膜低分化腺癌细胞；EAG3	D/F12	10%FBS
人子宫鳞癌细胞（高分化）；HCC-94［HCC94112］	RPMI1640	10%FBS
人子宫颈鳞状细胞癌细胞；SiHa	MEM-EBSS	10%FBS
人原位胰腺腺癌细胞；BxPC-3	DMEM-H	10%FBS
人胰腺导管癌细胞；CFPAC-1	IMDM	10%FBS；1.5g/L NaHCO$_3$
人胰腺癌细胞系；SW 1990	L15	10%FBS
人胰腺癌细胞；PANC-1	DMEM-H	10%FBS
人胰腺癌细胞；HS 766T	DMEM-H	10%FBS
人胰腺癌细胞；AsPC-1	DMEM-H	10%FBS
人小细胞肺癌细胞；NCI-H69	RPMI1640	10%FBS
人小细胞肺癌细胞；NCI-H446	RPMI1640	10%FBS
人小细胞肺癌细胞；NCI-H209	RPMI1640	20%FBS
人小细胞肺癌细胞；LTEP-sm	RPMI1640	10%FBS
人涎腺腺样囊性癌细胞；ACC-2	RPMI1640	10%FBS
人纤维肉瘤细胞；HT-1080	MEM-EBSS	10%FBS；1%NEAA
人胃腺癌细胞；AGS	RPMI1640	10%FBS
人胃癌细胞；NCI-N87［N87］	RPMI1640	10%FBS
人胃癌细胞；MKN-45	RPMI1640	20%FBS
人胃癌细胞；MKN-28	RPMI1640	10%FBS
人胃癌细胞；HGC-27	RPMI1640	10%FBS
人外周血嗜碱性白血病细胞；KU812	RPMI1640	10%FBS
人胎盘绒膜癌细胞；BeWo	F12	10%FBS
人髓样甲状腺肿瘤细胞；TT	F12K	10%FBS
人髓母细胞瘤细胞；Daoy	DMEM-H	10%FBS

续表

细胞名称	培养基	血清其他因子
人髓母细胞瘤细胞；D341Med	MEM-EBSS	10%FBS；1%NEAA；1mmol/L 丙铜酸钠
人视网膜母细胞瘤；Y79	RPMI1640	20%FBS
人食管癌细胞；NEC	RPMI1640	10%FBS
人食管癌细胞；EC109	RPMI1640	10%FBS
人十二脂肠腺癌细胞；HuTu-80	MEM-EBSS	10%FBS；1%NEAA
人肾细胞腺癌细胞；ACHN	MEM-EBSS	10%FBS
人肾透明细胞腺癌细胞；786-O［786-0］	RPMI1640	10%FBS
人肾透明细胞癌细胞；UT48	D/F12	10%FBS
人肾透明细胞癌细胞；UT44	D/F12	10%FBS
人肾透明细胞癌细胞；UT33a	D/F12	10%FBS
人肾透明细胞癌细胞；UT16	D/F12	10%FBS
人肾透明细胞癌细胞；UT14	D/F12	10%FBS
人肾透明细胞癌细胞；Caki-2	McCoy 5A	10%FBS
人肾透明细胞癌细胞；Caki-1	McCoy 5A	10%FBS
人肾上腺腺瘤细胞；NCI-H295	DMEM-H	10%FBS
人肾上腺神经母细胞瘤细胞（脑转移）；KP-N-NS	RPMI1640	10%FBS
人肾上腺皮质腺癌细胞；NCI-H295R	D/F12	Nu-Serum I（血清替代物），2.5%；ITS（胰岛素 - 转铁蛋白 - 硒钠）；1.25mg/ml BSA；0.005 35mg/ml 亚油酸
人肾上腺皮质癌细胞；SW-13	L15	10%FBS
人肾癌细胞；OS-RC-2	RPMI1640	10%FBS
人肾癌细胞；A498	MEM-EBSS	10%FBS；1%NEAA
人肾癌细胞；769-P	RPMI1640	10%FBS
人肾癌 Wilms 细胞；G401	McCoy 5A	10%FBS
人神经上皮瘤细胞；SK-N-MC	MEM-EBSS	10%FBS
人神经母细胞瘤细胞；SK-N-SH	DMEM-H	10%FBS
人神经母细胞瘤细胞；SH-SY5Y	RPMI1640	15% 灭活 FBS
人神经母细胞瘤细胞；IMR-32	MEM-EBSS	10%FBS
人神经母细胞瘤细胞；BE（2）-M17	DMEM-H	10%FBS
人神经胶质细胞瘤细胞；U251	MEM-EBSS	10%FBS
人神经胶质瘤细胞；H4	DMEM-H	10%FBS
人舌鳞癌细胞；Tca-8113［Tca8113］	RPMI1640	20%FBS
人舌鳞癌细胞；SCC15	DMEM-H	10%FBS
人舌鳞癌细胞；CAL-27	DMEM-H	10%FBS
人乳腺导管瘤细胞；UACC812	L15	10%FBS
人乳腺导管瘤细胞；BT-474	RPMI1640	10%FBS；0.01mg/ml 胰岛素
人乳腺导管癌细胞；ZR-75-30	RPMI1640	10%FBS

续表

细胞名称	培养基	血清其他因子
人乳腺导管癌细胞；ZR-75-1	RPMI1640	10%FBS
人乳腺导管癌细胞；T47D［T-47D］	RPMI1640	10%FBS；0.2U/ml 牛胰岛素
人乳腺导管癌细胞；MDA-MB-435S	L15	10%FBS
人乳腺导管癌细胞；MDA-MB-435	L15	10%FBS
人乳腺导管癌细胞；MDA-MB-175Ⅶ	L15	10%FBS
人乳腺导管癌细胞；MDA-MB-134Ⅵ	L15	20%FBS
人乳腺导管癌细胞；HCC38	RPMI1640	10%FBS；4.5g/L 葡萄糖；1mmol/L 丙酮酸钠
人乳腺导管癌细胞；BT-549［BT549］	RPMI1640	10%FBS；0.023IU/ml 胰岛素
人乳腺癌细胞；SK-BR-3	RPMI1640	10%FBS
人乳腺癌细胞；MDA-MB-468	L15	10%FBS
人乳腺癌细胞；MDA-MB-453	L15	10%FBS
人乳腺癌细胞；MDA-MB-436	L15	10%FBS；10mg/ml 胰岛素，16mg/ml 谷氨酰胺
人乳腺癌细胞；MDA-MB-415	L15	15%FBS；10mg/ml 胰岛素，10mg/ml 谷氨酰胺
人乳腺癌细胞；MDA-MB-361	L15	20%FBS
人乳腺癌细胞；MDA-MB-231	L15	10%FBS
人乳腺癌细胞；MDA-MB-157	L15	10%FBS
人乳腺癌细胞；MCF7	DMEM-H	10%FBS
人乳腺癌细胞；MCF 7B	DMEM-H	10%FBS
人乳腺癌细胞；HS578T	DMEM-H	10%FBS
人乳腺癌细胞；HCC1937	RPMI1640	10%FBS
人乳腺癌细胞；BT-20	MEM-EBSS	10%FBS
人绒癌细胞；JEG-3	DMEM-H	10%FBS
人侵袭性脉络膜黑色素瘤细胞；MuM-2C	RPMI1640	10%FBS；20mmol/L HEPES
人侵袭性脉络膜黑色素瘤细胞；MuM-2B	RPMI1640	10%FBS；20mmol/L HEPES
人侵袭性脉络膜黑色素瘤细胞；M619	RPMI1640	10%FBS；20mmol/L HEPES
人侵袭性脉络膜黑色素瘤细胞；C918	RPMI1640	10%FBS；20mmol/L HEPES
人前列腺癌细胞；PC-3［PC3］	F12K	10%FBS
人前列腺癌细胞；LNCaP	RPMI1640	10%FBS
人前列腺癌细胞；DU 145［DU145；DU-145］	RPMI1640	10%FBS
人前列腺癌高转移细胞株；PC-3M IE8	RPMI1640	10%FBS
人前列腺癌低转移细胞株；PC-3M-2B4	RPMI1640	10%FBS
人皮肤鳞癌细胞；A-431［A431］	DMEM-H	10%FBS
人皮肤黑色素瘤细胞；SK-MEL-1	MEM-EBSS	10%FBS
人膀胱移行细胞癌细胞；T24	McCoy 5A	10%FBS

续表

细胞名称	培养基	血清其他因子
人膀胱鳞癌细胞；SCaBER	MEM-EBSS	10%FBS；1%NEAA；1mmol/L 丙酮酸钠
人膀胱癌细胞；J82	MEM-EBSS	10%FBS
人膀胱癌细胞；5637（HTB-9）	RPMI1640	10%FBS；4.5g/L 葡萄糖；10mmol/L HEPES；1mmol/L 丙酮酸钠
人脑星形胶质母细胞瘤；U-87 MG［U87MG；U87 MG］	MEM-EBSS	10%FBS；1%NEAA
人脑髓母细胞瘤细胞；D283	MEM-EBSS	10%FBS
人脑瘤细胞；SF767	MEM-EBSS	10%FBS
人脑瘤细胞；SF763	MEM-EBSS	10%FBS
人脑瘤细胞；SF17	RPMI1640	10%FBS
人脑瘤细胞；SF126	MEM-EBSS	10%FBS
人脑胶质瘤细胞；HS 683	DMEM-H	10%FBS
人耐 VP16 绒癌细胞株；JEG-3/VP16	DMEM-H	10%FBS
人慢性髓系白血病细胞；K562	RPMI1640	10%FBS
人滤泡状甲状腺癌细胞；FTC-133	D/F12	5%FBS
人卵巢腺癌细胞；SK-OV-3	McCoy 5A	10%FBS
人卵巢腺癌细胞；OVCAR-3	RPMI1640	20%FBS
人卵巢透明细胞癌细胞；ES-2	McCoy 5A	10%FBS
人卵巢上皮细胞癌细胞；OV-1063	RPMI1640	10%FBS
人卵巢畸胎瘤细胞；PA-1	MEM-EBSS	10%FBS
人卵巢癌细胞 CoC1 顺铂耐药亚株；CoC1/DDP	RPMI1640	10%FBS
人卵巢癌细胞；HO-8910	RPMI1640	10%FBS
人卵巢癌细胞；CoC1	RPMI1640	10%FBS
人卵巢癌细胞；Caov-4	L15	20%FBS
人卵巢癌细胞；Caov-3	DMEM-H	10%FBS
人淋巴母细胞（EBV 转化）；NCI-BL2009	RPMI1640	10%FBS
人类原巨核细胞型白血病细胞；UT-7	RPMI1640	10%FBS；5~7U/ml EPO
人口腔表皮样癌细胞；KB	IMDM	10%FBS
人巨细胞白血病细胞株；Mo7e	RPMI1640	10%FBS；8ng/ml 重组人粒细胞巨噬细胞集落刺激因子（rhGM-CSF）；10%CO_2
人结直肠腺癌细胞长春新碱耐药株；HCT-8/V	RPMI1640	10%FBS；2 000ng/ml 长春新碱
人结直肠腺癌细胞；SW620［SW 620；SW-620］	L15	10%FBS
人结直肠腺癌细胞；SW480［SW 480；SW-480］	IMDM	10%FBS
人结直肠腺癌细胞；NCI-H716	RPMI1640	10%FBS
人结直肠腺癌细胞；LS 174T［LS174T］	MEM-EBSS	10%FBS
人结直肠腺癌细胞；LoVo	F12K	10%FBS
人结直肠腺癌细胞；HT-29	D/F12	5%FBS

续表

细胞名称	培养基	血清其他因子
人结直肠腺癌细胞;HCT-8[HRT-18]	RPMI1640	10%FBS
人结直肠腺癌细胞;HCT-15[HCT15]	RPMI1640	10%FBS
人结直肠腺癌细胞;HCT 116[HCT116]	IMDM	10%FBS
人结直肠腺癌细胞;COLO 320DM[COLO320DM]	RPMI1640	10%FBS
人结直肠腺癌细胞;COLO 205	RPMI1640	10%FBS
人结直肠腺癌细胞;COLO 201	RPMI1640	10%FBS
人结直肠腺癌细胞;Caco-2	MEM-EBSS	20%FBS;1%NEAA;10mmol/L HEPES
人结直肠腺癌上皮细胞;DLD-1	DMEM-H	10%FBS
人结直肠癌细胞;T84	D/F12	10%FBS
人结肠腺癌细胞;LS 180(CL-187)[LS180]	MEM-EBSS	10%FBS
人结肠癌细胞;RKO	MEM-EBSS	10%FBS
人结肠癌细胞;NCI-H508	RPMI1640	10%FBS
人结肠癌细胞;CW-2	RPMI1640	10%FBS
人胶质瘤细胞;TJ905	DMEM-H	10%FBS
人胶质瘤细胞;GOS-3	MEM-EBSS	10%FBS;4mmol/L L- 谷氨酰胺
人浆细胞白血病细胞;NCI-H929	RPMI1640	10%FBS;0.05mmol/L 2- 巯基乙醇
人甲状腺鳞癌细胞;SW579[SW 579;SW-579]	L15	10%FBS
人急性早幼粒白血病细胞;HL-60	RPMI1640	20%FBS
人急性淋巴母细胞性白血病细胞;MOLT-4	RPMI1640	10%FBS
人急性单核细胞白血病细胞;THP-1	RPMI1640	10%FBS
人急性 T 淋巴细胞性白血病细胞;I 2.1(CRL-2572)	RPMI1640	15%FBS;1mmol/L HEPES;1mmol/L 丙酮酸钠
人急性 T 淋巴细胞白血病细胞;JurkatE6-1	RPMI1640	10%FBS
人急性 T 淋巴细胞白血病细胞;Jurkat, Clone E6-1	RPMI1640	10%FBS
人急性 T 淋巴细胞白血病细胞;Jurkat	RPMI1640	15%FBS
人喉癌细胞;LCC	RPMI1640	15%FBS
人喉癌上皮细胞;Hep-2	RPMI1640	10%FBS
人喉癌淋巴结转移细胞;LLN	RPMI1640	20%FBS
人红系白血病细胞;TF-1	RPMI1640	10%FBS;4mmol/L 谷氨酰胺;6-8ng/ml GM-CSF
人横纹肌肉瘤细胞;TE671 Subline No.2	DMEM-H	10%FBS
人横纹肌肉瘤细胞;A-204	McCoy 5A	10%FBS
人黑色素瘤细胞;A875	DMEM-H	10%FBS
人骨肉瘤细胞;U-2 OS[U2OS;U2-OS;U-2OS]	McCoy 5A	10%FBS
人骨肉瘤细胞;HOS	MEM-EBSS	10%FBS;1%NEAA
人宫颈癌细胞;Hela S3[HeLaS3]	F12	10%FBS
人宫颈癌细胞;Hela P10s-11F	DMEM-H	10%FBS

续表

细胞名称	培养基	血清其他因子
人宫颈癌细胞；Hela 229［HeLa229］	DMEM-H	10%FBS
人宫颈癌细胞；HeLa	RPMI1640	10%FBS
人宫颈癌细胞；H1HeLa	L15	10%FBS
人宫颈癌细胞；C-33A	MEM-EBSS	10%FBS
人宫颈癌上皮细胞；Ca Ski［CaSki］	RPMI1640	10%FBS
人高转移卵巢癌细胞；HO-8910PM	RPMI1640	10%FBS
人肝母细胞瘤细胞；HuH-6	RPMI1640	10%FBS
人肝腹水腺癌细胞；SK-HEP-1	MEM-EBSS	10%FBS
人肝胆管癌细胞；RBE	RPMI1640	10%FBS
人肝癌细胞；SMMC-7721	RPMI1640	10%FBS
人肝癌细胞；PLC/PRF/5	MEM-EBSS	10%FBS
人肝癌细胞；Li-7	RPMI1640	10%FBS
人肝癌细胞；HuH-7	DMEM-H	10%FBS
人肝癌细胞；Hep3b	MEM-EBSS	10%FBS
人肝癌细胞；Hep G2［HepG2］	MEM-EBSS	10%FBS；1%NEAA
人肝癌细胞；Hep 3B2.1-7	MEM-EBSS	10%FBS
人肺支气管癌细胞；NCI-H1650	RPMI1640	10%FBS
人肺黏液上皮样癌细胞；NCI-H292	RPMI1640	10%FBS
人肺腺鳞癌细胞；NCI-H596	RPMI1640	10%FBS
人肺腺癌细胞；SPC-A1	RPMI1640	10%FBS
人肺腺癌细胞；NCI-H1395	RPMI1640	10%FBS
人肺腺癌细胞；Calu-3	MEM-EBSS	10%FBS
人肺退行性癌细胞；Calu-6	MEM-EBSS	10%FBS
人肺鳞癌细胞；SK-MES-1	MEM-EBSS	10%FBS
人肺鳞癌细胞；NCI-H520	RPMI1640	10%FBS
人肺鳞癌细胞；NCI-H2170	RPMI1640	10%FBS
人肺鳞癌细胞；NCI-H1703	RPMI1640	10%FBS
人肺鳞癌细胞；LTEP-s	RPMI1640	10%FBS
人肺巨细胞癌高转移细胞株；PG-BE1	RPMI1640	10%FBS
人肺巨细胞癌低转移细胞株；PG-LH7	RPMI1640	10%FBS
人肺癌细胞；A549［A-549］	McCoy 5A	10%FBS
人肺癌细胞；A-427［A427］	MEM-EBSS	10%FBS；1%NEAA；1mmol/L 丙酮酸钠
人肺癌细胞/5Fu 耐药株；A549-5Fu	McCoy 5A	10%FBS
人肺癌顺铂耐药株；A549/cis	McCoy 5A	10%FBS
人非小细胞肺腺癌细胞；NCI-H1975	RPMI1640	10%FBS

续表

细胞名称	培养基	血清其他因子
人非小细胞肺腺癌细胞；NCI-H157	RPMI1640	10%FBS；10mmol/L HEPES；1mmol/L 丙酮酸钠
人非小细胞肺癌细胞；NCI-H838	RPMI1640	10%FBS
人非小细胞肺癌细胞；NCI-H524	RPMI1640	10%FBS
人非小细胞肺癌细胞；NCI-H358	RPMI1640	10%FBS
人非小细胞肺癌细胞；NCI-H23	RPMI1640	10%FBS；4.5g/L 葡萄糖；10mmol/L HEPES；1mmol/L 丙酮酸钠
人非小细胞肺癌细胞；NCI-H1299	RPMI1640	10%FBS
人非小细胞肺癌细胞；HCC827	RPMI1640	10%FBS
人恶性胚胎横纹肌瘤细胞；RD	DMEM-H	10%FBS
人恶性黑色素瘤细胞；A-375［A375］	DMEM-H	10%FBS；1mmol/L 丙酮酸钠；4mmol/L 谷氨酰胺
人恶性多发性畸胎瘤细胞；NTERA-2	DMEM-H	10%FBS
人多发性骨髓瘤细胞；U266	1640- 改良	10%FBS
人多发性骨髓瘤细胞；RPMI-8226［RPMI8826］	RPMI1640	10%FBS
人多发性骨髓瘤细胞；MM.1S	1640- 改良	10%FBS
人多发性骨髓瘤细胞；LAMA-84	1640- 改良	10%FBS
人多发性骨髓瘤细胞；KMS-11	1640- 改良	10%FBS
人多发性骨髓瘤细胞；ARD	1640- 改良	10%FBS
人多发性骨髓瘤细胞；AMO-1	1640- 改良	20%FBS
人低侵袭性脉络膜黑色素瘤细胞；OCM-1A	RPMI1640	10%FBS；20mmol/L HEPES
人低分化肺腺癌细胞；SK-LU-1	MEM-EBSS	10%FBS；1%NEAA；1mmol/L 丙酮酸钠
人低分化肺腺癌细胞；GLC-82［GLC82］	RPMI1640	10%FBS
人胆囊癌细胞；GBC-SD	RPMI1640	10%FBS
人胆管细胞型肝癌细胞；HCCC-9810	RPMI1640	10%FBS
人大细胞肺癌细胞；NCI-H661	RPMI1640	10%FBS
人大细胞肺癌细胞；NCI-H460	RPMI1640	10%FBS
人大细胞肺癌顺铂耐药株；NCI-H460/cis	RPMI1640	10%FBS
人成巨核细胞白血病细胞；MEG-01	RPMI1640	20%FBS
人成骨肉瘤细胞；Saos-2	McCoy 5A	15%FBS
人成骨肉瘤细胞；MG-63	MEM-EBSS	10%FBS；1%NEAA
人鼻咽癌细胞；CNE-2Z［CNE2Z］	RPMI1640	10%FBS
人 T 淋巴细胞白血病细胞；HuT 78	RPMI1640	10%FBS
人 T 淋巴瘤转基因细胞；Jurkat D，E	RPMI1640	10%FBS
人 T 淋巴瘤细胞 Jurkat 亚系；Jurkat77	IMDM	10%FBS
人 T 淋巴瘤细胞；HUT 102	RPMI1640	10%FBS
人 B 淋巴细胞瘤细胞；RAMOS（RA.1）	RPMI1640	10%FBS

续表

细胞名称	培养基	血清其他因子
人 B 淋巴细胞瘤细胞；RAMOS	RPMI1640	10%FBS
人 Burkkit 淋巴瘤细胞；Daudi	RPMI1640	10%FBS
人 burkitt 淋巴瘤细胞；CA46	RPMI1640	20%FBS
青色荧光蛋白标记人结直肠癌细胞；HCT116–CFP	IMDM	10%FBS
绿色荧光蛋白标记人结直肠腺癌细胞；COLO 320DM–EGFP	RPMI1640	10%FBS
绿色荧光蛋白标记人结直肠癌细胞；HCT116–GFP	IMDM	10%FBS；200μg/ml G418
绿色荧光蛋白标记人宫颈癌细胞；HeLa–GFP	RPMI1640	10%FBS；200μg/ml G418
急性 T 淋巴细胞白血病细胞；TALL–104	IMDM	20%FBS
红色荧光蛋白和萤光素酶标记的人骨肉瘤细胞；HOS–Luc2–tdT	MEM–EBSS	10%FBS；1%NEAA
红色荧光蛋白标记人结直肠腺癌细胞；COLO 320DM–RFP	RPMI1640	10%FBS
红色荧光蛋白标记人结直肠癌细胞；HCT116–RFP	IMDM	10%FBS
红色荧光蛋白标记的人结直肠腺癌细胞；HCT–8–tdT	RPMI1640	10%FBS
红色荧光蛋白标记的人骨肉瘤细胞；HOS–tdT	MEM–EBSS	10%FBS；1%NEAA
红色荧光蛋白标记的人骨肉瘤细胞；HOS–mCherry	MEM–EBSS	10%FBS；1%NEAA
红色荧光蛋白标记的人肺癌细胞；A549–tdT	McCoy 5A	10%FBS
红色荧光蛋白标记的人鼻咽癌细胞；CNE2Z–tdT	RPMI1640	10%FBS
黑人 Burkitt 淋巴瘤细胞；RAJI	RPMI1640	10%FBS
白介素 –2 转染耐 VP16 绒癌细胞；JEG–3/VP16–IL–2	DMEM–H	10%FBS；400μg/ml G418
TNFa 转染耐 VP16 绒癌细胞；JEG–3–VP16–TNFa	DMEM–H	10%FBS；400μg/ml G418
Cas9 稳定表达的人子宫内膜腺癌细胞；HEC–1–B–Cas9–591	MEM–EBSS	10%FBS；2μg/ml 嘌呤霉素
Cas9 稳定表达的人胰腺癌细胞；PANC–1–Cas9–554	DMEM–H	10%FBS；400μg/ml G418
Cas9 稳定表达的人结直肠腺癌细胞；HCT116–Cas9–565	IMDM	10%FBS；2μg/ml 嘌呤霉素
Cas9 稳定表达的人宫颈癌细胞；HeLa–Cas9–527	RPMI1640	10%FBS；400μg/ml G418
Cas9 稳定表达的人肝腹水腺癌细胞；SK–HEP–1–Cas9–726	MEM–EBSS	10%FBS；400μg/ml G418
Cas9 稳定表达的人肝胆管癌细胞；RBE–Cas9–781	RPMI1640	10%FBS；400μg/ml G418
Cas9 稳定表达的人肝癌细胞；PLC/PRF/5–Cas9–705	MEM–EBSS	10%FBS；400μg/ml G418
Cas9 稳定表达的人肝癌细胞；Li–7–Cas9–751	RPMI1640	10%FBS；400μg/ml G418
Cas9 稳定表达的人肝癌细胞；Huh7–Cas9–690	DMEM–H	10%FBS；400μg/ml G418
Cas9 稳定表达的人肝癌细胞；Hep3b–Cas9–741	MEM–EBSS	10%FBS；400μg/ml G418
Cas9 稳定表达的人肺癌细胞；A549–Cas9–538	McCoy 5A	10%FBS；400μg/ml G418
Cas9 稳定表达的人非小细胞肺腺癌细胞；NCI–H1975–Cas9–594	RPMI1640	10%FBS；400μg/ml G418
Cas9 稳定表达的人恶性黑色素瘤细胞；A375–Cas9–574	DMEM–H	10%FBS；400μg/ml G418
Cas9 稳定表达的人胆囊癌细胞；GBC–SD–Cas9–766	RPMI1640	10%FBS；400μg/ml G418

续表

细胞名称	培养基	血清其他因子
人类细胞 –（3）正常组织来源细胞		
人永生化表皮细胞；HaCaT	MEM-EBSS	15%FBS
人羊膜细胞；WISH	DMEM-H	10%FBS
人胚肝二倍体细胞；CCC-HEL-1	DMEM-H	20%FBS
人包皮成纤维细胞；HFF	DMEM-H	10%FBS
人皮肤成纤维细胞；CCC-HSF-1	DMEM-H	10%FBS
人胚皮肤成纤维细胞；CCC-ESF-1	DMEM-H	10%FBS
人胚胎胰腺组织来源细胞；CCC-HPE-2	DMEM-H	20%FBS
人胚胎心肌组织来源细胞；CCC-HEH-2	DMEM-H	20%FBS
人胚肾细胞；293［HEK-293］	MEM-EBSS	10%FBS
人肾小管上皮细胞；HKC	D/F12	5%FBS
人胚肾二倍体细胞；CCC-HEK-1	DMEM-H	20%FBS
293 来源病毒包装细胞；ΦA	DMEM-H	10%FBS
293 来源病毒包装细胞；ΦA-GP	DMEM-H	10%FBS
SV-40 转化肺成纤维细胞；WI38/VA13	MEM-EBSS	10%FBS
人胚胎气管组织来源细胞；CCC-HBE-2	DMEM-H	20%FBS
人胚胎膀胱组织来源细胞；CCC-HB-2	DMEM-H	20%FBS
人胚胎肠黏膜组织来源细胞；CCC-HIE-2	DMEM-H	20%FBS
人胚肺成纤维细胞；MRC-5	MEM-EBSS	10%FBS
人胚肺成纤维细胞；CCC-HPF-1	DMEM-H	10%FBS
人胚肺成纤维细胞；WI-38［WI38］	MEM-EBSS	10%FBS；1%NEAA
人脐静脉细胞融合细胞；EA.hy926	DMEM-H	10%FBS
人 B 淋巴细胞母细胞；NTCC721.221	RPMI1640	10%FBS
人胚胎眼巩膜成纤维细胞；HFSF	DMEM-H	10%FBS
人胚胎眼 Tenon's 囊成纤维细胞；HFTF	DMEM-H	10%FBS
人肾皮质近曲小管上皮细胞；HK-2	D/F12	10%FBS
人胚胎肌肉组织来源细胞；CCC-HSM-2	DMEM-H	20%FBS
人葡萄膜黑色素细胞；UM	F12	10%FBS；bFGF；霍乱毒素；异丁基甲基黄嘌呤 IBMX4.4mg/200ml
人乳腺上皮细胞；MCF-10A	D/F12	5%HS；10μg/ml 胰岛素；20ng/ml EGF；100ng/ml 霍乱毒素；0.5μg/ml 氢化可的松
人乳腺上皮细胞；DU4475	RPMI1640	10%FBS
人胸腺激酶缺陷型细胞；143TK⁻	MEM-EBSS	10%FBS
昆虫细胞		
昆虫卵巢细胞；SF9	Grace	10%FBS
果蝇胚胎细胞；S2		Schneider's+10%FBS（灭活），28℃

续表

细胞名称	培养基	血清其他因子
粉纹夜蛾卵巢细胞；Hi5NT	Grace	15%FBS（灭活）
猪源细胞		
猪肾细胞；LLC-PK1	M-199	3%FBS
猪肾细胞；PK（15）	MEM-EBSS	10%FBS
猪肾传代细胞；IBRS-2	MEM-EBSS	10%FBS
小鼠源细胞		
小鼠 B 淋巴细胞杂交瘤细胞；SH2	DMEM-H	20%FBS
小鼠 B 淋巴细胞杂交瘤细胞；SH3	DMEM-H	15%FBS
仓鼠／小鼠杂交瘤细胞；145-2C11	IMDM	10%FBS；4mmol/L L-谷氨酰胺
小鼠 B 细胞杂交瘤细胞；W6/32	DMEM-H	10%FBS
小鼠抗人 kappa 杂交瘤细胞；mAbhIgκ-488	RPMI1640	10%FBS
小鼠抗人 IgM 杂交瘤细胞；mAbhIgM-489	RPMI1640	10%FBS
小鼠抗人 kappa 杂交瘤细胞；mAbhIgκ-490	RPMI1640	10%FBS
小鼠抗人 IgM 杂交瘤细胞；mAbhIgM-491	RPMI1640	10%FBS
小鼠抗人 IgA 杂交瘤细胞；mAbhIgA-495	RPMI1640	10%FBS
小鼠抗人 IgE 杂交瘤细胞；mAbhIgE-496	RPMI1640	10%FBS
小鼠抗人 IgG 杂交瘤细胞；mAbhIgG-503	RPMI1640	10%FBS
小鼠抗螨 P1 杂交瘤；mAbmites-505	RPMI1640	10%FBS
小鼠抗螨 P1 杂交瘤；mAbmites-506	RPMI1640	10%FBS
小鼠抗天花粉蛋白杂交瘤；mAbTCSIgG-507	RPMI1640	10%FBS
小鼠小胶质细胞；BV2	DMEM-H	10%FBS
小鼠树突状细胞肉瘤细胞；DCS	RPMI1640	10%CS
小鼠肾集合管细胞（SV40 转化）；M-1	D/F12	10%FBS
小鼠肾足细胞；Mouse podocyte	DMEM-H	10%FBS；γ-干扰素（IFN-γ）
小鼠乳腺癌细胞；CCC-Ca761-03	DMEM-H	10%FBS
小鼠前胃癌细胞；MFC	RPMI1640	10%FBS
小鼠胚胎成骨细胞前体细胞；MC3T3-E1	DMEM-H	10%FBS
小鼠 T 淋巴细胞瘤细胞；Cyc-Tag（S49）	DMEM-H	10%HS
小鼠骨髓瘤细胞；Fox-NY	RPMI1640	10%FBS
小鼠淋巴瘤细胞（NK 靶细胞）；YAC-1	RPMI1640	10%FBS
小鼠淋巴瘤细胞；EL4	DMEM-H	10%HS
小鼠淋巴瘤细胞；P388D1（IL-1）	RPMI1640	20%HS；4.5g/L 葡萄糖
小鼠骨髓瘤细胞；P3/NSI/1-Ag4-1	DMEM-H	10%FBS
C57BL/6 小鼠 T 细胞淋巴瘤细胞；RMA	RPMI1640	10% 小牛血清
小鼠单核巨噬细胞白血病细胞；RAW 264.7［RAW264.7］	DMEM-H	10%FBS

续表

细胞名称	培养基	血清其他因子
小鼠睾丸畸胎瘤细胞；P19	α–MEM	10%FBS
小鼠睾丸畸胎瘤细胞；F9	DMEM–H	10%FBS
tTA 基因修饰的小鼠睾丸畸胎瘤细胞；F9–CAG–tTA–1A3	DMEM–H	5%FBS；1.0μg/ml 嘌呤霉素
小鼠红白血病细胞；MEL	RPMI1640	20%FBS
小鼠黑色素瘤细胞；B16	DMEM–H	10%FBS
小鼠黑色素瘤细胞；B16–F1	DMEM–H	10%FBS
小鼠皮肤黑色素瘤细胞；B16–F10	DMEM–H	10%FBS
转人黏蛋白小鼠黑色素瘤细胞；B16–Muc1	IMDM	10%FBS；800μg/ml G418
小鼠骨髓细胞；FDC–P1	DMEM–H	10%FBS；IL–3
野生型人 c–kit 受体细胞株；A7d	RPMI1640	10%FBS；IL–3
小鼠骨髓瘤细胞；Sp2/0–Ag14［SP20］	DMEM–H	10%FBS
小鼠浆细胞瘤；MPC–11	DMEM–H	10%HS
小鼠正常肝细胞；NCTC 1469［NCTC1469］	DMEM–H	10%HS
小鼠肝癌细胞；Hepa 1–6［Hepa1–6］	DMEM–H	10%FBS
小鼠肥大细胞瘤细胞；P815	DMEM–H	10%FBS；4mmol/L 谷氨酰胺
小鼠网织细胞肉瘤；M5076	RPMI1640	15%HS
小鼠胚胎成纤维细胞；3T3–Swiss albino	DMEM–H	10%FBS
小鼠胚胎成纤维细胞；NIH/3T3	DMEM–H	10% 小牛血清
小鼠胚胎成纤维细胞；MEF	DMEM–H	10%CS
小鼠胚胎成纤维细胞；3T6–Swiss albino	DMEM–H	10%FBS
小鼠胚胎成纤维细胞；3T3–L1	IMDM	10% 小牛血清
小鼠胚胎成纤维细胞；BALB/C 3T3	DMEM–H	10%FBS
小鼠胚胎成纤维细胞；PA317	DMEM–H	10%FBS
小鼠胚胎成纤维细胞（HNP 抗性）；HNP MEF（CF–1）	DMEM–H	10%FBS
C3H/An 小鼠结缔组织细胞（L929–TK–）；LTK–	DMEM–H	10%FBS
小鼠结缔组织 L 细胞株 929 克隆；L–929［L929］	MEM–EBSS	10% 马血清；1%NEAA；丙酮酸钠
小鼠胚胎成纤维细胞（来自 NIH3T3）；PA12	DMEM–H	10%FBS
小鼠成纤维细胞；φ2	DMEM–H	10%CS
小鼠胚胎成纤维细胞；C3H10T1/2 2A6	MEM–EBSS	10%FBS
小鼠颅盖成纤维细胞；OP9	α–MEM	10%FBS
小鼠胚胎成纤维细胞；C3H10T1/2 clone8	DMEM–H	10%FBS（灭活）
小鼠垂体瘤细胞；GT1–1	DMEM–H	5%FBS+5%HS
小鼠血细胞；WEHI–3［WEHI3］	DMEM–H	10%FBS
小鼠垂体瘤细胞（分泌促生长激素分泌激素）；AtT–20	F12	2.5%FBS+15%HS
小鼠原 B 细胞株；BaF3	RPMI1640	10%FBS；IL–3
小鼠脑瘤细胞；BC3H1	DMEM–H	20%FBS
小鼠成肌细胞；C2C12	DMEM–H	20%FBS；4mmol/L L–谷氨酰胺

续表

细胞名称	培养基	血清其他因子
小鼠淋巴细胞白血病；L1210	DMEM-H	10%HS；4mmol/L L-谷氨酰胺
小鼠肺腺癌细胞系；LA795	RPMI1640	10%FBS
小鼠 T 淋巴细胞；Cl.Ly1+2-/9	RPMI1640	10%FBS；4.5g/L 葡萄糖；1mmol/L 丙酮酸钠；100U/ml IL-2
小鼠单核巨噬细胞；J774A.1	DMEM-H	10%FBS
小鼠子宫颈癌细胞；U14	DMEM-H	10%FBS
绿色荧光蛋白标记小鼠子宫颈癌细胞；U14-GFP	DMEM-H	10%FBS；G418 200μg/ml
转 PYTL 基因小鼠睾丸支持细胞；15P-1	DMEM-H	10%FBS
BALB/C 小鼠肝上皮细胞；BNL 1ME A.7R.1	DMEM-H	10%FBS
小鼠结肠癌细胞；CT26.WT［CT26WT］	RPMI1640	10%FBS
小鼠神经母细胞瘤细胞；Neuro-2a［N2a；Neuro-2a］	MEM-EBSS	10%FBS
正常小鼠睾丸 Leydig 细胞；TM3	D/F12	5%HS+2.5%FBS
正常小鼠睾丸 Sertoli 细胞；TM4	D/F12	5%HS+2.5%FBS
小鼠 T 淋巴瘤细胞（鸡 OVA 基因修饰）；E.G7-OVA	RPMI1640	10%FBS；0.05mmol/L 2-巯基乙醇；0.4mg/ml G418
小鼠诱导性多潜能干细胞；PUMC-mips-A2		KO-DMEM；15%FBS；10^3U/ml LIF；2mmol/L L-谷氨酰胺；1%NEAA；0.1mM 2-巯基乙醇
tTA 基因修饰的小鼠胰腺癌细胞；Pan02-CAG-tTA-2D1	DMEM-H	5%FBS；2.0μg/ml 嘌呤霉素
小鼠结肠癌细胞；MC38	RPMI1640	10%FBS
红色荧光蛋白标记的小鼠宫颈癌细胞；U14-RFP	DMEM-H	10%FBS
小鼠逆转录病毒包装细胞；PT-67	DMEM-H	10%FBS
稳定表达 B7H1 的小鼠结肠癌细胞；MC38-B7H1	RPMI1640	10%FBS
小鼠肺癌细胞；LLC	DMEM-H	10%FBS
小鼠血管内皮瘤；EOMA	DMEM-H	10%FBS
人干细胞因子单克隆抗体细胞株；AMS2（SCF3）	RPMI1640	10%FBS
兔源细胞		
兔主动脉平滑肌细胞；SMC	MEM-EBSS	10%FBS
兔主动脉平滑肌细胞；CCC-SMC-1	DMEM-H	10%FBS
兔主动脉平滑肌细胞；CCC-SMC-2	DMEM-H	20%FBS
兔眼 Tenon's 囊成纤维细胞；RYTF	DMEM-H	10%FBS
兔角膜前基质层成纤维细胞；RCFBF	F12	5%FBS
兔角膜后基质层成纤维细胞；RCBBF	F12	5%FBS
兔晶体上皮细胞永生系；N/N1003A（RLE）	DMEM-H	10%FBS
犬源细胞		
犬肾细胞；MDCK（NBL-2）	DMEM-H	10%FBS
犬肾细胞隆突型；MDCK superdome	D/F12	10%FBS
犬肾细胞；MDCK/IgR	DMEM-H	10%FBS

续表

细胞名称	培养基	血清其他因子
牛源细胞		
新生牛眼晶体上皮细胞；NBLE	DMEM-H	20%~30%FBS
新生牛眼 Tenon's 囊成纤维细胞；NBTF	DMEM-H	10%FBS
牛肾细胞；MDBK	MEM-EBSS	10%FBS
兰州黑白花奶牛鼻镜细胞；NHBN	DMEM-H	10%FBS
兰州黑白花奶牛舌尖细胞；NHBT	DMEM-H	10%FBS
猴源细胞		
非洲绿猴肾细胞；Vero	DMEM-H	10%FBS
非洲绿猴肾细胞；CV-1	DMEM-H	10%FBS
非洲绿猴肾细胞；BS-C-1	MEM-EBSS	10%FBS
非洲绿猴肾细胞；Vero E6	MEM-EBSS	10%FBS
猴肾细胞；Vero IgCD4	MEM-EBSS	10%FBS
猴肾细胞；Vero IgRCD4-	MEM-EBSS	10%FBS
SV40 转化的非洲绿猴肾细胞；COS-7	DMEM-H	10%FBS
SV40 转化的非洲绿猴肾细胞；COS-1	DMEM-H	10%FBS
大鼠源细胞		
大鼠肾上腺嗜铬细胞瘤细胞；PC-12［PC12］	RPMI1640	5%FBS+10%HS
大鼠肾小球系膜细胞；HBZY-1	MEM-EBSS	10%FBS
大鼠肾系膜细胞；RMC	DMEM-H	10%FBS；1%NEAA；500μg/ml G418
大鼠气管上皮细胞；RTE	MEM-EBSS	20%FBS
大鼠脑胶质瘤细胞；C6	F10	2.5%FBS+15%HS
大鼠肝细胞；IAR20	MEM-EBSS	20%FBS
大鼠肝细胞瘤；H-4-Ⅱ-E	MEM-EBSS	10%FBS；1%NEAA
大鼠肝细胞瘤；H4-Ⅱ-E-C3	DMEM-H	20%HS+5%FBS
大鼠垂体瘤细胞；GH3	F10	2.5%FBS+15%HS
大鼠垂体瘤细胞；MMQ	F12	2.5%FBS+15%HS
大鼠小肠隐窝上皮细胞；IEC-6	DMEM-H	5%FBS；0.01mg/ml 胰岛素
大鼠骨骼肌成肌细胞；L6	DMEM-H	10%FBS；4mmol/L L-谷氨酰胺
大鼠嗜碱性粒细胞性白血病细胞；RBL-1	MEM-EBSS	10%FBS
大鼠胚胎心肌细胞；H9c2（2-1）	DMEM-H	10%FBS；4mmol/L L-谷氨酰胺
大鼠骨髓瘤细胞；IR983F	RPMI1640	10%FBS
大鼠胰岛细胞瘤细胞；INS-1	RPMI1640	10%FBS；50μmol/L 2-巯基乙醇
大鼠胰岛 β 细胞瘤细胞；RIN-m5F	RPMI1640	10%FBS
正常大鼠肾细胞；NRK	DMEM-H	10%FBS
正常大鼠肾细胞；NRK	DMEM-H	10%FBS
正常大鼠肾细胞（EGF 受体阳性）；NRK49F	DMEM-H	10%FBS

续表

细胞名称	培养基	血清其他因子
红色荧光蛋白和萤光素酶标记的大鼠胚胎心肌细胞；H9C2（2-1）-Luc2-tdT	DMEM-H	10%FBS
大鼠肺泡巨噬细胞；NR8383	F12K	15%FBS（灭活）
大鼠施万细胞；RSC-96	DMEM-H	10%FBS
大鼠胚胎成纤维细胞；CCC-REPF-1	DMEM-H	20%FBS
仓鼠源细胞		
二氢叶酸还原酶缺陷型中国仓鼠卵巢细胞；CHO/dhFr-	F12	10%FBS
中国仓鼠卵巢细胞 K1（亚系克隆）；CHO-K1	F12	10%FBS
中国仓鼠卵巢细胞；CHO	DMEM-H	10%FBS
人 APP-PS1（C410Y）双基因转染细胞株；7WCY1.0	DMEM-H	10%FBS；250μg/ml G418；2.5μg/ml 嘌呤霉素
人 APP 基因转染 CHO 细胞株；7WD10	DMEM-H	10%FBS；250μg/ml G418
人 APP-PS1（M146L）双基因转染 CHO 细胞株；7WML6.0	DMEM-H	10%FBS；250μg/ml G418；2.5μg/ml 嘌呤霉素
人 APP-PS1 双基因转染 CHO 细胞株；7WPS1	DMEM-H	10%FBS；250μg/ml G418；2.5μg/ml 嘌呤霉素
叙利亚仓鼠肾细胞；BHK-21	DMEM-H	10%FBS
其他动物源性细胞		
小鼠神经母细胞瘤细胞与大鼠胶质瘤细胞之融合细胞；NG108-15［108CC15］	DMEM-H	10%FBS；2%HAT
果子狸肾上皮细胞；Hed68	DMEM-H	10%FBS
鸡胚成纤维细胞（自发转化）；UMNSAH/DF1	DMEM-H	10%FBS
鼬肺上皮细胞；MV-1-Lu	MEM-EBSS	10%FBS

资料源自国家实验细胞资源共享平台网站（http://cellresource.cn）

附录2 常用缓冲液

常用缓冲液详见附表2-1。

附表2-1 常用缓冲液

缓冲液	pK	分子量	缓冲液	pK	分子量
磷酸盐（pK1）	2.12	98.0，自由酸	磷酸盐（pK2）	7.21	120.0，NaH$_2$PO$_4$
甘氨酸–盐酸	2.34	111.53	TES	7.7	229
柠檬酸盐（pK1）	3.14	192.1，自由酸	巴比妥	7.78	128.1，巴比妥酸
甲酸盐	3.75	68.0，钠盐	三乙醇胺	7.8	149.2
碳酸盐（pK1）	3.76	106	TRICINE	8.15	179.2
琥珀酸盐（pK1）	4.19	118.1，自由酸	TRIS[e]	8.3	121.1
乙酸盐	4.75	82.0，钠盐	BICINE	8.35	163.2
柠檬酸盐（pK2）	4.76	214.1，钠盐	甘氨酰甘氨酸	8.4	132.1
琥珀酸盐（pK2）	5.57	162.1，二钠盐	硼酸盐	9.24	201.2，四硼酸钠
MES[a]	6.15	195.2，水合物	CHES	9.5	207.3
碳酸盐（pK2）	6.36	84.0，二碳酸盐	乙醇胺	9.5	61.1
柠檬酸盐（pK3）	6.39	294.1，三钠盐，二水合物	甘氨酸–NaOH	9.6	97.1，钠盐，水合物
PIPES[b]	6.8	302.4	CAPS	10.4	221.3
ACES	6.9	182.2	三乙基胺	10.7	101.2
MOPS[c]	7.2	209.7	磷酸盐（pK3）	12.3	141.9，Na$_2$HPO$_4$
HEPES[d]	7.55	238.3			

引自《Cell：A Laboratory Mannal》.Cold Spring Harbor Laboratory Press.1998；a：2–（N–吗啉）乙磺酸，b：哌嗪–NN'–双（2–乙磺酸），c：3–（N–吗啉）丙磺酸，d：N–2–羟乙基哌嗪–N'–2–乙磺酸，e：Tris（羟甲基）氨基甲烷

附录3 其他缓冲液的配制

一、索伦森（Sorensen）磷酸缓冲液

溶液 A：$Na_2HPO_4 \cdot 2H_2O$ 11.87g，蒸馏水 1 000ml。

溶液 B：KH_2PO_4 9.08g，蒸馏水 1 000ml。

在附表 3-1 中，给出的溶液 A 中加入足够量溶液 B，至总体积为 100ml，即可得到所需的 pH。

附表 3-1　索伦森（Sorensen）磷酸缓冲液

溶液 A/ml	缓冲液的 pH
0.6	4.9
2.3	5.3
4.9	5.6
12.1	6.0
26.4	6.4
49.2	6.8
61.2	7.0
67.0	7.1
72.6	7.2
77.7	7.3
81.8	7.4
85.2	7.5
88.5	7.6
93.6	7.8
96.9	8.0

二、磷酸缓冲液

配制方法详见附表 3-2、附表 3-3。

三、二甲砷酸盐-盐酸缓冲液（0.2mol/L）

溶液 A：二甲砷酸钠 [$Na(CH_3)2AsO_2 \cdot 3H_2O$] 42.8g，蒸馏水 1 000ml。

溶液 B（0.2mol/L HCl）：浓 HCl（36%~38%）10ml，蒸馏水 603ml。

附表 3-2　25℃、0.1mol/L 磷酸钾缓冲液

pH	1mol/L K_2HPO_4 体积 /ml	1mol/L KH_2PO_4 体积 /ml
5.8	8.5	91.5
6.0	13.2	86.8
6.2	19.2	80.8
6.4	27.8	72.2
6.6	38.1	61.9
6.8	49.7	50.3
7.0	61.5	38.5
7.2	71.7	28.3
7.4	80.2	19.8
7.6	86.6	13.4
7.8	90.8	9.2
8.0	94.0	6.0

附表 3-3　25℃、0.1mol/L 磷酸钠缓冲液

pH	1mol/L Na_2HPO_4 体积 /ml	1mol/L NaH_2PO_4 体积 /ml
5.8	7.9	92.1
6.0	12.0	88.0
6.2	17.8	82.2
6.4	25.5	74.5
6.6	35.2	64.8
6.8	46.3	53.7
7.0	57.7	42.3
7.2	68.4	31.6
7.4	77.4	22.6
7.6	84.5	15.5
7.8	89.6	10.4
8.0	93.2	6.8

引自《Cell: A Laboratory Mannal》. Cold Spring Harbor Laboratory Press.1998；在上述 1mol/L 的溶液体积中加入双蒸水稀释至 1L 即可获得所需 pH

将附表 3-4 所列溶液 B 体积加到 50ml 溶液 A 中,最后稀释成 200ml 的溶液即可得到所需 pH。

附表 3-4 二甲砷酸盐 – 盐酸缓冲液

溶液 B/ml	缓冲液 pH
18.3	6.4
13.3	6.6
9.3	6.8
6.3	7.0
4.2	7.2
2.7	7.4

四、柠檬酸盐缓冲液（0.1mol/L）

溶液 A（0.1mol/L）：柠檬酸 2.1g,蒸馏水 100ml。

溶液 B（0.1mol/L）：柠檬酸钠（$C_6H_5O_7Na_3 \cdot 2H_2O$）2.94g,蒸馏水 100ml。

将一定比例 A、B 液混合（附表 3-5）,然后稀释成 100ml 即可得到所需 pH。

五、0.2mol/L Tris- 马来酸盐缓冲液 [Tris-（羟甲基）甲胺 – 顺丁烯二酸]

溶液 A：Tris-[羟甲基]甲胺 30.3g,马来酸（顺丁烯二酸）29.0g,蒸馏水 500ml,木炭 2g。配好的溶液 A 混匀后,静置 10 分钟,过滤。

溶液 B（4% NaOH）：NaOH 4g,蒸馏水 96ml。

将一定体积的 B 液与 40ml A 液混合（附表 3-6）,稀释到 100ml,即可得所需 pH。

附表 3-5 柠檬酸盐缓冲液

A/ml	B/ml	缓冲液 pH
33.0	17.0	4.0
31.5	18.5	4.2
28.0	22.0	4.4
25.5	24.5	4.6
23.0	27.0	4.8
20.5	29.5	5.0
18.0	32.0	5.2
16.0	34.0	5.4
13.7	36.3	5.6
11.8	38.2	5.8
9.5	41.5	6.0
7.2	42.8	6.2

附表 3-6 0.2mol/L Tris- 马来酸盐缓冲液

溶液 B/ml	缓冲液 pH
15.0	6.4
18.0	6.8
19.0	7.0
20.0	7.2
22.5	7.6
24.2	7.8
26.0	8.0

附录4 常用人工合成细胞培养基

常用人工合成细胞培养基详见附表4-1。

附表4-1 常用人工合成细胞培养基

名称	适用细胞	作者
199	适用于人、动物非转化细胞	Morgan（1950）
BME（Basal Medium Eagle）	广泛用于人单层培养细胞	Eagle
MEM（Minimum Essential Medium）	为当今广泛使用的培养基	Eagle
Alpha-MEM	适用于难培养的细胞	Stannerrs
McCoy-5A	适用于人与动物单层细胞和克隆细胞培养	McCoy
RPMI 1640	为 McCoy-5A 的改良，当前应用甚广	Moore
N16	用 40% 浓度，利于 HeLa 细胞生长	Puck
NCTC-109	胱氨酸量多	Evans
NCTC-135	为 NCTC-109 的改良，胱氨酸量低	Evans
CMRL-1066	为 199 的改良	Parker
DM-160	适于大鼠腺上皮细胞生长	Katsuta and Johnson
F12	适于克隆细胞生长	Ham
DMEM	应用甚广	Dulbecco MEM
MCDB-104；105	适于人二倍体克隆生长	McKeehan
MB752/1	适于小鼠细胞系	Waymouth（1959）
L-15	适于人二倍体细胞，可不用 CO_2	Leibovitz（1963）
F-10	适于动物克隆细胞生长	Ham（1965）
MD705/1	为 MD752/1 的改良，含微量元素	Kitos（1962）
Nagle	适于哺乳动物细胞	Nagle
Higuechi	适于小鼠 L 细胞系	Higuchi
HIWO5	适于悬浮细胞（小鼠）	Morrison and Jenkin（1972）
F12G	适于大鼠脑细胞	Shapiro and Schier（1973）

中英文名词对照索引

08检